FUNDAMENTOS DE TRANSFERÊNCIA DE MASSA

Blucher

MARCO AURÉLIO CREMASCO

FUNDAMENTOS DE TRANSFERÊNCIA DE MASSA

3ª edição

Fundamentos de transferência de massa
3ª edição
1ª e 2ª edições – Editora da Unicamp

Editora Edgard Blücher Ltda.

Blucher

Rua Pedroso Alvarenga, 1245, 4º andar
04531-934 - São Paulo - SP - Brasil
Tel.: 55 11 3078-5366
contato@blucher.com.br
www.blucher.com.br

Segundo o Novo Acordo Ortográfico, conforme 5. ed.
do *Vocabulário Ortográfico da Língua Portuguesa*,
Academia Brasileira de Letras, março de 2009.

FICHA CATALOGRÁFICA

Cremasco, Marco Aurélio
Fundamentos de transferência de massa. Marco Aurélio Cremasco. – São Paulo: Blucher, 2015. 3ª edição.

Bibliografia
ISBN 978-85-212-0904-1

1. Massa - transferência 2. Difusão 3. Reações químicas I. Título

15-0242 CDD 660.28427

Índices para catálogo sistemático:
1. Massa – Transferência

...pela terceira vez: Este livro é dedicado à vida, em particular...

À Solange, minha mulher, pela amizade, pela compreensão,
pelo carinho e pelo amor.

À Maria Santa, Morillo, Margareth e Márcia.
O destino fez que fossem meus irmãos, e Deus concordou.

Ao Morillo (*in memoriam*), meu pai, e José, meu padrasto,
que foram e continuam sendo referências de dignidade.

À dona Maria, minha mãe, minha estrela-guia.

CONTEÚDO

PREFÁCIO À TERCEIRA EDIÇÃO 15

INTRODUÇÃO 17

I.1 A fenomenologia da transferência de massa 18

I.2 Transferência de massa: difusão *versus* convecção mássica..... 21

Exercícios 22
Bibliografia 22
Nomenclatura 23

1 COEFICIENTES E MECANISMOS DA DIFUSÃO 25

1.1 Considerações a respeito 25

1.2 Difusão em gases 26

1.2.1 Análise da primeira lei de Fick 26

1.2.2 Análise simplificada da teoria cinética dos gases 29

1.2.3 O coeficiente de difusão binária para gases 32

1.2.4 Estimativa do D_{AB} a partir de um D_{AB} conhecido em outra temperatura e pressão 46

1.2.5 Coeficiente de difusão de um soluto em uma mistura gasosa estagnada de multicomponentes 48

1.3 Difusão em líquidos 51

1.3.1 Difusão de não eletrólitos em soluções líquidas diluídas 51

1.3.2 Difusão de não eletrólitos em soluções líquidas concentradas 61

1.3.3 Difusão de eletrólitos em soluções líquidas diluídas 65

1.3.4 Difusão de eletrólitos em soluções líquidas concentradas 69

1.4 Difusão em sólidos cristalinos 72

1.5 Difusão em sólidos porosos 75

1.5.1 Difusão de Fick ou difusão ordinária ou comum 76

1.5.2 Difusão de Knudsen 76

1.5.3 Difusão configuracional 77

1.6 Difusão em membranas 79

Exercícios ... 81
Conceitos ... 81
Cálculos ... 82
Bibliografia ... 85
Nomenclatura ... 87

2 CONCENTRAÇÕES, VELOCIDADES E FLUXOS ... 91
2.1 Considerações a respeito ... 91
2.2 Concentração ... 92
2.3 Velocidade ... 94
2.4 Fluxo ... 96
2.5 A equação de Stefan-Maxwell ... 101
2.6 Coeficiente convectivo de transferência de massa ... 105
Exercícios ... 106
Conceitos ... 106
Cálculos ... 106
Bibliografia ... 107
Nomenclatura ... 107

3 EQUAÇÕES DA CONTINUIDADE EM TRANSFERÊNCIA DE MASSA ... 109
3.1 Considerações a respeito ... 109
3.2 Equação da continuidade mássica de um soluto A ... 110
3.3 Equação da continuidade molar de um soluto A ... 112
3.4 Equações da continuidade do soluto A em termos da lei ordinária da difusão ... 114
3.5 Condições de contorno ... 117
3.5.1 Concentração ou fração (mássica ou molar) do soluto especificada em uma determinada fase ... 117
3.5.2 Condições de fluxo ... 120
3.5.3 Reação química conhecida ... 124
3.6 Considerações finais ... 127
Exercícios ... 127
Conceitos ... 127
Cálculos ... 128
Bibliografia ... 128
Nomenclatura ... 129

4 DIFUSÃO EM REGIME PERMANENTE SEM REAÇÃO QUÍMICA ... 131
4.1 Considerações a respeito ... 131
4.2 Difusão unidimensional em regime permanente ... 132
4.2.1 Difusão em regime permanente através de filme gasoso inerte e estagnado ... 133

4.2.2 Difusão pseudoestacionária em filme gasoso estagnado 144
4.2.3 Contradifusão equimolar 148
4.3 Difusão em membranas fickianas 150
4.4 Sistemas bidimensionais 152
Exercícios 158
Conceitos 158
Cálculos 158
Bibliografia 159
Nomenclatura 159

5 DIFUSÃO EM REGIME TRANSIENTE 163
5.1 Considerações a respeito 163
5.2 Difusão em regime transiente com resistência externa desprezível 165
5.2.1 Placa plana infinita 165
5.2.2 Esfera 170
5.2.3 Cilindro infinito 173
5.2.4 Método gráfico para a difusão em regime transiente sem resistência externa 177
5.3 Difusão em regime transiente em um meio semi-infinito 178
5.4 Difusão em regime transiente com resistência externa 180
5.4.1 Placa plana infinita 181
5.4.2 Esfera 183
5.4.3 Cilindro infinito 186
5.4.4 Método gráfico para a difusão em regime transiente com resistência externa 189
5.5 Soluções gráficas 190
Exercícios 195
Conceitos 195
Cálculos 195
Bibliografia 197
Nomenclatura 198

6 DIFUSÃO COM REAÇÃO QUÍMICA 201
6.1 Considerações a respeito 201
6.2 Difusão em regime permanente com reação química heterogênea 202
6.2.1 Difusão com reação química heterogênea na superfície de uma partícula catalítica não porosa 203
6.2.2 Difusão com reação química heterogênea na superfície de uma partícula não catalítica e não porosa 206
6.2.3 Difusão intraparticular com reação química heterogênea 212

6.3 Difusão em regime permanente com reação química homogênea 215
6.4 Difusão em regime transiente com reação química 220
Exercícios 225
Conceitos 225
Cálculos 225
Bibliografia 226
Nomenclatura 227

7 INTRODUÇÃO À CONVECÇÃO MÁSSICA – CONSIDERAÇÕES PRELIMINARES E ANÁLISE DO ESCOAMENTO 229
7.1 Considerações a respeito 229
7.2 Coeficiente convectivo de transferência de massa 232
7.3 Análise de escala 236
7.4 Análise do escoamento 238
7.4.1 Camada limite dinâmica: escoamento laminar de um fluido newtoniano sobre uma placa plana horizontal parada 240
7.4.2 Fenômeno de transferência de quantidade de movimento em nível macroscópico: regime turbulento 249
7.4.3 O número de Reynolds 253
Exercícios 254
Conceitos 254
Cálculos 254
Bibliografia 255
Nomenclatura 255

8 CONVECÇÃO MÁSSICA FORÇADA 259
8.1 Considerações a respeito 259
8.2 Números adimensionais para transferência de massa 260
8.2.1 Transporte molecular de massa 260
8.2.2 Transporte macroscópico ou global de massa 260
8.2.3 Transferência simultânea de quantidade de movimento e de massa 261
8.3 Camada limite mássica no regime laminar em uma placa plana horizontal parada 268
8.3.1 Distribuição de concentração adimensional do soluto na região de camada limite: solução por similaridade 270
8.3.2 Evaporação 274
8.3.3 Espessura da camada limite laminar mássica 275
8.3.4 Fluxo de matéria do soluto em uma dada fronteira 278
8.3.5 Coeficiente convectivo de transferência de massa 279

8.4 Transferência de massa no regime turbulento 281

8.5 Analogia entre transferência de quantidade de movimento e de massa 285

8.5.1 Analogia de Reynolds 286
8.5.2 Analogia de Prandtl 286
8.5.3 Analogia de von Kármán 287
8.5.4 Analogia de Chilton-Colburn 287

8.6 Modelos para o coeficiente convectivo de transferência de massa 289

8.7 Correlações para o cálculo do coeficiente convectivo de transferência de massa 293

Exercícios 302
Conceitos 302
Cálculos 303
Bibliografia 304
Nomenclatura 305

9 CONVECÇÃO MÁSSICA NATURAL 309

9.1 Considerações a respeito 309

9.2 Compressibilidade mássica: instabilidade e estabilidade – Quando aparece a convecção mássica natural? 310

9.3 Análise da convecção mássica natural em uma placa plana vertical parada 312

9.3.1 Considerações preliminares 312

9.3.2 Análise de escala para a convecção mássica natural 314

9.3.3 Transformação por similaridade das distribuições de concentração do soluto e de velocidade da mistura para $Sc > 1$ 319

9.3.4 Análise do parâmetro de injeção 321

9.3.5 Solução numérica para as equações acopladas relativas às distribuições de fração mássica do soluto e de velocidade do meio para $Sc > 1$ (válida para $Sc > 0,5$) 322

9.3.6 Evaporação 325

9.3.7 Fluxo de matéria do soluto em uma dada fronteira 327

9.3.8 Coeficiente convectivo natural de transferência de massa em regime laminar para uma placa plana vertical parada 328

9.4 Convecção mássica mista: convecções mássicas forçada e natural combinadas 332

9.5 Correlações para o cálculo do coeficiente convectivo natural de transferência de massa 335

Exercícios 338
Conceitos 338

Cálculos 339
Bibliografia 340
Nomenclatura 340

10 TRANSFERÊNCIA SIMULTÂNEA DE CALOR E DE MASSA 343
10.1 Considerações a respeito 343
10.2 Transferência de calor 345
10.2.1 Transporte molecular: condução térmica 345
10.2.2 Distribuição de temperatura em um meio constituído de um fluido puro 347
10.2.3 Transporte global de energia: convecção térmica (transferência simultânea de quantidade de movimento e de energia) 349
10.2.4 Camada limite térmica no regime laminar 352
10.2.5 Transferência de calor no regime turbulento 355
10.3 Transferência simultânea de calor e de massa 356
10.3.1 Difusão térmica e termodifusão 356
10.3.2 Números adimensionais 358
10.3.3 Propriedades térmicas da mistura 359
10.3.4 Influência do fluxo mássico na distribuição de temperatura da mistura 363
10.3.5 Transferência de calor e de massa em um meio gasoso inerte 364
10.3.6 Fluxo de um vapor com mudança de fase em mistura com gás inerte 367
10.4 Teoria do bulbo úmido 374
Exercícios 379
Conceitos 379
Cálculos 379
Bibliografia 380
Nomenclatura 381

11 TRANSFERÊNCIA DE MASSA ENTRE FASES (INTRODUÇÃO ÀS OPERAÇÕES DE TRANSFERÊNCIA DE MASSA) 385
11.1 Considerações a respeito 385
11.2 Técnicas de separação 386
11.3 Transferência de massa entre fases 387
11.3.1 Considerações preliminares 387
11.3.2 Teoria das duas resistências 388
11.3.3 Coeficientes globais de transferência de massa 389
11.3.4 Coeficientes volumétricos de transferência de massa para torre de recheios 394
11.4 Balanço macroscópico de matéria 399
11.4.1 Operações contínuas 399

11.4.2 Operações em estágios 413

Exercícios 423
Conceitos 423
Cálculos 424
Bibliografia 427
Nomenclatura 428

Anexo
CONSTANTES E FATORES DE CONVERSÃO DE UNIDADES 431

Apêndice A
PROGRAMAS NUMÉRICOS 435

Apêndice B
RESPOSTAS DE EXERCÍCIOS SELECIONADOS 447

ÍNDICE REMISSIVO 455

PREFÁCIO À TERCEIRA EDIÇÃO

Ao deparar com a 3ª edição do livro *Fundamentos de transferência de massa*, tenho a sensação de sentar-me à margem do rio de Heráclito, que se modifica constantemente, e sinto que os peixes estão lá e a necessidade de pescar continua. Quais peixes queremos e quais instrumentos usamos nessa pescaria? Cada um tem a sua resposta, pois cada um guarda um rio dentro de si. Penso que uma coisa é certa: não existe um rio de Heráclito, mas inúmeros, e um deles é o conhecimento. Vários tributários deságuam nesse rio, dentre os quais o fenômeno de transferência de massa, que está presente desde o preparo do cafezinho até a purificação de fármacos por adsorção.

A presente edição segue a estrutura das edições anteriores. Os seis primeiros capítulos concentram-se na difusão mássica, incluindo mecanismos de transporte de certo soluto em diversos meios, descrições de transporte de matéria utilizando equações diferenciais apropriadas em regime permanente, transiente, com e sem a presença de reação química. O sétimo capítulo destina-se à introdução à convecção mássica por meio de breve revisão sobre escoamento, culminando com o estudo da camada limite, que será fundamental para a discussão sobre convecção mássica. Enquanto a convecção mássica forçada é explorada no oitavo capítulo, a convecção natural o é no nono capítulo. A simultaneidade de massa com calor aparece no décimo capítulo. Apresenta-se, no décimo primeiro capítulo, a transferência de massa entre fases, fundamental para futuras aplicações no campo da separação de matéria.

Entendemos que esta obra pode ser utilizada em cursos de graduação em disciplina específica sobre transferência de massa, assim como na introdução à disciplina de operações unitárias de transferência de massa. Nos cursos de pós-graduação, por sua vez, os seis primeiros capítulos podem ser ministrados como "difusão mássica", enquanto os capítulos de sete a nove, em disciplina de "convecção mássica".

Aproveito a oportunidade para agradecer a professores e estudantes que fizeram deste livro algo nosso e de todos. Felizmente, são tantos que peço licença e venho a vocês por meio de três pessoas que estiveram próximas para que esta edição se concretizasse: Eduardo Blücher, meu editor, que não mediu esforços para fazer com que *Fundamentos de transferência de massa* estivesse na editora dos livros *Vale a pena estudar Engenharia Química* e *Operações unitárias em sistemas particulados e fluidomecânicos*; Wesley Heleno Prieto, pela revisão cuidadosa, detalhada do livro e, sobretudo, pelo carinho que dedica ao conhecimento; e Solange Cremasco, minha mulher, que não se cansa de me ensinar que, sem compartilhamento de alma, não existe transferência de massa.

Muito obrigado.

Marco Aurélio Cremasco

INTRODUÇÃO

Que olhar deve ser lançado à ciência da transferência de massa? Antes de mais nada, é necessário termos a consciência de que ela é inerente à natureza. O nosso convívio com essa ciência, antes mesmo de considerá-la como tal, vem do instante do possível *big bang*, em que o que havia – matéria/energia – estava *concentrado* em uma singularidade, da qual tudo se diluiu: como açúcar na xícara de chá.

Estamos em uma sala, que ocupa um *volume*. Imagine que nela estejam contidos pessoas e objetos inanimados (cadeiras, por exemplo). *Espécies* distintas que ocupam espaço e estão distribuídas segundo certa *organização* no interior da sala. Algumas pessoas procuram lugares mais confortáveis; outras se acumulam em um canto qualquer. Há certa *organização* no que se refere à acomodação das pessoas. Ao conjunto *volume, espécies, organização* nomearemos *essência*, a qual expressa tanto a estabilidade da existência de algo, bem como a possibilidade de modificação das coisas. Quando os elementos desse conjunto são interligados, tem-se o conceito *sistema*.

Na medida em que concebemos a sala como *sistema*, torna-se possível a nossa percepção da *realidade*, nas formas *ampla* e *restrita*. A realidade *ampla* compreende tudo o que existe no mundo objetivo, ou seja, aquilo que toca os nossos sentidos – no caso, *volume* e *espécies*. Na sua forma *restrita*, a realidade funda-se no que pode vir a acontecer – as pessoas permanecerem ou não nos seus lugares[1]. O que ocorrerá depende da situação ou *estado* do sistema observado.

É por intermédio de um estado *que expressamos a modificação das coisas*. Se na nossa sala houvesse mais ou menos barulho, haveria maior ou menor situação de desconforto. Se o barulho fosse um sussurro, sem que alterasse a situação em que nos encontrássemos, permaneceríamos inalterados em nossos lugares; caso contrário, mudaríamos para um *estado* que é distinto do anterior. Quando notamos essa *diferença*, tomamos contato com o *fenômeno*.

O fenômeno nasce da diferença.

Suponha uma situação na qual estamos apertados em um canto da sala e no restante dela há cadeiras vazias. O dia está quente. Alguém,

---

[1] Note que a *realidade restrita*, de acordo com a ilustração da sala, está associada à forma como as espécies estão distribuídas no volume considerado.

a quem nomearemos interventor, induz-nos a nos apertarmos até a situação em que não nos caiba sequer o pensamento. Qual é o nosso desejo? Qual é a nossa *tendência*? Será a de buscar cadeiras vazias e regiões espaçosas. À medida que nos concentramos em certo local, surge a *tendência de escaparmos* da aglomeração, procurando regiões menos ocupadas por nossos colegas. Chega o instante em que o interventor nos dá a sugestão de nos acomodarmos; procuraremos, sem dúvida, uma região aprazível.

O que extraímos dessa história? Observe que é uma situação que nos ocorre diariamente. Presenciamos fatos análogos em diversas ocasiões. Como aquela do vaqueiro que recolhe o seu gado em uma "mangueira" e depois abre as porteiras para que os animais busquem espaço maior no campo.

Guardando analogias e diferenças, observe o que acontece com um saquinho de chá ao procedermos a sua imersão em água quente. Existe cor mais escura na região próxima ao invólucro do chá do que em outra afastada: houve a diluição do chá no líquido.

E o que a transferência de massa tem a ver com tudo isso? Qual o motivo de a transferência de massa ser um fenômeno de transporte? Antes de uma definição e respostas, é fato que ela trata de uma forma de movimento. Qual? Em que lugar? Por quê? As histórias contadas há pouco já nos dão indicativos. Resta-nos retomá-las e pô-las em uma linguagem pouco mais convencional.

I.1 A FENOMENOLOGIA DA TRANSFERÊNCIA DE MASSA

Antes de procurar uma definição, cabe analisar o que antecede à transferência de massa. Esse antecedente fornecerá propriedades que a caracterizarão ao longo do nosso estudo. Estamos à busca da *essência* da transferência de massa. Do que foi dito sobre *essência*, a encontraremos na termodinâmica clássica por intermédio da sua equação fundamental:

$$U = U(S, V, N_1, \ldots, N_i, \ldots, N_n) \qquad (I.1)$$

É interessante observar que, ao relacionar *essência* à relação (I.1), tem-se como resultado o conceito *sistema*. Note nessa relação que a *entropia* (S), o *volume* (V) e o *número de mols da espécie i* (N_i) estão interligados na relação funcional da *energia interna* (U). Nesse tipo de energia estão todas aquelas inerentes a certa espécie química.

O sistema (I.1) estabelece o que é geral por meio dos *parâmetros extensivos*, S, V, N_i. "Por ser uma medida para a grandeza, extensão de uma propriedade, o parâmetro extensivo é homogêneo, assim sendo contínuo e constituído de elementos de mesmas características. O valor da propriedade extensiva é igual à soma dos valores das partes em que o sistema pode se dividir" (CALLEN, 1985; KAPRIVINE, 1986). Reforça-se, dessa maneira, o fato de a energia interna ser uma propriedade extensiva.

Outro olhar para a relação (I.1) ou sistema (I.1) é que ele pode ser visto como *realidade* nos sentidos *amplo* e *restrito*. Ao realizarmos a analogia com a sala, associamos o *volume* e o *número de mols* à realidade ampla (observe que tais grandezas são palpáveis), enquanto a *entropia* relaciona-se com a restrita, pois trata de uma possibilidade: estar ou não em equilíbrio termodinâmico.

Aflora a importância de associarmos a entropia à realidade restrita, pois é por meio dela que se verifica se o sistema está ou não em equilíbrio termodinâmico segundo a relação funcional

$$S = S(U, V, N_1, \ldots, N_i, \ldots, N_n) \qquad (I.2)$$

O fato de o sistema estar em equilíbrio termodinâmico nos leva a admitir situação de igualdade. A igualdade ocorre quando, ao refletir a *essência* sobre si, equação (I.2), verifica-se o mesmo: o sistema, agora representado por (I.2), ao sofrer estímulos, não apresenta mudança. Caso apresente alguma modificação, surge, necessariamente, o *fenômeno*.

Ao percebermos a natureza do fenômeno como diferença, temos condições de identificá-lo e qual será a diferença que o caracteriza.

O sistema (I.1), como realidades ampla e restrita, está sujeito a estímulos, interferências. Ao ser estimulado, ele o será nas grandezas, objetos que o compõem; portanto, nos parâmetros extensivos. Estes, por sua vez, responderão diferenciados intensivamente:

$$\left(\frac{\partial U}{\partial S}\right)_{V,N_1,\ldots,N_n}; \left(\frac{\partial U}{\partial V}\right)_{S,N_1,\ldots,N_n}; \left(\frac{\partial U}{\partial N_i}\right)_{S,V,N_{j\neq i}} \qquad (I.3)$$

As respostas dos parâmetros extensivos para *um* determinado estímulo geram *parâmetros intensivos* que, por estarem relacionados a *certo* estímulo, estão associados a *unidade*, a *grau*. Os parâmetros intensivos advêm de (I.3) por intermédio das seguintes definições (CALLEN, 1985):

$$\left(\frac{\partial U}{\partial S}\right)_{V,N_1,\ldots,N_n} \equiv T; \quad -\left(\frac{\partial U}{\partial V}\right)_{S,N_1,\ldots,N_n} \equiv P;$$

$$\left(\frac{\partial U}{\partial N_i}\right)_{S,V,N_{j\neq i}} \equiv \mu_i, \quad \text{com} \quad (j = 1 \ldots n; j \neq i) \quad (I.4)$$

em que T é a temperatura, P, a pressão termodinâmica e μ_i, o potencial químico da espécie i.

Conhecidos os parâmetros intensivos, escrevemos as funções (I.1) e (I.2) como:

$$dU = TdS - PdV + \mu_1 dN_1 + \ldots + \\ + \mu_i dN_i + \ldots + \mu_n dN_n \quad (I.5)$$

$$dS = \frac{1}{T}\left(dU + PdV - \sum_{i=1}^{n} \mu_i dN_i\right) \quad (I.6)$$

Visto estarmos interessados em averiguar a dicotomia igualdade/diferença, valida-se trabalhar com a equação (I.6). Ela reflete, como dito anteriormente, a realidade restrita e, portanto, factível de verificar a possibilidade de o sistema estar ou não em equilíbrio termodinâmico. Tendo essa possibilidade em mente, admitiremos a existência de dois reservatórios A e B mantidos à mesma temperatura, ambos contendo a mesma solução ideal de n espécies químicas, separados por uma membrana imóvel, de espessura Δz, permeável a um tipo de espécie química (espécie i) e impermeável às demais, conforme ilustra a Figura (I.1).

Além das hipóteses supostas no parágrafo anterior, consideraremos que os reservatórios A e B constituem um sistema isolado, ou seja, não há troca nem de energia nem de matéria para o meio exterior. Por essa razão, a variação de entropia é igual à sua produção (ou ao seu consumo), o que nos permite escrever[2]:

$$S_p = dS^A + dS^B \quad (I.7)$$

em que $S_p = dS$ é a produção de entropia no interior do sistema considerado e os sobrescritos A e B referem-se aos reservatórios ou subsistemas A e B, respectivamente, e são descritos, matematicamente, de maneira análoga à equação (I.6) ou:

$$dS^A = \frac{1}{T}\left(dU - \sum_{i=1}^{n} \mu_i dN_i\right)^A \quad (I.8)$$

$$dS^B = \frac{1}{T}\left(dU - \sum_{i=1}^{n} \mu_i dN_i\right)^B \quad (I.9)$$

Pelo fato de a entropia ser uma função contínua, diferenciável e monotonicamente crescente, ela é aditiva:

$$S_p = \frac{1}{T}\left[\left(dU^A + dU^B\right) - \sum_{i=1}^{n}\left(\mu_i^A dN_i^A + \mu_i^B dN_i^B\right)\right] \quad (I.10)$$

Como se trata de um sistema isolado e estando os subsistemas A e B à mesma temperatura, a equação (I.10) é posta tal como se segue:

$$S_p = -\frac{1}{T}\sum_{i=1}^{n}\left(\mu_i^A - \mu_i^B\right) dN_i^A \quad (I.11)$$

Retirando-se a membrana representada na Figura (I.1), haverá a homogeneização da espécie i por todo o volume do sistema se e somente se:

$$S_p = dS = 0 \quad (I.12)$$

A equação (I.12) caracteriza o equilíbrio termodinâmico, que só é possível em virtude de:

$$\mu_i^A = \mu_i^B \quad (I.13)$$

ou

$$\Delta\mu_i = 0 \quad (I.14)$$

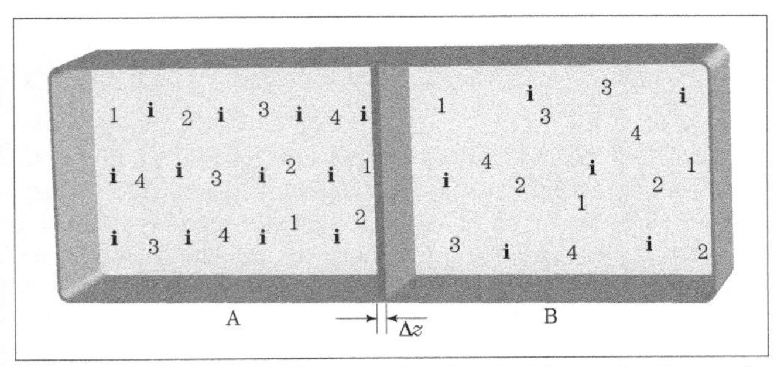

Figura I.1 – Sistema isolado contendo dois subsistemas, A e B, que são compostos das espécies químicas 1, 2, 3, 4, ..., *i*.

[2] Verificamos que: $U^A + U^B$ = cte, portanto: $dU^A = -dU^B$ e $N_i^A + N_i^B$ = cte, portanto: $dN_i^A = -dN_i^B$.

As igualdades (I.13) e (I.14) são a base para o surgimento do *fenômeno*, pois este possibilita a existência da diferença como:

$$\Delta\mu_i \neq 0 \qquad \text{(I.15)}$$

Tais diferenças mostram que diferentes valores do potencial químico da espécie química i provocam a situação de não equilíbrio.

$$S_p = dS \neq 0 \qquad \text{(I.16)}$$

De acordo com a segunda lei da termodinâmica[3]:

$$dS \geq 0 \qquad \text{(I.17)}$$

A desigualdade contida em (I.17) só existe porque obedece à diferença (I.16); além disso, ela indica que diferentes valores do potencial químico da espécie química i provocam a tendência de a matéria migrar de uma região de alto valor para uma de menor valor desse potencial[4].

Saliente-se que as relações (I.12) e (I.16) e, por decorrência, as relações (I.14) e (I.15) apontam comparações referentes a dois tipos de *estados*: um inicial e outro final, não importando o que ocorreu entre eles. Como mencionado anteriormente, é pela análise do *estado* que constatamos alguma modificação ou *fenômeno*.

Em suma: se existe modificação, há fenômeno. Este aparece como decorrência da diferença do potencial químico da espécie i. *Essa diferença é a característica básica do fenômeno de transferência de massa.*

Apesar da sua importância, o manuseio do conceito de potencial químico não é uma tarefa agradável, pois este traduz uma *tendência de escape da matéria.*

Pela inspeção da Figura (I.1) e dos comentários até então expostos, *tentaremos* associar o potencial químico a uma grandeza física "palpável" e, sobretudo, mensurável. Para tanto, lançaremos mão dos conceitos apreendidos na termodinâmica clássica.

Se considerarmos uma *solução líquida ideal e diluída da espécie química i*, o potencial químico da espécie química i está associado à fração molar de i na forma[5]:

$$\mu_i = \mu_i^* + kT \ln x_i \qquad \text{(I.18)}$$

na qual x_i é a fração molar da espécie i, dada por C_i/C, presente em uma solução líquida de concentração molar total C[6].

Ao diferenciarmos a equação (I.18), obtemos:

$$d\mu_i = kTd \ln x_i \qquad \text{(I.19)}$$

ou

$$d\mu_i = kT\frac{dx_i}{x_i} \qquad \text{(I.20)}$$

Multiplicando a equação (I.20) pela concentração molar da solução[7]:

$$d\mu_i = kT\frac{dC_i}{C_i} \qquad \text{(I.21)}$$

Da situação de equilíbrio termodinâmico:

$$d\mu_i = dC_i = 0 \qquad \text{(I.22)}$$

Uma situação de não equilíbrio é interpretada qualitativamente como:

$$dC_i \neq 0 \qquad \text{(I.23)}$$

A diferença (I.23) é extremamente útil na descrição prática do fenômeno de transferência de matéria, pois indica que haverá deslocamento (líquido) da matéria de uma região de maior para outra de menor concentração de uma determinada espécie química.

[3] A inequação (I.17), rigorosamente, deveria aparecer antes da igualdade (I.12). Isso se deve ao fato de a matéria migrar, espontaneamente, de uma situação de não equilíbrio para uma situação de equilíbrio termodinâmico.

[4] Guardando as devidas diferenças, faça uma pausa e reflita um pouco sobre aquela história da sala, na qual estávamos apertados. Qual era o nosso desejo? Qual era a nossa tendência?

[5] Encontra-se normalmente na literatura: $\mu_i = \mu_i^* RT \ln a_i$, em que $a_i = \gamma_i x_i$, sendo $\gamma_i = 1$ para soluções ideais. Além disso, essa equação tem como base o número de mols, enquanto a equação (1.19) refere-se ao número de moléculas. A relação entre essas duas equações é o número de Avogadro.

[6] As definições de fração, concentração, estão detalhadas no Capítulo 2.

[7] A operação $Cdx_i = dC_i$ só é válida porque admitimos que a espécie química i está diluída na solução.

I.2 TRANSFERÊNCIA DE MASSA: DIFUSÃO *VERSUS* CONVECÇÃO MÁSSICA

De acordo com a segunda lei da termodinâmica, haverá fluxo de matéria (ou de massa, ou de mols) de uma região de maior a outra de menor concentração de uma determinada espécie química. Essa espécie que é transferida denomina-se *soluto*. As regiões que contêm o soluto podem abrigar população de uma ou mais espécies químicas distintas do soluto, as quais são denominadas *solventes*. O conjunto soluto–solvente, por sua vez, é conhecido como mistura (para gases) ou solução (para líquidos). Tanto uma quanto a outra constituem o *meio* em que ocorrerá o fenômeno de transferência de massa.

Transferência de massa é um fenômeno ocasionado pela diferença de concentração, maior para menor, de um determinado soluto em certo meio.

Observa-se desse enunciado uma nítida relação de causa e efeito. Para a causa diferença de concentração de soluto, existe o efeito da transferência de massa. Ao estabelecer este binômio, floresce o aspecto científico dos fenômenos de transferência de massa que, sinteticamente, é posto da seguinte maneira:

A causa gera o fenômeno, provoca a sua transformação, ocasionando o movimento.

A diferença de concentração do soluto, enquanto causa, traduz-se em "força motriz", necessária ao movimento da espécie considerada de uma região a outra, levando-nos a:

$$(\text{Movimento da matéria}) \propto (\text{Força motriz}) \qquad (I.24)$$

O teor da resposta de reação desse movimento, em virtude da ação da força motriz, está associado à resistência oferecida pelo meio ao transporte do soluto como:

$$\begin{pmatrix}\text{Movimento}\\ \text{da matéria}\end{pmatrix} = \frac{1}{\begin{pmatrix}\text{Resistência}\\ \text{ao transporte}\end{pmatrix}} \begin{pmatrix}\text{Força}\\ \text{motriz}\end{pmatrix} \qquad (I.25)$$

A resistência presente na equação (I.25) está relacionada com:

- interação soluto–meio;
- interação soluto–meio + ação externa.

Quando se menciona interação, implica dizer relação intrínseca entre o par soluto–meio. O transporte dá-se em nível molecular, no qual há movimento aleatório das moléculas, cujo fluxo líquido obedece à segunda lei da termodinâmica. Há ação substancial da concentração do soluto no espaço considerado, em que a força motriz associada é o gradiente de concentração do soluto. Nesse caso, o fenômeno é conhecido como *difusão*. O fenômeno pode ser escrito de acordo com a expressão (I.25), na qual a resistência ao transporte está associada tão somente à interação soluto-meio[8].

A transferência de massa posta de acordo com a equação(I.25) pode ocorrer em nível macroscópico, cuja força motriz é a diferença de concentração, e a resistência ao transporte está associada à interação (soluto-meio + ação externa). Essa ação externa relaciona-se com as características dinâmicas do meio e a geometria do lugar em que se encontra. Esse fenômeno é conhecido como *convecção mássica*.

Neste livro distinguiremos o *fenômeno* da *contribuição*. O fenômeno, como discutido no item I.1, é o acontecimento; já a contribuição é algo que está dentro do fenômeno, dando-lhe qualidade e quantidade. Desse modo, poderemos ter, dentro de um *fenômeno* de transferência de massas, diversas *contribuições*. Duas, no presente momento, tornam-se as mais urgentes:

a) contribuição difusiva: transporte de matéria em virtude as interações moleculares;

b) contribuição convectiva[9]: auxílio ao transporte de matéria como consequência do movimento do meio.

Para termos o primeiro contato com essas duas contribuições, considere o seguinte exemplo:

---

[8] Essa relação é extremamente simplista. O movimento da matéria, em nível molecular, não é exclusivamente dependente da "diferença" de concentração do soluto. No Capítulo 10, será apresentada a possibilidade de o movimento da matéria ser decorrente, também, de uma "diferença" de temperatura, caracterizando os fenômenos cruzados.

[9] A contribuição convectiva, da forma como está definida, é também conhecida como advecção mássica.

Mar calmo, um surfista e sua prancha. Para deslocar-se de certo lugar a outro, o surfista faz das mãos remos e, assim, ao locomover-se, entra em contato íntimo com o mar.

Identificando:

soluto = surfista
meio = mar
movimento = mãos
} → contribuição difusiva

Identificando:

soluto = surfista
meio = mar
movimento = onda
} → contribuição convectiva

Identificando:

soluto = surfista
meio = mar
movimento = mãos onda
} → contribuição difusiva + contribuição convectiva

Observe nas situações descritas que o contato íntimo está associado à interação (surfista–mar) ou (soluto–meio). Neste caso, tem-se a contribuição difusiva. Já na situação em que o surfista se deixa carregar pelo mar, existe a ação de o mar levar a prancha de um lugar para outro, acarretando a contribuição convectiva. Pode haver uma terceira situação, na qual as duas citadas há pouco ocorrem simultaneamente. As contribuições, bem como os fenômenos da difusão e da convecção mássica, serão comentadas em momentos oportunos.

EXERCÍCIOS

1. Conceitue energia interna.
2. O que são grandezas extensivas e intensivas?
3. Interprete a frase: "O sistema (I.1), ao ser estimulado, definições (I.3), responderá ou não analogamente a uma situação anterior".
4. O que é fenômeno? Como surge?
5. Com base na diferença (I.15), reflita sobre o conceito de "fenômeno". Associe sua resposta à Questão 4.
6. Qual é a importância da segunda lei da termodinâmica para a transferência de massa?
7. O que representa fisicamente o potencial químico? Por que ele é necessário para a compreensão da transferência de massa?
8. Desenvolva uma imagem para difusão e convecção análoga ao exemplo (surfista–mar). Evidentemente, com outro "cenário" e "personagens".
9. Quais são as semelhanças e diferenças entre difusão e convecção mássica? Utilize a resposta da questão anterior no seu comentário.
10. O que é transferência de massa?

BIBLIOGRAFIA

CALLEN, H. B. *Thermodynamics and introduction to thermostatitics*, 2. ed. Singapura: John Wiley, 1985.

CREMASCO, M. A. In: XXIII CONGRESSO BRASILEIRO DE ENSINO DE ENGENHARIA, 1995, Recife. *Anais*... Recife, 1995, v. 1. p. 433.

GLASSTONE, S. *Termodinâmica para químicos*, 4. ed. Madri: Aguilar, 1963.

HEYNES JR., H. *Chem. Eng. Educ.*, p. 22, inverno, 1986.

KAPRIVINE, V. *O que é materialismo dialético?* Moscou: Edições Progresso, 1986.

PRIGOGINE, I. *Introduction to thermodynamics of irreversible processes*, 3. ed. New York: Intercience Pub., 1967.

SMITH, J. M.; VAN NESS, H. C. *Introdução à termodinâmica da engenharia química*, 3. ed. Rio de Janeiro: Guanabara Dois, 1980.

NOMENCLATURA

C_i	concentração molar da espécie i, Equação (I.21);	[mol·L^{-3}]
k	constante de Boltzmann, Equação (I.18);	–
N_i	número de mols do componente i, Equação (I.1);	[mol]
P	pressão termodinâmica, Equação (I.4);	[F·L^{-2}]
S	entropia, Equação (I.1);	[F·L]
S_p	produção de entropia, Equação (I.7);	[F·L]
T	temperatura, Equação (I.4);	[t]
U	energia interna, Equação (I.1);	[F·L]
V	volume, Equação (I.1);	[L^3]
x_i	fração molar da espécie i, Equação (I.18)	adimensional

Letras gregas

μ_i	potencial químico do componente i, Equação (I.4);	[F·L·mol^{-1}]
μ_i^*	constante em função da temperatura, Equação (I.18)	[F·L·mol^{-1}]

Sobrescritos

A	subsistema A, Figura (I.1)
B	subsistema B, Figura (I.1)

Subscritos

i	componente i
j	componente j

CAPÍTULO 1

COEFICIENTES E MECANISMOS DA DIFUSÃO

1.1 CONSIDERAÇÕES A RESPEITO

1. Faça um x na floresta que você atravessaria com maior rapidez:
   (a) naquela em que há uma árvore;
   (b) naquela em que há dez árvores;
   (c) naquela em que há centenas de árvores.
   (A região considerada da floresta, em todos os casos, tem a mesma dimensão, bem como as árvores são iguais.)

2. Faça um x na piscina que você atravessaria com menor rapidez:
   (a) piscina vazia;
   (b) piscina cheia de água;
   (c) piscina cheia de lama.
   (As piscinas têm as mesmas dimensões.)

3. Faça um x na pista que você atravessaria com maior rapidez:
   (a) sem obstáculos;
   (b) com dez obstáculos cada qual com 1 cm de altura;
   (c) com dez obstáculos cada qual com 1 m de altura.
   (As pistas têm as mesmas características.)

4. Faça um x no corredor que você atravessaria com menor rapidez:
   (a) o corredor tem o dobro da sua largura;
   (b) o corredor tem um palmo da sua largura;
   (c) o corredor tem a sua largura.
   (Todos os corredores têm o mesmo comprimento e altura.)

Qual é o x das questões?

Tais questões dizem respeito à capacidade com a qual você se move em diversos meios. Esta locomoção, além da sua mobilidade, está associada à sua interação com eles: um meio está cheio de árvores, outro é uma piscina de lama.

A intenção básica deste capítulo é o de apresentar a difusão de um soluto em diversos meios. Não estaremos preocupados com a quantidade de matéria a ser transferida, mas em como é transferida.

1.2 DIFUSÃO EM GASES

1.2.1 Análise da primeira lei de Fick

No intuito de analisar o fenômeno da difusão em gases, serão tomadas, como ponto de partida, moléculas gasosas de baixa densidade e monoatômicas, além de considerá-las esféricas e da mesma espécie química, portanto com o mesmo diâmetro d. A energia cinética associada a cada uma delas é aquela oriunda de seu movimento de translação por um eixo fictício. Em razão desse movimento, será admitida a validade do movimento circular uniforme, Figura (1.1).

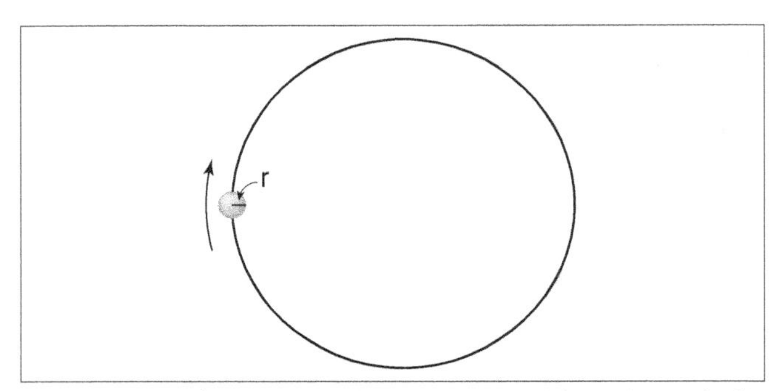

Figura 1.1 – Molécula de baixa densidade em movimento de translação.

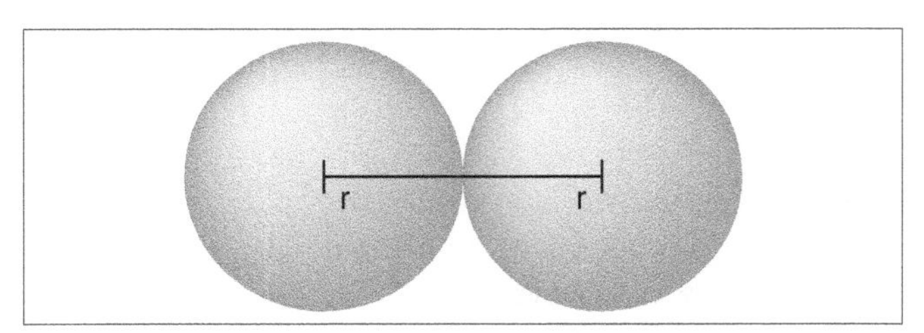

Figura 1.2 – Colisão elástica entre duas moléculas.

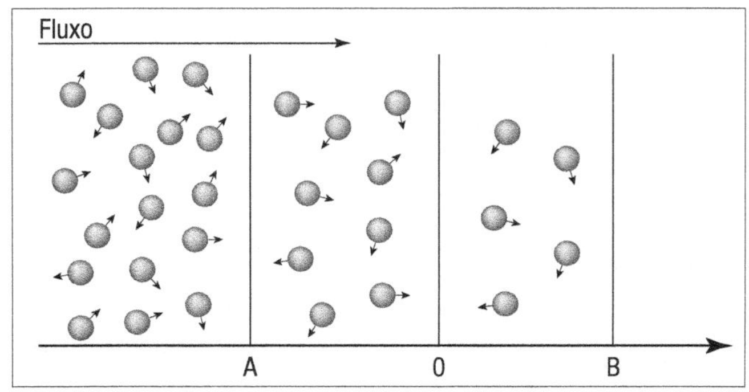

Figura 1.3 – Colisões entre diversas moléculas.

Em primeira aproximação, haverá colisão entre duas moléculas, caso estejam distanciadas entre si centro a centro, Figura (1.2).

Supondo choque elástico, ambas as moléculas tomarão rumos aleatórios, desencadeando sucessivos choques à população molecular, Figura (1.3).

As moléculas migrarão para qualquer sentido e direção, porém tenderão a ocupar novos espaços em que a sua população seja menor, Figura (1.4). Observe nessa figura que os planos contêm concentrações distintas do soluto em análise. A diferença entre essas concentrações possibilita o fluxo de matéria, conforme ilustra a Figura (1.5).

Será suposto que as moléculas contidas no plano A colidirão com outras somente quando atingirem o plano O, do qual deslocar-se-ão de uma distância λ para colidirem com aquelas presentes no plano B.

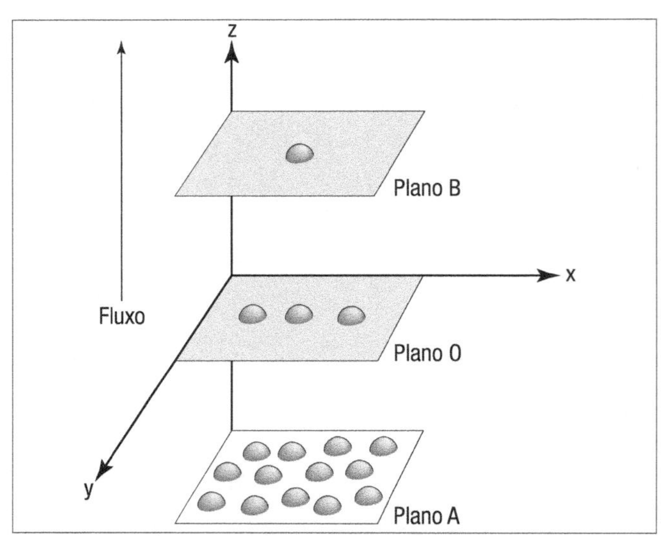

Figura 1.4 – Fluxo líquido da população molecular.

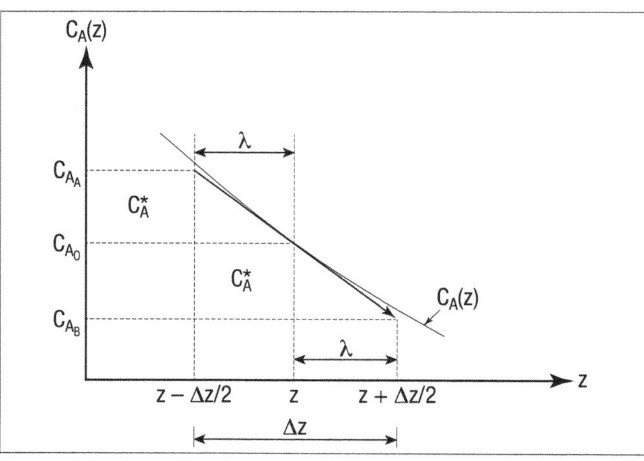

Figura 1.5 – Fluxo líquido da população molecular representado na direção z.

As concentrações da espécie estudada nos planos A e B são, respectivamente:

$$C_{A_A} = C_{A_0} + C_A^* \tag{1.1}$$

$$C_{A_B} = C_{A_0} - C_A^* \tag{1.2}$$

em que C_A representa a concentração molar da espécie A; C_{A_A} é a concentração molar de A no plano A; C_{A_B}, a concentração molar de A no plano B; e C_{A_0}, a concentração molar de A no plano O. O parâmetro C_A^* indica a concentração de matéria a ser ganha no plano B ou perdida no plano A para que o sistema entre em equilíbrio termodinâmico.

Na intenção de obtermos o fluxo de matéria, associaremos o fluxo de A que passa pelo plano O, na direção z, à concentração $C_{A_0} = C_A|_z$; enquanto no plano A teremos $C_{A_A} = C_A|_{z-\Delta z/2}$, no plano B teremos $C_{A_B} = C_A|_{z+\Delta z/2}$. Resta-nos obter C_A^*. Para tanto, utilizaremos a Figura (1.5), da qual podemos fazer:

$$\lim_{\Delta z \to 0} \frac{C_A|_{z+\Delta z/2} - C_A|_{z-\Delta z/2}}{\Delta z} = -\frac{dC_A}{dz}$$

ou (veja a Figura 1.6)

$$-\frac{dC_A}{dz} \cong \frac{C_A^*}{\lambda}$$

A aproximação ($\cong$) será uma igualdade se, e somente se, a função $C_A(z)$ vier a ser linear no intervalo Δz considerado. Admitindo a linearidade para a função em estudo, podemos escrever:

$$C_A^* = -\lambda \frac{dC_A}{dz} \tag{1.3}$$

Substituindo a Equação (1.3) nas Equações (1.1) e (1.2):

$$C_{A_A} = C_{A_0} - \lambda \frac{dC_A}{dz} \tag{1.4}$$

$$C_{A_B} = C_{A_0} + \lambda \frac{dC_A}{dz} \tag{1.5}$$

Em virtude de se tratar de uma população molecular de mesma espécie, será considerada uma velocidade média molecular da espécie A igual a Ω. O fluxo líquido da espécie A que passa por um determinado plano i, no sentido $z+$, é escrito aqui como $J_{A_i,z}$, sendo obtido pelo produto da velocidade média molecular com o valor da concentração de

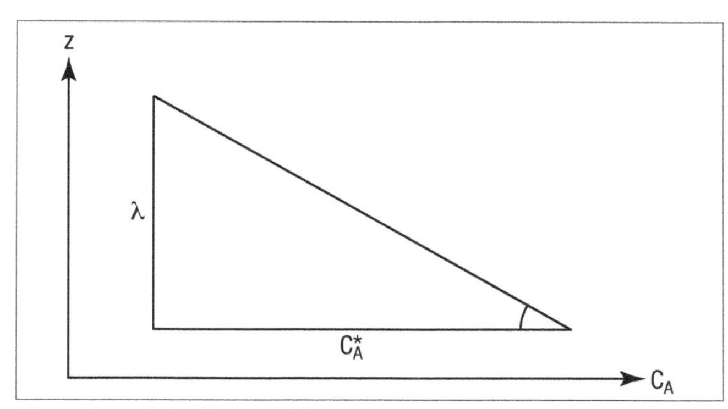

Figura 1.6 – Relação entre C_A^* e λ.

A contido no plano i, C_{A_i}.[1] No espaço tridimensional as moléculas fluem em qualquer sentido e direção (seis ao total), portanto:

$$J_{A_i,z} = \frac{1}{6}\Omega C_{A_i} \tag{1.6}$$

$J_{A_i,z}$ representa o fluxo da espécie A no plano i e na direção z.

O fluxo líquido que atravessa o plano A é:

$$J_{A_A,z} = \frac{1}{6}\Omega C_{A_A} \tag{1.7}$$

Trazendo a expressão (1.4) em (1.7):

$$J_{A_A,z} = \frac{1}{6}\Omega\left[C_{A_0} - \lambda \frac{dC_A}{dz}\right] \tag{1.8}$$

De modo análogo, temos o fluxo da espécie A ao cruzar o plano B como:

$$J_{A_B,z} = \frac{1}{6}\Omega\left[C_{A_0} + \lambda \frac{dC_A}{dz}\right] \tag{1.9}$$

O fluxo líquido em qualquer plano situado entre os planos A e B é fruto de:

(fluxo líquido) = (fluxo que entra) – (fluxo que sai)

ou

$$J_{A,z} = J_{A_A,z} - J_{A_B,z} \tag{1.10}$$

Para obter o fluxo líquido de A que atravessa qualquer plano, levam-se as expressões (1.8) e (1.9) a (1.10):

$$J_{A,z} = \frac{1}{6}\Omega\left[C_{A_0} - \lambda \frac{dC_A}{dz}\right] - \frac{1}{6}\Omega\left[C_{A_0} + \lambda \frac{dC_A}{dz}\right] \tag{1.11}$$

[1] A definição de fluxo assim como o seu estudo detalhado serão vistos no próximo capítulo.

do que resulta:

$$J_{A,z} = -\frac{1}{3}\Omega\lambda\frac{dC_A}{dz} \qquad (1.12)$$

Definindo:

$$D_{AA} \equiv \frac{1}{3}\Omega\lambda \qquad (1.13)$$

e, substituindo na expressão (1.12), chega-se a:

$$J_{A,z} = -D_{AA}\frac{dC_A}{dz} \qquad (1.14)$$

Essa equação é denominada *primeira lei de Fick*[2]. O sinal negativo indica decréscimo da concentração da espécie A com o sentido do fluxo, e λ – caminho livre médio; $J_{A,z}$ – fluxo difusivo da espécie química A na direção z; D_{AA} – coeficiente de difusão, no caso autodifusão, visto que A difunde-se em um meio constituído dela própria.

Comparando a primeira lei de Fick com a expressão (1.25) apresentada na introdução, identifica-se de imediato a importância do coeficiente de difusão:

$$D_{AA} \equiv \frac{1}{(\text{Resistência à difusão})} \qquad (1.15)$$

Verifica-se, por inspeção da igualdade (1.13), a influência da interação soluto–meio na difusão em gases, que está caracterizada na velocidade média molecular e no caminho livre médio, sendo mais bem compreendida a partir do estudo, mesmo que simplificado, da teoria cinética dos gases. Essa teoria possibilita uma primeira ideia do significado físico do coeficiente de difusão pela análise dos parâmetros λ e Ω.

Antes, porém, de adentrar nessa teoria, deve-se mencionar que a primeira lei de Fick aplica-se, empiricamente, ao fenômeno de difusão em qualquer estado da matéria, e o coeficiente de difusão, descrito por (1.15), nasce da interação soluto–meio para qualquer meio físico, distinto ou não do soluto.

Outro comentário que merece ser feito é quanto a esta essa agitação molecular, da qual "aflorou" o fluxo de matéria. Um conceito clássico que trazemos desde o primeiro contato com a termodinâmica diz respeito ao da temperatura. Este parâmetro intensivo está vinculado com a energia cinética associada à agitação das moléculas. Nesse caso, não é difícil aparecer a questão relacionada ao possível surgimento de um gradiente de temperatura em razão das regiões contendo concentrações distintas da espécie química. Isso pode acontecer e está presente na *termodinâmica dos processos irreversíveis*, naquilo que se denomina interferência, que, grosso modo, é posta como[3]:

$$\underbrace{J_{A,z}}_{\text{efeito}} = K_{11}\overbrace{\frac{dC_A}{dz}}^{\text{causa}} \underbrace{+}_{\text{causa}} K_{12}\underbrace{\overbrace{\frac{dT}{dz}}^{\text{causa}}}_{\text{efeito}} \quad \text{(efeito Soret)}$$

em que $K_{11} = K_{11}(C_A, D_{AA})$ é o coeficiente ordinário, e o coeficiente secundário K_{12} nada tem a ver com a condutividade térmica. Essa equação mostra que o gradiente de concentração de A, além de provocar o fluxo de matéria, causa um gradiente de temperatura que, por sua vez, contribui para esse fluxo. O aparecimento do gradiente de temperatura, devido ao de concentração, denomina-se *efeito Soret*[4]. Para cálculos comuns de engenharia esse efeito é desprezível em face da parcela ordinária do fluxo de matéria: $K_{11}(dC_A/dz)$. Empiricamente essa parcela associa-se à primeira lei de Fick. Assim sendo, a Equação (1.14) é lida de forma mais rigorosa como a *lei ordinária da difusão*.

Daqui para frente, até "segunda ordem", todas as vezes que citarmos difusão, entenda-se difusão ordinária ou difusão comum, levando o fluxo de matéria, dado pela Equação (1.14), a ser visto da seguinte maneira:

$$\underbrace{J_{A,z}}_{\text{efeito}} = -D_{AA}\overbrace{\frac{dC_A}{dz}}^{\text{causa}}$$

---

[2] Saliente-se que essa lei nasceu historicamente de observações empíricas.

[3] Tais *interferências* não aparecem devido somente à distribuição de temperatura; dependendo da situação, surgem outras, como, por exemplo, o efeito de campo eletrostático, efeito de pressão. Esse assunto será retomado no item (10.3.1).

[4] No caso das interferências de calor e de massa, existe também a contribuição do gradiente de concentração da espécie A no fluxo de calor. Esse gradiente aparece como uma consequência da temperatura; a esse fenômeno dá-se o nome de Dufour:

$$\underbrace{q_z}_{\text{efeito}} = K_{21}\underbrace{\overbrace{\frac{dC_A}{dz}}^{\text{causa}}}_{\text{efeito}} \underbrace{+}_{\text{causa}} K_{22}\underbrace{\overbrace{\frac{dT}{dz}}^{\text{causa}}}_{\text{efeito}}$$

neste caso, K_{22} = condutividade térmica.

1.2.2 Análise simplificada da teoria cinética dos gases

Na teoria cinética dos gases, a mecânica newtoniana é levada à escala atômica. Esperam-se resultados quantitativos nada agradáveis, principalmente quando se procura especificar a posição e a velocidade de cada "partícula" de gás (RESNICK; HALLIDAY, 1965). As suposições fundamentais para a construção dessa teoria são consequências do já apresentado:

I. um gás ideal puro e constituído por um grande número de moléculas iguais de massa m;

II. as moléculas são esferas rígidas de diâmetro d;

III. todas as moléculas são dotadas de mesma velocidade, sendo a *velocidade média molecular* dada por:

$$\Omega = \sqrt{\frac{8kT}{m\pi}} = \sqrt{\frac{8RT}{M\pi}} \tag{1.16}$$

IV. todas as moléculas movem-se paralelas entre si no seu eixo coordenado e a ele Figura (1.7).

Velocidade relativa

As moléculas gasosas estão em contínuo movimento, e a velocidade média molecular é inerente à molécula isenta de colisões. É imprescindível, dessa maneira, encontrar uma velocidade que considere, além da velocidade Ω, *as posições em que duas moléculas encontram-se na iminência da colisão*; eis aí o conceito de *velocidade relativa*.

Das hipóteses (II) e (IV), não é difícil concluir que moléculas, movendo-se paralelas entre si e dotadas de mesma velocidade, não colidem. Para efeito de análise, a Figura (1.7) será retomada sobrepondo dois planos, Figura (1.8). A velocidade relativa, portanto, é obtida da lei dos cossenos segundo:

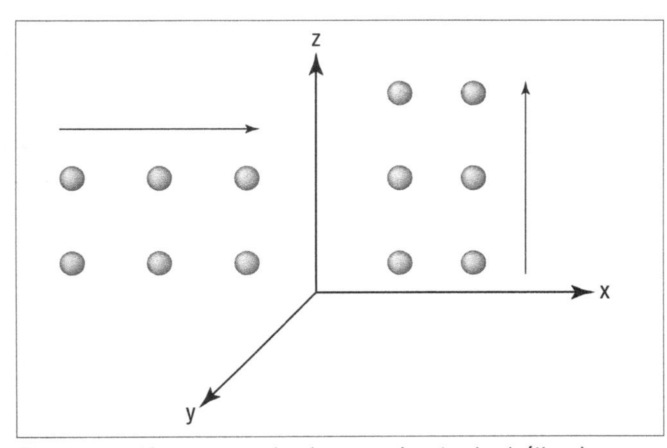

Figura 1.7 – Movimento molecular segundo a teoria cinética dos gases simplificada.

$$v_r^2 = v_A^2 + v_B^2 - 2v_A v_B \cos\psi \tag{1.17}$$

em que ψ é o ângulo de choque entre as moléculas A e B, e os subíndices A e B indicam moléculas A e B, respectivamente.

Da hipótese (III): $v_A = v_B = \Omega$, acarretando a seguinte expressão para a velocidade relativa:

$$v_r = \Omega\sqrt{2(1-\cos\psi)} \tag{1.18}$$

Verifica-se da hipótese (IV): $\psi = 90°$ ou $\psi = 270°$. Nas duas situações, temos $\cos\psi = 0$, o que conduz a:

$$v_r = \Omega\sqrt{2} \tag{1.19}$$

Diâmetro eficaz de colisão ou diâmetro de choque

Quando da apresentação da velocidade relativa, mencionou-se que esta seria referenciada às posições de duas moléculas na iminência do choque, conforme ilustrado na Figura (1.9). Por observação dessa figura, que supõe a molécula A fixa e a molécula B em movimento, dá-se a colisão caso

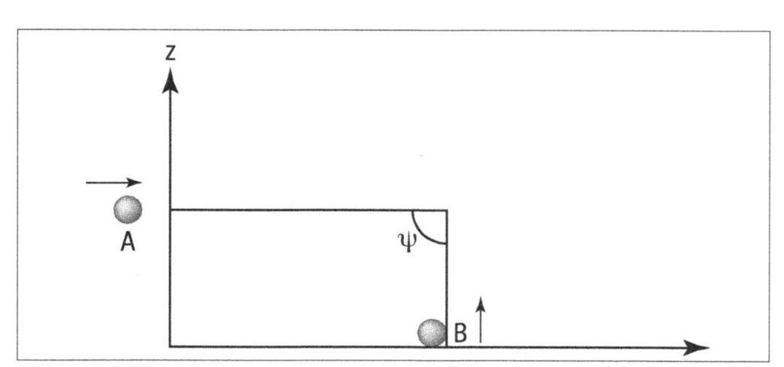

Figura 1.8 – Velocidade relativa de uma molécula em função do ângulo de choque.

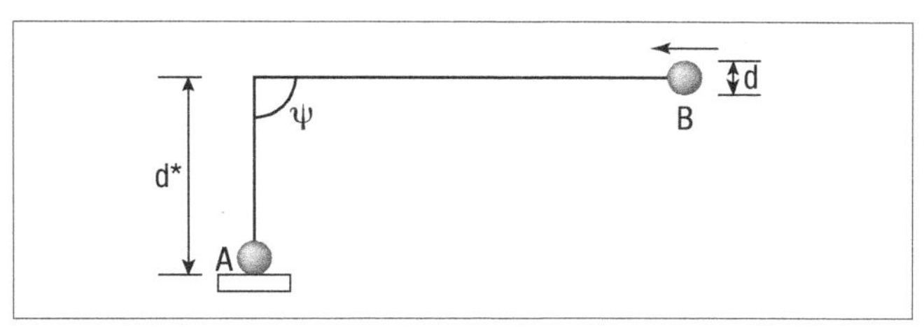

Figura 1.9 – Representação do critério de colisão.

B encontrar A a uma distância d^* menor ou igual a d. Ao admitirmos, para efeito de análise, que as moléculas A e B são iguais e que uma delas é *puntiforme*, a distância para que ocorra o choque será $2r$, ou seja, o próprio diâmetro da molécula, Figura (1.10).

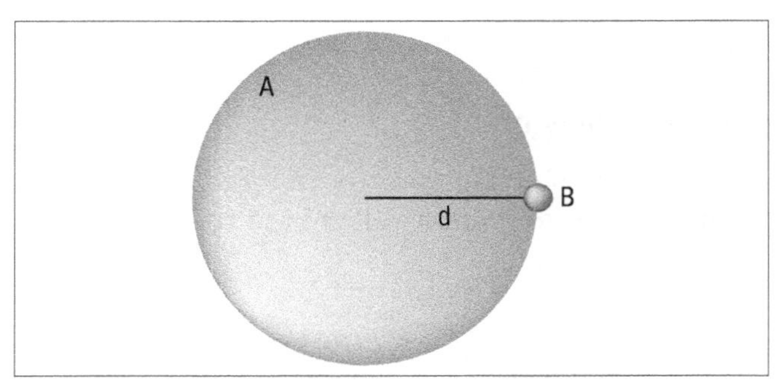

Figura 1.10 – Representação do critério de colisão (diâmetro de colisão = diâmetro atômico).

Frequência de colisões

Frequência indica repetição de um determinado evento. O evento, nesse caso, é o número de colisões em um determinado intervalo de tempo. Desse modo, o *número de colisões sofridas por uma molécula em um determinado intervalo de tempo* é a frequência de colisão da molécula A.

Para efeito de estudo, considere que uma molécula esférica A, de raio d, sofra certo número de colisões em um intervalo de tempo Δt qualquer. As outras moléculas com as quais a molécula A colidirá serão supostas puntiformes. A frequência média de colisão para pares de moléculas constituintes de um gás é aproximadamente igual ao número total de moléculas puntiformes, contidas no volume descrito, por unidade de tempo, por uma molécula de raio d que se move com a sua velocidade relativa, conforme ilustrado na Figura (1.11) (HIRSHFELDER et al., 1954).

A Figura (1.11) representa as colisões sofridas por uma molécula de raio d com moléculas puntiformes. No volume percorrido pela molécula de raio d, há sete moléculas representadas por pontos. Este é o número de colisões no intervalo de tempo considerado (HIRSHFELDER et al., 1954).

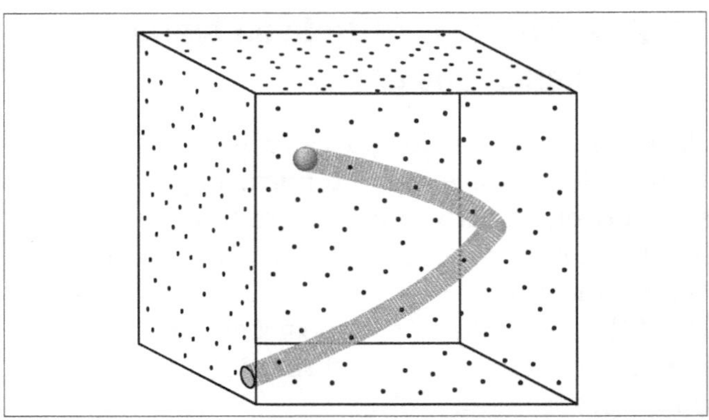

Figura 1.11 – Trajeto percorrido por uma molécula de diâmetro d em colisão com moléculas puntiformes.

Para uma molécula percorrendo determinado sentido, a sua frequência de colisão com as demais situadas no cilindro representado na Figura (1.11) é obtida de:

$$\begin{pmatrix}\text{Frequência}\\ \text{de colisão}\end{pmatrix} = \left(\frac{\dfrac{\text{Volume do cilindro/}}{\text{unidade de volume do cubo}}}{\Delta t}\right)$$

na qual o volume do cilindro é $V_{\text{cil}} = \pi d^2 \ell$, sendo ℓ o comprimento do cilindro, ou seja, a distância percorrida e recheada de colisões pela molécula de raio d, ou $\ell = v_r \Delta t$[5]. Assim, $V_{\text{cil}}\ \pi d^2\ v_r\ \Delta t$, o que resulta na seguinte expressão para a frequência de colisão de uma molécula com as demais contidas no cubo ilustrado na Figura (1.11).

$$z_1 = \pi d^2 v_r / \text{unidade de volume do cubo}$$

Admitindo que todas as moléculas presentes no cubo colidam entre si, a frequência de colisão é retomada como:

$$z = n_0 \pi d^2 v_r / \text{unidade de volume do cubo} \tag{1.20}$$

sendo $n_0 = CN_0$, em que $N_0 = 6{,}023 \times 10^{23}$ moléculas/mol é o número de Avogadro, e C, a concentração do gás presente no volume do cubo considerado. Pela lei dos gases ideais:

$$C = \frac{P}{RT} \tag{1.21}$$

Obtém-se a frequência de colisões depois de identificar as Equações (1.19) e (1.21) na Equação (1.20).

$$z = \sqrt{2}\pi d^2 N_0 \frac{P}{RT}\Omega \tag{1.22}$$

[5] Lembre-se: (comprimento) = (velocidade) (tempo).

Exemplo 1.1

Calcule o valor da frequência de colisão para o hélio (raio atômico ≈ 0,93 Å; massa molar = 4 g/mol) em um sistema hipotético a P = 760 mmHg e T = 27 °C.

Dados:

1 atm = 760 mmHg = 1,0133 × 10^6 (g/cm · s^2); R = 8,3144 × 10^7 (g · cm^2/mol · s^2 · K).

Solução: Da Equação (1.22):

$$z = \left(6{,}023 \times 10^{23}\right)\left(\sqrt{2}\right)(\pi)\, d^2 \frac{P}{RT} \Omega$$

ou

$$z = \left(2{,}676 \times 10^{24}\right) d^2 \frac{P}{RT} \Omega \tag{1}$$

Substituindo a Equação (1.16) em (1):

$$z = \left(2{,}676 \times 10^{24}\right) d^2 \left(\frac{8}{\pi}\right)^{1/2} \left(\frac{P^2}{MRT}\right)^{1/2}$$

ou

$$z = \left(4{,}27 \times 10^{24}\right) d^2 \left(\frac{P^2}{MRT}\right)^{1/2} \tag{2}$$

Visto: T = 27 °C = 27 + 273,15 = 300,15 K; P = 1,0133 × 10^6 (g/cm · s^2);

R = 8,3144 × 10^7 (g · cm^2/mol · s^2 · K); e d = (2)(0,93) Å = 1,86 × 10^{-8} cm; temos em (2)

$$z = \left(4{,}27 \times 10^{24}\right)\left(1{,}86 \times 10^{-8}\right)^2 \left[\frac{\left(1{,}0133 \times 10^6\right)^2}{(4)\left(8{,}3144 \times 10^7\right)(300{,}15)}\right]^{1/2} = 4{,}738 \times 10^9 \text{ 1/s}$$

O caminho livre médio

O caminho livre médio, λ, é definido como a *distância média entre duas moléculas na iminência da colisão*:

I. se uma molécula move-se com velocidade Ω durante um intervalo de tempo Δt, ela percorrerá um caminho livre de colisão ($\Omega \cdot \Delta t$);

II. considerando todo o trajeto da molécula recheado de colisões, essa molécula apresentará z_i colisões, sendo o número de colisões sofridas, agora, por n_0 (moléculas/unidade de volume do cubo) dado por ($z \cdot \Delta t$). O caminho livre médio, portanto, será:

$$\left(\begin{array}{c}\text{Caminho} \\ \text{livre médio}\end{array}\right) = \frac{\left(\begin{array}{c}\text{Distância percorrida} \\ \text{sem choques}\end{array}\right)}{(\text{Número de colisões})}$$

ou

$$\lambda = \frac{\Omega \Delta t}{z \Delta t} = \frac{\Omega}{z} \tag{1.23}$$

Substituindo (1.22) em (1.23), tem-se:

$$\lambda = \frac{RT}{N_0 \sqrt{2} \pi d^2 P} \tag{1.24}$$

Nota-se, na expressão (1.24), o efeito da energia cinética média das moléculas (RT) no caminho livre médio, bem como a ação da pressão e da geometria molecular. Para ilustrar algumas dessas influências, considere a seguinte situação:

Qual o tempo que alguém consome para atravessar, de uma extremidade a outra, uma floresta de área A, nos seguintes casos?

I. A floresta A contém uma árvore.

II. A floresta A contém x árvores, cujos troncos têm diâmetro constante e igual a d_1.

III. A floresta A contém y árvores, em que $y > x$, cujos troncos têm diâmetro constante e igual a d_1.

IV. A floresta A contém y árvores, cujos troncos têm diâmetro constante e igual a d_2, em que $d_2 > d_1$.

Não é difícil observar que haverá maior dificuldade em se atravessar o caso (II) quando comparado ao caso (I), vistos os obstáculos a serem evitados durante o percurso.

Aumentando o número de árvores, caso (III), a dificuldade crescerá; também dilatando o tempo para cobrir a extensão da floresta, caso (III) comparado ao caso (II). Situação idêntica em se tratando do diâmetro das árvores, caso (IV) comparado ao caso (III).

Há de se notar nessa ilustração que λ diminui do caso (I) ao (IV). Perceba que o caminho livre médio está relacionado com a *facilidade com que o soluto difunde-se na mistura*, o que será fundamental para a compreensão física do coeficiente de difusão.

1.2.3 O coeficiente de difusão binária para gases

A primeira lei de Fick, como discutido anteriormente, associa o coeficiente de difusão ao inverso da resistência a ser vencida pelo soluto e que é governada pela interação soluto–meio. A igualdade (1.13) fornece uma noção disso, pois, a partir da compreensão do caminho livre médio, nos será possível definir o coeficiente de difusão de um soluto em um meio gasoso.

Se retomarmos o caso das florestas, verificamos as diversas situações nas quais o aventureiro

Exemplo 1.2

Calcule o valor do caminho livre médio para o Exemplo (1.1).

Solução:

Temos, das Equações (1.23) e (1.16), respectivamente:

$$\lambda = \frac{\Omega}{z} \tag{1}$$

$$\Omega = \left(\frac{8RT}{M\pi}\right)^{1/2} \tag{2}$$

Substituindo os dados do Exemplo (1.1) na Equação (2):

$$\Omega = \left[\frac{(8)(8{,}3144\times 10^7)(300{,}15)}{(4)\pi}\right]^{1/2} = 12{,}604\times 10^4 \text{ cm/s} \tag{3}$$

Levando esse resultado em conjunto com a frequência de colisão calculada no Exemplo (1.1) na Equação (1):

$$\lambda = \frac{(12{,}604\times 10^4)}{(4{,}738\times 10^9)} = 2{,}660\times 10^{-5} \text{ cm}$$

interage com as árvores. Quando mencionamos interação, estamos pressupondo o que acontece dentro de uma determinada área ou região, portanto, intrínseco ao par soluto–meio. A relação entre o soluto e o meio rege o movimento do primeiro, permitindo-nos formular:

O coeficiente de difusão é definido como a *mobilidade do soluto no meio e é governada pela interação soluto–meio.*

A importância do entendimento da difusividade ou do coeficiente de difusão reside no fato de que, ao se procurar compreendê-lo, a difusão em si estará apreendida.

A obtenção desse coeficiente para gases via teoria cinética é imediata. Basta substituir a velocidade média molecular, Equação (1.16), e o caminho livre médio, Equação (1.24), na definição (1.13), resultando:

$$D_{AA} = \frac{2}{3N_0Pd^2}\left(\frac{RT}{\pi}\right)^{3/2}\left(\frac{1}{M}\right)^{1/2} \qquad (1.25)$$

A Equação (1.25) apresenta a dependência da difusividade com as propriedades do gás. Essa equação não é um simples amontoado de propriedades físicas. Ela nos mostra informações sobre a difusão: o efeito da energia cinética (RT), ou seja, quanto mais *agitado*, melhor é a mobilidade do soluto. Essa mobilidade é dificultada pelo tamanho das moléculas:

é mais fácil atravessar uma floresta que contenha cem árvores idênticas, cada qual com diâmetro igual a 10 cm, do que atravessar essa mesma floresta e com o mesmo número de árvores se cada uma tivesse 100 cm de diâmetro.

Análise semelhante é feita quanto à ação da pressão:

quanto mais próximas estiverem as árvores, maior será a dificuldade em atravessar a floresta.

Exemplo 1.3

Determine o valor do coeficiente de autodifusão para o hélio nas condições especificadas nos Exemplos (1.1) e (1.2). Compare com o valor experimental, que é D_{AA} = 1,67 cm²/s.

Solução:

Da definição (1.13):

$$D_{AA} = \frac{1}{3}\lambda\Omega \qquad (1)$$

Do exemplo (1.2):

$\Omega = 12{,}601 \times 10^4$ cm/s e $\lambda = 2{,}659 \times 10^{-5}$ cm.

Substituindo esses valores em (1):

$$D_{AA} = \frac{1}{3}\left(2{,}659\times10^{-5}\right)\left(12{,}601\times10^{4}\right) = 1{,}117\ \text{cm}^2/\text{s}$$

Desvio relativo:

$$\left(\frac{\text{cal}-\text{exp}}{\text{exp}}\right)\times100\% = \left(\frac{1{,}12-1{,}67}{1{,}67}\right)\times100\% = -32{,}9\%$$

O coeficiente de difusão[6] em gases para o par polar A/B

Para a difusão de um soluto gasoso A em um meio também gasoso B, a primeira lei de Fick é posta segundo:

$$J_{A,z} = -D_{AB}\frac{dC_A}{dz} \quad (1.26)$$

em que D_{AB} indica a difusão do soluto A no meio B. Esse coeficiente é reconhecido, para o caso de meio gasoso, como o coeficiente de difusão mútua: A difunde no meio B, bem como B difunde no meio A. Esse coeficiente, *para gases*, é determinado analogamente àquele de autodifusão na forma:

$$D_{AB} = \frac{1}{3}\lambda_{AB}\Omega_{AB} \quad (1.27)$$

A velocidade média molecular para o par AB é obtida por uma expressão semelhante a (1.16), utilizando-se, em vez de massa molar, a massa molar reduzida definida como (MACEDO, 1978):

$$\frac{1}{m} = \frac{1}{2}\left(\frac{1}{m_A} + \frac{1}{m_B}\right) \quad (1.28)$$

Visto $(k/m) = (R/M)$, a definição (1.28) fica:

$$\frac{1}{m} = \frac{1}{2}\frac{R}{k}\left(\frac{1}{M_A} + \frac{1}{M_B}\right)$$

Substituindo esse resultado na primeira igualdade da definição (1.16), obtém-se:

$$\Omega_{AB} = 2\left[\frac{RT}{\pi}\left(\frac{1}{M_A} + \frac{1}{M_B}\right)\right]^{1/2} \quad (1.29)$$

O caminho livre médio é obtido por uma expressão análoga a (1.24), na forma:

$$\lambda_{AB} = \frac{RT}{N_0\sqrt{2}\pi d_{AB}^2 P} \quad (1.30)$$

em que:

$$d_{AB} = \frac{1}{2}(d_A + d_B)$$

Levando as definições (1.29) e (1.30) para (1.27), chegamos em:

$$D_{AB} = \frac{2}{3\sqrt{2}N_0 P d_{AB}^2}\left(\frac{RT}{\pi}\right)^{3/2}\left[\frac{1}{M_A} + \frac{1}{M_B}\right]^{1/2} \quad (1.31)$$

Substituindo $N_0 = 6{,}023 \times 10^{23}$ moléculas/mol e $R = 8{,}3144 \times 10^7$ (g · cm²/mol · s² · K) na Equação (1.31):

$$D_{AB} = 1{,}066 \times 10^{-13}\frac{T^{3/2}}{P d_{AB}^2}\left[\frac{1}{M_A} + \frac{1}{M_B}\right]^{1/2}$$

Nessa expressão, as unidades do coeficiente de difusão e da temperatura são, respectivamente, (cm²/s) e (K), enquanto as de pressão e do diâmetro de colisão são, respectivamente, (g · cm/s²) e (cm). Para manusearmos melhor essa expressão, nos a rearranjaremos em termos de (atm) e Å, conservando, contudo, as unidades restantes. Desse modo:

$$D_{AB} = 1{,}053 \times 10^{-3}\frac{T^{3/2}}{P d_{AB}^2}\left[\frac{1}{M_A} + \frac{1}{M_B}\right]^{1/2} \quad (1.32)$$

A Equação (1.32) apresenta as diversas influências do meio, como temperatura e pressão, bem como as características das espécies químicas A e B no coeficiente de difusão de gases. Na Tabela (1.1) estão apresentados resultados experimentais para diversos pares A/B.

[a]**Tabela 1.1** – Coeficientes de difusão binária em gases

Sistema	T (K)	$D_{AB} \cdot P$ (cm² · atm/s)
ar/acetato de etila	273	0,0709
ar/acetato de propila	315	0,092
ar/água	298	0,260
ar/amônia	273	0,198
ar/anilina	298	0,0726
ar/benzeno	298	0,0962
ar/bromo	293	0,091
ar/difenil	491	0,160
ar/dióxido de carbono	273	0,136
ar/dióxido de enxofre	273	0,122
ar/etanol	298	0,132
ar/éter etílico	293	0,0896
ar/iodo	298	0,0834
ar/mercúrio	614	0,473
ar/metanol	298	0,162
ar/nafttaleno	298	0,0611
ar/nitrobenzeno	298	0,0868
ar/n-octano	298	0,0602

[6] Rigorosamente, o D_{AB} é denominado coeficiente de difusão binária. Entretanto, o adotaremos como coeficiente de difusão.

[a]**Tabela 1.1** – Coeficientes de difusão binária em gases (continuação)

Sistema	T (K)	$D_{AB} \cdot P$ (cm$^2 \cdot$ atm/s)
ar/oxigênio	273	0,175
ar/tolueno	298	0,0844
NH_3/etileno	293	0,177
argônio/neônio	293	0,329
CO_2/acetato de etila	319	0,0666
CO_2/água	298	0,164
CO_2/benzeno	318	0,0715
CO_2/etanol	273	0,0693
CO_2/éter etílico	273	0,0541
CO_2/hidrogênio	273	0,550
CO_2/metano	273	0,153
CO_2/metanol	298,6	0,105
CO_2/nitrogênio	298	0,158
CO_2/óxido nitroso	298	0,117
CO_2/propano	298	0,0863
CO/etileno	273	0,151
CO/hidrogênio	273	0,651
CO/nitrogênio	288	0,192
CO/oxigênio	273	0,185
He/água	298	0,908

[a]**Tabela 1.1** – Coeficientes de difusão binária em gases (continuação)

Sistema	T (K)	$D_{AB} \cdot P$ (cm$^2 \cdot$ atm/s)
He/argônio	273	0,641
He/benzeno	298	0,384
He/etanol	298	0,494
He/hidrogênio	293	1,64
He/neônio	293	1,23
H_2/água	293	0,850
H_2/amônia	293	0,849
H_2/argônio	293	0,770
H_2/benzeno	273	0,317
H_2/etano	273	0,439
H_2/metano	273	0,625
N_2/oxigênio	273	0,697
N_2/amônia	293	0,241
N_2/etileno	298	0,163
N_2/hidrogênio	288	0,743
N_2/iodo	273	0,070
N_2/oxigênio	273	0,181
O_2/amônia	293	0,253
O_2/benzeno	296	0,0939
O_2/etileno	293	0,182

[a]Fonte: Reid et al., 1977.

Exemplo 1.4

Determine o valor do coeficiente de difusão do H_2 em N_2 a 15 °C e 1 atm. Compare o resultado obtido com o valor experimental encontrado na Tabela (1.1). Dados:

Espécies	d (Å)*	M (g/mol)
H_2	0,60	2,016
N_2	1,40	28,013

* Diâmetro atômico.

Solução:

Aplicação direta de:

$$D_{AB} = 1,053 \times 10^{-3} \frac{T^{3/2}}{P d_{AB}^2} \left[\frac{1}{M_A} + \frac{1}{M_B} \right]^{1/2} \quad (1)$$

na qual:

$A = H_2$; $B = N_2$; $T = 15 + 273,15 = 288,15$ K; $P = 1$ atm.

$$d_{AB} = \frac{1}{2}(d_A + d_B) = \frac{1}{2}(0,60 + 1,40) = 1,0 \text{ Å}$$

$$D_{AB} = 1,053 \times 10^{-3} \frac{(288,15)^{3/2}}{(1)(1)^2} \left(\frac{1}{2,016} + \frac{1}{28,013} \right)^{1/2} = 3,756 \text{ cm}^2/\text{s}$$

Exemplo 1.4 (*continuação*)

Desvio relativo:

$$\left(\frac{\text{cal}-\text{exp}}{\text{exp}}\right)\times 100\% = \left(\frac{3{,}76-0{,}743}{0{,}743}\right)\times 100\% = 405{,}1\%\ !!$$

Sugestão: Refaça este exemplo considerando os diâmetros covalentes das espécies envolvidas na difusão. Qual é a sua conclusão?

Reavaliação do diâmetro de colisão: o potencial de Lennard-Jones

O que levou a um desvio daquela magnitude no exemplo (1.4)? Isso aconteceu, principalmente, em razão da hipótese de serem as moléculas esferas rígidas, com o diâmetro de colisão como sendo o atômico, pressupondo, como decorrência disso, colisões por contato entre elas. Isso serve apenas como aproximação qualitativa, mas não representa a realidade. Devemos nos lembrar de que as moléculas detêm cargas elétricas, que acarretam forças atrativa e repulsiva entre o par soluto/solvente, governando, sob esse enfoque, o fenômeno das colisões moleculares.

Admitindo uma molécula parada (molécula A) e outra (molécula B) vindo ao seu encontro, esta última chegará a uma distância limite, σ_{AB}, na qual é repelida pela primeira, Figura (1.12).

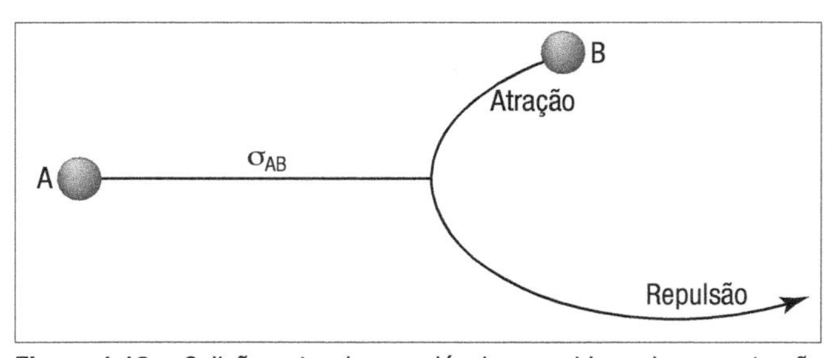

Figura 1.12 – Colisão entre duas moléculas considerando-se a atração e repulsão entre elas.

As energias de atração e de repulsão, como podem ser notadas, são funções da distância entre as moléculas, caracterizando uma *energia "potencial" de atração/repulsão*. Na distância entre as moléculas A e B, em que essa energia é nula, tem-se o *diâmetro de colisão*.

A expressão clássica dada a seguir, que descreve a energia potencial de atração/repulsão, é conhecida como o potencial (6-12) de Lennard-Jones e está representada na Figura (1.13).

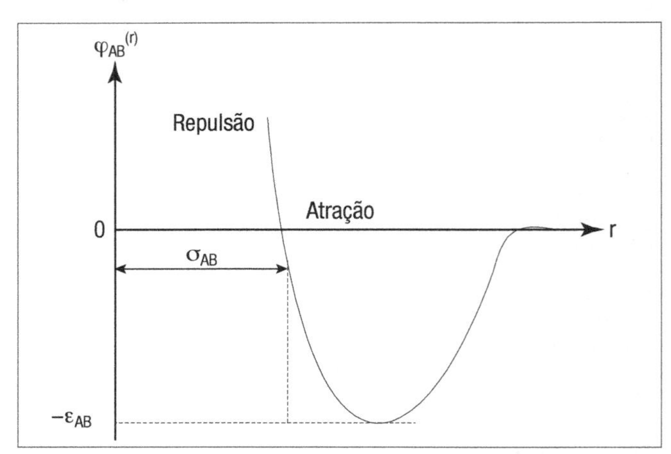

Figura 1.13 – Função da energia potencial de atração/repulsão entre duas moléculas.

$$\varphi_{AB}(r) = 4\varepsilon_{AB}\left[\left(\frac{\sigma_{AB}}{r}\right)^{12} - \left(\frac{\sigma_{AB}}{r}\right)^{6}\right] \tag{1.33}$$

sendo (HIRSCHFELDER et al., 1949):

$$\sigma_{AB} = \left(\frac{\sigma_A + \sigma_B}{2}\right) \tag{1.34}$$

$$\varepsilon_{AB} = \sqrt{\varepsilon_A \varepsilon_B} \tag{1.35}$$

σ_i (para $i = A$ ou B) é um diâmetro característico da espécie química i e diferente de seu diâmetro molecular ou atômico. Este, sim, pode ser considerado como o *diâmetro de colisão*. Já o parâmetro ε_{AB} representa a energia máxima de atração entre duas moléculas.

Encontram-se valores tabelados para σ_i e ε_{AB} na literatura: Bird, Stewart e Lighfoot (1960), Welty, Wilson e Wicks (1976), Reid, Prausnitz e Sherwood (1977) e Reid, Prausnitz e Poling (1988), entre outros. Por outro lado, existem correlações que estimam esses parâmetros, como aquelas apresentadas no Quadro (1.1).

No Quadro (1.1), σ_i está em Å; V_b é o volume molar à temperatura normal de ebulição e está em (cm^3/mol); T_b é a temperatura normal de ebulição em (K); T_c, a temperatura crítica (K); P_c, a pressão crítica (atm); w é o fator acêntrico; V_c é o volume crítico (cm^3/mol). Os valores desses parâmetros para diversas moléculas estão apresentados nas Tabelas (1.2). Encontramos em tais tabelas: μ_p em (debyes) e R_i em Å.

Quadro 1.1 – Correlações para a estimativa de σ_i e ε_i/k
[a]Para o ar, utilizar: σ_i = 3,711 Å e ε_i/k = 78,6 K

Grupos	σ_i =	ε_i/k =
[b]condições à T_b	$1{,}18\, V_b^{1/3}$ (1.36)	$1{,}15\, T_b$ (1.37)
[b]condições à T_c	$0{,}841\, V_c^{1/3}$ (1.38)	$0{,}77\, T_c$ (1.39)
[e]fator acêntrico	$(2{,}3551 - 0{,}087\, w) \times (T_c/P_c)^{1/3}$ (1.40)	$(0{,}7915 + 0{,}1693\, w)T_c$ (1.41)

[a]Fontes: [a]Reid et al., 1977; [b]Hirschfelder et al., 1949; [c]Tee et al., 1966.

[a]**Tabela 1.2a** – Propriedades de gases e de líquidos inorgânicos

Espécies	Fórmula molecular	Massa molar (g/mol)	T_b (K)	V_b^b (cm^3/mol)	T_c (K)	P_c (atm)	V_c (cm^3/mol)	w	μ_P (debyes)	R_i^1 (Å)
Água	H_2O	18,015	373,2	18,7[1]	647,3	217,6	56,0	0,344	1,8	0,6150
Amônia	NH_3	17,031	239,7	25,0[1]	405,6	111,3	72,5	0,25	1,5	0,8533
Argônio	Ar	39,948	87,3	-	150,8	48,1	74,9	–0,004	0,0	-
Bromo	Br_2	159,808	331,9	53,2[2]	584,0	102,0	127,0	0,132	0,2	1,076
Dióxido de carbono	CO_2	44,010	194,7	34,0[2]	304,2	72,8	94,0	0,225	0,0	0,9918
Dióxido de enxofre	SO_2	64,063	263,0	43,8[1]	430,8	77,8	122,0	0,251	1,6	1,6738
Hidrogênio	H_2	2,016	20,4	14,3[2]	33,2	12,8	65,0	–0,22	0,0	0,3708
Hélio-4	He (4)	4,003	4,21	-	5,19	2,24	57,3	–0,387	0,0	0,8077
Monóxido de carbono	CO	28,010	81,7	30,7[2]	132,9	34,5	93,1	0,049	0,1	0,5582
Neônio	Ne	20,183	27,0	-	44,4	27,2	41,7	0,0	0,0	0,8687
Nitrogênio	N_2	28,013	77,4	31,2[2]	126,2	33,5	89,5	0,04	0,0	0,5471
Óxido nitroso	N_2O	44,013	184,7	36,4[2]	309,6	71,5	97,4	0,16	0,2	1,1907
Oxigênio	O_2	31,999	90,2	25,6[2]	154,6	49,8	73,4	0,021	0,0	0,6037

[a]Fonte: Reid, Prausnitz e Sherwood, 1977
[b]Utilizou-se das seguintes fontes: [1]Reid et al., 1977; [2]Welty, Wilson e Wicks, 1976; [3]Equação de Tyn e Callus, Equação (1.76).

[a]**Tabela 1.2b** – Propriedades de gases e de líquidos orgânicos

Espécies	Fórmula molecular	Massa molar (g/mol)	T_b (K)	V_b^b (cm^3/mol)	T_c (K)	P_c (atm)	V_c (cm^3/mol)	w	μ_P (debyes)	R_i^1 (Å)
Ácido acético	$C_2H_2O_2$	60,052	391,1	64,1[1]	594,4	57,1	171,0	0,454	1,3	2,5950
Acetona	C_3H_6O	58,080	329,4	77,5[1]	508,1	46,4	209,0	0,309	2,9	2,7404
Benzeno	C_6H_6	78,114	353,3	96,5[1]	562,1	48,3	259,0	0,212	0,0	3,0037
Clorofórmio	$CHC\ell_3$	119,378	334,3	96,5[3]	536,4	54,0	239,0	0,216	1,1	3,1779
Ciclohexano	C_6H_{12}	84,162	353,9	117,0[1]	553,4	40,2	308,0	0,213	0,3	3,2605
Etano	C_2H_6	30,07	184,5	53,6[3]	305,4	48,2	148,0	0,098	0,0	1,8314
Etanol	C_2H_6O	46,069	351,5	60,8[3]	516,2	63,0	167,0	0,635	1,7	2,2495
Glicerol	$C_3H_8O_3$	92,095	563,0	94,8[3]	726,0	66,0	255,0	-	3,0	-
n-hexano	C_6H_{14}	86,178	341,9	140,06[3]	507,4	29,3	370,0	0,296	0,0	3,8120
Metano	CH_4	16,043	111,7	37,7[1]	190,6	45,4	99,0	0,008	0,0	1,1234
Metanol	CH_4O	32,042	337,8	42,5[1]	512,6	79,9	118,0	0,559	1,7	1,5360
Naftaleno	$C_{10}H_8$	128,174	491,1	156,0[3]	748,4	40,0	410,0	0,302	0,0	-
n-pentano	C_5H_{12}	72,151	309,2	114,0[3]	469,6	33,3	304,0	0,251	0,0	3,3858
Tetracloreto de carbono	$CC\ell_4$	153,823	349,7	102,0[1]	556,4	45,0	276,0	0,194	0,0	3,4581
Tolueno	C_7H_8	92,141	383,8	118,7[3]	591,7	40,6	316,0	0,257	0,4	3,4432

[a]Fonte: Reid, Prausnitz e Sherwood, 1977.
[b]Utilizou-se das seguintes fontes: [1]Reid, Prausnitz e Sherwood, 1977; [2]Welty, Wilson e Wicks, 1976; [3]Equação de Tyn e Callus, Equação (1.76).

[a]**Tabela 1.3** – Volumes atômicos para volumes moleculares complexos de substâncias simples (*O volume de Le Bas*)

Espécies	Volume atômico (cm³/mol)	Espécies	Volume atômico (cm³/mol)
Bromo	27,0	Nitrogênio em aminas secundárias	12,0
Carbono	14,8	Oxigênio	7,4
Cloro	21,6	Oxigênio em éter e éster metílicos	9,1
Hidrogênio	3,7	Oxigênio em éter e éster etílicos	9,9
Iodo	37,0	Oxigênio em outros éteres e ésteres	11,0
Nitrogênio em dupla ligação	15,6	Oxigênio em ácidos	12,0
Nitrogênio em aminas primárias	10,5	Enxofre	25,6

[a]Fonte: Reid, Prausnitz e Sherwood, 1977.

No caso de não se encontrar valores tabelados para o V_b, sugere-se utilizar o cálculo do *volume de Le Bas* [REID; PRAUSNITZ; SHERWOOD, 1977; REID; PRAUSNITZ; POLING, 1988]. Esse volume é obtido conhecendo-se os volumes atômicos das espécies químicas que compõem a molécula em estudo. A Tabela (1.3) lista as contribuições de cada átomo presente na molécula desejada. O V_b desta é obtido da soma das contribuições dos átomos proporcionais ao número de vezes que aparecem na fórmula molecular.

Quando certas estruturas cíclicas estão presentes no composto estudado, algumas correções são feitas na "soma" das contribuições dos componentes presentes na fórmula molecular do composto em análise. Tais correções são realizadas levando-se em conta a configuração específica do anel (WELTY; WILSON; WICKS, 1976):

- para um anel constituído de 3 membros, como o óxido de etileno, subtraia 6;
- para um anel constituído de 4 membros, como o ciclobutano, subtraia 8,5;

Exemplo 1.5

Calcule o valor do volume de Le Bas para o etano e determine o seu diâmetro de colisão.

Solução:

Da Tabela (1.2b) verificamos que a fórmula molecular do etano é C_2H_6. Desse modo:

$V_{b_{C_2H_6}} = (2)V_{b_C} + (6)V_{b_H} = (2)(14{,}8) + (6)\ (3{,}7) = 51{,}8\ cm^3/mol$

Substituindo esse resultado na Equação (1.36), obtém-se:

$\sigma_A = 1{,}18\ V_b^{1/3} = (1{,}18)(51{,}8)^{1/3} = 4{,}4\ Å$

Exemplo 1.6

Calcule o valor do volume de Le Bas para o tolueno e determine o seu diâmetro de colisão.

Solução:

Da Tabela (1.2b) verificamos que a fórmula molecular do tolueno é C_7H_8. Desse modo:

$V_{b_{C_7H_8}} = (7)V_{b_C} + (8)V_{b_H} - 15 = (7)(14{,}8) + (8)\ (3{,}7) - 15 = 118{,}2\ cm^3/mol$

Substituindo esse resultado na Equação (1.36), obtém-se:

$\sigma_A = 1{,}18\ V_b^{1/3} = (1{,}18)(118{,}2)^{1/3} = 5{,}79\ Å$

- para um anel constituído de 5 membros, como o ciclopentano, subtraia 11,5;
- para a piridina, subtraia 15;
- para o anel benzênico, subtraia 15;
- para o anel de naftaleno, subtraia 30;
- para o anel de antraceno, subtraia 47,5.

Correlações para a estimativa do coeficiente de difusão para pares de gases apolares

De posse da análise da função da energia potencial de Lennard-Jones, da qual se originou o diâmetro de colisão, reescreveremos a Equação (1.32) como:

$$D_{AB} = 1{,}053 \times 10^{-3} \frac{T^{3/2}}{P\sigma_{AB}^2}\left[\frac{1}{M_A} + \frac{1}{M_B}\right]^{1/2} \qquad (1.42)$$

Na Equação (1.42) já existe uma tentativa de correção do resultado oriundo da teoria cinética simplificada dos gases, Equação (1.32). Observe que, qualitativamente, não houve modificação. Quanto ao desempenho quantitativo, teremos uma avaliação a partir do próximo exemplo.

Exemplo 1.7

Determine o valor do coeficiente de difusão do H_2 em N_2 a 15 °C e 1 atm, estimando o diâmetro de colisão das moléculas por intermédio das correlações presentes no Quadro (1.1). Compare os resultados obtidos com aquele presente na Tabela (1.1).

Solução:

Denominando os valores do coeficiente de difusão calculados pela Equação (1.32) como $D^* = 3{,}756$ cm²/s (que é o resultado obtido no Exemplo 1.4), os novos valores serão:

$$D_{AB} = \frac{d_{AB}^2}{\sigma_{AB}^2} D^* \qquad (1)$$

Do Exemplo (1.4) verificamos que d_{AB} = 1 Å, e da Tabela (1.3) resgatamos outra, tal como se segue:

Elementos	H_2	N_2
M (g/mol)	2,016	28,013
V_b (cm³/mol)	14,3	31,2
V_c (cm³/mol)	33,2	126,2
P_c (atm)	12,8	33,5
V_c (cm³/mol)	65,0	89,5
w	–0,22	0,04

Por intermédio do Quadro (1.1), em conjunto com a Equação (1.34), construímos a tabela a seguir:

Grupos	Condições à T_b	Condições críticas	Fator acêntrico
σ_i =	$1{,}18\ V_b^{1/3}$	$0{,}841\ V_c^{1/3}$	$(2{,}3551 - 0{,}087w)(T_c/P_c)^{1/3}$
σ_{H_2} (Å)	2,864	3,381	3,262
σ_{N_2} (Å)	3,715	3,762	3,659
σ_{H_2, N_2} (Å)	3,289	3,572	3,461

Exemplo 1.7 (*continuação*)

Por exemplo:

Cálculos a partir das condições avaliadas à temperatura normal de ebulição:

$$\sigma_{H_2} = 1{,}18\ V_b^{1/3} = (1{,}18)(14{,}3)^{1/3} = 2{,}864\ \text{Å}$$
$$\sigma_{N_2} = 1{,}18\ V_b^{1/3} = (1{,}18)(31{,}2)^{1/3} = 3{,}715\ \text{Å}$$
$$\sigma_{H_2,N_2} = \frac{1}{2} = (\sigma_{H_2} + \sigma_{N_2}) = 3{,}289\ \text{Å}$$

O mesmo procedimento é realizado utilizando-se as Equações (1.38) e (1.40). De posse dos resultados apresentados na última coluna da tabela anterior e com os valores obtidos no Exemplo (1.4), temos os seguintes resultados:

Grupos	$D_{H_2,N_2} = \left(\frac{1}{\sigma_{AB}}\right)^2 (3{,}756)\ cm^2/s$	Desvio relativo (%)
Condições à T_b	0,458	–38,4
Condições críticas	0,272	–63,4
Fator acêntrico	0,347	–53,3

Pela análise dos desvios relativos, notamos que a expressão (1.32) carece de um fator de multiplicação de, aproximadamente, 2; permitindo-nos escrever:

$$D_{AB} = b \times 10^{-3} \frac{T^{3/2}}{P\sigma_{AB}^2}\left(\frac{1}{M_A} + \frac{1}{M_B}\right)^{1/2} \tag{1.43}$$

A equação de Chapman-Enskog

No início do século XX, Chapman, na Inglaterra, e Enskog, na Suécia, independentemente, desenvolveram uma teoria cinética dos gases rigorosa, da qual obtiveram coeficientes de transporte por intermédio da energia potencial (BIRD et al., 1960). Um desses resultados é expresso por:

$$D_{AB} = b \times 10^{-3} \frac{T^{3/2}}{P\sigma_{AB}^2 \Omega_D}\left(\frac{1}{M_A} + \frac{1}{M_B}\right)^{1/2} \tag{1.44}$$

O termo b é igual a 1,858. O resultado da substituição dessa constante na Equação (1.44) é a clássica expressão de Chapman-Enskog[7]:

$$D_{AB} = 1{,}858 \times 10^{-3} \frac{T^{3/2}}{P\sigma_{AB}^2 \Omega_D}\left(\frac{1}{M_A} + \frac{1}{M_B}\right)^{1/2} \tag{1.45}$$

Wilke e Lee (1955) propuseram a seguinte expressão para a constante b:

$$b = 2{,}17 - \frac{1}{2}\left(\frac{1}{M_A} + \frac{1}{M_B}\right)^{1/2} \tag{1.46}$$

que, substituída na Equação (1.44), fornece uma correlação para a estimativa do coeficiente de difusão em gases para a situação em que pelo menos uma das espécies da mistura apresente massa molar superior a 45 g/mol (PAPES FILHO et al., 1995).

$$D_{AB} = \left[2{,}17 - \frac{1}{2}\left(\frac{1}{M_A} + \frac{1}{M_B}\right)^{1/2}\right] \times \times \frac{T^{3/2}}{P\sigma_{AB}^2 \Omega_D}\left(\frac{1}{M_A} + \frac{1}{M_B}\right)^{1/2} \times 10^{-3} \tag{1.47}$$

Quando comparamos as Equações (1.43) e (1.44), nos deparamos com um novo parâmetro: a *integral de colisão* Ω_D. Esta grandeza está associada à energia máxima de atração entre as moléculas A e B e é função da temperatura. A *integral de colisão* expressa a dependência do diâmetro de colisão com a temperatura, da qual é inversamente proporcional.

Neufeld et al., (1972) propuseram a seguinte correlação para o cálculo de Ω_D:

$$\Omega_D = \frac{A}{T^{*B}} + \frac{C}{\exp(DT^*)} + \frac{E}{\exp(FT^*)} + \frac{G}{\exp(HT^*)} \tag{1.48}$$

[7] Alguns autores denominam essa equação como a de Chapman e Cowling. *Ela é adequada para pressões menores do que* 20 atm.

A temperatura reduzida é definida como:

$$T^* = \frac{kT}{\varepsilon_{AB}} \tag{1.49}$$

sendo a energia máxima de atração ε_{AB} advinda da definição (1.35) e os valores individuais de ε_i/k obtidos das correlações apresentadas no Quadro (1.1). As constantes presentes na Equação (1.48) são iguais a:

A = 1,06036	D = 0,47635	G = 1,76474
B = 0,15610	E = 1,03587	H = 3,89411
C = 0,1930	F = 1,52996	

Exemplo 1.8

Refaça o Exemplo (1.4), utilizando:

a) a equação de Chapman e Enskog;
b) a equação de Wilke e Lee.

Utilize o Quadro (1.1) para a estimativa dos parâmetros σ_i e ε_i/k.

Solução:

Trata-se da aplicação direta das correlações. Obtiveram-se os diâmetros de colisão no Exemplo (1.7) por três correlações. Esses valores serão aproveitados. Os valores da integral de colisão calculados pela Equação (1.48), utilizando-se as correlações para a estimativa do ε_{AB}/k, serão válidos tanto para a equação de Chapman e Enskog quanto para a de Wilke e Lee.

Para que possamos utilizar o Quadro (1.1), iremos à Tabela (1.2a), da qual extraímos as seguintes informações:

Elementos	M (g/mol)	V_b (cm^3/mol)	T_c (K)	T_b (K)	w
H_2	2,016	14,3	33,2	20,4	–0,22
N_2	28,013	31,2	126,2	77,4	0,04

De posse dos valores presentes na tabela anterior e tendo como base as Equações (1.35), (1.48) e (1.49), podemos determinar os parâmetros que estão presentes na seguinte tabela:

Grupos	$\varepsilon_i/k =$	ε_{H_2}/k	ε_{N_2}/k	$\varepsilon_{H_2,N_2}/k$	$T^* = 288{,}15\ k/\varepsilon_{H_2,N_2}$	Ω_D
Condições à T_b	1,15 T_b	23,46	89,01	45,70	6,302	0,8052
Condições críticas	0,77 T_c	25,564	97,174	49,84	6,778	0,8188
Fator acêntrico	$(0{,}7915 + 0{,}1693w)\ T_c$	25,041	100,742	50,226	5,734	0,8201

Como exemplo de cálculos, demonstraremos as "contas" da primeira linha (condições a T_b):

$$\varepsilon_{H_2}/k = (1{,}15)(20{,}4) = 23{,}46\ \text{K} \tag{1}$$

$$\varepsilon_{N_2}/k = (1{,}15)(77{,}4) = 89{,}01\ \text{K} \tag{2}$$

Substituindo (1) e (2) na Equação (1.35):

$$\varepsilon_{H_2,N_2}/k = \sqrt{(\varepsilon_{H_2}/k)(\varepsilon_{N_2}/k)} = \sqrt{(23{,}46)(89{,}01)} = 45{,}70\ \text{K} \tag{3}$$

Exemplo 1.8 (*continuação*)

Cálculo da temperatura reduzida:

$$T^* = \frac{kT}{\varepsilon_{AB}} = T^* = 288{,}15\frac{k}{\varepsilon_{AB}} = T^* = \frac{288{,}15}{45{,}70} = 6{,}305 \quad (4)$$

Cálculo da integral de colisão,

Levando (4) para a Equação (1.48):

$$\Omega_D = \frac{1{,}06036}{(6{,}305)^{0{,}15610}} + \frac{0{,}1930}{\exp[(0{,}47635)(6{,}305)]} + \frac{1{,}03587}{\exp[(1{,}52996)(6{,}305)]} + \frac{1{,}76474}{\exp[(3{,}89411)(6{,}305)]} = 00{,}8052$$

O mesmo procedimento é realizado para os cálculos presentes na segunda e terceira colunas. Procedendo dessa maneira, tem-se condições de construir uma nova tabela, na qual estão os parâmetros necessários para a determinação do coeficiente de difusão.

Grupos	T (K)	σ_{H_2,N_2} (Å)	Ω_D	P (atm)	M_A (g/mol)	M_B (g/mol)
Condições à T_b	288,15	3,289	0,8052	1	2,016	28,013
Condições críticas	288,15	3,572	0,8188	1	2,016	28,013
Fator acêntrico	288,15	3,461	0,8201	1	2,016	28,013

Cálculo do coeficiente de difusão:

Utilização da correlação de Chapman e Enskog, b = 1,858:

$$D_{AB} = 1{,}858\times10^{-3}\frac{T^{3/2}}{P\sigma_{AB}^2\Omega_D}\left(\frac{1}{M_A}+\frac{1}{M_B}\right)^{1/2}$$

Condições a T_b:

$$D_{AB} = (1{,}858\times10^{-3})\frac{(288{,}15)^{3/2}}{(1)(3{,}289)^2(0{,}8052)}\times\left(\frac{1}{2{,}016}+\frac{1}{28{,}013}\right)^{1/2} = 0{,}761\ \text{cm}^2/\text{s}$$

Condições críticas:

$$D_{AB} = (1{,}858\times10^{-3})\frac{(288{,}15)^{3/2}}{(1)(3{,}572)^2(0{,}8188)}\times\left(\frac{1}{2{,}016}+\frac{1}{28{,}013}\right)^{1/2} = 0{,}634\ \text{cm}^2/\text{s}$$

Fator acêntrico:

$$D_{AB} = (1{,}858\times10^{-3})\frac{(288{,}15)^{3/2}}{(1)(3{,}461)^2(0{,}8201)}\times\left(\frac{1}{2{,}016}+\frac{1}{28{,}013}\right)^{1/2} = 0{,}675\ \text{cm}^2/\text{s}$$

Utilização da correlação de Wilke e Lee, Equação (1.46):

$$b = 2{,}17 - \frac{1}{2}\left(\frac{1}{M_A}+\frac{1}{M_B}\right)^{1/2}$$

$$b = 2{,}17 - \frac{1}{2}\left(\frac{1}{M_A}+\frac{1}{M_B}\right)^{1/2} = 2{,}17 - \frac{1}{2}\left(\frac{1}{2{,}016}+\frac{1}{28{,}013}\right)^{1/2} = 1{,}805$$

Exemplo 1.8 (*continuação*)

Se denominarmos o D_{AB} determinado pela correlação de Chapman e Enskog de D', o valor do D_{AB} de Wilke e Lee será: D_{AB} = (1,805/1,858)D' = 0,972D'. A tabela a seguir mostra os resultados obtidos.

Grupos	Chapman-Enskog D (cm²/s)	Desvio relativo (%)	Wilke-Lee D_{AB} (cm²/s)	Desvio relativo (%)
Condições à T_b	0,761	2,32	0,740	–0,49
Condições críticas	0,634	–14,80	0,616	–17,20
Fator acêntrico	0,675	–9,23	0,655	–11,90

Pela análise dos desvios relativos, verifica-se que a correlação de Wilke e Lee, Equação (1.47), com as propriedades referenciadas na temperatura normal de ebulição foi a que teve melhor desempenho.

A correlação de Fuller, Schetter e Giddings

As correlações de Chapman-Enskog e de Wilke-Lee obedecem à formulação posta de acordo com a Equação (1.44). A correlação empírica proposta por Fuller, Schetter e Giddings (1966) remete à formulação original, Equação (1.32), corrigindo-a em termos da temperatura de acordo com:

$$D_{AB} = 1{,}0 \times 10^{-3} \frac{T^{1,75}}{P d_{AB}^2} \left[\frac{1}{M_A} + \frac{1}{M_B} \right]^{1/2} \quad (1.50a)$$

na qual T está em (K) e P em (atm) e o resultado D_{AB} é expresso em (cm²/s). O diâmetro d_{AB} é definido tal como se segue:

$$d_{AB} = (\sum v)_A^{1/3} + (\sum v)_B^{1/3} \quad (1.50b)$$

Na definição (1.50b) a grandeza $(\Sigma v)_i$, para $i = A$ ou B, é um volume associado à difusão da molécula A. O volume de difusão, que aqui será identificado como "volume de Fuller, Schetter e Giddings", para diversas moléculas simples está apresentado na Tabela (1.4). Para moléculas complexas, o procedimento para a determinação do volume de Fuller, Schetter e Giddings é semelhante àquele proposto por Le Bas [veja os Exemplos (1.5) e (1.6)]. Os volumes atômicos de Fuller, Schetter e Giddings estão apresentados na Tabela (1.5). Estão presentes nessa última tabela as correções quanto à presença de estruturas cíclicas. O sinal (–) significa que se deve diminuir o valor indicado depois de somar as contribuições de cada átomo, proporcionais à sua presença, na fórmula estrutural do composto desejado.

[a]**Tabela 1.4** – Volumes moleculares de difusão (volumes de Fuller, Schetter e Giddings)

Moléculas	(Σv) (cm³/mol)	Moléculas	(Σv) (cm³/mol)
H_2	7,07	CO_2	26,9
He	2,88	N_2O	35,9
N_2	17,9	NH_3	14,9
O_2	16,6	H_2O	12,7
ar	20,1	$C\ell_2$	37,7
Ar (argônio)	16,1	Br_2	67,2
CO	18,9	SO_2	41,1

[a]Fonte: Reid, Prausnitz e Sherwood, 1977.

[a]**Tabela 1.5** – Incrementos nos volumes atômicos de difusão (volumes de Fuller, Schetter e Giddings)

Moléculas	v (cm³/mol)	Moléculas	v (cm³/mol)
C	16,5	$C\ell$	19,5
H	1,98	S	17,0
O	5,48	anel aromático	–20,2
N	5,69	anel heterocíclico	–20,2

[a]Fonte: Reid, Prausnitz e Sherwood, 1977.

Apesar de a correlação de Fuller, Schetter e Giddings (1966), no Exemplo 1.10, conduzir a um desvio relativo maior se comparado ao da correlação de Wilke e Lee, ela é quem apresenta menor desvio relativo para diversos pares soluto-solvente, como apontado por Reid, Prausnitz e Poling (1988). É, portanto, a recomendada para a estimativa do coeficiente de difusão de um par apolar de gases.

Exemplo 1.9

Determine o valor do volume de Fuller, Schetter e Giddings para a molécula de tolueno.

Solução:

Da Tabela (1.2b) verificamos que a fórmula molecular do tolueno é C_7H_8. Desse modo:

$(\Sigma v)_{C_7H_8} = (7)v_c + (8)v_H - 20{,}2 = (7)(16{,}5) + (8)(1{,}98) - 20{,}2 = 111{,}14\ \text{cm}^3/\text{mol}$

Exemplo 1.10

Refaça o Exemplo (1.4), utilizando a correlação de Fuller, Schetter e Giddings.

Solução:

Aplicação imediata da correlação:

$$D_{AB} = 1{,}0 \times 10^{-3} \frac{T^{1{,}75}}{Pd_{AB}^2}\left[\frac{1}{M_A} + \frac{1}{M_B}\right]^{1/2} \tag{1}$$

com

$$d_{AB} = (\sum v)_A^{1/3} + (\sum v)_B^{1/3} \tag{2}$$

Como se trata de moléculas simples, temos da Tabela (1.4):

$(\sum v)_{H_2} = 7{,}07$ e $(\sum v)_{N_2} = 17{,}9$

Substituindo (3) em (2):

$$d_{H_2,N_2} = (\sum v)_{H_2}^{1/3} + (\sum v)_{N_2}^{1/3} = (7{,}07)^{1/3} + (17{,}9)^{1/3} = 4{,}535\ \text{Å} \tag{4}$$

Visto: $M_A = 2{,}016$ g/mol; $M_B = 28{,}013$ g/mol; $T = 15 + 273{,}15 = 288{,}15$ K; $P = 1$ atm (5)

levaremos (4) e (5) para (1):

$$D_{H_2,N_2} = 1{,}0 \times 10^{-3} \frac{(288{,}15)^{1{,}75}}{(1)(4{,}535)^2}\left[\frac{1}{2{,}016} + \frac{1}{28{,}013}\right]^{1/2} = 0{,}715\ \text{cm}^2/\text{s}$$

O desvio relativo entre o valor experimental apresentado na Tabela (1.1) e aquele calculado pela correlação (1.50a) é de –3,8%.

O efeito da polaridade no coeficiente de difusão em gases para o par A–B

Para uma mistura de gases que contenha *componentes polares*, Brokaw (1969) sugeriu a seguinte correção na integral de colisão para, depois, utilizá-la na Equação (1.45):

$$\Omega_D = \Omega_D^* + \left(0{,}196 \frac{\delta_{AB}^2}{T^*}\right) \tag{1.51}$$

e Ω_D*é obtida da Equação (1.48). O termo relacionado à polaridade é definido segundo:

$$\delta_{AB} = (\delta_A \delta_B)^{1/2} \tag{1.52}$$

em que

$$\delta_i = \frac{1{,}94 \times 10^3 \mu_{p_i}^2}{V_{b_i} T_{b_i}} \tag{1.53}$$

O momento dipolar da molécula i, μ_{p_i}, é dado em debyes, encontrando-se o seu valor para diversas moléculas nas Tabelas (1.2a) e (1.2b).

Além da correção explícita na integral de colisão, Equação (1.51), Brokaw sugeriu correções tanto na estimativa do diâmetro de colisão das moléculas polares quanto na energia máxima de atração, por intermédio das seguintes modificações:

Diâmetro de colisão de Brokaw:

para a molécula i:

$$\sigma_i = \left[\frac{1{,}585 V_{b_i}}{(1 + 1{,}3\delta_i^2)}\right]^{1/3} \tag{1.54}$$

entre o par de moléculas A e B:

$$\sigma_{AB} = \sqrt{\sigma_A \sigma_B} \tag{1.55}$$

Energia máxima de atração de Brokaw:

para a molécula i:

$$\frac{\varepsilon_i}{k} = 1{,}18(1 + 1{,}3\delta_i^2) T_{b_i} \tag{1.56}$$

entre o par de moléculas A e B:

$$\frac{\varepsilon_{AB}}{k} = \sqrt{\left(\frac{\varepsilon_A}{k}\right)\left(\frac{\varepsilon_B}{k}\right)} \tag{1.57}$$

A correção da polaridade não aparece somente no termo complementar à integral de colisão, $0{,}196\delta_{AB}^2/T^*$. Note que ela também está presente no diâmetro de colisão, Equação (1.55), e na energia máxima de atração, Equação (1.56). Como consequência, a proposta de Brokaw é recomendada para a estimativa do coeficiente de difusão tanto para o par polar/polar quanto para o par polar/apolar.

Exemplo 1.11

Estime o valor do coeficiente de difusão do vapor de água em ar seco a 25 °C e 1 atm. Compare o resultado com o valor experimental, que é 0,26 cm^2/s. Considere o valor da massa molar do ar seco igual a 28,85 g/mol.

Solução:

Como se trata de uma mistura polar/apolar (vapor/ar), será utilizado o procedimento de Brokaw para a determinação dos parâmetros σ_{AB} e ε_{AB}/k.

Denominando A = vapor de água e B = ar, teremos:

Cálculo do parâmetro de polaridade:

Da Equação (1.53) e da Tabela (1.2a), válidas para o vapor de água:

$$\delta_A = \frac{1{,}94 \times 10^3 \mu_{p_A}^2}{V_{b_A} T_{b_A}} = \frac{(1{,}94 \times 10^3)(1{,}8)^2}{(18{,}7)(373{,}15)} = 0{,}9 \tag{1}$$

Cálculo do diâmetro de colisão do vapor de água:

Resgatando o valor do volume molar à temperatura normal de ebulição do vapor de água presente na Tabela (1.2a) e levando-o, em conjunto com (1), para a Equação (1.54):

$$\sigma_A = \left[1{,}585 V_{b_A} / (1 + 1{,}3\delta_A^2)\right]^{1/3} = \left\{(1{,}585)(18{,}7)/\left[1 + (1{,}3)(0{,}9)^2\right]\right\}^{1/3} = 2{,}435 \text{ Å} \tag{2}$$

Exemplo 1.11 (*continuação*)

Considerando-se que o valor do diâmetro de colisão do ar é igual a σ_B = 3,711 Å, substituiremos esse valor em conjunto com (2) na Equação (1.55).

$$\sigma_{AB} = \sqrt{\sigma_A \sigma_B} = \sqrt{(2{,}435)(3{,}711)} = 3{,}006 \text{ Å} \quad (3)$$

Cálculo da energia máxima de atração entre A e B:

Buscando o valor da temperatura normal de ebulição do vapor de água presente na Tabela (1.2a) e substituindo-o em conjunto com (1) na Equação (1.56), tem-se o seguinte resultado:

$$\varepsilon_A/k = 1{,}18\left(1+1{,}36\delta_A^2\right)T_{b_A} = (1{,}18)\left[1+(1{,}3)(0{,}9)^2\right](373{,}15) = 903{,}97 \text{ K} \quad (4)$$

Tendo-se visto que $\varepsilon_{ar}/k = \varepsilon_B/k$ = 78,6 K, substituiremos esse valor junto com (4) na Equação (1.57).

$$\varepsilon_{AB}/k = \sqrt{(\varepsilon_A/k)(\varepsilon_B/k)} = \sqrt{(903{,}97)(78{,}6)} = 266{,}56 \text{ K} \quad (5)$$

Cálculo do Ω_D por intermédio da correlação de Neufeld, Janzen e Aziz (1972):

Determinação da temperatura reduzida. Visto que T = 298,15 K e com o resultado (5), temos em (1.49):

$$T^* = \frac{kT}{\varepsilon_{AB}} = \frac{298{,}15}{266{,}56} = 1{,}1185 \quad (6)$$

Substituindo (6) na Equação (1.48):

$$\Omega_D = \frac{1{,}06036}{T^{*0{,}15610}} = \frac{0{,}1930}{\exp\left(0{,}47635T^*\right)} + \frac{1{,}03587}{\exp\left(1{,}52996T^*\right)} + \frac{1{,}76474}{\exp\left(3.89411T^*\right)} = 1{,}368 \quad (7)$$

Cálculo do coeficiente de difusão:

Como as massas molares do vapor de água e do ar são 18,015 e 28,85 g/mol, respectivamente, retomamos a Equação (1.45) para efetuar o seguinte cálculo:

$$D_{AB} = \frac{1{,}858\times10^{-3}T^{3/2}}{P\sigma_{AB}^2\Omega_D}\left(\frac{1}{M_A}+\frac{1}{M_B}\right)^{1/2} = \frac{\left(1{,}858\times10^{-3}\right)(298{,}15)^{3/2}}{(1)(3{,}006)^2(1{,}368)}\left(\frac{1}{18{,}015}+\frac{1}{28{,}85}\right)^{1/2}$$

$$D_{AB} = 0{,}232 \text{ cm}^2/\text{s}$$

O *desvio relativo* é:

$$DR = \frac{(\text{cal}-\exp)}{\exp}\times100\% = \frac{(0{,}23-0{,}26)}{0{,}26}\times100\% = -11{,}5\%$$

1.2.4 Estimativa do D_{AB} a partir de um D_{AB} conhecido em outra temperatura e pressão

A Equação (1.44) varia com a temperatura e pressão segundo $T^{3/2}/(\Omega_D P)$. Podemos predizer o coeficiente de difusão em gases em uma condição desconhecida (T_2, P_2), a partir de um D_{AB} conhecido na condição (T_1, P_1). Dessa maneira, dividiremos a Equação (1.44) avaliada a (T_2, P_2) por essa mesma equação, só que avaliada a (T_1, P_1).

$$\frac{D_{AB}|_{T_2,P_2}}{D_{AB}|_{T_1,P_1}} = \left(\frac{P_1}{P_2}\right)\left(\frac{T_2}{T_1}\right)^{3/2}\left(\frac{\Omega_D|_{T_1}}{\Omega_D|_{T_2}}\right) \quad (1.58a)$$

Pode-se utilizar a correlação de Fuller, Schetter e Giddings (1966), empregando-se um procedimento similar à obtenção da Equação (1.58a). Da Equação (1.50a) avaliada nas condições (T_2, P_2) e (T_1, P_1):

$$\frac{D_{AB}|_{T_2,P_2}}{D_{AB}|_{T_1,P_1}} = \left(\frac{P_1}{P_2}\right)\left(\frac{T_2}{T_1}\right)^{1,75} \quad (1.58b)$$

Exemplo 1.12

Estime o valor do coeficiente de difusão do vapor de água a 40 °C e 1 atm em ar seco por intermédio das Equações (1.58a) e (1.58b). Compare os resultados obtidos com o valor experimental 0,288 cm²/s.

Solução:

a) Utilizando a Equação (1.58a):

$$\frac{D_{AB}|_{T_2,P_2}}{D_{AB}|_{T_1,P_1}} = \left(\frac{P_1}{P_2}\right)\left(\frac{T_2}{T_1}\right)^{3/2}\left(\frac{\Omega_D|_{T_1}}{\Omega_D|_{T_2}}\right) \quad (1)$$

Da Tabela (1.1) verificamos que o valor experimental para o D_{AB} a 25 °C é 0,26 cm²/s.

No exemplo anterior calculamos, para T = 25 °C, Ω_D = 1,368. Como P = 1 atm, a Equação (1) fica:

$$D_{AB}|_{T=313,15\,K} = (0,26)\left(\frac{1}{1}\right)\left(\frac{313,15}{298,15}\right)^{3/2}\left(\frac{1,368}{\Omega_D|_{T=313,15\,K}}\right) = \frac{0,3829}{\Omega_D|_{T=313,15\,K}} \quad (2)$$

Cálculo da integral de colisão:

Do exemplo anterior: ε_{AB}/k = 266,56 K. Visto T = 40 + 273,15 = 313,15 K, a temperatura reduzida é calculada por:

$$T^* = \frac{kT}{\varepsilon_{AB}} = \frac{313,15}{266,56} = 1,1748,$$

que, substituída na Equação(1.48), fornece:

$$\Omega_D = \frac{1,06036}{T^{*0,15610}} + \frac{0,1930}{\exp\left(0,476357T^*\right)} + \frac{1,03587}{\exp\left(1,519967T^*\right)} + \frac{1,76474}{\exp\left(3,894117T^*\right)} = 1,3342 \quad (3)$$

Substituindo (3) em (2):

$$D_{AB}|_{T=313,15\,K} = \frac{0,3829}{1,3342} = 0,287 \text{ cm}^2/\text{s} \quad (4)$$

cujo desvio relativo é:

$$DR = \left(\frac{\text{cal} - \exp}{\exp}\right) \times 100\% = \frac{(0,287 - 0,288)}{0,288} \times 100\% = -0,35\% \quad (5)$$

Caso o valor da Ω_D não fosse corrigido, o que significa $\Omega_{D2} = \Omega_{D1}$, o valor estimado para o D_{AB} a 40 °C seria 0,28 cm²/s, conduzindo a um desvio relativo igual a –2,78%. Apesar de este ser um desvio pequeno, ele é bem superior àquele obtido quando da correção da integral de colisão (–0,35%).

Exemplo 1.12 (*continuação*)

b) Utilizando a Equação (1.58b):

$$\frac{D_{AB}|_{T_2,P_2}}{D_{AB}|_{T_1,P_1}} = \left(\frac{P_1}{P_2}\right)\left(\frac{T_2}{T_1}\right)^{1,75} \tag{6}$$

Dessa maneira:

$$D_{AB}|_{T=313,15\text{ K}} = (0,26)\left(\frac{1}{1}\right)\left(\frac{313,15}{298,15}\right)^{1,75} = 0,283\text{ cm}^2/\text{s} \tag{7}$$

com o desvio relativo de:

$$DR = \frac{(\text{cal} - \text{exp})}{\text{exp}} \times 100\% = \frac{(0,283 - 0,288)}{0,288} \times 100\% = -1,74\%$$

Observe que esse valor (–1,74%), apesar de ser maior do que o anterior, é um bom resultado. Inclusive apresenta-se melhor do que aquele predito pela Equação (1.58a) sem a influência do Ω_D.

1.2.5 Coeficiente de difusão de um soluto em uma mistura gasosa estagnada de multicomponentes

Estudou-se, até então, a difusão de uma determinada espécie química A através de um meio constituído por outra ou pela mesma espécie química, compondo um sistema binário. No entanto, a espécie pode difundir em um meio composto por n espécies químicas, caracterizando a difusão de A em uma mistura gasosa. Nesse caso utiliza-se, com boa aproximação, a relação proposta por Wilke (1950) para um meio estagnado[8]:

$$D_{1,M} = \frac{(1 - y_1)}{\sum\limits_{\substack{i=2 \\ i \neq 1}}^{n} \frac{y_i}{D_{1,i}}} \tag{1.59}$$

sendo: $D_{1,M}$ – coeficiente de difusão do componente 1 na mistura;

$D_{1,i}$ – coeficiente de difusão do componente 1 no meio constituído do componente i;

$$y_i = \frac{\text{concentração molar do componente } i}{\text{concentração molar total da mistura}}$$

[8] A demonstração da Equação (1.59) está no próximo capítulo, no item 2.5.

Exemplo 1.13

Estime o valor do coeficiente de difusão do vapor de água a 25 °C e 1 atm em ar seco e estagnado, considerando-o uma mistura binária contendo 79% (em mol) de nitrogênio e 21% (em mol) de oxigênio. Compare o resultado obtido com o valor experimental, que é 0,26 cm²/s.

Solução:

Para a mistura suposta nesse exemplo, a Equação (1.59) fica:

$$D_{1,M} = (1 - y_i)/\left[(y_2/D_{1,2}) + (y_3/D_{1,3})\right] \tag{1}$$

Exemplo 1.13 (*continuação*)

na qual 1 ≡ H_2O; 2 ≡ N_2; 3 ≡ O_2. Como o ar está seco, $y_1 = 0$; as outras frações molares são:

$$y_2 = 0{,}79 \text{ e } y_3 = 0{,}21 \qquad (2)$$

Substituindo (2) em (1):

$$D_{1,M} = 1/\left[\left(0{,}79/D_{1,2}\right)+\left(0{,}21/D_{1,3}\right)\right] \qquad (3)$$

Visto o vapor de água ser uma molécula polar, utilizaremos o modelo de Brokaw. Do exemplo (1.8):

$$\sigma_1 = 2{,}435 \text{ Å e } \varepsilon_1/T = 903{,}97 \text{ K} \qquad (4)$$

Estimativa do $D_{1,2}$ ou D_{H_2O,N_2}

Cálculo do diâmetro de colisão:

O valor do volume molar à temperatura normal de ebulição do nitrogênio, presente na Tabela (1.2a), é $V_{b_2} = 31{,}2$ cm^3/mol, que, depois de lembrar que se trata de uma molécula apolar ($\mu_{p_2} = 0 \therefore \delta_2 = 0$), substituído na Equação (1.54), fornece:

$$\sigma_2 = \left(1{,}585V_{b_2}\right)^{1/3} = \left[(1{,}585)(31{,}2)\right]^{1/3} = 3{,}67 \text{ Å} \qquad (5)$$

Levando (4) e (5) na Equação(1.55):

$$\sigma_{12} = \sqrt{\sigma_1\sigma_2} = \sqrt{(2,435)(3,67)} = 2,989 \text{ Å} \qquad (6)$$

Cálculo da energia máxima de atração entre as espécies químicas 1 e 2:

O valor da temperatura normal de ebulição do nitrogênio presente na Tabela (1.2a) e $T_{b_2} = 77{,}4$ K, o qual, substituído na Equação (1.56), nos dá:

$$\varepsilon_2/k = 1{,}18\, T_{b_2} = (1{,}18)(77{,}4) = 91{,}332 \text{ K} \qquad (7)$$

(Note que estamos utilizando a constante 1,18 no lugar de 1,15 na Equação (7). Isso se deve ao fato de estarmos lançando mão do modelo de Brokaw.)

Visto $\varepsilon_1/k = 903{,}97$ K, substituiremos esse valor junto com (7) na Equação (1.57).

$$\varepsilon_{12}/k = \sqrt{(\varepsilon_1/k)(\varepsilon_3/k)} = \sqrt{(903{,}97)(91{,}332)} = 287{,}33 \text{ K} \qquad (8)$$

Cálculo do Ω_D via correlação de Neufeld, Janzen e Aziz (1972):

Determinação da temperatura reduzida. Em virtude de $T = 298{,}15$ K e com o resultado (8), temos em (1.49):

$$T^* \frac{kT}{\varepsilon_{AB}} = \frac{298{,}15}{287{,}32} = 1{,}0377$$

que, levada na Equação (1.48), fornece:

$$\Omega_D = \frac{1{,}06036}{T^{*0{,}15610}} + \frac{0{,}1930}{\exp\left(0{,}476357T^*\right)} + \frac{1{,}03587}{\exp\left(1{,}529967T^*\right)} + \frac{1{,}76474}{\exp\left(3{,}894117T^*\right)} =$$

$$= 1{,}0543 + 0{,}1177 + 0{,}2117 + 0{,}031 = 1{,}4147 \qquad (9)$$

Exemplo 1.13 (*continuação*)

Cálculo do coeficiente de difusão:

Como as massas molares do vapor de água e do nitrogênio são 18,015 e 28,013 g/mol, respectivamente, temos na Equação (1.45) o seguinte cálculo:

$$D_{1,2} = \frac{1{,}858\times10^{-3}T^{3/2}}{P\sigma_{AB}^2\Omega_D}\left(\frac{1}{M_A}+\frac{1}{M_B}\right)^{1/2} = \frac{\left(1{,}858\times10^{-3}\right)(298{,}15)^{3/2}}{(1)(2{,}989)^2(1{,}4147)}\left(\frac{1}{18{,}015}+\frac{1}{28{,}013}\right)^{1/2} = 0{,}228\ \text{cm}^2/\text{s} \quad (10)$$

Estimativa do $D_{1,3}$ ou D_{H_2O,O_2}:

Da Tabela (1.2a):

$T_{b_3} = 90{,}2$ K e $V_{b_3} = 25{,}6$ cm³/mol (11)

Como a molécula de oxigênio é apolar, $\mu_{p_3} = 0 \therefore \delta_3 = 0$, o procedimento é análogo ao descrito há pouco, fornecendo-nos:

Cálculo do diâmetro de colisão:

$$\sigma_3 = \left(1{,}585V_{b_3}\right)^{1/3} = [(1{,}585)(25{,}6)]^{1/3} = 3{,}44\ \text{Å}$$

$$\sigma_{13} = \sqrt{\sigma_1\sigma_3} = \sqrt{(2{,}435)(3{,}44)} = 2{,}894\ \text{Å}$$

Cálculo da energia máxima de atração entre as espécies químicas 1 e 3:

$$\varepsilon_3/T = 1{,}18T_{b_3} = (1{,}18)(90{,}2) = 106{,}436\ \text{K}$$

$$\varepsilon_{13}/k = \sqrt{(\varepsilon_1/k)(\varepsilon_3/k)} = \sqrt{(903{,}97)(106{,}436)} = 310{,}19\ \text{K}$$

Cálculo do Ω_D *pela correlação de Neufeld, Janzen e Aziz (1972)* em que

$$T^* = \frac{kT}{\varepsilon_{AB}} = \frac{298{,}15}{310{,}19} = 0{,}9612,$$

cujo valor, substituído na Equação (1.48), fornece:

$$\Omega_D = \frac{1{,}06036}{T^{*0{,}15610}} + \frac{0{,}1930}{\exp\left(0{,}47635T^*\right)} + \frac{1{,}03587}{\exp\left(1{,}52996T^*\right)} + \frac{1{,}76474}{\exp\left(3{,}89411T^*\right)} = 1{,}0660 + 0{,}1221 + 0{,}238 + 0{,}042 = 1{,}4681$$

Cálculo do valor do coeficiente de difusão do vapor de água na mistura:

Pelo fato de as massas molares do vapor de água e do oxigênio serem 18,015 e 31,999 g/mol, respectivamente, temos na Equação (1.45) o seguinte cálculo:

$$D_{1,3} = \frac{1{,}858\times10^{-3}T^{3/2}}{P\sigma_{AB}^2\Omega_D}\left(\frac{1}{M_A}+\frac{1}{M_B}\right)^{1/2} = \frac{\left(1{,}858\times10^{-3}\right)(298{,}15)^{3/2}}{(1)(2{,}894)^2(1{,}4679)}\left(\frac{1}{18{,}015}+\frac{1}{31{,}999}\right)^{1/2} = 0{,}229\ \text{cm}^2/\text{s} \quad (12)$$

Levando (10) e (12) em (3):

$$D_{1,M} = 1/[(0{,}79/0{,}228) + (0{,}21/0{,}229)] = 0{,}2282\ \text{cm}^2/\text{s}$$

Cálculo do desvio relativo:

$$DR = \frac{(\text{cal}-\text{exp})}{\text{exp}}\times100\% = \frac{(0{,}23-0{,}26)}{0{,}26}\times100\% = -11{,}5\%$$

1.3 DIFUSÃO EM LÍQUIDOS

Qualquer que seja o soluto, eletrólito ou não, a interpretação do mecanismo de sua difusão em um meio (ou solvente) líquido é complexa. Não há uma teoria, como ocorre com a difusão em meio gasoso, que abrange todas as suas particularidades. Na falta de uma, existem várias, entre elas a teoria hidrodinâmica, a teoria do salto energético e os modelos oriundos da mecânica estatística e da termodinâmica dos processos irreversíveis[9].

O grande empecilho que afeta o estudo da difusão em líquidos de não eletrólitos e de eletrólitos e, por consequência, a estimativa do coeficiente de difusão é a definição das estruturas moleculares do soluto e do solvente, que estão intimamente relacionadas com as formas intermoleculares do fenômeno difusivo. Pela simplicidade do entendimento de tais forças, nos concentraremos apenas na teoria hidrodinâmica, que, por sinal, é a mais difundida na literatura entre as citadas no parágrafo anterior.

1.3.1 Difusão de não eletrólitos em soluções líquidas diluídas

Um soluto não eletrolítico é aquele que, em contato com uma solução líquida, não se decompõe em íons, de tal modo que a sua difusão será a da molécula-soluto no meio, como, por exemplo, a dissolução de gases ou a difusão de hidrocarbonetos em soluções líquidas.

Quanto à característica de uma solução diluída, ela se refere à quase ausência do soluto no meio onde acontece a difusão, em que C_A ou $x_A \to 0$. Esse fato nos leva a algumas simplificações extremamente interessantes, entre as quais àquela em que o potencial químico está relacionado à atividade na forma[10]:

$$\mu_A = \mu_A^* + kT \ln a_A \tag{1.60}$$

na qual μ_A^* é função da temperatura e a_A é a atividade:

$$a_A = \gamma_A x_A \tag{1.61}$$

em que γ_A é o coeficiente de atividade e x_A a fração molar da espécie A na solução considerada. Ao substituir a Equação (1.61) na Equação (1.60), tem-se:

$$\mu_A = \mu_A^* + kT \ln (\gamma_A x_A)$$

ou

$$\mu_A = \mu_A^* + kT \left[\ln \gamma_A + \ln x_A)\right] \tag{1.62}$$

Ao considerarmos a idealidade da solução líquida, temos $\gamma_A = 1$, permitindo-nos escrever:

$$\mu_A = \mu_A^* + kT \ln x_A \tag{1.63}$$

A razão de associar a concentração molar do soluto (escrita em termos da sua fração molar) com o potencial químico está na possibilidade de obter uma "força motriz" ao transporte de A como:

$$\vec{F} = -\vec{\nabla}\mu_A$$

em que:

$$\vec{\nabla}\mu_A = \left(\frac{\partial \mu_A}{\partial x}\right)\vec{i} + \left(\frac{\partial \mu_A}{\partial y}\right)\vec{j} + \left(\frac{\partial \mu_A}{\partial z}\right)\vec{k} \tag{1.64}$$

ou

$$\vec{F} = -\left(\frac{kT}{x_A}\right)\vec{\nabla}x_A \tag{1.65}$$

É importante interpretar a "força" F para soluções diluídas. Para exemplificá-la, retomaremos a Figura (1.11), supondo nela a existência do movimento da molécula A em razão da ação das colisões das moléculas B. Em outras palavras, haverá movimento de A decorrente do arraste provocado pelo meio B.

Nota-se que o arraste causa o movimento de A. O arraste, portanto, traduz-se na "força motriz" ao transporte do soluto, que é escrita analogamente à lei de Stokes segundo:

$$\vec{F} = 6\pi\mu_B r_A \vec{v}_A \tag{1.66}$$

Essa expressão é lida como a ação que o meio B, presente na sua viscosidade μ_B, exerce sobre a molécula A, na qual r_A é o raio molecular de A, considerando-a esférica. A "força motriz" para o transporte do soluto A advém tanto da Equação (1.65) quanto da Equação (1.66). Igualando-as:

$$-\left(\frac{kT}{x_A}\right)\vec{\nabla}x_A = 6\pi\mu_B r_A \vec{v}_A$$

---

[9] A teoria de Eyring ou a do salto energético será abordada quando da difusão em sólidos cristalinos.

[10] A definição original é $\mu_A = \mu_A^* + RT\ln a_A$. Estamos admitindo essa equação dividida pelo número de Avogadro, do que resulta o potencial químico em função do número de moléculas e não de mols.

ou

$$\vec{v}_A x_A = -k\left[\frac{T}{6\pi\mu_B r_A}\right]\vec{\nabla}x_A \qquad (1.67)$$

Multiplicando a expressão (1.67) pela concentração total da solução, $C = \rho/M$, obtém-se:

$$\vec{v}_A C_A = -k\left[\frac{T}{6\pi\mu_B r_A}\right]\vec{\nabla}C_A \qquad (1.68)$$

Ressalte-se que a concentração C é basicamente a do solvente, ou

$$C = \frac{\rho_B}{M_B},$$

o que permitiu a operação:

$$C\vec{\nabla}x_A = \vec{\nabla}C_A$$

Na Equação (1.68) assume-se que $\vec{v}_A C_A$ é o vetor fluxo difusivo, $\vec{J}_A$, ou:

$$\vec{J}_A = -k\left[\frac{T}{6\pi\mu_B r_A}\right]\vec{\nabla}C_A \qquad (1.69)$$

Considerando que o fluxo do soluto A ocorra preferencialmente na direção z, a Equação (1.69) é reescrita como:

$$J_{A,z} = -\left[\frac{kT}{6\pi\mu_B r_A}\right]\frac{dC_A}{dz} \qquad (1.70)$$

Comparando esse resultado com a primeira lei de Fick, verificamos:

$$D_{\mathring{A}B} = \frac{kT}{6\pi\mu_B r_A} \qquad (1.71)$$

o sobrescrito "*o*" representa *diluição infinita* do soluto A no solvente B. A definição (1.71) é conhecida como equação de Stokes-Einstein. Se retomarmos (1.71) como:

$$D_{\mathring{A}B} = 6\pi\mu_B r_A = kT \qquad (1.72)$$

e compará-la com as Equações (1.65) e (1.66), podemos induzir que a mobilidade de A (aqui, $D_{\mathring{A}B}$) é devida à agitação térmica do meio B (kT). Esse fenômeno é conhecido como o *movimento browniano*. Denominado também movimento aleatório, o movimento browniano é o resultado do impacto das moléculas B nas moléculas A; estas, por sua vez, adquirem a energia cinética média de B,

$$E_C = kT \qquad (1.73)$$

que é traduzida em arraste.

Retomando a Equação (1.71) e substituindo nela as constantes adequadas, verificamos:

$$\frac{D_{\mathring{A}B}\mu_B}{T} = \frac{7{,}32\times10^{-8}}{r_A} \qquad (1.74)$$

na qual o $D_{\mathring{A}B}$ é dado em cm²/s; a viscosidade do meio (que é praticamente a do solvente) μ_B em cP (centipoise); a temperatura da solução em K (Kelvin) e o raio do soluto em Å (angstron). Um dos grandes problemas na teoria hidrodinâmica é justamente definir esse raio! Alguns autores, por exemplo, partindo da relação entre raio e volume $\left(r_A \propto V_A^{1/3}\right)$, substituem no lugar do raio a raiz cúbica do volume molar do soluto avaliado na temperatura normal de ebulição. Outros consideram-no como o raio de giro da molécula, e assim por diante.

A importância da expressão de Stokes-Einstein reside no fato de ela fornecer, por intermédio da viscosidade do meio (solvente) e da geometria do soluto, medidas adequadas para as forças intermoleculares que regem o fenômeno da difusão em líquidos diluídos. Além disso, serve como ponto de partida para a proposta de correlações experimentais nas formas[11]:

$$\frac{\mu_B D_{\mathring{A}B}}{T} = f\left(V_{b_A}\right); \quad \frac{\mu_B D_{\mathring{A}B}}{T} = f\left(V_{b_A}, V_{b_B}\right);$$
$$\frac{\mu_B D_{\mathring{A}B}}{T} = f\left(V_{c_A}\right); \quad \frac{\mu_B D_{\mathring{A}B}}{T} = f\left(V_{c_A}, V_{c_B}\right);$$
$$\frac{\mu_B D_{\mathring{A}B}}{T} = f\left(R_A\right); \quad \frac{\mu_B D_{\mathring{A}B}}{T} = f\left(R_A, R_B\right), \qquad (1.75)$$

entre outras.

sendo V_{b_i} o volume molar da espécie i no seu ponto normal de ebulição; V_{c_i} o volume crítico da espécie i e R_i é o raio de giro da molécula i. Esse último parâmetro está relacionado com os efeitos da forma e do tamanho da molécula nos processos difusivos em líquidos. Todas essas propriedades,

[11] Apesar de essas relações apresentarem uma relação de linearidade entre o coeficiente de difusão com a viscosidade do solvente e com a temperatura da solução, isso nem sempre acontece na prática, como pode ser observado por inspeção das correlações que serão apresentadas a seguir.

para algumas moléculas, encontram-se nas Tabelas (1.2). Caso não se encontre valor tabelado para V_{b_i}, utilize o *volume de Le Bas* ou da correlação de Tyn e Calus (1975) para estimá-lo.

$$V_{b_i} = 0{,}248 V_{c_i}^{1{,}048} \tag{1.76}$$

De posse de uma das relações presente no conjunto (1.75) torna-se possível mostrar algumas correlações para a difusão de um soluto A diluído em meio líquido. Nelas, o $D_{\AA B}$ é dado em cm²/s; a viscosidade do solvente μ_B em cP; a temperatura da solução em Kelvin; os volumes molares em cm³/mol, e o raio de giro em Å. Valores experimentais para o coeficiente de difusão em líquidos, em solução diluída, estão apresentados na Tabela (1.6).

Tabela 1.6 – Coeficiente de difusão binária em líquidos em diluição infinita

[a]Sistema soluto/solvente	T (K)	$D_{\AA B}$ x 10^5 (cm²/s)
acetona/$CC\ell_4$	298,15	1,70
argônio/$CC\ell_4$	298,15	3,63
benzeno/$CC\ell_4$	298,15	1,54
ciclo-hexano/$CC\ell_4$	298,15	1,27
etano/$CC\ell_4$	298,15	2,36
etanol/$CC\ell_4$	298,15	1,95
heptano/$CC\ell_4$	298,15	1,13
hexano/$CC\ell_4$	298,15	1,49
isoctano/$CC\ell_4$	298,15	1,34
metano/$CC\ell_4$	298,15	2,97
metanol/$CC\ell_4$	298,15	2,61
nitrogênio/$CC\ell_4$	298,15	3,54
oxigênio/$CC\ell_4$	298,15	3,77
pentano/$CC\ell_4$	298,15	1,57
tolueno/$CC\ell_4$	298,15	1,40
argônio/hexano	298,15	8,50
metano/hexano	298,15	8,69
etano/hexano	298,15	5,79
pentano/hexano	298,15	4,59
ciclo-hexano/hexano	298,15	3,77
heptano/hexano	298,15	3,78
isoctano/hexano	298,15	3,38
benzeno/hexano	298,15	4,64
tolueno/hexano	298,15	4,21
acetona/hexano	298,15	5,26
$CC\ell_4$/hexano	298,15	3,70

Tabela 1.6 – Coeficiente de difusão binária em líquidos em diluição infinita (*continuação*))

[b]Sistema soluto/solvente	T (K)	$D_{\AA B}$ x 10^5 (cm²/s)
ácido acético/acetona	298	3,31
ácido benzoico/acetona	298	2,62
ácido acético/benzeno	298	2,09
etanol/benzeno	280,6	1,77
etanol/benzeno	298	3,82
naftaleno/benzeno	280,6	1,19
$CC\ell_4$/benzeno	298	1,92
acetona/clorofórmio	288	2,36
benzeno/clorofórmio	288	2,51
etanol/clorofórmio	288	2,20
acetona/tolueno	293	2,93
ácido acético/tolueno	298	2,26
ácido benzoico/tolueno	293	1,74
etanol/tolueno	288	3,00
água/anilina	293	0,70
água/etanol	298	2,30
água/etileno glicol	293	0,18
água/glicerol	298	0,0083
água/n-propanol	288	0,87
H_2/água	298	4,8
O_2/água	298	2,41
N_2/água	298	3,47
amônia/água	298	1,64
benzeno/água	298	1,02
etanol/água	298	0,84
metanol/água	298	0,84

[a]Fonte: Oliveira e Krishnaswamy, 1992.
[b]Fontes: Hines e Maddox, 1985; Cussler, 1984.

Correlações que utilizam o volume molar a T_b

Scheibel (1954):

$$\frac{D_{\AA B}\mu_B}{T} = \frac{K}{V_{b_A}^{1/3}} \tag{1.77a}$$

sendo

$$K = 8{,}2\times10^{-8}\left[1+\left(\frac{3V_{b_B}}{V_{b_A}}\right)^{1/3}\right], \tag{1.77b}$$

exceto para:

a) água como solvente e se

$V_{b_A} < V_{b_{H_2O}}$:

nesse caso utilizar

$$K = 2{,}52\times10^{-7}; \tag{1.77c}$$

b) benzeno como solvente e se

$V_{b_A} < V_{b_{benz}}$:

nesse caso utilizar

$$K = 1{,}89\times10^{-7}; \tag{1.77d}$$

c) outros solventes em que

$V_{b_A} < 2{,}5\ V_{b_B}$:

nesse caso utilizar

$$K = 1{,}75 \times 10^{-7} \tag{1.77e}$$

A correlação (1.77a) é desaconselhável para a difusão de gases dissolvidos em líquidos orgânicos.

Wilke e Chang (1955):

$$\frac{D_{AB}\mu_B}{T} = \frac{7{,}4\times10^{-8}\,(\phi M_B)^{1/2}}{V_{b_A}^{0,6}} \tag{1.78}$$

na qual ϕ é o parâmetro de associação do solvente; $\phi = 2{,}6$ (água), $\phi = 1{,}9$ (metanol), $\phi = 1{,}5$ (etanol) e $\phi = 1$, para o restante dos solventes. Esse parâmetro considera uma correção à massa molar do solvente. Utiliza-se, normalmente, essa correlação nas situações em que os solutos são gases dissolvidos ou quando se trabalha com soluções aquosas.

Reddy e Doraiswamy (1967):

$$\frac{D_{AB}\mu_B}{T} = \frac{K M_B^{1/2}}{\left(V_{b_A} V_{b_B}\right)^{1/3}} \tag{1.79a}$$

em que:

$K = 1{,}0 \times 10^{-7}$

para

$$V_{b_B} \le 1{,}5 V_{b_A} \tag{1.79b}$$

e

$K = 0{,}85 \times 10^{-7}$

para

$$V_{b_B} > 1{,}5 V_{b_A} \tag{1.79c}$$

Desaconselhável para a maioria dos casos.

Lusis e Ratcliff (1968):

$$\frac{D_{AB}\mu_B}{T} = \frac{8{,}25\times10^{-8}}{V_{b_B}^{1/3}}\left[1{,}40\left(\frac{V_{b_B}}{V_{b_A}}\right)^{1/3} + \left(\frac{V_{b_B}}{V_{b_A}}\right)\right] \tag{1.80}$$

Indicada para solventes orgânicos; inadequada para água como soluto.

Hayduk e Minhas (1982):

$$\frac{D_{AB}\mu_B}{T} = 1{,}25\times10^{-8}\,T^{0,52}\mu_B^{1+\xi}\left(\frac{1}{V_{b_A}^{0,19}} - 0{,}292\right) \tag{1.81a}$$

$$\xi = \frac{9{,}58}{V_{b_A}} - 1{,}12 \tag{1.81b}$$

Indicada para soluções aquosas.

Hayduk e Minhas (1982):

$$\frac{D_{AB}\mu_B}{T} = 1{,}33\times10^{-7}\,\frac{T^{0,47}\mu_B^{1+\xi}}{V_{b_A}^{0,71}} \tag{1.82a}$$

$$\xi = \frac{10{,}2}{V_{b_A}} - 0{,}71 \tag{1.82b}$$

Indicada para parafinas normais com as seguintes faixas de número de átomos de carbonos: para o soluto: $5 \le C \le 32$; para o solvente: $5 \le C \le 16$.

Siddiqi e Lucas (1986):

$$\frac{D_{AB}\mu_B}{T} = 9{,}89\times10^{-8}\,\mu_B^{0,093}\left(\frac{V_{b_B}^{0,265}}{V_{b_A}^{0,45}}\right) \tag{1.83}$$

Indicada para solventes orgânicos.

Siddiqi e Lucas (1986):

$$\frac{D_{AB}\mu_B}{T} = 2{,}98\times10^{-7}\,\frac{1}{V_{b_A}^{0,5473}\mu_B^{0,026}} \tag{1.84}$$

Indicada para soluções aquosas.

Correlação que utiliza o volume crítico

Sridhar e Potter (1977):

$$\frac{D_{AB}\mu_B}{T} = \frac{3{,}31\times10^{-7}}{V_{c_A}^{1/3}}\left(\frac{V_{c_B}}{V_{c_A}}\right)^{1/3} \tag{1.85}$$

Indicada para gases dissolvidos em solventes orgânicos de alta viscosidade.

Correlações que utilizam o raio de giro

Uemesi e Danner (1981):

$$\frac{D_{\mathring{A}B}\mu_B}{T} = 2{,}75\times10^{-8}\frac{R_B}{R_A^{2/3}} \tag{1.86}$$

Indicada para o par soluto/solvente orgânico.

Hayduk e Minhas (1982):

$$\frac{D_{\mathring{A}B}\mu_B}{T} = 1{,}096\times10^{-9}T^{0,7}\mu_B^{0,2}\frac{R_B^{0,2}}{R_A^{0,4}} \tag{1.87}$$

Recomendada para solventes polares.

Hayduk e Minhas (1982):

$$\frac{D_{\mathring{A}B}\mu_B}{T} = 1{,}7\times10^{-9}T^{0,6}\mu_B^{0,22}\frac{R_B^{0,31}}{R_A^{0,4}} \tag{1.88}$$

Recomendada para solventes apolares.

Encontram-se outras correlações na literatura como as de Othmer e Thakar (1953), King, Hsueh e Mao (1965), Eyring e Jhon (1969), Akgerman e Gainer (1972), Hayduk e Laudie (1974), Tyn e Calus (1975), Nakanishi (1978) e Papes Filho e Cremasco (1996).

No trabalho de Siddiqi e Lucas (1986) existe uma análise estatística de diversas correlações e aquelas propostas por eles: a Equação (1.83) para solventes orgânicos e a Equação (1.84) para soluções aquosas. Essas duas últimas correlações foram as que melhor se aproximaram dos resultados experimentais, sendo, portanto, as recomendadas para esses casos. Nas situações em que o soluto e/ou solvente venham a ser parafinas normais, esses autores sugerem a utilização da Equação (1.82a).

Tendo como base um sistema soluto/solvente qualquer, podemos realizar uma análise sobre o comportamento da mobilidade do soluto. Para tanto, utilizaremos o par hexano (A) e CCl_4 (B), para o qual μ_A = 0,30 cP e μ_B = 0,86 cP, respectivamente. Nota-se da Tabela (1.6) que $D_{\mathring{A}B}$ = 1,49 × 10^{-5} cm²/s e $D_{\mathring{B}A}$ = 3,70 × 10^{-5} cm/s.

Ora $D_{\mathring{A}B} \neq D_{\mathring{B}A}$? Por quê?

Por se tratar de solução diluída, podemos observar que:

para $D_{\mathring{A}B}$ → uma molécula A difunde no meio B.

para $D_{\mathring{B}A}$ → uma molécula B difunde no meio A.

Note que, em ambas as situações, a presença do soluto é insignificante se comparada à do solvente, caracterizando a sua diluição. A resistência ao transporte do soluto é governada basicamente pelas características do solvente. Observe que a relação entre as viscosidades das espécies químicas A e B é da forma $\mu_A \neq \mu_B$.

Baseando-se na diferença da viscosidade do solvente, suponha a seguinte ilustração: duas piscinas C e D de mesma dimensão. A piscina C está cheia de água, enquanto a D, preenchida com piche ($\mu_{\text{água}} \neq \mu_{\text{piche}}$). Tomaremos dois copos iguais, mas de volumes bem menores se comparados aos das piscinas. O copo E contém água, enquanto o F, piche. Admitindo os conteúdos dos copos como solutos e aqueles das piscinas como solventes, faremos os seguintes experimentos:

Experiência 1:

verte-se o copo F na piscina C (piche na água);

Experiência 2:

verte-se o copo E na piscina D (água no piche).

Pergunta-se:

Qual soluto difundirá com maior facilidade? F em C ou E em D?

Antes de responder, observe que os conteúdos dos copos, se comparados aos das piscinas, são desprezíveis, a ponto de estarem em diluição infinita.

Voltando à pergunta, a resposta é simples: F em C, pois a água contida na piscina oferece menor resistência à mobilidade do piche do que o inverso.

Exemplo 1.14

Estime o coeficiente de difusão do O_2 em água a 25 °C. Utilize as correlações de:

a) Scheibel;
b) Wilke e Chang;
c) Reddy e Doraiswamy;
d) Lusis e Ratcliff;
e) Hayduk e Minhas (volume molar a T_b);
f) Siddiqi e Lucas;
g) Sridhar e Potter;
h) Uemesi e Danner;
i) Hayduk e Minhas (raio de giro).

Compare os resultados obtidos com o valor experimental: $D_{\mathring{A}B} = 2{,}41 \times 10^{-5}$ cm²/s.

Dados: ($A = O_2$; B = água); $\mu_B = 0{,}904$ cP. Da Tabela (1.2a) temos:

Espécie i	M_i (g/mol)	V_{b_i} (cm³/mol)	V_{c_i} (cm³/mol)	R_i (Å)
$O_2 = A$	31,999	25,6	73,4	0,6037
água = B	18,015	18,7	56,0	0,6150

Solução:

Aplicação imediata das correlações para $T = 25 + 273{,}15 = 298{,}15$ K.

a) Scheibel: $\dfrac{D_{\mathring{A}B}\mu_B}{T} = \dfrac{K}{V_{b_A}^{1/3}}$, como $V_{b_A} > V_{b_B}$, utilizaremos a Equação (1.77b):

$$K = 8{,}2\times10^{-8}\left[1+\left(3\frac{V_{b_B}}{V_{b_A}}\right)^{1/3}\right] = 8{,}2\times10^{-8}\left\{1+\left[(3)\frac{(18{,}7)}{(25{,}5)}\right]^{1/3}\right\} = 1{,}89\times10^{-3}$$

Assim: $\dfrac{D_{\mathring{A}B}(0{,}904)}{(298.15)} = \dfrac{1{,}89\times10^{-3}}{(25{,}6)^{1/3}} \rightarrow D_{\mathring{A}B} = 2{,}11\times10^{-5}\ \text{cm}^2/\text{s}$

Desvio relativo: $\left(\dfrac{\text{cal}-\text{exp}}{\text{exp}}\right)\times100\% = \left(\dfrac{2{,}11\times10^{-5}-2{,}41\times10^{-5}}{2{,}41\times10^{-5}}\right)\times100\% = -12{,}45\%$

b) Wilke e Chang: $\dfrac{D_{\mathring{A}B}\cdot\mu_B}{T} = 7{,}4\times10^{-8}\dfrac{(\phi M_B)^{1/2}}{V_{b_A}^{0,6}}$

$$\frac{D_{\mathring{A}B}(0{,}904)}{(298{,}15)} = 7{,}4\times10^{-8}\frac{[(2{,}6)(18{,}015)]^{1/2}}{(25{,}6)^{0,6}} \rightarrow D_{\mathring{A}B} = 2{,}39\times10^{-5}\ \text{cm}^2/\text{s}$$

Desvio relativo: $\left(\dfrac{\text{cal}-\text{exp}}{\text{exp}}\right)\times100\% = \left(\dfrac{2{,}39\times10^{-5}-2{,}41\times10^{-5}}{2{,}41\times10^{-5}}\right)\times100\% = -0{,}83\%$

c) Reddy e Doraiswamy: $\dfrac{D_{\mathring{A}B}\mu_B}{T} = K\dfrac{M_B^{1/2}}{\left(V_{b_A}V_{b_B}\right)^{1/3}}$; como $V_{b_B}/V_{b_A} = 0{,}73 \rightarrow K = 1{,}0 \times 10^{-7}$

Exemplo 1.14 (*continuação*)

$$\frac{D_{\mathring{A}B}(0{,}904)}{(298{,}15)} = 1{,}0\times10^{-7}\,\frac{(18{,}015)^{1/2}}{[(25{,}6)(18{,}7)]^{1/3}} \rightarrow D_{\mathring{A}B} = 1{,}79\times10^{-5}\ \text{cm}^2/\text{s}$$

Desvio relativo: $\left(\frac{\text{cal}-\text{exp}}{\text{exp}}\right)\times100\% = \left(\frac{1{,}79\times10^{-5}-2{,}41\times10^{-5}}{2{,}41\times10^{-5}}\right)\times100\% = -25{,}73\%$

d) Lusis e Ratcliff:

$$\frac{D_{\mathring{A}B}\mu_B}{T} = \frac{8{,}52\times10^{-8}}{V_{b_B}^{1/3}}\left[1{,}40\left(\frac{V_{b_B}}{V_{b_A}}\right)^{1/3} + \left(\frac{V_{b_B}}{V_{b_A}}\right)\right]$$

$$\frac{D_{\mathring{A}B}(0{,}904)}{(298{,}15)} = \frac{8{,}52\times10^{-8}}{(18{,}7)^{1/3}}\left[1{,}40\left(\frac{18{,}7}{25{,}6}\right)^{1/3} + \left(\frac{18{,}7}{25{,}6}\right)\right] \rightarrow D_{\mathring{A}B} = 2{,}11\times10^{-5}\ \text{cm}^2/\text{s}$$

Desvio relativo: $\left(\frac{\text{cal}-\text{exp}}{\text{exp}}\right)\times100\% = \left(\frac{2{,}11\times10^{-5}-2{,}41\times10^{-5}}{2{,}41\times10^{-5}}\right)\times100\% = -12{,}45\%$

e) Hayduk e Minhas:

$$\frac{D_{\mathring{A}B}\mu_B}{T} = 1{,}25\times10^{-8}T^{0{,}52}\mu_B^{1+\xi}\left(\frac{1}{V_{b_A}^{0{,}19}} - 0{,}292\right)$$

$$\xi = \frac{9{,}58}{V_{b_A}} = 1{,}12 = \frac{9{,}58}{25{,}6} - 1{,}12 = -0{,}7458$$

$$\frac{D_{\mathring{A}B}(0{,}904)}{(298{,}15)} = 1{,}25\times10^{-8}(298{,}15)^{0{,}52}(0{,}904)^{0{,}2542}\left[\frac{1}{(25{,}6)^{0{,}19}} - 0{,}292\right] \rightarrow D_{\mathring{A}B} = 1{,}93\times10^{-5}\ \text{cm}^2/\text{s}$$

Desvio relativo: $\left(\frac{\text{cal}-\text{exp}}{\text{exp}}\right)\times100\% = \left(\frac{1{,}93\times10^{-5}-2{,}41\times10^{-5}}{2{,}41\times10^{-5}}\right)\times100\% = -19{,}92\%$

f) Siddiqi e Lucas:

$$\frac{D_{\mathring{A}B}\mu_B}{T} = 2{,}98\times10^{-7}\,\frac{1}{V_{b_A}^{0{,}5473}\mu_B^{0{,}026}}$$

$$\frac{D_{\mathring{A}B}(0{,}904)}{(298{,}15)} = 2{,}98\times10^{-7}\,\frac{1}{(25{,}6)^{0{,}5473}(0{,}904)^{0{,}026}} \rightarrow D_{\mathring{A}B} = 1{,}67\times10^{-5}\ \text{cm}^2/\text{s}$$

Desvio relativo: $\left(\frac{\text{cal}-\text{exp}}{\text{exp}}\right)\times100\% = \left(\frac{1{,}67\times10^{-5}-2{,}41\times10^{-5}}{2{,}41\times10^{-5}}\right)\times100\% = -30{,}71\%$

Exemplo 1.14 (*continuação*)

g) Sridhar e Potter:

$$\frac{D_{\mathring{A}B}\mu_B}{T} = \frac{3{,}31\times10^{-7}}{V_{c_A}^{1/3}}\left(\frac{V_{c_B}}{V_{c_A}}\right)^{1/3} \quad \frac{D_{\mathring{A}B}(0{,}904)}{(298{,}15)} = \frac{3{,}31\times10^{-7}}{(73{,}4)^{1/3}}\left(\frac{56}{73{,}4}\right)^{1/3} \rightarrow D_{\mathring{A}B} = 2{,}38\times10^{-5}\ \text{cm}^2/\text{s}$$

Desvio relativo: $\left(\frac{\text{cal}-\text{exp}}{\text{exp}}\right)\times100\% = \left(\frac{2{,}38\times10^{-5}-2{,}41\times10^{-5}}{2{,}41\times10^{-5}}\right)\times100\% = -1{,}24\%$

h) Uemesi e Danner:

$$\frac{D_{\mathring{A}B}\mu_B}{T} = 2{,}75\times10^{-8}\frac{R_B}{R_A^{2/3}} \quad \frac{D_{\mathring{A}B}(0{,}904)}{(298{,}15)} = 2{,}75\times10^{-8}\frac{(0{,}615)}{(0{,}6037)^{2/3}} \rightarrow D_{\mathring{A}B} = 0{,}78\times10^{-5}\ \text{cm}^2/\text{s}$$

Desvio relativo: $\left(\frac{\text{cal}-\text{exp}}{\text{exp}}\right)\times100\% = \left(\frac{0{,}78\times10^{-5}-2{,}41\times10^{-5}}{2{,}41\times10^{-5}}\right)\times100\% = -67{,}63\%$

i) Hayduk e Minhas:

$$\frac{D_{\mathring{A}B}\mu_B}{T} = 1{,}096\times10^{-9}T^{0,7}\mu_B^{0,2}\frac{R_B^{0,2}}{R_A^{0,4}}$$

$$\frac{D_{\mathring{A}B}(0{,}904)}{(298{,}15)} = 1{,}096\times10^{-9}(298{,}15)^{0,7}(0{,}904)^{0,2}\frac{(0{,}615)^{0,2}}{(0{,}6037)^{0,4}}$$

$$\rightarrow D_{\mathring{A}B} = 2{,}12\times10^{-5}\ \text{cm}^2/\text{s}$$

Desvio relativo: $\left(\frac{\text{cal}-\text{exp}}{\text{exp}}\right)\times100\% = \left(\frac{2{,}12\times10^{-5}-2{,}41\times10^{-5}}{2{,}41\times10^{-5}}\right)\times100\% = -12{,}03\%$

Exemplo 1.15

Estime o coeficiente de difusão do CCl_4 em hexano a 25 °C utilizando-se as correlações de:

a) Scheibel;
b) Wilke e Chang;
c) Reddy e Doraiswamy;
d) Lusis e Ratcliff;
e) Hayduk e Minhas (volume molar a T_b);
f) Siddiqi e Lucas;
g) Sridhar e Potter;
h) Uemesi e Danner;
i) Hayduk e Minhas (raio de giro).

Compare os resultados obtidos com o valor experimental: $D_{\mathring{A}B} = 2{,}41\times10^{-5}$ cm²/s.

Dados: (A = CCl_4; B = hexano); μ_B = 0,30 cP. O restante das informações encongtra-se na Tabela (1.2b), da qual extraímos:

Espécie i	M_i (g/mol)	V_{b_i} (cm³/mol)	V_{c_i} (cm³/mol)	R_i (Å)
$CC\ell_4 = A$	153,823	102	276	3,4581
hexano = B	86,178	140,062	370	3,8120

Exemplo 1.15 (*continuação*)

Solução:

Aplicação imediata das correlações para T = 25 + 273,15 = 298,15 K.

a) Scheibel: $\dfrac{D_{\mathring{A}B}\mu_B}{T} = \dfrac{K}{V_{b_A}^{1/3}}$, como $V_{b_A}/V_{b_B} = 0{,}73 \rightarrow K = 1{,}75 \times 10^{-7}$

$$\frac{D_{\mathring{A}B}(0,30)}{(298,15)} = \frac{1{,}75\times10^{-7}}{(102)^{1/3}} \rightarrow D_{\mathring{A}B} = 3{,}72\times10^{-5}\ \text{cm}^2/\text{s}$$

Desvio relativo: $\left(\dfrac{\text{cal}-\text{exp}}{\text{exp}}\right)\times100\% = \left(\dfrac{3{,}72\times10^{-5} - 3{,}7\times10^{-5}}{3{,}7\times10^{-5}}\right)\times100\% = 0{,}54\%$

b) Wilke e Chang: $\dfrac{D_{\mathring{A}B}\mu_B}{T} = 7{,}4\times10^{-8}\,\dfrac{(\phi M_B)^{1/2}}{V_{b_A}^{0,6}}$

$$\frac{D_{\mathring{A}B}(0{,}30)}{(298{,}15)} = 7{,}4\times10^{-8}\,\frac{[(1)(86{,}178)]^{1/2}}{(102)^{0,6}} \rightarrow D_{\mathring{A}B} = 4{,}26\times10^{-5}\ \text{cm}^2/\text{s}$$

Desvio relativo: $\left(\dfrac{\text{cal}-\text{exp}}{\text{exp}}\right)\times100\% = \left(\dfrac{4{,}26\times10^{-5} - 3{,}7\times10^{-5}}{3{,}7\times10^{-5}}\right)\times100\% = 15{,}4\%$

c) Reddy e Doraiswamy: $\dfrac{D_{\mathring{A}B}\mu_B}{T} = K\,\dfrac{M_B^{1/2}}{\left(V_{b_A}V_{b_B}\right)^{1/3}};\ V_{b_B}/V_{b_A} = 1{,}37 \rightarrow K = 1{,}0\times10^{-7}$

$$\frac{D_{\mathring{A}B}(0{,}30)}{(298{,}15)} = 1{,}0\times10^{-7}\,\frac{(86{,}178)^{1/2}}{[(140{,}062)(102)]^{1/3}} \rightarrow D_{\mathring{A}B} = 3{,}8\times10^{-5}\ \text{cm}^2/\text{s}$$

Desvio relativo: $\left(\dfrac{\text{cal}-\text{exp}}{\text{exp}}\right)\times100\% = \left(\dfrac{3{,}8\times10^{-5} - 3{,}7\times10^{-5}}{3{,}7\times10^{-5}}\right)\times100\% = 2{,}7\%$

d) Lusis e Ratcliff: $\dfrac{D_{\mathring{A}B}\mu_B}{T} = \dfrac{8{,}52\times10^{-7}}{V_{b_B}^{1/3}}\left[1{,}40\left(\dfrac{V_{b_B}}{V_{b_A}}\right)^{1/3} + \left(\dfrac{V_{b_B}}{V_{b_A}}\right)\right]$

$$\frac{D_{\mathring{A}B}(0{,}30)}{(298{,}15)} = \frac{8{,}52\times10^{-8}}{(140{,}062)^{1/3}}\left[1{,}40\left(\frac{140{,}062}{102}\right)^{1/3} + \left(\frac{140{,}062}{102}\right)\right] D_{\mathring{A}B} = 4{,}78\times10^{-5}\ \text{cm}^2/\text{s}$$

Desvio relativo: $\left(\dfrac{\text{cal}-\text{exp}}{\text{exp}}\right)\times100\% = \left(\dfrac{4{,}78\times10^{-5} - 3{,}7\times10^{-5}}{3{,}7\times10^{-5}}\right)\times100\% = 29{,}19\%$

Exemplo 1.15 (*continuação*)

e) Hayduk e Minhas: $\dfrac{D_{\text{Å}B}\mu_B}{T} = 1{,}25\times10^{-8}T^{0{,}52}\mu_B^{1+\xi}\left(\dfrac{1}{V_{b_A}^{0{,}19}} - 0{,}292\right)$

$$\xi = \frac{9{,}58}{V_{b_A}} - 1{,}12 = \frac{9{,}58}{102} - 1{,}12 = -1{,}026$$

$$\frac{D_{\text{Å}B}(0{,}30)}{(298{,}15)} = 1{,}25\times10^{-8}(298{,}15)^{0{,}52}(0{,}30)^{-0{,}0261}\left[\frac{1}{(102)^{0{,}19}} - 0{,}292\right]$$

$$D_{\text{Å}B} = 3{,}06\times10^{-5}\ \text{cm}^2/\text{s}$$

Desvio relativo: $\left(\dfrac{\text{cal}-\text{exp}}{\text{exp}}\right)\times100\% = \left(\dfrac{3{,}06\times10^{-5} - 3{,}7\times10^{-5}}{3{,}7\times10^{-5}}\right)\times100\% = -17{,}3\%$

f) Siddiqi e Lucas: $\dfrac{D_{\text{Å}B}\mu_B}{T} = 9{,}89\times10^{-8}\mu_B^{0{,}093}\dfrac{V_{b_B}^{0{,}265}}{V_{b_A}^{0{,}45}}$

$$\frac{D_{\text{Å}B}(0{,}30)}{(298{,}15)} = 9{,}89\times10^{-8}(0{,}30)^{0{,}093}\frac{(140{,}062)^{0{,}265}}{(102)^{0{,}45}} \rightarrow D_{\text{Å}B} = 4{,}06\times10^{-5}\ \text{cm}^2/\text{s}$$

Desvio relativo: $\left(\dfrac{\text{cal}-\text{exp}}{\text{exp}}\right)\times100\% = \left(\dfrac{4{,}06\times10^{-5} - 3{,}7\times10^{-5}}{3{,}7\times10^{-5}}\right)\times100\% = 9{,}73\%$

g) Sridhar e Potter: $\dfrac{D_{\text{Å}B}\mu_B}{T} = \dfrac{3{,}31\times10^{-7}}{V_{c_A}^{1/3}}\left(\dfrac{\text{V}_{c_B}}{V_{c_A}}\right)^{1/3}$

$$\frac{D_{\text{Å}B}(0{,}30)}{(298{,}15)} = \frac{3{,}31\times10^{-7}}{(276)^{1/3}}\left(\frac{370}{276}\right)^{1/3} \rightarrow D_{\text{Å}B} = 5{,}57\times10^{-5}\ \text{cm}^2/\text{s}$$

Desvio relativo: $\left(\dfrac{\text{cal}-\text{exp}}{\text{exp}}\right)\times100\% = \left(\dfrac{5{,}57\times10^{-5} - 3{,}7\times10^{-5}}{3{,}7\times10^{-5}}\right)\times100\% = 50{,}54\%$

h) Uemesi e Danner: $\dfrac{D_{\text{Å}B}\mu_B}{T} = 2{,}75\times10^{-8}\dfrac{R_B}{R_A^{2/3}}$

$$\frac{D_{\text{Å}B}(0{,}30)}{(298{,}15)} = 2{,}75\times10^{-8}\frac{(3{,}812)}{(3{,}4581)^{2/3}} \rightarrow D_{\text{Å}B} = 4{,}56\times10^{-5}\ \text{cm}^2/\text{s}$$

Desvio relativo: $\left(\dfrac{\text{cal}-\text{exp}}{\text{exp}}\right)\times100\% = \left(\dfrac{4{,}56\times10^{-5} - 3{,}7\times10^{-5}}{3{,}7\times10^{-5}}\right)\times100\% = 23{,}54\%$

i) Hayduk e Minhas: $\dfrac{D_{\text{Å}B}\mu_B}{T} = 1{,}7\times10^{-9}T^{0{,}6}\mu_B^{0{,}22}\dfrac{R_B^{0{,}31}}{R_A^{0{,}4}}$

$$\frac{D_{\text{Å}B}(0{,}30)}{(298{,}15)} = 1{,}7\times10^{-9}(298{,}15)^{-9}(0{,}30)^{0{,}22}\frac{(3{,}8120)^{0{,}31}}{(3{,}4581)^{0{,}4}}$$

$D_{\text{Å}B} = 3{,}65 \times 10^{-5}$ cm²/s

Desvio relativo: $\left(\dfrac{\text{cal}-\text{exp}}{\text{exp}}\right)\times100\% = \left(\dfrac{3{,}65\times10^{-5} - 3{,}7\times10^{-5}}{3{,}7\times10^{-5}}\right)\times100\% = -1{,}35\%$

1.3.2 Difusão de não eletrólitos em soluções líquidas concentradas

Adicione um copo de 200 ml de vinho tinto a uma piscina contendo água. Verta essa mesma quantidade de vinho em uma jarra de 2 litros de água. Em qual situação você perceberá a coloração rosada da solução? Pois é. No caso da piscina, nem se notará a presença do vinho, que estará *diluído* na água, a qual atua como o solvente assim como o meio difusivo. No caso da jarra, cuja solução é de cor rosa, começarão os efeitos de mistura, que se pronunciará à medida que aumentamos a quantidade de vinho adicionado. O meio difusivo passa a ser a mistura de soluto e solvente e, admitindo-os *bem* diferentes, haveremos de ter uma solução não ideal $\gamma_A \neq 1$. E, por se tratar de solução binária líquida concentrada, temos $\gamma_A\ (x_A)$. O efeito de mistura do par soluto/meio, na qual as espécies químicas são distintas, é a característica básica da difusão em soluções líquidas concentradas.

O potencial químico para soluções líquidas é dado por:

$$\mu_A = \mu_A^* + kT \ln a_A$$

ou

$$\mu_A = \mu_A^* + kT \ln (\gamma_A x_A) \tag{1.89}$$

Diferenciando a Equação (1.89):

$$d\mu_A = kT[d \ln \gamma_A + d \ln x_A]$$

ou

$$d\mu_A = kT\left[1 + \frac{d \ln \gamma_A}{d \ln x_A}\right] d \ln x_A$$

Derivando $d[\ln(x_A)]$:

$$d\mu_A = \frac{kT}{x_A}\left[1 + \frac{d \ln \gamma_A}{d \ln x_A}\right] dx_A \tag{1.90}$$

Levando a Equação (1.90) para a (1.65), esta definida para a direção z:

$$F_z = -\left(\frac{kT}{x_A}\right)\left[1 + \frac{d \ln \gamma_A}{d \ln x_A}\right]\frac{dx_A}{dz} \tag{1.91}$$

Verificamos na Equação (1.91) que ($d \ln \gamma_A / d \ln x_A \neq 0$) para uma solução líquida concentrada real.

Da Equação (1.66) para a direção z, e depois igualando-a com a Equação (1.91):

$$6\pi\mu_{AB} v_{A,z} r_A = -\left(\frac{kT}{x_A}\right)\left[1 + \frac{d \ln \gamma_A}{d \ln x_A}\right]\frac{dx_A}{dz} \quad \text{ou}$$

$$v_{A,z} x_A = -\left(\frac{kT}{6\pi\mu_{AB} r_A}\right)\left[1 + \frac{d \ln \gamma_A}{d \ln x_A}\right]\frac{dx_A}{dz} \tag{1.92}$$

Observe na Equação (1.92) que a viscosidade μ_{AB} é a do meio difusivo composto por uma solução binária A e B. Nesse caso, inclusive, não se define o soluto, pois há difusão mútua.

Multiplicando a Equação (1.92) pela concentração total da solução, $C = \rho_{AB}/M_{AB}$.

$$v_{A,z} C_A = -C\left(\frac{kT}{6\pi\mu_{AB} r_A}\right)\left[1 + \frac{d \ln \gamma_A}{d \ln x_A}\right]\frac{dx_A}{dz} \tag{1.93}$$

Visto $v_{A,z}C_A = J_{A,z}$ e conhecendo a igualdade (1.93), escreve-se:

$$J_{A,z} = -C\, D_{AB}^*\left[1 + \frac{d \ln \gamma_A}{d \ln x_A}\right]\frac{dx_A}{dz} \tag{1.94}$$

Há de se observar na Equação (1.94) que não se indicou o índice "o" no D_{AB}. Isso se deve ao fato de a força F_z ser fruto da ação do arraste da solução.

O termo entre colchetes na Equação (1.94) indica a influência da concentração da solução líquida assim como da correção da não idealidade da solução no fluxo de matéria. Essa correção é retomada como:

$$\alpha = 1 + \frac{d \ln \gamma_A}{d \ln x_A} \tag{1.95}$$

do que resulta:

$$D_{AB} = \alpha D_{AB}^* \tag{1.96}$$

A determinação do D_{AB}^* é feita a partir das difusividades em diluição infinita, tanto para espécie A quanto para B, nas formas D_{AB}° e D_{BA}°, respectivamente.

O coeficiente de difusão pode vir a ser calculado como uma média ponderada entre os termos em diluição infinita.

$$D_{AB}^* = x_A D_{BA}^{\circ} + x_B D_{AB}^{\circ} \tag{1.97}$$

A média ponderada (1.97) é uma forma modificada da proposta de Darken (1948). Ela foi utilizada por diversos pesquisadores como Hartley e Crank (1949), Caldwell e Babb (1956). Esta equação foi modificada, considerando-se os efeitos das viscosidades da solução e das espécies A e B, segundo (WILKE, 1949):

$$\mu_{AB}\, D_{AB}^{*} = x_A \mu_A D_{BA}^{\circ} + x_B \mu_B D_{AB}^{\circ} \tag{1.98}$$

em que μ_{AB} é a viscosidade da solução; μ_A é a viscosidade da espécie A; e μ_B, da espécie B.

Vignes (1966) propôs para a estimativa do D_{AB}^{*} a média geométrica:

$$D_{AB}^{*} = \left(D_{BA}^{\circ} \right)^{x_A} \left(D_{AB}^{\circ} \right)^{x_B} \tag{1.99}$$

Posteriormente, Leffler e Cullinan (1970) consideraram a influência das viscosidades da solução e das espécies nela presentes a partir de:

$$\mu_{AB} D_{AB}^{*} = \left(\mu_A\, D_{BA}^{\circ} \right)^{x_A} \left(\mu_B D_{AB}^{\circ} \right)^{x_B} \tag{1.100}$$

Exemplo 1.16

Utilizando-se os valores dos coeficientes de difusão em diluição infinita presentes na Tabela (1.6), estime o D_{AB} para o sistema CCl_4/hexano a 25 °C, no qual a fração molar do hexano é 0,43. A essa temperatura as viscosidades da solução, do tetracloreto de carbono e do hexano são, respectivamente, 0,515 cP, 0,86 cP e 0,30 cP. O gradiente de atividade para esse sistema, em que A é o hexano e o CCl_4 é a espécie B, é (BIDLACK; ANDERSON, 1964):

$$1 + \frac{d \ln \gamma_A}{d \ln x_A} = 1 - 0{,}354 x_A x_B$$

Compare o resultado obtido com o valor experimental 2,36 × 10^{-5} cm^2/s e utilize as correlações de Wilke, Equação (1.98), e de Leffler e Cullinan, Equação (1.100), para estimar o D_{AB}^{*}.

Solução:

Podemos escrever o coeficiente de difusão para as duas correlações como:

$$D_{AB} = \alpha D_{AB}^{*} \tag{1}$$

em que

$$\alpha = 1 + \frac{d \ln \gamma_A}{d \ln x_A} = 1 - 0{,}354 x_A x_B \tag{2}$$

Visto $x_A = 0{,}43$ e $x_B = 1 - x_A = 0{,}57$ (3)

podemos substituir (3) em (2):

$$\alpha = 1 - 0{,}354(0{,}43)\,(1 - 0{,}43) = 0{,}9132 \tag{4}$$

Levando (4) em (1):

$$D_{AB} = 0{,}9132\, D_{AB}^{*} \tag{5}$$

a) Correlação de Wilke, Equação (1.98):

$$\mu_{AB} D_{AB}^{*} = x_A \mu_A D_{BA}^{\circ} + x_B \mu_B D_{AB}^{\circ} \tag{6}$$

Exemplo 1.16 (*continuação*)

Da Tabela (1.6): $D_{\mathring{A}B}^{} = 1{,}49 \times 10^{-5}\ \text{cm}^2/\text{s}$ e $D_{\mathring{B}A}^{} = 3{,}7 \times 10^{-5}\ \text{cm}^2/\text{s}$ (7)

Do enunciado problema:

$\mu_{AB} = 0{,}515\ cP$; $\mu_A = 0{,}30\ cP$ e $\mu_B = 0{,}86\ cP$. (8)

Substituindo (7) e (8) em (6):

$D^*_{AB}\ (0{,}515) = (0{,}30)\ (0{,}43)\ (3{,}7 \times 10^{-5}) + (0{,}86)\ (0{,}57)\ (1{,}49 \times 10^{-5}) = 2{,}345 \times 10^{-5}\ \text{cm}^2/\text{s}$ (9)

Substituindo (9) em (5):

$D_{AB} = (0{,}9132)(2{,}345 \times 10^{-5}) = 2{,}14 \times 10^{-5}\ \text{cm}^2/\text{s}$

Desvio relativo: $\left(\dfrac{\text{cal} - \text{exp}}{\text{exp}}\right) \times 100\% = \left(\dfrac{2{,}14 \times 10^{-5} - 2{,}36 \times 10^{-5}}{2{,}36 \times 10^{-5}}\right) \times 100\% = -9{,}32\%$

b) Correlação de Leffler e Cullinan, Equação (1.100):

$$\mu_{AB} D^*_{AB} = \left(\mu_A\ D^{\circ}_{BA}\right)^{x_A} \left(\mu_B D^{\circ}_{AB}\right)^{x_B} \tag{10}$$

Trazendo (7) e (8) em (10):

$$D^*_{AB}(0{,}515) = \left[(0{,}30)\left(3{,}7 \times 10^{-5}\right)\right]^{0{,}43} + \left[(0{,}86)\left(1{,}49 \times 10^{-5}\right)\right]^{0{,}57}$$

$$D^*_{AB} = 2{,}731 \times 10^{-5}\ \text{cm}^2/\text{s} \tag{11}$$

Substituindo (10) em (5):

$D_{AB} = (0{,}9132)(2{,}731 \times 10^{-5}) = 2{,}49 \times 10^{-5}\ \text{cm}^2/\text{s}$

Desvio relativo: $\left(\dfrac{\text{cal} - \text{exp}}{\text{exp}}\right) \times 100\% = \left(\dfrac{2{,}49 \times 10^{-5} - 2{,}36 \times 10^{-5}}{2{,}36 \times 10^{-5}}\right) \times 100\% = 5{,}51\%$

Efeito da polaridade das espécies presentes na solução líquida

Siddiqi e Lucas (1986), utilizando o D^*_{AB} calculado por (1.97) e considerando o efeito da polaridade dos constituintes da solução, propuseram a seguinte correção para o gradiente de atividade:

$$D_{AB} = D^*_{AB}\left[1 + \frac{d \ln \gamma_A}{d \ln x_A}\right]^p \tag{1.101}$$

do que resulta:

$$D_{AB} = \alpha^p D^*_{AB} \tag{1.102}$$

em que:

I. para sistemas com componentes polares → $p = 1{,}0$;

II. para sistemas com um componente polar e outro apolar → $p = 0{,}6$;

III. para sistemas com ambos os componentes apolares → $p = 0{,}4$.

Exemplo 1.17

Refaça o exemplo anterior, considerando a proposta de Siddiqi e Lucas para as seguintes situações:

a) Utilize os valores dos $D_{\mathring{A}B}$ e $D_{\mathring{B}A}$ encontrados na Tabela (1.6).

b) Estime os valores dos $D_{\mathring{A}B}$ e $D_{\mathring{B}A}$ por intermédio da correlação de Siddiqi e Lucas.

Solução: A proposta de Siddiqi e Lucas é:

$$D_{AB} = \alpha^p D_{AB}^* \tag{1}$$

em que, para o par apolar/apolar, $p = 0{,}4$.

Do exemplo anterior calculamos $\alpha = 0{,}9132$, que resulta em:

$$\alpha^p = (0{,}9132)^{0{,}4} = 0{,}9643 \tag{2}$$

Para utilizarmos a proposta de Siddiqi e Lucas temos de considerar:

$$D_{AB}^* = x_A D_{\mathring{B}A} + x_B D_{\mathring{A}B} \tag{3}$$

a) Utilizando os valores dos $D_{\mathring{A}B}$ e $D_{\mathring{B}A}$ encontrados na Tabela (1.6):

$$D_{\mathring{A}B} = 1{,}49 \times 10^{-5}\ \text{cm}^2/\text{s e } D_{\mathring{B}A} = 3{,}7 \times 10^{-5}\ \text{cm}^2/\text{s} \tag{4}$$

e os valores do exemplo anterior: $x_A = 0{,}43$ e $x_B = 0{,}57$ (5)

Substituindo (4) e (5) em (3):

$$D_{AB}^* = (0{,}43)(3{,}7 \times 10^{-5}) + (0{,}57)(1{,}49 \times 10^{-5}) = 2{,}44 \times 10^{-5}\ \text{cm}^2/\text{s} \tag{6}$$

Levando (2) e (6) em (1):

$$D_{AB} = (0{,}9643)(2{,}44 \times 10^{-5}) = 2{,}353 \times 10^{-5}\ \text{cm}^2/\text{s}$$

Desvio relativo: $\left(\dfrac{\text{cal} - \text{exp}}{\text{exp}}\right) \times 100\% = \left(\dfrac{2{,}353 \times 10^{-5} - 2{,}36 \times 10^{-5}}{2{,}36 \times 10^{-5}}\right) \times 100\% = -0{,}30\%$

b) Utilizando a correlação de Siddiqi e Lucas:

No exemplo (1.15) calculamos pela correlação de Siddiqi e Lucas:

$$D_{\mathring{B}A} = 4{,}06 \times 10^{-5}\ \text{cm}^2/\text{s} \tag{7}$$

(lembre-se de que no exemplo (1.15) A = CCl_4);

Resta-nos, portanto, estimar $D_{\mathring{A}B}$ que, para solução não aquosa, é dado por:

$$\frac{D_{\mathring{A}B}\mu_B}{T} = 9{,}89 \times 10^{-8} \mu_B^{0{,}093} \frac{V_{b_B}^{0{,}265}}{V_{b_A}^{0{,}45}} \tag{8}$$

em que $\mu_B = 0{,}86\ cP$; e na Tabela (1.2b) verificamos: $V_{b_A} = 140{,}062$ cm³/mol e $V_{b_B} = 102$ cm³/mol. Substituindo-os em (8):

$$\frac{D_{\mathring{A}B}(0{,}86)}{(298{,}15)} = 9{,}89 \times 10^{-8} (0{,}86)^{0{,}093} \frac{(102)^{0{,}265}}{(140{,}062)^{0{,}45}} \rightarrow D_{\mathring{A}B} = 1{,}25 \times 10^{-5}\ \text{cm}^2/\text{s} \tag{9}$$

Exemplo 1.17 (*continuação*)

Levando (5), (7) e (9) para (3):

$$D^*_{AB} = (0{,}43)(4{,}06 \times 10^{-5}) + (0{,}57)(1{,}25 \times 10^{-5}) = 2{,}46 \times 10^{-5}\ \text{cm}^2/\text{s} \tag{10}$$

Substituindo (2) e (10) em (1):

$$D_{AB} = (0{,}9643)(2{,}46 \times 10^{-5}) = 2{,}372 \times 10^{-5}\ \text{cm}^2/\text{s}$$

Desvio relativo: $\left(\dfrac{\text{cal} - \text{exp}}{\text{exp}}\right) \times 100\% = \left(\dfrac{2{,}372 \times 10^{-5} - 2{,}36 \times 10^{-5}}{2{,}36 \times 10^{-5}}\right) \times 100\% = 0{,}51\%$

Escreve-se, finalmente, o fluxo difusivo para a difusão em líquidos, depois de considerar a Equação (1.102) como:

$$J_{A,z} = -C\, D^*_{AB} \left[1 + \frac{d \ln \gamma_A}{d \ln x_A}\right]^p \frac{dx_A}{dz} \tag{1.103}$$

A Tabela (1.7) mostra alguns valores experimentais para o D_{AB}. Observe as concentrações do soluto.

[a]**Tabela 1.7** – Coeficiente de difusão binária em líquidos

Sistema soluto/solvente	T(K)	Concentração do soluto (mol/ℓ)	D_{AB} (cm²/s × 10⁵)
amônia/água	278	3,5	1,24
amônia/água	288	1,0	1,77
etanol/água	283	3,75	0,50
etanol/água	283	0,05	0,83
etanol/água	289	2,0	0,90
clorofórmio/etanol	293	2,0	1,25

[a]Fonte: Treybal, 1955.

1.3.3 Difusão de eletrólitos em soluções líquidas diluídas

Os eletrólitos constituem-se de solução composta por solvente, normalmente água, na qual uma determinada substância decompõe-se em íons, como, por exemplo, a dissolução de sais. Quando se dissolve o sal de cozinha (NaCl) em água, não ocorre a difusão da "molécula" de sal; há a sua dissolução nos íons Na^+(cátion) e Cl^-(ânion), os quais difundirão como se fossem "moléculas" independentes, mas fluindo na mesma direção. Em razão do tamanho dos íons, é de se esperar que as velocidades de cada um venham a ser maiores do que as de uma "molécula" do sal. Tais velocidades são descritas analogamente à teoria de Stokes-Einstein. Todavia, em se tratando de eletrólitos, a velocidade do íon está associada tanto com o potencial químico quanto com o eletrostático segundo:

(velocidade) = (mobilidade)
[(diferença de potencial químico) +
(diferença de potencial eletrostático)] ou

$$\vec{v}_i = \vec{u}_i\left(-\vec{\nabla}\mu_i + z_i \vec{\nabla} E\right) \tag{1.104}$$

na qual z_i é a valência do íon i.

Identificando o gradiente $\vec{\nabla}\mu_i$ presente na Equação (1.104) à força motriz expressa $\vec{F}$ pela Equação (1.65), multiplicaremos essa última equação pela concentração total da solução, supondo-a diluída, e de posse do resultado obtido o levaremos na Equação (1.104), fornecendo-nos:

$$\vec{v}_i = \vec{u}_i \frac{kT}{C_i}\left(-\vec{\nabla} C_i + \frac{C_i z_i}{kT}\vec{\nabla} E\right)$$

Rearranjando essa equação:

$$\vec{v}_i C_i = \left(\vec{u}_i kT\right)\left(-\vec{\nabla} C_i + \frac{C_i z_i}{kT}\vec{\nabla} E\right) \tag{1.105}$$

Identificando o fluxo iônico $\vec{J}_i \equiv \vec{v}_i C_i$ na Equação (1.105) e denominando:

$$D_i \equiv \vec{u}_i kT \tag{1.106}$$

de coeficiente de difusão iônica, a Equação (1.105) é retomada na forma:

$$\vec{J}_i = D_i\left(-\vec{\nabla} C_i + \frac{C_i z_i}{kT}\vec{\nabla} E\right) \tag{1.107}$$

O fluxo presente na Equação (1.107) é fruto do movimento browniano do íon i [expresso por kT na Equação (1.106)], influenciado tanto pela diferença de concentração iônica quanto pela diferença de potencial eletrostático. Esse movimento, por sua vez, é decorrente das colisões das moléculas do solvente (água) com os íons.

A Tabela (1.8) apresenta valores para o coeficiente de difusão iônica, D_i, em diluição infinita em solução aquosa a 25 °C para diversos íons.

[a]**Tabela 1.8** – Coeficiente de difusão iônica em diluição infinita em água a 25 °C

Cátions	D_i (cm²/s × 10⁵)	Ânions	D_i (cm²/s × 10⁵)
H^+	9,31	OH^-	5,28
Li^+	1,03	F^-	1,47
Na^+	1,33	Cl^-	2,03
K^+	1,96	Br^-	2,08
Rb^+	2,07	I^-	2,05
Cs^+	2,06	NO_3^-	1,90
Ag^+	1,65	CH_3COO^-	1,09
NH_4^+	1,96	$CH_3CH_2COO^-$	0,95
Ca^{2+}	0,79	SO_4^{2-}	1,06
Mg^{2+}	0,71	CO_3^{2-}	0,92
La^{3+}	0,62	$Fe(CN)_6^{3-}$	0,98

[a]Fonte: Cussler, 1984.

Obtenção do coeficiente de difusão de eletrólitos em soluções líquidas diluídas

Uma quantidade de sal, ao dissociar-se totalmente, irá gerar quantidades de íons proporcionais ao módulo da sua valência: *princípio da eletroneutralidade*. A relação entre as concentrações do sal e dos íons advém de:

$$C_A = \frac{C_1}{|z_2|} = \frac{C_2}{|z_1|} \tag{1.108}$$

do que decorre:

$$\vec{\nabla} C_A = \frac{\vec{\nabla} C_1}{|z_2|} = \frac{\vec{\nabla} C_2}{|z_1|} \tag{1.109}$$

nas quais z_1 e z_2 são as valências do cátions e do ânion, respectivamente, e o subscrito A refere-se ao sal.

Em se tratando de solução diluída e de posse da Equação (109), é possível escrever:

$$\vec{J}_A = \frac{\vec{J}_1}{|z_2|} = \frac{\vec{J}_2}{|z_1|} \tag{1.110}$$

A relação (1.110) indica que o movimento relativo entre os íons e a solução são iguais. No caso de eletrólitos (1-1) (valências iguais a 1 tanto para o cátion quanto para o ânion; por exemplo: NaCl, KCl, KI), nota-se que as concentrações dos íons são iguais. Isso é de fácil verificação, pois certa quantidade do sal (1-1) apresenta o mesmo número de cátions e ânions.

Além disso, admite-se que as velocidades dos íons são iguais, independentemente da diferença de tamanho entre eles. Supondo um deles maior, ele se moverá mais lentamente do que o outro. Todavia, em virtude da carga iônica, o íon mais rápido será desacelerado até a velocidade do companheiro.

Retomando a Equação (1.107) para o cátion (1) e o ânion (2), respectivamente:

$$\vec{J}_1 = D_1\left(-\vec{\nabla} C_1 + |z_1|\frac{C_1}{kT}\vec{\nabla} E\right) \tag{1.111}$$

$$\vec{J}_2 = D_2\left(-\vec{\nabla} C_2 + |z_2|\frac{C_2}{kT}\vec{\nabla} E\right) \tag{1.112}$$

Multiplicando a Equação (1.111) por $|z_1|$ e a Equação (1.112) por $|z_2|$ e arrumando os resultados obtidos:

$$\frac{|z_1|\vec{J}_1}{D_1} = \left(-|z_1|\vec{\nabla} C_1 + |z_1|\frac{|z_1|C_1}{kT}\vec{\nabla} E\right) \tag{1.113}$$

$$\frac{|z_2|\vec{J}_2}{D_2} = \left(-|z_2|\vec{\nabla} C_2 + |z_2|\frac{|z_2|C_2}{kT}\vec{\nabla} E\right) \tag{1.114}$$

Substituindo as relações (1.108) a (1.110) em (1.114), bem como isolando o termo relacionado ao potencial eletrostático:

$$\frac{|z_1|C_1}{kT}\vec{\nabla} E = -\frac{1}{|z_2|}\left(|z_1|\vec{\nabla} C_1 + \frac{|z_1|\vec{J}_1}{D_2}\right) \tag{1.115}$$

Levando a Equação (1.115) à Equação (1.113) e rearranjando o resultado obtido:

$$\frac{\vec{J}_1}{|z_2|} = -\left[\frac{(|z_1|+|z_2|)D_1D_2}{(|z_1|D_1+|z_2|D_2)}\right]\frac{\vec{\nabla} C_1}{|z_2|} \tag{1.116}$$

Identificando as relações (1.109) e (1.110) na Equação (1.116), temos como resultado:

$$\vec{J}_A = -\left[\frac{(|z_1|+|z_2|)D_1D_2}{(|z_1|D_1+|z_2|D_2)}\right]\vec{\nabla} C_A \tag{1.117}$$

O termo entre colchetes na Equação (1.117) é definido como o coeficiente de difusão, em solução diluída, do eletrólito $A_{|z_2|}\,B_{|z_1|}$ em um determinado solvente:

$$D_{\mathring{A}} \equiv \left[\frac{(|z_1| + |z_2|)\, D_1 D_2}{(|z_1|\, D_1 + |z_2|\, D_2)} \right] \qquad (1.118)$$

A Tabela (1.9) apresenta diversos valores experimentais para este coeficiente em água a 25 °C.

[a]Tabela 1.9 – Coeficiente de difusão a diluição infinita em água a 25 °C

Compostos	$D_{\mathring{A}}$ ($cm^2/s \times 10^5$)	Compostos	$D_{\mathring{A}}$ ($cm^2/s \times 10^5$)
$HC\ell$	3,339	NH_4NO_3	1,928
HBr	3,403	$NH_4C\ell$	1,996
$LiC\ell$	1,368	$MgC\ell_2$	1,251
LiBr	1,379	$CaC\ell_2$	1,336
$NaC\ell$	1,612	$SrC\ell_2$	1,336
NaI	1,616	$BaC\ell_2$	1,387
NaBr	1,627	Li_2SO_4	1,041
$KC\ell$	1,996	Na_2SO_4	1,230
KBr	2,018	Cs_2SO_4	1,569
KI	2,001	$(NH_3)_2SO_4$	1,527
$RbC\ell$	2,057	$MgSO_4$	0,849
$LiNO_3$	1,337	$ZnSO_4$	0,849
$AgNO_3$	1,768	$LaC\ell_3$	1,294
KNO_3	1,931	$K_4Fe(CN)_6$	1,473

[a]Fonte: Robinson e Stokes, 1955.

Exemplo 1.18

Estime o valor do coeficiente de difusão em diluição infinita a 25 °C dos seguintes sais em água. Compare os resultados obtidos com os valores experimentais contidos na Tabela (1.9).

a) $NaCl$; b) $MgSO_4$; c) Na_2SO_4; d) $MgCl_2$.

Solução:

Admitindo dissolução total, verifica-se:

a) $NaCl \rightarrow Na^{+1} + Cl^{-1}$ $\therefore$ $z_1 = +1$ e $z_2 = -1$

Da Tabela (1.8): $D_1 = D_{Na^+} = 1{,}33 \times 10^{-5}\ cm^2/s$ e $D_2 = D_{Cl^-} = 2{,}03 \times 10^{-5}\ cm^2/s$

Substituindo esses dados na Equação (1.118):

$$D_{\mathring{A}} = \left[\frac{(|+1| + |-1|)\,(1{,}33)(2{,}03)}{(|+1|\,(1{,}33) + |-1|\,(2{,}03))} \right] \times 10^{-5} = 1{,}607 \times 10^{-5}\ cm^2/s$$

$$\text{Desvio relativo: } \left(\frac{\text{cal} - \text{exp}}{\text{exp}} \right) \times 100\% = \left(\frac{1{,}607 \times 10^{-5} - 1{,}612 \times 10^{-5}}{1{,}612 \times 10^{-5}} \right) \times 100\% = -0{,}31\%$$

b) $MgSO_4 \rightarrow Mg^{+2} + SO_4^{-2}$ $\therefore$ $z_1 = +2$ e $z_2 = -2$

Da Tabela (1.8): $D_1 = D_{Mg^{+2}} = 0{,}71 \times 10^{-5}\ cm^2/s$ e $D_2 = D_{SO_4^{-2}} = 1{,}06 \times 10^{-5}\ cm^2/s$. Assim:

$$D_{\mathring{A}} = \left[\frac{(|+2| + |-2|)\,(0{,}71)(1{,}06)}{(|+2|\,(0{,}71) + |-2|\,(1{,}06))} \right] \times 10^{-5} = 0{,}85 \times 10^{-5}\ cm^2/s$$

$$\text{Desvio relativo: } \left(\frac{\text{cal} - \text{exp}}{\text{exp}} \right) \times 100\% = \left(\frac{0{,}85 \times 10^{-5} - 0{,}849 \times 10^{-5}}{0{,}849 \times 10^{-5}} \right) \times 100\% = 0{,}12\%$$

Exemplo 1.18 (*continuação*)

c) $Na_2SO_4 \rightarrow 2Na^{+1} + SO_4^{-2}$ $\therefore$ $z_1 = +1$ e $z_2 = -2$

Da Tabela (1.8): $D_1 = D_{Na^+} = 1{,}33 \times 10^{-5}$ cm²/s e $D_2 = D_{SO_4^{-2}} = 1{,}06 \times 10^{-5}$ cm²/s. Assim:

$$D_{\AA} = \left[\frac{(|+1|+|-2|)(1{,}33)(1{,}06)}{(|+1|(1{,}33)+|-2|(1{,}06)}\right] \times 10^{-5} = 1{,}226 \times 10^{-5}\ \text{cm}^2/\text{s}$$

$$\text{Desvio relativo: } \left(\frac{\text{cal}-\text{exp}}{\text{exp}}\right) \times 100\% = \left(\frac{1{,}266\times10^{-5} - 1{,}23\times10^{-5}}{1{,}23\times10^{-5}}\right) \times 100\% = 2{,}93\%$$

d) $MgCl_2 \rightarrow Mg^{+2} + 2Cl^{-1}$ $\therefore$ $z_1 = +2$ e $z_2 = -1$

Da Tabela (1.8): $D_1 = D_{Mg^{+2}} = 0{,}71 \times 10^{-5}$ cm²/s e $D_2 = D_{Cl_4^{-2}} = 2{,}03 \times 10^{-5}$ cm²/s. Assim:

$$D_{\AA} = \left[\frac{(|+2|+|-1|)(0{,}71)(2{,}03)}{(|+2|(0{,}71)+|-1|(2{,}03)}\right] \times 10^{-5} = 1{,}253 \times 10^{-5}\ \text{cm}^2/\text{s}$$

$$\text{Desvio relativo: } \left(\frac{\text{cal}-\text{exp}}{\text{exp}}\right) \times 100\% = \left(\frac{1{,}253\times10^{-5} - 1{,}251\times10^{-5}}{1{,}251\times10^{-5}}\right) \times 100\% = 0{,}16\%$$

Uma expressão para o cálculo do coeficiente de difusão de eletrólitos em diluição infinita

A mobilidade de um íon, u_i, associa-se à condutividade equivalente iônica limite λ_i, segundo Robinson e Stokes (1955):

$$u_i = \frac{N_0}{10^7 \mathfrak{J}^2} \frac{\lambda_i}{|z_i|} \tag{1.119}$$

N_0 é o número de Avogadro e $\mathfrak{J}$ é a constante de Faraday.

Substituindo a definição (1.106) na (1.119), chega-se a:

$$D_i = \frac{N_0}{10^7 \mathfrak{J}^2} \frac{\lambda_i}{|z_i|} kT \tag{1.120}$$

Visto $k\,N_0 = R$, constante universal dos gases, a definição (1.120) é expressa por:

$$D_i = \frac{R}{10^7 \mathfrak{J}^2} \frac{\lambda_i}{|z_i|} T \tag{1.121}$$

A relação (1.121) é reconhecida como equação de Nerst. Ela relaciona a mobilidade iônica com o movimento browniano (RT). O termo $R/10^7\mathfrak{J}^2$ é um fator de conversão de unidades. Esta constante é igual a $8{,}931 \times 10^{-10}$ (cm²/s)(equivalente/ohm)(1/K), que, substituída na definição (1.121), resulta:

$$D_i = 8{,}931 \times 10^{-10} \frac{\lambda_i}{|z_i|} T \tag{1.122}$$

Levando a expressão (1.122) à Equação (1.118), obtém-se o coeficiente de difusão do eletrólito $A_{|z_2|}B_{|z_1|}$, em diluição infinita, de acordo com:

$$D_{\AA} = 8{,}931 \times 10^{-10} T \left(\frac{\lambda_1 \lambda_2}{\lambda_1 + \lambda_2}\right)\left(\frac{|z_1|+|z_2|}{|z_1||z_2|}\right) \tag{1.123}$$

sendo a unidade do $D_{\AA}$ em cm²/s e a da temperatura T em Kelvin.

A Tabela (1.10) apresenta a condutividade equivalente iônica limite, em diluição infinita em água, a 25 °C. Para temperaturas diferentes desta, esse parâmetro pode ser estimado por intermédio da seguinte correlação (PERRY; CHILTON, 1973):

$$\lambda_{iT(°C)} = \lambda_{i25\,°C} + a(T-25) + b(T-25)^2 + c(T-25)^3 \tag{1.124}$$

na qual a temperatura T está em °C. As constantes presentes na Equação (1.124), relacionadas para diversos íons, estão contidas na Tabela (1.11).

[a]Tabela 1.10 – Condutividade equivalente iônica limite em diluição infinita em água a 25 °C

Cátions	λ_i (ohm/eq.)	Ânions	λ_i (ohm/eq.)
H^+	349,80	OH^-	198,60
Li^+	38,60	F^-	55,40
Na^+	50,10	$C\ell^-$	76,35
K^+	73,50	Br^-	78,15
Rb^+	77,80	I^-	76,80
Cs^+	77,20	NO_3^-	71,46
Ag^+	61,90	CH_3COO^-	40,90
NH_4^+	73,50	$CH_3CH_2COO^-$	35,80
Ca^{2+}	59,50	SO_4^{2-}	80,00
Mg^{2+}	53,00	CO_3^{2-}	69,30
La^{3+}	69,70	$Fe(CN)_6^{3-}$	100,90

[a]Fonte: Robinson e Stokes, 1955.

[a]Tabela 1.11 – Efeito da temperatura na condutividade equivalente iônica limite

Íons	a	b × 10²	c × 10⁴
H^+	4,816	–1,031	–0,767
Li^+	0,890	0,441	–0,204
Na^+	1,092	0,472	–0,115
K^+	1,433	0,406	–0,318
$C\ell^-$	1,540	0,465	–0,128
Br^-	1,544	0,447	–0,230
I^-	1,509	0,438	–0,217

[a]Fonte: Perry e Chilton, 1973.

Exemplo 1.19

Estime o valor do coeficiente de difusão em solução aquosa diluída de cloreto de potássio a 30 °C utilizando as expressões (1.123) e (1.124). Compare o resultado obtido com o valor experimental $2{,}233 \times 10^{-5}$ cm²/s.

Solução:

Temos, por intermédio das Tabelas (1.8) e (1.9), as seguintes informações:

Íons	λ_i (ohm/eq.)	a	b × 10²	c × 10⁴
K^+	73,50	1,433	0,406	–0,318
$C\ell^-$	76,35	1,540	0,465	–0,128

a) Cálculo das condutividades equivalentes iônicas limite:

Para K^+:

$\lambda_{K^+(30\,°C)} = 73{,}50 + 1{,}433(30-25) + 0{,}406 \times 10^{-2}(30-25)^2 - 0{,}318 \times 10^{-4}(30-25)^3 = 80{,}76$ ohm/eq

Para $C\ell^-$:

$\lambda_{C\ell^-(30\,°C)} = 76{,}35 + 1{,}540(30-25) + 0{,}465 \times 10^{-2}(30-25)^2 - 0{,}128 \times 10^{-4}(30-25)^3 = 84{,}16$ ohm/eq

b) Cálculo do valor do coeficiente de difusão: das valências dos íons → $|z_1| = |z_2| = 1$.

Substituindo (a) e (b) na Equação (1.102) e lembrando: T = 30 °C = 303,15 K

$$D_{\mathring{A}} = 8{,}931 \times 10^{-10}(303{,}15)\left[\frac{(80{,}76)(84{,}16)}{80{,}76+84{,}16}\right]\left[\frac{1+1}{(1)(1)}\right] = 2{,}231 \times 10^{-5}\ \text{cm}^2/\text{s}$$ Desvio relativo igual a –0,09%!!

1.3.4 Difusão de eletrólitos em soluções líquidas concentradas

A difusão de eletrólitos em soluções líquidas concentradas apresenta o mesmo problema da difusão de não eletrólitos em líquidos concentrados: não há, no momento, teoria capaz de descrever o fenômeno na sua totalidade. O que se tem são informações experimentais que mostram o aumento do valor do coeficiente de difusão para altos valores de normalidade (uma espécie de medida para a concentração de eletrólito) (veja, por exemplo: REID; PRAUSNITZ; POLING, 1988, p. 621).

É razoável considerar que o eletrólito contido na solução líquida apresente características bem distintas das do solvente a ponto de considerarmos a solução como sendo real, de modo que $\gamma_\pm \neq 1$.

Além disso, na medida em que começa a haver a presença significativa da concentração iônica, temos que $\gamma_\pm = \gamma_\pm(x_\pm)$. De posse de tais considerações, escrevemos:

$$D_A \propto D_{\mathring{A}}\left(1 + c\frac{\partial \ln \gamma_\pm}{\partial c}\right) \qquad (1.125)$$

em que $\left(1 + c\frac{\partial \ln \gamma_\pm}{\partial c}\right) \neq 1$ é o gradiente de atividade.

Apesar de o estudo da difusão de eletrólitos existir desde a década de 1930, são poucas as correlações encontradas na literatura. Um aspecto interessante é que os autores preferem utilizar a grandeza *molalidade*, m, em vez da concentração do soluto no gradiente de atividade. Entre eles está Gordon (1937), que propôs a seguinte correlação:

$$D_A = D_{\mathring{A}}\left(1 + m\frac{\partial \ln \gamma_\pm}{\partial c}\right)\left(\frac{1}{\bar{c}_w \bar{V}_w}\right)\left(\frac{\mu_w}{\mu_{AB}}\right) \qquad (1.126)$$

sendo:

m molalidade, (mol de soluto)/(kg de solvente), $m = 1.000\ w_A/[M_A(1 - w_A)]$ (SKELLAND, 1974); em que w_A é a fração mássica do soluto (kg de soluto/kg da solução), e M_A, a massa molar do soluto (do *sal*);

$\bar{c}_w$ (mol de água)/(cm^3 de solução);

$\bar{V}_w$ volume parcial molar da água na solução, (cm^3/mol);

μ_w viscosidade da água, cP;

μ_{AB} viscosidade da solução eletrolítica, cP.

Para os eletrólitos (1-1) mais comuns: NaCl, KCl, NaOH, que apresentam concentração na solução menor do que 3 N, o produto $\bar{c}_w \bar{V}_w$ é aproximadamente igual a 1 (REID; PRAUSNITZ; SHERWOOD, 1977; REID; PRAUSNITZ; POLING, 1988; SKELLAND, 1974).

Os efeitos da hidratação iônica foram examinados por J. N. Agar como uma extensão do trabalho de Hartley e Crank (1949) (SKELLAND, 1974). Os resultados obtidos, que se refletem na estimativa do coeficiente de difusão, puderam ser sintetizados na seguinte expressão (SKELLAND, 1974):

$$D_A = D_{\mathring{A}}\left(1 + m\frac{\partial \ln \gamma_\pm}{\partial m}\right)(1 - 0{,}018\ \text{n'm}) \times$$
$$\times\left[1 + 0{,}018\, m\left(n_{\text{íons}}\frac{D_{H_2O,H_2O}}{D_{o_A}} - \text{n'}\right)\right]\frac{\mu_w}{\mu_{AB}} \qquad (1.127)$$

n' – número de hidratação. Veja alguns valores na tabela a seguir (ROBINSON; STOKES, 1955):

Eletrólito	NaCℓ	KCℓ	NH_4Cℓ
n'	1,1	0,8	0,5

$n_{\text{íons}}$ número de íons formados a partir de uma molécula de soluto. Por exemplo: para o NaCl, $n_{\text{íons}} = 2$; para o sulfato de amônia, $(NH_4)_2SO_4$, $n_{\text{íons}} = 3$;

D_{H_2O,H_2O} = coeficiente de autodifusão da água; a 25 °C o seu valor é $2{,}43 \times 10^{-5}$ cm^2/s.

O termo $[1 + m\ (\partial \ln \gamma_\pm / \partial m)]$ normalmente é estimado por método gráfico a partir de tabelas de m vs. $\gamma_\pm$ (REID; PRAUSNITZ; SHERWOOD, 1977; REID; PRAUSNITZ; POLING, 1988; SKELLAND, 1974). No entanto, conhecendo-se essas tabelas, como aquelas apresentadas na obra de Robinson e

Tabela 1.12 – Constantes do somatório proposto na Equação (1.128)

Eletrólitos	A_1	A_2	A_3	A_4	A_5	A_6	A_7	A_8	$A_9 \times 10^3$	$A_{10} \times 10^4$
NaOH	–0,8968	3,7902	–7,0085	7,1982	–4,4143	1,6811	–0,4006	0,0581	–4,682	1,610
NaCℓ	–0,9759	3,7828	–6,8350	7,0234	–4,3650	1,6969	–0,4154	0,0617	–5,115	1,806
KOH	–0,9465	4,3448	–8,0801	8,5962	–5,5595	2,2502	–0,5709	0,0880	–7,511	2,722
KCℓ	–1,0721	3,6216	–5,8292	5,1002	–2,5319	0,7105	–0,1047	0,0063	0,000	0,000
NH_4Cℓ	–1,0335	3,3045	–5,0441	4,2596	–2,1118	0,6208	–0,1099	0,0104	–4,124	0,000
NH_4NO_3	–1,3570	4,6305	–7,5998	7,5560	–4,5703	1,7395	–0,4174	0,0612	–5,000	1,748
MgCℓ_2	–1,5686	7,6767	–13,496	13,653	–8,2091	2,9796	–0,6390	0,0744	–3,612	0,000
$Mg(NO_3)_2$	–2,1324	12,811	–30,544	41,186	–33,445	16,869	–5,3202	1,0145	–106,940	47,74
CaCℓ_2	–1,7010	7,6594	–13,226	13,259	–8,1607	3,1849	–0,7896	0,1203	–10,236	3,722
$Ca(NO_3)_2$	–2,2346	8,8924	–16,242	16,803	–10,523	4,1208	–1,0130	0,1516	–12,618	4,471
Na_2SO_4	–2,3439	5,0669	–5,1111	2,5434	–0,5998	0,0535	0,000	0,0000	0,000	0,000
$(NH_4)SO_2$	–2,5149	5,6704	–5,7900	2,8829	–0,6795	0,0606	0,000	0,0000	0,000	0,000

Stokes (1955), podemos propor a seguinte expressão para a correção da idealidade:

$$1+m\frac{\partial \ln \gamma_\pm}{\partial m}=1+\sum_{i=1}^{10}A_i m^i \tag{1.128}$$

Aconselha-se a utilização do polinômio (1.128) para $m < 4{,}0$. As constantes A_i para alguns eletrólitos avaliados a 25 °C estão presentes na Tabela (1.12).

Para aquelas soluções concentradas que estão em temperatura distinta de 25 °C, Prausnitz e Poling (1988) sugerem o seguinte cálculo:

$$D_A\big|_T = D_A\big|_{T=298}\frac{\mu_{AB}\big|_{T=298}}{\mu_{AB}\big|_T}\left(\frac{T}{298}\right) \tag{1.129}$$

Exemplo 1.20

Estime o valor do coeficiente de difusão do sal de cozinha a 25 °C em água. A fração mássica do sal é igual a 0,15. Utilize as correlações (1.126) e (1.127) e compare os resultados obtidos com o valor experimental $1{,}538 \times 10^{-5}$ cm²/s .

Dados:

$\mu_w = 0{,}894\ cP$; $\mu_{AB} = 1{,}20\ cP$ (ROBINSON; STOKES, 1955); $M_{NAC\ell} = 58{,}442$ g/mol

Solução:

Tanto na correlação de Gordon quanto na de Agar/Hartley e Crank, está presente o gradiente de atividade. Este parâmetro é determinado pela Equação (1.128).

$$1+m\frac{\partial \ln \gamma_\pm}{\partial m}=1+\sum_{i=1}^{10}A_i m^i \tag{1}$$

em que os coeficientes A_i estão presentes na Tabela (1.12). Para o sal de cozinha, NaCl, esses valores são:

A_1	A_2	A_3	A_4	A_5	A_6	A_7	A_8	$A_9 \times 10^3$	$A_{10} \times 10^4$
–0,9795	3,7828	–6,8350	7,0234	–4,3650	1,6969	–0,4145	0,0617	–5,115	1,806

Note que a Equação (1) depende da molalidade e esta se relaciona com a fração mássica por intermédio de:

$$m=\frac{1.000 w_A}{M_A(1-w_A)} \tag{2}$$

em que

$$w_A = 0{,}15 \text{ e } M_A = M_{NACl} = 58{,}442 \text{ g/mol} \tag{3}$$

Substituindo (3) em (2):

$$m=\frac{(1.000)(0{,}15)}{(58{,}442)(1-0{,}15)}=3{,}02$$

levando esse resultado para (1):

$$1+m\frac{\partial \ln \gamma_\pm}{\partial m}=1+\sum_{i=1}^{10}A_i m^i = 1+\big[(-0{,}9759)(3{,}02)+(3{,}7828)(3{,}02)^2+(-6{,}8350)(3{,}02)^3+$$
$$+(7{,}0234)(3{,}02)^4+(-4{,}3650)(3{,}02)^5+(1{,}6969)(3{,}02)^6+(-0{,}4145)(3{,}02)^7+(0{,}0617)(3{,}02)^8+$$
$$+(-5{,}115\times10^{-3})(3{,}02)^9+(1{,}806\times10^{-4})(3{,}02)^{10}\big]=1+0{,}0963=1{,}0963 \tag{4}$$

Exemplo 1.20 (*continuação*)

Em ambas as correlações existe o termo μ_w/μ_{AB}. Das informações fornecidas:

$$\frac{\mu_w}{\mu_{AB}} = \frac{0{,}894}{1{,}20} = 0{,}745 \quad (5)$$

a) Correlação de Gordon:

$$D_A = D_{\mathring{A}}\left(1 + m\frac{\partial \ln \gamma_{\pm}}{\partial m}\right)\left(\frac{1}{\bar{c}_w \bar{V}_w}\right)\left(\frac{\mu_w}{\mu_{AB}}\right) \quad (6)$$

Visto $m < 4$, podemos supor $\bar{c}_w \bar{V}_w = 1$ e, como $D_{\mathring{A}} = 1{,}612 \times 10^{-5}$ cm^2/s [veja a Tabela (1.9)], levaremos (4), (5) e (7) a (6):

$$D_A = (1{,}612 \times 10^{-5})(1{,}0963)(1)(0{,}745) = 1{,}318 \times 10^{-5}\ \text{cm}^2/\text{s} \quad (8)$$

Desvio relativo:

$$\left(\frac{\text{cal} - \text{exp}}{\text{exp}}\right) \times 100\% = \left(\frac{1{,}318 \times 10^{-5} - 1{,}538 \times 10^{-5}}{1{,}538 \times 10^{-5}}\right) \times 100\% = -14{,}30\%$$

b) Correlação de Agar/Hartley e Crank:

$$D_A = D_{\mathring{A}}\left(1 + m\frac{\partial \ln \gamma_{\pm}}{\partial m}\right)(1 - 0{,}018n'm)\left[1 + 0{,}018\,m\left(n_{\text{íons}}\frac{D_{H_2O,H_2O}}{D_{\mathring{A}}} n'\right)\right]\frac{\mu_w}{\mu_{AB}} \quad (9)$$

na qual: $n' = 1{,}1$; $n_{\text{íons}} = 2$; $D_{H_2O,H_2O} = 2{,}43 \times 10^{-5}$ cm^2/s (10)

$$D_A = \left(1{,}612 \times 10^{-5}\right)(1{,}0963)[1 - (0{,}018)(1{,}1)(3)]\left[1 + (0{,}018)(3)\left(\frac{2 \times 2{,}43 \times 10^{-5}}{1{,}612 \times 10^{-5}} - 1{,}1\right)\right](0{,}745)$$

$$D_A = 1{,}367 \times 10^{-5}\ \text{cm}^2/\text{s}$$

Desvio relativo: $\left(\frac{\text{cal} - \text{exp}}{\text{exp}}\right) \times 100\% = \left(\frac{1{,}367 \times 10^{-5} - 1{,}538 \times 10^{-5}}{1{,}538 \times 10^{-5}}\right) \times 100\% = -11{,}11\%$

1.4 DIFUSÃO EM SÓLIDOS CRISTALINOS

Vimos que o valor do coeficiente de difusão diminui consideravelmente quando passamos do meio difusivo gasoso para o líquido. Neste, há maior agrupamento molecular do que naquele, dificultando a mobilidade do soluto. No caso de sólido cristalino não poroso[12], os átomos que o compõem estão ainda mais próximos do que nas estruturas de outros estados da matéria. Tais átomos estão arranjados em redes cristalinas como aquelas ilustradas nas Figuras (1.14). A penetração de outro átomo (que é distinto do meio, e denominaremos de soluto, difundente ou penetrante) por essas estruturas é mais lenta e difícil, se comparada aos meios difusivos gasosos e líquidos.

Neste item trataremos da difusão de um átomo por meio de estruturas como aquelas representadas nas Figuras (1.14). O movimento do átomo do soluto consiste, basicamente, em ocupar vazios,

[12] As zeólitas podem ser consideradas como sólidos cristalinos microporosos.

seja em razão das falhas na estrutura cristalina do sólido, seja em virtude dos interstícios entre os átomos da matriz cristalina. No primeiro caso, Figura (1.15a), dá-se a ocupação de vazios propriamente ditos. No mecanismo intersticial, o átomo move-se entre os átomos vizinhos [Figura (1.15b)]; nesse caso, o átomo do soluto é necessariamente menor do que o da matriz cristalina. Há situações nas quais os átomos do soluto e da matriz são aproximadamente do mesmo tamanho, em que o primeiro empurra o segundo, ocupando-lhe o espaço. Esse mecanismo é denominado difusão interfacial, Figura (1.15c).

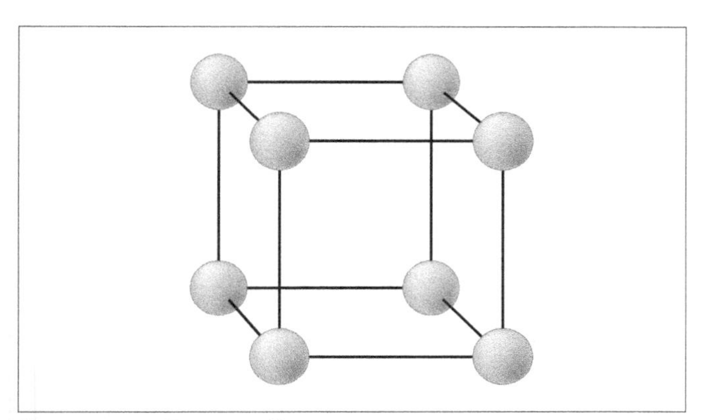

Figura 1.14a – Estrutura cúbica.
*Baseado em: Van Vlack, 1970.

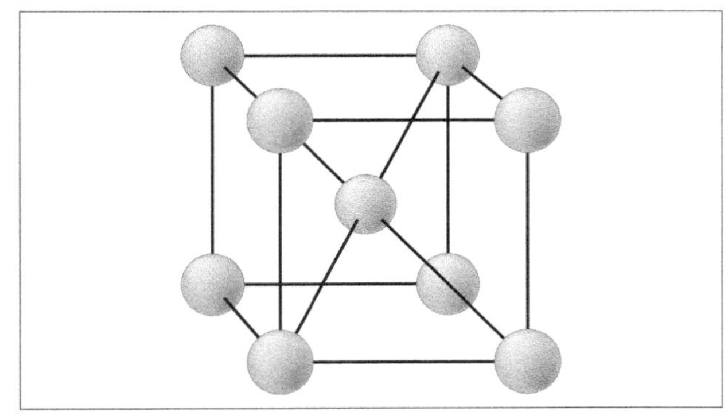

Figura 1.14b – Cúbica de corpo centrado (ccc).

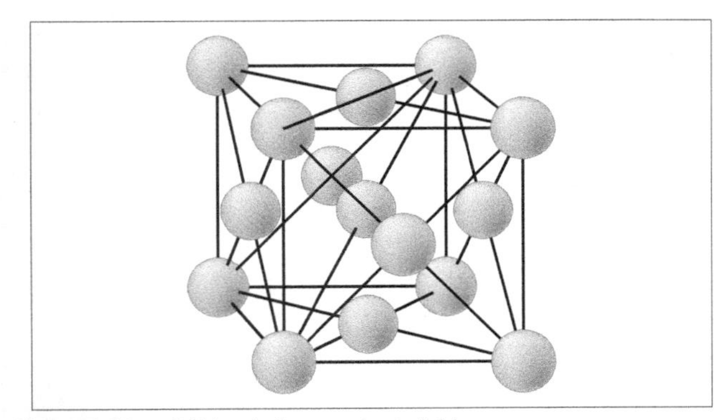

Figura 1.14c – Cúbica de face centrada (cfc).

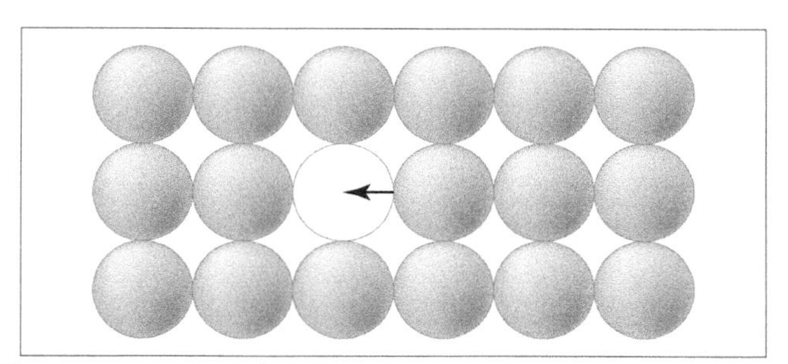

Figura 1.15a – Ocupação de vazios.

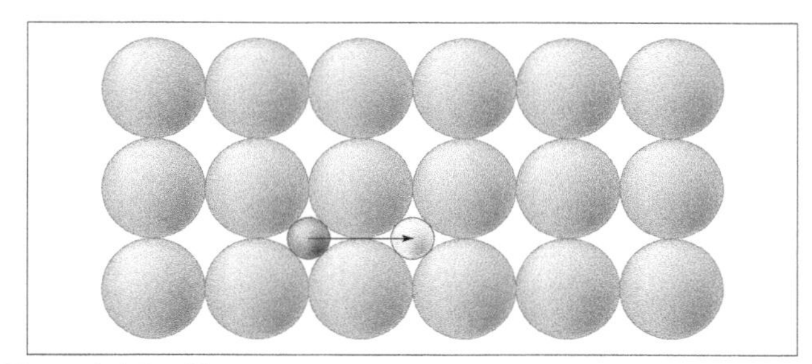

Figura 1.15b – Mecanismo intersticial.

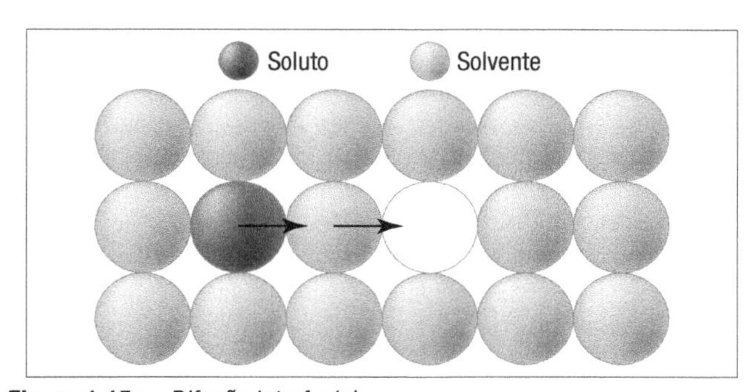

Figura 1.15c – Difusão interfacial.

Falamos um pouco sobre mecanismos da difusão do átomo penetrante na rede cristalina do sólido. Não houve a preocupação, ainda, de vasculhar a origem do movimento atômico.

O movimento intrínseco de uma molécula gasosa de baixa densidade ocorre quase exclusivamente em virtude de seu movimento de translação por um eixo fictício. Para a difusão em sólidos cristalinos, o movimento atômico ocorre graças à energia vibracional dos átomos, a qual é a base da teoria do *salto energético ou teoria de Eyring.* Um átomo, ao difundir, mantém-se vibrando na sua posição inicial de equilíbrio, em razão da energia cinética a ele associada. Quando essa vibração, dependendo da temperatura, for suficientemente elevada, o soluto salta para uma nova posição de equilíbrio, Figura (1.16).

Como indicado na Figura (1.16), a energia de vibração do átomo deve ser alta o suficiente para vencer a "barreira energética" Q, que é denominada energia de ativação. Esta varia com diversos fatores, tais como (VAN VLACK, 1970):

a) tamanho do átomo – quanto maior, maior a energia de ativação necessária ao salto do penetrante;
b) ligação entre os materiais – quanto mais forte, maior a barreira energética a ser vencida;
c) movimentos intersticiais requerem mais energia do que movimentos de vazios.

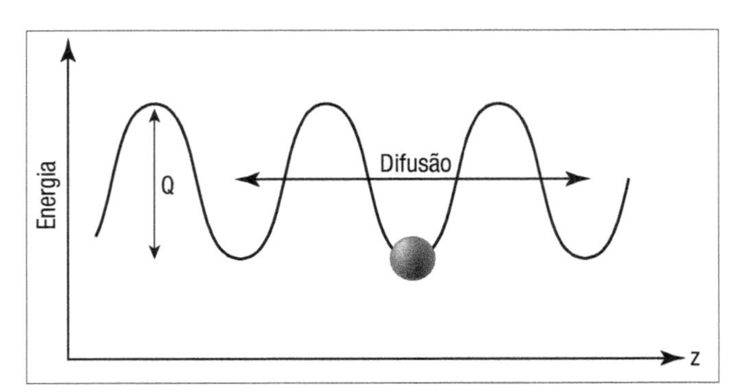

Figura 1.16 – Difusão em sólidos segundo a teoria do salto energético. Qualquer átomo pode saltar para qualquer direção possível, a difusão acontece, simplesmente, porque há mais átomos saltando onde sua concentração é maior (BENNETT; MYERS, 1978).

Nota-se, além da interação soluto–sólido cristalino, o aspecto molecular do salto energético, e tanto a interação quanto o salto estão relacionados com a resistência molecular a difusão do penetrante.

O coeficiente de difusão, portanto, é apresentado como:

$$D_{AB} = D_0 e^{-\frac{Q}{RT}} \tag{1.130}$$

em que: Q – energia de ativação difusional (cal/mol); R – constante dos gases (1,987 cal/mol · K); T – temperatura absoluta (K); D_0 – coeficiente pré-exponencial (cm²/s). A Tabela (1.13) apresenta valores para D_0 e Q para diversos pares soluto–sólido cristalino.

[a]Tabela 1.13 - Parâmetros relacionados com a determinação da difusividade de átomos em sólidos

Difundente	Sólido cristalino	D_0 (cm²/s)	Q (cal/mol)
carbono	ferro cfc	0,21	33.800
carbono	ferro ccc	0,0079	18.100
ferro	ferro cfc	0,58	67.900
ferro	ferro ccc	5,8	59.700
níquel	ferro cfc	0,5	66.000
manganês	ferro cfc	0,35	67.500
zinco	cobre	0,033	38.000
cobre	alumínio	2,0	33.900
cobre	cobre	11,0	57.200
prata	prata (cristal)	0,72	45.000
prata	prata (contorno de grão)	0,14	21.500

[a]Fonte: Van Vlack, 1970.

Exemplo 1.21

Estime o valor da difusividade do carbono em Fe(ccc) e em Fe(cfc) a 1.000 °C. Analise os resultados obtidos.

Solução:

Da Equação (1.130):

$$D_{AB} = D_0 e^{-\frac{Q}{RT}} \tag{1}$$

Da Tabela (1.13):

Difundente	Sólido cristalino	D_0 (cm²/s)	Q (cal/mol)
carbono ≡ A	Fe_{ccc} ≡ B	0,0079	18.100
carbono	Fe_{cfc} ≡ C	0,21	33.800

Exemplo 1.21 (*continuação*)

Substituindo D_0 e Q presentes nessa tabela na Equação (1), ficamos com:

$$D_{AB} = 0{,}0079\exp\left(-\frac{18.100}{1{,}987(1.273{,}15)}\right) = 6{,}170\times10^{-6}\ \text{cm}^2/\text{s}$$

$$D_{AC} = 0{,}21\exp\left(-\frac{33.800}{1{,}987(1.273{,}15)}\right) = 0{,}331\times10^{-6}\ \text{cm}^2/\text{s}$$

Como era de se esperar, a mobilidade do soluto é dificultada pelo arranjo atômico. Os átomos de face centrada, na configuração cfc, sem dúvida, oferecem resistência extra à difusão de átomos de carbono.

1.5 Difusão em sólidos porosos

Existem diversos processos industriais que envolvem reações catalíticas, cujas cinéticas globais são controladas pela difusão intraparticular[13]. Outros processos exigem a purificação de gases utilizando-se sólidos que apresentam poros seletivos a um determinado gás, atuando como peneiras moleculares. Seja qual for a operação, percebe-se que o soluto, gasoso ou líquido, difunde por uma matriz cuja configuração geométrica é determinante para o fenômeno difusivo.

Suponha um gás difundindo em outro estagnado em uma sala ampla. A difusão será devida somente à interação soluto-meio, sujeita às condições de temperatura e de pressão do ambiente. Reduza essa sala ao tamanho da ponta de um palito de fósforo. A dimensão da "sala", agora, poderá influenciar naquela interação. Admita, ainda, que a estrutura de nossa microssala venha a ser semelhante à de uma esponja. Ela apresentará caminhos tortuosos de diversas larguras; obstáculos internos que o difundente terá de enfrentar para mover-se, Figura (1.17). Não é difícil notar que, quanto mais longo for esse caminho e/ou menor "largura" dos poros da microssala, maior será a dificuldade do soluto em movimentar-se.[14]

Um *sólido poroso* apresenta distribuição (ou não) de poros e geometrias interna e externa peculiares que determinam a mobilidade do difundente. Em face disso, tem-se basicamente a seguinte classificação[15]:

a) difusão de Fick ou difusão ordinária ou comum;
b) difusão de Knudsen;
c) difusão configuracional.

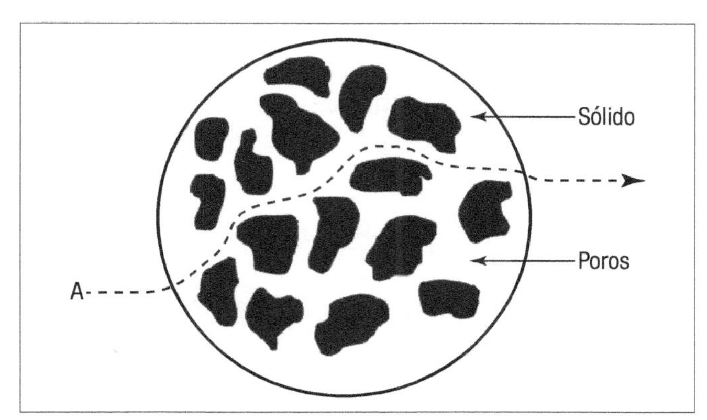

Figura 1.17 – Difusão em sólidos porosos.

A Figura (1.18), proposta por Weisz em 1973 para gases, ilustra esses regimes de difusão em relação à dimensão da abertura média dos poros. Ela é extremamente útil na definição do tipo do mecanismo difusivo quando da escolha de um sólido poroso que atuará, por exemplo, como catalisador em um determinado processo.

[13] Campos, Knoechelmann e Abreu, 1995, p. 568.

[14] Imagine a sua dificuldade em passar por um corredor estreito. Qual é o limite da largura desse corredor que lhe possibilita um deslocamento confortável?

[15] Existem outros mecanismos, como a difusão superficial e o escoamento de Poiseuille. Ambos admitem o efeito da parede do poro na mobilidade do soluto. A primeira supõe o efeito da adsorção do soluto pela parede, de modo que as moléculas do difundente migram ao longo da superfície dos poros em direção da diminuição da concentração do difundente por intermédio de saltos energéticos. O escoamento de Poiseuille deve-se à ação viscosa, como consequência do efeito de uma pressão exercida no soluto, provocando o seu fluxo no interior do sólido. Mais detalhes podem ser encontrados na obra de Ruthven (1984).

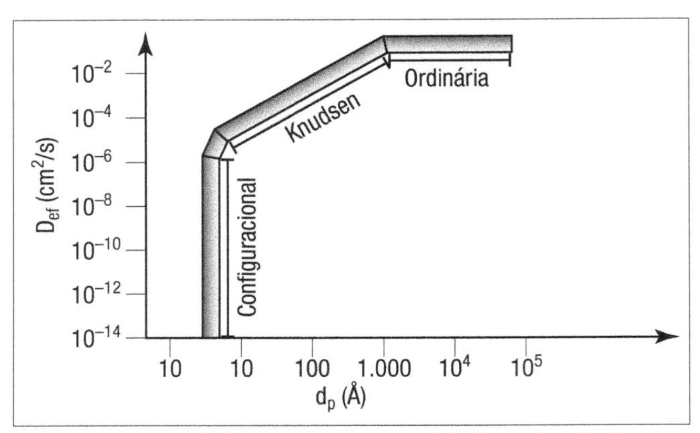

Figura 1.18 – O coeficiente e os regimes de difusão em função do tamanho dos poros de acordo com Weisz.
Fonte: Weisz, 1973, p. 498.

1.5.1 Difusão de Fick ou difusão ordinária ou comum

Quando um gás denso escoa através de um sólido poroso, que apresenta poros relativamente grandes, maiores do que o caminho livre médio das moléculas difundentes, a difusão é descrita de acordo com a primeira lei de Fick[16] em termos de um coeficiente efetivo de difusão:

$$J_{A,z} = -D_{ef}\frac{dC_A}{dz} \tag{1.131}$$

O coeficiente efetivo, D_{ef}, aparece em razão das características do sólido poroso. Esse coeficiente depende das variáveis que influenciam a difusão, como temperatura e pressão, e das propriedades da matriz porosa – porosidade ε_p, esfericidade φ e tortuosidade τ. O coeficiente efetivo de difusão é dado, nesse caso, por:

$$D_{ef} = D_{AB}\frac{\varepsilon_p}{\tau} \tag{1.132}$$

Na Tabela (1.14) encontram-se alguns valores de τ e ε_p para diversos sólidos porosos e com vários gases difundentes. Na falta de informações, Satterfield (1980) sugere os valores para τ e ε_p iguais a 4,0 e 0,5, respectivamente.

[a]**Tabela 1.14** - Dados necessários ao cálculo do coeficiente de difusão em sólidos porosos

Sólidos	Gases	T (K)	$r_p \times 10^{10}$ (m)	ε_p	τ
pellets*f* de alumina	N_2, He, CO_2	303	96	0,812	0,85
sílica gel	C_2H_6	323-473	11	0,486	3,35
sílica-alumina	He, Ne, Ar, N_2	273-323	16	0,40	0,725
vidro vycor*f*	He, Ne, Ar, N_2	298	30,6	0,31	5,9

[a]Fonte: Satterfield e Sherwood, 1963.

1.5.2 Difusão de Knudsen

Em se tratando de gases leves, se a pressão for suficientemente baixa ou se os poros forem estreitos, da ordem do caminho livre médio do difundente, o soluto colidirá preferencialmente com as paredes dos poros, em vez de fazê-lo com outras moléculas, de modo a ser desprezível o efeito decorrente das colisões entre as moléculas no fenômeno difusivo. Nesse caso, cada espécie presente em uma mistura gasosa difunde sem depender das demais. Esse tipo de mecanismo denomina-se *difusão de Knudsen* e o seu coeficiente é análogo àquele obtido da teoria cinética dos gases[17], ou seja:

$$D_k = \frac{1}{3}\Omega d_p \tag{1.133}$$

na qual d_p é o diâmetro médio dos poros (em cm) e Ω (em cm/s), a velocidade média molecular dada pela Equação (1.16), que, substituída na Equação (1.133), fornece:

$$D_k = 9{,}7\times10^3 r_p\left(\frac{T}{M_A}\right)^{1/2} \tag{1.134}$$

em que T está em Kelvin; r_p, em cm; D_k, em cm²/s.

O raio médio dos poros, r_p, está associado às outras características do sólido por:

$$r_p = \frac{2\varepsilon_p}{S\rho_B} = \frac{2V_p}{S} \tag{1.135}$$

sendo ε_p porosidade do sólido; S, área superficial da matriz porosa; ρ_B, massa específica aparente do sólido; V_p, volume específico do poro da partícula sólida.

Quando a tortuosidade é considerada na difu-

[16] Os poros podem conter líquidos no seu interior (Satterfield, 1980).

[17] A difusão de Knudsen, segundo Satterfield (1980), só é observada em gases.

são de Knudsen, o coeficiente fenomenológico é corrigido para:

$$D_{kef} = D_k \frac{\varepsilon_p}{\tau} \tag{1.136}$$

sendo que alguns valores de r_p podem ser encontrados na Tabela (1.14).

Em razão da estrutura do sólido poroso, um soluto gasoso, ao difundir, pode deparar com vários tamanhos de poros, caracterizando tanto a difusão ordinária quanto a de Knudsen. Nesse caso, o coeficiente efetivo de difusão é estimado segundo:

$$\frac{1}{D_{Aef}} = \frac{1}{D_{ef}} + \frac{1}{D_{kef}} \tag{1.137}$$

Exemplo 1.22

Determine o valor do coeficiente efetivo de difusão do CO_2 em uma partícula catalítica esférica de alumina a 30 °C. Utilize os dados apresentados na Tabela (1.14).

a) Cálculo do valor do coeficiente de difusão de Knudsen. Da Tabela (1.14) e da Equação (1.134), sabendo que a massa molar do soluto é 44,01 g/mol, temos:

$$D_k = \left(9{,}7 \times 10^3\right)\left(96 \times 10^{-8}\right)\left(\frac{303{,}15}{44{,}01}\right)^{1/2} = 2{,}44 \times 10^{-2} \text{ cm}^2/\text{s}$$

Cálculo do valor do coeficiente de Knudsen corrigido, Equação (1.136):

$$D_{kef} = \left(2{,}44 \times 10^{-2}\right)\frac{(0{,}812)}{(0{,}85)} = 2{,}33 \times 10^{-2} \text{ cm}^2/\text{s}$$

1.5.3 Difusão configuracional

Foi visto na descrição do mecanismo da difusão comum de gases em sólidos porosos que o diâmetro dos poros é muito maior se comparado ao caminho livre médio das moléculas difundentes, enquanto na difusão de Knudsen essas distâncias se equivalem. Há sólido natural ou artificialmente poroso, por sua vez, que apresenta diâmetro de poro da mesma ordem de grandeza daquele associado ao difundente, caracterizando a difusão configuracional. Espera-se, portanto, que o valor do coeficiente efetivo de difusão venha a ser menor do que aqueles advindos dos outros mecanismos difusivos, como nos mostrou a Figura (1.18).

A difusão configuracional, proposta por Weisz em 1973, ocorre em matrizes porosas conhecidas como zeólitas. Esses materiais apresentam macro e microporos. Os primeiros são decorrentes de processos de fabricação, e o mecanismo difusivo dá-se por um daqueles descritos anteriormente. Já os segundos são inerentes à configuração cristalina da matriz, que é constituída por tetraedros de sílica $(SiO_4)^{4-}$ e alumina $(AlO_4)^{5-}$ dispostos em arranjos tridimensionais regulares por intermédio dos átomos de oxigênio compartilhados em seus vértices (RUTHVEN, 1984). Dessa estrutura, que lembra uma *colmeia* [veja as Figuras (1.19)], resulta o aparecimento de cavidades de dimensões moleculares, cujas dimensões estão apresentadas na Tabela (1.15).

[a]**Tabela 1.15 –** Classificação de zeólitas segundo o diâmetro dos poros

Tipos de poros	d_p (Å)	Zeólitas
extragrandes	> 9	MCM 9; VP5-5
grandes	$6 < d_p < 9$	X; Y; mordenita
medianos	$5 < d_p < 6$	ZSM-5; ferrierita, silicalita
pequenos	$3 < d_p < 5$	A; erionita

[a]Fontes: Ruthven, 1984, Giannetto, 1990.

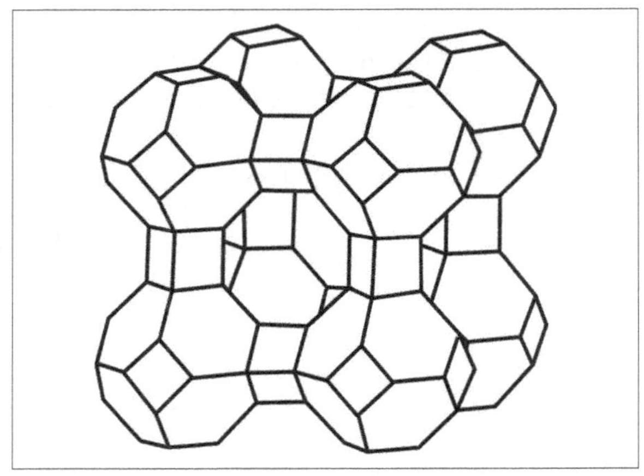

Figura 1.19a – Zeólita tipo A.

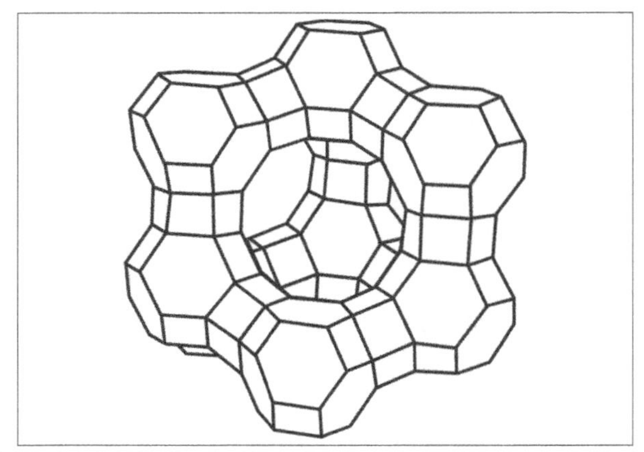

Figura 1.19b – Zeólita tipo X ou Y.

Figura 1.19c – Zeólita tipo ZSM-5.

Tendo em vista os microporos definidos pela rede cristalina, não existe distribuição de porosidade, tornando a zeólita material indicado como *peneira molecular*, utilizada, por exemplo, na purificação de gases, tendo como base o tamanho da molécula a ser separada.

O principal efeito dos microporos é que a difusão no seu interior é governada pelo diâmetro das moléculas difundentes. Um exemplo típico é a difusão dos diaquilbenzenos na zeólita tipo ZSM-5, nos quais estão os xilenos, entre eles o p-xileno, que apresenta o valor do coeficiente efetivo de difusão cerca de mil vezes maior do que os seus orto e metaisômeros, como decorrência do seu menor diâmetro cinético (GOMES; CARDOSO, 1990).

A escolha adequada da zeólita para uma determinada operação passa, necessariamente, pela análise do tamanho das moléculas. Ruthven (1984) sugere que o diâmetro de Van de Waals seria uma boa escolha para a medida do diâmetro molecular. Este critério fica comprometido se analisarmos, por exemplo, a penetração das moléculas de isobutano e ciclo-hexano na zeólita tipo 5A. Apesar de os diâmetros de Van de Waals das moléculas do isobutano e do ciclo-hexano serem iguais a 4,5 Å e 4,8 Å, respectivamente, eles não conseguem penetrar na zeólita 5A, cujas *janelas* são de 5 Å.

Outro critério seria o de considerar o diâmetro de colisão de Lennard-Jones [veja o Quadro (1.1)]. Nesse caso, os diâmetros de colisão do isobutano e ciclo-hexano são iguais a 5,28 Å e 6,18 Å, respectivamente, sendo maiores que o da zeólita 5A. Ou seja, não passam.

Qualquer que seja a escolha do diâmetro difusivo, verifica-se que as parafinas lineares que apresentam tanto o diâmetro de Van de Waals quanto o de colisão maior do que os do isobutano e ciclo-hexano conseguem penetrar na zeólita 5A. Isso se deve, principalmente, à forma linear dessas moléculas. Caso essas parafinas fossem ramificadas, seriam retidas. Esse fato, inclusive, reforça o termo *configuracional* da difusão em zeólitas.

Imagine um corredor que é um palmo mais largo do que o seu diâmetro – você conseguirá transpô-lo normalmente. Agora, abra os braços com uma abertura perpendicular ao seu corpo; neste caso, o seu diâmetro para locomover-se será maior do que o disponível no corredor e você será retido(a).

Independentemente do fator configuracional, a difusão em zeólitas ocorre em razão dos saltos energéticos do soluto através dos microporos, levando a um processo ativado dependente da temperatura. Partindo dessa premissa, o coeficiente efetivo de difusão é expresso de acordo com a Equação (1.130), retomada como:

$$D_{Azeo} = D_0 e^{-\frac{Q}{RT}} \qquad (1.138)$$

na qual:
Q – energia de ativação difusional (cal/mol);
R – constante dos gases (1,987 cal/mol·K);
T – temperatura absoluta (K);
D_0 – fator pré-exponencial.

A Tabela (1.16) apresenta alguns dados experimentais sobre o coeficiente efetivo de difusão em zeólitas.

[a]Tabela 1.16 - Coeficiente efetivo de difusão em zeólitas

Soluto	Zeólita	T (K)	D_{Azeo} (cm²/s)
[1]CH_4	modernita-H	333	$0,48 \times 10^{-8}$
[1]CH_4	modernita-H	383	$1,8 \times 10^{-8}$
[1]CH_4	modernita-H	423	$2,75 \times 10^{-8}$
[2]metanol	4A	288	$5,17 \times 10^{-12}$
[2]metanol	4A	303	$6,49 \times 10^{-12}$
[3]n-hexano	erionita	483	$1,92 \times 10^{-12}$
[3]n-dodecano	offretita	423	$2,07 \times 10^{-14}$
[4]n-butano	silicalita	297	$5,7 \times 10^{-8}$
[4]n-butano	silicalita	334	11×10^{-8}
[4]iso-butano	silicalita	297	$1,9 \times 10^{-8}$
[4]iso-butano	silicalita	334	$5,5 \times 10^{-8}$

[a]Fontes: [1]Abreu e Pinto, 1991, p. 235. [2]Alsina e Mendes, 1993, p. 721. [3]Cavalcante Jr., Huflon e Ruthven, 1995, p. 449. [4]Paravar e Hayhurst, 1984, apud Cavalcante Jr., 1995, p. 158.

1.6 DIFUSÃO EM MEMBRANAS

As membranas são utilizadas em diversos processos de separação, tais como osmose inversa, ultrafiltração, diálise, pervaporação, perpectração. Elas atuam como barreiras, que separam dois fluidos, a serem vencidas pelo soluto.

As membranas são compostas por materiais inorgânicos ou orgânicos. As primeiras são constituídas, por exemplo, de materiais cerâmicos, cuja manufatura leva à formação de poros, e são particularmente indicadas nas indústrias alimentícias quando empregadas em operações de filtração. O fenômeno difusivo nessas membranas é semelhante àquele descrito para os sólidos porosos; sendo, portanto, governado pela morfologia da matriz, comungada com as características do difundente.

Quanto às membranas orgânicas ou poliméricas, elas podem ou não, dependendo do processo de fabricação, apresentar poros. As membranas isotrópicas e anisotrópicas têm macroporos. A diferença entre elas é que, na primeira, existe uma distribuição quase uniforme de porosidade no seu interior; enquanto a segunda apresenta gradiente de porosidade ao longo da sua espessura (CARDOSO et al., 1994). A difusão de um soluto no seu interior ocorre preferencialmente pelos poros, podendo ser ordinária, knundseniana ou viscosa.

Existem, e são as mais conhecidas, as membranas isotrópicas densas. Essas membranas, como decorrência da sua preparação, são isentas de poros. O fenômeno da difusão é, portanto, determinado pela interação soluto–polímero.

A difusão do soluto em um polímero ocorre por um processo de estado ativado, via saltos energéticos, ocupando vazios na estrutura polimérica. Tais sítios vagos são frutos do entrelaçamento dos segmentos da cadeia macromolecular. Além do penetrante, a região amorfa desse tipo de matriz movimenta-se em virtude da ação térmica. Admitindo que a mobilidade do soluto, ao atravessá-la, venha a ser muito menor do que a mobilidade de um segmento da cadeia polimérica, e desde que não ocorra variação do volume da matriz, a difusão do soluto será regida pela primeira lei de Fick, sendo o fluxo obtido da Equação (1.131) e o coeficiente efetivo de difusão por uma expressão tipo Arrenhius:

$$D_{Ame} = D_0 e^{-\frac{Q}{RT}} \qquad (1.139)$$

na qual: Q – energia de ativação difusional (cal/mol); R – constante dos gases (1,987 cal/mol·K); T – temperatura absoluta (K); D_0 – fator pré-exponencial. A Tabela (1.17) apresenta valores para D_0 e Q para diversos pares soluto–polímero.

A diferença básica ao se comparar a difusão do soluto na região amorfa de um polímero com a sua difusão em sólidos microporosos é que, na primeira, existe o movimento de segmentos poliméricos, provocando deslocamento dos espaços vazios. Tais espaços são ocupados pelo soluto, porém vários saltos são necessários, ao longo do seu deslocamento, para que o percurso percorrido pelo difundente atinja a extensão do seu tamanho (COMYN, 1985).

[a]**Tabela 1.17** - Parâmetros relacionados com a determinação da difusividade em polímeros

Soluto	Polímero	D_0 (cm²/s)	Q (cal/mol)
H_2	polipropileno (isotático)	2,4	8.300
H_2	polipropileno (atático)	15	8.800
H_2	borracha butílica	1,36	8.100
H_2	polibutadieno	$5,3 \times 10^{-2}$	5.100
H_2	poli(dimetil dutadieno)	1,3	7.500
He	isopreno-acrilonitrila 74/26	$3,1 \times 10^{-2}$	4.900
CO_2	isopreno-acrilonitrila 74/26	$1,15 \times 10^{3}$	14.400
CO_2	borracha butílica	36	12.000
CO_2	polibutadieno	0,24	7.300
CO_2	poli(dimetil dutadieno)	$1,6 \times 10^{2}$	12.800
O_2	isopreno-acrilonitrila 74/26	70	12.700
O_2	borracha butílica	43	11.900
O_2	polibutadieno	0,15	6.800
O_2	poli(dimetil dutadieno)	20	11.100
O_2	poli(metil pentadieno)	8,5	9.800
N_2	isopreno-acrilonitrila 74/26	34	12.100
N_2	borracha butílica	34	12.100
N_2	polibutadieno	0,22	7.200
N_2	poli(metil pentadieno)	42	11.100
N_2	poli(dimetil butadieno)	$1,05 \times 10^{2}$	12.400

[a]Fonte: Hines e Maddox, 1985.

O parágrafo anterior pode ser ilustrado por meio da seguinte situação:

Considere um prato de macarronada. Perceba que, em razão do entrelaçamento dos fios de macarrão, há espaços vazios. Depois de tais observações, adicione uma porção de molho. Este "permeará" pelos espaços vazios. Essa macarronada, por sua vez, está "ao dente" e, se você for analisar, aleatoriamente, um fio de macarrão, constatará que um segmento está mole e outro um pouco mais duro. Admita que as partes moles movimentem-se em virtude da ação térmica do cozimento. Note que cada fio tem mobilidade própria e isso faz com que apareçam espaços vazios aqui, acolá, a cada movimento da macarronada. O molho adicionado procurará regiões moles ou amorfas, pois é onde surgem os "buracos" para serem atravessados. Quanto maior a temperatura de cozimento, maior a mobilidade do molho, aumentando o seu coeficiente de difusão!

O movimento difusivo, como pode ser visto, depende da mobilidade relativa entre o penetrante e os segmentos da cadeia polimérica, que são influenciados pela mudança de forma, tamanho, concentração, interação entre as espécies difundente/polímero, bem como pela temperatura que afeta as mobilidades do soluto e do segmento da cadeia. Além disso, existem polímeros que apresentam cristalinidade, regiões que são praticamente impermeáveis ao soluto (*o segmento duro do macarrão!*). Nesse caso, o difundente, quando encontra tais barreiras, desvia-se ou penetra, e o faz obedecendo à difusão em sólido cristalino. O percurso a ser percorrido pelo penetrante aumentará, pois haverá um acréscimo na tortuosidade interior da membrana, diminuindo, por consequência, o valor do coeficiente efetivo de difusão.

Exemplo 1.23

Estime a difusividade do CO_2 a 30 °C para as seguintes situações:

a) difusão em uma membrana de borracha butílica; b) difusão em uma membrana de polibutadieno; c) difusão em uma membrana de poli(dimetil butadieno).

Solução:

Nesse exemplo, basta utilizar a Equação (1.139) em conjunto com os dados presentes na Tabela (1.17).

a) $$D_{Ame} = (36)\exp\left[-\frac{(12.000)}{(1,987)(303,15)}\right] = 8,02 \times 10^{-8}\ \text{cm}^2/\text{s}$$

b) $$D_{Ame} = (0,24)\exp\left[-\frac{(7.300)}{(1,987)(303,15)}\right] = 1,31 \times 10^{-6}\ \text{cm}^2/\text{s}$$

c) $$D_{Ame} = (160)\exp\left[-\frac{(12.800)}{(1,987)(303,15)}\right] = 9,45 \times 10^{-8}\ \text{cm}^2/\text{s}$$

EXERCÍCIOS

Conceitos

1. Como podemos associar o binômio causa e efeito ao estudo da difusão?

2. Analise a primeira lei de Fick, tendo como referência as leis de Newton para a viscosidade e a de Fourier.

3. Cite, sucintamente, os aspectos mais importantes da teoria cinética dos gases e a sua interação com a difusão.

4. Interprete fisicamente as figuras a seguir e escreva a equação do fluxo difusivo para cada situação.

a)

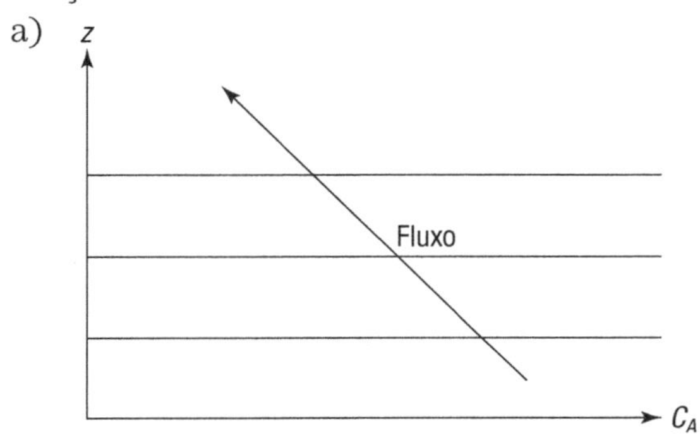

b)

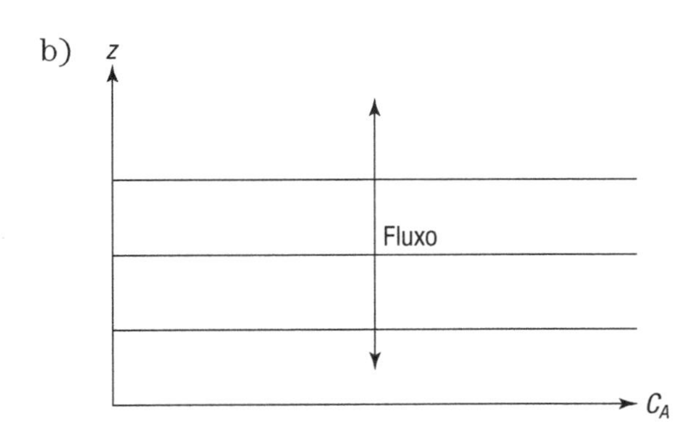

c)

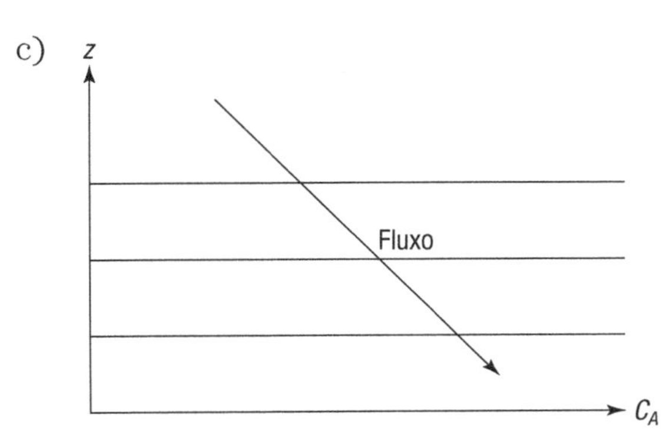

5. Justifique a afirmação de Heynes (1986), a qual sustenta que o modo mais apropriado para escrever o fluxo difusivo para gases é:

$$J_{A,z} = -\frac{D_{AB}}{RT}\frac{dP_A}{dz} \tag{1.140}$$

na qual P_A é a pressão parcial de A. (Sugestão: utilize a definição de potencial químico para gases.)

6. Para que serve o potencial de Lennard-Jones (6-12)?

7. Sabendo que as forças de atração e de repulsão entre moléculas gasosas colidentes do soluto e solvente são definidas como $F = -d\varphi_{AB}/dr$, obtenha uma expressão que relacione o diâmetro de colisão e a energia máxima de atração da mistura (A/B) por intermédio do potencial de Lennard-Jones (6-12).

8. Deduza a expressão (1.32).

9. Demonstre a Equação (1.74).

10. Papes Filho e Cremasco (1996), estudando a difusão binária em soluções líquidas diluídas, propuseram a seguinte correlação para o cálculo do valor do coeficiente de difusão:

$$\frac{D_{AB}\mu_B}{T} = \frac{1{,}23\times10^{-2}M_B^a}{V_{C_B}^{0{,}356}}\times$$

$$\times\left[1{,}40\left(\frac{V_{C_B}}{V_{C_A}}\right)^d + \left(\frac{V_{C_B}}{V_{C_A}}\right)^e\right]\frac{\mu_B^b}{T^c}\beta \tag{1.141}$$

com $\beta = 1$ para soluto e solvente apolares. No caso de o soluto e/ou solvente serem polares, fazer:

$$\beta = \left(\frac{f+g\cdot\delta_B^2}{f+g\cdot\delta_A^2}\right)^h, \tag{1.142}$$

na qual

$$\delta_i = \frac{3{,}6\times10^3\mu_{p_i}^2}{(1{,}3+2{,}0w_i)(2{,}0-1{,}5w_i)^3\,T_{c_i}V_{c_i}}$$

com

$$\sigma_{AB} = \left(\frac{\sigma_A+\sigma_B}{2}\right) \tag{1.34}$$

em que:

$$\sigma_i = (0{,}781-0{,}02882w_i)\times$$

$$\times\left(1+\delta_i^2\right)\left(\frac{V_{c_i}}{1+2{,}4\delta_i^2}\right)^{1/3} \tag{1.143}$$

$$\varepsilon_i/k = (0{,}7915-0{,}1693w_i)\left(1+\delta_i^2\right)T_{c_i} \tag{1.144}$$

sendo

$$\varepsilon_{AB} = \sqrt{\varepsilon_A \varepsilon_B} \tag{1.35}$$

As constantes são fornecidas a seguir:

Parâmetros	Solução aquosa	Soluções orgânicas	gases dissolvidos
a	0,10	0,11	0,13
b	0,00	0,05	0,44
c	0,04	0,08	0,08
d	0,377	0,0105	0,0105
e	1,090	0,985	0,985
f	6,50	1,52	0,06
g	0,02	0,09	0,82
h	6,25	6,25	8,00

Pede-se:

a) interprete a Equação (1.141);
b) análise o expoente α;
c) o que significa o parâmetro β?

11. Por que o sal de cozinha se dissolve melhor em água a 40 °C do que a 20 °C?
12. O que é eletroneutralidade?
13. Por que a mobilidade do ânion é igual à do cátion na difusão de eletrólitos em líquidos?
14. O que difere, em termos do soluto, a análise da difusão em sólidos cristalinos daquela em sólidos porosos?
15. O que é a difusão de Knudsen?
16. Um gás difunde em diversos sistemas – em outro gás B e em dois sólidos porosos. Para cada situação haverá um coeficiente de difusão associado, como representado a seguir:

Sistema	Difusão de A
Sólido poroso C ($d \gg \lambda$)	D_{ef}
Gás B ($M_A \cong M_B$)	D_{AB}
Sólido poroso D ($d \cong \lambda$)	D_{ef}

sabendo que: d é o diâmetro médio dos poros; λ, caminho livre médio; e M_i, massa molar da espécie i; ordene de forma crescente os valores esperados de tais coeficientes e justifique o seu procedimento.

17. O que é difusão configuracional?
18. Qual é a zeólita adequada para separar o etano do n-hexano? Por quê?
19. O que difere a difusão em membranas poliméricas daquela em sólidos cristalinos e sólidos porosos?
20. Por que existe o movimento da matriz polimérica? Como esse movimento influencia a permeação de certo soluto?
21. Qual é a influência das regiões cristalinas das membranas poliméricas no coeficiente efetivo de difusão de um determinado difundente?

Cálculos

1. Em um sistema hipotético a P = 40 mmHg e T = 300 K, estime o valor da frequência de colisões e o caminho livre médio para:

   a) hidrogênio;
   b) hélio;
   c) argônio.

2. Sabendo que o valor do coeficiente de autodifusão do argônio a 27 °C e 1 atm é igual a 0,495 cm^2/s, calcule:

   a) velocidade média molecular;
   b) caminho livre médio.

3. Visto o valor da difusividade do hidrogênio em hélio a 25 °C e 1 atm ser igual a 1,64 cm^2/s, determine o valor do caminho livre médio do par segundo a teoria cinética dos gases simplificada.

4. Calcule o valor do coeficiente de difusão em gases para as seguintes situações:

   a) oxigênio em monóxido de carbono a T = 288 K e P = 1 atm;
   b) metano em hidrogênio a T = 277 K e P = 1 atm.

   Utilize as correlações de Chapman-Enskog, Wilke-Lee, bem como de Fuller, Schetter e Giddings. Qual é a mais adequada?

5. Calcule o valor do coeficiente de difusão da amônia em nitrogênio a 0 °C, considerando:

   a) a amônia sem polaridade;
   b) admita a polaridade da amônia.

6. Papes Filho et al. (1995) propuseram correções para moléculas polares que estão apresentadas a seguir:

$$\delta_i = \frac{3{,}6 \times 10^3 \mu_{p_i}^2 p_{c_i}}{(0{,}7915 + 0{,}1693 w_i)(2{,}3551 - 0{,}087 w_i)^3 \, T_{c_i}^2};$$

com σ_{AB} dado pela Equação (1.34), e as propriedades σ_i e ε_i/k, calculadas de acordo com as Equações (1.143) e (1.144); com ε_{AB} obtida da Equação (1.35).

O subscrito i representa a espécie química i.

Para o par apolar/polar, utilizar a constante b de Wilke e Lee [Equação (1.46)], e para o par polar/polar e moléculas de massa molar superior a 45 g/mol, fazer b = 1,858 na Equação (1.44). Pede-se com isso:

a) refaça o exemplo (1.11);

b) refaça o item (b) do exercício anterior.

7. Sabendo que o valor experimental do coeficiente de difusão do hidrogênio em amônia a 85 °C e 1 atm é 1,11 cm^2/s, estime o seu valor a 200 °C e 1 atm. Compare o resultado obtido com o experimental, que é igual a 1,89 cm^2/s. Como a amônia é uma molécula polar, faça os cálculos por intermédio de:

   a) proposta de Brokaw;

   b) proposta de Papes Filho et al. (1995).

8. Calcule e compare, com o valor tabelado, o valor do coeficiente de difusão do vapor d'água em ar seco e estagnado a 25 °C e 1 atm, considerando o ar como uma mistura gasosa contendo: 78,09% de N_2, 20,95% de O_2, 0,93% de Ar (argônio) e 0,03% de CO_2.

   Utilize as correlações de Wilke e Lee (1955) e de Fuller, Schetter e Giddings (1966). Analise os resultados obtidos.

9. Estime o valor do coeficiente de difusão do CO_2 em ar seco e estagnado a 44 °C e 1 atm, sabendo que o seu valor a 3 °C é igual a 0,144 cm^2/s. Considere o ar como a mistura gasosa cuja composição está apresentada no exercício anterior.

10. Calcule o valor do volume molar atômico de Le Bas das seguintes espécies químicas:

    a) tetracloreto de carbono;
    b) etano; c) propano;
    d) n-butano; e) n-hexano;
    f) ciclo-hexano; g) benzeno;
    h) antraceno.

11. Refaça o exercício anterior utilizando a correlação de Tyn e Calus, Equação (1.76).

12. Determine o valor do volume difusional de Fuller, Schetter e Giddings (1966) das espécies citadas no exercício 10.

13. Determine o valor do coeficiente de difusão à diluição infinita a 25 °C para os seguintes pares de soluto/solvente:

    a) oxigênio/tetracloreto de carbono;
    b) tolueno/hexano;
    c) hexano/tetracloreto de carbono.

    Utilize todas as correlações fornecidas neste livro e eleja a melhor, comparando os resultados obtidos com aqueles apresentados na Tabela (1.6).

14. A Equação (1.74) é decorrente direta da teoria hidrodinâmica. Determine o valor do coeficiente de difusão para:

    a) H_2;
    b) N_2;
    c) O_2;

    d) NH_3 em água a 25 °C, considerando no lugar do r_A as seguintes grandezas:

       I) raio de giro da molécula do soluto;

       II) volume molar avaliado na temperatura normal de ebulição;

       III) volume crítico.

    Obs.: para (II) e (III), admita $V = 4/3\pi r^3$. Analise os resultados obtidos.

15. Refaça:

    a) os exercícios 13 e 14, assim como

    b) os exemplos (1.14) e (1.15), utilizando a Equação (1.141). Analise os resultados obtidos.

16. Determine o valor do coeficiente de difusão para a solução etanol (A) e água (B) nas frações molares: $x_A = 0{,}2$; $x_A = 0{,}4$; $x_A = 0{,}8$ a 40 °C e 1 atm. Nessa temperatura o gradiente de atividade é dado por (TYN; CALUS, 1975):

$$1+\frac{d\ln\gamma_A}{d\ln x_A}=1-\frac{3{,}9358}{(0{,}9609x_B+1{,}4599x_A)^3}x_Ax_B$$

    Resolva este exercício considerando:

    a) a correção da não idealidade sem considerar a polaridade das espécies;

    b) a correção da não idealidade considerando a polaridade das espécies;

    c) as espécies envolvidas como ideais sem polaridade;

    d) as espécies envolvidas como ideais e polares.

17. Determine o valor do coeficiente de difusão para o sistema hexano (A)/tetracloreto de carbono (B), nas frações molares: $x_A = 0{,}0$; $x_A = 0{,}2$;

x_A = 0,4; x_A = 0,6; x_A = 0,8; x_A = 1,0, para T = 25 °C. Nessa temperatura, o gradiente de atividade para esse sistema é dado por (BIDLACK; ANDERSON, 1964):

$$1+\frac{d\ln\gamma_A}{d\ln x_A}=1-0{,}354x_Ax_B$$

Utilize a proposta de Siddiqi e Lucas. Compare os resultados obtidos com os valores experimentais fornecidos na Figura (3.2), p. 66 do livro *Diffusional mass transfer*, de A. H. P. Skelland (1974).

18. Determine o valor do coeficiente de difusão dos seguintes sais a 25 °C em água, utilizando as expressões (1.118) e (1.123). Compare os resultados obtidos com os valores apresentados na Tabela (1.9).

a) HBr; b) LiBr;

c) $LiNO_3$; d) Li_2SO_4;

e) $(NH_4)_2\,SO_4$.

19. Estime o valor do coeficiente de difusão em diluição infinita dos sais Li*Cl*, LiBr, LiI, Na*Cl*, NaBr e NaI em água, nas seguintes temperaturas:

a) 5 °C; b) 10 °C; c) 15 °C; d) 20 °C; e) 40 °C.

20. Estime o valor do coeficiente de difusão do Na*Cl* em água a 25 °C. A fração mássica do sal é igual a 0,10. Utilize as correlações de Gordon e Agar-Hartley e Crank.

21. Refaça o exemplo (1.20), considerando que a solução esteja a 40 °C. Admita que a relação $\mu_{AB}|_{T=298}/\mu_{AB}|_T$ presente na Equação (1.129) apresenta, aproximadamente, a mesma relação de $\mu_w|_{T=298}/\mu_w$, na qual

$$\ell n\mu_w = -24{,}71 + 4{,}209\times 10^3/T + 4{,}527\times 10^{-2}\,T - 3{,}376\times 10^{-5}\,T^2,$$

em que μ_w é dado em cP, T em Kelvin (correlação encontrada em Reid, Prausnitz e Poling, 1988).

22. As seguintes informações estão associadas a difusão em sólidos cristalinos:

Elemento	Massa molar (g/mol)	Raio atômico (Å)
Ferro	56	1,26
Carbono	12	0,77
Níquel	59	1,24

De posse da Tabela (1.13), calcule os seguintes coeficientes de difusão a T = 500 °C e T = 1.000 °C:

Soluto	Sólido
Carbono	ferro cfc (cúbico de face centrada
Carbono	ferro ccc (cúbico de corpo centrado
Níquel	ferro cfc

Análise dos resultados obtidos, sabendo que

$$D_{AB}=D_0e^{-\frac{Q}{RT}}$$

23. Estime o valor do coeficiente de difusão do nitrogênio em hidrogênio a 50 °C e 2 atm em uma partícula porosa que apresenta raio médio dos poros igual a:

a) 1.000 Å; b) 100 Å; c) 10Å.

24. Sabendo que a energia de ativação difusional do isobutano, quando este difunde em silicalita, é 3.280 cal/mol, avalie o valor da constante D_0 a 297 K. Interprete o resultado obtido utilizando a Figura (1.18).

25. Estime o valor do coeficiente efetivo de difusão do O_2 a 25 °C nas membranas feitas com os seguintes materiais:

a) borracha butílica;
b) polibutadieno;
c) poli(dimetil butadieno);
d) poli(metil pentadieno).

26. Refaça o exercício anterior, considerando N_2 como soluto. Qual é a sua conclusão?

BIBLIOGRAFIA

ABREU, C. A. M.; PINTO, F. G. *Anais* do XIX Encontro sobre Escoamento em Meios Porosos, v. 1. Campinas, 1991, p. 235.

AKGERMAN, A.; GAINER J. L. *Ind. Chem. Fundam.*, v. 11, n. 3, p. 373, 1972, apud MEHROTRA, A. K.; GARG, A.; SVRCEK, W. Y. *Can. J. Ch. Eng.*, v. 65, p. 839, 1987.

ALSINA, O. L. S.; SILVA, F. H. L.; MENDES, C. I. *Anais* do XXI Encontro sobre Escoamento em Meios Porosos, v. 3. Ouro Preto, 1993, p. 721.

BENNETT, C. O.; MYERS, J. E. *Fenômenos de transporte*. São Paulo: McGraw-Hill, 1978.

BIDLACK, D. L.; ANDERSON, D. K. *J. Phys. Chem.*, v. 68, p. 3.790, 1964, apud SKELLAND, A. H. P. *Diffusional mass transfer*. New York: John Wiley, 1974.

BIRD, R. B.; STEWART, W. E.; LIGHFOOT, E. N. *Transport phenomena*. New York: John Wiley, 1960.

BRODKEY, R. S.; HERSHEY, H. C. *Transport phenomena* – A unified approach. New York: McGraw-Hill, 1988.

BROKAW, R. S. *Ind. Eng. Chem. Proc. Design. and Dev.*, v. 8, n. 2, p. 240, 1969, apud WEBER, J. H. *Chemical engineering*, p. 87, 3 May 1986.

CALDWELL, C. S.; BABB, A. L. *J. Phys. Chem.*, v. 60, p. 51, 1956, apud SIDDIQI, M. A.; LUCAS, K. *Can. J. Chem. Eng.*, v. 64, p. 839, 1986.

CAMPOS, F. R.; KNOECHELMANN, A.; ABREU, C. A. M. *Anais* do XXII Encontro sobre Escoamento em Meios Porosos, v. 2. Florianópolis, 1995, p. 568.

CARDOSO, D. et al. *Anais* do XXI Encontro sobre Escoamento em Meios Porosos, v. 3. Ouro Preto, 1994, p. 969.

CAVALCANTE JR., C. L. *Braz. J. of Chem. Eng*, v. 12. n. 13, p. 158, 1995.

CAVALCANTE JR., C. L.; HUFLON, J. R.; RUTHVEN, D. M. *Anais* do XXII Encontro sobre Escoamento em Meios Porosos, v. 2. Florianópolis, 1995, p. 449.

CHAPMAN, S.; COWLING, T. G. *The mathematical theory of non-uniform gases*. New York: Cambridge University Press, 1961.

COMYN, J. *Polymer permeability*. Londres: Elsevier Aplied Science Publishers Ltd., 1985.

CUSSLER, E. L. *Diffusion*: mass transfer in fluid systems. Cambridge: Cambridge University Press, 1984.

DARKEN, L. S. *Trans. Am. Inst. Mining. Met. Eng.*, v. 175, p. 18, 1948.

EYRING, H.; JHON, M. S. *Significant liquid structures*. New York: John Wiley, 1969.

FULLER, E. N.; SCHETTER, P. D.; GIDDINGS, J. C. *Ind. Eng. Chem.*, v. 58, n. 8, p. 18, 1966, apud REID, R. C.; PRAUSNITZ, J. M.; SHERWOOD, T. K. *The properties of gases & liquids*. 3. ed. New York: McGraw-Hill, 1977.

GIANETTO, G. *Zeolitas*. Caracas: Ediciones Innovación Tecnológica, 1990.

GOMES, E. L.; CARDOSO, D. *Anais* do XVIII Encontro sobre Escoamento em Meios Porosos, v. 2. Petrópolis, 1990, p. 415.

GORDON, A. R. J. *J. Chem. Phys.*, v. 5, p. 522, 1937, apud SKELLAND, A. H. P. *Diffusional mass transfer*. New York: John Wiley, 1974.

HARTLEY, G. S.; CRANK, J. *Trans. Faraday Soc.*, v. 45, p. 801, 1949, apud SIDDIQI, M. A.; LUCAS, K. *Can. J. Chem. Eng.*, v. 64, p. 839, 1986.

HAYDUK, W.; LAUDIE, H. *AIChE.*, v. 20, p. 611, 1974, apud HAYDUK, W.; MINHAS, B. S. *Can. J. Chem. Eng.*, v. 60, p. 255, 1982.

HAYDUK, W.; MINHAS, B. S. *Can. J. Chem. Eng.*, v. 60, p. 255, 1982.

HEYNES JR., H. W. *Chem. Eng. Educ.*, inverno, 1986.

HINES, A. L.; MADDOX, R. N. *Mass transfer*: fundamentals and applications. Englewood Cliffs: Prentice-Hall, 1985.

HIRSHFELDER, J. O.; BIRD, R. B.; SPOTZ, E. L. *Chem. Revs.*, v. 44, p. 205, 1949, apud BIRD, R. B.; STEWART, W. E.; LIGHFOOT, E. N. *Transport phenomena*. New York: John Wiley, 1960.

HIRSCHFELDER, J. O.; CURTISS, C. F.; BIRD, R. B. *Molecular theory of gases and liquids*. New York: John Wiley, 1954.

KING, C. J.; HSUEH, L.; MAO, K. W. *J. Chem Eng. Data*, v. 10, p. 348, 1965, apud HAYDUK, W.; MINHAS, B. S. *Can. J. Chem. Eng.*, v. 60, p. 255, 1982.

KOSONOVICH, G. M.; CULLINAN, H. T. *Ind. Eng. Chem. Fundam.*, v. 9, p. 84, 1970.

LEFFLER, J.; CULLINAN, H. T. *Ind. Eng. Chem. Fundam.*, v. 9, p. 84, 1970, apud SKELLAND, A.

H. P. *Diffusional mass transfer*. New York: John Wiley, 1974.

LUSIS, M. A.; RATCLIFF, G. A. *Can. J. Chem. Eng.*, v. 46, p. 385, 1968.

MACEDO, H. *Elementos da teoria cinética dos gases*. Rio de Janeiro: Guanabara Dois, 1978.

MEHROTRA, A. K.; GARG, A.; SVRCEK, W. Y. *Can. J. Chem. Eng.*, v. 65, p. 839, 1987.

NAKANISHI, K. *Ind. Eng. Chem. Fund.*, v. 17, p. 253, 1978, apud REID, R. C.; PRAUSNITZ, J. M.; POLING, B. E. *The properties of gases & liquids*. 4. ed. New York: McGraw-Hill, 1988.

NEUFELD, P. D.; JANZEN, A. R.; AZIZ, R. A. *J. Chem. Phys.*, v. 17, n. 2, p. 236, 1972, apud WEBER, J. H. *Chemical Engineering*, p. 87, 3 May 1986.

OLIVEIRA, J. V.; KRISHNASWAMY, R. *Anais* do IX Congresso Brasileiro de Engenharia Química, v. 3. Salvador, 1992, p. 585.

OTHMER, D. F.; THAKAR, M. S. *Ind. Eng. Chem. Fund.*, v. 15, p. 59, 1953, apud HAYDUK, W.; MINHAS, B. S. *Can. J. Chem. Eng.*, v. 60, p. 255, 1982.

PAPES FILHO, A. C. et al. *I Congresso Brasileiro de Engenharia Química, Iniciação Científica*. São Carlos, 1995, p. 265.

______; CREMASCO, M. A. *Actas* del XII Congreso Nacional de Ingenieria Química, v. 2. Valparaiso, Chile, 1996, p. 547.

PARAVAR, A.; HAYHURST, D. T. *Proc. 6th Int. Zeolite Conference*. Guildford: Butterworth, 1984, p. 217, apud CAVALCANTE JR., C. L. *Braz. J. of Chem. Eng.*, v. 12, n. 13, p. 158, 1995.

PERRY, R. H.; CHILTON, C. H. *Chemical engineers' handbook*. 5. ed. Tóquio: McGraw-Hill Kogakusha, 1973.

PRESENT, R. D. *Kinetic theory of gases*. New York: McGraw-Hill, 1958.

REDDY, K. A.; DORAISWAMY, L. K. *Ind. Eng. Chem. Fundam.*, v. 6, p. 77, 1967, apud REID, R. C.; PRAUSNITZ, J. M.; POLING, B. E. *The properties of gases & liquids*. 4. ed. New York: McGraw--Hill, 1988.

REID, R. C.; PRAUSNITZ, J. M.; SHERWOOD, T. K. *The properties of gases & liquids*. 3. ed. New York: McGraw-Hill, 1977.

REID, R. C.; PRAUSNITZ, J. M.; POLING, B. E. *The properties of gases & liquids*. 4. ed. New York: McGraw-Hill, 1988.

RESNICK, R.; HALLIDAY, D. *Física*, Parte I. Rio de Janeiro: Ao Livro Técnico, Editora da USP, 1965.

ROBINSON, R. A.; STOKES, R. H. *Eletrolyte solutions*. Londres: Butterworths Publications, 1955.

RUTHVEN, D. M. *Principles of adsorption & adsorption processes*. New York: John Wiley, 1984.

SATTERFIELD, C. N. *Heterogeneous catalysis in practice*. New York: McGraw-Hill, 1980.

______; SHERWOOD, T. K. *The role of diffusion in catalysis*. Addison-Wesley, 1963.

SCHEIBEL, E. G. *Ind. Eng. Chem.*, v. 46, p. 2007, 1954, apud REID, R. C.; PRAUSNITZ, J. M.; SHERWOOD, T. K. *The properties of gases & liquids*, 3. ed. New York: McGraw- Hill, 1977.

SIDDIQI, M. A.; LUCAS, K. *Can. J. Chem. Eng.*, v. 64, p. 839, 1986.

SKELLAND, A. H. P. *Diffusional mass transfer*. New York: John Wiley, 1974.

SRIDHAR, T.; POTTER, O. E. *AIChE J.*, v. 23, n. 4, p. 590, 1977.

TEE, L. S.; GOTOH, S.; STEWART, W. C. *Ind. Eng. Chem. Fundam.*, v. 5, p. 356, 1966, apud WEBER, J. H. *Chemical Engineering*, p. 87, May 1986.

TREYBAL, R. E. *Mass-transfer operations*. New York: McGraw-Hill, 1955.

TYN; CALUS, J. *Chem. Eng. Data.*, v. 20, p. 310, 1975, apud HAYDUK, W. ; MINHAS, B. S. *Can. J. Chem. Eng.*, v. 60, p. 255, 1982.

UEMESI, N. O.; DANNER, R. P. *Ind. Chem. Process Des. Dev.*, v. 20, n. 4, p. 662, 1981.

VAN VLACK, L. H. *Princípios da ciência dos materiais*. São Paulo: Edgard Blücher, 1970.

VIGNES, A. *Ind. Eng. Chem. Fundam.*, p. 189, v. 5, 1966, apud SKELLAND, A. H. P. *Diffusional mass transfer*. New York: John Wiley, 1974.

WEBER, J. H. *Chemical Engineering*, p. 87, May 1986.

WEISZ, P. B. *Chem. Tecnol*, p. 498, Aug. 1973.

WELTY, J. R.; WILSON, K. E.; WICKS, E. *Fundamentals of momentun, heat and mass transfer*. 2. ed. New York: John Wiley, 1976.

WILKE, C. R. *Chem. Eng. Progr.*, v. 45, n. 3, p. 218, 1949, apud SKELLAND, A. H. P. *Diffusional mass transfer*. New York: John Wiley, 1974.

_______. *Chem. Eng. Progr.*, v. 46, p. 95, 1950, apud WELTY, J. R.; WILSON, K. E.; WICKS, E. *Fundamentals of momentum, heat and mass transfer*. 2. ed. New York: John Wiley, 1976.

WILKE, C. R.; CHANG. P. *AIChE J.*, v. 1, p. 264, 1955, apud REID, R. C.; PRAUSNITZ, J. M.; SHERWOOD, T. K. *The properties of gases & liquids*. 3. ed. New York: McGraw- Hill, 1977.

WILKE, C. R.; LEE, C. Y. *Ind. Eng. Chem.*, v. 47, n. 6, p. 1.253, 1955, apud WEBER, J. H. *Chemical Engineering*, p. 87, May 1986.

NOMENCLATURA

a_A	atividade da espécie A, Equação (1.60);	$[F{\cdot}L{\cdot}mol^{-1}]$
c	concentração do eletrólito em solução concentrada, $c = \rho/M$, Equação (1.125);	$[mol{\cdot}L^{-3}]$
C	concentração molar da mistura gasosa, Equação (1.21);	$[mol{\cdot}L^{-3}]$
C_A^*	concentração molar de equilíbrio, Figura (1.1);	$[mol{\cdot}L^{-3}]$ ou $[M{\cdot}L^{-3}]$
C_i	concentração molar da espécie i;	$[mol{\cdot}L^{-3}]$
C_{A_i}	concentração molar da espécie A no plano i, Equação (1.1);	$[mol{\cdot}L^{-3}]$ ou $[M{\cdot}L^{-3}]$
d	diâmetro molecular ou eficaz de choque, Figura (1.10);	$[L]$
d_p	diâmetro médio dos poros, Equação (1.133);	$[L]$
D_{AA}	coeficiente de autodifusão, Equação (1.13);	$[L^2{\cdot}T^{-1}]$
D_{AB}	coeficiente de difusão do soluto A no meio B, Equação (1.26);	$[L^2{\cdot}T^{-1}]$
D_{ef}	coeficiente efetivo de difusão, Equação (1.131);	$[L^2{\cdot}T^{-1}]$
D_i	coeficiente de difusão iônica, definição (1.106);	$[L^2{\cdot}T^{-1}]$
D_k	coeficiente efetivo de difusão de Knudsen, Equação (1.133);	$[L^2{\cdot}T^{-1}]$
$D_{1,M}$	coeficiente de difusão do soluto 1 em uma mistura gasosa estagnada, Equação (1.59);	$[L^2{\cdot}T^{-1}]$
D_{AB}^*	coeficiente de difusão binária do soluto A no meio líquido concentrado B, sem a presença do gradiente de atividade, Equação (1.94);	$[L^2{\cdot}T^{-1}]$
D_{AB}°	coeficiente de difusão do soluto A diluído no meio líquido B, Equação (1.71);	$[L^2{\cdot}T^{-1}]$
D_A°	coeficiente de difusão do eletrólito A diluído no meio líquido B, Equação (1.118);	$[L^2{\cdot}T^{-1}]$
E	potencial eletrostático, Equação (1.104);	$[F{\cdot}L{\cdot}Q^{-1}]$
E_C	energia cinética térmica, Equação (1.73);	$[F{\cdot}L]$
$\vec{F}$	força motriz associada ao potencial químico, Equação (1.65);	$[F]$
$\vec{J}$	fluxo difusivo, vetorial, Equação (1.69);	$[mol{\cdot}L^{-2}{\cdot}T^{-1}]$
$J_{A,z}$	fluxo difusivo de A na direção z, Equação (1.10) e Equação (1.14);	$[mol{\cdot}L^{-2}{\cdot}T^{-1}]$
$J_{Ai,z}$	fluxo difusivo de A na direção z no plano i, Equação (1.6);	$[mol{\cdot}L^{-2}{\cdot}T^{-1}]$ ou $[M{\cdot}L^{-2}{\cdot}T^{-1}]$
k	constante de Boltzmann, Equação (1.16);	adimensional

m	massa molar, Equação (1.16);	[M]
m	molalidade, Equação (1.126);	$[M \cdot M^{-1} \cdot 10^{-3}]$
m_i	massa reduzida da espécie i, Equação (1.28);	[M]
M	massa molar, Equação (1.16);	$[M \cdot mol^{-1}]$
M_i	massa molar da espécie i, Equação (1.29);	$[M \cdot mol^{-1}]$
n'	número de hidratação, Equação (1.127);	adimensional
$n_{íons}$	número de íons formados a partir de uma molécula do soluto, Equação (1.127);	adimensional
N_0	número de Avogadro, Equação (1.22);	
n_0	número de moléculas por unidade de volume, Equação (1.20);	$[moléculas \cdot L^{-3}]$
P	pressão, Equação (1.21);	$[F \cdot L^{-2}]$
P_c	pressão crítica em atm, Tabelas (1.2);	$[F \cdot L^{-2}]$
Q	energia de ativação, Equação (1.130);	$[F \cdot L]$
R	constante universal dos gases, Equação (1.16);	adimensional
r_A	raio da molécula A, Equação (1.66);	[L]
R_i	raio de giro da molécula i, Tabelas (1.2);	[L]
T	temperatura, Equação (1.21);	[t]
T_b	temperatura normal de ebulição em Kelvin, Tabelas (1.2);	[t]
T_c	temperatura crítica em Kelvin, Tabelas (1.2);	[t]
T^*	temperatura reduzida, Equação (1.49);	adimensional
$\vec{u}_i$	mobilidade iônica, Equação (1.104);	$[L \cdot T^{-1}]$
$\vec{v}_i$	velocidade iônica, Equação (1.104);	$[L \cdot T^{-1}]$
V_b	volume molar na temperatura normal de ebulição, Tabelas (1.2);	$[L^3 \cdot mol^{-1}]$
V_c	volume molar na temperatura crítica, Tabelas (1.2);	$[L^3 \cdot mol^{-1}]$
v_r	velocidade relativa, definição (1.17);	$[L \cdot T^{-1}]$
$\vec{v}_A$	mobilidade da molécula A, vetorial, Equação (1.66);	$[L \cdot T^{-1}]$
$v_{A,z}$	mobilidade da molécula A, na direção z, Equação (1.92);	$[L \cdot T^{-1}]$
x_A	fração molar da espécie A (líquido), Equação (1.89);	adimensional
y_i	fração molar da espécie i, Equação (1.59);	adimensional
w	fator acêntrico, Tabela (1.2);	adimensional
z	frequência de colisão, Equação (1.20);	$[T^{-1}]$
z_i	valência do íon i, Equação (1.104).	adimensional

Letras gregas

δ_i	momento dipolar adimensional da espécie i, Equação (1.53);	adimensional
ε_{AB}	energia máxima de atração da mistura (A/B), Equação (1.33);	[F·L]
ε_i	energia máxima de atração da molécula i, Quadro (1.1);	[F·L]
ε_p	porosidade da partícula, Equação (1.132);	adimensional
γ_A	coeficiente de atividade, Equação (1.61);	[F·L·mol^{-1}]
$\gamma_\pm$	coeficiente de atividade para soluções eletrolíticas, Equação (1.125);	[F.L.mol^{-1}]
$\varphi_{AB}(r)$	energia potencial de atração–repulsão, Equação (1.33);	[F·L]
λ	caminho livre médio, Figura (1.1), definição (1.23);	[L]
λ_i	condutividade iônica limite, Equação (1.119);	[ohm/eq.]
μ_A	potencial químico da espécie A, Equação (1.60);	[F·L·mol^{-1}]
μ_{AB}	viscosidade molecular dinâmica da solução líquida concentrada, Equação (1.92);	[M·L^{-1}·T^{-1}]
μ_B	viscosidade molecular dinâmica do meio (solvente), Equação (1.66);	[M·L^{-1}·T^{-1}]
μ_p	momento dipolar em debyes, Tabelas (1.2);	[L·Q]
ρ	massa específica da solução	[M·L^{-3}]
σ_{AB}	diâmetro médio de colisão para a mistura ($A + B$), Equação (1.33);	[L]
σ_i	diâmetro de colisão para a mistura ($A + B$), Quadro (1.1);	[L]
τ	tortuosidade, Equação (1.132);	adimensional
Ω	velocidade média molecular, Equação (1.12) e definição (1.16);	[L·T^{-1}]
Ω_D	integral de colisão, Equação (1.44) e Equação (1.48);	adimensional
ψ	ângulo de choque, Equação (1.17).	

Subscritos

A	espécie química A
B	espécie química B
b	volume molar à temperatura normal de ebulição
c	crítico
i	espécie química i
me	membrana
w	água
zeo	zeólita
0	n moléculas
1	uma molécula
1	cátion
2	ânion

C A P Í T U L O 2

CONCENTRAÇÕES, VELOCIDADES E FLUXOS

2.1 CONSIDERAÇÕES A RESPEITO

Estávamos preocupados no capítulo anterior em discutir e apreender o significado da difusão mássica por intermédio de mecanismos difusivos para diversos estados da matéria. Várias situações foram analisadas, nas quais o soluto difundia por certo meio. Mencionamos *soluto* de modo genérico, importando-nos a compreensão de sua interação com o meio difusivo. Passou despercebido (ou quase) o quanto é importante a *quantidade* de matéria a ser transferida.

Neste capítulo procuraremos expressar *quantidades* e não mais *uma* molécula ou *um* átomo do difundente. Quando mencionarmos *soluto* ou *solvente* estará implícito um conjunto de moléculas (ou de átomos) da mesma espécie química, que apresentará propriedades médias mensuráveis de valores definidos pontualmente no espaço. Para que isso seja possível, admitiremos a hipótese do *contínuo,* na qual é suposta a distribuição contínua de matéria no espaço.

Sairemos, neste capítulo, de uma situação em que a matéria estava distribuída de forma *discreta*, como ilustrada na Figura (2.1). Nesta, cada ponto corresponde a um átomo ou molécula. A hipótese do contínuo pressupõe que todos esses pontos estejam bem próximos, conforme mostra a Figura (2.2).

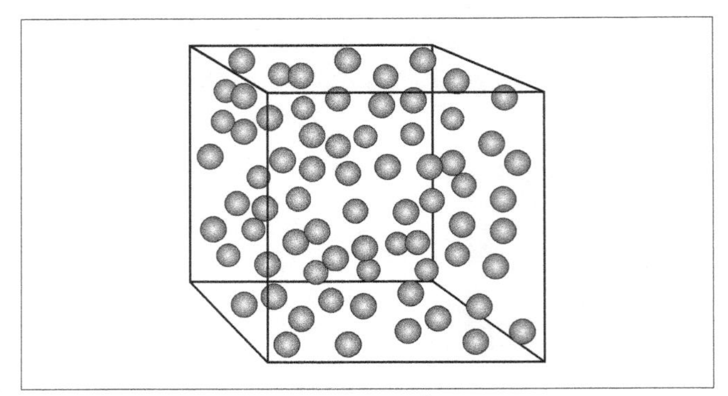

Figura 2.1 – Distribuição discreta de matéria.

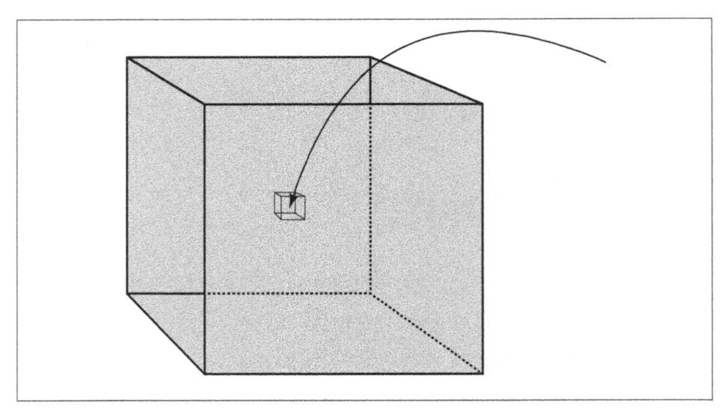

Figura 2.2 – Distribuição contínua de matéria.

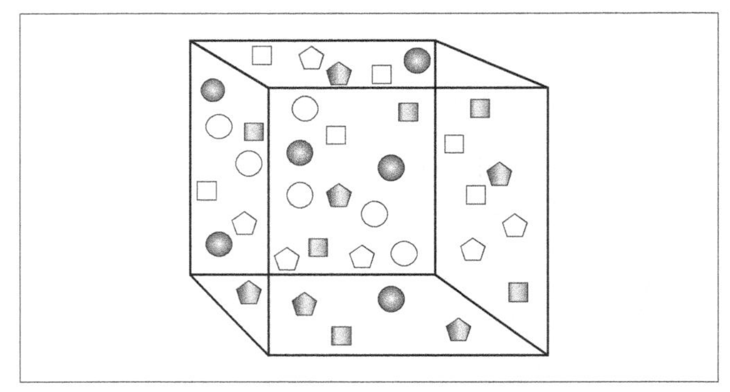

Figura 2.3 – Elemento de volume.

2.2 CONCENTRAÇÃO

Imagine que o meio ilustrado na Figura (2.1) venha a ser um meio difusivo, mais especificamente o ar. No exemplo (1.11), nós o consideramos constituído por *uma* espécie química, enquanto no exemplo (1.13) ele foi visto como uma mistura contendo *duas* espécies, e no exercício 8 do capítulo anterior já era uma mistura de *quatro* espécies. É importante ressaltar que, independentemente do número de espécies químicas que o compõem, o ar será tratado como meio contínuo, como aquele representado na Figura (2.2). Se retirarmos dessa figura um elemento de volume, Figura (2.3), podemos considerar, neste, inúmeras moléculas de cada espécie química presentes no ar. Se somarmos n volumes, teremos o volume total da mistura[1], permitindo-nos as definições:

I. *concentração mássica*: ρ_i é a massa da espécie química i por unidade de volume da solução;

II. *concentração molar*: $C_i = \rho_i/M_i$ é o número de mols de espécie i por unidade de volume da solução;

III. *fração mássica*: $w_i = \rho_i/\rho$ é a concentração mássica da espécie i dividida pela concentração *mássica* total, ρ;

IV. *fração molar*: $x_i = C_i/C$ é a concentração molar da espécie i dividida pela concentração molar total da solução. A notação para gases de fração molar será $y_i = C_i/C$. No caso do ar, as Figuras (2.4a) e (2.4b) ilustram-no como uma mistura binária e composta por quatro espécies, respectivamente.

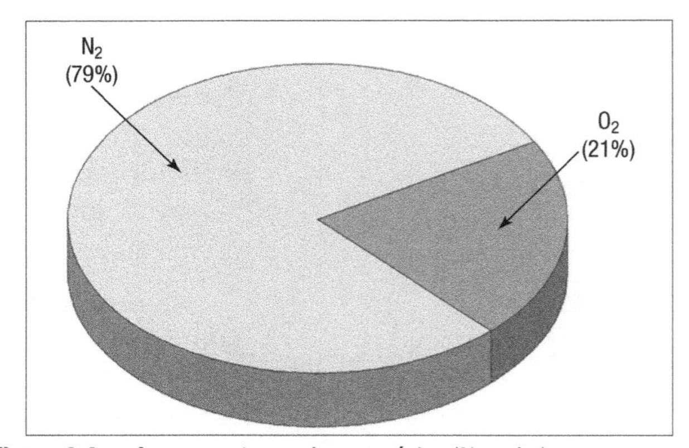

Figura 2.4a – Ar composto por duas espécies (% molar).

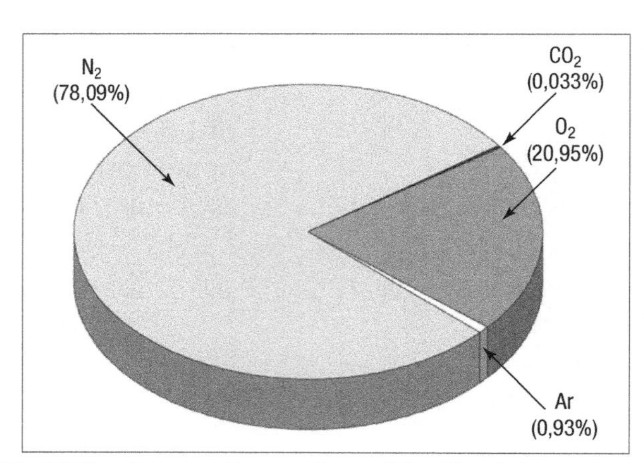

Figura 2.4b – Ar composto por quatro espécies (% molar).

Encontra-se na Tabela (2.1) o resumo destas concentrações e a sua mútua relação para o caso de sistemas binários.

[1] No caso de líquidos, a nomenclatura mais apropriada é solução.

Tabela 2.1 – Definições e relações básicas para uma mistura binária

Definições básicas	$\rho = \rho_A + \rho_B$ (concentração mássica da solução)	(2.1)
	$\rho_A = C_A M_A$ (concentração mássica de *A*/volume de solução)	(2.2)
	$w_A = \rho_A/\rho$ (fração mássica de *A*)	(2.3)
	$C = C_A + C_B$ (concentração molar da mistura)	(2.4)
	$C_A = \rho_A/M_A$ (concentração molar de *A*/volume de solução)	(2.5)
	$x_A = C_A/C$ (fração molar de *A* para líquidos) e *yA* para gases	(2.6)
	$M = \rho/C$ (massa molar da mistura)	(2.7)
Relações adicionais	$x_A + x_B = 1$ ou $y_A + y_B = 1$	(2.8)
	$w_A + w_B = 1$	(2.9)
	$y_A M_A + y_B M_B = M$	(2.10)
	$w_A/M_A + w_B/M_B = 1/M$	(2.11)

Exemplo 2.1

Determine a massa molar da seguinte mistura gasosa: 5% de CO, 20% de H_2O, 4% de O_2 e 71% de N_2. Calcule, também, as frações mássicas das espécies que compõem essa mistura.

Solução:

Da definição (2.10) para quatro espécies:

$$M = (y_{CO}M_{CO} + y_{O_2}M_{O_2} + y_{H_2O}M_{H_2O} + y_{N_2}M_{N_2}) \quad (1)$$

Da Tabela (1.2a) retiramos as massas molares das espécies presentes na mistura considerada. Assim:

$$M = (0{,}05)(28{,}01) + (0{,}04)(31{,}999) + (0{,}20)(18{,}015) + (0{,}71)(28{,}013) = 26{,}173 \text{ g/mol} \quad (2)$$

Frações mássicas

Da definição (2.3):

$$w_i = \frac{\rho_i}{\rho} \quad (3)$$

Da definição (2.2):

$$\rho_i = C_i M_i \quad (4)$$

Da definição (2.7):

$$\rho = CM \quad (5)$$

Substituindo (4) e (5) em (3):

$$w_i = \frac{C_i M_i}{CM} \quad (6)$$

Identificando a definição (2.6), para gases, em (6):

$$w_i = y_i \frac{M_i}{M} \quad (7)$$

Exemplo 2.1 (*continuação*)

De posse de (7), da Tabela (1.2a) e do resultado (2), construímos a seguinte tabela de resultados:

Espécie química	Massa molar (g/mol)	Fração molar	Fração mássica $w_i = y_i \times M_i / M$
CO	28,01	0,05	0,0535
O_2	31,999	0,04	0,0489
H_2O	18,015	0,20	0,1377
N_2	28,013	0,71	0,7599

2.3 VELOCIDADE

Considere o escoamento de uma solução com n espécies químicas. Não é difícil imaginar que diferentes espécies escoarão com diferentes velocidades. Atente ao fato, como mencionado há pouco, de que qualquer propriedade em um meio contínuo é conhecida por uma média. Quando mencionarmos *velocidade*, esta não será apenas de *uma* molécula da espécie i, mas a média de n moléculas dessa espécie contidas em um elemento de volume [veja a Figura (2.3)].

Como a solução é uma mistura de distintas espécies químicas, a velocidade com a qual escoa é dada pela velocidade média mássica:

$$\vec{v} = \frac{\sum_{i=1}^{n} \rho_i \vec{v}_i}{\sum_{i=1}^{n} \rho_i} \tag{2.12}$$

ou pela velocidade média molar:

$$\vec{V} = \frac{\sum_{i=1}^{n} C_i \vec{v}_i}{\sum_{i=1}^{n} C_i} \tag{2.13}$$

Observe que $\rho\vec{v}$ ($C\vec{V}$ para mols) é a velocidade local com que a massa da solução atravessa uma seção unitária colocada perpendicularmente à velocidade $\vec{v}$ ($\vec{V}$ para mols).

Convém salientar que $\vec{v}_i$ é uma velocidade absoluta, pois diz respeito à espécie química i. Essa velocidade pode estar referenciada a outro tipo de velocidade:

I. a de eixos estacionários $\rightarrow \vec{v} = 0$ (2.14)

II. a da solução (para velocidade mássica) $\rightarrow (\vec{v}_i - \vec{v})$ (2.15)

III. a da solução (para velocidade molar) $\rightarrow (\vec{v}_i - \vec{V})$ (2.16)

O resultado oriundo das diferenças (2.15) e (2.16) denomina-se *velocidade de difusão*. De modo a compreender o significado dessa velocidade, atente para a seguinte metáfora[2]:

Em um rio há diversas espécies de peixes como lambari, traíra, pacu etc. Existe uma velocidade média absoluta inerente a cada espécie, que está associada ao seu cardume. Por exemplo: a velocidade do lambari é a velocidade do cardume de lambari, e assim por diante. Desse modo, se considerarmos o cardume do peixe "i", a sua velocidade será $\vec{v}_i$. Quando referenciarmos a velocidade do cardume (espécie) "i" à do rio, teremos a "velocidade de difusão da espécie i".

[2] Nessa ilustração, rigorosamente, temos de considerar que a solução é constituída pelo rio e por todas as espécies de peixes. Se considerarmos que o soluto seja uma determinada espécie, a sua velocidade de difusão será referenciada à da solução, e não somente à do rio. Entretanto, para fins didáticos, podemos considerar que no rio só existe uma única espécie de peixe e que a sua "concentração" está diluída.

Exemplo 2.2

Sabendo que as velocidades absolutas das espécies químicas presentes na mistura gasosa do exemplo (2.1) são: $v_{CO,z} = 10$ cm/s, $v_{O_2,z} = 13$ cm/s, $v_{H_2O,z} = 19$ cm/s, $v_{N_2,z} = 11$ cm/s, determine:

a) velocidade média molar da mistura;

b) velocidade média mássica da mistura;

c) velocidade de difusão do O_2 na mistura, tendo como referência a velocidade média molar da mistura;

d) idem ao item (c), tendo como referência a velocidade média mássica da mistura.

Solução:

a) Da definição (2.13) escrita para a direção z:

$$V_z = \frac{\sum_{i=1}^{n} C_i v_{i,z}}{\sum_{i=1}^{n} C_i} \tag{1}$$

mas

$$\sum_{i=1}^{n} C_i = C \quad \text{e} \quad \frac{C_i}{C} = y_i \tag{2}$$

Substituindo (2) em (1):

$$V_z = \sum_{i=1}^{n} y_i v_{i,z} \tag{3}$$

Do exemplo anterior:

$$V_z = (y_{CO} v_{CO,z} + y_{O_2} v_{O_2,z} + y_{H_2O} v_{H_2O,z} + y_{N_2} v_{N_2,z})$$

$$V_z = (0{,}05)(10) + (0{,}04)(13) + (0{,}2)(19) + (0{,}71)(11) = 12{,}63 \text{ cm/s} \tag{4}$$

b) Tomando a definição (2.12) para a direção z:

$$V_z = \frac{\sum_{i=1}^{n} \rho_i v_{i,z}}{\sum_{i=1}^{n} \rho_i} \tag{5}$$

porém

$$\sum_{i=1}^{n} \rho_i = \rho \quad \text{e} \quad \frac{\rho_i}{\rho} = w_i \tag{6}$$

Substituindo (6) em (5):

$$v_z = \sum_{i=1}^{n} w_i v_{i,z}$$

ou

$$v_z = w_{CO} v_{CO,z} + w_{O_2} v_{O_2,z} + w_{H_2O} v_{H_2O,z} + w_{N_2} v_{N_2,z}$$

Exemplo 2.2 (*continuação*)

Conhece-se os valores de w_i do exemplo (2.1):

$v_z = (0{,}0535)(10) + (0{,}0489)(13) + (0{,}1377)(19) + (0{,}7599)(11) = 12{,}15$ cm/s

c) Da definição (2.16) referenciada à direção z:

$(v_{O_2,z} - V_z) = 13 - 12{,}63 = 0{,}37$ cm/s

d) Da definição (2.15) referenciada à direção z:

$(v_{O_2,z} - v_z) = 13 - 12{,}15 = 0{,}85$ cm/s

2.4 FLUXO

No item anterior, sempre que houve menção a "velocidade", havia para ela algum complemento:

- da espécie química; ou
- da solução.

No caso dos peixes, a complementação fora:

- dos peixes (cardume); ou
- do rio.

Evidenciou-se que, ao se mencionar *peixe*, estava implícito o conjunto de uma determinada espécie, ou seja, cardume. Conjunto e cardume trazem a ideia de concentração de certa espécie. Escreve-se, dessa maneira, o seguinte produto do qual resulta a definição de fluxo:

$$(\text{Fluxo}) = (\text{velocidade})(\text{concentração}) \qquad (2.17)$$

sendo a unidade de fluxo:

$$\left[\frac{\text{massa (ou mol)}}{\text{área} \times \text{tempo}}\right]$$

Se considerarmos que os diversos cardumes passem por debaixo de uma ponte, a qual está situada perpendicularmente ao escoamento do rio (*observe que a área entre os colchetes na unidade de fluxo da Equação (2.17) é aquela situada perpendicularmente sob a ponte*), fica a seguinte questão: que velocidade é essa associada ao fluxo mostrado na expressão (2.17)? Na metáfora dos peixes há três velocidades:

I. (velocidade do rio);

II. (velocidade de difusão) = (velocidade do cardume – velocidade do rio), que é a velocidade do cardume A referenciada à do rio (solução diluída);

III. (velocidade absoluta do cardume) = (velocidade do cardume – 0) = (velocidade do cardume – velocidade da ponte), ou seja, a velocidade do cardume referenciada a um eixo estacionário.

É interessante notar que qualquer que seja a velocidade, depois de a substituirmos na expressão (2.17), aflora um determinado fluxo:

caso (I): o rio arrasta o cardume A;

caso (II): o cardume A difunde no rio;

caso (III): fluxo total do cardume A referenciado a um eixo estacionário, que é dado por:

$$\begin{pmatrix}\text{Movimento de } A\\ \text{observado}\\ \text{da ponte}\end{pmatrix} = \begin{pmatrix}\text{Movimento de } A\\ \text{decorrente do ato}\\ \text{de nadar no rio}\end{pmatrix} + \begin{pmatrix}\text{Movimento de } A\\ \text{resultante do}\\ \text{escoamento do rio}\end{pmatrix}$$

ou

$$\text{caso (III)} = \text{caso (II)} + \text{caso (I)} \qquad (2.18)$$

com

$v_{A,z}$: velocidade da espécie A (peixe $i \leftrightarrow$ cardume i) na direção z;

V_z: velocidade do rio (meio) na direção z.

O caso (II) da relação (2.18) implica a interação (cardume A)–(rio), portanto, um fenômeno difusivo, cuja velocidade associada é aquela dada pela Equação (2.14). O fluxo associado será em virtude da *contribuição difusiva*, escrita como:

$$J_{A,z} = C_A(v_{A,z} - V_z) \tag{2.19}$$

Suponha agora que, em vez de nadar, o cardume A deixe-se levar pelo rio. O movimento do cardume será decorrente da velocidade do meio. O fluxo associado, neste caso, decorre da *contribuição convectiva* ou *advecção* de acordo com:

$$J^c_{A,z} = C_A V_z \tag{2.20}$$

A Equação (2.20) representa a contribuição da advecção molar ao fluxo molar de A analisada por aquele observador parado, pescando tranquilamente sobre uma ponte.

A igualdade (2.18) é vista, também, da seguinte maneira:

$$N_{A,z} = C_A(v_{A,z} - V_z) + C_A V_z \tag{2.21}$$

a qual representa o fluxo decorrente de o cardume A nadar enquanto o rio estiver escoando.

A Equação (2.21) é válida para o fluxo unidirecional de qualquer espécie química A, referenciada à coordenada estacionária z.

$$\begin{pmatrix}\text{Fluxo total de } A\\ \text{referenciado a um}\\ \text{eixo estacionário}\end{pmatrix} = \begin{pmatrix}\text{Fluxo resultante}\\ \text{da contribuição}\\ \text{difusiva}\end{pmatrix} + \begin{pmatrix}\text{Fluxo resultante}\\ \text{do movimento global}\\ \text{da solução}\end{pmatrix}$$

ou

$$\begin{pmatrix}\text{Fluxo total da espécie } A\\ \text{referenciado a um}\\ \text{eixo estacionário}\end{pmatrix} = \begin{pmatrix}\text{Contribuição}\\ \text{difusiva}\end{pmatrix} + \begin{pmatrix}\text{Contribuição}\\ \text{convectiva}\end{pmatrix} \tag{2.22}$$

A partir da relação (2.22), toma-se uma mistura binária $(A + B)$, em que C_A representa a concentração molar da espécie química A e $\vec{v}_A$ e $\vec{V}$, a velocidade absoluta de A e a velocidade média molar local da solução, respectivamente. O fluxo molar total de A referenciado a eixos estacionários será:

$$\vec{N}_A = C_A(\vec{v}_A - \vec{V}) + C_A\vec{V} \tag{2.23}$$

Como consequência da Equação (2.23):

$$\vec{N}_A = C_A\vec{v}_A \tag{2.24}$$

o fluxo $\vec{N}_A$ posto dessa forma é denominado fluxo absoluto molar da espécie A. A parcela correspondente à contribuição difusiva é:

$$\vec{J}_A = C_A(\vec{v}_A - \vec{V}) \tag{2.25}$$

sendo reescrita segundo a primeira lei de Fick[3]:

$$\vec{J}_A = -D_{AB}\vec{\nabla}C_A$$

Como a concentração total da solução é constante e em acordo com a relação (2.6) para gases:

$$\vec{J}_A = -CD_{AB}\vec{\nabla}y_A \tag{2.26}$$

Levando a definição de velocidade média molar, Equação (2.13), para mistura binária, na parcela da contribuição convectiva, o resultado fica:

$$C_A\vec{V} = C_A\frac{\left(C_A\vec{v}_A + C_B\vec{v}_B\right)}{C} \tag{2.27}$$

Utilizando as Equações (2.6) para gases e (2.24) na Equação (2.27):

$$C_A\vec{V} = y_A(\vec{N}_A + \vec{N}_B) \tag{2.28}$$

Substituindo as Equações (2.28) e (2.26) na Equação (2.23):

$$\vec{N}_A = -CD_{AB}\vec{\nabla}y_A + y_A(\vec{N}_A + \vec{N}_B) \tag{2.29}$$

A Equação (2.29) é válida para gases; para solução binária concentrada de líquidos:

$$\vec{N}_A = -CD_{AB}\vec{\nabla}x_A + x_A(\vec{N}_A + \vec{N}_B) \tag{2.30}$$

No caso de fluxo mássico do soluto referenciado a eixos estacionários, o procedimento é análogo ao molar, ou seja:

$$\vec{n}_A = \rho_A(\vec{v}_A - \vec{v}) + \rho_A\vec{v} \tag{2.31}$$

obtendo

$$\vec{n}_A = \rho_A\vec{v}_A \tag{2.32}$$

que é o fluxo absoluto mássico de A.

No que diz respeito à parcela da contribuição difusiva mássica, utiliza-se a primeira lei de Fick em termos mássicos, para soluções diluídas, segundo:

$$\vec{j}_A = -D_{AB}\vec{\nabla}\rho_A \tag{2.33}$$

[3] $\vec{\nabla}C_A = \frac{\partial C_A}{\partial x}\vec{i} + \frac{\partial C_A}{\partial y}\vec{j} + \frac{\partial C_A}{\partial z}\vec{k}$, será visto no próximo capítulo.

ou para soluções concentradas:

$$\vec{j}_A = -\rho D_{AB}\vec{\nabla} w_A \quad (2.34)$$

Analogamente à análise molar, a contribuição convectiva mássica é dada por:

$$\rho_A \vec{v} = \rho_A \frac{\left(\rho_A \vec{v}_A + \rho_B \vec{v}_B\right)}{\rho}$$

ou

$$\rho_A \vec{v} = w_A(\vec{n}_A + \vec{n}_B) \quad (2.35)$$

O fluxo total mássico referenciado às coordenadas estacionárias é:

$$\vec{n}_A = -\rho D_{AB}\vec{\nabla} w_A + w_A(\vec{n}_A + \vec{n}_B) \quad (2.36)$$

As Equações (2.29), (2.30) e (2.36) são denominadas primeira lei de Fick escritas para $\vec{N}_A$ e $\vec{n}_A$. No caso de eleger apenas uma direção para o fluxo, tais equações serão, respectivamente:

$$N_{A,z} = -CD_{AB}\frac{dy_A}{dz} + y_A\left(N_{A,z} + N_{B,z}\right) \quad (2.37)$$

$$N_{A,z} = -CD_{AB}\frac{dx_A}{dz} + x_A\left(N_{A,z} + N_{B,z}\right) \quad (2.38)$$

$$n_{A,z} = -\rho D_{AB}\frac{dw_A}{dz} + w_A\left(n_{A,z} + n_{B,z}\right) \quad (2.39)$$

e a contribuição difusiva molar, em termos de velocidade, será dada pela Equação (2.19). Essa contribuição para o caso mássico é:

$$j_{A,z} = \rho_A(v_{A,z} - v_z) \quad (2.40)$$

A contribuição convectiva molar ou advecção molar, em termos de velocidade, será obtida da Equação (2.20), enquanto a mássica advém de:

$$j^c_{A,z} = \rho_A v_z \quad (2.41)$$

É válida a menção sobre as contribuições convectivas escritas em termos da velocidade do meio, Equações (2.20) e (2.41), ou em termos de fluxo, Equações (2.28) e (2.35). Essas contribuições são utilizadas na forma de velocidade do meio, principalmente a Equação (2.41), quando o meio escoa em razão da força externa, como, por exemplo, uma mistura gasosa que flui em virtude da ação mecânica de um ventilador. No caso das Equações (2.28) e (2.35), elas são, normalmente, usadas em situações nas quais o próprio gradiente de concentração do soluto induz ao movimento do meio, como na evaporação de um soluto de alta pressão de vapor em uma mistura gasosa leve e estagnada.

As diversas relações entre os fluxos mássicos e molares estão apresentadas na Tabela (2.2).

Tabela 2.2 – Fluxos mássicos e molares para uma mistura binária

Relação entre os fluxos mássico e molar	Fluxo relativo a $\vec{v}$	Fluxo relativo a $\vec{V}$
$\vec{n}_A = M_A\vec{N}_A$ (2.42)	$\vec{n}_A + \vec{n}_B = \rho\vec{v}$ (2.45)	$\vec{N}_A + \vec{N}_B = C\vec{V}$ (2.48)
$\vec{j}_A = M_A\vec{J}_A$ (2.43)	$\vec{j}_A + \vec{j}_B = 0$ (2.46)	$\vec{J}_A + \vec{J}_B = 0$ (2.49)
$\vec{j}^c_A = M_A\vec{J}^c_A$ (2.44)	$\vec{j}^c_A + \vec{j}_B = \rho\vec{v}$ (2.47)	$\vec{J}^c_A + \vec{J}^c_B = C\vec{V}$ (2.50)

Exemplo 2.3

Denominando $\vec{j}^*_A = C_A(\vec{v}_A - \vec{v})$, demonstre para uma mistura binária que:

$$\vec{j}^*_A = \vec{N}_A - w_A\left(\vec{N}_A + \frac{M_B}{M_A}\vec{N}_B\right) \quad (2.51)$$

Solução:

Temos

$$\vec{j}^*_A = C_A(\vec{v}_A - \vec{v})$$

ou

$$\vec{j}^*_A = C_A\vec{v}_A - C_A\vec{v} \quad (1)$$

Exemplo 2.3 (*continuação*)

Da Equação (2.24):

$$\vec{N}_A = C_A \vec{v}_A \tag{2}$$

Substituindo (2) em (1):

$$\vec{j}_A^* = \vec{N}_A - C_A \vec{v} \tag{3}$$

Reescrevendo a Equação (2.12) para uma mistura binária:

$$\vec{v} = \frac{\left(\rho_A \vec{v}_A + \rho_B \vec{v}_B\right)}{\rho} \tag{4}$$

substituindo (4) no segundo termo do lado direito de (3):

$$\vec{j}_A^* = \vec{N}_A - \frac{C_A}{\rho}\left(\rho_A \vec{v}_A + \rho_B \vec{v}_B\right) \tag{5}$$

Trazendo a Equação (2.2), escrita também para a espécie B, à Equação (5), o resultado será:

$$\vec{j}_A^* = \vec{N}_A - \frac{\rho_A}{\rho}\frac{1}{M_A}\left(C_A M_A \vec{v}_A + C_B M_B \vec{v}_B\right) \tag{6}$$

Escrevendo (2) para a espécie B:

$$\vec{N}_B = C_B \vec{v}_B \tag{7}$$

e substituindo-na em conjunto com (2) na Equação (6):

$$\vec{j}_A^* = \vec{N}_A - \frac{\rho_A}{\rho}\frac{1}{M_A}\left(M_A \vec{N}_A + M_B \vec{N}_B\right) \tag{8}$$

Rearranjando (8):

$$\vec{j}_A^* = \vec{N}_A - \frac{\rho_A}{\rho}\left(\vec{N}_A + \frac{M_B}{M_A}\vec{N}_B\right) \tag{9}$$

Da relação (2.2):

$$\frac{\rho_A}{\rho} = w_A \tag{10}$$

Substituindo (10) em (9):

$$\vec{j}_A^* = \vec{N}_A - w_A\left(\vec{N}_A + \frac{M_B}{M_A}\vec{N}_B\right)$$

Exemplo 2.4

A partir de $\vec{J}_1 = C_1(\vec{v}_1 - \vec{V})$, demonstre:

a) $$\vec{J}_1 = \sum_{j=1}^{n}\left(y_j \vec{N}_1 - y_1 \vec{N}_j\right) \tag{2.52}$$

Exemplo 2.4 (*continuação*)

b) para uma mistura binária:

$$\vec{\nabla}y_1 = \sum_{j=2}^{n=2} \frac{1}{CD_{1j}}\left(y_1\vec{N}_j - y_j\vec{N}_1\right)$$

Solução:

a) $\vec{J}_1 = C_1(\vec{v}_1 - \vec{V})$ (1)

Da definição (2.2):

$$C_1 = y_1 C \quad (2)$$

Substituindo (2) em (1) e rearranjando o resultado:

$$\vec{J}_1 = y_1 C\vec{v}_1 - y_1 C\vec{V} \quad (3)$$

Utilizando as definições (2.11) e (2.12) ou:

$$C = \sum_{j=1}^{n} C_j \quad \text{e} \quad C\vec{V} = \sum_{j=1}^{n} C_j\vec{v}_j \quad (4)$$

Levando (4) a (3):

$$\vec{J}_1 = y_1\vec{v}_1 \sum_{j=1}^{n} C_j - y_1 \sum_{j=1}^{n} C_j\vec{v}_j \quad (5)$$

ou

$$\vec{J}_1 = \sum_{j=1}^{n} y_1 C_j\left(\vec{v}_1 - \vec{v}_j\right) \quad (6)$$

Analogamente a (2):

$$C_j = y_j C \quad (7)$$

Substituindo (7) em (6):

$$\vec{J}_1 = \sum_{j=1}^{n} y_1 y_j C\left(\vec{v}_1 - \vec{v}_j\right) \quad (8)$$

Lançando mão da Equação (2.13) para as espécies 1 e j, respectivamente:

$$\vec{N}_j = y_j C\vec{v}_j; \quad \vec{N}_1 = y_1 C\vec{v}_1 \quad (9)$$

para depois substituir (9) em (8):

$$\vec{J}_1 = \sum_{j=1}^{n} y_1 y_j\left(\vec{N}_1/y_1 - \vec{N}_j/y_j\right) \quad (10)$$

Temos como resultado:

$$\vec{J}_1 = \sum_{j=1}^{n}\left(y_j\vec{N}_1 - y_1\vec{N}_j\right) \quad (11)$$

Exemplo 2.4 (*continuação*)

b) Para uma mistura binária, abriremos (11) de acordo com:

$$\vec{J}_1 = y_1\vec{N}_1 - y_1\vec{N}_1 + y_2\vec{N}_1 - y_1\vec{N}_2 \quad (12)$$

ou

$$\vec{J}_1 = y_2\vec{N}_1 - y_1\vec{N}_2 \quad (13)$$

Substituindo a expressão da lei de Fick, Equação (2.26), no termo do fluxo difusivo:

$$-CD_{12}\vec{\nabla}y_1 = y_2\vec{N}_1 - y_1\vec{N}_2 \quad (14)$$

Rearranjando (14):

$$\vec{\nabla}y_1 = \frac{y_1\vec{N}_2 - y_2\vec{N}_1}{CD_{12}} \quad (15)$$

Identificando $j = 2$:

$$\vec{\nabla}y_1 = \sum_{j=2}^{n=2}\frac{1}{CD_{1j}}\left(y_1\vec{N}_j - y_j\vec{N}_1\right) \quad (16)$$

2.5 A EQUAÇÃO DE STEFAN-MAXWELL

Essa equação é extremamente importante na determinação do coeficiente de difusão em uma mistura gasosa, quando o meio não é estagnado. Tal equação é uma consequência imediata da Equação (16) do exemplo (2.4), considerando nela uma mistura contendo n espécies químicas.

$$\vec{\nabla}y_1 = \sum_{j=2}^{n}\frac{1}{CD_{1j}}\left(y_1\vec{N}_j - y_j\vec{N}_1\right) \quad (2.53)$$

Retomando a Equação (2.37) escrita para a espécie química 1 presente em uma mistura com n espécies químicas:

$$\vec{N}_1 = -CD_{1,M}\vec{\nabla}y_1 + y_1\sum_{j=1}^{n}\vec{N}_j \quad (2.54)$$

Isolando o coeficiente de difusão da espécie 1 na mistura gasosa:

$$CD_{1,M} = \frac{y_1\sum_{j=1}^{n}\vec{N}_j - \vec{N}_1}{\vec{\nabla}y_1} \quad (2.55)$$

Substituindo (2.53) em (2.55):

$$CD_{1,M} = \frac{y_1\sum_{j=1}^{n}\vec{N}_j - \vec{N}_1}{\sum_{j=2}^{n}\frac{1}{CD_{1j}}\left(y_1\vec{N}_j - y_j\vec{N}_1\right)} \quad (2.56)$$

a qual, simplificada, nos fornece:

$$D_{1,M} = \frac{\vec{N}_1 - y_1\vec{N}_1 - y_i\sum_{j=2}^{n}\vec{N}_j}{\sum_{j=2}^{n}\frac{1}{D_{1j}}\left(y_1\vec{N}_j - y_j\vec{N}_1\right)} \quad (2.57)$$

Rearranjando (2.57):

$$D_{1,M} = \frac{\vec{N}_1(1-y_1) - y_1\sum_{j=2}^{n}\vec{N}_j}{\sum_{j=2}^{n}\frac{1}{D_{1j}}\left(y_1\vec{N}_j - y_j\vec{N}_1\right)}$$

ou

$$D_{1,M} = \frac{\vec{N}_1\sum_{j=2}^{n}y_j - y_1\sum_{j=2}^{n}\vec{N}_j}{\sum_{j=2}^{n}\frac{1}{D_{1j}}\left(y_1\vec{N}_j - y_j\vec{N}_1\right)} \quad (2.58)$$

A expressão (2.58) é conhecida como a equação de Stefan-Maxwell, útil para a determinação do coeficiente de difusão na situação em que o meio está em movimento; caso contrário, $\rightarrow N_j = 0$ (para todas as espécies j). A igualdade (2.58), dessa maneira, é retomada como:

$$D_{1,M} = \frac{\vec{N}_1 \sum\limits_{j=2}^{n} y_j}{\sum\limits_{j=2}^{n} \frac{y_j \vec{N}_1}{D_{1j}}}$$

Como $\vec{N}_1$ não entra no somatório:

$$D_{1,M} = \frac{\sum\limits_{j=2}^{n} y_j}{\sum\limits_{j=2}^{n} \frac{y_j}{D_{1j}}} = \frac{(1 - y_1)}{\frac{y_2}{D_{12}} + \frac{y_3}{D_{13}} + \frac{y_4}{D_{14}} + \ldots + \frac{y_n}{D_{1n}} +}$$

que é o resultado apresentado no primeiro capítulo, segundo a Equação (1.59).

Exemplo 2.5

Sabendo que a mistura descrita no exemplo (2.2) está a 1 atm e 105 °C, determine:

a) fluxo difusivo molar de O_2 na mistura;

b) fluxo difusivo mássico de O_2 na mistura;

c) contribuição do fluxo convectivo molar de O_2 na mistura;

d) contribuição do fluxo convectivo mássico de O_2 na mistura;

e) fluxo mássico total referenciado a um eixo estacionário;

f) fluxo molar total referenciado a um eixo estacionário.

Solução:

Admitindo que os fluxos ocorram somente na direção z, temos:

a) Da Equação (2.25):

$$J_{O_2,z} = C_{O_2}(v_{O_2,z} - V_z) \tag{1}$$

Do item (c) do exemplo (2.2):

$$(v_{O_2,z} - V_z) = 0{,}37 \text{ cm/s} \tag{2}$$

Substituindo (2) em (1):

$$J_{O_2,z} = 0{,}37 C_{O_2} \tag{3}$$

No entanto, da definição (2.6) para gases:

$$C_{O_2} = y_{O_2} C \tag{4}$$

Considerando a mistura como gás ideal, temos da Equação (1.21):

$$C = \frac{P}{RT} \tag{5}$$

Do enunciado:

$$P = 1 \text{ atm},\ T = 105\ °\text{C} = 378{,}15 \text{ K e } R = 82{,}05 \text{ cm}^3 \cdot \text{atm/mol} \cdot \text{K} \tag{6}$$

Exemplo 2.5

Substituindo (6) em (5):

$$C = \frac{1}{(82{,}05)(378{,}15)} = 3{,}223 \times 10^{-5} \text{ mol/cm}^3 \quad (7)$$

Do exemplo (2.1):

$$\rightarrow y_{O_2} = 0{,}04 \quad (8)$$

Assim, (8) e (7) em (4):

$$C_{O_2} = (0{,}04)(3{,}223 \times 10^{-5}) = 1{,}29 \times 10^{-6} \text{ mol/cm}^3 \quad (9)$$

Substituindo (9) em (3):

$$J_{O_2,z} = (1{,}29 \times 10^{-6})(0{,}37) = 4{,}78 \times 10^{-7} \text{ mol/(cm}^2\cdot\text{s)} \quad (10)$$

b) Da Equação (2.40):

$$J_{O_2,z} = \rho_{O_2}(v_{O_2,z} - v_z) \quad (11)$$

Do item (d) do exemplo (2.2):

$$(v_{O_2,z} - v_z) = 0{,}85 \text{ cm/s} \quad (12)$$

Levando (12) a (11):

$$j_{O_2,z} = 0{,}85\rho_{O_2} \quad (13)$$

Da definição (23):

$$w_{O_2} = \frac{\rho_{O_2}}{\rho} \quad (14)$$

Por conseguinte:

$$\rho_{O_2} = w_{O_2}\rho \quad (15)$$

Da relação (2.7):

$$\rho = CM \quad (16)$$

Sendo $M = 26{,}173$ g/mol (exemplo 2.1) (17)

Substituindo (7) e (17) em (16):

$$\rho = (3{,}22 \times 10^{-5})(26{,}173) \text{ ou } \rho = 8{,}43 \times 10^{-4} \text{ g/cm}^3 \quad (18)$$

Temos da tabela de resultados do exemplo (2.1):

$$w_{O_2} = 0{,}0489 \quad (19)$$

Levando (18) e (19) a (15):

$$\rho_{O_2} = (0{,}0489)(8{,}43 \times 10^{-4}) \text{ ou } \rho_{O_2} = 4{,}12 \times 10^{-5} \text{ g/cm}^3 \quad (20)$$

Podemos calcular o fluxo mássico de O_2 substituindo (20) em (13):

$$j_{O_2,z} = (4{,}12 \times 10^{-5})(0{,}85) \text{ ou } j_{O_2,z} = 3{,}5 \times 10^{-5} \text{ g/(cm}^2\cdot\text{s)} \quad (21)$$

Exemplo 2.5 (*continuação*)

c) Da Equação (2.20):

$$J^c_{O_2,z} = C_{O_2} V_z \quad (22)$$

Do exemplo (2.2) item (a):

$$V_z = 12{,}63 \text{ cm/s} \quad (23)$$

Substituindo (9) e (23) em (22):

$$J^c_{O_2,z} = (1{,}29 \times 10^{-6})(12{,}63) = 1{,}63 \times 10^{-5} \text{ mol/(cm}^2\text{s)} \quad (24)$$

d) Da Equação (2.41):

$$j^c_{O_2,z} = \rho_{O_2} v_z \quad (25)$$

Do exemplo (2.2) item (b):

$$v_z = 12{,}15 \text{ cm/s} \quad (26)$$

Levando (20) e (26) a (25):

$$j^c_{O_2,z} = (4{,}125 \times 10^{-5})(12{,}15) = 5{,}01 \times 10^{-4} \text{ g/(cm}^2\text{s)} \quad (27)$$

e) Da relação (2.22):

$$n_{O_2,z} = j_{O_2,z} + j^c_{O_2,z} \quad (28)$$

Substituindo (21) e (27) em (28):

$$n_{O_2,z} = 3{,}5 \times 10^{-5} + 5{,}01 \times 10^{-4} = 5{,}36 \times 10^{-4} \text{ g/(cm}^2\text{s)} \quad (29)$$

f) Da relação (2.22):

$$N_{O_2,z} = J_{O_2,z} + J^c_{O_2,z} \quad (30)$$

Substituindo (10) e (24) em (30):

$$N_{O_2,z} = 4{,}77 \times 10^{-7} + 1{,}63 \times 10^{-5} = 1{,}635 \times 10^{-5} \text{ mol/(cm}^2\text{s)}$$

2.6 COEFICIENTE CONVECTIVO DE TRANSFERÊNCIA DE MASSA

Foi visto, logo na Introdução deste livro, que o fenômeno da transferência de massa, de algum modo, está vinculado ao binômio causa/efeito[4], no qual para uma determinada causa decorre o efeito, havendo uma resistência fenomenológica à ação da causa:

$$(\text{Efeito}) = \left(\frac{1}{\text{Resistência}}\right)(\text{Causa})$$

No caso de transferência de massa, esta relação é posta como:

$$\begin{pmatrix}\text{Fluxo de}\\ \text{matéria}\end{pmatrix} = \left(\frac{1}{\begin{matrix}\text{Resistência}\\ \text{fenomenológica}\end{matrix}}\right)\begin{pmatrix}\text{Força}\\ \text{motriz}\end{pmatrix}$$

Para a difusão, identificou-se à resistência o inverso da mobilidade que o soluto tem em relação à solução (ou seja, o coeficiente de difusão), enquanto a força motriz era o gradiente de concentração. O princípio é o mesmo para o *fenômeno* da convecção mássica:

I. há uma causa → força motriz;
II. há um efeito → fluxo de matéria;
III. há uma mobilidade associada para vencer a resistência ao transporte.

Como decorrência dessas considerações, escreve-se o seguinte fluxo molar para a convecção mássica[5]:

$$N_{A,z} = k_m(C_A - C_{A_\infty}) \tag{2.59}$$

em que:

$(C_A - C_{A_\infty})$ – diferença de concentração (força motriz ao transporte);

$N_{A,z}$ – fluxo molar do soluto A na direção z;

k_m – coeficiente convectivo de transferência de massa (coeficiente fenomenológico).

[4] Isso é válido quando determinado fluxo fenomenológico decorre somente de seu gradiente ordinário e o coeficiente de transporte independe da força motriz associada.

[5] Essa equação decorre de uma análise empírica. Mais detalhes serão vistos no Capítulo 8.

Conclui-se, após inspecionar a definição(2.59), que:

$$k_m \equiv \left(\frac{1}{\begin{matrix}\text{Resistência}\\ \text{à convecção mássica}\end{matrix}}\right)$$

No Capítulo 7 será mostrado que esse coeficiente depende de fenômenos moleculares e das características do meio: geometria e escoamento. Contudo, para que se possa ter um sentimento cinemático desse parâmetro, admitiremos o seguinte problema:

Expõe-se um soluto A *em um ambiente ventilado, em que não se encontram traços de* A*. Supondo, para efeito de análise, que o fenômeno da convecção mássica possa ser tratado como fluxo total do soluto referenciado a um eixo estacionário, encontre uma relação qualitativa entre a velocidade do meio e o coeficiente convectivo de transferência de massa.*

Pelo enunciado, considera-se a contribuição difusiva desprezível em face da convectiva. Temos da Equação (2.22), admitindo nela $J^c_{A,z} \gg J_{A,z}$, o seguinte fluxo:

$$N_{A,z} = C_A V_z \quad \text{ou} \quad N_{A,z} = C y_A V_z \tag{2.60}$$

Impomos $y_{A_\infty} \to 0$. Isso ocorre em virtude de não se encontrarem traços de A no ambiente. A Equação (2.59) toma a forma:

$$N_{A,z} = k_m C_A \quad \text{ou} \quad N_{A,z} = k_m C y_A \tag{2.61}$$

Obtemos, depois de igualar as Equações (2.60) e (2.61):

$$k_m \equiv V_z \tag{2.62}$$

O fato de (2.62) mostrar a igualdade entre o coeficiente convectivo de transferência de massa e a velocidade média molar do meio não indica que são a mesma coisa. Esse resultado ilustra, principalmente, a dependência desse coeficiente com o escoamento do meio, apresentando inclusive unidade de velocidade.

EXERCÍCIOS

Conceitos

1. Por que é necessário expressar as propriedades das espécies químicas em valores médios?
2. O que diferencia a velocidade de difusão da velocidade da solução? Explique.
3. O que apresenta massa molar maior: ar seco ou ar úmido? Prove. Para tanto, considere que exista 3% (em mol) de umidade e que o ar seco seja constituído por 79% (em mol) de N_2 e 21% (em mol) de O_2.
4. Interprete fisicamente:

$$N_{A,z} = -D_{AB}\frac{dC_A}{dz} + y_A\left(N_{A,z} + N_{B,z}\right)$$

5. Demonstre:
   a) $D_{AB} = D_{BA}$;
   b) $\vec{n} = \rho\vec{v}$;
   c) $\vec{N}_A + \vec{N}_B = C\vec{v}$;
   d) $dw_A = \dfrac{M_A M_B dx_A}{(x_A M_A + x_B M_B)^2}$
6. Se $\vec{j}^{\,*}_A = C_A(\vec{v}_A - \vec{v})$, mostre: $\vec{j}^{\,*}_A + \vec{j}^{\,*}_A = C(\vec{V} - \vec{v})$
7. Segundo Rajamani Krishna (1986):
   $k_m \geq (v_{A,z} - V_z)$.
   Obtenha e interprete essa desigualdade.
8. Utilize-se do exemplo do surfista apresentado na Introdução deste livro e desenvolva uma análise para os vários tipos de fluxos, expressando-os em uma formulação análoga à Equação (2.22). Você é o eixo estacionário de referência.

Cálculos

1. Calcule o valor da massa molar do ar, considerando-o como uma mistura gasosa nas seguintes proporções molares:
   a) 79% de N_2 e 21% de O_2;
   b) 78,09% de N_2, 20,95% de O_2, 0,93% de Ar (argônio) e 0,03% de CO_2.
2. Calcule o valor da concentração mássica da mistura a 1 atm e 25 °C, assim como as frações mássicas de cada espécie presente nos itens (a) e (b) do exercício anterior.
3. Calcule o valor da massa molar do ar úmido com:
   a) $y_{H_2O} = 0{,}05$;
   b) $y_{H_2O} = 0{,}075$ de vapor de água em sua composição molar.

   Suponha o ar puro como uma mistura ideal das espécies químicas contidas nos itens (a) e (b) do exercício 1. Calcule, em cada situação, a fração mássica do vapor de água.
4. Um gás natural é analisado em mol como:

   CH_4..........94,9% C_2H_6...........4,0%

   C_3H_8.........0,6% CO_2............0,5%

   Determine:
   a) a massa molar da mistura;
   b) a fração mássica do etano.
5. Uma mistura gasosa foi analisada, obtendo-se as seguintes frações mássicas: 0,7 de benzeno e 0,3 de tolueno. Calcule:
   a) a massa molar da mistura;
   b) as frações molares do benzeno e do tolueno.

   Dados:

Espécies	M_i (g/mol)	ρ_L (g/cm³)
benzeno	78,114	0,882
tolueno	92,141	0,864

6. Uma mistura gasosa a 1 atm e 105 °C possui a seguinte composição em % molar:

   $CO = 15\%$; $SO_2 = 8\%$;
   $H_2O = 23\%$; $N_2O = 54\%$.

   E as velocidades absolutas de cada espécie são 20 cm/s, 5 cm/s, 10 cm/s e 8 cm/s, respectivamente. Obtenha:

   a) v_z; b) V_z;
   c) $j_{SO_2,z}$; d) $J_{SO_2,z}$;
   e) $J^c_{SO_2,z}$; e f) $J^c_{SO_2,z}$.
7. Calcule o valor do coeficiente de difusão do H_2O na mistura do exercício anterior, considerando:
   a) gás estagnado;
   b) a equação de Stefan-Maxwell.
8. Determine o fluxo total mássico do CO presente na mistura do exercício 6.
9. Uma solução a 1 atm e 50 °C, contendo 60% em massa de metanol e 40% em massa de eta-

nol, escoa com uma velocidade média mássica igual a 1 m/s. Admitindo que a velocidade mássica de difusão do metanol é igual a – 0,5 m/s, determine:

a) o fluxo mássico difusivo do etanol;

b) a contribuição convectiva molar do metanol;

c) o fluxo global molar da solução.

Dados:

Espécies	M_i (g/mol)	ρ_L (g/cm^3)
metanol	18,588	0,789
etanol	46,065	0,787

10. Calcule o fluxo definido no exercício conceitual (6), admitindo:

a) o metano presente na mistura gasosa do exercício 4;

b) o vapor d'água presente na mistura gasosa do exercício 6.

BIBLIOGRAFIA

BIRD, R. B.; STEWART, W. E.; LIGHFOOT, E. N. *Transport phenomena*. New York: John Wiley, 1960.

HINES, A. L.; MADDOX, R. N. *Mass transfer*: fundamentals and applications. New Jersey: Prentice--Hall, 1985.

KRISHNA, R. *Chem. Eng. Journal*, v. 35, p. 67, 1986.

NOMENCLATURA

C	concentração molar da mistura, Equação (2.4);	[mol·L^{-3}]
C_i	concentração molar da espécie i, Tabela (2.1);	[mol·L^{-3}]
D_{AB}	coeficiente de difusão do soluto A no meio B, Equação (2.26);	[L^2·T^{-1}]
$\vec{j}_A$	fluxo mássico de A, vetorial, em virtude da contribuição difusiva, Equação (2.33);	[M·L^{-2}·T^{-1}]
$j_{A,z}$	fluxo mássico de A na direção z, em virtude da contribuição difusiva, Equação (2.40);	[M·L^{-2}·T^{-1}]
$J^c_{A,z}$	fluxo mássico de A na direção z, em virtude da contribuição convectiva, Equação (2.41);	[mol·L^{-2}·T^{-1}]
$\vec{J}_A$	fluxo molar de A, vetorial, em virtude da contribuição difusiva, Equação (2.25);	[mol·L^{-2}·T^{-1}]
$J_{A,z}$	fluxo molar de A na direção z, em virtude da contribuição difusiva, Equação (2.19);	[mol·L^{-2}·T^{-1}]
$J^c_{A,z}$	fluxo molar de A na direção z, em virtude da contribuição convectiva, Equação (2.20);	[mol·L^{-2}·T^{-1}]
k_m	coeficiente convectivo de transferência de massa, Equação (2.59);	[L·T^{-1}]
M	massa molar da mistura, Equação (2.7);	[M·mol^{-1}]
M_i	massa molar da espécie i, Equação (2.11);	[M·mol^{-1}]
$\vec{n}_A$	fluxo total mássico, vetorial, de A, referenciado a eixos estacionários, Equação (2.31);	[M·L^{-2}·T^{-1}]
$n_{A,z}$	fluxo total mássico de A na direção de z, referenciado a um eixo estacionário, Equação (2.39);	[M·L^{-2}·T^{-1}]
$\vec{N}_A$	fluxo total molar, vetorial, de A, referenciado a eixos estacionários, Equação (2.23);	[mol·L^{-2}·T^{-1}]

$N_{A,z}$	fluxo total molar de A na direção de z, referenciado a um eixo estacionário, Equação (2.21);	[mol·L^{-2}·T^{-1}]
$\vec{v}$	velocidade média mássica da mistura, vetorial, Equação (2.12);	[L·T^{-1}]
v_z	velocidade média mássica da mistura na direção z, Equação (2.40);	[L·T^{-1}]
$\vec{v}_i$	velocidade da espécie i, vetorial, Equação (2.12);	[L·T^{-1}]
$v_{i,z}$	velocidade da espécie i na direção z, Equação (2.35);	[L·T^{-1}]
$\vec{V}$	velocidade média molar da mistura, vetorial, Equação (2.13);	[L·T^{-1}]
V_z	velocidade média molar da mistura na direção z, Equação (2.19);	[L·T^{-1}]
x_i	fração molar (para líquidos) da espécie i, Tabela (2.1);	adimensional
y_i	fração molar (para gases) da espécie i, Tabela (2.1);	adimensional
w_i	fração mássica da espécie i, Tabela (2.1);	adimensional
z	direção espacial.	[L]

Letras gregas

ρ	concentração mássica total, Tabela (2.1);	[M·L^{-3}]
ρ_i	concentração mássica da espécie i, Tabela (2.1).	[M·L^{-3}]

Subscritos

A	espécie química A
B	espécie química B
i	espécie química i
l	líquido
∞	distância de referência

C A P Í T U L O 3

EQUAÇÕES DA CONTINUIDADE EM TRANSFERÊNCIA DE MASSA

3.1 CONSIDERAÇÕES A RESPEITO

A música de Beethoven só permanece até nossos dias porque ele soube, como poucos, trabalhar os símbolos. As notas musicais sozinhas são apenas notas; a sinfonia nasce da perfeita harmonia entre elas.

Assim são as equações de continuidade em transferência de massa: um amontoado de símbolos matemáticos que, harmonizados, descrevem fenômenos que presenciamos dia a dia.

As equações da continuidade permitem analisar pontualmente o fenômeno de transferência de massa, por intermédio do conhecimento da distribuição de concentração de um determinado soluto no tempo e no espaço, sujeito ou não a transformações. Neste capítulo, procuraremos essas equações, assim como simplificações que, em conjunto com condições de contorno apropriadas, levam-nos ao contato com diversas situações físicas dentro de alguns fenômenos de transferência de massa.

3.2 EQUAÇÃO DA CONTINUIDADE MÁSSICA DE UM SOLUTO *A*

A equação da continuidade mássica de certo soluto A nasce do balanço de taxa de matéria, a qual flui pelas fronteiras de um elemento de volume eleito, no meio contínuo, e daquela taxa que varia no interior desse volume de controle, o qual está representado na Figura (2.3).

O balanço material para uma dada espécie química A, através de um volume de controle apropriado, é:

$$\begin{pmatrix}\text{Taxa de massa}\\ \text{que entra no}\\ \text{volume de controle}\end{pmatrix} - \begin{pmatrix}\text{Taxa de massa}\\ \text{que sai do}\\ \text{volume de controle}\end{pmatrix} + \begin{pmatrix}\text{Taxa de produção}\\ \text{de massa no}\\ \text{volume de controle}\end{pmatrix} = \begin{pmatrix}\text{Taxa de acúmulo}\\ \text{de massa no}\\ \text{volume de controle}\end{pmatrix} \quad (3.1)$$

Elegendo a espécie A como soluto, faz-se um balanço material, em coordenadas retangulares, como aquele indicado na Equação (3.1) e Figura (3.1).

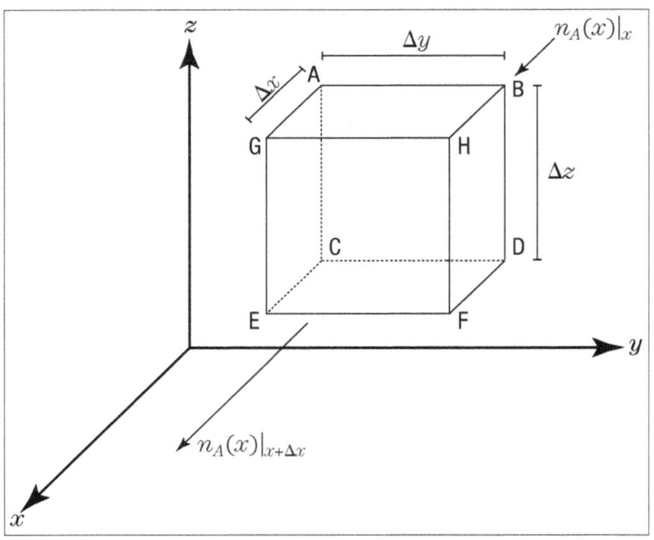

Figura 3.1 – Fluxo mássico global de *A* através de um volume de controle (coordenadas retangulares).

Sabendo que o fluxo mássico absoluto de A é dado pela Equação (2.32),

$$\vec{n}_A = \rho_A \vec{v}_A \quad (2.32)$$

o balanço realizado na direção x fica:

I. entrada de A através da face $ABCD$:

$$n_A(x)|_x \Delta y \Delta z$$

II. saída de A pela face $EFGH$:

$$n_A(x)|_{x+\Delta x} \Delta y \Delta z$$

III. taxa de produção de massa de A por reação química no interior do elemento de volume:

$$r_A''' \Delta x \Delta y \Delta z$$

em que r_A''' é a taxa de produção de massa de A por unidade de tempo e de volume em razão da reação química. O sobrescrito (‴) indica que a reação química ocorre em todos os pontos no interior do volume de controle.

IV. taxa de acúmulo ou variação de massa de A no interior do elemento de volume por unidade de tempo:

$$\frac{\partial \rho_A}{\partial t} \Delta x \Delta y \Delta z$$

Utilizando-se a definição de derivada parcial:

$$f(x+\Delta x) \cong f(x) + \frac{\partial f(x)}{\partial x} dx$$

aplicada ao fluxo mássico absoluto de A, este fica:[1]

$$n_A(x)|_{x+\Delta x} = n_A(x)|_x + \frac{\partial}{\partial x}\left[n_A(x)|_x\right]\Delta x$$

Realizando um balanço material análogo nas direções y e z, substituem-se os resultados obtidos na Equação (3.1), levando-nos a:

$$\begin{aligned}
&\frac{\partial}{\partial t}\rho_A \Delta x \Delta y \Delta z = n_A(x)|_x \Delta y \Delta z - \\
&-\left\{n_A(x)|_x + \frac{\partial}{\partial x}\left[n_A(x)|_x \Delta x\right]\right\}\Delta y \Delta z + \\
&+ n_A(y)|_y \Delta x \Delta z - \\
&-\left\{n_A(y)|_y + \frac{\partial}{\partial y}\left[n_A(y)|_y \Delta y\right]\right\}\Delta x \Delta z + \\
&+ n_A(z)|_z \Delta x \Delta y - \\
&-\left\{n_A(z)|_z + \frac{\partial}{\partial z}\left[n_A(z)|_z \Delta z\right]\right\}\Delta x \Delta y + \\
&+ r_A''' \Delta x \Delta y \Delta z
\end{aligned} \quad (3.2)$$

[1] O termo entre colchetes representa a variação do fluxo mássico do soluto A no interior do elemento de volume.

Simplificando os termos comuns da Equação (3.2):

$$\frac{\partial \rho_A}{\partial t} = -\frac{\partial}{\partial x}\left[n_A(x)\big|_x\right] - \frac{\partial}{\partial y}\left[n_A(y)\big|_y\right] - \frac{\partial}{\partial z}\left[n_A(z)\big|_z\right] + r_A''' \quad (3.3)$$

e, depois de identificar $n_A(i)|_i = n_{A,i}$ (em que $i = x$, y ou z), a Equação (3.3) é posta na seguinte forma:

$$\frac{\partial \rho_A}{\partial t} = -\left[\frac{\partial n_{A,x}}{\partial x} + \frac{\partial n_{A,y}}{\partial y} + \frac{\partial n_{A,z}}{\partial z}\right] + r_A''' \quad (3.4)$$

em que:

$$\left[\frac{\partial n_{A,x}}{\partial x} + \frac{\partial n_{A,y}}{\partial y} + \frac{\partial n_{A,z}}{\partial z}\right] = \vec{\nabla} \cdot \vec{n}_A \quad (3.5)$$

A identidade (3.5) é conhecida como operador divergente.

Assim:

$$\frac{\partial \rho_A}{\partial t} = -\vec{\nabla} \cdot \vec{n}_A + r_A'''$$

ou

$$\frac{\partial \rho_A}{\partial t} + \vec{\nabla} \cdot \vec{n}_A = r_A''' \quad (3.6)$$

A Equação(3.6) fornece a equação da continuidade mássica para o componente A. Essa equação representa a variação de concentração mássica, ρ_A, fruto do movimento de A e da sua produção ou consumo.[2] A Tabela (3.1) mostra as equações da continuidade mássica para a espécie A nas coordenadas retangulares, cilíndricas e esféricas.

A equação da continuidade mássica para a espécie B é escrita, por analogia à que foi desenvolvida para a espécie A, da seguinte maneira:

$$\frac{\partial \rho_B}{\partial t} + \vec{\nabla} \cdot \vec{n}_B = r_B''' \quad (3.10)$$

Obtém-se a equação da continuidade para a *mistura binária* ($A + B$) pela adição das Equações (3.6) e (3.10).

$$\frac{\partial \rho_A}{\partial t} + \frac{\partial \rho_B}{\partial t} + \vec{\nabla} \cdot \vec{n}_A + \vec{\nabla} \cdot \vec{n}_B = r_A''' + r_B''' \quad (3.11)$$

Da lei da conservação de massa: $r_A''' + r_B''' = 0$ e da propriedade do divergente

$$\vec{\nabla} \cdot [\vec{a} + \vec{b}] = \vec{\nabla} \cdot \vec{a} + \vec{\nabla} \cdot \vec{b} \quad (3.12)$$

a Equação (3.11) é retomada segundo:

$$\frac{\partial}{\partial t}[\rho_A + \rho_B] + \vec{\nabla} \cdot [\vec{n}_A + \vec{n}_B] = 0 \quad (3.13)$$

Pode-se demonstrar que $(\vec{n}_A + \vec{n}_B) = \vec{n}$ e, como $\rho_A + \rho_B = \rho$, a Equação (3.13) toma a forma:

$$\frac{\partial \rho}{\partial t} + \vec{\nabla} \cdot \vec{n} = 0 \quad (3.14)$$

Pelo fato de $\vec{n} = \rho \vec{v}$ e de ρ ser um escalar, a Equação (3.14) fica:

$$\frac{\partial \rho}{\partial t} + \vec{\nabla} \cdot [\vec{v}\rho] = 0 \quad (3.15)$$

Tabela 3.1 – Equações da continuidade para a espécie *A* em termos do seu fluxo absoluto mássico

Coordenadas retangulares:	$\frac{\partial \rho_A}{\partial t} + \left(\frac{\partial n_{A,x}}{\partial x} + \frac{\partial n_{A,y}}{\partial y} + \frac{\partial n_{A,z}}{\partial z}\right) = r_A'''$	(3.7)
Coordenadas cilíndricas:	$\frac{\partial \rho_A}{\partial t} + \left[\frac{1}{r}\frac{\partial (r n_{A,r})}{\partial r} + \frac{1}{r\,\text{sen}\theta}\frac{\partial n_{A,\theta}}{\partial \theta} + \frac{\partial n_{A,z}}{\partial z}\right] = r_A'''$	(3.8)
Coordenadas esféricas:	$\frac{\partial \rho_A}{\partial t} + \left[\frac{1}{r^2}\frac{\partial (r^2 n_{A,r})}{\partial r} + \frac{1}{r\,\text{sen}\theta}\frac{\partial (\text{sen}\theta\, n_{A,\theta})}{\partial \theta} + \frac{1}{r\,\text{sen}\theta}\frac{\partial n_{A,\phi}}{\partial \phi}\right] = r_A'''$	(3.9)

[2] Aqui vale a pena recomendar a leitura do Bird, Stewart e Lighfoot (1960).

A Equação (3.15) descreve a variação de concentração mássica da solução referenciada a eixos fixos como consequência da variação do vetor velocidade mássica (BIRD; STEWART; LIGHFOOT, 1960).

Da análise vetorial:

$$\vec{\nabla} \cdot [\vec{v}\rho] = \vec{v} \cdot \vec{\nabla}\rho + \rho[\vec{\nabla} \cdot \vec{v}] \tag{3.16}$$

Substituindo essa propriedade na Equação (3.15):

$$\frac{\partial \rho}{\partial t} + \vec{v} \cdot \vec{\nabla}\rho + \rho\left[\vec{\nabla} \cdot \vec{v}\right] = 0 \tag{3.17}$$

Da definição de derivada substantiva:

$$\frac{D}{Dt} = \frac{\partial}{\partial t} + \vec{v} \cdot \vec{\nabla} \tag{3.18}$$

obtém-se:

$$\frac{D\rho}{Dt} + \rho\vec{\nabla} \cdot \vec{v} = 0 \tag{3.19}$$

A equação da continuidade, escrita dessa maneira, descreve a variação de concentração mássica da solução, tal como vê um observador que flota com o fluido (BIRD; STEWART; LIGHFOOT, 1960), apresentando, por isso, a mesma velocidade do fluido.

No caso de a concentração mássica da solução, ρ, ser constante, a Equação (3.19) reduz-se a:

$$\vec{\nabla} \cdot \vec{v} = 0 \tag{3.20}$$

Podemos refletir sobre a diferença entre a derivada parcial, $\partial/\partial t$, e a substantiva, D/Dt [veja a Equação (3.18)]. Para tanto, retomaremos o exemplo dos *peixes*. Suponha que você esteja parado sobre uma ponte, olhando fixamente para o rio, Figura (3.2a). Observe que, em certo instante, cruzam o seu foco de atenção três peixes de uma determinada espécie A; em outro momento, cinco, e assim por diante. Essa variação do número de peixes ao longo do tempo da sua observação é uma ilustração da *derivada parcial*.[3]

Cansado de ficar parado e atento em um único ponto, você resolve descer e tomar um barco, Figura (3.2b). Sem muita vontade para remar, deixa-se à mercê da correnteza. Lembrando-se da ponte, você debruçará fixamente em direção ao rio para contar os peixes que irão cruzar-lhe o olhar. A variação do número de peixes no tempo, sob sua atenção, continua sendo $\partial/\partial t$. Esse número, no entanto, também varia à medida que o barco se desloca com a velocidade do rio $\vec{v}$. Considerando-se que a variação do número de peixes é $\vec{\nabla}\rho_A$[4], teremos um fluxo como consequência da correnteza na forma $\vec{v} \cdot \vec{\nabla}\rho_A$. A variação temporal fixa no espaço $(\partial\rho_A/\partial t)$ em conjunto com a contribuição convectiva $(\vec{v} \cdot \vec{\nabla}\rho_A)$ ilustra a *derivada substantiva*.

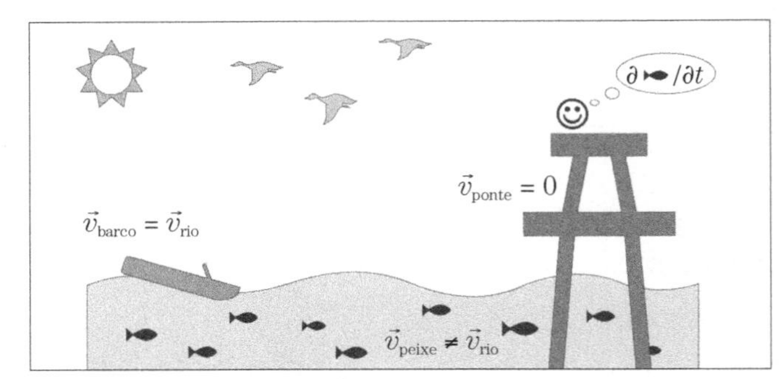

Figura 3.2a – Derivada parcial.

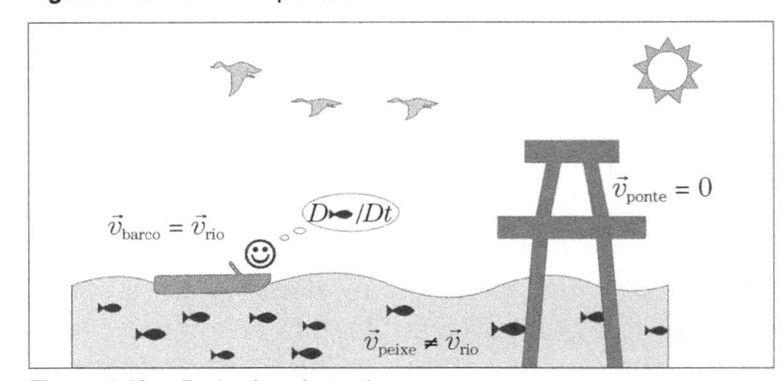

Figura 3.2b – Derivada substantiva.

3.3 EQUAÇÃO DA CONTINUIDADE MOLAR DE UM SOLUTO *A*

A obtenção da equação da continuidade molar para a espécie A é extremamente simples: basta dividir a Equação (3.6) pela massa molar do soluto M_A. Definindo[5] $R_A''' \equiv r_A'''/M_A$ (WELTY, WILSON; WICKS, 1984), a equação da continuidade molar de A é escrita de acordo com:

$$\frac{\partial C_A}{\partial t} + \vec{\nabla} \cdot \vec{N}_A = R_A''' \tag{3.21}$$

[3] Essa ilustração é uma interpretação do exemplo dos peixes, encontrado no Capítulo 3 do livro de Bird, Stewart e Lighfoot (1960).

[4] Como visto no capítulo anterior, número de peixes não é concentração de peixes. A equivalência utilizada aqui foi um recurso didático.

[5] Válido para reações químicas irreversíveis de primeira, pseudoprimeira ordem e ordem zero.

A Tabela (3.2) fornece as equações da continuidade molar para a espécie A em diversas coordenadas espaciais.

Tabela 3.2 – Equações da continuidade para a espécie A em termos do seu fluxo absoluto molar

Coordenadas	Equação	
Coordenadas retangulares:	$\frac{\partial C_A}{\partial t}+\left(\frac{\partial N_{A,x}}{\partial x}+\frac{\partial N_{A,y}}{\partial y}+\frac{\partial N_{A,z}}{\partial z}\right)=R_A'''$	(3.22)
Coordenadas cilíndricas:	$\frac{\partial C_A}{\partial t}+\left[\frac{1}{r}\frac{\partial(rN_{A,r})}{\partial r}+\frac{1}{r\,\text{sen}\theta}\frac{\partial N_{A,\theta}}{\partial \theta}+\frac{\partial N_{A,z}}{\partial z}\right]=R_A'''$	(3.23)
Coordenadas esféricas:	$\frac{\partial C_A}{\partial t}+\left[\frac{1}{r^2}\frac{\partial(r^2N_{A,r})}{\partial r}+\frac{1}{r\,\text{sen}\theta}\frac{\partial(\text{sen}\theta N_{A,\theta})}{\partial \theta}+\frac{1}{r\,\text{sen}\theta}\frac{\partial N_{A,\phi}}{\partial \phi}\right]=R_A'''$	(3.24)

Da mesma forma, para a espécie B:

$$\frac{\partial C_B}{\partial t}+\vec{\nabla}\cdot\vec{N}_B=R_B''' \tag{3.25}$$

Como $\vec{N}_A+\vec{N}_B=C\vec{V}$, a equação da continuidade molar para uma mistura binária é escrita como:

$$\frac{\partial C}{\partial t}+\vec{\nabla}\cdot\left[C\vec{V}\right]=R_A'''+R_B''' \tag{3.26}$$

Geralmente, o número de mols não se conserva. Não se pode tomar $R_A'''+R_B'''=0$, salvo se, para cada mol produzido de A, desapareça o mesmo tanto de B (ou vice-versa). Ao abrirmos o divergente no termo convectivo da Equação (3.26), verificamos:

$$\frac{\partial C}{\partial t}+\vec{V}\cdot\vec{\nabla}C+C\left[\vec{\nabla}\cdot\vec{V}\right]=R_A'''+R_B'''$$

no entanto:

$$\frac{\partial C}{\partial t}+\vec{V}\cdot\vec{\nabla}C\neq\frac{DC}{Dt}$$

pois se define a derivada substantiva somente em virtude da *velocidade mássica do meio*. De que maneira analisaremos a influência do movimento do meio presente na derivada substantiva? Retomaremos a Equação (3.6) e consideraremos nela o fluxo global dado pela Equação (2.22), retomada de acordo com:

$$\vec{n}_A=\vec{j}_A+\vec{j}_A^{\,c} \tag{3.27}$$

O "nosso problema" está na contribuição convectiva $\vec{j}_A^{\,c}$. Substituindo a Equação (2.41), considerando-a em termos vetoriais, na Equação (3.27) e o resultado na Equação (3.6), chega-se a:

$$\frac{\partial \rho_A}{\partial t}+\vec{\nabla}\cdot\left[\vec{j}_A+\rho_A\vec{v}\right]=r_A''' \tag{3.28}$$

Utilizando-se a propriedade (3.12) na Equação (3.28) e arrumando o resultado obtido:

$$\frac{\partial \rho_A}{\partial t}+\vec{\nabla}\cdot\left[\rho_A\vec{v}\right]=-\vec{\nabla}\cdot\vec{j}_A+r_A''' \tag{3.29}$$

Abrindo o divergente do lado esquerdo da Equação (3.29):

$$\frac{\partial \rho_A}{\partial t}+\vec{v}\cdot\vec{\nabla}\rho_A+\rho_A\left[\vec{\nabla}\cdot\vec{v}\right]=-\vec{\nabla}\cdot\vec{j}_A+r_A''' \tag{3.30}$$

Realizando o mesmo procedimento do qual resultou a Equação (3.21), dividiremos a Equação (3.30) por M_A e, conhecendo as relações (2.2) e (2.43), obteremos:

$$\frac{\partial C_A}{\partial t}+\vec{v}\cdot\vec{\nabla}C_A+C_A\left[\vec{\nabla}\cdot\vec{v}\right]=-\vec{\nabla}\cdot\vec{J}_A+R_A''' \tag{3.31}$$

Temos uma expressão semelhante a (3.31) para a espécie B:

$$\frac{\partial C_B}{\partial t}+\vec{v}\cdot\vec{\nabla}C_B+C_B\left[\vec{\nabla}\cdot\vec{v}\right]=-\vec{\nabla}\cdot\vec{J}_B+R_B''' \tag{3.32}$$

Para obtermos a equação da continuidade molar de uma mistura binária, somaremos as Equações (3.31) e (3.32).

$$\frac{\partial(C_A+C_B)}{\partial t}+\vec{v}\cdot\vec{\nabla}(C_A+C_B)+(C_A+C_B)\times$$
$$\times\left[\vec{\nabla}\cdot\vec{v}\right]=-\vec{\nabla}\cdot\left(\vec{J}_A+\vec{J}_B\right)+\left(R_A'''+R_B'''\right) \tag{3.33}$$

Utilizando a definição (2.4) e a relação (2.49) na Equação (3.33),

$$\frac{\partial C}{\partial t}+\vec{v}\cdot\vec{\nabla}C+C\left[\vec{\nabla}\cdot\vec{v}\right]=R_A'''+R_B''' \tag{3.34}$$

obtemos, finalmente, a derivada substantiva como:

$$\frac{\partial C}{\partial t}+\vec{v}\cdot\vec{\nabla}C=\frac{DC}{Dt} \tag{3.35}$$

A análise da diferença entre derivada parcial e substantiva na situação atual é semelhante àquela ilustrada nas Figuras (3.2a) e (3.2b). Considere sempre a presença da contribuição convectiva para diferenciá-las. No caso de o meio gasoso ser constituído por moléculas monoatômicas e de baixa densidade, essa contribuição será importante e, nesse caso, utiliza-se a derivada substantiva.

Boa parte das discussões realizadas até aqui está relacionada, de alguma forma, à presença ou não da contribuição convectiva na equação da continuidade de uma determinada espécie A. E quanto à contribuição difusiva? Essa contribuição nas Equações (3.29)[ou (3.30)] e (3.31) associa-se ao termo $\vec{\nabla}\cdot\vec{j}_A$ e $\vec{\nabla}\cdot\vec{J}_A$, respectivamente. Como traduzir essa influência? Há duas maneiras: explicitá-la em termos da velocidade de difusão de A ou em termos de sua concentração, por intermédio da primeira lei de Fick (ou lei ordinária da difusão). Ambas traduzem a interação soluto–meio, a qual é a característica básica da difusão. Qual utilizar?

3.4 EQUAÇÕES DA CONTINUIDADE DO SOLUTO *A* EM TERMOS DA LEI ORDINÁRIA DA DIFUSÃO

Quando se escreve o fluxo difusivo do soluto em termos de sua velocidade de difusão, aflora mais uma velocidade relativa do que um fenômeno molecular e interativo soluto–meio.

Esse fenômeno, por sua vez, aparece quando tal fluxo é posto em termos da lei ordinária da difusão ou primeira lei de Fick, que se caracteriza por apresentar o coeficiente de difusão, que é a grandeza que mais bem traduz a interação soluto–meio, pois está intimamente relacionada com o mecanismo que rege a difusão.

Outra vantagem de utilizar o fluxo difusivo em termos da primeira lei de Fick refere-se ao manuseio da equação da continuidade mássica ou molar de A, Equação (3.6) ou (3.21) respectivamente. Nessa equação a variável dependente é a concentração de A. Se utilizarmos a velocidade de difusão para o fluxo, teríamos, além da concentração do soluto, outra variável dependente, $\vec{v}_A$, na equação diferencial.

Obtém-se a equação da continuidade mássica que permitirá o conhecimento da distribuição da concentração mássica da espécie química A em termos da primeira lei de Fick depois de substituirmos a Equação (2.33) na Equação (3.29), resultando:

$$\underbrace{\frac{\partial \rho_A}{\partial t}}_{\text{acúmulo}}+\underbrace{\vec{\nabla}\left[\rho_A\vec{v}\right]}_{\substack{\text{contribuição}\\\text{convectiva}}}=\underbrace{\vec{\nabla}\cdot\left[D_{AB}\vec{\nabla}\rho_A\right]}_{\substack{\text{contribuição}\\\text{difusiva}}}+\underbrace{r_A'''}_{\text{geração}} \tag{3.36}$$

A equação da continuidade que rege a distribuição de concentração molar de A é obtida dividindo a Equação (3.36) pela massa molar dessa espécie (WELTY; WILSON; WICKS, 1984):

$$\underbrace{\frac{\partial C_A}{\partial t}}_{\text{acúmulo}}+\underbrace{\vec{\nabla}\left[C_A\vec{v}\right]}_{\substack{\text{contribuição}\\\text{convectiva}}}=\underbrace{\vec{\nabla}\cdot\left[D_{AB}\vec{\nabla}C_A\right]}_{\substack{\text{contribuição}\\\text{difusiva}}}+\underbrace{R_A'''}_{\text{geração}} \tag{3.37}$$

As Equações (3.36) e (3.37) fornecerão as distribuições de concentração de A como decorrência das diversas influências sobre o transporte desse soluto. Tais equações são gerais; contudo, pouco manejáveis. Para que possamos trabalhá-las, expandiremos os divergentes presentes nas contribuições convectivas dessas equações.

$$\frac{\partial \rho_A}{\partial t}+\vec{v}\cdot\vec{\nabla}\rho_A+\rho_A\left[\vec{\nabla}\cdot\vec{v}\right]=\vec{\nabla}\cdot\left[D_{AB}\vec{\nabla}\rho_A\right]+r_A''' \tag{3.38}$$

$$\frac{\partial C_A}{\partial t}+\vec{v}\cdot\vec{\nabla}C_A+C_A\left[\vec{\nabla}\cdot\vec{v}\right]=\vec{\nabla}\cdot\left[D_{AB}\vec{\nabla}C_A\right]+R_A''' \tag{3.39}$$

As Equações (3.38) e (3.39) estão sujeitas a algumas simplificações, que serão apresentadas a seguir.

Simplificações da equação da continuidade do soluto *A*

Primeiro caso:

Regime transiente, temperatura e pressão constantes no meio em que ocorre o fenômeno de transferência de massa

O efeito imediato desta hipótese reside no fato de a concentração da solução ou da mistura ser constante, levando a $\vec{\nabla} \cdot \vec{v} = 0$. Em razão de a temperatura e a pressão serem constantes, o D_{AB} também o será. As Equações (3.38) e (3.39) são postas de acordo com:

$$\frac{\partial \rho_A}{\partial t} + \vec{v} \cdot \vec{\nabla} \rho_A = D_{AB} \left(\vec{\nabla} \cdot \vec{\nabla} \rho_A \right) + r_A''' \qquad (3.40)$$

$$\frac{\partial C_A}{\partial t} + \vec{v} \cdot \vec{\nabla} C_A = D_{AB} \left(\vec{\nabla} \cdot \vec{\nabla} C_A \right) + R_A''' \qquad (3.41)$$

O produto escalar presente no termo difusivo é definido como o Laplaciano:

$$\vec{\nabla} \cdot \vec{\nabla} = \nabla^2 \qquad (3.42)$$

Substituindo a definição (3.42) nas Equações (3.40) e (3.41), obtêm-se, respectivamente:

$$\frac{\partial \rho_A}{\partial t} + \vec{v} \cdot \vec{\nabla} \rho_A = D_{AB} \nabla^2 \rho_A + r_A''' \qquad (3.43)$$

$$\frac{\partial C_A}{\partial t} + \vec{v} \cdot \vec{\nabla} C_A = D_{AB} \nabla^2 C_A + R_A''' \qquad (3.44)$$

Encontram-se nas Tabelas (3.3) e (3.4), respectivamente, as equações da continuidade mássica e molar para a espécie A na situação em que ρ (ou C) e D_{AB} são constantes.

Tabela 3.3 – Equação da continuidade mássica da espécie A para ρ e D_{AB} constantes

Equação	
Coordenadas retangulares:	
$\frac{\partial \rho_A}{\partial t} + \left(u \frac{\partial \rho_A}{\partial x} + v \frac{\partial \rho_A}{\partial y} + w \frac{\partial \rho_A}{\partial z} \right) = D_{AB} \left(\frac{\partial^2 \rho_A}{\partial x^2} + \frac{\partial^2 \rho_A}{\partial y^2} + \frac{\partial^2 \rho_A}{\partial z^2} \right) + r_A'''$	(3.45)
Coordenadas cilíndricas:	
$\frac{\partial \rho_A}{\partial t} + \left(u_r \frac{\partial \rho_A}{\partial r} + \frac{u_\theta}{r} \frac{\partial \rho_A}{\partial \theta} + u_z \frac{\partial \rho_A}{\partial z} \right) = D_{AB} \left[\frac{1}{r} \frac{\partial}{\partial r} \left(r \frac{\partial \rho_A}{\partial r} \right) + \frac{1}{r} \frac{\partial^2 \rho_A}{\partial \theta^2} + \frac{\partial^2 \rho_A}{\partial z^2} \right] + r_A'''$	(3.46)
Coordenadas esféricas:	
$\frac{\partial \rho_A}{\partial t} + \left(u_r \frac{\partial \rho_A}{\partial r} + \frac{u_\theta}{r} \frac{\partial \rho_A}{\partial \theta} + \frac{u_\phi}{r\,\mathrm{sen}\theta} \frac{\partial \rho_A}{\partial \phi} \right) = D_{AB} \left[\frac{1}{r^2} \frac{\partial}{\partial r} \left(r^2 \frac{\partial \rho_A}{\partial r} \right) + \frac{1}{r^2 \mathrm{sen}\theta} \frac{\partial}{\partial \theta} \left(\mathrm{sen}\theta \frac{\partial \rho_A}{\partial \theta} \right) + \frac{1}{r^2 \mathrm{sen}^2\theta} \frac{\partial^2 \rho_A}{\partial \phi^2} \right] + r_A'''$	(3.47)

Tabela 3.4 – Equação da continuidade molar da espécie A para C e D_{AB} constantes

Equação	
Coordenadas retangulares:	
$\frac{\partial C_A}{\partial t} + \left(u \frac{\partial C_A}{\partial x} + v \frac{\partial C_A}{\partial y} + w \frac{\partial C_A}{\partial z} \right) = D_{AB} \left(\frac{\partial^2 C_A}{\partial x^2} + \frac{\partial^2 C_A}{\partial y^2} + \frac{\partial^2 C_A}{\partial z^2} \right) + R_A'''$	(3.48)
Coordenadas cilíndricas:	
$\frac{\partial C_A}{\partial t} + \left(u_r \frac{\partial C_A}{\partial r} + \frac{u_\theta}{r} \frac{\partial C_A}{\partial \theta} + u_z \frac{\partial C_A}{\partial z} \right) = D_{AB} \left[\frac{1}{r} \frac{\partial}{\partial r} \left(r \frac{\partial C_A}{\partial r} \right) + \frac{1}{r} \frac{\partial^2 C_A}{\partial \theta^2} + \frac{\partial^2 C_A}{\partial z^2} \right] + R_A'''$	(3.49)
Coordenadas esféricas:	
$\frac{\partial C_A}{\partial t} + \left(u_r \frac{\partial C_A}{\partial r} + \frac{u_\theta}{r} \frac{\partial C_A}{\partial \theta} + \frac{u_\phi}{r\,\mathrm{sen}\theta} \frac{\partial C_A}{\partial \phi} \right) = D_{AB} \left[\frac{1}{r^2} \frac{\partial}{\partial r} \left(r^2 \frac{\partial C_A}{\partial r} \right) + \frac{1}{r^2 \mathrm{sen}\theta} \frac{\partial}{\partial \theta} \left(\mathrm{sen}\theta \frac{\partial C_A}{\partial \theta} \right) + \frac{1}{r^2 \mathrm{sen}^2\theta} \frac{\partial^2 C_A}{\partial \phi^2} \right] + R_A'''$	(3.50)

Podemos escrever as Equações (3.43) e (3.44) em termos de derivada substantiva segundo a definição (3.18). Assim sendo:

$$\frac{D\rho_A}{Dt} = D_{AB} \nabla^2 \rho_A + r_A''' \qquad (3.51)$$

$$\frac{DC_A}{Dt} = D_{AB} \nabla^2 C_A + R_A''' \qquad (3.52)$$

A Equação (3.51) é utilizada na difusão de um soluto diluído em solução líquida e de baixa viscosidade com reação química. Aplica-se a Equação (3.52) no fenômeno da transferência de massa em que há o transporte de um soluto em meio gasoso leve e reacional [veja o item (6.5)].

Na situação em que o meio no qual ocorre o fenômeno venha a ser inerte $r'''_A = 0$ ou $R'''_A = 0$:

$$\frac{D\rho_A}{Dt} = D_{AB}\nabla^2\rho_A \tag{3.53}$$

$$\frac{DC_A}{Dt} = D_{AB}\nabla^2 C_A \tag{3.54}$$

Segundo caso:

Regime transiente, velocidade do meio nula, temperatura e pressão constantes no meio em que ocorre o fenômeno de transferência de massa

Além das consequências advindas do *primeiro caso*, tem-se $\vec{v} = 0$. Observe que não há o auxílio do movimento do meio no transporte do soluto, portanto a derivada substantiva reduz-se à derivada parcial temporal da concentração do soluto. As equações da continuidade de A resultantes são utilizadas, neste caso, em soluções líquidas concentradas, de alta viscosidade e na difusão em sólidos na presença de reação química. Assim, as Equações (3.51) e (3.52) são escritas, respectivamente, segundo:

$$\frac{\partial\rho_A}{\partial t} = D_{AB}\nabla^2\rho_A + r'''_A \tag{3.55}$$

$$\frac{\partial C_A}{\partial t} = D_{AB}\nabla^2 C_A + R'''_A \tag{3.56}$$

A aplicação da Equação (3.56) para reação química de primeira ordem será discutida no item 6.4.

Na situação em que o meio onde ocorre o fenômeno não é reacional, têm-se:

$$\frac{\partial\rho_A}{\partial t} = D_{AB}\nabla^2\rho_A \tag{3.57}$$

$$\frac{\partial C_A}{\partial t} = D_{AB}\nabla^2 C_A \tag{3.58}$$

As Equações (3.57) e (3.58) são denominadas *segunda lei de Fick*. Utiliza-se *essa* "lei" na adsorção de fluidos para isotermas lineares, secagem de cereais, cementação de metais, entre outras aplicações que serão apresentadas no Capítulo 5.

Terceiro caso:

Regime permanente, temperatura e pressão constantes no meio em que ocorre o fenômeno de transferência de massa

A primeira hipótese simplificadora deste caso diz que a concentração do soluto não varia ao longo do tempo, levando à ausência do termo de acúmulo.

$$\frac{\partial\rho_A}{\partial t} = 0 \tag{3.59}$$

$$\frac{\partial C_A}{\partial t} = 0 \tag{3.60}$$

As outras hipóteses são análogas ao primeiro caso do regime transiente: $\vec{\nabla} \cdot \vec{v} = 0$; ρ e D_{AB} constantes.

$$\vec{v} \cdot \vec{\nabla}\rho_A = D_{AB}\nabla^2\rho_A + r'''_A \tag{3.61}$$

$$\vec{v} \cdot \vec{\nabla}C_A = D_{AB}\nabla^2 C_A + R'''_A \tag{3.62}$$

Utilizam-se as Equações (3.61) e (3.62) nas situações em que as contribuições convectivas e difusivas são da mesma ordem de magnitude, como nos fenômenos que ocorrem no interior das regiões de camada limite mássica em um meio reacional.

Para o meio não reacional:

$$\vec{v} \cdot \vec{\nabla}\rho_A = D_{AB}\nabla^2\rho_A \tag{3.63}$$

$$\vec{v} \cdot \vec{\nabla}C_A = D_{AB}\nabla^2 C_A \tag{3.64}$$

Em se tratando de escoamento bidimensional e coordenadas retangulares, a Equação (3.63) ou (3.64) descreve a equação clássica da camada limite mássica sobre uma placa plana parada; assunto que será visto com detalhes nos Capítulos 8 e 9.

Quarto caso:

Regime permanente, velocidade do meio nula, temperatura e pressão constantes no meio em que ocorre o fenômeno de transferência de massa

Tem-se, das simplificações: $\vec{\nabla} \cdot \vec{v} = 0$; ρ e D_{AB} constantes:

$$r'''_A = -D_{AB}\nabla^2\rho_A \tag{3.65}$$

$$R''' = -D_{AB}\nabla^2 C_A \tag{3.66}$$

Tais equações são utilizadas em situações nas quais, à medida que o soluto difunde por um determinado meio, há reação de seu consumo ou geração segundo uma cinética química, como, por exemplo, uma reação irreversível de pseudoprimeira ordem na forma:

$$A + B \rightarrow L \tag{3.67}$$

Exemplo de aplicação desse caso encontra-se no item 6.3.

Quando não ocorre reação química no meio em que há o transporte do soluto, as equações da continuidade mássica e molar da espécie A serão, respectivamente:

$$\nabla^2 \rho_A = 0 \tag{3.68}$$

$$\nabla^2 C_A = 0 \tag{3.69}$$

Essas equações são denominadas Laplacianos da concentração de A. A Equação (3.68) é utilizada, por exemplo, na difusão em regime permanente de um soluto A em um sólido poroso inerte; enquanto a Equação (3.69) é aplicada na contradifusão equimolar, em regime permanente, de gases em um meio inerte, a qual será apresentada no item 4.2.3.

3.5 CONDIÇÕES DE CONTORNO

O conhecimento das distribuições espaciais e temporal de concentração de uma determinada espécie advém da solução de uma equação da continuidade apropriada. Torna-se, portanto, necessária a apresentação de condições que viabilizem aquela solução. Inspecionando, por exemplo, a Equação (3.36), verifica-se que a concentração de A modifica-se no tempo e no espaço bem como em virtude do seu consumo ou geração. As condições que possibilitarão a solução dessa equação serão realizadas nas variáveis espaciais e na temporal.

I. *Condição inicial* – implica o conhecimento da propriedade concentração ou fração (mássica ou molar) do soluto no início do processo de transferência de massa.

$[t = 0, C_A(t = 0) = C_{A_0}]$,

em um determinado espaço.

II. *Condições de contorno* – referem-se ao valor ou informação da concentração ou fração (mássica ou molar) do soluto em posições específicas no volume de controle ou nas fronteiras desse volume. Basicamente, tais condições de fronteira são:

3.5.1 Concentração ou fração (mássica ou molar) do soluto especificada em uma determinada fase

Depois de identificar a região em que ocorre a transferência de massa, temos em uma determinada fronteira "s" as seguintes condições de contorno de primeira espécie ou de Dirichlet:

a) concentração mássica, $\rho_A = \rho_{A_s}$ (3.70)

b) concentração molar, $C_A = C_{A_s}$ (3.71)

c) fração mássica, $w_A = w_{A_s}$ (3.72)

d) fração molar: $x_A = x_{A_s}$, para líquidos ou sólidos (3.73)

e) fração molar: $y_A = y_{A_s}$, para gases (3.74)

A fração molar de A para fase gasosa ideal está relacionada com a sua pressão parcial segundo a lei de Dalton:

$$P_{A_s} = y_{A_s} P \tag{3.75}$$

No caso de essa fase ser líquida, a condição em uma dada fronteira, para uma solução ideal, advém da lei de Raoult:

$$P_{A_s} = x_{A_s} P_A^{vap} \tag{3.76}$$

A pressão de vapor pode ser obtida por uma equação tipo Antoine:

$$\ell n P_A^{vap} = E - \frac{F}{(T + G)} \tag{3.77}$$

A Tabela (3.5) mostra valores para as constantes E, F e G para algumas espécies químicas. Na Equação (3.77) utiliza-se T em Kelvin. O resultado oriundo da pressão de vapor é expresso em (mmHg).

[a]**Tabela 3.5** – Constantes da equação (3.77)

Espécies	E	F	G
água	18,3036	3816,44	–46,13
benzeno	15,9008	2788,51	–52,36
tolueno	16,0137	3096,52	–53,67
metanol	18,5875	3626,55	–34,29
etanol	18,9119	3803,98	–41,68

[a]Fonte: Reid, Prausnitz e Sherwood, 1977.

Na hipótese de equilíbrio termodinâmico na fronteira s ou interface entre as fases líquida e gasosa, considerando-as ideais, as Equações (3.75) e (3.76) são igualadas, resultando na equação de Raoult-Dalton:

$$x_{A_s}P_A^{vap} = y_{A_s}P \tag{3.78}$$

Supondo a fase líquida constituída somente da espécie química A, a Equação (3.78) é escrita como:[6]

$$y_{A_s} = \frac{P_A^{vap}}{P} \tag{3.79}$$

No caso de solução diluída ($x_{A_s} \to 0$), a lei de Raoult é retomada na forma da lei de Henry de acordo com:

$$P_{A_s} = x_{A_s}H \tag{3.80}$$

As constantes da lei de Henry para alguns gases dissolvidos em água estão presentes na Tabela (3.6).

Tabela 3.6 – Valores da constante H para gases em água: ($H \times 10^{-4}$), (pressão em atm)

T (ºC)	H_2	N_2	O_2	CO	CO_2
0	5,79	5,29	2,55	3,52	0,0728
10	6,36	6,68	3,27	4,42	0,104
20	6,83	8,04	4,01	5,36	0,142
30	7,29	9,24	4,75	6,20	0,186

[a]Fonte: Geankoplis, 1972.

Na condição de equilíbrio termodinâmico líquido–vapor na fronteira ou interface s e admitindo fases ideais, igualam-se as Equações (3.75) e (3.80), resultando:

$$y_{A_s} = mx_{A_s} \tag{3.81}$$

ou

$$P_{A_s} = m'C_{A_s} \tag{3.82}$$

em que $m = H/P$ e $m' = H/C$. As relações de equilíbrio líquido–vapor são utilizadas, por exemplo, nos fenômenos de absorção e dessorção [veja a Figura (3.3)]. Nesses fenômenos o soluto A está contido nas fases gasosa e líquida. Na ventura de ele estar distribuído e *diluído* nas fases sólido–fluido, a relação de equilíbrio é escrita analogamente à lei de Henry segundo:

$$C_{A_{1s}} = K_pC_{A_{2s}} \tag{3.83}$$

sendo K_p o coeficiente de distribuição (ou de partição). O índice 1 indica fase sólida, e o 2, fase fluida, conforme estão ilustradas na Figura (3.4). Esse coeficiente surge em função da distribuição desigual do soluto na fronteira que separa as fases 1 e 2.

A condição (3.83) é útil nas operações que envolvem as fases sólido–fluido, como na adsorção linear, quando se deseja especificar uma relação de equilíbrio entre as concentrações do soluto presentes no interior do sólido e aquela no seio da fase fluida ou [veja a Figura (3.5)]:

$$C_{A_1}^* = K_pC_{A_{2\infty}} \tag{3.84}$$

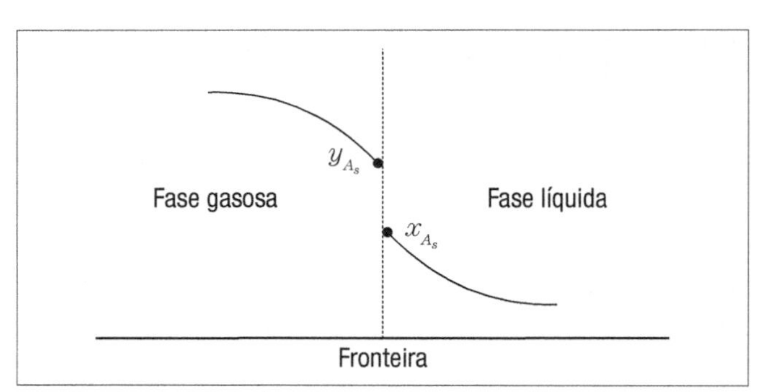

Figura 3.3 – Equilíbrio líquido–vapor.

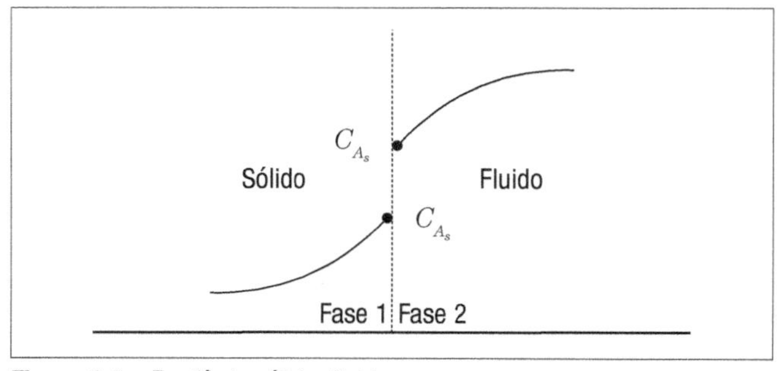

Figura 3.4 – Equilíbrio sólido–fluido.

[6] Esta relação também é válida para o caso de sublimação.

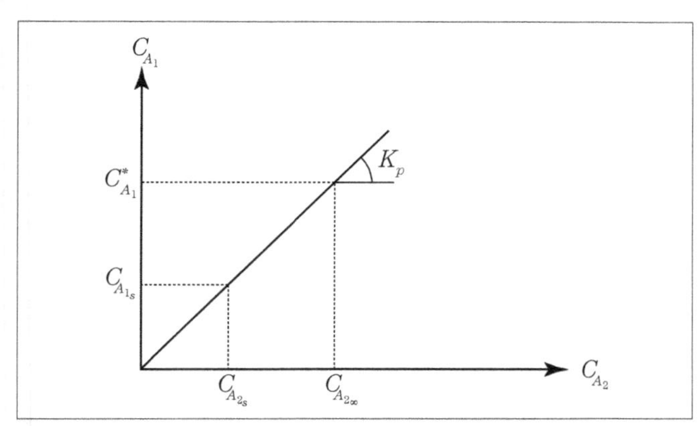

Figura 3.5 – A concentração de referência.

No caso da permeação de um gás por uma membrana polimérica, o termo $K_p C_{A_{2s}}$ é substituído por SP_{A_s} na Equação (3.83). O parâmetro S é a solubilidade do gás na membrana e P_{A_s} é a pressão parcial de A no meio gasoso adjacente à membrana. A Equação (3.83), dessa maneira, é retomada na forma:

$$C_{A_s} = SP_{A_s} \tag{3.85}$$

Exemplo 3.1

Escreva a equação da continuidade molar de A na forma já simplificada e as condições de contorno para a seguinte situação:

certo gás difunde por uma película estagnada de ar seco de 0,5 cm de profundidade em um capilar que contém certo ácido. Ao atingi-lo, o gás é absorvido instantaneamente. A concentração do gás na boca do recipiente é 0,25% em mol.

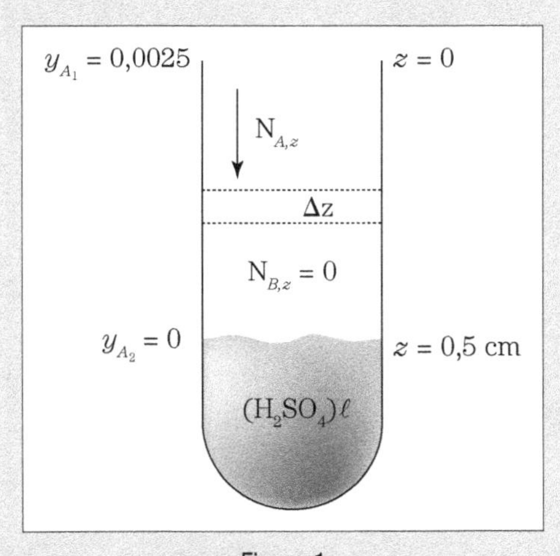

Figura 1

Solução:

$A \equiv$ gás; $B \equiv$ ar

Equação da continuidade molar de A.

Da Equação (3.21):

$$\frac{\partial C_A}{\partial t} + \vec{\nabla} \cdot \vec{N}_A = R'''_A \tag{1}$$

Suposições:

I. regime permanente:

$$\frac{\partial C_A}{\partial t} = 0$$

Exemplo 3.1

II. sem reação química homogênea:

$$R_A''' = 0$$

III. fluxo unidirecional:

$$\vec{\nabla} \cdot \vec{N}_A = \frac{dN_{A,z}}{dz}$$

De posse das suposições:

$$\frac{dN_{A,z}}{dz} = 0 \tag{2}$$

Observe na Equação (2) que, para resolvê-la, devemos conhecer o fluxo molar de A.

Da Equação (2.37):

$$N_{A,z} = -CD_{AB}\frac{dy_A}{dz} + y_A\left(N_{A,z} + N_{B,z}\right) \tag{3}$$

Pelo fato de o ar estar estagnado no capilar:

$$N_{B,z} = 0 \tag{4}$$

Levando (4) em (3):

$$N_{A,z} = \left(\frac{-CD_{AB}}{1-y_A}\frac{dy_A}{dz}\right) \tag{5}$$

Substituindo (5) em (2):

$$\frac{d}{dz} = \left(\frac{-CD_{AB}}{1-y_A}\frac{dy_A}{dz}\right) = 0$$

Condições de contorno – como a difusão do soluto A ocorre na película gasosa, as condições de contorno referem-se às fronteiras que envolvem o gás. Assim:

No topo: $z = 0$; $y_A = 0{,}0025$

Na interface gás-líquido: $z = 0{,}5$ cm em $y_A = 0$ (o gás é absorvido instantaneamente).

3.5.2 Condições de fluxo

As informações apresentadas até aqui referem-se às composições do soluto A especificadas na fronteira de uma fase ou na interface entre duas fases. Existem aquelas em que o soluto flui de uma fase para outra, pressupondo que a interface não ofereça resistência ao transporte do soluto.[7] Nessa situação teremos uma condição de continuidade de fluxo na fronteira s, conhecida como *condição de Neumann*.

[7]Exceto quando se concentram nesta fronteira espécies tensoativas ou se o fluxo de matéria for intenso.

Considerando o contato entre duas fases, em que a fase 1 é suposta como líquido estagnado ou sólido poroso (ou uma membrana polimérica), o fluxo do soluto na fronteira s será em razão da contribuição difusiva. Das Equações (2.38) e (2.39), bem como admitindo a diluição infinita do soluto:

$$N_{A,z}\Big|_{z=s} = -D_{ef_1}\frac{dC_{A_1}}{dz} \tag{3.86}$$

ou

$$n_{A,z}\Big|_{z=s} = -D_{ef_1}\frac{d\rho_{A_1}}{dz} \tag{3.87}$$

A fase 2 será suposta fluida. Admitiremos que ela esteja contida em uma região compreendida entre a fronteira s, que a separa da fase 1, até certa distância δ [veja a Figura (3.6)].

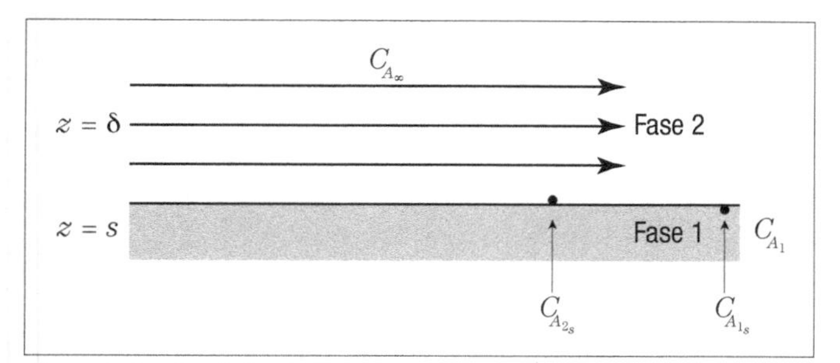

Figura 3.6 – Condição de fluxo convectivo em razão da fase 2.

Consideraremos que nessa região existe também o transporte do soluto até a interface, de tal modo que o seu fluxo possa ser descrito por convecção mássica na forma:

$$N_{A,z} = k_{m_2}(C_{A_{2_s}} - C_{A_{2_\infty}}) \tag{3.88}$$

ou

$$n_{A,z} = k_{m_2}(\rho_{A_{2_s}} - \rho_{A_{2_\infty}}) \tag{3.89}$$

em que "$_{2_s}$" indica concentração de A na fase 2 e contida na interface s. Essa concentração está em equilíbrio termodinâmico com a concentração de A na fase 1 e contida na interface s ou "$_{1_s}$" por intermédio da relação (3.83).

Ao admitirmos que a interface não ofereça resistência à mobilidade do soluto, teremos a continuidade do fluxo de matéria na fronteira considerada, de modo que em $z = s$ tem-se a igualdade dos fluxos (3.86) e (3.88) [ou (3.87) e (3.89)]. Em termos molares:

$$-D_{ef_1}\left.\frac{dC_{A_1}}{dz}\right|_{z=s} = k_{m_2}\left(C_{A_{2_s}} - C_{A_{2_\infty}}\right) \tag{3.90}$$

Note nesta expressão que o soluto está *distribuído* nas fases 1 e 2. Como a equação da continuidade de A é desenvolvida para uma única região de transferência de massa, as condições de contorno devem delimitar essa região. Assim sendo, escreve-se a igualdade (3.90) para uma única fase, como, por exemplo, para a fase 1. Para tanto, substitui-se $C_{A_{2_s}}$ pela concentração (3.83), resultando:

$$-D_{ef_1}\left.\frac{dC_{A_1}}{dz}\right|_{z=s} = k_{m_2}\left(\frac{C_{A_{1_s}}}{K_p} - C_{A_{2_\infty}}\right)$$

a qual é retomada tal como se segue:

$$-D_{ef_1}\left.\frac{dC_{A_1}}{dz}\right|_{z=s} = \frac{k_{m_2}}{K_p}\left(C_{A_{1_s}} - K_p C_{A_{2_\infty}}\right) \tag{3.91}$$

Identificando (3.84) em (3.91) e arrumando o resultado obtido, chega-se a:

$$\left.\frac{dC_{A_1}}{dz}\right|_{z=s} = \frac{k_{m_2}}{D_{ef_1}K_p}\left(C_{A_1}^* - C_{A_{1_s}}\right) \tag{3.92}$$

Ao multiplicarmos a Equação (3.92) pela semiespessura da matriz "s", tem-se como resultado:

$$\left.\frac{dC_{A_1}}{dz'}\right|_{z'=1} = Bi_M\left(C_{A_1}^* - C_{A_{1_s}}\right)$$

em que $z' = z/s$, e

$$Bi_M \equiv \frac{sk_{m_2}}{D_{ef_1}K_p} \tag{3.93}$$

é o número de Biot mássico. Esse número representa a relação entre a resistência interna à difusão de um determinado soluto no meio em que se intenta estudar o fenômeno de transferência de massa e a resistência à convecção mássica associada ao meio externo que envolve o primeiro. O número de Biot mássico, definido pela Equação (3.93), é válido na situação em que o soluto se encontra diluído no meio externo; no caso de ele estar concentrado, a relação de equilíbrio é considerada em separado. O Bi_M nos será de grande valia quando estudarmos fenômenos em regime transiente como os relatados nos Capítulos 5 e 6.

Retomando a Equação (3.92), percebe-se que ela admite o fluxo do soluto de uma fase para outra. Há situações, no entanto, que uma fase ou fronteira é impermeável ao movimento do soluto, acarretando:

$$N_{A,z}\big|_{z=s} = n_{A,z}\big|_{z=s} = 0 \tag{3.94}$$

Como exemplo de aplicação da condição (3.94), suponha que um determinado gás dissolva-se em um líquido contido em um béquer. O gás difundirá no líquido até encontrar o fundo do recipiente. Admitindo que este é feito de um material que não permita a difusão do soluto considerado, o fluxo deste no fundo do béquer será, portanto, nulo.

Exemplo 3.2

Um *pellet* cilíndrico gelatinoso de 2 mm de diâmetro e 20 mm de comprimento, contendo inicialmente 50 (g de sacarose)/(ℓ de gel) é posto subitamente em um tanque no qual há uma solução aquosa que apresenta 8 (g de sacarose)/(ℓ de solução). No tanque há alimentação e retirada lenta e contínua da solução. Admitindo-se que não houve tempo suficiente para o estabelecimento da difusão da sacorose no gel em regime permanente, assim como supondo a influência da convecção mássica externa na difusão da sacarose no interior do gel, pede-se:

a) equação da continuidade mássica da sacarose já simplificada que descreve a sua distribuição de concentração no gel;

b) condições inicial e de contorno.

Solução:

Verificamos do enunciado:

1. O meio difusivo é o *pellet* cilíndrico, o qual apresenta comprimento muito maior do que o raio, o que nos permite supor apenas o fluxo radial.

2. Não há reação química.

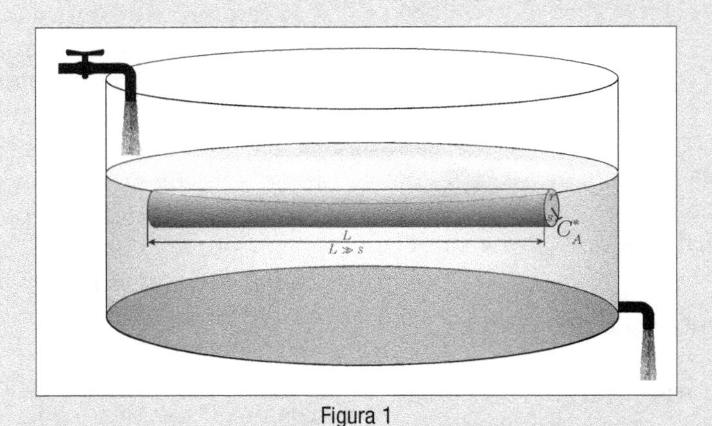

Figura 1

De posse dessas premissas:

I. sem reação química homogênea: $r_A''' = 0$

II. fluxo unidirecional: $\vec{\nabla} \cdot \vec{n}_A = \frac{1}{r}\frac{\partial}{\partial r}\left(r n_{A,r}\right)$

Com tais simplificações, podemos perceber:

1. utilizamos grandezas mássicas, pois a concentração de sacarose assim está especificada;

2. lançamos mão da derivada parcial para o fluxo; isto se deve ao fato de o regime de transporte ser transiente.

Pelo fato de se tratar um *pellet* cilíndrico, dentro do qual se processa o fenômeno de transferência de massa, a equação da continuidade mássica deve ser escrita em coordenadas cilíndricas. Levando as hipóteses na Equação (3.8), temos:

$$\frac{\partial \rho_A}{\partial t} + \frac{1}{r}\frac{\partial}{\partial r}\left(r n_{A,r}\right) = 0 \tag{1}$$

Exemplo 3.2 (*continuação*)

O fluxo mássico da sacarose é obtido da Equação (2.36), depois de considerarmos solução binária na qual se pressupõe a diluição da sacarose.

$$n_{A,r} = -D_{ef}\frac{\partial \rho_A}{\partial r} + w_A\left(n_{A,r} + n_{B,r}\right) \tag{2}$$

Note na Equação (2) que se utilizou D_{ef} no lugar do D_{AB}. Isso é fruto da difusão do soluto no interior do gel. Além disso, podemos supor que qualquer outra influência de mecanismos que ocorram no interior do gel esteja contemplada, também, no D_{ef}.

Deste modo, a Equação (2) reduz-se para:

$$n_{A,r} = -D_{ef}\frac{\partial \rho_A}{\partial r} \tag{3}$$

Considerando que tanto a solução quanto o gel estejam na mesma temperatura, obtemos, após substituir (3) em (1), a seguinte equação da continuidade mássica, que descreverá as diversas distribuições de concentração da sacarose no interior do gel ao longo do tempo:

$$\frac{\partial \rho_A}{\partial t} - D_{ef}\frac{1}{r}\frac{\partial}{\partial r}\left(r\frac{\partial \rho_A}{\partial r}\right) = 0 \tag{4}$$

1. Condição inicial – observe o segmento da seguinte frase no enunciado deste exemplo: "[...] *contendo inicialmente 50 (g de sacarose)/(ℓ de gel/*[...]". Isso indica que o gel continha sacarose antes do experimento e, portanto, existe a informação sobre a concentração do soluto logo no início do fenômeno. Assim: para $t = 0$ (admitindo que a sacarose esteja distribuída uniformemente no gel):

$\rho_A = \rho_{A_0} = 50$ (g de sacarose)/(ℓ de gel).

2. Condições de contorno – note que, ao contrário do exemplo (3.1), a Equação (4) descreve a variação de concentração da sacarose (A) dentro do *pellet* e não na solução. Portanto, devemos impor condições de contorno para o gel.

I) no centro do cilindro: $r = 0$. Aqui sempre haverá um valor conhecido para a concentração de sacarose, o que nos permite escrever:

$\lim\limits_{r\to 0} \rho_A =$ valor finito

II) na superfície do cilindro: $r = s$. Como foi considerada a importância da convecção mássica externa temos, de imediato, a aplicação da Equação (3.93), só que escrita em termos mássicos.

$$\left.\frac{\partial \rho_{A_1}}{\partial r}\right|_{r=s} = \frac{k_{m_2}}{D_{ef_1}K_p}\left(\rho^*_{A_1} - \rho_{A_{1_s}}\right) \tag{5}$$

Os subscritos 1 e 2 indicam, respectivamente, fase gel e fase líquida.

Leia novamente o enunciado deste exemplo. O que fazemos com a informação: "[...] *há uma solução aquosa que apresenta 8 (g de sacarose)/(ℓ de solução)*[...]"? Isso nos possibilita expressar uma relação de equilíbrio desta concentração com aquela no interior do gel segundo a Equação (3.84), que, retomada em termos mássicos, fica:

$$\rho^*_{A_1} = K_p\rho_{A_{2\infty}} \tag{6}$$

Para que possamos conhecer a concentração de referência no interior do gel $\rho^*_{A_1}$, torna-se necessária a informação sobre o coeficiente de partição K_p. Saliente-se que a igualdade (6) só é possível se considerarmos a diluição infinita da sacarose na solução.

3.5.3 Reação química conhecida

Aqui se distinguem dois tipos básicos de reações químicas:

I. *Reação homogênea*: a reação química ocorre em toda a solução, ou seja, em todos os pontos do elemento de volume representado na Figura (3.1) e, por extensão, em todo o meio onde ocorre o transporte de A. Neste caso a descrição da reação química aparece diretamente como termo da equação da continuidade molar ou mássica de A por intermédio de R_A''' ou r_A''', respectivamente.

II. *Reação heterogênea*: a reação química ocorre na superfície de uma partícula, a qual é considerada uma fronteira à região em que há o transporte do soluto. Aqui, o termo reacional aparecerá como condição de contorno e não na equação diferencial que rege o processo de transferência de massa. Contudo, na situação em que houver difusão intraparticular acompanhada de reação química nos sítios ativos de um dado catalisador, o termo reacional aparecerá na equação da continuidade de A tal qual nas reações homogêneas, e o sistema considerado será dito pseudo-homogêneo.

A taxa de produção (ou desaparecimento) de determinada espécie química, presente na solução, está associada com a reação que pode ocorrer durante o transporte do soluto. O mecanismo da reação foge do escopo deste livro. No nosso caso, admitiremos que as reações químicas sejam descritas por funções simples (irreversível, ordem zero, primeira ou pseudoprimeira ordem). Se a espécie A vier a ser gerada por uma reação de primeira ordem e estiver orientada no sentido do fluxo de matéria, o seu fluxo de produção será:

$$R_A'' = N_{A,z}\big|_{z=s} = k_s C_{A_{2s}} \tag{3.95}$$

Observe na Equação (3.95) a notação do termo reacional. Nele, há o sobrescrito (″), indicando a reação na superfície; lembrando que aquela que se processa no meio difusivo, portanto, dentro do elemento de volume, é representada por (‴).

Considerando reação química na superfície ou em áreas restritas de um sólido poroso e que, em razão da continuidade do fluxo de matéria, o soluto difunda pela matriz, teremos na fronteira s a igualdade entre os fluxos (3.86) e (3.95) de acordo com:

$$-D_{ef_1} \left.\frac{dC_{A_1}}{dz}\right|_{z=s} = k_s C_{A_{2s}} \tag{3.96}$$

Utilizando-se o coeficiente de partição, definição (3.83), na Equação (3.96) e rearranjando o resultado obtido:

$$\left.\frac{dC_{A_1}}{dz}\right|_{z=s} = -\frac{k_s}{D_{ef_1} K_p} C_{A_{1s}} \tag{3.97}$$

No caso de o soluto ser consumido por uma reação irreversível de primeira ordem, a Equação (3.96) é reescrita como:

$$\left.\frac{dC_{A_1}}{dz}\right|_{z=s} = \frac{k_s}{D_{ef_1} K_p} C_{A_{1s}} \tag{3.98}$$

A diferença básica entre as condições (3.95) e (3.97) [ou (3.98)] é que a primeira está associada à difusão do soluto no meio que envolve uma partícula catalítica até a superfície desta. A segunda, por sua vez, está relacionada à difusão do soluto no interior de uma matriz catalítica. Nesse caso, além da condição de fronteira (3.97) [ou (3.98)], haverá a presença de um termo reacional na equação da continuidade que governa a difusão do soluto A.

Exemplo 3.3

A queima do grafite (carbono puro) no ar seco pode ser descrita por meio das seguintes etapas:

1. O oxigênio difunde por meio de uma película de ar que envolve a partícula de grafite até atingir a superfície do sólido.

2. Há o contato do O_2 com a superfície do grafite, proporcionando a seguinte reação:

$$C(s) + \underbrace{O_2(g) + N_2(g)}_{\text{ar}} \rightarrow CO_2(g) + N_2(g) \tag{1}$$

que é descrita pela reação irreversível de primeira ordem:

$$R_{O_2}'' = -k_s C y_{O_2} \tag{2}$$

Exemplo 3.3 (*continuação*)

Difusão do CO_2, como produto da reação, da superfície do grafite para a película de ar.

Admitindo que a partícula de grafite tenha a forma esférica, deseja-se obter a equação da continuidade molar que descreve a distribuição da fração molar de O_2 no ar, assim como as condições de contorno.

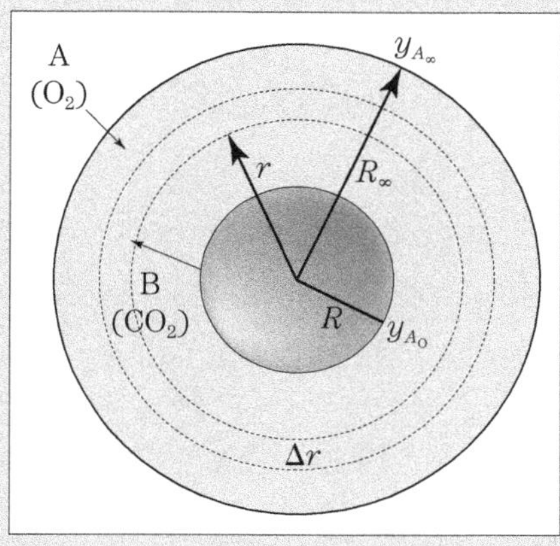

Figura 1

Solução:

Escrever sempre a equação da continuidade de A (molar ou mássica). Como o meio em que o fenômeno ocorre é gasoso, recomenda-se trabalhar com grandezas molares. Da Equação (3.21):

$$\frac{\partial C_A}{\partial t} + \vec{\nabla} \cdot \vec{N}_A = R'''_A \tag{3}$$

Visto a partícula de grafite ser esférica e admitindo que a espessura do filme que a recobre venha a ser da mesma ordem de grandeza do que o diâmetro do sólido, podemos supor que o meio difusivo que cerca o grafite tenha a configuração esférica. Por consequência, a equação a ser utilizada é a Equação (3.24).

$$\frac{\partial C_{O_2}}{\partial t} + \left[\frac{1}{r^2}\frac{\partial}{\partial r}\left(r^2 N_{O_2,r}\right) + \frac{1}{r\ \text{sen}\theta}\frac{\partial}{\partial \theta}\left(N_{O_2,\theta}\text{sen}\theta\right) + \frac{1}{r\ \text{sen}\theta}\frac{\partial N_{O_2,\phi}}{\partial \phi}\right] = R'''_{O_2} \tag{4}$$

Hipóteses:

I. regime permanente:

$$\frac{\partial C_{O_2}}{\partial t} = 0$$

II. fluxo radial:

$$\vec{\nabla} \cdot \vec{N}_{O_2} = \frac{1}{r^2}\frac{\partial}{\partial r}\left(r^2 N_{O_2,r}\right)$$

III. o meio difusivo não é reacional:

$$R'''_{O_2} = 0$$

A Equação (4) reduz-se para:

$$\frac{d}{dr}\left(r^2 N_{O_2,r}\right) = 0 \tag{5}$$

Exemplo 3.3 (*continuação*)

Analogamente aos exemplos (3.1) e (3.2) devemos, nesta etapa, estabelecer a expressão para o fluxo do soluto. Da Equação (2.37), depois de substituir nela r no lugar de z:

$$N_{O_2,r} = -CD_{O_2,ar}\frac{dy_{O_2}}{dr} + y_{O_2}\left(N_{O_2,r} + N_{CO_2,r} + N_{N_2,r}\right) \tag{6}$$

Atente para as seguintes observações referentes à Equação (6):

I. o O_2 difunde no *ar* e, por isso, aparece $D_{O_{2,ar}}$ no termo difusivo;

II. o fluxo líquido de N_2 é nulo, pois se trata de um gás inerte;

III. o grafite é sólido e não apresenta fluxo de matéria; ele não *flui* no ar;

IV. os coeficientes estequiométricos do O_2 e do CO_2 são iguais a *um*.

Deduzimos, das etapas (1) e (3) que descrevem o fenômeno em questão, que os gases O_2 e CO_2 movem-se em sentido contrário, um em relação a outro. A relação entre os fluxos de tais espécies obedecerá à estequiometria da Equação (1)*.

$$N_{O_2,r} = -N_{CO_2,r} \tag{7}$$

Levando (7) em (6):

$$N_{O_2,r} = -CD_{O_2,ar}\frac{dy_{O_2}}{dr} \tag{8}$$

Obtém-se a distribuição de fração molar de O_2 no filme de ar depois de substituir (8) em (5):

$$\frac{d}{dr}\left(CD_{O_2,ar}r^2\frac{dy_{O_2}}{dr}\right) = 0 \tag{9}$$

Se considerarmos o sistema a temperatura e pressão constantes, a Equação (9) reduz-se para:

$$\frac{d}{dr}\left(r^2\frac{dy_{O_2}}{dr}\right) = 0 \tag{10}$$

Condições de contorno – tais condições delimitam o meio difusivo que, neste exemplo, é o ar. A região de transferência de massa estende-se da superfície da partícula, $r = R$, a uma distância suficientemente longa do corpo de prova, $r \to \infty$. Essas duas fronteiras são os contornos nos quais devemos especificar as frações molares de O_2.

a) Em $r \to \infty$ há uma fração molar conhecida de oxigênio. Supondo que o ar seco é constituído de uma mistura binária de 21% de O_2 e 79% de N_2, a fração molar do soluto é 0,21. Desse modo:

em $r \to \infty$; $y_{O_2} = 0{,}21$.

b) Na superfície da partícula de grafite, $r = R$, existe a reação química heterogênea dada pela Equação (2). Admitindo que o fluxo de matéria na superfície decorre dessa reação, podemos escrever:

$$R''_{O_2} = N_{O_2,r} = -k_s C y_{O_2}$$

permitindo-nos estabelecer:

em $r = R$; $y_{O_2} = -N_{O_2,R}/k_s C$. O sinal negativo para o fluxo indica a contradifusão do oxigênio.

* Maiores detalhes sobre tal relação estequiométrica serão fornecidos no item 6.2.1.

3.6 CONSIDERAÇÕES FINAIS

Os capítulos subsequentes destinam-se, além da compreensão física de um determinado fenômeno de transferência de massa, à solução de equações similares às apresentadas nos exemplos (3.1), (3.2) e (3.3). Qualquer que seja a situação, lembre-se de que existem basicamente duas equações: a da continuidade de A e a do seu fluxo global, que em grandezas molares são, respectivamente:

$$\frac{\partial C_A}{\partial t} + \vec{\nabla} \cdot \vec{N}_A = R_A''' \tag{3.21}$$

$$\vec{N}_A = -CD_{AB}\vec{\nabla} y_A + y_A(\vec{N}_A + \vec{N}_B) \tag{2.29}$$

Não há como fugir delas!!

Reflita sobre as seguintes sugestões, que ajudarão quando você estiver diante de um exercício análogo aos exemplos apresentados neste capítulo e de outros que encontrar no caminho:

1. Leia com atenção o que está sendo solicitado.
2. O regime de transporte é permanente ou transiente? Há acúmulo de matéria?
3. Identifique o meio em que ocorre o fenômeno e a sua geometria. (Qual o tipo de coordenada: cartesiana ou polar?)
4. O meio é reacional? (O termo de reação aparece na equação da continuidade do soluto ou como condição de contorno?)
5. O fluxo é multidirecional? (Sistema unidimensional?)
6. Como é esse fluxo? (Qual o tipo de coordenada?)
7. O termo difusivo presente no fluxo é importante?
8. O termo convectivo presente no fluxo é importante?
9. Existe alguma informação sobre a relação entre o fluxo de A e de B? (Para uma mistura binária!)
10. O fluxo líquido de B é nulo? Por quê?
11. Estabeleça as condições de contorno e inicial adequadas.
12. Divirta-se.

EXERCÍCIOS

Conceitos

1. Qual é a importância do conhecimento das equações diferenciais no estudo da transferência de massa?
2. Interprete fisicamente:

   a) $\frac{\partial \rho_A}{\partial t} \neq \frac{D\rho_A}{Dt}$;

   b) $\vec{\nabla} \cdot \vec{v} = 0$;

   c) $\frac{\partial C_A}{\partial t} + \vec{\nabla} \cdot \left[C_A\vec{V}\right] = D_{AB}\nabla^2 C_A$

3. Considere o seguinte enunciado:

   ...mas em qual situação, em se tratando de regime transiente, utiliza-se a derivada parcial ou a substantiva? Lembre-se de que a diferença entre elas está na presença da contribuição convectiva, ou seja, na ação do movimento do meio no transporte do soluto. Para ilustrar essa diferença, tome duas piscinas de mesmas dimensões: uma de água e outra de água salgada. Pois bem, faça dois barquinhos de papel e os coloque nas piscinas. Admita que uma brisa escoe sobre as superfícies das piscinas. Qual dos barquinhos se movimentará melhor? Aquele que estiver contido na piscina de água, pois a brisa atua no movimento da água pura com mais intensidade do que na água salobra, e essa intensidade, traduzida em movimento, é transferida para o barquinho. Note: a diferença entre as duas piscinas está na concentração de sal. Conforme se aumenta essa concentração, eleva-se a resistência ao movimento do meio. Conclui-se que a derivada parcial é utilizada quando se trabalha, por exemplo, com soluções líquidas concentradas, em contrapartida da derivada substantiva, que é aplicada em soluções líquidas diluídas.

   Pergunta-se:

   a) Esta ilustração exemplifica a diferença entre as derivadas substantiva e parcial? Justifique.

   b) Como fica esta ilustração quando temos a difusão de um líquido altamente viscoso diluído em um líquido com viscosidade baixa?

4. Discorra sobre a segunda lei de Fick. Por que aparece $\partial/\partial t$ em vez de D/Dt?
5. Comente as condições de contorno normalmente encontradas nos problemas de transferência de massa.

Cálculos

1. Escreva as equações da continuidade mássica de A em coordenadas cilíndricas e esféricas para o soluto A em termos da derivada substantiva, considerando ρ e D_{AB} constantes.

   Escreva a equação da continuidade de A e as condições de contorno, assim como as considerações simplificadoras para as seguintes situações:

2. Monóxido de carbono difunde-se através de uma película estagnada de ar seco de 0,05 cm de profundidade em um capilar que contém ácido sulfúrico. Ao atingi-lo, o CO é absorvido instantaneamente. A concentração de CO na boca do capilar é 3% em mol.
3. Uma esfera de naftaleno está sujeita a sublimação em ar seco estagnado a 1 atm e 72 °C. Sabe-se que a pressão de vapor do naftaleno pode ser calculada por:

   $$\log P_A^{vap} = 10{,}56 - \frac{3.472}{T}$$

   $$[T] \equiv K \quad \text{e} \quad [P_A] \equiv \text{mmHg}$$

4. Uma gota de água é suspensa em um ambiente que contém ar seco e estagnado a 25 °C e 1 atm. Nessas temperatura e pressão, a pressão de vapor da água é 22 mmHg.
5. Secou-se, em batelada, 5 kg de arroz em casca em um secador em camada delgada, com ar de secagem a 40 °C e 1 atm. Suponha conhecidas a umidade do ar e a pressão do vapor da água nesta temperatura e pressão. Quanto à forma do arroz, admita as seguintes situações:
   a) um cilindro infinito de diâmetro igual a 0,37 cm;
   b) uma esfera de diâmetro igual a 0,37 cm;
   c) um cilindro de diâmetro igual a 0,09 cm e comprimento igual a 0,27 cm.
6. Uma corrente gasosa contendo certo reagente entra em contato com um cubo de 1 cm^3, que está sobre uma mesa. Assim que o reagente toca o cubo, ocorre uma reação em todas as faces do cubo, gerando em cada qual uma concentração ρ_A, exceto na face que está sobre a mesa, em que a concentração de A é nula.
7. O composto N é consumido na superfície de uma lâmina segundo a cinética $M \rightarrow 4\,N$, para a qual se considera de pseudoprimeira ordem. O composto N faz parte de uma mistura gasosa junto com M e está presente em 10% (mol) em um filme de espessura δ que envolve a partícula.
8. Um gás A difunde-se através de um filme gasoso estagnado de espessura δ, que envolve um catalisador esférico de raio R. Na medida em que A difunde, ele se decompõe segundo a reação de primeira ordem $A \rightarrow B$. Ao atingir a superfície catalítica, ocorre uma reação descrita também por $A \rightarrow B$. Considere que se conheça a concentração de A a uma distância δ do raio da esfera e admita que B contradifunde em relação a A.
9. Refaça o exercício anterior, considerando que:
   a) o catalisador apresenta-se na forma de uma placa plana infinita;
   b) o catalisador apresenta-se na forma de um cilindro infinito.
10. As paredes de um duto cilíndrico fixo de diâmetro D estão molhadas por uma fina película de um líquido volátil A, cuja pressão de vapor é P_A^{vap}. Ar seco entra em movimento espiralado pelo duto com velocidade radial $u = -C(r^{3/2}/z)$ e axial igual a $w = 10u$. Admita toda variação axial desprezível em face da radial.

BIBLIOGRAFIA

BIRD, R. B.; STEWART, W. G.; LIGHFOOT, E. N. *Transport phenomena*. New York: John Wiley, 1960.

FREIRE, J. T.; GUBULIN, J. C. *Tópicos especiais de sistemas particulados*, v. 2. São Carlos: Editora da UFSCar, 1986.

GEANKOPLIS, C. J. *Mass transport phenomena*. New York: Holt, Rinehart and Winston, Inc., 1972.

GUBULIN, J. C. Transferência de massa em sistemas particulados: aplicações a produção de etanol em reatores de leito fixo contendo células imobilizadas. In: FREIRE, J. T.; GUBULIN, J. C. (eds.). *Tópicos especiais de sistemas particulados*, v. 2. São Carlos: Editora da UFSCar, 1986. p. 193.

HINES, A. L.; MADDOX, R. N. *Mass transfer*: fundamentals and applications. Englewood Cliffs: Prentice-Hall, 1985.

REID, R. C.; PRAUSNITZ, J. M.; SHERWOOD, T. K. *The properties of gases & liquids*. 3. ed. New York: McGraw-Hill, 1977.

SKELLAND, A. H. P. *Diffusional mass transfer*. New York: John Wiley, 1974.

WELTY, J. R.; WILSON, K. E.; WICKS, E. *Fundamentals of momentum, heat and mass transfer*. 3. ed. New York: John Wiley, 1984.

NOMENCLATURA

C	concentração molar da mistura, Equação (3.26);	$[mol{\cdot}L^{-3}]$
C_i	concentração molar da espécie i;	$[mol{\cdot}L^{-3}]$
D_{AB}	coeficiente de difusão do soluto A no meio B, Equação (3.36);	$[L^2{\cdot}T^{-1}]$
D_{ef}	coeficiente efetivo de difusão do soluto A, Equação (3.86);	$[L^2{\cdot}T^{-1}]$
H	constante de Henry, Equação (3.80);	$[F{\cdot}L^{-2}]$
$\vec{j}_A$	contribuição difusiva ao fluxo global de A, Equação (3.27);	$[M{\cdot}L^{-2}{\cdot}T^{-1}]$
$\vec{j}_A^c$	contribuição convectiva ao fluxo global de A, Equação (3.27);	$[M{\cdot}L^{-2}{\cdot}T^{-1}]$
k_{m_2}	coeficiente convectivo de transferência de massa da fase 2, Equação (3.88);	$[L{\cdot}T^{-1}]$
K_p	coeficiente de partição, Equação (3.83);	$[mol{\cdot}mol^{-1}]$ ou $[M{\cdot}M^{-1}]$
k_s	parâmetro relacionado à cinética da reação heterogênea, Equação (3.94);	$[L{\cdot}T^{-1}]$
m	constante de Henry modificada, Equação (3.81);	adimensional
m'	constante de Henry modificada, Equação(3.82);	$[F{\cdot}L{\cdot}mol^{-1}]$
$\vec{n}$	fluxo mássico global da mistura referenciado a eixos estacionários, vetorial, Equação (3.14);	$[M{\cdot}L^{-2}{\cdot}T^{-1}]$
$n_{A,i}$	fluxo mássico global de A, referenciado a eixos estacionários $i = x$, y ou z Equação (3.4);	$[M{\cdot}L^{-2}{\cdot}T^{-1}]$
$n_{A,z}\vert_{z=s}$	fluxo mássico de A devido ao fenômeno de convecção na superfície s, Equação (3.87);	$[M{\cdot}L^{-2}{\cdot}T^{-1}]$
$N_{A,z}\vert_{z=s}$	fluxo mássico de A devido ao fenômeno de convecção na superfície s, Equação (3.86);	$[mol{\cdot}L^{-2}{\cdot}T^{-1}]$
P_A	pressão parcial da espécie A, Equação (3.75);	$[F{\cdot}L^{-2}]$
P_A^{vap}	pressão de vapor da espécie A, Equação (3.76);	$[F{\cdot}L^{-2}]$
r_i'''	termo reacional mássico de produção ou consumo da espécie i;	$[M{\cdot}L^{-3}{\cdot}T^{-1}]$
R_i'''	termo reacional molar de produção ou consumo da espécie i;	$[mol{\cdot}L^{-3}{\cdot}T^{-1}]$
t	tempo;	$[T]$

$\vec{v}$	velocidade média mássica da mistura ou da solução, vetorial, Equação (3.15);	$[L \cdot T^{-1}]$
$\vec{v}_i$	velocidade da espécie i, vetorial;	$[L \cdot T^{-1}]$
$\vec{V}$	velocidade média molar da mistura ou da solução, vetorial, Equação (3.26);	$[L \cdot T^{-1}]$
x_A	fração molar na fase líquida da espécie A, Equação (3.73);	adimensional
y_A	fração molar na fase gasosa, da espécie A, Equação (3.74);	adimensional
z	direção espacial.	[L]

Letras gregas

ρ	concentração mássica da solução, Equação (3.14);	$[M \cdot L^{-3}]$
ρ_i	concentração mássica da espécie i.	$[M \cdot L^{-3}]$

Subscritos

A	espécie química A
B	espécie química B
0	inicial
x,y,z	coordenadas retangulares, Tabela (3.1)
r,θ,z	coordenadas cilíndricas, Tabela (3.1)
r,θ,ϕ	coordenadas esféricas, Tabela (3.1)
s	interface; fronteira; superfície
x	direção x (entrada)
$x+\Delta x$	direção x (saída)
y	direção y (entrada)
$y+\Delta y$	direção y (saída)
z	direção z (entrada)
$z+\Delta z$	direção z (saída)
∞	longe da fronteira s ou no seio de uma determinada fase
1	interface, interfase, fronteira, contorno 1
2	interface, interfase, fronteira, contorno 2

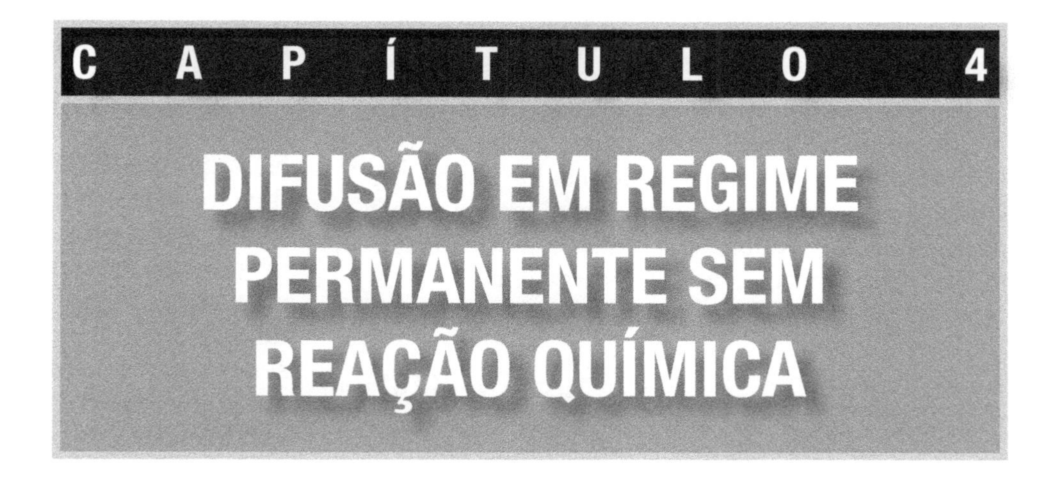

CAPÍTULO 4

DIFUSÃO EM REGIME PERMANENTE SEM REAÇÃO QUÍMICA

4.1 CONSIDERAÇÕES A RESPEITO

Considere uma sala ampla contendo ar seco a 1 atm e 25 °C. Coloque no centro da sala uma mesa que sustenta um capilar semipreenchido com água e, separadamente, um tubo cilíndrico transparente, contendo no seu centro um arame que prende uma esfera de naftaleno, como ilustra a Figura (4.1a). O ar está estagnado tanto no interior do capilar quanto no do tubo. A região considerada para o fenômeno de transferência de matéria é o ar estagnado, Figura (4.1b).

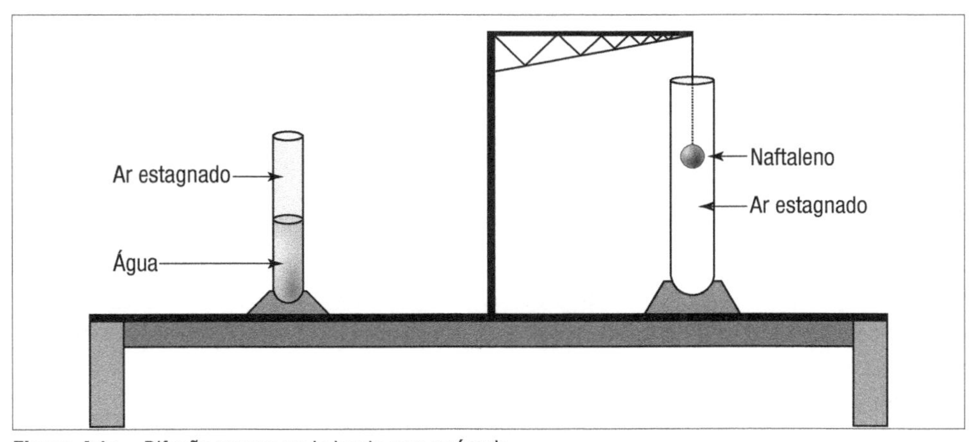

Figura 4.1a – Difusão em um meio inerte sem acúmulo.

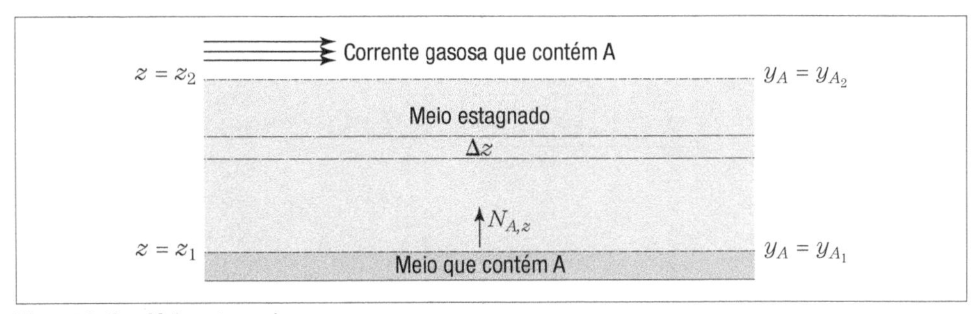

Figura 4.1b – Meio estagnado.

As distribuições de concentração dos vapores de água e de naftaleno no ar estagnado serão descritas, em termos molares, pela Equação (3.21). Tendo-se em vista que o ar é inerte, ou seja, durante a evaporação e a sublimação não há geração ou consumo de matéria, o termo reacional presente nessa equação é nulo, como é nulo o termo de acúmulo: regime permanente. Dessa maneira, retomamos a Equação (3.21) segundo:

$$\underbrace{\frac{\partial C_A}{\partial t}}_{\to 0} + \vec{\nabla} \cdot \vec{N}_A = \underbrace{R_A'''}_{\to 0} \quad (3.21)$$

ou

$$\vec{\nabla} \cdot \vec{N}_A = 0 \quad (4.1)$$

Análise semelhante é realizada em termos mássicos. Da Equação (3.6):

$$\frac{\partial \rho_A}{\partial t} + \vec{\nabla} \cdot \vec{n}_A = r_A''' \quad (3.6)$$

ou

$$\vec{\nabla} \cdot \vec{n}_A = 0 \quad (4.2)$$

Este capítulo destina-se a estudar alguns fenômenos físicos da difusão em fluidos estagnados, matrizes porosas ou densas (como as membranas amorfas), cuja distribuição de concentração do difundente advém da Equação (4.1) ou da Equação (4.2). Tendo em vista a característica do meio de transporte, o fluxo global de matéria é governado pela contribuição difusiva.

Como exemplo da predominância da difusão, suponha a evaporação de um soluto de pressão de vapor elevada em um meio gasoso estagnado. A contribuição convectiva aparecerá pelo simples fato de a difusão (movimento) do soluto induzir o movimento da mistura. Esse efeito é cada vez mais pronunciado quanto maior for a pressão de vapor do soluto. Se retomarmos a Equação (2.29), podemos sintetizar este parágrafo da seguinte maneira:

$$\underbrace{N_{A,z}}_{\text{efeito}} = -CD_{AB} \overbrace{\frac{dy_A}{dz}}^{\leftarrow \text{causa}} \underset{\text{causa} \to}{\pm} \underbrace{\overbrace{y_A\left(N_{A,z} + N_{B,z}\right)}^{\leftarrow \text{causa}}}_{\text{efeito}} \quad (2.29)$$

4.2 DIFUSÃO UNIDIMENSIONAL EM REGIME PERMANENTE

Notamos nas Tabelas (3.1) e (3.2) a presença dos fluxos mássico e molar de A, respectivamente, em todas as direções. Em algumas situações, como a evaporação da água no interior do capilar representado na Figura (4.1a), o fluxo do soluto (vapor de água) em duas direções é pequeno a ponto de ser desprezível em face de uma terceira. Os resultados imediatos desta hipótese, tendo como base as Tabelas (3.1) e (3.2), estão apresentados nas Tabelas (4.1) e (4.2).

Tabela 4.1 – Equações da continuidade para a espécie *A* em termos do seu fluxo unidimensional absoluto mássico

Coordenada retangular: $\frac{d}{dz} n_{A,z} = 0$	(4.3)
Coordenada cilíndrica: $\frac{d}{dr}\left(r n_{A,r}\right) = 0$	(4.4)
Coordenada esférica: $\frac{d}{dr}\left(r^2 n_{A,r}\right) = 0$	(4.5)

Tabela 4.2 – Equações da continuidade para a espécie *A* em termos do seu fluxo unidimensional absoluto molar

Coordenada retangular: $\frac{d}{dz} N_{A,z} = 0$	(4.6)
Coordenada cilíndrica: $\frac{d}{dr}\left(r N_{A,r}\right) = 0$	(4.7)
Coordenada esférica: $\frac{d}{dr}\left(r^2 N_{A,r}\right) = 0$	(4.8)

As Equações (4.3) e (4.6) apontam o fluxo de matéria constante: $n_{A,z}$ = cte e $N_{A,z}$ = cte. O restante das equações, presentes nas Tabelas (4.1) e (4.2), mostram que a *taxa* de matéria é que vem a ser constante. No caso da coordenada cilíndrica para o fluxo mássico, $rn_{A,r}$ = cte. Se multiplicarmos esta constante por $(2\pi L)$, teremos $(2\pi rL)\, n_{A,r}$ = cte. O termo $(2\pi RL)$ é a área superficial de uma região cilíndrica. Essa área é normal ao fluxo considerado e (área)(fluxo) = taxa. Assim sendo:

$$W_A = (\text{área})(\text{fluxo}) \quad (4.9)$$

Análise semelhante é realizada para a coordenada esférica. A Equação (4.5) fica, depois de integrada, $r^2 n_{A,r}$ = cte. Ao multiplicarmos esta constante por 4π, obtemos $(4\pi r^2) n_{A,r}$ = cte. Observe o termo $(4\pi r^2)$: ele representa a área superficial de uma região esférica que, por sua vez, é normal ao fluxo do difundente. A taxa de matéria, neste caso, também é posta de acordo com a definição (4.9).

Seja qual for o sistema de coordenadas, as equações presentes nas Tabelas (4.1) e (4.2) carecem de informações sobre o fluxo de matéria. Tais informações, para mistura binária, estão contidas nas Equações (2.37) e (2.38) em termos molares e (2.39) em base mássica. Lembrando que, nessas equações, quando trabalharmos com as coordenadas cilíndricas e esféricas, deveremos substituir o subscrito z por r.

4.2.1 Difusão em regime permanente através de filme gasoso inerte e estagnado

Distribuição de concentração de *A*

Imagine um capilar de 10 cm contendo 1 cm de água, conforme representado na Figura (4.2).

O capilar é posto em um ambiente onde há pouca ventilação. Admite-se que o ar seco no interior do capilar esteja estagnado e que o seu fluxo líquido global seja nulo ou $N_{B,z} = 0$. A equação da continuidade molar (4.6) rege a distribuição de concentração do vapor de água no meio estagnado. O fluxo global molar da espécie A, referenciado a um eixo estacionário, por sua vez, advém da Equação (2.37):

$$N_{A,z} = -CD_{AB}\frac{dy_A}{dz} + y_A\left(N_{A,z} + N_{B,z}\right) \qquad (2.37)$$

Como $N_{B,z} = 0$, a Equação (2.37) fica:

$$N_{A,z} = -\frac{CD_{AB}}{1-y_A}\frac{dy_A}{dz} \qquad (4.10)$$

Substituindo a Equação (4.10) na Equação (4.6), tem-se:

$$\frac{d}{dz}\left(-\frac{CD_{AB}}{1-y_A}\frac{dy_A}{dz}\right) = 0 \qquad (4.11)$$

Considerando o meio em que há o transporte como uma mistura gasosa ideal com temperatura e pressão constantes, a concentração total da mistura também o será. Admitindo difusão ordinária, na qual o D_{AB} independe da concentração do soluto, retoma-se a Equação (4.11) segundo:

$$\frac{d}{dz}\left(\frac{1}{1-y_A}\frac{dy_A}{dz}\right) = 0 \qquad (4.12)$$

que está sujeita às condições de contorno [observe a Figura (4.2)]:

$$\text{C.C.1: } z = z_1; \quad y_A = y_{A_1}$$
$$\text{C.C.2: } z = z_2; \quad y_A = y_{A_2} \qquad (4.13)$$

Integrando a Equação (4.12) duas vezes:

$$-\ln(1 - y_A) = C_1 z + C_2 \qquad (4.14)$$

Aplicando as condições de contorno (4.13) na Equação (4.14):

$$\left(\frac{1-y_A}{1-y_{A_1}}\right) = \left(\frac{1-y_{A_2}}{1-y_{A_1}}\right)^{\frac{z-z_1}{z_2-z_1}} \qquad (4.15)$$

A distribuição de fração molar de A dada pela Equação (4.15) está representada na Figura (4.3).

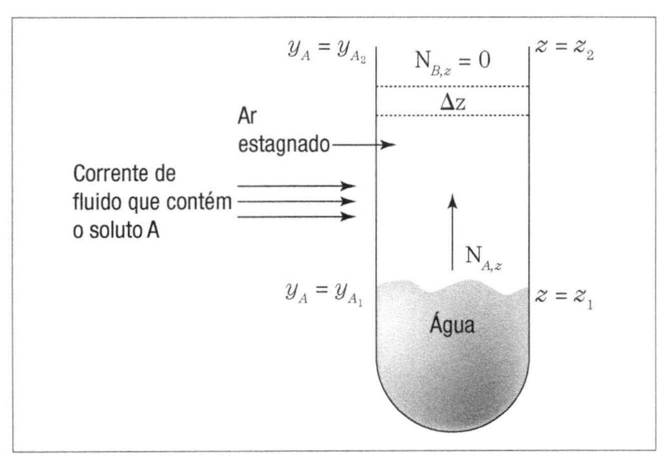

Figura 4.2 – Difusão através de filme gasoso inerte e estagnado.

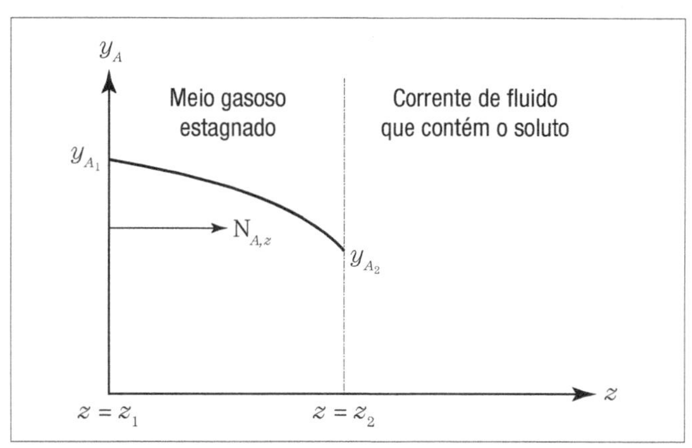

Figura 4.3 – Distribuição de fração molar de *A* decorrente da sua difusão em regime permanente.

Como se trata de mistura binária: $y_A + y_B = 1$, isso nos permite retomar a Equação (4.15) como:

$$\left(\frac{y_B}{y_{B_1}}\right)=\left(\frac{y_{B_2}}{y_{B_1}}\right)^{\frac{z-z_1}{z_2-z_1}} \quad (4.16)$$

Olhando para a Equação (4.16), cabem as questões:

1. *Como pode haver distribuição de fração molar de B, se o seu fluxo global é nulo?* Ao levantar essa questão, não é difícil aparecer outra:

2. *Como pode haver a contribuição convectiva na Equação (2.37) se o meio relativo à transferência de massa está estagnado?*

Para analisar a primeira questão, deve-se recorrer à segunda. É bom estar alerta para o fato de que, na medida em que se constata a difusão de A, o meio estagnado passa a conter a espécie A. A contribuição convectiva surge em razão da presença do gradiente de concentração de A (veja a Equação (2.29) apresentada logo no início deste capítulo). Isso se torna mais evidente no caso da difusão em gases leves, pois o meio em que ocorre o fenômeno é diáfano, facilmente alterado pelo movimento do soluto. Esse fenômeno difusivo, cujo fluxo está posto segundo $J_{A,z}$, provoca tanto o movimento convectivo de A, com o fluxo $J^c_{A,z}$, quanto o de B, de fluxo igual à $J^c_{B,z}$, Figuras (4.4a) e (4.4b), respectivamente:

Resta-nos analisar a primeira questão. Antes, porém, escreveremos a equação da continuidade molar de B na forma da Equação (4.6).

$$\frac{dN_{B,z}}{dz}=0 \quad (4.17)$$

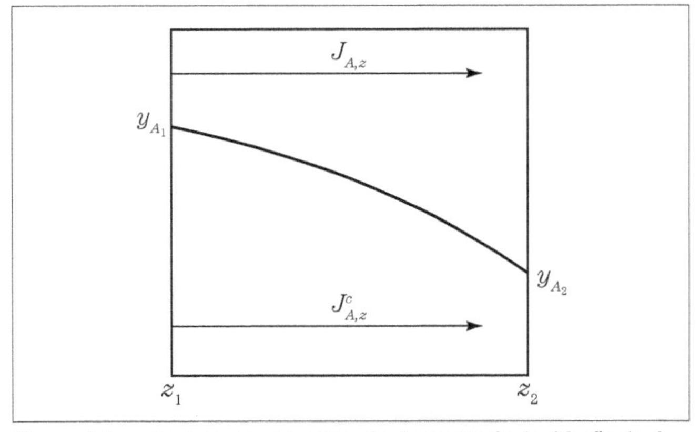

Figura 4.4a – Movimento convectivo de *A* em virtude da difusão de *A*.

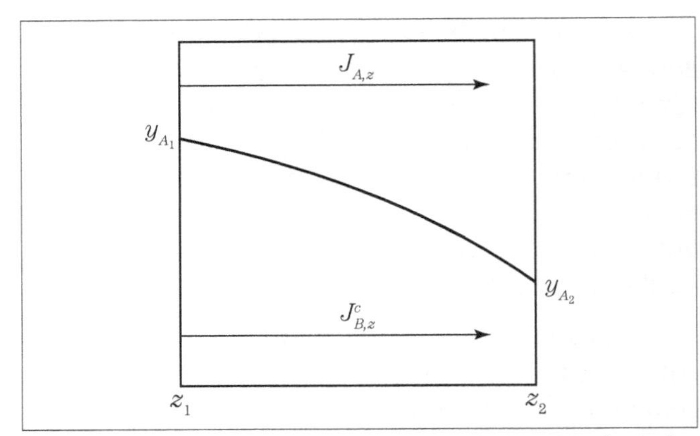

Figura 4.4b – Movimento convectivo de *B* em virtude da difusão de *A*.

em que:

$$N_{B,z} = -CD_{BA}\frac{dy_B}{dz} + y_B\left(N_{A,z}+N_{B,z}\right) \quad (4.18)$$

Para analisar a situação em questão e em virtude de $N_{B,z} = 0$, a Equação (4.18) é posta da seguinte maneira:

$$y_B N_{A,z} = CD_{BA}\frac{dy_B}{dz} \quad (4.19)$$

A Equação (4.19) indica o movimento convectivo de B balanceado pelo seu movimento difusivo, acarretando fluxo global líquido de B nulo. Ainda dessa equação obtém-se o fluxo $N_{A,z}$; ao substituí-lo na Equação (4.6), chega-se à distribuição de fração molar de B, descrito pela Equação (4.16). Este fenômeno está ilustrado na Figura (4.5).

Para reforçar a análise da Equação (4.19), a Equação (4.18) é retomada em termos de velocidades:

$$N_{B,z} = C_B(v_{B,z} - V_z) + C_B V_z \quad (4.20)$$

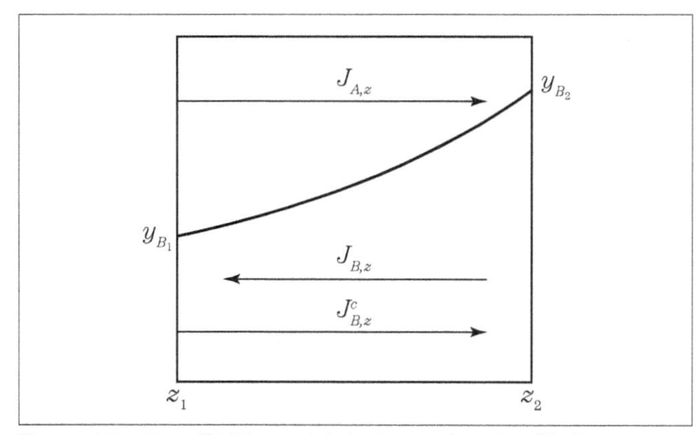

Figura 4.5 – Fluxo líquido em virtude dos movimentos difusivo e convectivo de *B*.

No intuito de satisfazer o critério de o meio ser estagnado, tem-se $N_{B,z} = 0$. Pelo fato de $C_B \neq 0$, evidencia-se na Equação (4.20) que $v_{B,z} = 0$. Por conseguinte:

$$N_{B,z} = -C_B V_z + C_B V_z = 0 \tag{4.21}$$

A Equação (4.21) mostra a existência da contribuição difusiva neste caso na forma $(-C_B V_z)$. O sinal negativo indica fluxo em sentido contrário ao eixo estabelecido à difusão, Figura (4.5). Há de se notar que o movimento convectivo é igual, mas de sinal trocado ao difusivo, tornando nulo o fluxo global líquido de B.

Exemplo 4.1

Obtenha a distribuição de fração molar do dióxido de carbono que difunde em uma película estagnada de ar seco de 1 cm de profundidade a 1 atm e 25 °C. Essa película está em um capilar, o qual contém ácido sulfúrico. O CO_2 é absorvido instantaneamente ao atingir o líquido. A concentração de CO_2 na boca do capilar é 1% em mol.

Solução:

Da Equação (3.21):

$$\frac{\partial C_A}{\partial t} + \vec{\nabla} \cdot \vec{N}_A = R_A''' \tag{1}$$

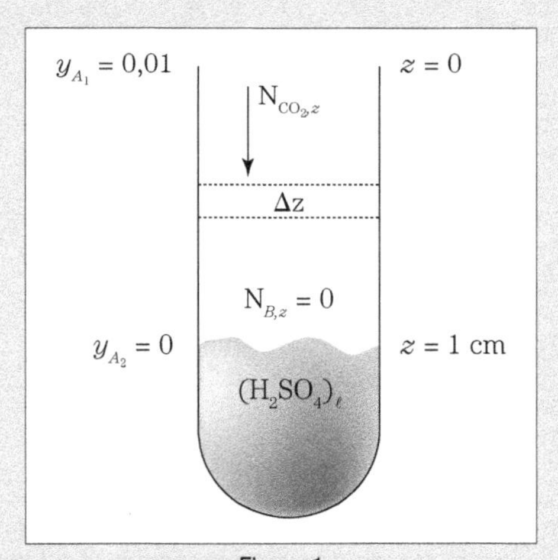

Figura 1
Observe onde está localizado o elemento de volume. Note, ainda, que o sentido do fluxo do soluto está invertido, se comparado com aquele representado na Figura (4.2). Aqui se justifica a inversão, em virtude de o soluto *A* migrar de uma região de alta para outra de menor concentração.

Hipóteses:

I. regime permanente: $\frac{\partial C_A}{\partial t} = 0$

II. sem reação química homogênea: $R_A''' = 0$

III. fluxo unidimensional: $\vec{\nabla} \cdot \vec{N}_A = \frac{dN_{A,z}}{dz}$

Dessa forma:

$$\frac{dN_{A,z}}{dz} = 0 \rightarrow N_{A,z} = \text{cte} \tag{2}$$

Exemplo 4.1

Fluxo global de A:

$$N_{A,z} = -\frac{CD_{AB}}{1-y_A}\frac{dy_A}{dz} \tag{3}$$

Levando (3) em (2):

$$\frac{d}{dz}\left(-\frac{CD_{AB}}{1-y_A}\frac{dy_A}{dz}\right)=0$$

Como T,P = cte → CD_{AB} = cte. Assim:

$$\frac{d}{dz}\left(-\frac{1}{1-y_A}\frac{dy_A}{dz}\right)=0 \tag{4}$$

Depois de integrar (4) duas vezes:

$$\left(\frac{1-y_A}{1-y_{A_1}}\right)=\left(\frac{1-y_{A_2}}{1-y_{A_1}}\right)^{\left(\frac{z-z_1}{z_2-z_1}\right)}$$

ou

$$y_A = 1-\left(1-y_{A_1}\right)\left(\frac{1-y_{A_2}}{1-y_{A_1}}\right)^{\left(\frac{z-z_1}{z_2-z_1}\right)} \tag{5}$$

As condições de contorno são:

Em $z = z_1 = 0 \rightarrow y_A = y_{A_1} = 0{,}01$

Em $z = z_2 = 1$ cm $\rightarrow y_A = y_{A_2} = 0$ (A é absorvido instantaneamente).

Finalmente: $y_A = 1 - 0{,}99\left(\frac{1}{0{,}99}\right)^z$ ou $y_A = 1 - 0{,}99^{(1-z)}$; do qual se constrói a seguinte tabela:

z (cm)	0	0,2	0,4	0,6	0,8	1,0
y_A	0,01	0,008	0,006	0,004	0,002	0,00

Concentração média de A

A concentração média, em termos de fração molar de B, na região representada na Figura (4.2), entre $z = z_1$ e $z = z_2$, é definida como:

$$\overline{y}_B = \frac{\int_v y_B\, dv}{\int_v dv} \tag{4.22}$$

sendo v o volume do meio em que há transferência de massa e, em coordenadas cartesianas, é $v = x.y.z$. Como estamos tratando de fluxo unidirecional em z, a variação do volume será $dv = x.y.dz$, com x e y constantes. Desse modo, a definição (4.22) fica:

$$\overline{y}_B = \frac{\int_z y_B\, dz}{\int_z dz} \tag{4.23}$$

Substituindo a Equação (4.16) na definição (4.23) e denominando $\overline{y}_{B,\text{médio}} = \overline{y}_B$, temos:

$$y_{B,\text{médio}} = y_{B_1}\int_{z_1}^{z_2}\left(y_{B_2}/y_{B_1}\right)^{\psi} dz \bigg/ \int_{z_1}^{z_2} dz \tag{4.24}$$

na qual ψ é um comprimento reduzido, definido por:

$$\psi = \frac{z - z_1}{z_2 - z_1} \tag{4.25}$$

Retomando a Equação (4.24) em função de (4.25):

$$\frac{y_{B,\text{médio}}}{y_{B_1}} = \int_0^1 \left(\frac{y_{B_2}}{y_{B_1}}\right)^{\psi} d\psi \Big/ \int_0^1 d\psi \tag{4.26}$$

e resolvendo as integrais presentes na expressão (4.26):

$$\frac{y_{B,\text{médio}}}{y_{B_1}} = \left(\frac{y_{B_2}}{y_{B_1}}\right)^{\psi} \Big/ \ln\left(\frac{y_{B_2}}{y_{B_1}}\right)\Bigg|_0^1 \tag{4.27}$$

da qual resulta:

$$y_{B,\text{médio}} = \frac{\left(y_{B_2} - y_{B_1}\right)}{\ln\left(y_{B_2}/y_{B1}\right)} \tag{4.28a}$$

Por estarmos considerando a mistura binária, a fração média molar de A é obtida de acordo com a Equação (2.8), aqui retomada como:

$$y_{A,\text{médio}} = 1 - y_{B,\text{médio}} \tag{4.28b}$$

A concentração média molar do soluto A será obtida, depois de considerar a mistura gasosa como ideal, pelo produto entre as Equações (1.21) e (4.28b).

Fluxo de matéria de *A*

O conhecimento do fluxo de matéria é importante na medida em que ele avalia a quantidade de soluto (por unidade de tempo e de área) removida ou adicionada em uma dada fronteira como nos fenômenos de evaporação, condensação, sublimação ou absorção. Na presente situação, o fluxo molar global de A, referenciado a um eixo estacionário, como pode ser visto na Equação (4.6), é constante em qualquer lugar na região de transporte, inclusive na fronteira ou interface considerada. Esse fluxo é obtido da integração da Equação (4.10), considerando nela $y_{A_1} + y_{A_2} = 1$, na forma:

$$N_{A,z} = \left(\frac{CD_{AB}}{y_B}\right)\left(\frac{dy_B}{dz}\right) \tag{4.29}$$

Separando as variáveis e integrando a Equação (4.29):

$$N_{A,z}\int_{z_1}^{z_2} dz = CD_{AB}\int_{y_{B1}}^{y_{B2}} \left(\frac{dy_B}{dz}\right) \tag{4.30}$$

$$N_{A,z} = \left(\frac{CD_{AB}}{z_2 - z_1}\right)\ln\left(\frac{y_{B_2}}{y_{B_1}}\right) \tag{4.31}$$

Substituindo a média logarítmica (4.28) no fluxo (4.31), chega-se a:

$$N_{A,z} = \left(\frac{CD_{AB}}{z_2 - z_1}\right)\left(\frac{y_{B_1} - y_{B_2}}{y_{B,\text{médio}}}\right) \tag{4.32}$$

Pondo a Equação (4.32) em termos da fração molar de A[1]:

$$N_{A,z} = \left(\frac{CD_{AB}}{z_2 - z_1}\right)\left(\frac{y_{A_1} - y_{A_2}}{y_{B,\text{médio}}}\right) \tag{4.33}$$

A Equação (4.33) pode ser escrita em termos da pressão parcial de um soluto gasoso ideal.

Para tanto, basta substituir nessa equação $C = P/RT$ e $y_A = P_A/P$, resultando:

$$N_{A,z} = \left[\frac{D_{AB}P}{RT(z_2 - z_1)}\right]\left(\frac{P_{A_1} - P_{A_2}}{P_{B,\text{médio}}}\right) \tag{4.34}$$

As Equações (4.33) e (4.34) são denominadas equações para a difusão em regime permanente de um gás ou vapor em um gás estagnado.

---

[1] A Equação (4.33) é utilizada para definir o coeficiente convectivo de transferência de massa k_m segundo a teoria do filme. Essa teoria pressupõe que toda a resistência à transferência de massa está situada em um filme estagnado de espessura y_l. No caso da transferência de massa em um meio estagnado, no qual há a presença do termo convectivo induzido pelo difusivo, tem-se a seguinte relação: $D_{AB}/y_l \equiv k_m y_{B,\text{médio}}$, em que $y_l = z_2 - z_1$ para a situação descrita pela Equação (4.33). Mais detalhes serão abordados nos itens 7.2 e 8.6.

Exemplo 4.2

Calcule a concentração média e o fluxo global molar de CO_2 absorvido na interface gás/líquido referente ao exemplo (4.1).

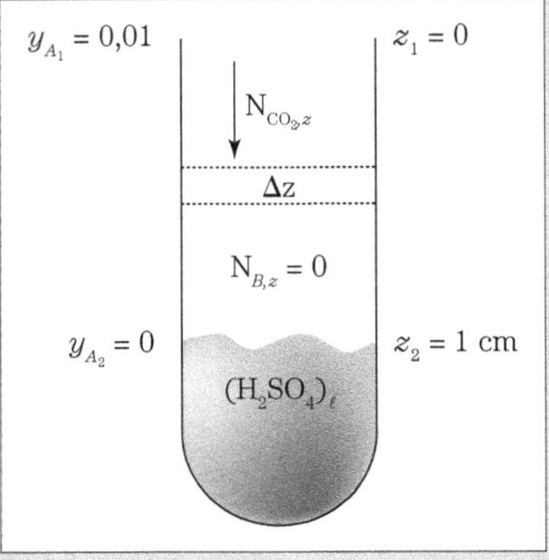

Figura 1

Solução:

Considere: $A \equiv CO_2$ e $B \equiv$ ar.

a) $y_{A,\text{médio}} = ?$

Da Equação (4.28b):

$$y_{A,\text{médio}} = 1 - y_{B,\text{médio}} \quad (1)$$

em que, da Equação (4.28a):

$$y_{B,\text{médio}} = \frac{y_{B_2} - y_{B_1}}{\ln\left(y_{B_2}/y_{B_1}\right)} \quad (2)$$

Como

$$y_{B_2} = 1 - y_{A_2} = 1 - 0 = 1 \quad (3)$$

e $y_{B_1} = 1 - y_{A_1} = 1 - 0{,}01 = 0{,}99$ (4)

Levando (3) e (4) em (2):

$$y_{B,\text{médio}} = \frac{1 - 0{,}99}{\ln(1/0{,}99)} = 0{,}995$$

De (1):

$$y_{A,\text{médio}} = 1 - 0{,}995 = 0{,}005 \quad (6)$$

A concentração total da mistura, considerando-a ideal, é obtida da Equação (1.21):

$$C = P/RT \quad (7)$$

Temos do exemplo (4.1): $P = 1$ atm, $T = 25\ °C = 298{,}15$ K, os quais, substituídos em (7), nos fornecem:

$$C = 1/(82{,}05 \times 298{,}15) = 4{,}09 \times 10^{-5}\ \text{mol/cm}^3 \quad (8)$$

A concentração média molar de A é obtida do produto entre os resultados (6) e (8):

$$C_{A,\text{médio}} = y_{A,\text{médio}}\, C = (0{,}005)(4{,}09 \times 10^{-5}) = 2{,}05 \times 10^{-7}\ \text{mol/cm}^3$$

Exemplo 4.2 (*continuação*)

b) Fluxo global

Da Equação (4.31):

$$N_{A,z} = \frac{CD_{AB}}{z_2 - z_1} \ln\left(\frac{y_{B_2}}{y_{B_1}}\right) \tag{9}$$

Em virtude de $C = 4{,}09 \times 10^{-5}$ mol/cm^3, $y_{B_2} = 1$, $y_{B_1} = 0{,}99$ e $z_2 - z_1 = 1$ cm resta-nos determinar D_{AB}. Entretanto, $D_{AB}|_{T=298{,}15\text{ K}} = ?$

Da Tabela (1.1) para

$$P = 1 \text{ atm} \rightarrow D_{AB}|_{T=273\text{ K}} = 0{,}136 \text{ cm}^2/\text{s} \tag{10}$$

Da Equação (1.58b):

$$D_{AB}|_{T_2} = D_{AB}|_{T_1} \left(\frac{T_2}{T_1}\right)^{1{,}75} \frac{P_1}{P_2}$$

Visto $P_1 = P_2 = P = 1$ atm:

$$D_{AB}|_{T=298{,}15\text{ K}} = 0{,}136\left(\frac{298{,}15}{273}\right)^{1{,}75} = 0{,}159 \text{ cm}^2/\text{s} \tag{11}$$

Podemos calcular o fluxo molar de CO_2, substituindo (3), (4), (8) e (11) em (9), no que resulta:

$$N_{A,z} = \frac{(4{,}09 \times 10^{-5})(0{,}159)}{(1)} \ln\left(\frac{1}{0{,}99}\right) \rightarrow N_{A,z} = 6{,}54 \times 10^{-8} \frac{\text{mols}}{\text{cm}^2 \cdot \text{s}}$$

Pelo fato de o fluxo ser constante, temos na interface gás/líquido ou em $z = z_2$:

$$N_{A,z_2} = 6{,}54 \times 10^{-8} \frac{\text{mols}}{\text{cm}^2.\text{s}}.$$

Obtenção do coeficiente de difusão em gases: o experimento da esfera isolada

Um sólido esférico puro[2] A é posto em um ambiente espaçoso, estagnado e inerte, conforme ilustra a Figura (4.6).

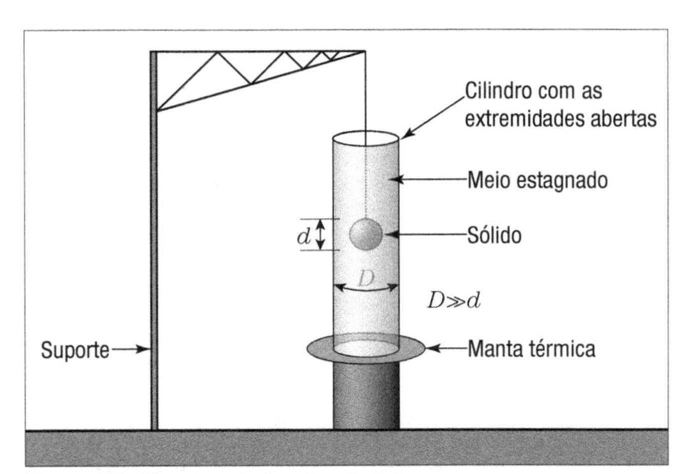

Figura 4.6 – Experimento da esfera isolada.

Supondo que não há variação significativa do raio da esfera, mas que se consiga medir a variação de sua massa em um intervalo de tempo considerável, a taxa mássica de sublimação de A, $W'_{A,r}$, será dada por:

$$W'_{A,r} = -\left(\frac{dm}{dt}\right) \tag{4.35}$$

o sinal negativo indica o decréscimo da massa m do corpo de prova no tempo. Para efeito de simplificações, vamos admitir o fluxo radial prepon-

[2] Pode-se imaginar uma gota líquida suspensa em um meio estagnado, a qual está sujeita à vaporização.

derante sobre os fluxos das outras componentes esféricas θ e ϕ. A equação da continuidade molar para o soluto A será dada pela Equação (4.8), que, integrada, fornece $r^2N_{A,r}$ = cte. Haverá, portanto, uma taxa molar fluindo radialmente ao longo de toda capa esférica na forma[3]:

$$W_{A,r} = (\text{área})(N_{A,r})$$

a área é aquela da superfície molhada de uma esfera: $4\pi r^2$. Por via de consequência, a taxa será:

$$W_{A,r} = 4\pi r^2 N_{A,r} = \text{cte} \tag{4.36}$$

em que $W_{A,r}$ é a taxa molar de sublimação de A obtida experimentalmente de acordo com a Equação (4.35) segundo:

$$W_{A,r} = \frac{W'_{A,r}}{M_A} \tag{4.37}$$

sendo M_A a massa molar da espécie A.

Para buscar uma expressão para essa taxa, lançaremos mão da lei ordinária da difusão escrita para o fluxo global de A na direção radial:

$$N_{A,r} = -\,CD_{AB}\left(\frac{dy_A}{dr}\right) + y_A\left(N_{A,r} + N_{B,r}\right) \tag{4.38}$$

Como o ar está estagnado: $N_{B,r} = 0$. A Equação (4.38) fica:

$$N_{A,r} = -\,CD_{AB}\left(\frac{dy_A}{dr}\right) + y_A N_{A,r}$$

ou

$$N_{A,r} = \left(\frac{-\,CD_{AB}}{1-y_A}\right)\left(\frac{dy_A}{dr}\right) \tag{4.39}$$

Multiplicando a Equação (4.39) por $4\pi r^2$:

$$4\pi r^2 N_{A,r} = \left(\frac{-4\pi r^2\, CD_{AB}}{1-y_A}\right)\left(\frac{dy_A}{dr}\right) \tag{4.40}$$

Em virtude de $4\pi r^2 N_{A,r} = W_{A,r}$ = cte, temos na Equação (4.40):

$$W_{A,r} = \left(\frac{-4\pi r^2\, CD_{AB}}{1-y_A}\right)\left(\frac{dy_A}{dr}\right) \tag{4.41}$$

A Equação (4.41) é integrada desde que conheçamos as condições de contorno para a Equação (4.8). Tais condições de fronteira dizem respeito à região difusiva, ou seja, aquela entre a superfície da esfera e um ponto qualquer no filme gasoso que a envolve. Desse modo:

C.C.1: para corpo; $r = R_0$; $y_A = y_{A_0}$ com: $y_{A_0} = \frac{P_A^{vap}}{P}$, que é a condição de equilíbrio na superfície do corpo;

C.C.2: considerando o raio do meio muito maior do que o da esfera, $r \to \infty$; $y_A = y_{A_\infty}$.

A Equação (4.41) é integrada por intermédio de:

$$W_{A,r}\int_{R_0}^{r\to\infty}\frac{dr}{r^2} = -4\pi CD_{AB}\int_{y_{A_0}}^{y_{A_\infty}}\frac{dy_A}{1-y_A}$$

da qual se permite escrever a seguinte expressão para a taxa molar:

$$W_{A,r} = 4\pi R_0 CD_{AB}\ln\left(\frac{1-y_{A_\infty}}{1-y_{A_0}}\right) \tag{4.42}$$

Da Equação (4.42) é possível determinar o coeficiente de difusão desde que se conheçam os valores da taxa molar, das frações molares do soluto A na superfície do corpo de prova e no meio gasoso estagnado, bem como as condições de temperatura e pressão desse meio. Assim sendo, depois de expressarmos a Equação (4.42) em termos do $y_{B,\text{médio}}$, teremos o resultado tal como se segue:

$$D_{AB} = \frac{W_{A,r}\,y_{B,\text{médio}}}{4\pi R_0 C\left(y_{A_0} - y_{A_\infty}\right)} \tag{4.43}$$

A Equação (4.43) é adequada para solutos muito voláteis. Por outro lado, quando se trabalha com a evaporação de líquidos voláteis a baixa temperatura ou na sublimação de sólidos, a Equação (4.43) pode ser simplificada em virtude de a contribuição convectiva ser desprezível em face da difusiva. Nesse caso $y_{A_0} \to 0$ e, por decorrência, o termo $\ln(1 - y_{A_0})$ é expandido em série de Taylor ou $\ln(1 - y_{A_0}) \cong -y_{A_0}$. Considerando que o meio difusivo é isento do soluto $y_{A_\infty} = 0$, como no caso da sublimação de naftaleno ou na evaporação de água em ar seco em temperatura relativamente baixa [< 10 °C e $P \cong 1$ atm], a Equação (4.42) é reavaliada como:

$$W_{A,r} = 4\pi R_0 C_{A_0} D_{AB} \tag{4.44}$$

o que leva o coeficiente de difusão a ser determinado por:

$$D_{AB} = \frac{W_{A,r}}{4\pi R_0 C_{A_0}} \tag{4.45}$$

[3] A superfície esférica diz respeito à região que se estende da superfície molhada do sólido, até uma distância qualquer que envolve esse corpo.

Exemplo 4.3

Uma esfera de naftaleno está sujeita à sublimação em um ambiente estagnado e relativamente espaçoso a 72 °C e 1 atm, conforme ilustra a Figura (4.6). Retirou-se a esfera ao longo do tempo, pesando-a e medindo o seu raio. Após 330 min, observou-se o seguinte comportamento:

tempo (min)	Massa (g)	raio (cm)
0	2,44	0,85
10	2,43	0,85
23	2,42	0,85
43	2,41	0,85
73	2,39	0,84
125	2,36	0,84
150	2,35	0,84
190	2,31	0,83
240	2,28	0,83
295	2,23	0,82
330	2,21	0,82

Estime o valor do coeficiente de difusão do naftaleno no ar em cm²/s, considerando constante o diâmetro em 1,68 cm. Compare o resultado obtido com o valor do D_{AB} experimental que, a T = 25 °C, é 0,0611 cm²/s.

Dados: $\rho_{naf.} = 1{,}14$ g/cm³; $M_{naf.} = 128{,}16$ g/mol;

$R = 82{,}05$ (atm · cm³/mol · K); $\log P_{naf}^{vap} = 10{,}56 - 3472/T$;

na qual T = [K] e P^{vap} = [mmHg]

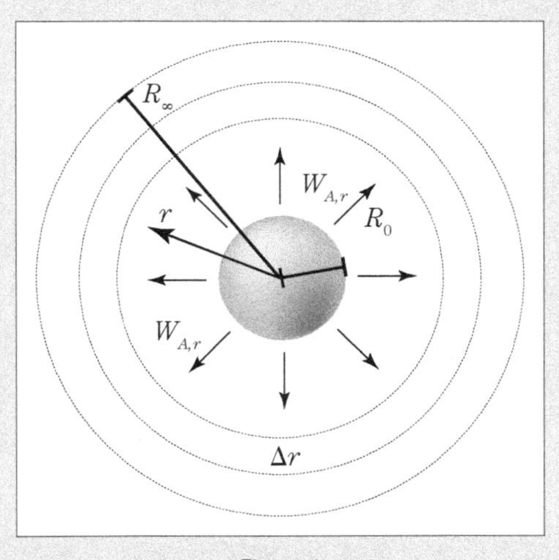

Figura 1

Solução:

Denominando o naftaleno = A, estabeleceremos uma expressão para a determinação de seu coeficiente de difusão em função do conhecimento de sua fração molar na interface sólido/gás, pois já sabemos, por intermédio do enunciado, que $y_{A_\infty} = 0$ (não se encontra, normalmente, naftaleno no ar).

$$y_{A_0} = \frac{P_A^{vap}}{P} \quad (1)$$

Exemplo 4.3 (*continuação*)

em que:

$$\log P_A^{vap} = 10,56 - \frac{3.472}{T}; \quad T \text{ em [K]} \tag{2}$$

A temperatura é:

$$T = 72 + 273,15 = 345,15 \text{ K} \tag{3}$$

Dessa maneira, substituiremos (3) em (2):

$$\log P_A^{vap} = 10,56 - \frac{3.472}{345,15} = 0,5006$$

$$\text{ou } P_A^{vap} = 3,1667 \text{ mmHg} = 0,00417 \text{ atm} \tag{4}$$

Como P = 1 atm, substituiremos esse valor em conjunto com (4) na Equação (1):

$$y_{A_0} = 0,00417 \tag{5}$$

Pelo fato de $y_{A_0} \ll 1$ e $y_{A_\infty} = 0$, utilizaremos a Equação (4.45):

$$D_{AB} = \frac{W_{A,r}}{4\pi R_0 C_{A_0}} \tag{6}$$

a) *Determinação da taxa molar de sublimação:*

A taxa mássica de sublimação advém da Equação (4.35):

$$W'_A = -\left(\frac{dm}{dt}\right) \quad \text{[g/min]} \tag{7}$$

A taxa molar de sublimação do naftaleno relaciona-se com a mássica segundo:

$$W_{A,r} = \frac{W'_{A,r}}{M_A} \quad \text{[mol/min]} \tag{8}$$

Por intermédio de regressão linear dos dados fornecidos de (m *vs.* t), obtém-se o valor da taxa mássica pela expressão (8), que, dividida pela massa molar do naftaleno e convertido o resultado em segundos, fornece:

$$W_{A,r} = 89,6 \times 10^{-9} \text{ mol/s} \tag{9}$$

b) *Determinação do raio da esfera:*

$$R_0 = \frac{D}{2} = \frac{1,68}{2} = 0,84 \text{ cm} \tag{10}$$

c) *Determinação da concentração de equilíbrio do naftaleno,* $C_{A_0} = y_{A_0} C$:

Supondo o ar como uma mistura gasosa ideal:

$$C_{A_0} = y_{A_0}\left(\frac{P}{RT}\right) \tag{11}$$

Exemplo 4.3 (*continuação*)

Como $P = 1$ atm e $R = 82{,}05$ (atm · cm³/mol · K), substituem-se esses valores em conjunto com os resultados (3) e (5) em (11).

$$C_{A_0} = \frac{(0{,}00417)(1)}{(82{,}05)(345{,}15)} = 1{,}471 \times 10^{-7} \text{ mol/cm}^3 \tag{12}$$

Levando (9), (10) e (12) a (6):

$$D_{AB} = \frac{89{,}6 \times 10^{-9}}{(4\pi)(0{,}84)\left(1{,}471 \times 10^{-7}\right)} = 0{,}0577 \text{ cm}^2/\text{s} \tag{13}$$

Esse resultado é obtido para $T = 345{,}15$ K. Para que tenhamos um valor de comparação, estimaremos o coeficiente de difusão a $T = 25$ °C ou 298,15 K. Utilizando a Equação (1.58b):

$$D_{AB}\big|_{T_2} = D_{AB}\big|_{T_1}\left(\frac{T_2}{T_1}\right)^{1{,}75}\frac{P_1}{P_2}$$

podemos estimar o valor do coeficiente de difusão a 298,15 K e $P_1 = P_2 = P = 1$ atm:

$$D_{AB}\big|_{T=298{,}15\text{ K}} = 0{,}0577\left(\frac{298{,}15}{345{,}15}\right)^{1{,}75} = 0{,}0447 \text{ cm}^2/\text{s} \tag{14}$$

Como o valor experimental é igual a $D_{AB} = 0{,}0611$ cm²/s, determina-se o desvio relativo por:

$$DR = \frac{\left|D_{AB_{\text{cal}}} - D_{AB_{\text{exp}}}\right|}{D_{AB_{\text{exp}}}} \times 100\%$$

Desse modo:

$$DR = \frac{|0{,}0447 - 0{,}0611|}{0{,}0611} \times 100\% = 26{,}91\%$$

O que levou a esse desvio? Considerando como adequada a metodologia para medir tanto a massa quanto o diâmetro da esfera de naftaleno, podemos ver, pelo enunciado deste exemplo, que se adotou um valor médio para o raio. E se considerássemos o valor do raio como sendo o inicial ou o final, qual seria o resultado? Esta análise está resumida tal como se segue:

R_0 = Raio médio = 0,84	$D_{AB} = 0{,}0447$ cm²/s	$DR = 26{,}91\%$
R_0 = Raio inicial = 0,85	$D_{AB} = 0{,}0319$ cm²/s	$DR = 47{,}79\%$
R_0 = Raio final = 0,82	$D_{AB} = 0{,}0458$ cm²/s	$DR = 25{,}04\%$

Adiantou muita coisa? Note, por inspeção da tabela (m *vs* · t), fornecida neste exemplo, que houve variação no valor do raio. Essa variação foi desconsiderada e admitida como um valor constante. Podemos desconsiderar tal variação? Continue lendo e conclua...

4.2.2 Difusão pseudoestacionária em filme gasoso estagnado

A Figura (4.7) ilustra um capilar semipreenchido por um líquido puro volátil A. Supondo que sobre esse líquido exista um filme gasoso estagnado, deseja-se avaliar o valor do coeficiente de difusão do vapor de A nessa película. Após intervalo de tempo considerável, nota-se a variação do nível do líquido, a partir do topo do capilar, segundo:

para $t = t_0$ (tempo inicial de observação) o nível está em $z_1 = z_1\ (t_0)$

para $t = t$ (tempo final da observação) o nível está em $z_1 = z_1(t)$

Como o fenômeno difusivo ocorre na fase gasosa, o balanço material é feito nessa fase. O nível do líquido delimita a região de transferência; portanto esse nível é uma fronteira. Nesta, a concentração do soluto estará sempre relacionada à sua pressão de vapor. A difusão ocorre em regime permanente com a variação *lenta* da superfície de contorno, caracterizando o modelo *pseudoestacionário*. O fluxo global de matéria é dado pela Equação (4.33), a qual é retomada como:

$$N_{A,z} = \left(\frac{CD_{AB}}{z}\right)\left(\frac{y_{A_1} - y_{A_2}}{y_{B,\,\text{médio}}}\right) \tag{4.46}$$

com $z = z_2 - z_1$. Note na Figura (4.7) a variação temporal da fronteira inferior da região difusiva. O fluxo global de A, portanto, é determinado em virtude dessa variação de acordo com:

$$N_{A,z} = \left(\frac{\rho_{A_L}}{M_A}\right)\left(\frac{dz}{dt}\right) \tag{4.47}$$

sendo ρ_{A_L} e M_A, a massa específica de A e a sua massa molar, respectivamente.

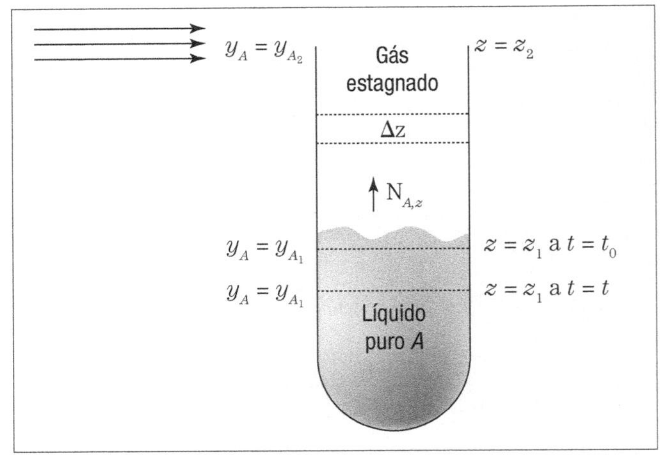

Figura 4.7 – Regime pseudoestacionário em coordenada retangular (experimento de Steffan).

Em condição pseudoestacionária, igualam-se as Equações (4.46) e (4.47):

$$\frac{CD_{AB}\left(y_{A_1} - y_{A_2}\right)}{z y_{B,\text{médio}}} = \left(\frac{\rho_{A_L}}{M_A}\right)\frac{dz}{dt} \tag{4.48}$$

Se a temperatura e a pressão do sistema estiverem constantes, a Equação (4.48) é integrada de $t = 0$ a $t = t$ com $z = z(t_0) = z_{t_0}$ a $z = z(t) = z_t$, respectivamente.

$$\int_0^t dt = \left(\frac{\rho_{A_L}}{M_A}\right)\frac{y_{B,\text{médio}}}{CD_{AB}\left(y_{A_1} - y_{A_2}\right)}\int_{z_{t_0}}^{z_t} z\,dz \tag{4.49}$$

Efetuando as integrações, chega-se a:

$$D_{AB} = \left(\frac{\rho_{A_L}}{M_A}\right)\frac{y_{B,\text{médio}}}{C\left(y_{A_1} - y_{A_2}\right)t}\left(\frac{z_t^2 - z_{t_0}^2}{2}\right) \tag{4.50}$$

Determina-se facilmente o D_{AB} a partir da Equação (4.50). O experimento consiste em acompanhar o desnível do líquido após algum tempo.

Exemplo 4.4

Um capilar de 30 cm de altura contém 2 cm de etanol. Calcule o tempo necessário para que o nível do álcool decresça em 0,02 cm, considerando que o capilar esteja preenchido por ar seco e estagnado a 1 atm e 25 °C. Suponha que o vapor de etanol é totalmente arrastado no topo do capilar. Nessas condições, são conhecidos: $\rho_{A_L} = 0{,}787$ g/cm^3, $P_A^{vap} = 58{,}62$ mmHg, $M_A = 46{,}069$ g/mol, em que $A \equiv$ etanol e $B \equiv$ ar seco.

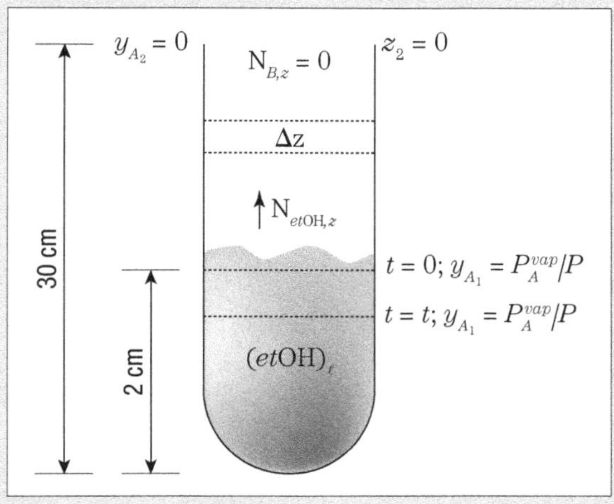

Figura 1

Solução:

Da Equação (4.50):

$$t = \left(\frac{\rho_{A_L}}{M_A}\right)\frac{y_{B,\text{médio}}}{C\left(y_{A_1} - y_{A_2}\right)D_{AB}}\left(\frac{z_t^2 - z_{t_0}^2}{2}\right) \tag{1}$$

a) *Cálculo do* $y_{B,\text{médio}}$:

Da Equação (4.28a):

$$y_{B,\text{médio}} = \frac{y_{B_2} - y_{B_1}}{\ln\left(y_{B_2}/y_{B_1}\right)} \tag{2}$$

Considerando 2 a fronteira no topo do tubo, a concentração de A aí será nula, pois esse soluto é arrastado pela corrente de ar. Portanto:

$$y_{A_2} = 0 \tag{3}$$

no que resulta:

$$y_{B_2} = 1 - y_{A_2} \rightarrow y_{B_2} = 1 \tag{4}$$

Na fronteira 1 está a interface gás/líquido. Nesse contorno, a fração molar de A é obtida da Equação (3.79):

$$y_{A_1} = \frac{P_A^{vap}}{P} = \frac{58{,}62}{760} = 0{,}0771 \tag{5}$$

Assim:

$$y_{B_1} = 1 - y_{A_1} = 0{,}9229 \tag{6}$$

Levando (4) e (6) a (2):

$$y_{B,\text{médio}} = \frac{1 - 0{,}9229}{\ln(1/0{,}9229)} = 0{,}961 \tag{7}$$

Exemplo 4.4 (*continuação*)

b) *Cálculo de* C: Admitindo que a mistura gasosa venha a ser ideal, temos da Equação (1.21):

$$C = \frac{P}{RT} = \frac{1}{(82{,}05)(298{,}15)} = 40{,}88 \times 10^{-6} \text{ (mol/cm}^3\text{)} \tag{8}$$

c) *Determinação do* D_{AB}:

Da Tabela (1.1) → $D_{AB} = 0{,}132$ cm²/s (9)

d) *Determinação do termo relacionado à variação da fronteira:*

$$\left(\frac{z_t^2 - z_{t_0}^2}{2}\right) = \frac{(28{,}02)^2 - (28{,}0)^2}{2} = 0{,}5602 \tag{10}$$

Como a massa molar do etanol é 46,069 g/mol, substituiremos esse valor em conjunto com (3), (5), (7), (8), (9) e (10) em (1), no que resulta:

$$t = \left(\frac{0{,}787}{46{,}069}\right)\frac{(0{,}961)(0{,}5602)}{\left(40{,}88\times10^{-6}\right)(0{,}0771-0)(0{,}132)} = 22.905{,}2 \text{ s} \cong 6 \text{ h}$$

Reavaliação do experimento da esfera isolada

A diferença básica entre os estados estacionários (regime permanente) e o pseudoestacionário é que o último considera a variação espacial no tempo de uma das fronteiras da região em que ocorre a difusão. Determina-se o valor da taxa de evaporação (ou de sublimação) do vapor de certo corpo de prova, em coordenadas esféricas, por meio da variação mencionada há pouco, de acordo com:

$$W_{A,r} = \left(\frac{\rho_{A_s}}{M_A}\right)\left(\frac{dV}{dt}\right) \tag{4.51}$$

em que ρ_{A_s} é a massa específica de A, e V é o volume do corpo de prova considerado:

$$V = \frac{4}{3}\pi R_0^3 \tag{4.52}$$

Levando (4.52) a (4.51):

$$W_{A,r} = \left(\frac{\rho_{A_s}}{M_A}\right)\frac{d}{dt}\left(\frac{4}{3}\pi R_0^3\right)$$

ou

$$W_{A,r} = 4\pi R_0^2\left(\frac{\rho_{A_s}}{M_A}\right)\frac{dR_0}{dt} \tag{4.53}$$

como há decréscimo de R_0, a Equação (4.53) é posta como:

$$W_{A,r} = -4\pi R_0^2\left(\frac{\rho_{A_s}}{M_A}\right)\frac{dR_0}{dt} \tag{4.54}$$

A Equação (4.54) fornece, por exemplo, a taxa molar de evaporação de uma gota líquida ou da sublimação de um sólido como consequência da variação do raio do corpo de prova. Em se tratando do fenômeno de transferência de massa, podemos acrescentar que a Equação (4.54) descreve a taxa molar do soluto decorrente da variação do contorno da região difusiva, a qual circunda a partícula. Entretanto, existe uma taxa molar decorrente da distribuição de concentração do soluto no meio difusivo, Equação (4.42). Por via de consequência, retomaremos a Equação (4.43) em relação a essa taxa molar e a igualaremos à Equação (4.54).

$$D_{AB}4\pi R_0 C\frac{\left(y_{A_0} - y_{A_\infty}\right)}{y_{B,\text{ médio}}} = -4\pi R_0^2\left(\frac{\rho_{A_s}}{M_A}\right)\frac{dR_0}{dt} \tag{4.55}$$

Separando as variáveis e definindo os limites de integração para a Equação (4.55):

$$D_{AB}\int_0^t dt = -\frac{1}{C}\left(\frac{\rho_{A_s}}{M_A}\right)\left(\frac{y_{B,\text{médio}}}{y_{A_0} - y_{A_\infty}}\right)\int_{R_{0_{t_0}}}^{R_{0_t}} R_0\, dR_0 \tag{4.56}$$

Determina-se o valor do coeficiente de difusão por integração da Equação (4.56):

$$D_{AB} = \frac{1}{Ct}\left(\frac{\rho_{A_s}}{M_A}\right)\left(\frac{y_{B,\text{médio}}}{y_{A_0}-y_{A_\infty}}\right)\left(\frac{R_{0_{t_0}}^2 - R_{0_t}^2}{2}\right) \quad (4.57a)$$

Quando a contribuição convectiva puder ser considerada desprezível em face da difusiva, e não se encontrarem traços do soluto antes de começar o fenômeno difusivo no meio considerado, a Equação (4.57a) será retomada como:

$$D_{AB} = \frac{1}{C_{A_0}t}\left(\frac{\rho_{A_s}}{M_A}\right)\left(\frac{R_{0_{t_0}}^2 - R_{0_t}^2}{2}\right) \quad (4.57b)$$

Exemplo 4.5

Refaça o exemplo (4.3), considerando o fenômeno pseudoestacionário. Considere o término do experimento em t = 330 min.

Solução:

Ao observar os dados do exemplo (4.3), verifica-se:

para $t = 0$; $R_{0_{t_0}} = 0{,}85$ cm e para $t = 330$ min; $R_{0_t} = 0{,}82$ cm; $C_{A_0} = 1{,}457 \times 10^{-7}$ (mol/cm^3)

Temos, do exemplo (4.3), $y_{A_0} = 0{,}00417$, ou seja, $y_{A_0} \ll 1$. Como $y_{A_\infty} = 0$, utilizaremos a Equação (4.57b)

$$D_{AB} = \frac{1}{C_{A_0}t}\left(\frac{\rho_{A_s}}{M_A}\right)\left(\frac{R_{0_{t_0}}^2 - R_{0_t}^2}{2}\right) \quad (1)$$

Substituindo os valores conhecidos na Equação (1):

$$D_{AB} = \frac{1}{\left(1{,}47\times10^{-7}\right)(330\times60)}\left(\frac{1{,}14}{128{,}16}\right)\left[\frac{(0{,}85)^2-(0{,}82)^2}{2}\right] = 0{,}07765 \text{ cm}^2/\text{s}$$

Há de se perceber que esse resultado é para T = 345,15 K e o parâmetro de comparação está a T = 298,15 K. Admitindo a predição do D_{AB} para essa nova temperatura, consideraremos a Equação (1.58b):

$$D_{AB}\big|_{298{,}15\text{ k}} = (0{,}0765)\left(\frac{298{,}15}{345{,}15}\right)^{1{,}75} = (0{,}0765)(0{,}7740) = 0{,}0592 \text{ (cm}^2/\text{s)}$$

O valor experimental é $D_{AB}\big|_{298{,}15\text{ K}} = 0{,}0611 \text{cm}^2/\text{s}$. Isso leva a um desvio médio relativo igual a:

$$DR = \frac{|0{,}0592 - 0{,}0611|}{0{,}0611}\times100\% = 3{,}09\%$$

Compare esse desvio com aqueles apresentados no Exemplo (4.3). Veja como reduzimos o desvio entre os valores calculado e o experimental depois de assumirmos o modelo do regime pseudoestacionário. Lembre-se de que, por trás desse modelo, consideramos a variação do raio da esfera de naftaleno, a qual é fácil de medir, tornando, dessa maneira, o experimento mais simples de ser realizado: basta medir o raio da esfera antes do experimento e, após detectar uma variação significativa do raio, ao longo do tempo, medir o raio final da esfera. Conhecendo-se a diferença de tempo em que houve tal variação, assim como as características do soluto e do meio, é possível determinar o D_{AB}.

4.2.3 Contradifusão equimolar

Este fenômeno ocorre, por exemplo, na simultaneidade da condensação e evaporação de espécies químicas distintas, mas de características físico-químicas semelhantes, como o benzeno e tolueno. Para cada mol de tolueno condensado, um mol de benzeno evapora [veja a Figura(4.8a)].

Outra situação é aquela em que há dois reservatórios (1 e 2) interligados por um tubo, Figura (4.8b). Nesses reservatórios estão contidas misturas binárias de A e B. No reservatório 1, $y_A >> y_B$; situação inversa para o reservatório 2. Ao provocarmos o contato entre os reservatórios, teremos, para cada mol de A que migra de 1 para 2, um mol de B de 2 para 1.

Nos casos ilustrados pelas Figuras (4.8a) e (4.8b), a relação entre os fluxos molares das espécies A e B é:

$$N_{A,z} = -N_{B,z} \tag{4.58}$$

a qual caracteriza a contradifusão equimolar.

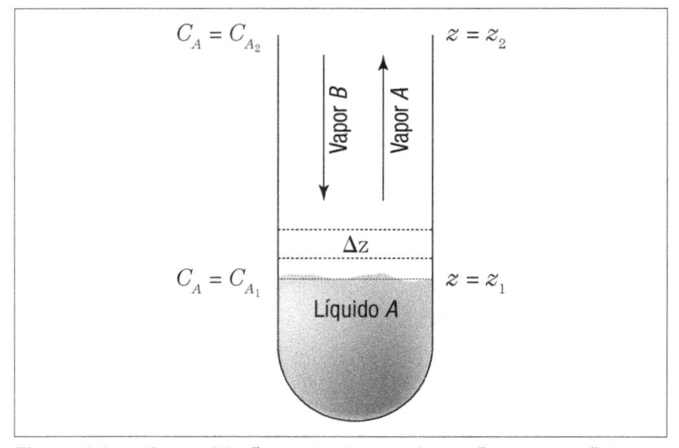

Figura 4.8a – Contradifusão equimolar (condensação-evaporação).

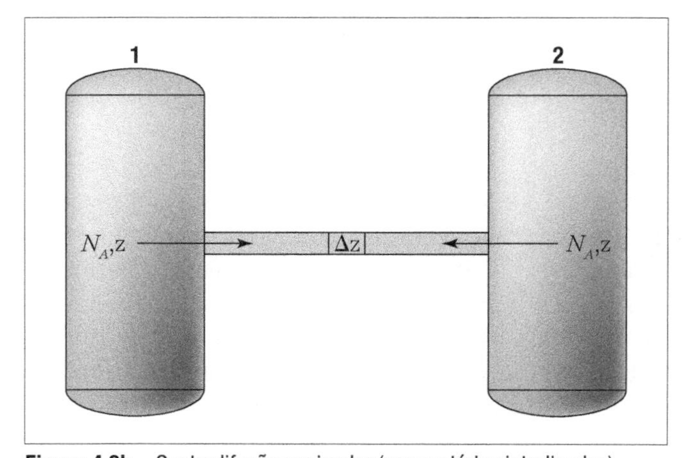

Figura 4.8b – Contradifusão equimolar (reservatórios interligados).

Distribuição de concentração de *A*

Como o regime de transferência é permanente e o meio difusivo não é reacional, a equação da continuidade de A que rege a contradifusão equimolar, nesse caso, é a Equação (4.6). Observe nela que devemos conhecer o fluxo molar de A, o qual é obtido depois de substituir a igualdade (4.58) na Equação (2.37):

$$N_{A,z} = -D_{AB}\frac{dC_A}{dz} \tag{4.59}$$

Substituindo a Equação (4.59) na Equação (4.6), e considerando o sistema a temperatura e pressão constantes:

$$\frac{d^2C_A}{dz^2} = 0 \tag{4.60}$$

A solução da Equação (4.60) é uma distribuição linear para a concentração de A:

$$C_A(z) = A_1 z + A_2 \tag{4.61}$$

As condições de contorno advêm da análise da Figura (4.8a):

C.C.1: em $z = z_1$; $C_A = C_{A_1}$

C.C.2: em $z = z_2$; $C_A = C_{A_2}$ (4.62)

Aplicando as condições de contorno (4.62) na Equação (4.61), obtém-se o seguinte sistema de equações:

$$C_{A1} = A_1 z_1 + A_2$$
$$C_{A2} = A_1 z_2 + A_2 \tag{4.63}$$

Resolvendo o sistema (4.63), chega-se às seguintes constantes:

$$A_1 = \frac{C_{A_1} - C_{A_2}}{z_1 - z_2} \quad \text{e} \quad A_2 = C_{A_1} - \left(\frac{C_{A_1} - C_{A_2}}{z_1 - z_2}\right) z_1$$

que, substituídas na Equação (4.61), fornecem-nos a distribuição de concentração do soluto A tal como se segue:

$$\frac{C_A(z) - C_{A_1}}{C_{A_2} - C_{A_1}} = \frac{z - z_1}{z_2 - z_1} \tag{4.64}$$

Fluxo de matéria de A

O fluxo global de A é obtido da Equação (4.59) em conjunto com as condições (4.62). Visto o fluxo ser constante, iremos integrá-lo de acordo com:

$$N_{A,z}\int_{z_1}^{z_2} dz = -D_{AB}\int_{C_{A_1}}^{C_{A_2}} dC_A \qquad (4.65)$$

resultando[4]:

$$N_{A,z} = -\frac{D_{AB}}{z_2 - z_1}\left(C_{A_2} - C_{A_1}\right) \qquad (4.66)$$

[4] Veja a nota 1 deste capítulo. A Equação (4.66) também é utilizada para definir o coeficiente convectivo de transferência de massa k_m por intermédio da teoria do filme. Entretanto, esse coeficiente, quando se tem contradifusão equimolar, é identificado segundo $D_{AB}/y_1 \equiv k_m$.

Ao admitirmos que o fenômeno da transferência de massa ocorra em um meio gasoso ideal, podemos fazer $C_A = P_A/RT$. Desse modo, o fluxo global de A é dado, em termos de pressão parcial de A, por:

$$N_{A,z} = -\frac{D_{AB}\left(P_{A_2} - P_{A_1}\right)}{RT\left(z_2 - z_1\right)} \qquad (4.67)$$

A Equação (4.67) é utilizada em situação física semelhante àquela ilustrada pela Figura (4.8b).

Exemplo 4.6

Calcule o fluxo molar de amônia gasosa, sabendo que ela difunde em um capilar de 10 cm de comprimento que une dois reservatórios contendo nitrogênio. O sistema está a 25 °C e 1 atm. A pressão parcial da amônia em um dos reservatórios é 90 mmHg, e, no outro, 10 mmHg.

Dado: R = 82,05 (cm^3 · atm)/(mol · K); considere desprezível a ação gravitacional.

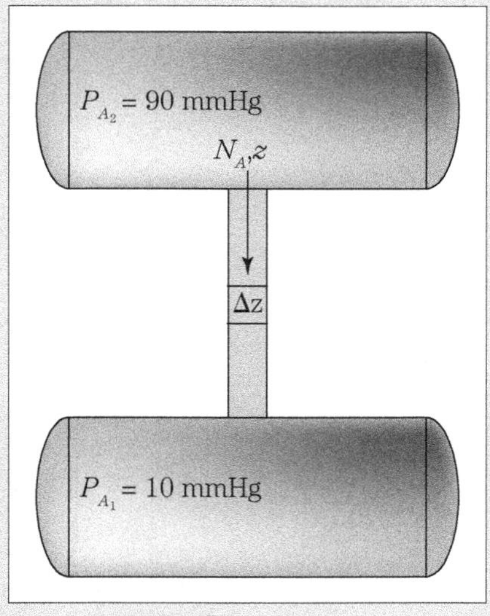

Figura 1

Solução:

Denominando $A \equiv$ amônia e $B \equiv N_2$, temos da Equação (4.67):

$$N_{A,z} = -\frac{D_{AB}\left(P_{A_2} - P_{A_1}\right)}{RT\left(z_2 - z_1\right)} \qquad (1)$$

Do enunciado: $z_2 - z_1$ = 10 cm

T = 25 °C = 298,15 K

R = 82,05 (cm^3 · atm)/(mol · K)

P_{A_2} = 90 mmHg = 90/760 atm = 0,1184 atm

P_{A_1} = 10 mmHg = 10/760 atm = 0,0132 atm

Exemplo 4.6 (*continuação*)

Substituindo esses valores na Equação (1):

$$N_{A,z} = -\frac{D_{AB}(0{,}1184 - 0{,}0132)}{(82{,}05)(298{,}15)(10)} = -4{,}3\times10^{-7}\,D_{AB} \quad (2)$$

Resta-nos obter o coeficiente de difusão da amônia no nitrogênio. Na Tabela (1.1) encontra-se valor do coeficiente de difusão a 293 K, $D_{AB}|_{293}$ = 0,241 cm/s. Intenta-se conhecê-lo a 298,15 K. Para tanto, admita a validade da Equação (1.58b) para $P_1 = P_2 = P = 1$ atm:

$$D_{AB} = (0{,}241)\left(\frac{298{,}15}{293}\right)^{1{,}75} = 0{,}249 \text{ cm}^2/\text{s} \quad (3)$$

O fluxo global da amônia referenciado a um eixo estacionário é determinado substituindo (3) em (2):

$$N_{A,z} = -(4{,}3\times10^{-7})(0{,}249) = -1{,}07\times10^{-7} \text{ mol/[(s)(cm}^2\text{)]} \quad (4)$$

O sinal negativo indica que a amônia contrafunde em relação ao fluxo do nitrogênio.

4.3 DIFUSÃO EM MEMBRANAS FICKIANAS

A característica básica de uma membrana fickiana é que a difusão do penetrante obedece à lei ordinária da difusão. Para que isso ocorra, a mobilidade do soluto deve ser muito menor, se comparada à mobilidade dos segmentos de polímero da cadeia polimérica. Uma consequência disso é que o coeficiente efetivo de difusão independe da concentração do penetrante na membrana.

Considere a difusão de um gás por uma membrana polimérica amorfa que não apresente variação de volume. O mecanismo difusivo para essa situação pode ser descrito segundo as seguintes etapas [veja a Figura (4.9)]:

a) adsorção do gás na superfície da membrana;
b) difusão do gás por meio da matriz polimérica; e
c) dessorção do soluto na outra face da membrana.

A força motriz para o transporte do difundente é a diferença de concentração (ou de pressão parcial, dependendo do fenômeno) entre a alimentação do gás e a sua saída. Em razão das características da membrana, o fluxo global do soluto será governado pela contribuição difusiva, sendo dado pela Equação (4.59), que é particularmente válida quando o penetrante apresenta baixa solubilidade em relação ao material de que é feita a membrana. Além do fluxo global, a distribuição de concentração do soluto no interior da matriz polimérica é análoga à descrição encontrada quando se trabalha com a contradifusão equimolar, cujo fluxo é dado pela Equação (4.66).

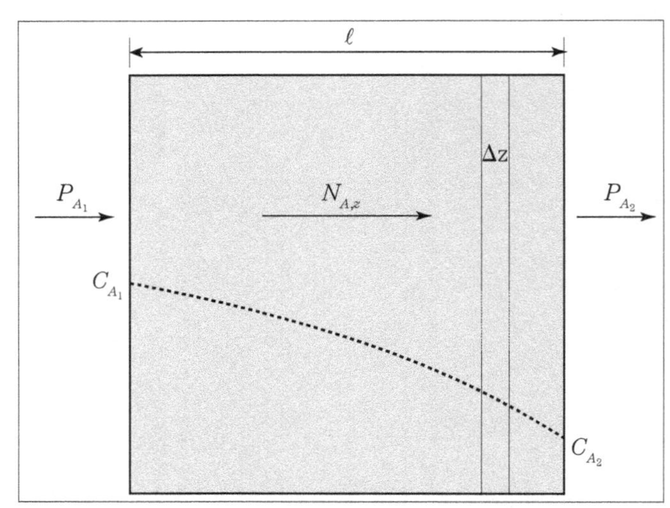

Figura 4.9 – Difusão em regime permanente por meio de uma matriz polimérica.

Admite-se nas interfaces da matriz polimérica uma relação de equilíbrio semelhante à lei de Henry, a qual relaciona as composições do soluto no interior e fora da membrana pela Equação (3.85), ou simplesmente:

$$C_A = SP_A \quad (4.68)$$

em que S é a solubilidade do difundente na membrana.

Substituindo (4.68) em (4.66) e denominando $z_2 - z_1 = \ell$, como a espessura da matriz, obtém-se:

$$N_{A,z} = \frac{D_{\text{Ame}}S}{\ell}\left(P_{A_1} - P_{A_2}\right) \tag{4.69}$$

Chamando $P_E \rightarrow SD_{Ame}$ de constante de permeabilidade, a Equação (4.69) é retomada na forma:

$$N_{A,z} = \frac{P_E}{\ell}\left(P_{A_1} - P_{A_2}\right) \tag{4.70}$$

As Equações (4.69) e (4.70) são particularmente interessantes na medida em que nos fornecem o fluxo do soluto adsorvido ou dessorvido nas interfaces membrana/fluido.

A distribuição de concentração de A no interior da membrana para esta situação é dada por uma expressão semelhante a (4.64) ou:

$$\frac{C_A(z) - SP_{A_2}}{P_{A_1} - P_{A_2}} = S\left(\frac{z}{\ell}\right) \tag{4.71}$$

Exemplo 4.7

Calcule o fluxo molar de O_2 gasoso através de uma membrana de polibutadieno de 0,5 mm de espessura que está a 30 °C. A pressão parcial do difundente é 0,5 atm em uma das regiões que envolve a matriz e nula na extremidade oposta. Determine também a solubilidade do O_2 na membrana, sabendo que a sua permeabilidade é

191 [(cm^3 à STP)(mm de espessura) × 10^{-10}/(cm^3)(s)(cmHg)].

Condições STP:

A permeabilidade é definida como 1 cm^3 de um gás a 0 °C e 1 atm que difunde por segundo através de uma membrana de 1 cm^2 de área e 1 cm de espessura, em virtude de um gradiente de pressão de 1 atm.

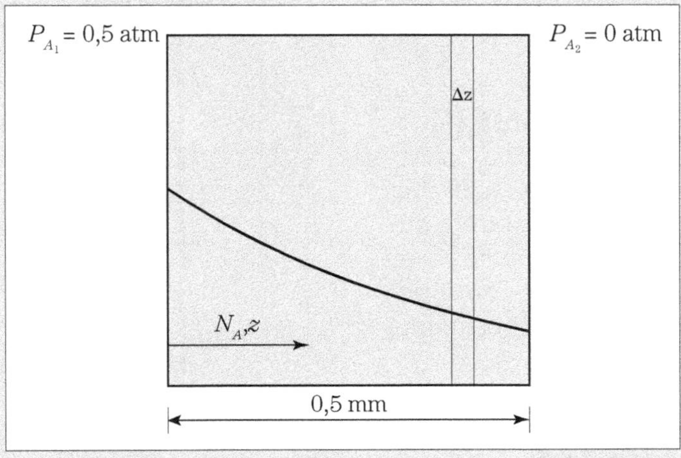

Figura 1

Solução:

a) Cálculo do fluxo molar. Da Equação (4.70):

$$N_{A,z} = \frac{P_E}{\ell}\left(P_{A_1} - P_{A_2}\right)$$

Existe a necessidade de transformar as unidades da pressão parcial de atm para cmHg, ou seja: 1 atm = 76 cmHg; portanto:

$$N_{A,z} = \frac{P_E}{\ell}\left(P_{A_1} - P_{A_2}\right) = \frac{\left(1{,}91\times10^{-8}\right)(76)(0{,}5-0)}{(0{,}5)} = 1{,}45\times10^{-6}\ \left[(\text{mols})\left(\text{cm}^3\ \text{à STP}\right)/\left(\text{cm}^3\right)\left(\text{cm}^2\right)(\text{s})\right]$$

Exemplo 4.7 (*continuação*)

Cálculo da solubilidade:

$$S = \frac{P_E}{D_{\text{Ame}}} \tag{1}$$

Da Equação (1.139):

$$D_{\text{Ame}} = D_0 e^{-\frac{Q}{RT}} \tag{2}$$

Da Tabela (1.17):

Soluto	Polímero	D_0 (cm²/s)	Q (cal/mol)
O_2	polibutadieno	0,15	6.800

$$D_{\text{Ame}} = (0{,}15)\exp\left[-\frac{(6.800)}{(1{,}987)(303{,}15)}\right] = 1{,}88\times10^{-6}\ \text{cm}^2/\text{s} \tag{3}$$

Substituindo (3) em (1):

$$S = \frac{\left(1{,}91\times10^{-8}\right)}{\left(1{,}88\times10^{-6}\right)} = 1{,}02\times10^{-2}\ \left[\frac{\dfrac{\left(\text{cm}^3\ \text{à STP}\right)}{(\text{mm de espessura})}}{\left(\text{cm}^3\right)(\text{cmHg})}\right]\Big/\text{cm}^2$$

4.4 SISTEMAS BIDIMENSIONAIS

As situações até então estudadas foram analisadas em uma dimensão. Há fenômenos, no entanto, que envolvem sistemas de contornos irregulares ou concentrações do soluto não uniformes ao longo de tais fronteiras, necessitando do conhecimento de fluxos de matéria em mais de uma direção.

Distribuição de concentração de *A*

Suponha o fluxo de uma determinada espécie química A através de uma partícula catalítica, tal qual a representada na Figura (4.10).

Ao entrar em contato com três das quatro superfícies, o soluto A reagirá instantaneamente. Na quarta superfície, em $y = L$ para $0 \le x \le$ w, a concentração de A não será uniforme[5], de modo que:

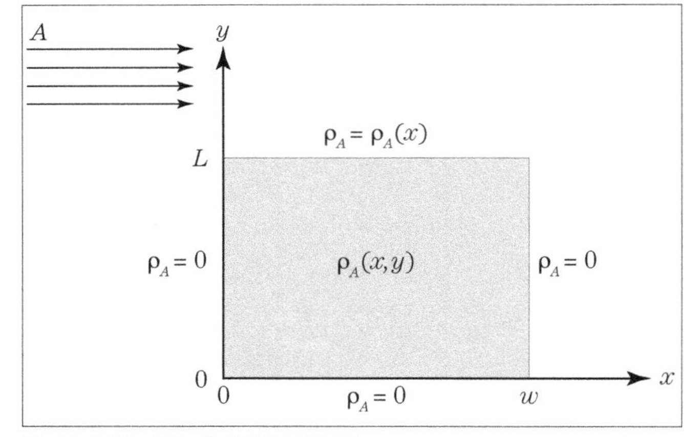

Figura 4.10 – Difusão bidimensional.

$$0 \le y \le L\ \{x = 0,\ \rho_A = 0 \tag{4.72}$$

$$0 \le y \le L\ \{x = w,\ \rho_A = 0 \tag{4.73}$$

$$0 \le x \le w\ \{y = 0,\ \rho_A = 0 \tag{4.74}$$

$$0 \le x \le w\ \{y = L,\ \rho_A = \rho_A(x) \tag{4.75}$$

Considerando que o mecanismo é puramente difusivo em estado estacionário e visto se tratar de uma reação heterogênea apenas na superfície catalítica, a equação da continuidade mássica que

[5] Apesar de este capítulo não considerar reação química, o presente tópico admite reação heterogênea na fronteira da região difusiva apenas para dar significado físico às condições de contorno.

descreve o fenômeno no interior da partícula advém da Equação (4.2) para coordenadas cartesianas e com o fluxo mássico de A em duas direções segundo:

$$\frac{\partial^2 \rho_A}{\partial x^2} + \frac{\partial^2 \rho_A}{\partial y^2} = 0 \tag{4.76}$$

A Equação (4.76) é do tipo equação de Laplace. Como ela é linear e homogênea, será resolvida por intermédio do método de separação de variáveis. Esse método consiste em supor que a solução da Equação (4.76) é resultante do produto das soluções em separado para x e y.

$$\rho_A(x,y) = \psi(x)\beta(y) \tag{4.77}$$

sendo ψ função somente de x, e β, de y. Por via de consequência:

$$\frac{\partial}{\partial x}\rho_A(x,y) = \beta(y)\frac{d\psi}{dx} \rightarrow \frac{\partial^2}{\partial x^2}\rho_A(x,y) = \beta(y)\frac{d^2\psi}{dx^2} \tag{4.78}$$

e

$$\frac{\partial}{\partial y}\rho_A(x,y) = \psi(x)\frac{d\beta}{dy} \rightarrow \frac{\partial^2}{\partial y^2}\rho_A(x,y) = \psi(x)\frac{d^2\beta}{dy^2} \tag{4.79}$$

Levando as Equações (4.78) e (4.79) à Equação (4.76):

$$\beta(y)\frac{d^2\psi}{dx^2} = -\psi(x)\frac{d^2\beta}{dy^2} \tag{4.80}$$

Depois de denominar $\psi(x) = \psi$ e $\beta(y) = \beta$, a Equação (4.80) é posta da seguinte forma:

$$-\left(\frac{1}{\psi}\right)\frac{d^2\psi}{dx^2} = \left(\frac{1}{\beta}\right)\frac{d^2\beta}{dy^2} \tag{4.81}$$

A igualdade (4.81) indica que o termo em y é constante à derivada segunda de $\psi(x)$, já que esta função depende apenas de x, assim como o inverso. A Equação (4.81), portanto, só é verdadeira se for satisfeita a seguinte igualdade:

$$-\left(\frac{1}{\psi}\right)\frac{d^2\psi}{dx^2} = \left(\frac{1}{\beta}\right)\frac{d^2\beta}{dy^2} = \lambda^2 \tag{4.82}$$

sendo λ^2 uma constante. Por conseguinte:

$$\left(\frac{1}{\psi}\right)\frac{d^2\psi}{dx^2} + \lambda^2 = 0 \tag{4.83}$$

e

$$\left(\frac{1}{\beta}\right)\frac{d^2\beta}{dy^2} - \lambda^2 = 0 \tag{4.84}$$

Para conhecer as soluções das Equações (4.83) e (4.84), admita a seguinte equação diferencial genérica:

$$P_2\left(\frac{d^2y}{dx^2}\right) + P_1\left(\frac{dy}{dx}\right) + P_0 y = 0 \tag{4.85}$$

com $P_0 \neq 0$. Usando a equação característica:

$$\frac{d^2}{dx^2} = D^2 \qquad \frac{d}{dx} = D \qquad D^0 = 1 \tag{4.86}$$

e identificando (4.86) em (4.85), tem-se:

$$(P_2D^2 + P_1D + P_0D^0)y = 0$$

ou

$$P_2D^2 + P_1D + P_0D^0 = 0 \tag{4.87}$$

A solução da Equação (4.87) é dada por:

$$M_{1,2} = \frac{\left(-P_1 \pm \sqrt{P_1^2 - 4P_0P_2}\right)}{2P_2}$$

com as raízes fruto de:

$$(D - M_1)(D - M_2)y = 0 \tag{4.88}$$

Casos

I. Se $M_1 \neq M_2$

$$y = C_1e^{M_1x} + C_2e^{M_2x} \tag{4.89a}$$

ou para $M_1 = -M_2$:

$$y = C_1^* \cosh(M_1x) + C_2^* \operatorname{senh}(M_1x) \tag{4.89b}$$

II. Se $M_1 = M_2 = M$

$$y = (C_1 + C_2x)e^{Mx} \tag{4.90}$$

III. Se as raízes forem complexas: $M_{1,2} = a \pm bi$

$$y = C_1e^{(a+bi)x} + C_2e^{(a-bi)x} \tag{4.91a}$$

ou

$$y = e^{ax}[C_1^* \cos(bx) + C_2^* \operatorname{sen}(bx)] \tag{4.91b}$$

IV. Se $M_1 = M_2 = \pm bi$

$$y = C_1 e^{bix} + C_2 e^{-bix} \tag{4.92a}$$

ou

$$y = C_1^* \cos(bx) + C_2^* \operatorname{sen}(bx) \tag{4.92b}$$

Identificando o caso (IV) à Equação (4.83) e o caso (I) à Equação (4.84), a solução para a Equação (4.77) fica:

$$\rho_A(x, y) = (A \cos\lambda x + B \operatorname{sen}\lambda x)(De^{-\lambda y} + Ee^{\lambda y}) \tag{4.93}$$

Da condição (4.72) aplicada na Equação (4.93), verifica-se $A = 0$. Disso resulta:

$$\rho_A(x, y) = (B \operatorname{sen}\lambda x)(De^{-\lambda y} + Ee^{\lambda y}) \tag{4.94}$$

Ao substituir a condição (4.74) na Equação (4.94), obtém-se $D = -E$. A Equação (4.94), em razão disso, é retomada segundo:

$$\rho_A(x, y) = \mathrm{G} \operatorname{sen}\lambda x(e^{-\lambda y} - e^{\lambda y}) \tag{4.95}$$

sendo: $G = BD$. Como

$$\frac{\left(e^{-\lambda y} - e^{\lambda y}\right)}{2} = \operatorname{senh}(\lambda y)$$

a Equação (4.95) é revista na forma:

$$\rho_A(x, y) = F \operatorname{sen}(\lambda x) \operatorname{senh}(\lambda x) \tag{4.96}$$

em que F = 2G. Da condição (4.73) aplicada na Equação (4.96):

$$0 = F \operatorname{sen}(\lambda w) \operatorname{senh}(\lambda y) \tag{4.97}$$

Como F não pode ser um valor nulo, pois acarretaria uma solução trivial à Equação (4.96), e desde que essa expressão seja válida para todos os valores de y, a condição imposta para a expressão (4.97) ser satisfeita é: $\operatorname{sen}(\lambda w) = 0$.

Assim:

$$\gamma w = n\pi \rightarrow \lambda = \frac{n\pi}{w} \quad \text{para} \quad n = 1,2,3,\ldots \tag{4.98}$$

Visto existir diferente solução da Equação (4.96) para cada n, haverá n constantes de integração associadas ao conjunto de soluções; após somá-las, a distribuição (4.96) fica:

$$\rho_A(x,y) = \sum_{n=1}^{\infty} F_n \operatorname{sen}\left(\frac{n\pi x}{w}\right) \operatorname{senh}\left(\frac{n\pi y}{w}\right) \tag{4.99}$$

Utilizando-se a condição (4.75) na Equação (4.99):

$$\rho_A(x) = \sum_{n=1}^{\infty} F_n \operatorname{sen}\left(\frac{n\pi x}{w}\right) \operatorname{senh}\left(\frac{n\pi L}{w}\right) \tag{4.100}$$

Para obtermos os coeficientes $F_n \operatorname{senh}(n\pi L/w)$, multiplicaremos (4.100) por $\operatorname{sen}(m\pi x/w)$ e integraremos o resultado, termo a termo, de 0 a w.

$$\int_0^w \rho_A(x) \operatorname{sen}\left(\frac{m\pi x}{w}\right) dx =$$

$$= \sum_{n=1}^{\infty} \int_0^w F_n \operatorname{senh}\left(\frac{n\pi L}{w}\right) \operatorname{sen}\left(\frac{n\pi x}{w}\right) \operatorname{sen}\left(\frac{m\pi x}{w}\right) dx \tag{4.101}$$

Como a função $\operatorname{sen}(n\pi x/w)$ forma um conjunto mutuamente ortogonal de funções no intervalo $0 \leq x \leq$ w, ela satisfaz à seguinte condição de ortogonalidade (BOYCE; DIPRIMA, 1979):

$$\int_0^w \operatorname{sen}\left(\frac{n\pi x}{w}\right) \operatorname{sen}\left(\frac{m\pi x}{w}\right) dx = \begin{cases} 0, m \neq n \\ w/2, m = n \end{cases} \tag{4.102}$$

Os coeficientes que estamos procurando, com a ajuda da condição de ortogonalidade, são:

$$F_n \operatorname{senh}\left(\frac{n\pi L}{w}\right) = \frac{2}{w} \int_0^w \rho_A(x) \operatorname{sen}\left(\frac{n\pi x}{w}\right) dx \tag{4.103}$$

Substituindo (4.103) em (4.99), conseguimos uma expressão para a distribuição de concentração de A.

$$\rho_A(x,y) = \frac{2}{w} \sum_{n=1}^{\infty} \left[\frac{\operatorname{senh}\left(\frac{n\pi y}{w}\right)}{\operatorname{senh}\left(\frac{n\pi L}{w}\right)} \right] \times$$

$$\times \operatorname{sen}\left(\frac{n\pi x}{w}\right) \int_0^w \rho_A(x) \operatorname{sen}\left(\frac{n\pi x}{w}\right) dx \tag{4.104}$$

Observe que a Equação (4.104) pode ser resolvida depois de se conhecer a função $\rho_A(x)$.

Concentração média de A

Essa concentração é obtida seguindo o raciocínio desenvolvido para chegar a $y_{B,\text{médio}}$. Dessa maneira, retomaremos a Equação (4.22) segundo:

$$\bar{\rho}_A = \frac{\int_v \rho_A \, dv}{\int_v dv} \tag{4.105}$$

Como se trata de um problema em coordenadas cartesianas e por estarmos trabalhando em duas dimensões, a definição (4.105) é posta como:

$$\bar{\rho}_A = \frac{\int_A \rho_A(x,y) dA}{\int_A dA} \tag{4.106}$$

Considerando-se que $dA = (dx)(dy)$, e pelas condições impostas para as direções x e y definidas na Figura (4.10) e nas expressões (4.72 a 4.75), a integral (4.106) é revista na forma:

$$\bar{\rho}_A = \frac{\int_0^L \int_0^w \rho_A(x,y) dx\, dy}{\int_0^L \int_0^w dx\, dy} \tag{4.107a}$$

ou

$$\bar{\rho}_A = \frac{1}{wL} \int_0^L \int_0^w \rho_A(x,y) dx\, dy \tag{4.107b}$$

Conhecendo a função $\rho_A(x)$, ela é substituída na Equação (4.104). Leva-se o resultado obtido à Equação (4.107b), determinando-se, dessa maneira, a concentração média da espécie A.

Fluxo de matéria de A

O fluxo global mássico de A referenciado a eixos estacionários é obtido por:

$$n_A(x, y) = n_{A,x}\vec{i} + n_{A,y}\vec{j} \tag{4.108}$$

sendo:

$$n_{A,x} = -D_{ef} \frac{\partial}{\partial x} \rho_A(x,y) \quad \text{e} \quad n_{A,y} = -D_{ef} \frac{\partial}{\partial y} \rho_A(x,y)$$

O fluxo global do soluto em duas direções distintas fica:

$$n_A(x,y) = -D_{ef} \left[\frac{\partial}{\partial x} \rho_A(x,y)\vec{i} + \frac{\partial}{\partial y} \rho_A(x,y)\vec{j} \right] \tag{4.109}$$

Por um procedimento análogo ao descrito para a concentração média de A, o seu fluxo mássico é estabelecido após o conhecimento da função $\rho_A(x)$. Ao substituir essa função na Equação (4.104), obtém-se um resultado que é levado à Equação (4.109).

Exemplo 4.8

Considere a situação na qual ocorra o fluxo mássico da espécie química A através da superfície de um catalisador. Ao entrar em contato com o catalisador, o soluto A difunde nas direções x e y. Atingindo três das quatro superfícies, a espécie A reage instantaneamente. Em $y = L$ para qualquer x, a sua concentração mantém-se constante em um valor β. Considerando a existência da contradifusão equimolar entre produto e reagente, pede-se:

a) a distribuição de concentração mássica do soluto A;
b) a concentração média de A;
c) uma expressão para o cálculo do fluxo global de A para qualquer x, y.

Solução:

a) A distribuição de concentração de A para esta situação é dado pela Equação (4.104)

$$\rho_A(x,y) = \frac{2}{w} \sum_{n=1}^{\infty} \frac{\operatorname{senh}(ay)}{\operatorname{senh}(aL)} \operatorname{sen}(ax) \int_0^w \rho_A(x) \operatorname{sen}(ax) dx \tag{1}$$

Exemplo 4.8 (*continuação*)

na qual

$$a = \frac{n\pi}{w} \tag{2}$$

Como $\rho_A(x) = \beta$, a Equação (1) fica:

$$\rho_A(x,y) = \frac{2\beta}{w}\sum_{n=1}^{\infty}\frac{\text{senh}(ay)}{\text{senh}(aL)}\,\text{sen}(ax)\int_0^w \text{sen}(ax)dx \tag{3}$$

Resolvendo a integral em (3):

$$\rho_A(x,y) = \frac{2\beta}{w}\sum_{n=1}^{\infty}\frac{\text{senh}(ay)}{\text{senh}(aL)}\text{sen}(ax)\left[-\frac{\cos(ax)}{a}\right]\Bigg|_0^w \quad \text{ou}$$

$$\rho_A(x,y) = \frac{2\beta}{w}\sum_{n=0}^{\infty}\frac{\text{senh}(ay)}{\text{senh}(bL)}\frac{\text{sen}(bx)}{b}\{-[\cos(bw)-1]\} \tag{4}$$

em que

$$b = \frac{(2n+1)\pi}{w}$$

$$\rho_A(x,y) = \frac{4\beta}{\pi}\sum_{n=0}^{\infty}\left(\frac{1}{2n+1}\right)\frac{\text{senh}(by)}{\text{senh}(bL)}\,\text{sen}(bx) \tag{5}$$

b) Da Equação (4.107b):

$$\bar{\rho}_A = \frac{1}{wL}\int_0^L\int_0^w \rho_A(x,y)dx\,dy \tag{6}$$

Levando (5) a (6):

$$\bar{\rho}_A = \frac{4\beta}{\pi wL}\int_0^L\int_0^w\sum_{n=0}^{\infty}\frac{1}{(2n+1)}\frac{\text{senh}(by)}{\text{senh}(bL)}\,\text{sen}(bx)dx\,dy \tag{7}$$

Integrando (7) em x:

$$\bar{\rho}_A = \frac{4\beta}{\pi wL}\int_0^L\sum_{n=0}^{\infty}\frac{1}{(2n+1)}\frac{\text{senh}(by)}{\text{senh}(bL)}\left[-\frac{\cos(bx)}{b}\right]\Bigg|_0^w dy \tag{8}$$

ou

$$\bar{\rho}_A = \frac{8\beta}{\pi wL}\int_0^L\sum_{n=0}^{\infty}\left(\frac{1}{2n+1}\right)\left(\frac{1}{b}\right)\frac{\text{senh}(by)}{\text{senh}(bL)}dy \tag{9}$$

Resolvendo a integral (9) para y:

$$\bar{\rho}_A = \frac{8\beta}{\pi wL}\sum_{n=0}^{\infty}\left(\frac{1}{2n+1}\right)\left(\frac{1}{b^2}\right)\frac{1}{\text{senh}(bL)}[\cosh(by)]\Big|_0^L \tag{10}$$

Exemplo 4.8 (*continuação*)

Teremos a concentração média da espécie A segundo:

$$\bar{\rho}_A = \frac{8\beta}{\pi w L}\sum_{n=0}^{\infty}\left(\frac{1}{2n+1}\right)\left(\frac{1}{b^2}\right)\left[\frac{\cosh(bL)-1}{\operatorname{senh}(bL)}\right] \tag{11}$$

O termo entre colchetes é $\operatorname{tgh}[(1/2)bL)]$. Assim, para qualquer n:

$$\bar{\rho}_A = \frac{8\beta}{\pi w L}\sum_{n=0}^{\infty}\left(\frac{1}{2n+1}\right)\left(\frac{1}{b^2}\right)\operatorname{tgh}\left[\frac{1}{2}(bL)\right] \tag{12}$$

c) Da Equação (4.109):

$$n_A(x,y) = -D_{AB}\left[\frac{\partial}{\partial x}\rho_A(x,y)\vec{i} + \frac{\partial}{\partial y}\rho_A(x,y)\vec{j}\right] \tag{13}$$

Depois de derivar a Equação (5) em x:

$$\frac{\partial}{\partial x}\rho_A(x,y) = \frac{4\beta}{\pi}\sum_{n=0}^{\infty}\left(\frac{b}{2n+1}\right)\frac{\operatorname{senh}(by)}{\operatorname{senh}(bL)}\cos(bx) \tag{14}$$

Substituindo

$$b = \frac{(2n+1)\pi}{w}$$

em (14):

$$\frac{\partial}{\partial x}\rho_A(x,y) = \frac{4\beta}{w}\sum_{n=0}^{\infty}\frac{\operatorname{senh}(by)}{\operatorname{senh}(bL)}\cos(bx) \tag{15}$$

Derivando a Equação (5) em y:

$$\frac{\partial}{\partial y}\rho_A(x,y) = \frac{4\beta}{\pi}\sum_{n=0}^{\infty}\left(\frac{b}{2n+1}\right)\frac{\cosh(by)}{\operatorname{senh}(bL)}\operatorname{sen}(bx) \tag{16}$$

Levando

$$b = \frac{(2n+1)\pi}{w}$$

a (16):

$$\frac{\partial}{\partial y}\rho_A(x,y) = \frac{4\beta}{w}\sum_{n=0}^{\infty}\frac{\cosh(by)}{\operatorname{senh}(bL)}\operatorname{sen}(bx) \tag{17}$$

O fluxo global de A é obtido substituindo (15) e (17) em (13), da qual resulta:

$$n_A(x,y) = -D_{ef}\frac{4\beta}{\pi}\sum_{n=0}^{\infty}\frac{1}{\operatorname{senh}(bL)}\left[\operatorname{senh}(by)\cos(bx)\vec{i} + \cosh(by)\operatorname{sen}(bx)\vec{j}\right]$$

EXERCÍCIOS

Conceitos

1. Qual é a diferença entre equilíbrio termodinâmico e regime permanente?
2. Demonstre

$$\frac{y_{B,\text{médio}}}{y_{B1}} = \frac{\int_{z_1}^{z_2}\left(\frac{y_B}{y_{B_1}}\right)dz}{\int_{z_1}^{z_2} dz} = \frac{\int_0^1 \left(\frac{y_{B_2}}{y_{B_1}}\right)^{\psi} d\psi}{\int_0^1 d\psi}$$

e a resolva.

3. Considerando o meio B estagnado, como pode haver distribuição da sua concentração se o seu fluxo global é nulo? (Em uma mistura binária.)
4. De que modo a difusão provoca o movimento do meio quando este está estagnado? Utilize a primeira lei de Fick para fluxo global durante o comentário.
5. A difusão do soluto A por meio de uma película estagnada de gás pode ser acompanhada pela expressão:

$$N_{A,z} = \frac{(D_{AB}P)}{\left[RT(z_2 - z_1)\right]}\left[\frac{\left(P_{A_1} - P_{A_2}\right)}{P_{B,\text{médio}}}\right]$$

Mostre o que acontecerá ao fluxo do componente A, caso a pressão global do sistema seja triplicada.

6. Qual é a diferença entre difusão em regime permanente e difusão pseudoestacionária?
7. Elabore um experimento para determinar o D_{AB} utilizando o regime pseudoestacionário.
8. O que significa contradifusão equimolar e em quais situações físicas é utilizada?
9. Proponha uma expressão para o cálculo da concentração média de A para a contradifusão equimolar.
10. Sabendo que a equação de Laplace é aplicada para sistemas multidimensionais, obtenha a distribuição $C_A(x, y, z)$ com as seguintes condições de contorno:

$C_A(0,y,z) = 0$; $C_A(x,0,z) = 0$;
$C_A(x,y,0) = 0$; $C_A(w,y,z) = 0$;
$C_A(x,L,z) = 0$; $C_A(x,y,B) = C_{A_0}$.

Cálculos

1. Deseja-se remover água de uma mistura ar–vapor d'água (ar úmido) que contém 30% em mol de água. A mistura difunde em um capilar de 0,5 cm de comprimento de ar estagnado até atingir certa solução líquida, na qual o vapor é absorvido instantaneamente. O sistema opera a 1 atm e 60 °C. Determine o fluxo molar do vapor de água através do filme estagnado.
2. Um capilar contém acetona, cujo nível distancia-se do topo a 1,10 cm. O capilar é mantido a 20 °C e 750 mmHg, enquanto uma corrente de ar seco escoa sobre o topo do tubo. Após 8 horas de operação, o nível do líquido cai para 2,05 cm a mais da corrente de ar. Sabendo que a pressão de vapor da acetona a 20 °C é 180 mmHg, determine o valor do seu coeficiente de difusão no ar seco.

   Dado: $\rho_{Ac} = 0{,}792$ g/cm^3.
3. Um capilar está semipreenchido com 2,5 cm de etanol. Admite-se que o ar seco contido no interior do capilar esteja estagnado a 750 mmHg e 25 °C. Determine a altura do capilar, sabendo que houve um desnível do líquido de 0,5 cm no final de 5 horas. Utilize as informações do Exercício 4.
4. Propõe-se o seguinte experimento: quatro capilares de 4 cm cada são mantidos a 25 °C e 1 atm e por seus topos escoa ar seco. Sabe-se que os capilares A, B, C, D contêm, respectivamente: 0,5 cm de benzeno; 0,5 cm de tolueno; 0,5 cm de metanol e 0,5 cm de etanol. Estabeleça uma ordem crescente de tempo, em horas, para o esvaziamento total dos capilares. Faça os cálculos e justifique a resposta.

   Dados: $\ell n P_A^{\text{vap}} = E - \frac{F}{(T+G)}$ em (mmHg) e T em Kelvin. (REID; PRAUSNITZ; SHERWOOD, 1977)

Espécies	M(g/mol)	ρ_L(g/cm^3)	E	F	G
benzeno	78,114	0,882	15,9008	2788,51	–52,36
tolueno	92,141	0,864	16,0137	3096,52	–53,67
metanol	32,042	0,789	18,5875	3626,55	–34,29
etanol	46,069	0,787	18,9119	3803,98	–41,68

5. Uma gota de água é suspensa em um ambiente que contém ar seco e estagnado a 25 °C e 1 atm. A pressão de vapor da água, nessa tem-

peratura, é 22,2 mmHg, e a sua massa específica, enquanto líquida, é 0,994 g/cm^3. Quanto tempo levará para a esfera líquida reduzir o seu diâmetro de 0,4 cm para 0,2 cm?

6. Resolva os exemplos (4.3) e (4.5) considerando-se um cilindro de naftaleno de 2,0 cm de comprimento que permanece constante durante a sublimação. Considere que o tubo no qual o corpo de prova está inserido tenha 20 cm de diâmetro.

7. Determine o fluxo molar de nitrogênio presente no exemplo (4.6).

8. Calcule a solubilidade do O_2 a 25 °C em uma membrana de polibutadieno referente ao exemplo (4.7) e interprete o resultado obtido.

9. Calcule o fluxo molar de O_2 por meio de uma membrana de borracha butílica de 0,075 mm de espessura que está a 25 °C. A pressão parcial do soluto é 0,2 atm em uma das regiões que envolvem a matriz e 0,02 atm na extremidade oposta. Determine a solubilidade do O_2 na membrana, sabendo que a sua permeabilidade é igual a 13 [(cm^3 à STP)(mm de espessura) × 10^{-10}/(cm^3)(s)(cmHg)]/cm^2.

10. Para uma placa plana de comprimento L e largura w sujeita às condições de fronteira:

$$\rho_A(0, y) = 0; \qquad \rho_A(w, y) = 0;$$
$$\rho_A(x, 0) = 0; \qquad \rho_A(x, L) = x^3 + x^2 + x - 1,$$

determine:

a) a distribuição de concentração da espécie A;
b) a concentração média de A;
c) o fluxo global de A.

BIBLIOGRAFIA

BOYCE, W. E.; DIPRIMA, R. C. *Equações diferenciais elementares e problemas de valores de contorno*. 3. ed. Rio de Janeiro: Guanabara Dois, 1979.

FAHIEN, R. W. *Fundamentals of transport phenomena*. New York: McGraw-Hill, 1983.

REID, R. C.; PRAUSNITZ, J. M.; SHERWOOD, T. K. *The properties of gases & liquids*. 3. ed. New York: McGraw-Hill, 1977.

WELTY, J. R.; WILSON, K. E.; WICKS, E. *Fundamentals of momentum, heat and mass transfer*. 2. ed. New York: John Wiley, 1976.

NOMENCLATURA

C	concentração molar da mistura, Equação (2.29);	[mol·L^{-3}]
C_i	concentração molar da espécie i, $i = A$ ou B;	[mol·L^{-3}]
D_{AB}	coeficiente de difusão do soluto A no meio B, Equação (2.29);	[L^2·T^{-1}]
D_{Ame}	coeficiente efetivo de difusão do soluto A na membrana, Equação (4.69);	[L^2·T^{-1}]
$J_{A,z}$	fluxo molar de A na direção z, devido à contribuição difusiva, Figuras (4.4a) e (4.4b);	[mol·L^{-2}·T^{-1}]
$J^c_{A,z}$	fluxo molar de A na direção z, devido à contribuição convectiva, Figura (4.4a);	[mol·L^{-2}·T^{-1}]
$J_{B,z}$	fluxo molar de B na direção z, devido à contribuição difusiva, Figura (4.5);	[mol·L^{-2}·T^{-1}]
$J^c_{B,z}$	fluxo molar de A na direção x, devido à contribuição convectiva, Figura (4.4b);	[mol·L^{-2}·T^{-1}]
ℓ	espessura da membrana, Equação (4.69);	[L]
L	comprimento, Equação (4.75);	[L]
m	massa do sólido, Equação (4.35);	[M]

M_A	massa molar da espécie A, Equação (4.37);	$[M \cdot mol^{-1}]$
$\vec{n}_A$	fluxo mássico global, vetorial, de A, referenciado a eixos estacionários, Equação (3.6);	$[M \cdot L^{-2} \cdot T^{-1}]$
$n_{A,i}$	fluxo mássico global de A, referenciado a eixo estacionário, $i = z$ ou r, Tabela (4.1);	$[M \cdot L^{-2} \cdot T^{-1}]$
$\vec{N}_A$	fluxo molar global, vetorial, de A, referenciado a eixos estacionários, Equação (3.21);	$[mol \cdot L^{-2} \cdot T^{-1}]$
$N_{A,i}$	fluxo molar global de A, referenciado a eixos estacionários $i = x, y$; ou $i = z$ ou r, Tabela (4.2);	$[mol \cdot L^{-2} \cdot T^{-1}]$
$\vec{N}_i$	fluxo global molar, vetorial, de i referenciado a eixos estacionários;	$[mol \cdot L^{-2} \cdot T^{-1}]$
$N_{i,z}$	fluxo molar global de $i = A$ ou B, referenciado a eixos estacionários;	$[mol \cdot L^{-2} \cdot T^{-1}]$
P	pressão total do sistema, Equação (4.34);	$[F \cdot L^{-2}]$
P_A	pressão parcial da espécie A, Equação (4.34);	$[F \cdot L^{-2}]$
P_A^{vap}	pressão de vapor da espécie A, exemplo (4.3);	$[F \cdot L^{-2}]$
$P_{B,\text{médio}}$	pressão média logarítmica da espécie B, Equação (4.34);	$[F \cdot L^{-2}]$
P_E	permeabilidade, Equação (4.70);	$[L^2 \cdot T^{-1} \cdot F^{-1}]$
r	distância radial no meio difusivo, Equações (4.4), (4.5), (4.7) e (4.8);	$[L]$
r_A'''	termo reacional mássico de criação ou de consumo da espécie A, Equação (3.6);	$[mol \cdot L^{-3} \cdot T^{-1}]$
R_A'''	termo reacional molar de criação ou de consumo da espécie A, Equação (3.21);	$[mol \cdot L^{-3} \cdot T^{-1}]$
R_0	raio do corpo de prova, Equação (4.42);	$[L]$
S	solubilidade, Equação (4.68);	$[L^4 \cdot T^{-2} \cdot F^{-1}]$
t	tempo, Equação (3.21);	$[T]$
T	temperatura, exemplo (4.2);	$[t]$
$v_{B,z}$	velocidade absoluta da espécie B na direção z, Equação (4.20);	$[L \cdot T^{-1}]$
V_z	velocidade média molar da solução na direção z, Equação (4.20);	$[L \cdot T^{-1}]$
y_{A_i}	fração molar, na fase gasosa, da espécie A na interface i = 1 ou 2;	adimensional
$\overline{y}_B$	fração média molar da espécie B, Equação (4.22);	adimensional
$y_{B,\text{médio}}$	fração média logarítmica molar da espécie B, Equação (4.24);	adimensional
y_i	fração molar, na fase gasosa, da espécie $i = A$ ou B; adimensional	
w	largura, Equação (4.73); [L]	
$W_{A,r}$	taxa molar de transferência de massa na direção radial, Equação (4.37);	$[mol \cdot T^{-1}]$
$W_{A,r}'$	taxa mássica de transferência de massa na direção radial, Equação (4.35);	$[M \cdot T^{-1}]$
z	contorno cartesiano.	$[L]$

Letras gregas

β	função qualquer da variável y, Equação (4.77); constante do exemplo (4.8);	
λ	constante, Equação (4.82);	adimensional
ρ_A	concentração mássica da espécie A, Equação (3.6);	$[M \cdot L^{-3}]$
ρ_{A_L}	massa específica da espécie A (líquido), Equação (4.47);	$[M \cdot L^{-3}]$
ρ_{A_S}	massa específica da espécie A, Equação (4.51);	$[M \cdot L^{-3}]$
υ	volume genérico como função do referencial de coordenadas adotado, Equação (4.22);	$[L^3]$
ψ	comprimento reduzido, Equação (4.25); função qualquer de x, Equação (4.77);	adimensional

Sobrescritos

vap	pressão de vapor
–	médio
c	convectivo

Subscritos

A	espécie química A
B	espécie química B
O	superfície
L	líquido
r,θ,z	coordenadas cilíndricas
r,θ,ϕ	coordenadas esféricas
s	sólido
x,y,z	coordenadas retangulares
∞	distância suficientemente longa
1,2	fronteiras, contornos 1 e 2

C A P Í T U L O 5

DIFUSÃO EM REGIME TRANSIENTE

5.1 CONSIDERAÇÕES A RESPEITO

Na difusão em regime permanente havia somente uma distribuição espacial de concentração do soluto na região de transporte ao longo do tempo, levando a uma única concentração média, conforme ilustra a Figura (5.1).

Neste capítulo encontraremos situações físicas nas quais a concentração do difundente em um determinado ponto z^*, no elemento de volume, varia ao longo do tempo, Figura (5.2). Tal comportamento leva à distribuição de concentração do soluto tanto no espaço quanto no tempo, acarretando para cada distribuição espacial de concentração uma concentração média variável com o tempo, Figura (5.3). Esse comportamento revela-se de suma importância no estudo experimental de fenômenos transientes de transferência de massa, como nas operações em batelada e no início de processos contínuos.

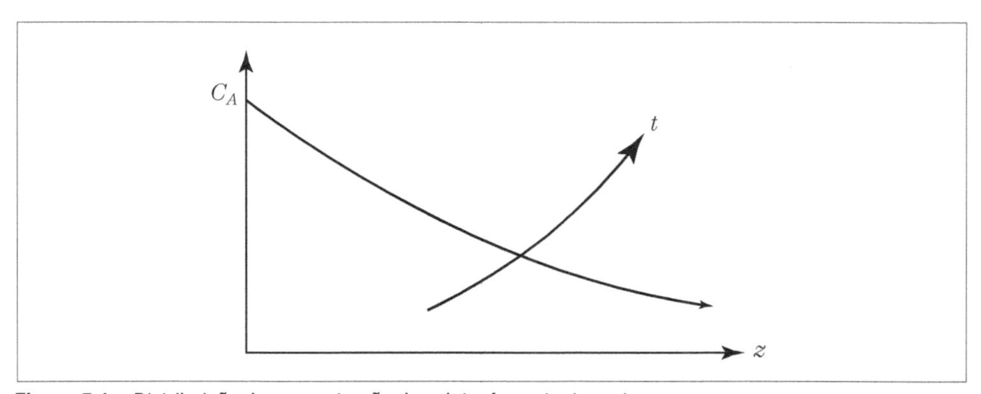

Figura 5.1 – Distribuição de concentração do soluto *A* constante no tempo.

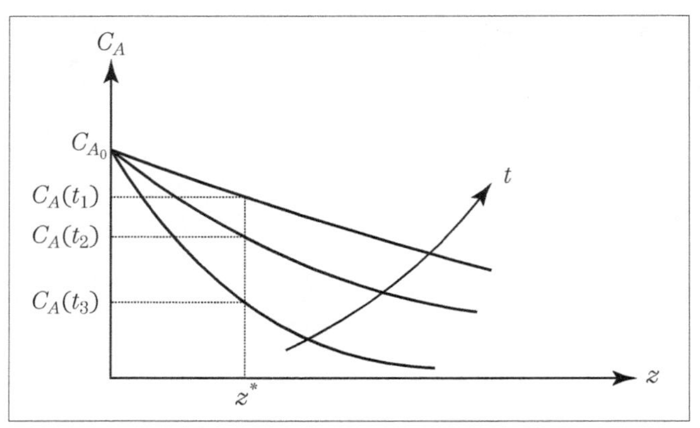

Figura 5.2 – Variação temporal e espacial da distribuição de concentração de *A*.

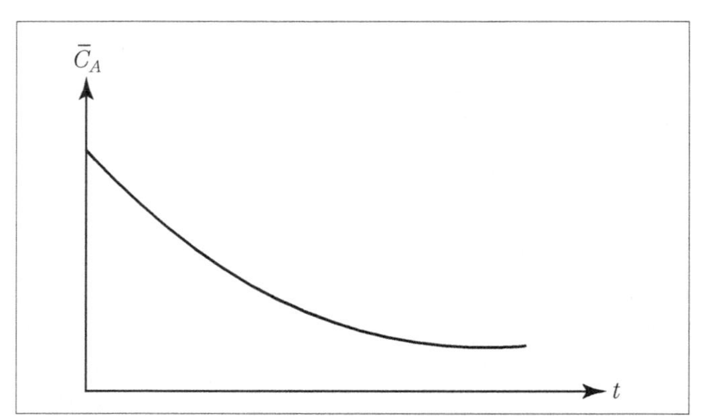

Figura 5.3 – Variação da concentração média de *A* ao longo do tempo.

A difusão em regime transiente aparece em diversas situações: adsorção, secagem, permeação de um gás por uma matriz polimérica, penetração de átomos de carbono em uma barra de ferro na fabricação de aço, entre outras. Ao supormos esses fenômenos, admitiremos o meio difusivo estagnado. O fluxo total de matéria de A referenciado a eixos fixos será expresso em função da primeira lei de Fick[1]:

$$\vec{N}_A = \vec{J}_A = -D_{ef}\vec{\nabla}C_A \tag{5.1}$$

Todavia, nada impede que a região difusiva esteja envolta por um meio externo no qual o soluto é transportado por convecção mássica até a interface meio externo/região difusiva. Por conseguinte, este capítulo será dividido em duas partes:

I. difusão sem a presença do fenômeno da convecção mássica nas fronteiras do meio difusivo ou difusão em regime transiente com resistência externa desprezível;

II. difusão com a presença do fenômeno da convecção mássica nas fronteiras do meio difusivo ou difusão em regime transiente com a presença da resistência externa[2].

Podem-se diferenciar esses dois tipos de resistências por intermédio do número de Biot mássico, o qual está definido na Equação (3.93):

$$Bi_M \equiv \frac{sk_{m_2}}{D_{ef_1}K_p} \tag{3.93}$$

Na situação em que $Bi_M \to \infty$, diz-se que a resistência externa ao fenômeno de transferência de massa é desprezível em face do fenômeno difusivo que está se processando no meio em que ocorre o transporte de matéria. Na prática, pode-se considerar este valor para $Bi_M > 50$. Na situação em que $Bi_M \to 0$, diz-se que o processo que rege a transferência de massa está situado externamente ao meio em que há o fenômeno difusivo. Neste caso, a resistência interna é desprezível, em face da externa. Em ambos os casos, a equação da continuidade molar da espécie A no meio difusivo é:

$$\frac{\partial C_A}{\partial t} = D_{ef}\nabla^2 C_A + R_A''' \tag{5.2}$$

Como não há reação química na região de transferência[3], a Equação (5.2) é retomada na forma:

$$\frac{\partial C_A}{\partial t} = D_{ef}\nabla^2 C_A \tag{5.3}$$

[1] Quando se trabalha com sólidos porosos, ou mesmo em géis no interior dos quais há substratos, é comum expressar empiricamente todo o mecanismo de transferência de massa em termos da primeira lei de Fick. Excetuando-se a difusiva, todas as outras contribuições são englobadas no coeficiente efetivo de difusão.

[2] Este termo é herdado da transferência de calor. Encontra-se na literatura de transferência de massa este fenômeno posto como "efeito da evaporação na superfície do meio difusivo" ou "convecção mássica na superfície do meio difusivo". Todos eles se referem basicamente à condição (3.90).

[3] Algo sobre difusão em regime transiente com reação química será apresentado no Capítulo 6 (item 6.4).

5.2 DIFUSÃO EM REGIME TRANSIENTE COM RESISTÊNCIA EXTERNA DESPREZÍVEL

Para esclarecer o que vem a ser difusão em regime transiente com resistência externa desprezível, considere a secagem de dois tipos de sólidos[4]:

I. *sólidos compactos*: a umidade se concentra totalmente na superfície do material, dispondo de um tempo relativamente curto para ser removida. Neste caso, $Bi_M \to 0$;

II. *sólidos porosos*: além da umidade externa, existe aquela contida no interior do material. No decorrer da operação de secagem, a umidade externa é facilmente removível até um valor constante, denominado, segundo McEwen e O'Callaghan (1955), de equilíbrio dinâmico. Enquanto isso, em virtude do gradiente interno de umidade, a remoção desta é mais lenta, continuando após a concentração do soluto na superfície atingir o equilíbrio, o qual depende do teor de umidade no seio do gás[5]. Supondo a remoção da umidade interna muito lenta, admite-se desprezível o tempo necessário para atingir a concentração de equilíbrio na superfície do sólido, a ponto de a resistência externa ao transporte ser considerada insignificante quando comparada à interna. Aqui, $Bi_M \to \infty$.

Há de se notar que a resistência externa está vinculada à interface sólido–meio externo, em que pode haver a influência das características do meio externo, indicando o fenômeno da convecção mássica. A resistência interna, por sua vez, está associada ao que acontece no interior da matriz, na qual o fenômeno é governado pela difusão do soluto.

5.2.1 Placa plana infinita

Um meio é considerado infinito na situação em que a extensão da dimensão em que acontece a difusão venha a ser muito menor quando comparada as outras dimensões. No caso de uma placa plana infinita, o seu comprimento e largura são bem maiores do que a espessura, eixo do qual haverá o estudo. Isto acarreta, inclusive, a difusão unidirecional.

Considere a extração de um óleo vegetal de uma semente oleaginosa submetendo-a a um solvente apropriado. Para tanto, essa semente foi descascada e fatiada em lâminas, de tal modo que o comprimento de cada lâmina venha a ser muito maior do que a sua espessura (L > 16a), como representado na Figura (5.4). Neste caso, o corpo de prova pode ser tratado como uma placa plana infinita.

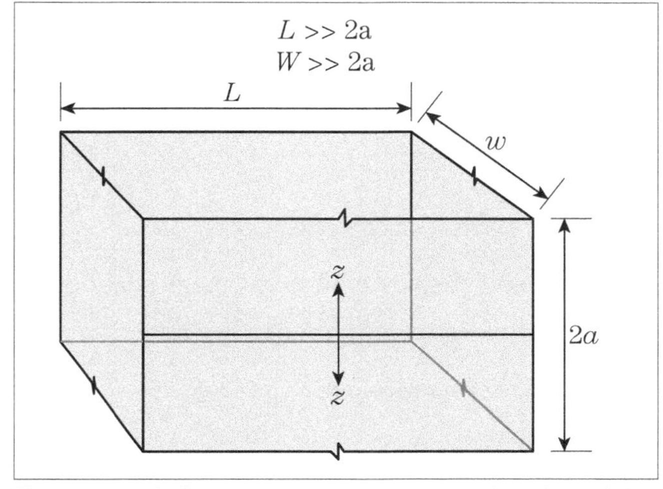

Figura 5.4 – Difusão em regime transiente em uma placa plana infinita.

A equação da continuidade que descreve a distribuição de concentração do óleo no interior da lamina é:

$$\frac{\partial C_A}{\partial t} = D_{ef} \frac{\partial^2 C_A}{\partial z^2} \tag{5.4}$$

com as seguintes condições de contorno:

C.I: (condição inicial) para $t = 0$; $C_A = C_{A_0}$, para qualquer z

C.C.1: para $t > 0$; em $z = 0$; $\left.\frac{\partial C_A}{\partial z}\right|_{z=0} = 0$

C.C.2: para $t > 0$; em $z = a$;

$$C_A = C_A^* = K_p C_{A_\infty} \tag{3.84}$$

esta condição é particularmente válida para sistemas diluídos, sendo o equilíbrio termodinâmico descrito por uma relação similar à lei de Henry.

Há de se notar alguns detalhes nessas condições de contorno:

---

[4] Toda formulação efetuada para um determinado fenômeno, por exemplo, a secagem, pode ser estendida a outra situação física.

[5] No caso de secagem, o K_p presente na condição (3.84) é o coeficiente angular local da isoterma de equilíbrio.

1. para $t > 0$, em $z = a$, a concentração do óleo na superfície da lâmina foi reduzida de C_{A_0} para um valor constante C_A^*, o qual está em equilíbrio com a concentração do óleo presente na fase solvente. O tempo para que isto ocorra é desprezível se comparado ao da operação de extração;
2. para $t > 0$, em $z = 0$, admite-se a continuidade do fluxo de A.

Visando obter uma solução para a equação da continuidade (5.4), define-se a seguinte concentração adimensional para o soluto A:

$$\theta = \frac{C_A - C_A^*}{C_{A_0} - C_A^*} \tag{5.5}$$

A Equação (5.4) é retomada como:

$$\frac{\partial \theta}{\partial t} = D_{ef} \frac{\partial^2 \theta}{\partial z^2} \tag{5.6}$$

sendo as condições de contorno postas segundo:

C.I: para $t = 0$; $\theta = 1$, para qualquer z

C.C.1: para $t > 0$; em $z = 0$, $\left.\frac{\partial \theta}{\partial z}\right|_{z=0} = 0$

C.C.2: para $t > 0$; em $z = a$, $\theta_a = 0$

A solução da Equação (5.6) é obtida da técnica da separação de variáveis. Supõe-se que o resultado da Equação (5.6) tenha a seguinte forma:

$$\theta(z,\ t) = \psi(z)\beta(t) \tag{5.7}$$

Introduzindo essa função na Equação (5.6) e denominando $\psi(z) = \psi$ e $\beta(t) = \beta$, obtém-se:

$$\psi \frac{d\beta}{dt} = D_{ef} \beta \frac{d^2\psi}{dz^2} \tag{5.8}$$

Depois de separar as variáveis:

$$\left(\frac{1}{D_{ef}\beta}\right)\left(\frac{d\beta}{dt}\right) = \left(\frac{1}{\psi}\right)\left(\frac{d^2\psi}{dz^2}\right) = -\lambda^2 \tag{5.9}$$

Como cada lado da Equação (5.9) é função apenas de uma variável, os dois lados só podem ser iguais quando ambos forem iguais à mesma constante $-\lambda^2$. A escolha de uma constante negativa possibilita a solução para a concentração do soluto A que diminuirá com o tempo. Observe que está havendo a retirada, ao longo do tempo, do óleo do interior da semente.

Retomando a nossa análise, verificamos da Equação (5.9) duas equações diferenciais ordinárias:

$$\frac{d\beta}{dt} + D_{ef}\lambda^2\beta = 0 \tag{5.10a}$$

e

$$\frac{d^2\psi}{dz^2} + \lambda^2\psi = 0 \tag{5.10b}$$

A solução da Equação (5.10a) é imediata:

$$\beta = \beta(t) = C_1 \exp(-D_{ef}\lambda^2 t) \tag{5.11a}$$

A solução da Equação (5.10b) advém da situação (IV) apresentada no capítulo anterior, Equação (4.92b).

$$\psi = \psi(z) = C_2 \operatorname{sen}(\lambda z) + C_3 \cos(\lambda z) \tag{5.11b}$$

Substituindo as Equações (5.11a) e (5.11b) na Equação (5.7):

$$\theta = \theta(z,t) = e^{-D_{ef}\lambda^2 t}[A \cos(\lambda z) + B \operatorname{sen}(\lambda z)] \tag{5.12}$$

A determinação das constantes A e B depende das condições físicas na fronteira da lâmina. Derivando a Equação (5.12) em z, obtém-se:

$$\frac{\partial}{\partial z}\theta(z,t) = \lambda e^{-D_{ef}\lambda^2 t}\left[B\cos(\lambda z) - A\operatorname{sen}(\lambda z)\right] \tag{5.13}$$

Em virtude da continuidade do fluxo de A em $z = 0$, utilizaremos a C.C.1 na Equação (5.13), resultando:

$$0 = \lambda e^{-D_{ef}\lambda^2 t}B$$

como $\lambda e^{-D_{ef}\lambda^2 t} \neq 0$, caso contrário levaria a uma solução trivial a Equação (5.12), temos: $B = 0$. Por conseguinte:

$$\theta(z,t) = A \cos(\lambda z)e^{-D_{ef}\lambda^2 t} \tag{5.14}$$

Aplicando a C.C.2 na expressão (5.14):

$$0 = A \cos(\lambda a)e^{-D_{ef}\lambda^2 t}$$

Para não impor uma solução trivial à Equação (5.14):

$$Ae^{-D_{ef}\lambda^2 t} \neq 0$$

portanto, $\cos(\lambda a) = 0$. Essa igualdade é satisfeita quando:

$$\lambda = \frac{\pi}{2a}, \frac{3\pi}{2a}, \frac{5\pi}{2a}, \ldots$$

ou se os valores característicos apresentarem-se como:

$$\lambda_n = (2n+1)\frac{\pi}{2a}$$

Para cada valor de λ, existe uma solução em separado para a Equação (5.14), de maneira ser a solução global dessa equação a soma das individuais:

$$\theta(z,t) = \sum_{n=0}^{\infty} A_n \cos\left[\left(\frac{2n+1}{2a}\right)\pi z\right]\exp\left[-\frac{(2n+1)^2\pi^2}{4a^2}D_{ef}t\right] \quad (5.15)$$

No intuito de obter os valores dos A_n, lança-se mão da condição inicial:

$$\theta(z,0) = 1 = \sum_{n=0}^{\infty} A_n \cos\left[\left(\frac{2n+1}{2a}\right)\pi z\right] \quad (5.16)$$

Em virtude de a função $\cos[(2n+1)\pi z/2a]$ obedecer ao critério de ortogonalidade, os coeficientes A_n são os coeficientes da série cosseno de Fourier determinados por:

$$A_n = \frac{2}{a}\int_0^a \cos\left[\left(\frac{2n+1}{2a}\right)\pi z\right]dz \quad (5.17)$$

Resolvendo a integral (5.17):

$$A_n = \frac{2}{a}\left\{\left(\frac{2a}{2n+1}\right)\frac{1}{\pi}\left[\text{sen}\left(\left(n+\frac{1}{2}\right)\frac{\pi}{a}z\right)\right]\right\} =$$

$$= \frac{4}{[(2n+1)\pi]}\left[\text{sen}\left(n+\frac{1}{2}\right)\pi\right]$$

assim:

$$A_n = \frac{4}{\pi}\left[\frac{(-1)^n}{2n+1}\right]$$

De posse dos valores de A_n, a distribuição da concentração adimensional do óleo no interior da lâmina fica:

$$\theta(z,t) = \left(\frac{C_A - C_A^*}{C_{A_0} - C_A^*}\right) = \frac{4}{\pi}\sum_{n=0}^{\infty}\left[\frac{(-1)^n}{2n+1}\right] \times$$

$$\times \cos\left[\left(\frac{2n+1}{2a}\right)\pi z\right]\exp\left\{-\left[\frac{(2n+1)}{2a}\pi\right]^2 D_{ef}t\right\} \quad (5.18)$$

Identificando os adimensionais:

comprimento reduzido:

$$\eta = \frac{z}{a} \quad (5.19a)$$

e

$$\gamma_n = (2n+1)\frac{\pi}{2} \quad (5.19b)$$

na Equação (5.18); esta é rearranjada como:

$$\theta(\eta,t) = \theta = 2\sum_{n=0}^{\infty}\frac{(-1)^n}{\gamma_n}\cos(\eta\gamma_n)\exp\left(-\gamma_n^2\frac{D_{ef}t}{a^2}\right) \quad (5.20)$$

Exceto os termos γ_n presentes no argumento da função exponencial da Equação (5.20), o grupo restante é reconhecido como o *número de Fourier mássico*, que representa um tempo adimensional em função das características do difundente e do meio difusivo:

$$Fo_M = \frac{D_{ef}t}{z_1^2} \quad (5.21)$$

sendo o denominador z_1 a distância do início da difusão à superfície da matriz considerada. Na presente situação este parâmetro é igual à semiespessura da lâmina.

A Equação (5.20), portanto, é retomada de acordo com:

$$\theta(\eta,Fo_M) = \theta = 2\sum_{n=0}^{\infty}\frac{(-1)^n}{\gamma_n}\cos(\eta\gamma_n)e^{\left(-\gamma_n^2 Fo_M\right)} \quad (5.22)$$

Concentração média de *A*

O que se mede, normalmente, nos ensaios experimentais de processos em batelada são concentrações médias espaciais ao longo do tempo. Essas concentrações são determinadas de igual modo quando da apresentação da Equação (4.105). Na atual situação, analisa-se um fenômeno de geometria cartesiana governado por fluxo unidimensional. A Equação (4.107b), desse modo, é revista para o regime transiente como:

$$\bar{C}_A(t) = \frac{1}{a}\int_0^a C_A(z,t)dz \quad (5.23)$$

Substituindo a Equação (5.18) na Equação (5.23):

$$\bar{C}_A(t) = \bar{C}_A = \frac{1}{a}C_A^* \int_0^a dz + \frac{4}{\pi}\left(C_{A_0} - C_A^*\right)\int_0^a \sum_{n=0}^{\infty}\left[\frac{(-1)^n}{2n+1}\right] \times$$

$$\times \cos\left[\left(\frac{2n+1}{2a}\pi\right)z\right]\exp\left[-\left(\frac{(2n+1)}{2a}\pi\right)^2 D_{ef}t\right]dz$$

Integrando essa equação e denominando $\bar{C}_A(t)$ de $\bar{C}_A$, temos:

$$\frac{\bar{C}_A - C_A^*}{C_{A_0} - C_A^*} = \frac{8}{\pi^2}\sum_{n=0}^{\infty}\frac{1}{(2n+1)^2}\exp\left[-\left(\frac{(2n+1)}{2a}\pi\right)^2 D_{ef}t\right] \quad (5.24)$$

Pondo a Equação (5.24) em termos dos adimensionais (5.19a), (5.19b) e (5.21):

$$\bar{\theta} = \bar{\theta}(Fo_M) = 2\sum_{n=0}^{\infty}\frac{1}{\gamma_n^2}e^{\left(-\gamma_n^2 Fo_M\right)} \quad (5.25)$$

Quando o tempo de remoção ou de adição do soluto no meio difusivo considerado for elevado ou para z_1 muito pequeno, as séries (5.22) e (5.25) podem ser truncadas logo no primeiro termo. Um critério apropriado para avaliar tais condições é o de calcular o número de Fourier mássico. Para $Fo_M \geq 0{,}2$ as séries podem ser truncadas no primeiro termo.

Exemplo 5.1

Secaram-se as faces de uma placa de madeira de dimensões (0,2 × 20 × 40) cm^3 a 40 °C e 1 atm. A umidade de equilíbrio era 9,0% e o coeficiente efetivo de difusão $D_{ef} = 0{,}5 \times 10^{-5}$ cm^2/s. Qual foi o tempo necessário para reduzir a umidade média de 16,6% para 13,0%? Faça o exercício considerando:

a) a série (5.25) truncada no primeiro termo;

b) a série (5.25) truncada no segundo termo.

Solução:

A porcentagem de umidade contida na madeira refere-se ao percentual da fração mássica de água. Entretanto, quando se trabalha com secagem, é usual expressar qualquer concentração do soluto em termos de massa de água por massa de sólido seco ou umidade em base seca. Neste caso, a concentração adimensional de A definida pela Equação (5.5) é retomada como:

$\theta = \dfrac{X_A - X_A^*}{X_{A_0} - X_A^*}$, em que $X_A = \dfrac{w_A}{1 - w_A}$. Desta maneira: $\bar{\theta} = \dfrac{\bar{X}_A - X_A^*}{X_{A_0} - X_A^*}$.

Podemos verificar do enunciado que: $\bar{w}_A = 0{,}13$, do qual resulta

$\bar{X}_A = 0{,}149$; $w_A^* = 0{,}09$ ou $X_A^* = 0{,}0989$ e $w_{A0} = 0{,}166$ ou $X_{A0} = 0{,}199$

Assim:

$$\bar{\theta} = \frac{0{,}149 - 0{,}0989}{0{,}199 - 0{,}0989} = 0{,}5 \quad (1)$$

Resta-nos, portanto, atender ao que está sendo solicitado.

a) A série (5.25) truncada no primeiro termo:

$$\bar{\theta}(Fo_M) = \frac{2}{\gamma_0^2}e^{\left(-\gamma_0^2 Fo_M\right)} \quad (2)$$

Exemplo 5.1 (*continuação*)

Dos autovalores presentes em (5.19b):

$$\gamma_0 = [2(0)+1]\frac{\pi}{2} = \frac{\pi}{2} \rightarrow \gamma_0^2 = 2{,}4674 \quad (3)$$

Encontramos no enunciado:

$$D_{ef} = 0{,}5 \times 10^{-5} \text{ cm}^2/\text{s} \quad (4)$$

Levando (1), (3) e (4) a (2):

$$0{,}5 = \frac{(2)}{(2{,}4674)}\exp(-2{,}4674 Fo_M) \rightarrow Fo_M = 0{,}196 \quad (5)$$

O conhecimento do número de Fourier mássico depende, entre outros, de z_1, que é:

$$z_1 = a = 0{,}2/2 = 0{,}1 \text{ cm} \quad (6)$$

Da definição (5.21): $Fo_M = 0{,}196 = \frac{(0{,}5\times 10^{-5})(t)}{(0{,}1)^2}$ levando-nos a $t = 391{,}6$ s.

b) Série (5.25) truncada no segundo termo:

$$\bar{\theta}(Fo_M) = \frac{2}{\gamma_0^2}e^{(-\gamma_0^2 Fo_M)} + \frac{2}{\gamma_1^2}e^{(-\gamma_1^2 Fo_M)} \quad (7)$$

Dos autovalores presentes em (5.19b):

$$\gamma_1 = [2(1)+1]\frac{\pi}{2} = 3\frac{\pi}{2} \rightarrow \gamma_1^2 = 22{,}21 \quad (8)$$

Substituindo (1), (3) e (8) em (7) e rearranjando o resultado obtido:

$$5{,}553 = 9e^{(-2{,}4674 Fo_M)} + e^{(-22{,}21 Fo_M)} \quad (9)$$

A solução é por tentativa e erro. O primeiro "chute" é $Fo_M = 0{,}196$. Partindo dele, constrói-se a seguinte tabela:

Chute	Fo_M	Valor calculado	Valor real
1	0,196	5,562	5,553
2	0,2	5,506	5,553
3	0,197	5,548	5,553
4	0,1965	5,555	5,553

Note, por aproximação, que $Fo_M \cong 0{,}1965$. Assim:

$$Fo_M = 0{,}1965 = \frac{(0{,}5\times 10^{-5})(t)}{(0{,}1)^2} \rightarrow t = 392{,}6 \text{ s}$$

Observe que a diferença em relação ao valor calculado no item (a) é de apenas um segundo. Note, portanto, que $Fo_M \cong 0{,}2$, ou seja, satisfaz o critério mencionado logo após a apresentação da Equação (5.25).

5.2.2 Esfera

Em vez de considerarmos a semente exemplificada no item 5.2.1, fatiada em lâminas, podemos considerá-la esférica. Neste caso, a difusão do óleo dá-se do centro da esfera à sua superfície. Supõe-se que a concentração de A, aí situada, atinja rapidamente o equilíbrio com a presente no meio que circunda a matriz [condição (3.84)].

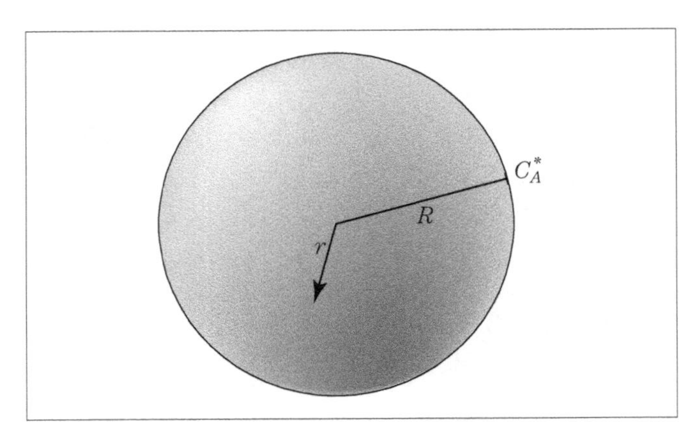

Figura 5.5 – Difusão em regime transiente em uma esfera.

Visto considerarmos apenas a contribuição difusiva no fluxo total, este é escrito como:

$$N_{A,r} = J_{A,r} = -D_{ef}\frac{\partial C_A}{\partial r} \tag{5.26}$$

Considerando o fluxo do óleo A somente na direção radial, a equação da continuidade de A, sem reação química, é:

$$\frac{\partial C_A}{\partial t} + \left[\frac{1}{r^2}\frac{\partial}{\partial r}\left(r^2 J_{A,r}\right)\right] = 0 \tag{5.27}$$

Abrindo o termo entre colchetes:

$$\frac{\partial C_A}{\partial t} + \left(\frac{1}{r^2}\right)\left(2rJ_{A,r} + r^2\frac{\partial J_{A,r}}{\partial r}\right) = 0 \tag{5.28}$$

Substituindo a Equação (5.26) na Equação (5.28):

$$\frac{\partial C_A}{\partial t} - D_{ef}\left(\frac{2}{r}\frac{\partial C_A}{\partial r} + \frac{\partial^2 C_A}{\partial r^2}\right) = 0 \tag{5.29}$$

Utilizando a concentração adimensional de A definida pela relação (5.5), retoma-se a Equação (5.29) na forma:

$$\frac{\partial \theta}{\partial t} = D_{ef}\left[\frac{2}{r}\frac{\partial \theta}{\partial r} + \frac{\partial^2 \theta}{\partial r^2}\right] \tag{5.30}$$

As condições de contorno associadas ao fenômeno difusivo apresentado são:

C.I: $\theta(r,0) = 1$, para qualquer r

C.C.1: $\left.\frac{\partial \theta}{\partial r}\right|_{r=0} = 0$, para t > 0; o que mostra um valor finito em $r = 0$ ou $\lim_{r\to 0}\theta(r,t) = \text{finito}$

C.C.2: $\theta_R = 0$, para $t > 0$

De modo análogo ao item anterior, obtém-se a solução da Equação (5.30) pelo método de separação de variáveis.

$$\theta(r,t) = \psi(r)\beta(t) \tag{5.31}$$

em que ψ é função somente de r, e β, de t. Depois de denominar $\theta(r,t) = \theta$, $\psi(r) = \psi$ e $\beta(t) = \beta$:

$$\frac{\partial \theta}{\partial t} = \psi\frac{d\beta}{dt};\quad \frac{\partial \theta}{\partial r} = \beta\frac{d\psi}{dr};\quad \frac{\partial^2 \theta}{\partial r^2} = \beta\frac{d^2\psi}{dr^2};$$

Substituindo essas igualdades na Equação (5.31):

$$\left(\frac{1}{D_{ef}\beta}\right)\left(\frac{d\beta}{dt}\right) = \left(\frac{1}{\psi}\right)\left[\frac{d^2\psi}{dr^2} + \frac{2d\psi}{r\,dr}\right]$$

e, igualando-a a uma constante, tem-se:

$$\left(\frac{1}{D_{ef}\beta}\right)\left(\frac{d\beta}{dt}\right) = \left(\frac{1}{\psi}\right)\left[\frac{d^2\psi}{dr^2} + \frac{2}{r}\frac{d\psi}{dr}\right] = -\lambda^2 \tag{5.32}$$

Note que supomos que a concentração de A diminua ao longo do tempo, justificando o sinal negativo que antecede a constante λ. Resolvendo a equação diferencial do lado esquerdo da primeira igualdade da Equação (5.32):

$$\beta = C_1\exp(-\lambda^2 D_{ef}t) \tag{5.33}$$

A segunda equação diferencial é:

$$\frac{d^2\psi}{dr^2} + \frac{2}{r}\frac{d\psi}{dr} + \lambda^2\psi = 0 \tag{5.34}$$

Denominando:

$$r\psi = \varepsilon \tag{5.35}$$

tem-se:

$$\frac{d\psi}{dr} = -\frac{\varepsilon}{r^2} + \frac{1}{r}\frac{d\varepsilon}{dr} \tag{5.36}$$

e

$$\frac{d^2\psi}{dr^2} = 2\frac{\varepsilon}{r^3} - \frac{2}{r^2}\frac{d\varepsilon}{dr} + \frac{d^2\varepsilon}{dr^2} \tag{5.37}$$

Substituindo as Equações (5.35), (5.36) e (5.37) na Equação (5.34):

$$\frac{d^2\varepsilon}{dr^2} + \lambda^2\varepsilon = 0 \tag{5.38}$$

cuja solução, de forma análoga àquela já apresentada para a placa plana infinita [veja as Equações (5.10b) e (5.11b)], é:

$\varepsilon(r) = C_2 \cos(\lambda r) + C_3 \operatorname{sen}(\lambda r)$

Como $\varepsilon = r\psi$, a distribuição anterior fica:

$$\psi = \frac{C_2}{r}\cos(\lambda r) + \frac{C_2}{r}\operatorname{sen}(\lambda r) \tag{5.39}$$

Levando as Equações (5.33) e (5.39) a (5.31):

$$\theta(r,t) = \frac{e^{\left(-\lambda^2 D_{ef} t\right)}}{r}\left[A\cos(\lambda r) + B\operatorname{sen}(\lambda r)\right] \tag{5.40}$$

Aplicando a C.C.1 na Equação (5.40):

$$\lim_{r\to 0}\theta(r,t) = \text{finito} = e^{-\lambda^2 D_{ef} t}\left[A/0 + 0/0\right]$$

e utilizando-se a regra de L'Hopital na indeterminação 0/0, o resultado fica:

$$\left(\frac{B}{r}\right)\operatorname{sen}\lambda r = \left.\frac{B\lambda\cos\gamma r}{1}\right|_{r=0} = B\lambda$$

Para que $\theta(r,t)$ seja finito em $r = 0$, a condição é que $A = 0$, por consequência:

$$\theta(r,t) = Be^{-\lambda^2 D_{ef} t}\frac{\operatorname{sen}(\lambda r)}{r} \tag{5.41}$$

Trazendo a C.C.2 na Equação (5.41):

$$0 = \frac{Be^{-\lambda^2 D_{ef} t}}{R}\operatorname{sen}(\lambda R)$$

Visto

$$\frac{B}{R}\exp(-\lambda^2 D_{ef} t) \neq 0$$

tem-se, necessariamente, $\operatorname{sen}(\lambda R) = 0$

Essa igualdade é satisfeita quando

$$\lambda = \frac{n\pi}{R},$$

para $n = 1, 2, 3,...$ ou para os seguintes autovalores:

$$\lambda_n = \frac{n\pi}{R}$$

Depois dessas considerações, a distribuição de concentração adimensional de A no interior da semente fica:

$$\theta(r,t) = \sum_{n=1}^{\infty}\frac{B_n}{r}\operatorname{sen}\left(\frac{n\pi r}{R}\right)\exp\left[-\left(\frac{n^2\pi^2}{R^2}\right)D_{ef} t\right] \tag{5.42}$$

Para determinar os valores dos B_n, utiliza-se a condição inicial:

$$\theta(r,0) = \sum_{n=1}^{\infty} B_n \operatorname{sen}\left(\frac{n\pi r}{R}\right) \tag{5.43}$$

Os B_n são calculados por[6]:

$$B_n = \frac{2}{R}\int_0^R r \operatorname{sen}\left(\frac{n\pi r}{R}\right)dr \tag{5.44}$$

Resolvendo a integral em (5.44):

$$B_n = \frac{2R}{n\pi}(-1)^{n+1} \tag{5.45}$$

Substituindo o resultado (5.45) na Equação (5.42), chega-se à distribuição de concentração de A na sua forma adimensional segundo:

$$\theta = \theta(r,t) = \frac{C_A - C_A^*}{C_{A_0} - C_A^*} = \frac{2R}{\pi}\sum_{n=1}^{\infty}\frac{(-1)^{n+1}}{R}\times$$

$$\times \operatorname{sen}\left(\frac{n\pi r}{R}\right)\exp\left[-\left(\frac{n\pi}{R}\right)^2 D_{ef} t\right] \tag{5.46}$$

Ao denominarmos, aqui, o comprimento reduzido de

$$\eta = r/R \tag{5.47a}$$

E o termo adimensional

$$\gamma_n = (n\pi), \text{ para } n = 1, 2, 3,... \tag{5.47b}$$

bem como identificando a distância $z_1 = R$ no número de Fourier mássico, dado pela definição (5.21), a Equação (5.46) é retomada de acordo com:

$$\theta(\eta, Fo_M) = \theta = 2\sum_{n=1}^{\infty}\frac{(-1)^{n+1}}{\gamma_n}\operatorname{sen}(\eta\gamma_n)e^{\left(-\gamma_n^2 Fo_M\right)} \tag{5.48}$$

[6] A demonstração fica a cargo do leitor. Lembre-se do critério de ortogonalidade para as funções seno de Fourier.

Concentração média de A

Essa concentração é obtida utilizando-se a definição exposta na Equação (4.105). No caso de coordenadas esféricas, ela é retomada como:

$$\bar{C}_A(t)=\frac{\int_0^R\int_0^{2\pi}\int_0^{\pi} C_A(r,\theta,\phi,t)r^2 \operatorname{sen}\theta d\theta d\phi dr}{\int_0^R\int_0^{2\pi}\int_0^{\pi} r^2 \operatorname{sen}\theta d\theta d\phi dr} \tag{5.49}$$

Como a difusão do óleo no interior da semente em regime transiente acontece somente na direção radial, a concentração média espacial de A, dada pela Equação (5.49), é revista segundo:

$$\bar{C}_A(t)=\bar{C}_A=\frac{3}{R^3}\int_0^R C_A(r,t)r^2dr \tag{5.50}$$

Reescrevendo a Equação (5.46) de acordo com:

$$C_A=C_A(r,t)=C_A^*+\left(C_{A_0}-C_A^*\right)\frac{2R}{\pi}\times$$

$$\times\sum_{n=1}^{\infty}\left\{\frac{(-1)^{n+1}}{nr}\operatorname{sen}\left(\frac{n\pi r}{R}\right)\exp\left[-\left(\frac{n\pi}{R}\right)^2 D_{ef}t\right]\right\}$$

podemos substituí-la na Equação (5.50):

$$\bar{C}_A=\bar{C}_A(t)=\frac{3}{R^3}\int_0^R\left\{C_A^*+\left(C_{A_0}-C_A^*\right)\frac{2R}{\pi}\sum_{n=1}^{\infty}\frac{(-1)^{n+1}}{nr}\times\right.$$

$$\left.\times\operatorname{sen}\left(\frac{n\pi r}{R}\right)\exp\left[-\left(\frac{n\pi}{R}\right)^2 D_{ef}t\right]\right\}r^2dr \tag{5.51}$$

Realizando a integração da Equação (5.51):

$$\frac{\bar{C}_A-C_A^*}{C_{A_0}-C_A^*}=\frac{6}{\pi^2}\sum_{n=1}^{\infty}\left(\frac{1}{n}\right)^2\exp\left[-\left(\frac{n\pi}{R}\right)^2 D_{ef}t\right] \tag{5.52}$$

e pondo a Equação (5.52) em termos dos adimensionais (5.21) para $z_1=R$ e (5.47b):

$$\bar{\theta}(Fo_M)=\bar{\theta}=6\sum_{n=1}^{\infty}\frac{1}{\gamma_n^2}e^{\left(-\gamma_n^2 Fo_M\right)} \tag{5.53}$$

Exemplo 5.2

Procurou-se descafeinar grãos de café por extração utilizando-se um solvente apropriado. Apesar de os grãos apresentarem variação de volume, admitiu-se, para efeito de cálculos, considerá-los esféricos de raio médio 0,4 cm. Pede-se: determine o tempo necessário para que a concentração média adimensional da cafeína atinja 0,06. O coeficiente efetivo de difusão da cafeína é $1{,}36\times10^{-6}$ cm²/s. Compare o resultado obtido com aquele fornecido por Bischel (1979), que é 8 h.

Solução:

Para verificar a possibilidade de se truncar a série (5.53) logo no primeiro termo, utilizaremos o tempo fornecido por Bischel, no intuito de avaliarmos o Fo_M.

$$Fo_M=\frac{D_{ef}t}{z_1^2} \tag{1}$$

Para calcularmos o número de Fourier mássico, devemos conhecer z_1, que é:

$$z_1=R=0{,}4\text{ cm} \tag{2}$$

Exemplo 5.2 (*continuação*)

Como D_{ef} = 1,36 × 10^{-6} cm^2/s, iremos substituí-lo em conjunto com R = 0,4 cm em (1):

$$Fo_M = \frac{D_{ef}t}{R^2} = \frac{\left(1{,}36\times10^{-6}\right)(8)(3.600)}{(0{,}4)^2} = 0{,}245$$

o que nos permite truncar a série (5.53) no primeiro termo. Caso $Fo_M < 0{,}2$, deveríamos expandir essa série até, no mínimo, o terceiro termo. Para este exemplo:

$$\bar{\theta}(Fo_M) = \frac{6}{\gamma_1^2}e^{\left(-\gamma_1^2 Fo_M\right)} \quad (3)$$

Dos autovalores presentes em (5.47b):

$$\gamma_1 = \pi \rightarrow \gamma_1^2 = \pi^2 \quad (4)$$

Do enunciado:

$$\bar{\theta}(Fo_M) = 0{,}06 \quad \text{e} \quad D_{ef} = 1{,}36 \times 10^{-6}\ cm^2/s \quad (5)$$

Levando (4) e (5) a (3):

$$0{,}06 = \frac{(6)}{\left(\pi^2\right)}\exp\left(-\pi^2 Fo_M\right) \rightarrow Fo_M = 0{,}2346 \quad (6)$$

Da definição (5.21) $z_1 = R$: $Fo_M = 0{,}2346 = \frac{\left(1{,}36\times10^{-6}\right)(t)}{(0{,}4)^2}$ no que resulta: t = 27.600 s.

O desvio relativo entre o valor obtido e o de Bischel (t = 8 h = 28.800 s) é:

$$DR = \left|\frac{28.800 - 27.6700}{28.800}\right| \times 100\% = 4{,}71\%$$

5.2.3 Cilindro infinito

Neste tópico considera-se a difusão de um soluto A em regime transiente em uma matriz cilíndrica, cujo comprimento é muito maior do que o seu diâmetro (L > 16s). Ao fazer esta consideração, o fluxo do soluto ocorrerá somente na direção radial. Admitindo que todos os mecanismos de transferência de massa que ocorrem no meio de transporte estejam, empiricamente, contemplados no D_{ef}, o fluxo do difundente será governado pela contribuição difusiva e dado pela Equação (5.26).

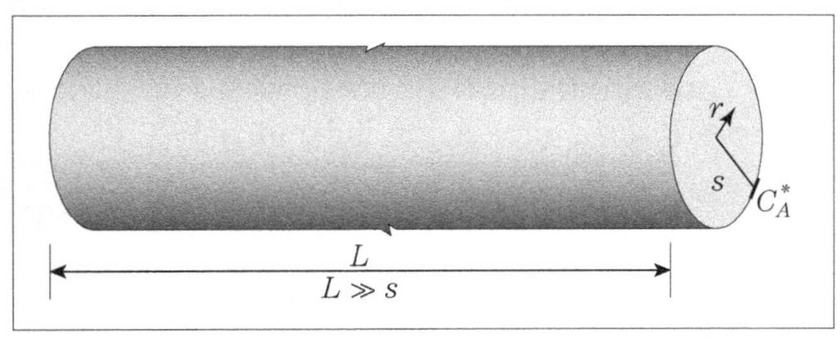

Figura 5.6 – Difusão em regime transiente em um cilindro infinito.

Como o meio difusivo é inerte, a equação da continuidade da espécie A, escrita em coordenadas cilíndricas, é [veja a Equação (3.49)]:

$$\frac{\partial C_A}{\partial t} = D_{ef}\left(\frac{\partial^2 C_A}{\partial r^2} + \frac{1}{r}\frac{\partial C_A}{\partial r}\right) \quad (5.54)$$

As condições de contorno são:

C.I: $C_A(r,0) = C_{A_0}$, para todo o raio

C.C.1: $C_A(s,t) = C_A^* = K_p C_{A_\infty}$ (para sistemas diluídos e equilíbrio linear) (3.84)

C.C.2: $\lim_{r\to0} C_A(r,t) = \text{finito}$ (ver o caso da esfera)

Utilizando a definição da concentração adimensional de A, expressão (5.5), na Equação (5.54):

$$\frac{\partial\theta}{\partial t} = D_{ef}\left(\frac{\partial^2\theta}{\partial r^2} + \frac{1}{r}\frac{\partial\theta}{\partial r}\right) \quad (5.55)$$

em que $\theta = \theta(r,t)$.

As condições de contorno decorrentes da adimensionalização são revistas segundo:

C.I: $\theta(r,0) = 1$, para todo o raio

C.C.1: $\theta(s,t) = 0$, para $t > 0$

$$\text{C.C.2: } \lim_{r \to 0} \theta(r,t) = \text{finito, para } t > 0 \qquad (5.56)$$

Adotando o método de separação de variáveis:

$$\theta(r,t) = \psi(r)\beta(t) \qquad (5.31)$$

tem-se, após chamar $\psi(r) = \psi$ e $\beta(t) = \beta$:

$$\frac{1}{D_{ef}\beta} = \frac{1}{\psi}\left[\frac{d^2\psi}{dr^2} + \frac{1}{r}\frac{d\psi}{dr}\right] = -\lambda^2 \qquad (5.57)$$

na qual é suposta a diminuição da concentração adimensional do soluto ao longo do tempo.

A solução para β, como visto anteriormente, é:

$$\beta(t) = \beta = C_1 \exp(-\lambda_2 D_{ef} t) \qquad (5.11a)$$

A equação diferencial para $\psi(r) = \psi$, por sua vez, é da forma:

$$\frac{d^2\psi}{dr^2} + \frac{1}{r}\frac{d\psi}{dr} + \psi\lambda^2 = 0 \qquad (5.58)$$

A Equação (5.58) é conhecida como a equação de Bessel de ordem zero, a qual apresenta como solução:

$$\psi(r) = C_2 J_0(\lambda r) + C_3 Y_0(\lambda r) \qquad (5.59)$$

em que J_0 é a função de Bessel de primeira classe de ordem zero, e Y_0 a função de Bessel de segunda classe de ordem zero. Essas funções estão ilustradas na Figura (5.7).

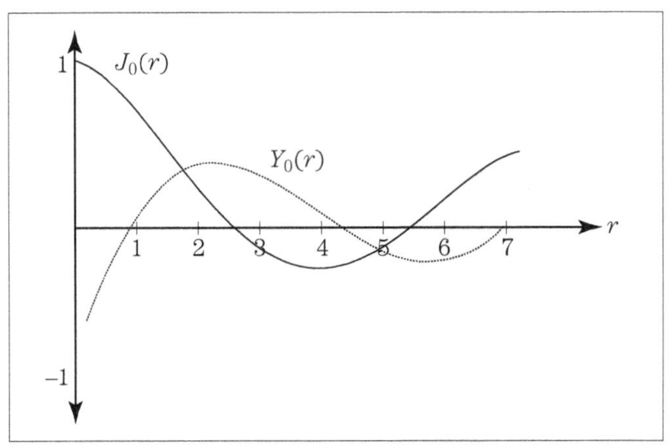

Figura 5.7 – Funções de Bessel de ordem zero.

Levando as Equações (5.11a) e (5.59) à distribuição (5.31) e denominando $A = C_1C_2$ e $B = C_1C_3$, temos:

$$\theta(r,t) = \exp(-D_{ef}\lambda^2 t)[AJ_0(\lambda r) + BY_0(\lambda r)] \qquad (5.60)$$

Aplicando a C.C.2 na Equação (5.60), verifica-se que a função (Y_0) tende a ($-\infty$); veja a Figura (5.7). Na situação em que $r \to 0$, existe um valor finito para $\theta(0, t)$. Disso implica $B = 0$; por conseguinte, a Equação (5.60) é reescrita da seguinte maneira:

$$\theta(r,t) = AJ_0(\lambda r)\exp(-D_{ef}\lambda^2 t) \qquad (5.61)$$

Aplicando a C.C.1 na expressão (5.61):

$$0 = AJ_0(s\lambda)\exp(-D_{ef}\lambda^2 t)$$

visto $A\exp(-D_{ef}\lambda^2 t) \neq 0$, caso contrário acarretaria em uma solução trivial à Equação (5.61), tem-se, necessariamente:

$$J_0(s\lambda) = 0 \qquad (5.62)$$

Denominando $\gamma = (s\lambda)$, nota-se que este parâmetro é uma raiz da Equação (5.62). No entanto, existem as constantes $\gamma_1, \gamma_2, \gamma_3, \ldots, \gamma_n$, conforme apresentadas na Tabela (5.1), as quais são os "zeros" da Equação (5.62).

[a]Tabela 5.1 – Raízes de $J_0(\gamma_n) = 0$

γ_1	γ_2	γ_3	γ_4	γ_5	γ_6
2,4048	5,5201	8,6537	11,7915	14,9309	18,0711

[a]Fonte: Spiegel, 1973.

A Equação (5.61), posta em função das n raízes, é retomada tal como se segue:

$$\theta(r,t) = \sum_{n=1}^{\infty} A_n J_0\left(\gamma_n \frac{r}{s}\right)\exp\left(-\gamma_n^2 \frac{D_{ef}t}{s^2}\right) \qquad (5.63)$$

ou

$$\theta(r,t) = \sum_{n=1}^{\infty} A_n J_0(\lambda_n r)\exp\left(-D_{ef}\lambda_n^2 t\right) \qquad (5.64)$$

O conjunto infinito dos coeficientes A_n é escolhido por intermédio da condição inicial:

$$\theta(r,0) = 1 = \sum_{n=1}^{\infty} A_n J_0(\lambda_n r) \qquad (5.65)$$

A série apresentada na Equação (5.65) denomina-se série de Fourier-Bessel. Para que possamos determinar os coeficientes A_n, multiplicaremos (5.65) por $rJ_0(\lambda_m r)$ e integraremos o resultado, termo a termo, entre 0 e s:

$$\int_0^s rJ_0(\lambda_m r)dr = \sum_{n=1}^{\infty} A_n \int_0^s rJ_0(\lambda_m r)J_0(\lambda_n r)dr \tag{5.66}$$

Como as autofunções $rJ_0(\lambda_n r)$ satisfazem a condição de ortogonalidade:

$$\int_0^s rJ_0(\lambda_m r)J_0(\lambda_n r)dr = 0 \text{ para } m \neq n \tag{5.67}$$

a igualdade (5.66) é revista de acordo com:

$$A_n = \int_0^s rJ_0(\lambda_n r)dr \Big/ \int_0^s rJ_0^2(\lambda_n r)dr \tag{5.68}$$

A integral do numerador de (5.68) é igual a:

$$\int_0^s rJ_0(\lambda_n r)dr = \frac{s}{\lambda_n} J_1(s\lambda_n) \tag{5.69}$$

e a do denominador:

$$\int_0^s rJ_0(\lambda_n r)dr = \frac{s^2}{2}\left[J_0^2(\lambda_n s) + J_1^2(\lambda_n s)\right] \tag{5.70}$$

em que $J_1 \rightarrow$ função de Bessel de primeira classe e primeira ordem.

Da Equação (5.62) observamos que $J_0(s\lambda) = 0$, permitindo-nos retomar a Equação (5.70) tal como se segue:

$$\int_0^s rJ_0^2(\lambda_n r)dr = \frac{s^2}{2} J_1^2(\lambda_n s) \tag{5.71}$$

Obtemos os coeficientes A_n depois de substituir as integrais (5.69) e (5.71) na Equação (5.68):

$$A_n = \frac{2}{s\lambda_n}\left[\frac{1}{J_1(s\lambda_n)}\right] \quad \text{ou} \quad A_n = \frac{2}{\gamma_n}\left[\frac{1}{J_1(\gamma_n)}\right] \tag{5.72}$$

em que $\gamma_n = s\lambda_n$.

A distribuição de concentração adimensional do soluto A é conseguida levando as constantes (5.72) à Equação (5.63), resultando:

$$\theta(r,t) = \sum_{n=1}^{\infty}\left(\frac{2}{\gamma_n}\right)\frac{J_0\left(\gamma_n \frac{r}{s}\right)}{J_1(\gamma_n)}\exp\left(-\gamma_n^2 \frac{D_{ef}}{s^2}\right) \tag{5.73}$$

Identificando a distância relativa:

$$\eta = r/s \tag{5.74}$$

e o número de Fourier mássico com $z_1 = s$ [veja a definição (5.21)] na distribuição da concentração adimensional de A, dada pela Equação (5.73), esta é retomada como:

$$\theta(\eta, Fo_M) = \theta = 2\sum_{n=1}^{\infty}\frac{1}{\gamma_n}\frac{J_0(\eta\gamma_n)}{J_1(\gamma_n)}e^{\left(-\gamma_n^2 Fo_M\right)} \tag{5.75}$$

Concentração média de A

Utilizando-se o procedimento desenvolvido para a placa plana infinita e para a esfera, determina-se a concentração média de A em um cilindro infinito, tendo como base a definição (4.105). No caso de coordenadas cilíndricas, a concentração média de A é definida da seguinte maneira:

$$\overline{C}_A(t) = \frac{\int_0^s\int_0^{2\pi}\int_0^L C_A(r,\theta,z,t)r\,dz\,d\theta\,dr}{\int_0^s\int_0^{2\pi}\int_0^L r\,dz\,d\theta\,dr} \tag{5.76}$$

Visto tratar-se de um cilindro infinito, interessa-nos apenas a variação radial da concentração média do soluto no meio de transporte considerado. Por consequência, a Equação (5.76) é posta segundo:

$$\overline{C}_A = \overline{C}_A(t) = \frac{2}{s^2}\int_0^s C_A(r,t)r\,dr \tag{5.77}$$

Explicitando a Equação (5.73) em termos de $C_A(r,t)$ [veja a Equação(5.5)] e substituindo o resultado obtido na Equação (5.77), bem como realizando a integração, obtém-se a seguinte expressão para a concentração média adimensional de A:

$$\overline{\theta} = \frac{\overline{C}_A - C_A^*}{C_{A_0} - C_A^*} = 4\sum_{n=1}^{\infty}\left(\frac{1}{\gamma_n}\right)^2 \exp\left(-\gamma_n^2 \frac{D_{ef}t}{s^2}\right)$$

que, rearranjada em termos da distância relativa, expressa por (5.74) e pelo número de Fourier mássico, definição (5.21) para $z_1 = s$, fica:

$$\overline{\theta}(Fo_M) = 4\sum_{n=1}^{\infty}\frac{1}{\gamma_n^2}e^{\left(-\gamma_n^2 Fo_M\right)} \tag{5.78}$$

lembrando que os valores dos γ_n encontram-se na Tabela (5.1). À maneira das geometrias anteriores, as séries (5.75) e (5.78) podem ser truncadas no primeiro termo para $Fo_M \geq 0{,}2$.

Exemplo 5.3

Deseja-se dessalinizar um pepino em conserva de forma cilíndrica de 1,9 cm de diâmetro, por sua exposição em água a 21 °C. Sabendo que a diferença entre a concentração do sal e daquela em equilíbrio com a água é 1,92 × 10^{-3} mol/(cm^3 de solução) e que, transcorridos 480 min, esta diferença alcança 0,21 × 10^{-3} mol/(cm^3 de solução), determine o valor do coeficiente efetivo de difusão do Na*Cl* no cilindro, supondo que o comprimento do pepino venha a ser muito maior do que o seu diâmetro. Compare o resultado obtido com aquele fornecido por Pflug, Fillers e Gurevitz (1967) que é 1,19 × 10^{-5} cm^2/s.

Solução:

Para efeito de calcularmos o número de Fourier mássico, visando a possibilidade de se truncar a série (5.78) logo no primeiro termo, utilizaremos o coeficiente efetivo de difusão obtido por Pflug, Fillers e Gurevitz (1967).

$$Fo_M = \frac{D_{ef}t}{s^2} = \frac{\left(1{,}19\times10^{-5}\right)(480)(60)}{(0{,}95)^2} = 0{,}38 \quad (1)$$

o que nos permite truncar a (5.78) logo no primeiro termo:

$$\bar{\theta}(Fo_M) = \frac{4}{\gamma_1^2}\exp\left(-\gamma_1^2 Fo_M\right)$$

Do enunciado: $C_{A_0} - C^*_A$ = 1,92 × 10^{-3} mol/(cm^3 de solução) e $\bar{C}_{A_0} - C^*_A$ = 0,21 × 10^{-3} mol/(cm^3 de solução), fazendo-nos calcular a concentração média adimensional de A segundo:

$$\bar{\theta}(Fo_M) = \frac{\bar{C}_A - C_A^*}{C_{A_0} - C_A^*} = \frac{0{,}21\times10^{-3}}{1{,}92\times10^{-3}} = 0{,}109 \quad (2)$$

Da Tabela (5.1):

$$\gamma_1 = 2{,}405 \rightarrow \gamma_1^2 = 5{,}784 \quad (3)$$

Levando (2) e (3) a (1):

$$0{,}109 = \frac{4}{5{,}7831}\exp\left[-5{,}784 Fo_M\right] \text{ ou } Fo_M = 0{,}3194 \quad (4)$$

Note que $Fo_M \geq 0{,}2$. Entretanto:

$$Fo_M = \frac{D_{ef}t}{s^2} \quad (5)$$

com t = 480 min = 28.800 segundos e $s = d/2$ = 1,90/2 = 0,95 cm, (6)

substituiremos (4) e (6) em (5):

$$0{,}3194 = \frac{D_{ef}(28.800)}{(0{,}95)^2} \rightarrow D_{ef} = 1{,}0\times10^{-5}\ \text{cm}^2/\text{s} \quad (7)$$

Desvio relativo:

$$\left|\frac{1{,}19-1}{1{,}19}\right|\times100\% = 16\%$$

5.2.4 Método gráfico para a difusão em regime transiente sem resistência externa

O quadro (5.1) fornece as distribuições de concentrações adimensional bem como as concentrações médias adimensionais do soluto A para as geometrias estudadas.

Quadro 5.1 – Distribuições da concentração adimensional de A para a difusão em regime transiente sem resistência externa

	$\theta(\eta, Fo_M)$	γ_n	z_1
Placa plana infinita	$2\sum_{n=0}^{\infty}\frac{(-1)^n}{\gamma_n}\cos(\eta\gamma_n)e^{(-\gamma_n^2 Fo_M)}$	$(2n+1)\frac{\pi}{2}$	a
esfera	$2\sum_{n=1}^{\infty}\frac{(-1)^{n+1}}{\gamma_n}\operatorname{sen}(\eta\gamma_n)e^{(-\gamma_n^2 Fo_M)}$	$(n\pi)$	R
cilindro infinito	$2\sum_{n=1}^{\infty}\frac{1}{\gamma_n}\left[\frac{J_0(\eta\gamma_n)}{J_1(\gamma_n)}\right]e^{(-\gamma_n^2 Fo_M)}$	Tab.(5.1)	s

O quadro (5.2), por sua vez, resume as concentrações médias adimensionais do soluto obtidas.

Quadro 5.2 – Concentrações médias adimensionais de A para a difusão em regime transiente sem resistência externa

	$\overline{\theta}(Fo_M)$	γ_n	z_1
Placa plana infinita	$2\sum_{n=0}^{\infty}\frac{1}{\gamma_n^2}e^{(-\gamma_n^2 Fo_M)}$	$(2n+1)\frac{\pi}{2}$	a
esfera	$6\sum_{n=1}^{\infty}\frac{1}{\gamma_n^2}e^{(-\gamma_n^2 Fo_M)}$	$(n\pi)$	R
cilindro infinito	$4\sum_{n=1}^{\infty}\frac{1}{\gamma_n^2}e^{(-\gamma_n^2 Fo_M)}$	Tab.(5.1)	s

Os resultados mostrados no quadro (5.2) são representados na forma gráfica, tal como aquela proposta por Newman (1931) e que está contida na Figura (5.8). Na abscissa dessa figura encontra-se o número de Fourier mássico, enquanto na ordenada está a concentração média adimensional de A.

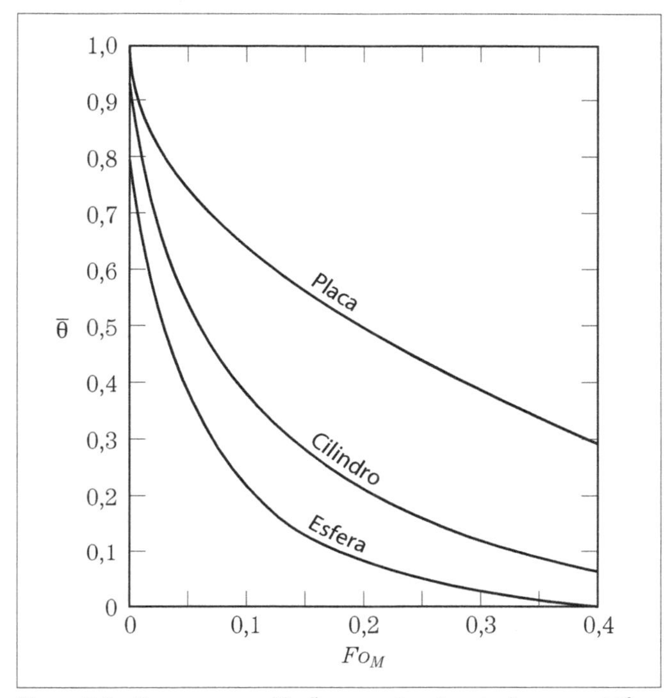

Figura 5.8 – Curvas para a difusão em regime transiente com resistência externa desprezível.
Fonte: Skelland, 1974, p. 28.

Exemplo 5.4

Resolva os exemplos (5.1), (5.2) e (5.3) utilizando o gráfico de Newman.

Solução:

Geometrias	$\overline{\theta}(Fo_M)$ (ordenada)	$Fo_M = \frac{D_{ef}t}{z_1^2}$ (abscissa)	Resultados advindos do gráfico de Newman	Resultados das séries truncadas no primeiro termo
Placa plana infinita (ex. 5.1)	0,50	0,20	383,2 s	391,6 s
Esfera (ex. 5.2)	0,06	0,24	28.235,3 s	27.600 s
Cilindro infinito (ex. 5.3)	0,11	0,35	$D_{ef} = 1{,}1 \times 10^{-5}$ cm²/s	$D_{ef} = 1{,}0 \times 10^{-5}$ cm²/s

5.3 DIFUSÃO EM REGIME TRANSIENTE EM UM MEIO SEMI-INFINITO

Deseja-se dissolver oxigênio em um recipiente contendo água, o qual é posto subitamente em um ambiente contendo esse gás. Admite-se que existam, inicialmente, traços de oxigênio dissolvido no líquido com a concentração C_{A_0}. Por outro lado, verifica-se que na interface gás–líquido a concentração do oxigênio é dependente de sua solubilidade na água, conforme pode ser observado na Tabela (3.6). Podemos supor que, ao longo do tempo, o oxigênio *penetre* no meio líquido, descrevendo diferentes espessuras de penetração $\delta = \delta(t)$, Figura (5.9). Supõe-se que na extremidade oposta da interface gás–líquido a concentração do oxigênio mantenha-se igual à do tempo zero.

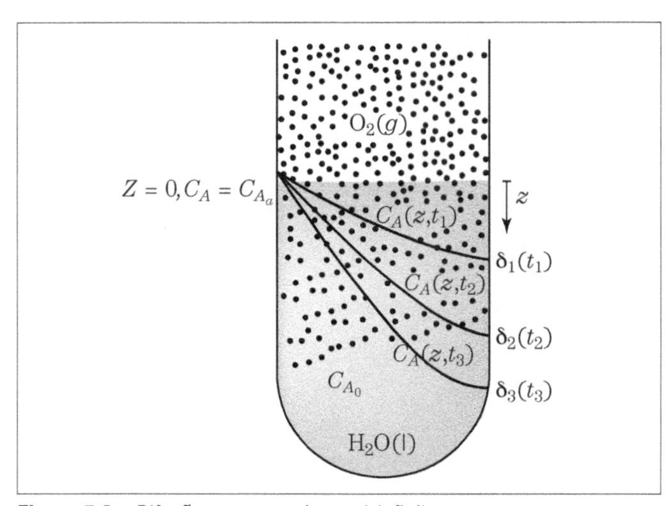

Figura 5.9 – Difusão em um meio semi-infinito.

A distribuição de concentração do oxigênio (A) ao longo do tempo na água, considerando fluxo unidimensional, é dada por:

$$\frac{\partial C_A}{\partial t} = D_{AB} \frac{\partial^2 C_A}{\partial z^2} \tag{5.79}$$

As condições iniciais e de contorno para esta situação são:

C.I: $t = 0$; $C_A = C_{A_0}$, para qualquer profundidade δ;

C.C.1: $z = 0$; $C_A = C_{A_a}$, em que $C_{A_a} = x_{A_a}(\rho_L/M_L)$, sendo x_{A_a} a fração molar de equilíbrio do O_2 na fase líquida; ρ_L e M_L são a massa específica e a massa molar da solução líquida, respectivamente. Pelo fato de a solução estar diluída, tais propriedades são, basicamente, as da água líquida;

C.C.2: $z \to \infty$; $C_A = C_{A_0}$, para qualquer tempo.

Ao utilizarmos a concentração adimensional do soluto A, $\theta = \theta(z,t)$, definida como:

$$\theta = \frac{C_A - C_{A_0}}{C_{A_a} - C_{A_0}} \tag{5.80}$$

a equação da continuidade adimensional para o O_2 dissolvido na água e as condições inicial e de fronteira são, respectivamente:

$$\frac{\partial \theta}{\partial t} = D_{AB} \frac{\partial^2 \theta}{\partial z^2} \tag{5.81}$$

C.I: $t = 0$; $\theta = 0$, para qualquer profundidade;

C.C.1: $z = 0$; $\theta = 1$, para qualquer tempo;

C.C.2: $z \to \infty$; $\theta = 0$, para qualquer tempo.

Este modelo também é utilizado na descrição da cementação do ferro por carbono para obter o aço-carbono. Considera-se que a barra de aço contenha uma concentração inicial de carbono, e está exposta a uma atmosfera carburante. Ao longo do tempo, o carbono *penetra* no meio metálico, descrevendo diferentes espessuras de penetração $\delta = \delta(t)$. Esta mesma ideia é utilizada na permeação de um determinado gás por uma membrana polimérica fickiana. O gás se dissolve em uma das faces da matriz e penetra através do meio, sendo dessorvido na face oposta da membrana.

Independentemente da situação física, supõe-se a existência de uma variável η, definida por:

$$\eta = \frac{z}{\delta(t)} \tag{5.82}$$

que é válida para todas as curvas de concentração de A ao longo do tempo, Figura (5.10).

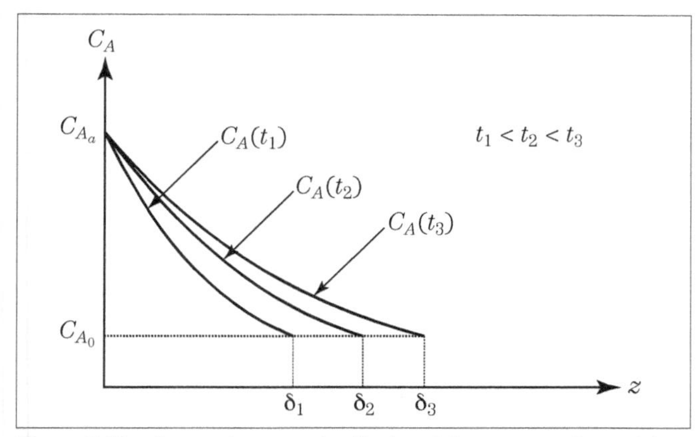

Figura 5.10 – Curvas de concentração do soluto em um meio semi-infinito.

Pode-se demonstrar (FAHIEN, 1983, p. 291):

$$\eta = \frac{z}{(4D_{AB}t)^{1/2}} \tag{5.83}$$

Depois de substituir (5.83) em (5.79), a equação da continuidade adimensionalizada da espécie A, agora para $\theta = \theta(\eta)$, fica:

$$\frac{d^2\theta}{d\eta^2} + 2\eta\frac{d\theta}{d\eta} = 0 \tag{5.84}$$

e as condições de contorno:

C.I e C.C.2 = C.C.1′ para $\eta \to \infty$; $\theta = 0$
C.C.1 = C.C.2′ para $\eta = 0$; $\theta = 1$

Integrando a Equação(5.84):

$$\ln\frac{d\theta}{d\eta} = \ln C_1 - \eta^2$$

ou

$$\frac{d\theta}{d\eta} = C_2 e^{-\eta^2} \tag{5.85}$$

que integrada resulta:

$$\theta = C_3 + C_2\int e^{-\eta^2} d\eta$$

Como η varia de 0 a um valor qualquer η:

$$\theta = C_3 + C_2\int_0^{\eta} e^{-\eta^2} d\eta \tag{5.86}$$

Aplicando a C.C.2 na Equação (5.86): $C_3 = 1$, que, substituída na Equação (5.86), nos fornece:

$$\theta = 1 + C_2\int_0^{\eta} e^{-\eta^2} d\eta \tag{5.87}$$

Levando a C.C.1 à Equação (5.87):

$$0 = 1 + C_2\int_0^{\eta} e^{-\eta^2} d\eta \to C_2 = -\frac{1}{\int_0^{\infty} e^{-\eta^2} d\eta}$$

A Equação (5.87) assume a forma

$$\theta = \theta(\eta) = 1 - \frac{\int_0^{\eta} e^{-\eta^2} d\eta}{\int_0^{\infty} e^{-\eta^2} d\eta} \tag{5.88}$$

ou

$$\theta = 1 - \frac{2}{\sqrt{\pi}}\int_0^{\eta} e^{-\eta^2} d\eta \tag{5.89}$$

Identificando a função erro na integral da Equação (5.89):

$$\theta = 1 - \text{erf}(\eta)$$

ou

$$\frac{C_A - C_{A_0}}{C_{A_a} - C_{A_0}} = 1 - \text{erf}\left[\frac{z}{\sqrt{(4D_{AB}t)}}\right] \tag{5.90}$$

A Tabela (5.2) fornece os valores para a função erro.

Tabela 5.2 – Função erro

$\frac{z}{\sqrt{(4D_{ef}t)}}$	$\text{erf}\left(\frac{z}{\sqrt{(4D_{ef}t)}}\right)$	$\frac{z}{\sqrt{(4D_{ef}t)}}$	$\text{erf}\left(\frac{z}{\sqrt{(4D_{ef}t)}}\right)$	$\frac{z}{\sqrt{(4D_{ef}t)}}$	$\text{erf}\left(\frac{z}{\sqrt{(4D_{ef}t)}}\right)$
0,00	0,00000	0,80	0,74210	1,60	0,97636
0,04	0,04511	0,84	0,76514	1,64	0,97869
0,08	0,09008	0,88	0,78669	1,68	0,98249
0,12	0,12479	0,92	0,80677	1,72	0,98500
0,16	0,17901	0,96	0,82542	1,76	0,98719
0,20	0,22270	1,00	0,84270	1,80	0,98909
0,24	0,26570	1,04	0,85865	1,84	0,99074
0,28	0,30788	1,08	0,87333	1,88	0,99216
0,32	0,34913	1,12	0,88079	1,92	0,99338
0,36	0,38933	1,16	0,89910	1,96	0,99443
0,40	0,42839	1,20	0,91031	2,00	0,995322
0,44	0,46622	1,24	0,92050	2,10	0,997020
0,48	0,50275	1,28	0,92973	2,20	0,998137
0,52	0,53790	1,32	0,93806	2,30	0,998857
0,56	0,57162	1,36	0,94556	2,40	0,999311
0,60	0,60386	1,40	0,95228	2,50	0,999593
0,64	0,63459	1,44	0,95830	2,60	0,999764
0,68	0,66278	1,48	0,96365	3,20	0,999994
0,72	0,69143	1,52	0,96841	3,40	0,999998
0,76	0,71754	1,56	0,97263	3,60	1,000000

Exemplo 5.5

Uma bacia rasa contendo água destilada é posta subitamente em um ambiente contendo O_2 a 25 °C e 1 atm durante 1 h. Sabendo que nessas condições a solubilidade do O_2 na água é de 8,4 mg/*l*, encontre a concentração mássica do O_2 a 0,07 cm; 0,14 cm e 0,28 cm a partir da interface gás–líquido.

Solução:

A Equação (5.90) pode ser retomada em função da concentração mássica adimensional do O_2 bem como de sua difusividade na água de acordo com:

$$\frac{\rho_A - \rho_{A_0}}{\rho_{A_s} - \rho_{A_0}} = 1 - \text{erf}\left[\frac{z}{\sqrt{(4D_{AB}t)}}\right] \quad (1)$$

Pelo fato de se tratar de água destilada, a concentração mássica inicial de O_2 dissolvido no líquido é nula, $\rho_{A0} = 0$ mg/*l*. Em $z = 0$, ou seja, na interface gás–líquido, a concentração mássica de O_2 é a de saturação: $\rho_{A_0} = 8{,}4$ mg/*l*. A Equação (1) fica:

$$\frac{\rho_A}{8{,}4} = 1 - \text{erf}\left[\frac{z}{\sqrt{(4D_{AB}t)}}\right] \quad (2)$$

Como o O_2 está diluído na água, pode-se utilizar o coeficiente de difusão encontrado na Tabela (1.6), o qual é $D_{AB} = 2{,}41 \times 10^{-5}$ cm²/s. Como t = 1 h = 3.600 s, temos em (1)

$$\frac{\rho_A}{8{,}4} = 1 - \text{erf}\left[\frac{z}{\sqrt{((4)(2{,}41 \times 10^{-5})(3.600))}}\right] \quad (3)$$

Da Tabela (5.2), construímos outra que nos fornece os resultados desejados:

z (cm)	z/0,589	erf (z/0,589)	ρ_A (mg/*l*)
0,070	0,118	0,125	7,35
0,140	0,238	0,266	6,17
0,280	0,475	0,503	4,17

5.4 DIFUSÃO EM REGIME TRANSIENTE COM RESISTÊNCIA EXTERNA

A resistência é inseparável do movimento. Tal resistência à difusão está associada com z_1/D_{AB} ou z_1/D_{ef}. Na difusão em regime transiente sem resistência externa foi suposto que toda a importância do fenômeno estava contida no interior do meio difusivo (meio 1). Há situações em que o meio externo (meio 2) influencia no que acontece no meio 1. Ao considerarmos esta influência, consideraremos uma resistência associada, diferente daquela do meio 1, Figura (5.11).

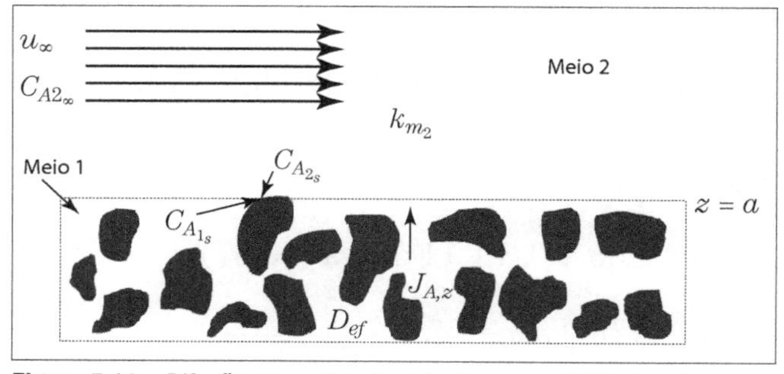

Figura 5.11 – Difusão em regime transiente com resistência externa.

Suponha a difusão em regime transiente de um soluto no interior de uma matriz porosa e que esta venha a ser uma placa extremamente fina (uma membrana cerâmica, por exemplo). Considere que o fenômeno a ser modelado ocorra no interior da matriz, em que a distribuição de concentração do difundente é resultado da Equação (5.6) com as condições C.I e C.C.1; ou seja, têm-se valores conhecidos de concentração do soluto no início do processo e no centro do material. Ao admitir que a interface sólido–fluido não ofereça resistência ao transporte do difundente, teremos aí a condição estabelecida pela igualdade (3.90). Essa condição será retomada, em virtude da presença da variação temporal, em termos de uma variação parcial para a grandeza espacial da concentração do soluto de acordo com[7]:

$$\left.\frac{\partial C_A}{\partial z}\right|_{z=a} = \frac{k_{m_2}}{D_{ef}K_p}\left(C_A^* - C_{A_a}\right) \quad (5.91)^8$$

O procedimento de cálculo para resolver a equação da continuidade do soluto é similar ao já apresentado neste capítulo. A grande diferença é a substituição da condição de contorno em $z = z_1 = a$: no lugar de $C_A = C_A^*$, coloca-se a condição (5.91).

5.4.1 Placa plana infinita

Esta situação é análoga à descrita no item 5.2.1. Mantém-se, inclusive, a equação da continuidade (5.4), a concentração adimensional do soluto, definição (5.5), as condições iniciais e a devida à continuidade do fluxo do soluto no centro da lâmina. A distribuição de concentração adimensional do soluto, portanto, está presente na Equação (5.14).

$$\theta(z,t) = A\cos(\lambda z)d^{-D_{ef}\lambda^2 t} \quad (5.14)$$

O conhecimento dos autovalores λ é decorrente da aplicação da condição (5.91) na Equação (5.14). Antes, porém, devemos retomar a Equação (5.91) em função da concentração adimensional de A:

$$\left.\frac{\partial \theta}{\partial z}\right|_{z=a} = -\theta_a\frac{k_{m_2}}{D_{ef}K_p} \quad (5.92)$$

na qual

$$\theta_a = \frac{C_{A_a} - C_A^*}{C_{A_0} - C_A^*}$$

[7] Vide tópico 3.5.2.

[8] O subíndice 1 foi abolido do coeficiente difusivo, pois se entende que a difusão está ocorrendo dentro da matriz.

Derivando (5.92) no espaço e expressando o resultado em $z = a$:

$$\left.\frac{\partial \theta}{\partial z}\right|_{z=a} = -A\lambda\ \mathrm{sen}(\lambda a)e^{-D_{ef}\lambda^2 t}$$

Substituindo esse resultado em conjunto com a expressão (5.14), avaliada em $z = a$, na Equação (5.92):

$$-A\lambda\ \mathrm{sen}(\lambda a)e^{-D_{ef}\lambda^2 t} = -A\cos(\lambda a)e^{-D_{ef}\lambda^2 t}\left(\frac{k_{m_2}}{D_{ef}}\right) \quad (5.93)$$

que, simplificada, nos fornece:

$$tg(\lambda a) = \frac{k_{m_2}}{\lambda D_{ef}K_p} \quad (5.94)$$

Multiplicando e dividindo o lado direito da Equação (5.94) pela semiespessura da placa:

$$tg(\lambda a) = \frac{1}{(\lambda a)}\frac{ak_{m_2}}{D_{ef}K_p} \quad (5.95)$$

Na igualdade (5.95) reconhecemos o número de Biot para transferência de massa relatado na Equação (3.93), aqui reescrito como[9]:

$$Bi_M = \frac{z_1 k_{m_2}}{D_{ef}K_p} \quad (5.96)$$

em que $z_1 = a$ (o parâmetro z_1 continua sendo a distância do início da difusão até a superfície da matriz que, no presente caso, é a semiespessura do meio). O número de Biot mássico representa a relação entre as resistências ao fenômeno de difusão, z_1/D_{ef}, que ocorre no interior do meio em que há o fenômeno da transferência (ou seja, no meio em que está contido o elemento de volume) e ao fenômeno da convecção mássica, $1/k_{m_2}$, que ocorre *externamente* ao meio difusivo. Note que essa relação entre tais resistências é influenciada pela distribuição do soluto nas fases em que ele está presente, $(1/K_p)$.

[9] É comum encontrar na literatura de transferência de massa esse número sem o coeficiente de partição. No entanto, consideramos a presença desse coeficiente indispensável, pois, no fenômeno estudado, há uma fronteira que separa fases distintas, havendo, portanto, uma interface regida pelo equilíbrio termodinâmico. Entretanto, a forma como Bi_M está definido na Equação (5.96) é válida somente para sistemas diluídos, cujo equilíbrio é descrito por uma relação do tipo lei de Henry. No caso de soluções concentradas, ou seja, sistemas não lineares, a relação de equilíbrio é considerada como uma influência à parte, no transporte do soluto.

Denominando $(a\lambda) = \gamma$ na Equação (5.95), esta é retomada em termos do número de Biot mássico segundo:

$$tg(\gamma) = \frac{1}{\gamma} Bi_M \qquad (5.97)$$

A Equação (5.97) é transcendental. As raízes que satisfazem essa equação estão na Tabela (5.3). Nesta tabela, verifica-se que há n valores para γ, implicando a existência de n valores para a constante A. Retomando a Equação (5.14) para a composição dos A_n:

$$\theta(z,t) = \sum_{n=1}^{\infty} A_n \cos\left(\frac{\gamma_n}{a} z\right) e^{-D_{ef}\left(\frac{\gamma_n}{a}\right)^2 t} \qquad (5.98)$$

[a]Tabela 5.3 – Raízes da Equação (5.97)[10]

Bi_M	γ_1	γ_2	γ_3	γ_4	γ_5	γ_6
0	0	3,1416	6,2832	9,4248	12,5664	15,7080
0,01	0,0998	3,1448	6,2848	9,4258	12,5672	15,7086
0,1	0,3111	3,1731	6,2991	9,4354	12,5743	15,7143
0,2	0,4328	3,2039	6,3148	9,4459	12,5823	15,7207
0,5	0,6533	3,2923	6,3616	9,4775	12,6060	15,7397
1,0	0,8603	3,4256	6,4373	9,5293	12,6453	15,7713
2,0	1,0769	3,6436	6,5783	9,6296	12,7223	15,8336
5,0	1,3138	4,0336	6,9096	9,8928	12,9352	16,0107
10,0	1,4289	4,3058	7,2281	10,2003	13,2142	16,2594
100,0	1,5552	4,6658	7,7764	10,8871	13,9981	17,1093
∞	1,5708	4,7124	7,8540	10,9956	14,1372	17,2788

[a]Fonte: Crank, 1956.

Identificando a distância relativa (5.19a) e o número de Fourier mássico, definição (5.21), na distribuição (5.98), obtemos o seguinte resultado:

$$\theta(\eta, Fo_M) = \sum_{n=1}^{\infty} A_n \cos(\gamma_n \eta) e^{-\gamma_n^2 Fo_M} \qquad (5.99)$$

As constantes A_n são obtidas substituindo-se a condição inicial na Equação (5.99):

$$1 = \sum_{n=1}^{\infty} A_n \cos(\gamma_n \eta) \qquad (5.100)$$

Se multiplicarmos a igualdade (5.100) por $\cos(\gamma_m \eta)$ e integrarmos o resultado, termo a termo, entre 0 e 1, ficamos com:

$$\int_0^1 \cos(\gamma_m \eta) d\eta = \sum_{n=1}^{\infty} A_n \int_0^1 \cos(\gamma_m \eta) \cos(\gamma_n \eta) d\eta$$

Obedecendo ao critério de ortogonalidade para a função $\cos(\gamma_n \eta)$, os coeficientes A_n são determinados segundo:

$$A_n = \int_0^1 \cos(\gamma_n \eta) d\eta \Big/ \int_0^1 \cos^2(\gamma_n \eta) d\eta$$

Procedendo às integrações, chega-se a:

$$A_n = 4 \frac{\text{sen}(\gamma_n)}{\left[2\gamma_n + \text{sen}(2\gamma_n)\right]} \qquad (5.101)$$

Utilizando a relação (5.97) na expressão (5.101), esta é rearranjada para:

$$A_n = \frac{2Bi_M}{\left(\gamma_n^2 + Bi_M^2 + Bi_M\right)\cos(\gamma_n)} \qquad (5.102)$$

Levando (5.102) à Equação (5.99), temos a distribuição de concentração adimensional do soluto como:

$$\theta(\eta, Fo_M) = \theta =$$

$$= 2 \sum_{n=1}^{\infty} \frac{Bi_M}{\left(\gamma_n^2 + Bi_M^2 + Bi_M\right)} \frac{\cos(\gamma_n \eta)}{\cos(\gamma_n)} e^{-\gamma_n^2 Fo_M} \qquad (5.103)$$

Concentração média de *A*

A concentração média adimensional de A é obtida da adimensionalização da integral (5.23) na forma:

$$\bar{\theta}(Fo_M) = \int_0^1 \theta(\eta, Fo_M) d\eta \qquad (5.104)$$

Substituindo a Equação (5.103) em (5.104) e efetuando a integração, obtém-se:

$$\bar{\theta}(Fo_M) = \bar{\theta} = 2 \sum_{n=1}^{\infty} \frac{Bi_M^2}{\gamma_n^2 \left(\gamma_n^2 + Bi_M^2 + Bi_M\right)} e^{-\gamma_n^2 Fo_M} \qquad (5.105)$$

[10] Note que, quando $Bi_M \to 0$, a primeira raiz é γ_2. Observe, também, que $Bi_M = 0$, as raízes γ_n são calculadas pela Equação (5.19b).

Exemplo 5.6

As faces de uma folha de papel de dimensões (25 × 10 × 0,10) cm^3, contendo inicialmente 0,25 kg de água/kg de papel seco (ou 25% em base seca), foram submetidas a secagem durante 25 min. Sabendo que a umidade média adimensional, em base seca, após esse período é 0,04 e que $Bi_M = 0{,}5$, estime o valor do coeficiente efetivo de difusão.

Solução:

Visto $z_1 \ll w$ e L, consideraremos que se trata de uma placa plana infinita. Em virtude de as duas faces da folha estarem sujeitas à difusão, o comprimento característico é a semiespessura do papel.

$$z_1 = 0{,}1/2 = 0{,}05 \text{ cm} \tag{1}$$

Admitindo 25 min como suficientes para truncarmos a série (5.105) logo no primeiro termo, ela será retomada como:

$$\bar{\theta}(Fo_M) = \bar{\theta} = 2\frac{Bi_M^2}{\gamma_1^2\left(\gamma_1^2 + Bi_M^2 + Bi_M\right)} e^{-\gamma_n^2 Fo_M} \tag{2}$$

Como $Bi_M = 0{,}5$ temos da Tabela (5.3):

$$\gamma_1 = 0{,}6533 \tag{3}$$

Substituindo (3) em (2):

$$\bar{\theta} = 0{,}9955e^{-0{,}4268Fo_M} \tag{4}$$

Do enunciado: $\theta = 0{,}04$, que, substituída na Equação (4), permite-nos determinar o número de Fourier mássico por:

$$Fo_M = -\ln(0{,}04018)/0{,}4268 = 7{,}531 \tag{5}$$

Pela definição (5.21):

$$Fo_M = \frac{D_{ef}t}{z_1^2} \quad \text{ou} \quad D_{ef} = \frac{Fo_M z_1^2}{t} \tag{6}$$

O tempo de secagem é 25 min ou 1.500 s. (7)

Substituindo (1), (5) e (7) em (6):

$$D_{ef} = \frac{(7{,}531)(0{,}05)^2}{1.500} = 1{,}26 \times 10^{-5} \text{cm}^2/\text{s} \tag{8}$$

5.4.2 Esfera

Considere uma situação física semelhante à apresentada no item 5.2.2 admitindo, todavia a importância do fenômeno da convecção mássica externa ao meio onde ocorre a difusão. A equação da continuidade adimensionalizada do soluto A é a (5.30), que está sujeita às mesmas condições inicial e de continuidade de fluxo em $r = R$. A solução dessa equação continua sendo a Equação (5.41):

$$\theta(r,t) = \frac{B_n}{r}\text{sen}(\lambda r)\exp\left(-\lambda^2 D_{ef}t\right) \tag{5.41}$$

A diferença está na condição na fronteira da matriz, dada pela condição (5.92), a qual, avaliada na superfície da esfera, fica:

$$\left.\frac{\partial\theta}{\partial r}\right|_{r=R} = -\theta_R \frac{k_{m_2}}{D_{ef}K_p} \tag{5.106}$$

em que

$$\theta_R = \frac{C_{A_R} - C_A^*}{C_{A_0} - C_A^*}$$

Denominando $r\theta(r,t) = \xi(r,t)$, a Equação(5.41) torna-se:

$$\xi(r,t) = B\,\text{sen}(\lambda r)\exp(-\lambda^2 D_{ef}\,t) \qquad (5.107)$$

que, referenciada na superfície R, transforma-se em:

$$\xi(R,t) = \xi_R = B\,\text{sen}(\lambda R)\exp(-\lambda^2 D_{ef}\,t) \qquad (5.108)$$

Para determinarmos os autovalores λ, multiplicaremos a igualdade (5.106) pelo raio da esfera:

$$R\frac{\partial\theta}{\partial r}\bigg|_{r=R} = -\xi_R \frac{k_{m_2}}{D_{ef}K_p} \qquad (5.109)$$

No entanto,

$$R\frac{\partial\theta}{\partial r}\bigg|_{r=R} = \frac{\partial\xi}{\partial r}\bigg|_{r=R} - \frac{\xi R}{R}$$

que, substituído em (5.109), fornece:

$$\frac{\partial\xi}{\partial r}\bigg|_{r=R} + \left(\frac{k_{m_2}}{D_{ef}K_p} - \frac{1}{R}\right)\xi_R = 0 \qquad (5.110)$$

Efetuando a derivada em (5.107) e avaliando o resultado em $r = R$:

$$\frac{\partial\xi}{\partial r}\bigg|_{r=R} = B\lambda\cos(\lambda R)e^{-D_{ef}\lambda^2 t} \qquad (5.111)$$

Substituindo (5.108) e (5.111) em (5.110), bem como simplificando o resultado obtido, ficamos com:

$$\lambda + \left(\frac{k_{m_2}}{D_{ef}K_p} - \frac{1}{R}\right)tg(\lambda R) = 0 \qquad (5.112)$$

Multiplicando a Equação (5.112) pelo raio da esfera:

$$(\lambda R) + \left(\frac{Rk_{m_2}}{D_{ef}K_p} - 1\right)tg(\lambda R) = 0 \qquad (5.113)$$

Identificando o número de Biot mássico, definição (5.96) para $z_1 = R$, e denominando $(\lambda R) = (\gamma)$, a igualdade (5.113) torna-se, depois de rearranjada:

$$\gamma\text{ctg}(\gamma) + Bi_M - 1 = 0 \qquad (5.114)$$

As raízes que satisfazem a Equação (5.114) estão contidas na Tabela (5.4).

Verifica-se, por inspeção da Tabela (5.4), que há n valores para γ, acarretando n constantes B. A Equação (5.107), dessa forma, é retomada para a composição dos B_n da seguinte maneira:

$$\xi(r,t) = r\theta(r,t) = \sum_{n=1}^{\infty} B_n\,\text{sen}\left(\gamma_n \frac{r}{R}\right)e^{-\gamma_n^2 \frac{D_{ef}t}{R^2}} \qquad (5.115)$$

Identificando o número de Fourier mássico, definição (5.21) para $z_1 = R$, na Equação (5.115) e denominando $r/R = \eta$, essa equação toma a seguinte forma:

$$\theta(\eta, Fo_M) = \sum_{n=1}^{\infty} \frac{B_n}{\eta R}\,\text{sen}(\gamma_n\eta)e^{-\gamma_n^2 Fo_M} \qquad (5.116)$$

[a]Tabela 5.4 – Raízes da Equação (5.114)[11]

Bi_M	γ_1	γ_2	γ_3	γ_4	γ_5	γ_6
0	0	4,4934	7,7253	10,9041	14,0662	17,2208
0,01	0,1730	4,4956	7,7256	10,9050	14,0669	17,2213
0,1	0,5423	4,5157	7,7382	10,9133	14,0733	17,2266
0,2	0,7593	4,5379	7,7511	10,9225	14,0804	17,2324
0,5	1,1656	4,6042	7,7899	10,9499	14,1017	17,2498
1,0	1,5708	4,7124	7,8540	10,9956	14,1372	17,2788
2,0	2,0288	4,9132	7,9787	11,0856	14,2075	17,3364
5,0	2,5704	5,3540	8,3029	11,3349	14,4080	17,5034
10,0	2,8363	5,7172	8,6587	11,6532	14,6870	17,7481
100,0	3,1102	6,2204	9,3309	12,4414	15,5522	18,6633
∞	3,1416	6,2832	9,4248	12,5664	15,7080	18,8496

[a]Fonte: Crank, 1956.

Podemos aplicar a condição inicial em (5.116), resultando:

$$1 = \sum_{n=1}^{\infty} \frac{B_n}{\eta R}\text{sen}(\gamma_n\eta) \qquad (5.117)$$

Se multiplicarmos a Equação (5.117) por $\eta R\cos(\gamma_m\eta)$ e integrarmos o resultado, termo a termo, entre 0 e 1, chega-se a:

$$\int_0^1 \eta R\text{sen}(\gamma_m\eta)d\eta = \sum_{n=1}^{\infty} B_n \int_0^1 \text{sen}(\gamma_m\eta)\text{sen}(\gamma_n\eta)d\eta \qquad (5.118)$$

[11] Para $Bi_M = 0$, a primeira raiz é γ_2. Note que, quando $Bi_M \to \infty$, as raízes γ_n são aquelas calculadas pela Equação (5.47b).

Atentando ao critério de ortogonalidade para a função $\operatorname{sen}(\gamma_n \eta)$, os coeficientes B_n são determinados de acordo com:

$$B_n = \int_0^1 R\eta \operatorname{sen}(\gamma_n \eta) d\eta \Big/ \int_0^1 \operatorname{sen}^2(\gamma_n \eta) d\eta \quad (5.119)$$

Efetuando as integrações:

$$B_n = \left(\frac{4R}{\gamma_n}\right) \frac{[\operatorname{sen}(\gamma_n) - \gamma_n \cos(\gamma_n)]}{[2\gamma_n - \operatorname{sen}(2\gamma_n)]} \quad (5.120)$$

e rearranjando essa expressão segundo a Equação (5.114):

$$B_n = \frac{2RBi_M}{\left[\gamma_n^2 + Bi_M(Bi_M - 1)\right] \operatorname{sen}(\gamma_n)} \quad (5.121)$$

A distribuição de concentração adimensional de A é obtida substituindo (5.121) em (5.116):

$$\theta(\eta, Fo_M) = \theta =$$

$$= \frac{2}{\eta} \sum_{n=1}^{\infty} \frac{Bi_M}{\left[\gamma_n^2 + Bi_M(Bi_M - 1)\right]} \frac{\operatorname{sen}(\gamma_n \eta)}{\operatorname{sen}(\gamma_n)} e^{-\gamma_n^2 Fo_M} \quad (5.122)$$

Concentração média de A

A concentração média adimensional de A é obtida segundo a adimensionalização da integral (5.50):

$$\bar{\theta}(Fo_M) = 3 \int_0^1 \theta(\eta, Fo_M) d\eta \quad (5.123)$$

Substituindo (5.122) em (5.123) e integrando o resultado:

$$\bar{\theta}(Fo_M) = \bar{\theta} = 6 \sum_{n=1}^{\infty} \frac{Bi_M^2}{\gamma_n^2 \left[\gamma_n^2 + Bi_M(Bi_M - 1)\right]} e^{-\gamma_n^2 Fo_M} \quad (5.124)$$

Exemplo 5.7

Um glóbulo gelatinoso de 4 mm de diâmetro, contendo inicialmente 10 (mols de álcool)/(ℓ de gel), e posto em uma solução alcoólica a 90 (mols de álcool)/(ℓ de solução). Calcule a concentração do soluto no centro do gel após uma hora de exposição na solução, conhecendo-se: $D_{ef} = 7{,}0 \times 10^{-6}$ cm^2/s, $Bi_M = 1$ e $K_p = 0{,}9$ (ℓ de solução/ℓ de gel).

Solução:

Supondo que uma hora possa ser considerada longa o suficiente para truncarmos a série (5.122) logo no primeiro termo:

$$\theta(\eta, Fo_M) = \frac{2}{\eta} \frac{Bi_M}{\left[\gamma_1^2 + Bi_M(Bi_M - 1)\right]} \frac{\operatorname{sen}(\gamma_1 \eta)}{\operatorname{sen}(\gamma_1)} e^{-\gamma_1^2 Fo_M} \quad (1)$$

Como $Bi_M = 1$, verificamos na Tabela (5.4): $\gamma_1 = 1{,}5708$. Substituindo esses valores na Equação (1):

$$\theta(\eta, Fo_M) = \frac{0{,}8106}{\eta} \operatorname{sen}(1{,}5708\eta) e^{-2{,}4674 Fo_M} \quad (2)$$

Visto

$$Fo_M = \frac{D_{ef} t}{R^2} \quad (3)$$

$R = 0{,}4/2 = 0{,}2$ cm; $t = 1h = 3.600$ s e $D_{ef} = 7{,}0 \times 10^{-6}$ cm^2/s (4)

Exemplo 5.7 (*continuação*)

Substituiremos (4) em (3):

$$Fo_M = \frac{(7{,}0\times10^{-6})(3.600)}{(0{,}2)^2} = 0{,}63 \quad (5)$$

Levando (5) a (2):

$$\theta(\eta, Fo_M) = 0{,}17128\frac{\text{sen}(1{,}5708\eta)}{\eta} \quad (6)$$

Quanto vale η? Sabemos que este parâmetro é uma distância relativa, que está definida de acordo com a Equação (5.47a) ou

$$\eta = r/R \quad (7)$$

Interessa-nos, todavia, avaliar a concentração do álcool no centro do gel, ou seja, em r = 0. Substituindo este valor em (7), constatamos: η = 0, que, levada a (6), gera a indeterminação 0/0. Podemos, entretanto, utilizar a regra de L'Hopital na Equação (6), resultando:

$$\lim_{\eta\to0}\theta(\eta, Fo_M) = (0{,}17128)\frac{(1{,}5708)\cos[(1{,}5708)(0)]}{(1)} = (0{,}17128)(1{,}5708)$$

ou $\theta(0;\,0{,}63) = 0{,}27$ (8)

Da definição (5.5) para r = 0:

$$\theta = \frac{C_A|_{r=\eta=0} - C_A^*}{C_{A_0} - C_A^*} \quad (9)$$

Como C_{A_0} = 10 (mols de álcool)/(l de gel), temos de avaliar C_A^*. Da condição (3.84), $C_A^* = K_pC_{A_\infty}$ em que C_{A_∞} = 90 (mols de álcool)/(l de solução) e K_p = 0,9 (l de solução/l de gel), resultando C_A^* = (0,9)(90) = 81 (mols de álcool)/(l de gel). Com este resultado e aquele da concentração inicial, temos na Equação (9):

$$\theta(0;0{,}63) = \frac{C_A|_{r=\eta=0} - 81}{-71} \quad (10)$$

Igualando (8) e (10):

$$0{,}27 = \frac{C_A|_{r=\eta=0} - 81}{-71}$$

no que decorre: $C_{A|_{r=\eta=0}}$ = 61,83 (mols de álcool)/(ℓ de gel).

5.4.3 Cilindro infinito

A difusão em regime transiente, na presente situação, ocorre em um meio de transporte, cuja geometria corresponde à de um cilindro infinito, considerando-se a presença da resistência externa, a qual aparece na fronteira do meio difusivo como:

$$\left.\frac{\partial\theta}{\partial r}\right|_{r=s} = -\theta_s\frac{k_{m_2}}{K_pD_{ef}} \quad (5.125)$$

em que

$$\theta_s = \frac{C_{A_s} - C_A^*}{C_{A_0} - C_A^*}$$

na qual o subscrito s indica superfície do cilindro.

A expressão que descreve a distribuição de concentração adimensional de A no meio de transporte nessa situação é semelhante àquela apresentada na Equação (5.61):

$$\theta(r,t) = AJ_0(\lambda s)\exp(-D_{ef}\lambda^2 t) \tag{5.61}$$

que, avaliada no contorno cilíndrico, toma a forma:

$$\theta_s = \theta(r,t) = AJ_0(\lambda s)\exp(-D_{ef}\lambda^2 t) \tag{5.126}$$

Derivando (5.61) no espaço e em $r = s$:

$$\left.\frac{\partial\theta}{\partial r}\right|_{r=s} = -\frac{A}{\lambda}J_1(\lambda s)e^{-D_{ef}\lambda^2 t} \tag{5.127}$$

Substituindo (5.126) e (5.127) na condição de contorno (5.125), tem-se como resultado:

$$-\frac{A}{\lambda}J_1(\lambda s)e^{-D_{ef}\lambda^2 t} = -AJ_0(\lambda s)e^{-D_{ef}\lambda^2 t}\left(\frac{k_{m_2}}{K_p D_{ef}}\right)$$

e simplificando essa igualdade:

$$\frac{J_1(\lambda s)}{J_0(\lambda s)} = \frac{\lambda k_{m_2}}{K_p D_{ef}} \tag{5.128}$$

Multiplicando e dividindo o lado direito da Equação (5.128) pelo raio s do cilindro:

$$\frac{J_1(\lambda s)}{J_0(\lambda s)} = \frac{1}{(\lambda s)}\frac{sk_{m_2}}{K_p D_{ef}} \tag{5.129}$$

Reconhecendo

$$(\lambda s) = \gamma \quad \text{e} \quad Bi_M = \frac{sk_{m_2}}{K_p D_{ef}}$$

a igualdade (5.129) fica, assim que rearranjada:

$$\gamma J_1(\gamma) - Bi_M J_0(\gamma) = 0 \tag{5.130}$$

em que γ são as raízes que satisfazem a igualdade (5.130) e estão apresentadas na Tabela (5.5).

A Equação (5.61) também descreve a difusão em regime transiente na situação atual, com o cuidado de utilizar as raízes presentes na Tabela (5.5).

[a]**Tabela 5.5** – Raízes da Equação (5.130)

Bi_M	γ_1	γ_2	γ_3	γ_4	γ_5	γ_6
0	0	3,8137	7,0156	10,1735	13,3237	16,4706
0,01	0,1412	3,8343	7,0170	10,1745	13,3244	16,4712
0,1	0,4417	3,8577	7,0298	10,1833	13,3312	16,4767
0,2	0,6170	3,8835	7,0440	10,1931	13,3387	16,4828
0,5	0,9408	3,9594	7,0864	10,2225	13,3611	16,5010
1,0	1,2558	4,0795	7,1558	10,2710	13,3984	16,5312
2,0	1,5994	4,2910	7,2884	10,3658	13,4719	16,5910
5,0	1,9898	4,7131	7,6177	10,6223	13,6786	16,7630
10,0	2,1795	5,0332	7,9569	10,9363	13,9580	17,0099
100,0	2,3809	5,4652	8,5678	11,6747	14.7834	17,8931
∞	[12]2,4048	5,5201	8,6537	11,7915	14,9309	18,0711

[a]Fonte: Crank, 1956.

[12] Este valor é advindo do livro de Spiegel (1973). Observe que esta linha, referente a Bi_M, está presente na Tabela (5.1).

Lançando mão do procedimento adotado no tópico 5.2.3, os coeficientes A_n são obtidos da substituição dos resultados das integrais (5.69) e (5.70) na expressão (5.68), levando-nos a:

$$A_n = \frac{2}{(\lambda_n s)}\frac{J_1(\lambda_n s)}{\left[J_0^2(\lambda_n s) + J_1^2(\lambda_n s)\right]}$$

ou

$$A_n = \frac{2}{(\gamma_n)}\frac{J_1(\gamma_n)}{\left[J_0^2(\gamma_n) + J_1^2(\gamma_n)\right]} \tag{5.131}$$

Rearranjando (5.131) de acordo com (5.130), obtém-se:

$$A_n = 2\frac{Bi_M}{\left[\gamma_n^2 + Bi_M^2\right]J_0(\gamma_n)} \tag{5.132}$$

Identificando a distância relativa $\eta \equiv r/s$ e o número de Fourier mássico com $z_1 = s$ [veja a definição (5.21)], assim como substituindo (5.131) em (5.64), tem-se:

$$\theta(\eta, Fo_M) = \theta = 2\sum_{n=1}^{\infty}\frac{Bi_M}{\left(\gamma_n^2 + Bi_M^2\right)}\left[\frac{J_0(\gamma_n \eta)}{J_0(\gamma_n)}\right]e^{-\gamma_n^2 Fo_M} \tag{5.133}$$

Concentração média de A

A concentração média de A é obtida da adimensionalização da Equação (5.77) em η, que, em termos de Fo_M, é retomada segundo:

$$\bar{C}_A = \bar{C}_A(Fo_M) = 2\int_0^1 C_A(\eta, Fo_M)\eta d\eta \quad (5.134)$$

Trazendo (5.133) em (5.134), temos:

$$\bar{C}_A(Fo_M) = 2\left[\int_0^1 C_A \eta d\eta + \left(C_{A_0} - C_A^*\right)\sum_{n=1}^{\infty}\frac{Bi_M}{\left(\gamma_n^2 + Bi_M^2\right)} \times \right.$$

$$\left. \times\, e^{-\gamma_n^2 Fo_M}\int_0^1 \frac{J_0(\gamma_n \eta)}{J_0(\gamma_n)}\eta d\eta\right] \quad (5.135)$$

Procedendo às integrações e arrumando o resultado obtido para $\bar{\theta}(Fo_M)$:

$$\bar{\theta}(Fo_M) = \bar{\theta} = 4\sum_{n=1}^{\infty}\frac{Bi_M^2}{\gamma_n^2\left(\gamma_n^2 + Bi_M^2\right)} e^{-\gamma_n^2 Fo_M} \quad (5.136)$$

Exemplo 5.8

Procurou-se secar um sabugo de milho a 120 °C via convecção mássica natural. Transcorridas duas horas, verificou-se que a umidade média adimensional atingiu 0,13 em base seca. Determine o Bi_M, sabendo que D_{ef} = 1,66 × 10^{-4} cm^2/s e admitindo que o sabugo apresente geometria cilíndrica com diâmetro constante e igual a 1,94 cm, sendo o seu comprimento dez vezes maior do que o diâmetro.

Solução:

Consideraremos, para efeito de cálculos, o tempo de secagem longo o suficiente para truncarmos a série (5.136) logo no primeiro termo.

$$\bar{\theta}(Fo_M) = 4\frac{Bi_M^2}{\gamma_1^2\left(\gamma_1^2 + Bi_M^2\right)} e^{-\gamma_1^2 Fo_M} \quad (1)$$

Verificamos do enunciado:

$$\bar{\theta}(Fo_M) = 0{,}13 \quad (2)$$

que, substituído em (1), fornece:

$$0{,}0325 = \frac{Bi_M^2}{\gamma_1^2\left(\gamma_1^2 + Bi_M^2\right)} e^{-\gamma_1^2 Fo_M} \quad (3)$$

Como

$$Fo_M = \frac{D_{ef}t}{s^2} \quad (4)$$

e s = 1,94/2 = 0,97 cm; t = 2h = 7.200 s e D_{ef} = 1, 66 × 10^{-4} cm^2/s (5)

substituiremos (5) em (4):

$$Fo_M = \frac{\left(1{,}66 \times 10^{-4}\right)(7.200)}{(0{,}97)^2} = 1{,}27 \quad (6)$$

Retomando o problema, levamos (6) a (3), da qual resulta:

$$0{,}0325 = \frac{Bi_M^2}{\gamma_1^2\left(\gamma_1^2 + Bi_M^2\right)} e^{-1{,}27\gamma_1^2} \quad (7)$$

Exemplo 5.8 (*continuação*)

Após a inspeção da Tabela (5.5), nota-se que a raiz γ_1 é função do Bi_M, conduzindo-nos a um processo de cálculo por tentativa e erro para solucionar a Equação (7). Impondo $Bi_M = 0{,}5$, verificamos na Tabela (5.5) que $\gamma_1 = 0{,}9408$. Desse modo:

$$\frac{Bi_M^2}{\gamma_1^2\left(\gamma_1^2+Bi_M^2\right)}e^{-1{,}27\gamma_1^2}=\frac{(0{,}25)}{(0{,}8987)(0{,}8987+0{,}25)}\exp[-(0{,}8987)(1{,}27)]=0{,}0775>0{,}0325$$

Fazendo $Bi_M = 2{,}0$, da Tabela (5.5) temos $\gamma_1 = 1{,}5994$. Assim:

$$\frac{Bi_M^2}{\gamma_1^2\left(\gamma_1^2+Bi_M^2\right)}e^{-1{,}27\gamma_1^2}=\frac{(4)}{(2{,}55804)(2{,}55804+4)}\exp[-(2{,}55804)(1{,}27)]=0{,}00925>0{,}0325$$

A solução encontra-se no intervalo $0{,}5 < Bi_M < 2$.

Fazendo $Bi_M = 1$, da Tabela (5.5) temos $\gamma_1 = 1{,}2558$:

$$\frac{Bi_M^2}{\gamma_1^2\left(\gamma_1^2+Bi_M^2\right)}e^{-1{,}27\gamma_1^2}=\frac{(1)}{(1{,}57703)(1{,}57703+1)}\exp[-(1{,}57703)(1{,}27)]=0{,}03325\approx 0{,}0325$$

Portanto: $Bi_M \cong 1$.

5.4.4 Método gráfico para a difusão em regime transiente com resistência externa

As equações que descrevem a distribuição de concentração adimensional de A, assim como a sua concentração média adimensional para os casos estudados de difusão em regime transiente com a presença de resistência externa, estão nos quadros (5.3) e (5.4), respectivamente. Os resultados presentes no quadro (5.4) estão representados na forma gráfica, denominados gráficos de Crank, como ilustram as Figuras (5.12), (5.13) e (5.14).

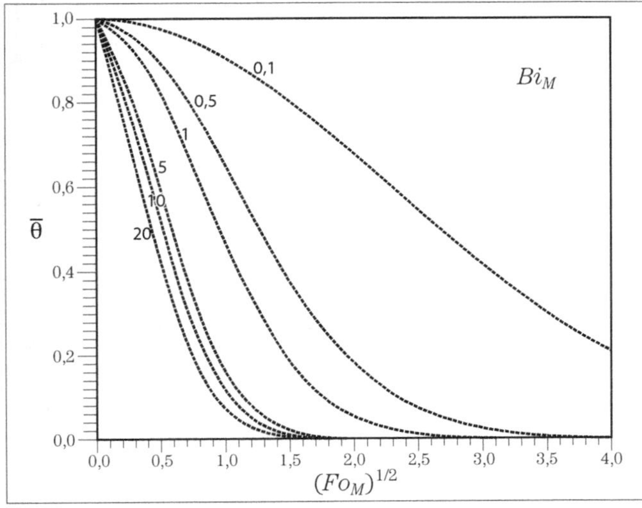

Figura 5.12 – Distribuição de concentração média adimensional com resistência externa: *placa plana infinita*.

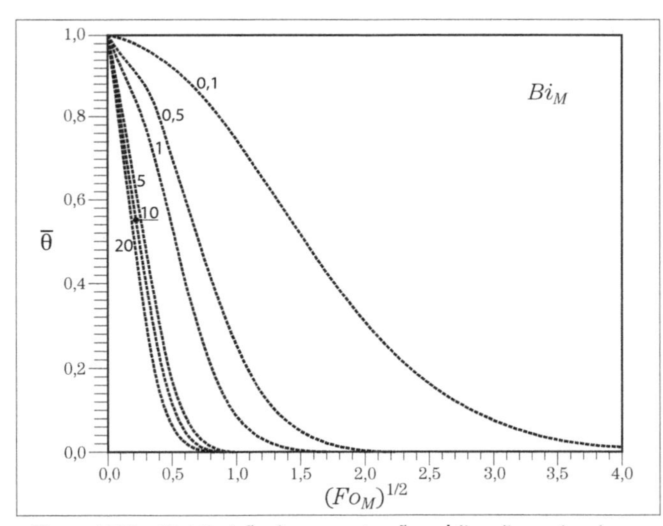

Figura 5.13 – Distribuição de concentração média adimensional com resistência externa: *esfera*.

As abscissas das Figuras (5.12) a (5.14) são postas em termos de $\sqrt{Fo_M}$, enquanto na ordenada encontra-se a concentração média adimensional $\bar{\theta} = \bar{\theta}\,(\eta, Fo_M)$. No interior das figuras há várias curvas relacionadas ao Bi_M. Chama a atenção quando $Bi_M \to \infty$. Nesta situação em que a resistência externa é desprezível, os resultados obtidos são os mesmos quando da utilização do gráfico de Newman, Figura (5.8).

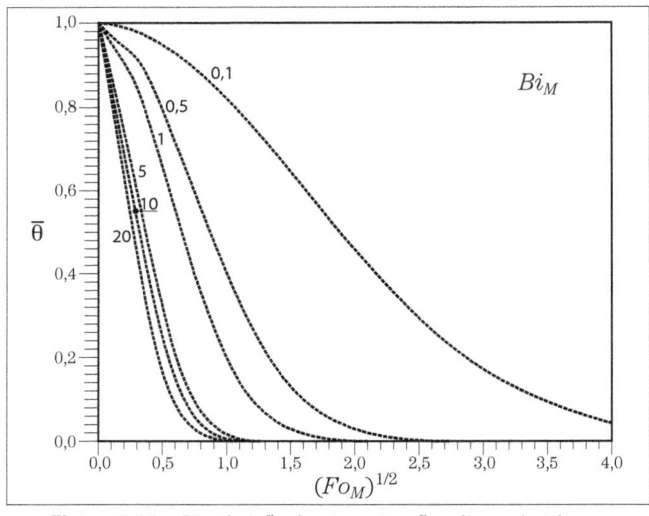

Figura 5.14 – Distribuição de concentração adimensional com resistência externa: *cilindro infinito.*

Quadro 5.4 – Concentrações médias adimensionais de *A* para a difusão em regime transiente com resistência externa

	$\bar{\theta} = \bar{\theta}(\eta, Fo_M)$	γ_n	z_1
Placa plana infinita	$2\sum_{n=1}^{\infty}\frac{Bi_M^2}{\gamma_n^2\left(\gamma_n^2+Bi_M^2+Bi_M\right)}e^{-\gamma_n^2 Fo_M}$	Tab. (5.3)	*a*
esfera	$6\sum_{n=1}^{\infty}\frac{Bi_M^2}{\gamma_n^2\left[\gamma_n^2+Bi_M\left(Bi_M-1\right)\right]}e^{-\gamma_n^2 Fo_M}$	Tab. (5.4)	*R*
cilindro infinito	$4\sum_{n=1}^{\infty}\frac{Bi_M^2}{\gamma_n^2\left(\gamma_n^2+Bi_M^2\right)}e^{-\gamma_n^2 Fo_M}$	Tab. (5.5)	*s*

Quadro 5.3 – Distribuições de concentrações adimensionais de *A* para a difusão em regime transiente com resistência externa

	$\theta = \theta(\eta, Fo_M)$	γ_n	z_1
Placa plana infinita	$2\sum_{n=1}^{\infty}\frac{Bi_M}{\left[\gamma_n^2+Bi_M^2+Bi_M\right]}\frac{\cos(\gamma_n\eta)}{\cos(\gamma_n)}e^{-\gamma_n^2 Fo_M}$	Tab. (5.3)	*a*
esfera	$\frac{2}{\eta}\sum_{n=1}^{\infty}\frac{Bi_M}{\left[\gamma_n^2+Bi_M+(Bi_M-1)\right]}\frac{\text{sen}(\gamma_n\eta)}{\text{sen}(\gamma_n)}e^{-\gamma_n^2 Fo_M}$	Tab. (5.4)	*R*
cilindro infinito	$2\sum_{n=1}^{\infty}\frac{Bi_M}{\left(\gamma_n^2+Bi_M^2\right)}\left[\frac{J_0(\gamma_n\eta)}{J_0(\gamma_n)}\right]e^{-\gamma_n^2 Fo_M}$	Tab. (5.5)	*s*

Exemplo 5.9

Resolva os exemplos (5.6) e (5.8) pelo método gráfico.

Geometria	incógnita	dados	... do gráfico	cálculos	analítico
Placa plana infinita Exemplo (5.6)	D_{ef}	$\bar{\theta} = 0{,}04$ $Bi_M = 0{,}5$	$\sqrt{Fo_M} = 2{,}8$	$D_{ef} = Fo_M z_1^2/t$ $= 1{,}31 \times 10^{-5}$ cm²/s	$D_{ef} = 1{,}26 \times 10^{-5}$ cm²/s
Cilindro infinito	Bi_M	$\bar{\theta} = 0{,}13$ $\sqrt{Fo_M} = 1{,}13$	≈1	≈1	≈1

5.5 SOLUÇÕES GRÁFICAS

Os gráficos apresentados neste capítulo são úteis na solução de problemas de difusão em regime transiente, como nos mostraram os exemplos (5.4) e (5.9). Seja qual for a geometria do meio difusivo, esses gráficos apresentam na sua ordenada a concentração adimensional de *A*, e na abscissa o número de Fourier mássico (difusão em regime transiente sem resistência externa) ou a raiz desse número (difusão em regime transiente com resistência externa). As figuras a seguir ilustram tais geometrias, indicando em cada uma o comprimento característico z_1 e a sua relação com o número de Fourier mássico $D_{ef}t/z_1^2$.

placa plana infinita

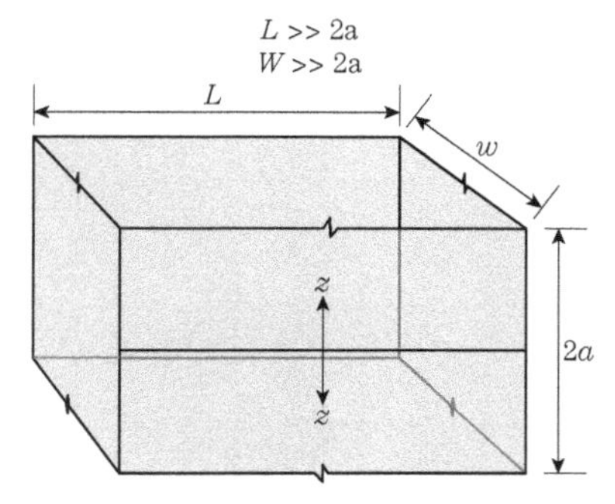

$$z_1 = a$$

$$Fo_M = \frac{D_{ef}t}{a^2} \qquad (5.137)$$

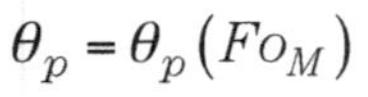

$$\theta_p = \theta_p\left(Fo_M\right)$$

esfera

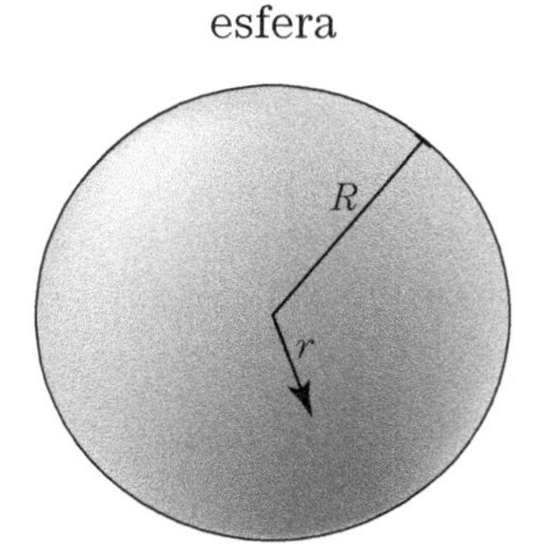

$$z_1 = R$$

$$Fo_M = \frac{D_{ef}t}{R^2} \qquad (5.138)$$

$$\theta_e = \theta_e\left(Fo_M\right)$$

cilindro infinito

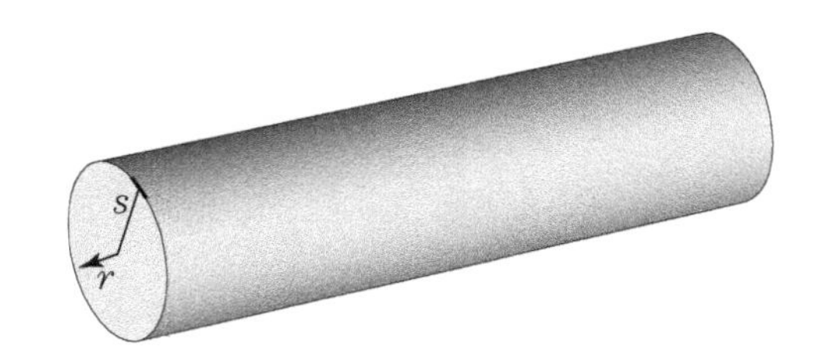

$$z_1 = s$$

$$Fo_M = \frac{D_{ef}t}{s^2} \qquad (5.139)$$

$$\theta_c = \theta_c\left(Fo_M\right)$$

Por intermédio da definição do z_1, é possível estender o uso dos gráficos para situações em que há o deslocamento do eixo da coordenada em que ocorre a difusão. Isso acontece, por exemplo, no caso de uma placa plana semi-infinita: admite-se nessa geometria que apenas uma das faces da placa esteja sujeita à transferência de massa, levando o comprimento característico a ser igual à espessura do material em vez de sê-lo à semiespessura como na placa plana infinita.

Exemplo 5.10

Reconsidere a situação física do Exemplo (5.6), admitindo, todavia, que apenas uma face da folha de papel esteja sujeita à transferência de massa.

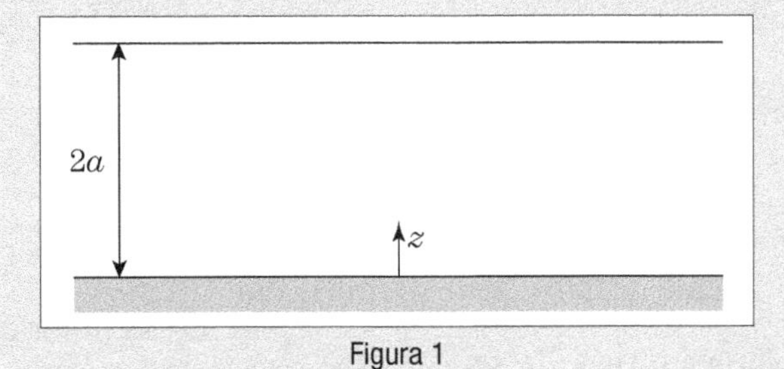

Figura 1

Solução:

Vamos considerar que a folha de papel esteja disposta sobre uma mesa. Nesse caso, o eixo da difusão desloca-se do centro do papel para a sua face que está em contato com a mesa. A outra extremidade da folha está em contato com o ar. A solução do problema é semelhante à utilizada para a placa plana infinita, modificando a Equação (5.137) para:

$$z_1 = 2a$$

Exemplo 5.10 (*continuação*)

e

$$Fo_M = \frac{D_{ef}t}{4a^2} \quad (5.140)$$

Do exemplo (5.6):

$a = 0{,}05$ cm; $\bar{\theta} = 0{,}04$; $Bi_M = 0{,}5$.

Com esses valores, entramos na Figura (1) do Exemplo (5.8) e determinamos:

$$\sqrt{Fo_M} = 2{,}8 \text{ ou } Fo_M = 7{,}84 \quad (1)$$

Substituindo (1) em (2):

$$D_{ef} = \frac{4(0{,}05)^2(7{,}84)}{(1.500)} = 5{,}27 \times 10^{-5} \text{cm}^2/\text{s}$$

Além da placa plana semi-infinita, os gráficos são aplicados na solução para a difusão em regime transiente em meios difusivos de geometria cilíndrica com as extremidades sujeitas à transferência de massa, como ilustra a Figura (5.15). Este caso é visto como a composição de duas situações:

a) Considerando um cilindro infinito, cuja ordenada dos gráficos é:

$$\theta_1 = \theta_c = \theta_c(Fo_{M_1}) \quad (5.141)$$

com: $z_1 = s$ e

$$Fo_{M_1} = \frac{D_{ef}t}{s^2} \quad (5.142)$$

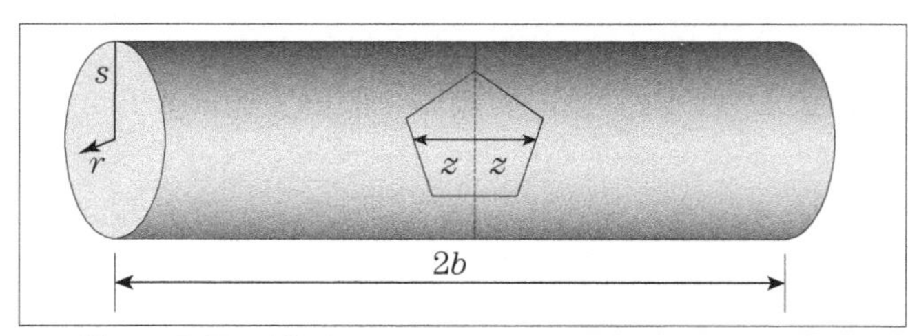

Figura 5.15 – Cilindro com os extremos sujeitos a transferência de massa.

b) Considerando uma placa plana infinita de espessura 2b, cuja ordenada dos gráficos é:

$$\theta_2 = \theta_p = \theta_p(Fo_{M_2}) \quad (5.143)$$

com:

$$z_1 = b \quad \text{e} \quad Fo_{M_2} = \frac{D_{ef}t}{b^2} \quad (5.144)$$

A ordenada global da geometria proposta é a composição das ordenadas (5.141) e (5.143).

$\theta = \theta_c\theta_p$ ou

$$\theta = \theta_c(Fo_{M_1})\ \theta_p(Fo_{M_2}) \quad (5.145)$$

Os gráficos de Newman e de Crank são utilizados também em problemas de difusão em regime transiente quando há fluxos em duas ou três direções.

Barra retangular (difusão bidimensional)

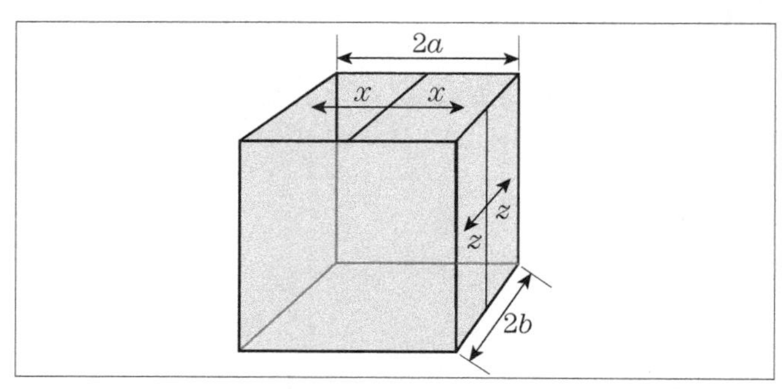

Figura 5.16 – Barra retangular

De modo análogo ao caso anterior, esta situação é posta como a composição de duas situações:

I. *Placa plana infinita de espessura 2a:*

$z_1 = a$

$$Fo_{M_1} = \frac{D_{ef}t}{a^2} \quad (5.137)$$

$$\theta_1 = \theta_p\left(Fo_{M_1}\right)$$

II. *Placa plana infinita de espessura 2b:*

$$z_1 = b$$

$$Fo_{M_2} = \frac{D_{ef}t}{b^2} \qquad (5.144)$$

$$\theta_2 = \theta_p\left(Fo_{M_2}\right)$$

A ordenada global é dada por:

$$\theta = \theta_p(Fo_{M_1})\ \theta_p(Fo_{M_2}) \qquad (5.146)$$

Paralelepípedo (difusão tridimensional)

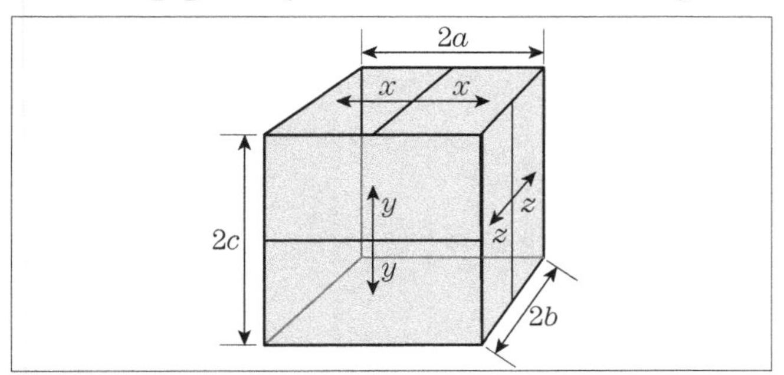

Figura 5.17 – Paralelepípedo

Seguindo o raciocínio anterior, tem-se:

$$z_1 = a; \quad Fo_{M_1} = \frac{D_{ef}t}{a^2}; \quad \theta_1 = \theta_p\left(Fo_{M_1}\right)$$

$$z_1 = b; \quad Fo_{M_2} = \frac{D_{ef}t}{b^2}; \quad \theta_2 = \theta_p\left(Fo_{M_2}\right)$$

$$z_1 = c; \quad Fo_{M_3} = \frac{D_{ef}t}{c^2}; \quad \theta_3 = \theta_p\left(Fo_{M_3}\right)$$

A ordenada global é dada por:

$$\theta = \theta_p(Fo_{M_1})\ \theta_p(Fo_{M_2})\ \theta_p(Fo_{M_3}) \qquad (5.147)$$

Exemplo 5.11

Um cubo de batata de 5 mm é posto em uma bandeja pela qual flui ar de secagem durante 45 min. Determine o Bi_M, sabendo que a umidade média adimensional, em base seca, é 0,20, e o coeficiente efetivo de difusão, $D_{ef} = 2{,}45 \times 10^{-6}$ m²/h. Considere que o cubo não sofra alteração de volume durante a secagem.

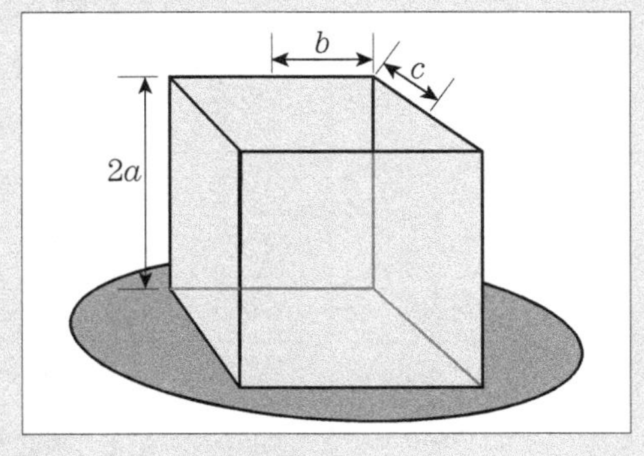

Figura 1

Solução:

Esse exemplo será resolvido considerando-se a sobreposição de duas placas planas infinitas e uma semi-infinita (o cubo está sobre uma bandeja), em que:

$2a = 5 \text{ mm} = 0{,}5 \times 10^{-2} \text{ m}^2$

$b = 2{,}5 \text{ mm} = 0{,}25 \times 10^{-2} \text{ m}^2$

$c = 2{,}5 \text{ mm} = 0{,}25 \times 10^{-2} \text{ m}^2$

A umidade média adimensional é obtida da Equação (5.147), reescrita como:

$$\bar{\theta} = \bar{\theta}_p\left(\sqrt{Fo_{M_1}}\right)\bar{\theta}_p\left(\sqrt{Fo_{M_2}}\right)\bar{\theta}_p\left(\sqrt{Fo_{M_3}}\right) \qquad (1)$$

Exemplo 5.11 (*continuação*)

A diferença entre as Equações (1) e (5.148) está na dependência da $\bar{\theta}$ com o Fo_M. A raiz quadrada presente em (1) deve-se às abscissas dos gráficos de Crank.

De posse dos comprimentos característicos de difusão, escrevemos:

$$z_1 = 0{,}5 \times 10^{-2}; \quad Fo_{M_1} = \frac{D_{ef} t}{(2a)^2} = \frac{\left(2{,}45 \times 10^{-6}\right)(0{,}75)}{\left(0{,}5 \times 10^{-2}\right)^2} = 0{,}0735 \rightarrow \sqrt{Fo_{M_1}} = 0{,}27$$

$$z_1 = 0{,}25 \times 10^{-2}; \quad Fo_{M_2} = \frac{D_{ef} t}{b^2} = \frac{\left(2{,}45 \times 10^{-6}\right)(0{,}75)}{\left(0{,}25 \times 10^{-2}\right)^2} = 0{,}294 \rightarrow \sqrt{Fo_{M_1}} = 0{,}54$$

$$z_1 = 0{,}25 \times 10^{-2}; \quad Fo_{M_3} = \frac{D_{ef} t}{c^2} = \frac{\left(2{,}45 \times 10^{-6}\right)(0{,}75)}{\left(0{,}25 \times 10^{-2}\right)^2} = 0{,}294 \rightarrow \sqrt{Fo_{M_1}} = 0{,}54$$

Como $\bar{\theta} = 0{,}2$; temos em (1):

$$0{,}2 = \bar{\theta}_p\left(\sqrt{Fo_{M_1}}\right)\bar{\theta}_p\left(\sqrt{Fo_{M_2}}\right)\bar{\theta}_p\left(\sqrt{Fo_{M_3}}\right) \tag{2}$$

Procedimento: Impõe-se na Figura 5.12 um valor para o Bi_M; obtém-se $\bar{\theta}_i$ ($i = a, b, c$) da interseção da curva do Bi_M com a reta vertical $\sqrt{Fo_{M_i}}$. Faz-se o produto das $\bar{\theta}_i$, Equação(1), e compara-se o valor obtido com $\bar{\theta} = 0{,}20$, Equação (2). O quadro a seguir nos mostra os resultados oriundos dessa metodologia de cálculo.

Bi_M	0,5	10,0	1,0	6,0	8,0
$\sqrt{Fo_{M_1}}$	0,27	0,27	0,27	0,27	0,27
$\bar{\theta}_1$	0,96	0,78	0,91	≈0,85	≈0,80
$\sqrt{Fo_{M_2}}$	0,54	0,54	0,54	0,54	0,54
$\bar{\theta}_2$	0,86	0,45	0,76	≈0,54	≈0,54
$\sqrt{Fo_{M_3}}$	0,54	0,54	0,54	0,54	0,54
$\bar{\theta}_3$	0,86	0,45	0,76	≈0,54	≈0,50
$\bar{\theta}_1\bar{\theta}_2\bar{\theta}_3$	0,71	0,16	0,53	0,24	≈0,20
$\bar{\theta}$	0,20	0,20	0,20	0,20	0,20

O resultado para este exemplo é $Bi_M \approx 8$. O que está controlando o fenômeno de transferência de massa?

EXERCÍCIOS

Conceitos

1. Por que a difusão em regime transiente é encontrada nas operações em batelada e no início de processos contínuos? Exemplifique.

2. O que significa resistência externa desprezível quando se trata de transferência de massa em regime transiente? Procure exemplos na literatura.

3. A difusão em regime transiente em um cilindro infinito é dado por:

$$\frac{\partial \theta}{\partial t} = D_{ef}\frac{\partial^2 \theta}{\partial r^2} + \frac{\partial \theta}{r \partial r}$$

com:

$$\theta = \frac{C_A - C_A^*}{C_{A_0} - C_A^*}$$

$C.I$: $\theta(r,0) = 1$; $C.C.1$: $\theta(s,t) = 0$;

$C.C.2$: $\lim_{r \to 0} \theta(r,t) = \text{finito}$

Pede-se:

a) O que significa o termo finito?

b) Interprete fisicamente as condições de contorno.

4. Interprete física e matematicamente a diferença entre difusão em regime transiente com e sem resistência externa.

5. O que significa o número de Fourier mássico?

6. Para armazenar um determinado tipo de madeira torna-se necessário mantê-la acondicionada com teor de umidade predeterminado de modo a não torná-la perecível. A madeira foi sujeita a secagem, sendo que, rapidamente e independentemente da geometria, a umidade da superfície atingiu valor constante. Antes de ser submetida à operação de secagem, a umidade estava uniformemente distribuída no material. Conhecendo-se o coeficiente efetivo de difusão e sabendo que a resistência externa à transferência de massa pode ser considerada desprezível, determine o tempo final de secagem da madeira considerando-a:

a) uma placa extremamente fina quando comparada ao seu comprimento e largura:

x_1 = espessura; y_1 = largura; z_1 = comprimento;

b) um paralelepípedo com uma das faces isoladas à transferência de massa:
x_1 = espessura; y_1 = largura; z_1 = comprimento;

c) um cilindro com os extremos sujeitos à transferência de massa:

z_1 = comprimento; x_1 = raio.

Faça as suposições necessárias para o cálculo, esquematizando-o.

7. Apesar de o método gráfico nos apetecer em razão da rapidez de solução, quando comparado à solução analítica, esta nos possibilita a compreensão mais detalhada do fenômeno. O resultado final do método analítico decorre da combinação perfeita da situação física com o tratamento matemático adotado. Para que possamos enriquecer a nossa afinidade com a difusão em regime transiente, torna-se importante o domínio das diversas etapas da solução de uma equação diferencial; para tanto, deduza as seguintes equações:

a) Equação (5.44);

b) Equação (5.78)

$$\left[\text{Lembre-se: } \int_0^a x J_0(bx) = \frac{1}{b} J_1(b)\right];$$

c) Equação (5.102); d) Equação (5.104);

e) Equação (5.121); f) Equação (5.123);

g) Equação (5.132); h) Equação (5.134).

Cálculos

1. Refaça o exemplo (5.3), considerando a série truncada no terceiro termo.

2. Refaça o exemplo (5.6), considerando $Bi_M = 1$.

3. Calcule o tempo necessário para que uma membrana gelatinosa de 2 mm de espessura adsorva 58(g de álcool)/(ℓ de gel) de um determinado álcool que está presente em uma solução alcoólica de 95 (g de álcool)/(ℓ de solução). Sabe-se que a concentração inicial do soluto é nula no gel e que $Bi_M = 0{,}5$ $K_p = 0{,}95$ l de solução/ℓ de gel $D_{ef} = 6{,}0 \times 10^{-6}$ cm²/s.

4. Os extremos de um gel cilíndrico de 0,4 cm de comprimento e 1 cm de diâmetro estão sujeitos à adsorção de certo soluto contido em determinado líquido. A concentração inicial do ma-

terial e 29 (mols de soluto)/(l de gel) e, sob determinadas condições de operação, a resistência externa à transferência de massa é desprezível. Sabendo que a concentração de equilíbrio desse material é

80 (mols de soluto)/(l de gel)

e que a sua difusividade efetiva é

$1{,}6 \times 10^{-3}$ cm²/h,

calcule o tempo necessário para que a concentração do difundente no centro do cilindro atinja 40 (mols de soluto)/(l de gel).

5. Procurou-se secar uma monocamada de arroz em casca com ar seco a 50 °C e 1 atm. Verificou-se a seguinte curva de secagem:

T(min)	0	20	40	60	80	100	120
$\bar{X}_A(t)$	0,26	0,17	0,145	0,13	0,12	0,112	0,108

em que $\bar{X}_A(t)$ representa a umidade do grão em base seca (kg de água/kg de sólido seco). Em decorrência da umidade relativa do ar, a umidade de equilíbrio é 0,0361 (base seca). Considerando o grão de geometria esférica de 0,28 cm de diâmetro, determine o coeficiente efetivo de difusão. Compare o resultado obtido com aquele estimado pela correlação de Steffe e Singh (1982):

$$D_{ef} = 33{,}6\exp\left(-\frac{6.420}{T}\right), \text{ em m}^2\text{/h;}$$

na qual T é utilizada em Kelvin.

6. Refaça o exercício anterior, considerando:
   a) o arroz como um cilindro infinito de raio igual a 0,094 cm;
   b) o arroz como um cilindro finito com as duas extremidades expostas à transferência de massa, tendo 0,92 cm de comprimento e 0,196 cm de diâmetro.

Para os problemas 7 e 8, considere:

Os peixes são reconhecidamente uma excelente fonte de proteínas e são comparados em valor nutritivo com ovos, carne e leite, sendo em muitos países a principal fonte de proteína animal. Durante a secagem de músculos de peixes observam-se, basicamente, três etapas:

a) período de taxa constante de secagem;
b) período de taxa decrescente de secagem: primeira fase;
c) período de taxa decrescente de secagem: segunda fase.

Período de taxa constante de secagem. Esse período caracteriza-se pelo fato de a área superficial da matriz se manter a certa umidade em que a secagem se processa como se a água pura evaporasse. Ou seja, existe a concentração de umidade livre na superfície considerada. A resistência à transferência de massa localiza-se somente na corrente de ar. O fim do período de taxa constante corresponde ao instante no qual a migração interna de água para a superfície não consegue mais compensar a taxa de evaporação da água livre da superfície.

Período de taxa decrescente de secagem. Esse período inicia-se quando a migração interna de umidade controla o processo de secagem. Para a primeira fase do período de taxa decrescente, os principais mecanismos de transporte sugeridos são: escoamento capilar, difusão de líquido e difusão de vapor. Em uma segunda fase desse período, na qual a umidade de equilíbrio está abaixo da de saturação, a difusão da fase vapor é, provavelmente, o mecanismo de transporte de umidade. A transição entre as duas fases, para merluza, peixe-porco e sardinha, ocorre ao redor de 22% (base seca). A diferença entre as duas fases pode estar associada com a remoção da camada unimolecular de água que reveste as moléculas de proteínas. A transição normalmente não ocorre em muitos processos industriais, os quais se limitam ao período de taxa constante e a primeira fase do período de taxa decrescente.

7. Pinto, Peneireiro e Tobinaga (1992) secaram filés de peixe-porco (*Monacanthus hispidus*), com dimensões das amostras: 10 cm de comprimento, 6 cm de largura e 0,8 cm de espessura em uma camada delgada, utilizando-se ar de secagem a T = 30 °C e 0,4 m/s. Esses autores verificaram que a resistência interna à transferência de massa é igual à externa, em virtude da convecção mássica. Após 95 h, a umidade média adimensional das amostras atingiu o valor de 0,01, em base seca. Calcule o coeficiente efetivo de difusão para o período decrescente de secagem. Como as amostras diminuem consideravelmente de tamanho, em termos de espessura (cerca de 1,5 vezes do seu tamanho, no final da operação), ao longo da secagem, admita um valor médio para a espessura entre o seu valor final e inicial. Resolva este exercício por intermédio de:

a) método analítico;
b) método gráfico.

8. Refaça o exercício anterior para amostras de merluza (*Merluccius merluccius*) e sardinha (*Sardinella brasiliensis*), considerando as seguintes modificações:

   a) tempo de secagem: 100 h;

   b) resistência externa desprezível;

   c) umidade média adimensional alcançada: 0,0615 para a sardinha e 0,024 para a merluza.

9. *O urucuzeiro é um arbusto nativo da América Tropical; suas sementes são cobertas com uma camada vermelha contendo a bixina em menor concentração. A bixina é um corante empregado nas indústrias de produtos alimentícios, cosméticos e farmacológicos, o qual vem largamente substituindo os sintéticos, tendo em vista as restrições impostas pela Organização Mundial de Saúde*" (SILVA; ALSINA, 1994). Esses autores secaram sementes de urucum a temperatura de ar de secagem igual a 55 °C e pressão de 1 atm. As sementes possuíam umidade inicial, em base seca, de 18,9%. Tendo em vista que o ar apresentava umidade relativa de 14,4%, a umidade de equilíbrio, segundo os autores, fora 4,4%. Determine o tempo final da operação de secagem para que a umidade final da semente alcance 6% se o coeficiente efetivo de difusão é $5{,}497 \times 10^{-8}$ cm^2/s. O diâmetro da semente, baseado em uma esfera de igual volume, é 0,343 cm, com esfericidade igual a 0,72. Suponha resistência externa à transferência de massa desprezível.

10. Uma barra de ferro cfc contendo inicialmente 0,2% em massa de carbono é exposta subitamente a um ambiente carburante com 0,5% (em massa) de carbono a 930 °C por 1 h. Encontre a concentração de carbono $z = 0{,}01$ cm, 0,02 cm e 0,04 cm a partir da borda da placa.

11. Refaça o exemplo (5.5), considerando que o sistema esteja a 1 atm e:

   a) 10 °C;

   b) 20 °C;

   c) 30 °C.

   Utilize as relações de solubilidade encontradas na Tabela (3.5).

BIBLIOGRAFIA

BISCHEL, B. *Food Chem.*, v. 4, p. 53, 1979.

BOYCE, W. E.; DIPRIMA, R. C. *Equações diferenciais elementares e problemas de valores de contorno*. 3. ed. Rio de Janeiro: Guanabara Dois, 1979.

CRANK, J. *The mathematics of diffusion*. London: Oxford University Press, 1956.

FAHIEN, R. W. *Fundamentals of transport phenomena*. New York: McGraw-Hill, 1983.

FREIRE, J. T.; SARTORI, D. J. M. *Tópicos especiais em secagem*. São Carlos: Editora da UFSCAR, 1992.

GUNTHER, P. A. S.; BRUNELLO, G.; TEIXEIRA, M. M. *Anais* do XV Encontro sobre Escoamento em Meios Porosos, v. 1. Rio de Janeiro, 1983, p. 202.

MCEWEN, E.; O'CALLAGHAN, J. R. *Trans. of Inst. of Chem. Engineers*, v. 33, n. 3, p. 135, 1955.

PFLUG; FILLERS; GUREVITZ. *Food technology*, v. 21, n. 12, p. 90, 1967.

PINTO, L. A. A.; PENEIREIRO, J. B.; TOBINAGA, S. *Anais* do XX Encontro sobre Escoamento em Meios Porosos, v. 2. São Carlos, 1992, p. 563.

SILVA, G. F.; ALSINA, L. S. *Anais* do XXI Encontro sobre Escoamento em Meios Porosos, v. 2. Ouro Preto, 1994, p. 431.

SIMAL, et al. *Chem. Eng. Sci*, v. 49, n. 22, p. 3.739, 1994.

SKELLAND, A. H. P. *Diffusional mass transfer*. New York: John Wiley, 1974.

SPIEGEL, M. R. *Manual de fórmulas e tabelas matemáticas*. São Paulo: McGraw-Hill do Brasil, 1973.

STEFFE, J. F.; SINGH, R. P. *J. Agric. Eng. Res.*, v. 5, p. 489, 1982.

NOMENCLATURA

a	semiespessura da lâmina, placa plana, Figura (5.4); Equação (3.84);	[L]
C_A	concentração da espécie A (ou umidade em base seca), Equação (5.1);	$[mol \cdot L^{-3}]$
C_A^*	concentração de equilíbrio (ou umidade desequilíbrio dinâmico em base seca), Equação (3.84);	$[mol \cdot L^{-3}]$
$\bar{C}_A$	concentração média de A (ou umidade média), Equação (5.23);	$[mol \cdot L^{-3}]$
D_{AB}	coeficiente de difusão binária, Equação (5.79);	$[L^2 \cdot T^{-1}]$
D_{ef}	coeficiente efetivo de difusão, Equação (5.1);	$[L^2 \cdot T^{-1}]$
$\vec{J}_A$	fluxo difusivo da espécie A, vetorial, Equação (5.1);	$[mol \cdot L^{-2} \cdot T^{-1}]$
$J_{A,r}$	fluxo difusivo da espécie A na direção r, Equação (5.26);	$[mol \cdot L^{-2} \cdot T^{-1}]$
k_{m_2}	coeficiente convectivo de transferência de massa para o meio externo ao difusivo, Equação (5.91);	$[L \cdot T^{-1}]$
K_p	coeficiente de distribuição, Equação (3.84);	adimensional
$\vec{N}_A$	fluxo global de A, vetorial referenciado eixos estacionários, Equação (5.1);	$[mol \cdot L^{-2} \cdot T^{-1}]$
$N_{A,i}$	fluxo global de A, referenciado a um eixo estacionário ($i = z$ ou r);	$[mol \cdot L^{-2} \cdot T^{-1}]$
r, z, θ	coordenadas cilíndricas; r, θ, ϕ – coordenadas esféricas;	[L]
R_A'''	termo reacional de produção ou de consumo da espécie A, Equação (5.2);	$[mol \cdot L^{-3} \cdot T^{-1}]$
R	raio da esfera, Figura (5.5);	[L]
s	raio do cilindro, Figura (5.6);	[L]
t	tempo, Equação (5.2);	[T]
x, y, z	coordenadas retangulares;	
z_1	distância da origem da difusão à superfície do meio onde ocorre a difusão.	[L]

Letras gregas

β	função qualquer da variável t, Equação (5.7);	
$\delta(t)$	profundidade em função do tempo de exposição, Equação (5.82);	[L]
γ	autovalores, Tabelas (5.1); (5.2), (5.3) e (5.5);	[L]
η	distância relativa; placa plana infinita: Equação (5.19a); esfera: Equação (5.47a); cilindro infinito: Equação (5.74);	adimensional
η	profundidade relativa, Equação (5.82);	adimensional
λ	constante, valor característico, Equação (5.9);	
θ	concentração (ou umidade) adimensional do soluto A, Equação (5.5)	adimensional
ψ	função qualquer da coordenada espacial: para z, Equação (5.7), para r Equação (5.31).	

Sobrescrito

–	médio

Subscritos

a	superfície da placa plana ou lâmina
A	espécie química A
B	espécie química B
c	cilindro
e	esfera
0	inicial
p	placa plana, lâmina
R	superfície da esfera
s	superfície do cilindro
∞	distância suficientemente longa da superfície
2	meio externo à difusão

Números adimensionais

Bi_M	Biot mássico, definição (5.96)
Fo_M	Fourier mássico, definição (5.21)

DIFUSÃO COM REAÇÃO QUÍMICA

6.1 CONSIDERAÇÕES A RESPEITO

Vimos, até aqui, a difusão ocorrendo sem que houvesse geração ou consumo do soluto no meio de transporte. Neste capítulo, estudaremos algumas situações nas quais o difundente sofre transformação por reação química à medida que ele difunde através de um meio reacional ou quando reage em regiões específicas do meio ou na interface entre dois meios, sendo um deles não reacional, conforme ilustra a Figura (6.1).

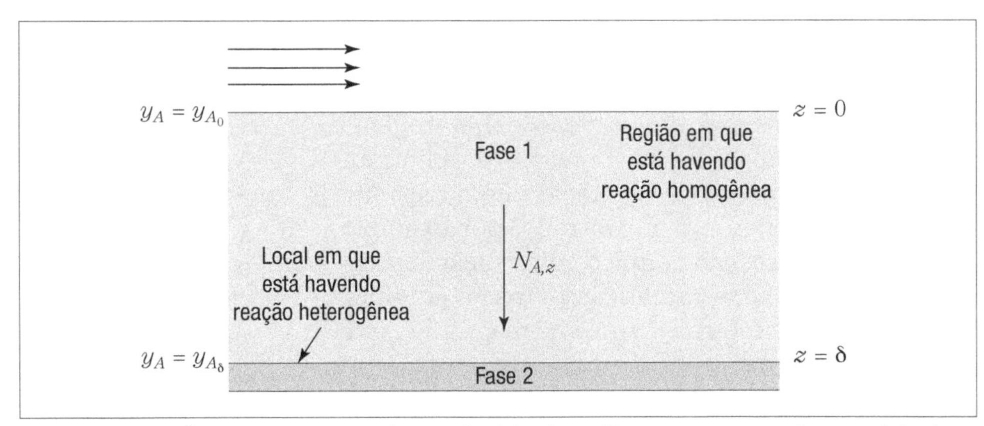

Figura 6.1 – Reações que ocorrem no meio ou na fronteira de um filme gasoso que envolve um catalisador.

Encontra-se a difusão com reação química em várias aplicações dentro da engenharia, entre as quais: absorção química, como a de SO_2 em ácido sulfúrico; reações catalisadas por sólidos, feito a síntese da amônia utilizando-se *pellets* de ferro-alumina como catalisador e na combustão do carvão para gerar energia.

Um aspecto da simultaneidade entre difusão e reação química foi apresentado no terceiro capítulo como parte integrante da equação continuidade molar da espécie A segundo[1]:

$$\frac{\partial C_A}{\partial t} + \vec{\nabla} \cdot \vec{N}_A = R_A''' \qquad (3.21)$$

A presença do termo reacional na Equação (3.21) depende da análise do tipo de reação: homogênea ou heterogênea. A reação homogênea, como discutido no terceiro capítulo, acontece em todos os pontos do elemento de volume; portanto, ela aparece diretamente na equação da continuidade do soluto. Quanto à reação heterogênea, pelo fato de exigir duas fases para caracterizá-la, ela se fará presente na fronteira do sistema, sendo, dessa maneira, uma condição de contorno da Equação (3.21), expressa, por exemplo, segundo uma reação irreversível de primeira ordem tal qual a Equação (3.95).

$$R_A'' = N_{A,z}\big|_{z=\delta} = k_s C_{A_\delta} \qquad (3.95)$$

Há situações em que a reação heterogênea também pode aparecer na equação da continuidade de A. Esse caso é conhecido como sistema pseudo-homogêneo e é encontrado, por exemplo, na difusão com reação química com reação heterogênea em partículas catalíticas porosas que apresentam sua área interna da mesma magnitude a da superfície externa.

6.2 DIFUSÃO EM REGIME PERMANENTE COM REAÇÃO QUÍMICA HETEROGÊNEA

A reação química heterogênea será considerada aqui como ocorrendo somente na superfície externa de uma partícula não porosa ou quando o soluto difunde dentro de uma partícula reagindo nos seus sítios ativos. Na primeira situação, a reação química estabelece um contorno para a região difusiva, ou seja, a difusão se dará externamente a esse sólido. Isso será possível à medida que considerarmos que o transporte do soluto ocorra em regime permanente através de um filme estagnado e que o seu fluxo venha a ser balanceado pelo seu consumo na superfície da partícula. Já na segunda situação, supõe-se a difusão intraparticular, em que o efeito da reação química será considerado segundo um modelo pseudo-homogêneo, no qual é suposto reação em todos os pontos no volume de controle mediante uma correção, no termo de reação, que considera a área efetiva dos poros. No que se refere ao primeiro caso, dividiremos a análise da influência da reação heterogênea na superfície externa de uma partícula no fenômeno de difusão em regime permanente que se processa em um filme que envolve essa partícula em duas categorias:

I. reação heterogênea na superfície de uma partícula catalítica não porosa, a qual se refere, por exemplo, às reações químicas que ocorrem na superfície de catalisadores não porosos, cuja abordagem matemática lembra a adotada para o regime estacionário (veja o Capítulo 4);

II. reação heterogênea na superfície de uma partícula não catalítica e não porosa, como é o caso de partículas que participam da reação química, as quais são consumidas ao longo do processo. O tratamento matemático, nessa situação, é análogo ao utilizado para o regime pseudoestacionário, no qual a variação temporal do volume da partícula é desprezível em face à duração do processo difusivo.

Em ambos os casos, considera-se o meio em que ocorre a difusão como sendo um filme gasoso estagnado que envolve uma partícula. Admite-se, como outra hipótese, regime permanente com fluxo unidimensional do soluto. Por se tratar de uma reação heterogênea em uma partícula catalítica de área interna desprezível, se comparada à superficial, a equação da continuidade que rege a difusão de A no filme é dada pela Equação (4.6).

$$\frac{d}{dz} N_{A,z} = 0 \qquad (4.6)$$

A Equação (4.6) retrata um fluxo unidirecional e em coordenada cartesiana. Isso é possível desde que consideramos que o nosso catalisador venha a ser uma placa plana ou, na situação em que a película gasosa que envolve um sólido de contor-

[1] Neste capítulo, trabalharemos apenas com grandezas molares.

no curvo, apresente uma espessura bem menor do que o tamanho da partícula, de modo que se possa desprezar os efeitos de curvatura de tal partícula no fenômeno difusivo que ocorre no filme.

6.2.1 Difusão com reação química heterogênea na superfície de uma partícula catalítica não porosa

Esse fenômeno é analisado tomando como referência as reações catalisadas por sólidos não porosos. "As velocidades de algumas reações são afetadas por materiais que não são reagentes nem produtos. Tais materiais, denominados catalisadores, retardam (catalisadores negativos) ou aceleram as reações (catalisadores positivos)" (BIRD; STEWART; LIGHTFOOT, 1960).

Em nosso estudo, consideraremos esses catalisadores envoltos por uma camada gasosa, na qual existe o fluxo de matéria, Figura (6.1), havendo reação química na interface gás–sólido. O fenômeno da difusão bem como a reação na superfície do sólido não poroso são estipulados como estágios que ocorrem na seguinte sucessão (modelo de Lewis):

1° Estágio: difusão do soluto A através da camada gasosa até a superfície catalítica.

2° Estágio: contato de A com a superfície catalítica acompanhada de reação.

3° Estágio: difusão dos produtos da reação da superfície de contorno através da camada gasosa.

Na intenção de verificar a influência desse tipo de reação heterogênea na distribuição de concentração do soluto e no seu fluxo, imagina-se que a partícula de catalisador esteja coberta por um filme gasoso estagnado para propiciar os estágios mencionados há pouco.

Considerando a seguinte reação irreversível e de pseudoprimeira ordem:

$$aA \rightarrow bB \tag{6.1}$$

em que A é o soluto reagente; este apresenta fluxo global molar unidirecional dado pela Equação (2.37), segundo:

$$N_{A,z} = -CD_{AB}\frac{dy_A}{dz} + y_A\left(N_{A,z} + N_{B,z}\right) \tag{2.37}$$

A relação entre os fluxos molares do produto e do reagente advém da Equação (6.1). Para estabelecer uma metodologia que visa determinar esse tipo de relação para qualquer situação análoga ao exemplo proposto pela Equação (6.1), considere a seguinte reação química irreversível:

$$rR \rightarrow pP + xX \tag{6.2}$$

Supondo que o fluxo molar de R é de mesmo sentido da coordenada z ou:

"r mols de R difundem com o fluxo $N_{R,z}$"
ou $N_{R,z} \rightarrow r$

e admitindo a contradifusão das espécies P e X, teremos que os fluxos molares de tais espécies apresentarão sentidos inversos à coordenada espacial.

"(–) p mols de P contradifundem com o fluxo $N_{P,z}$"
ou $N_{P,z} \rightarrow -p$

"(–) x mols de X contradifundem com o fluxo $N_{X,z}$"
ou $N_{X,z} \rightarrow -x$

A relação entre os fluxos R e X é escrita como:

$$-xN_{R,z} = rN_{X,z},$$

e entre R e P será:

$$-pN_{R,z} = rN_{P,z}$$

ou:

$$N_{X,z} = -\frac{x}{r}N_{R,z} \tag{6.3a}$$

$$N_{P,z} = -\frac{p}{r}N_{R,z} \tag{6.3b}$$

O sinal negativo indica a contradifusão das espécies no meio considerado.

Retomando a reação (6.1), temos a seguinte relação entre os fluxos molares do reagente e do produto:

$$N_{B,z} = -\frac{b}{a}N_{A,z} \tag{6.4}$$

Admitindo que o sistema se mantenha a temperatura e pressão constantes, podemos substituir a relação (6.4) na Equação (2.37), cujo resultado fica:

$$N_{A,z} = -CD_{AB}\frac{dy_A}{dz} + y_A\left(\frac{a-b}{a}\right)N_{A,z}$$

e definindo a seguinte relação entre os coeficientes estequiométricos a e b:

$$\alpha = \frac{a-b}{a} \tag{6.5}$$

temos:

$$N_{A,z} = -\frac{CD_{AB}}{1-\alpha y_A}\frac{dy_A}{dz} \tag{6.6}$$

Levando a Equação (6.6) para a Equação (4.6):

$$\frac{d}{dz}\left(\frac{1}{1-\alpha y_A}\frac{dy_A}{dz}\right) = 0 \tag{6.7}$$

Ao integrar a Equação (6.7), obtém-se a seguinte distribuição de fração molar de A:

$$-\frac{1}{\alpha}\ln\left[1-\alpha y_A\right] = C_1 z + C_2 \tag{6.8}$$

Inspecionando a distribuição (6.8), nota-se, de imediato, a necessidade de conhecer as condições de contorno. Da Figura (6.1), observa-se, na fronteira superior do filme estagnado, a convenção do início da difusão, onde a concentração de A é y_{A_0}.

C.C.1: em $z = 0$; $y_A = y_{A_0}$

De acordo com os estágios apresentados anteriormente, o reagente A percorre uma distância δ para reagir na superfície do catalisador, sendo aí a sua fração molar dada por:

C.C.2: em $z = \delta$; $y_A = y_{A_\delta}$

Aplicando as condições de contorno na Equação (6.8), obtêm-se

$$C_2 = -\frac{1}{\alpha}\ln\left[1-\alpha y_{A_0}\right]$$

e

$$C_1 = -\frac{1}{\delta\alpha}\ln\left(\frac{1-\alpha y_{A_\delta}}{1-\alpha y_{A_0}}\right)$$

que, substituídas na Equação (6.8), nos fornecem:

$$1-\alpha y_A = \left(1-\alpha y_{A_\delta}\right)^{\frac{z}{\delta}}\left(1-\alpha y_{A_0}\right)^{1-\frac{z}{\delta}} \tag{6.9}$$

Ao admitirmos que ocorra reação química heterogênea de pseudoprimeira ordem na superfície do catalisador, a fração molar de A será obtida de:

$$N_{A,\delta} = R''_A = Ck_s y_{A_\delta} \tag{6.10}$$

ou

$$y_{A_\delta} = \frac{N_{A,\delta}}{Ck_s} \tag{6.11}$$

Substituindo (6.11) em (6.9):

$$1-\alpha y_A = \left(1-\alpha\frac{N_{A,\delta}}{Ck_s}\right)^{\frac{z}{\delta}}\left(1-\alpha y_{A_0}\right)^{1-\frac{z}{\delta}} \tag{6.12}$$

No caso de a reação química na superfície do sólido ser rápida, $k_s \to \infty$, a distribuição (6.12) é posta tal como se segue:

$$1-\alpha y_A = \left(1-\alpha y_{A_0}\right)^{1-\frac{z}{\delta}} \tag{6.13}$$

A distribuição (6.13) reflete a situação em que $y_{A_\delta} = 0$, tal qual na reação instantânea[2]. Por outro lado, a Equação (6.13) é uma particularidade da Equação (6.12), que, por sua vez, depende do conhecimento do fluxo de matéria na interface gás–sólido.

Fluxo global da espécie *A* na superfície da partícula

É fundamental no estudo da difusão o conhecimento do fluxo do soluto, pois ele nos informa o quanto de soluto transportado até uma superfície catalítica será convertido. Verifica-se na Equação (4.6) que esse fluxo, para coordenadas retangulares, é constante. Para obtê-lo, basta conhecer os limites de integração dessa equação, os quais são as condições de contorno apresentadas anteriormente. Dessa maneira, da Equação (6.6) e das condições de contorno, escrevemos:

$$N_{A,z}\int_0^\delta dz = -CD_{AB}\int_{y_{A_0}}^{y_{A_\delta}}\frac{dy_A}{(1-\alpha y_A)}$$

Efetuando as integrações, chega-se a[3]:

$$N_{A,z} = \frac{1}{\alpha}\left(\frac{CD_{AB}}{\delta}\right)\ln\left(\frac{1-\alpha y_{A_\delta}}{1-\alpha y_{A_0}}\right) \tag{6.14}$$

Pelo fato de que, em regime permanente, todo o soluto A transportado através do filme de espes-

[2] Rigorosamente $y_{A_\delta} \cong 0$, que é válido para reações químicas irreversíveis.

[3] Na Equação(6.14), assim como nas Equações (4.33) e (4.66), é possível identificar o coeficiente convectivo de transferência de massa de acordo com a teoria do filme ou $\frac{D_{AB}}{\delta} \equiv k_m$.

sura δ ser convertido na superfície catalítica por intermédio de uma reação química, como aquela exposta na Equação (6.10), obteremos a fração molar do soluto na superfície da partícula segundo a igualdade entre as Equações (6.10) e (6.14), resultando:

$$y_{A_\delta} = \frac{1}{\alpha}\left(\frac{D_{AB}}{\delta k_s}\right)\ln\left(\frac{1-\alpha y_{A_\delta}}{1-\alpha y_{A_0}}\right) \quad (6.15a)$$

ou

$$y_{A_\delta} = \left(\frac{D_{AB}}{\delta k_s}\right)\left[\frac{\ln\left(1-\alpha y_{A_\delta}\right)}{\alpha} - \frac{\ln\left(1-\alpha y_{A_0}\right)}{\alpha}\right] \quad (6.15b)$$

Admitiremos, para efeito de análise, a seguinte reação $A \rightarrow B$. Da relação (6.5) verificamos que $\alpha = 0$. Ao substituirmos este valor na Equação (6.15b), ficamos com indeterminações tipo 0/0. Se aplicarmos a regra de L'Hopital nessas indeterminações, bem como rearranjando o resultado obtido, chegaremos ao seguinte resultado[4]:

$$y_{A_\delta} = \left(\frac{D_{AB}/\delta k_s}{1 + D_{AB}/\delta k_s}\right) y_{A_0} \quad (6.16)$$

ou

$$y_{A_\delta} = \left(\frac{1}{1 + \delta k_s/D_{AB}}\right) y_{A_0} \quad (6.17)$$

Observe, nas Equações (6.16) e (6.17), o termo $(D_{AB}/\delta k_s)$. Ele mostra a relação entre as resistências à reação química heterogênea irreversível de primeira ou pseudoprimeira ordem na superfície de uma partícula $(1/k_s)$ e à difusão em um filme gasoso que envolve o catalisador (δ/D_{AB}). Na situação em que $[(1/k_s)/(\delta/D_{AB})] \rightarrow 0$, diz-se que a resistência à difusão é quem controla o fluxo global de A na superfície da partícula, levando a $y_{A_\delta} \rightarrow 0$. Considerando que $y_{A_\delta} = 0$, a Equação(6.14), em $z = \delta$ e para qualquer α, fica:

$$N_{A,\delta} = -\frac{1}{\alpha}\left(\frac{CD_{AB}}{\delta}\right)\ln\left(1-\alpha y_{A_0}\right) \quad (6.18)$$

Esse fluxo é obtido quando se tem reação instantânea na superfície da partícula, a qual é característica de reações rápidas que apresentam $k_s \rightarrow \infty (y_{A_\delta} = 0)$.

Contudo, para $[(1/k_s)/(\delta/D_{AB})] \rightarrow \infty$, diz-se que a resistência à reação química controla o fluxo do soluto na superfície catalítica e a fração molar de A na superfície do catalisador, de acordo com a Equação (6.17), é $y_{A_\delta} \rightarrow y_{A_0}$. Nesse caso, $k_s \rightarrow 0$, ou seja, a reação química na superfície do catalisador é lenta.

Outra informação decorrente da análise da relação $(D_{AB}/\delta k_s)$ refere-se à espessura do filme gasoso. À medida que δ aumenta, eleva-se a influência da resistência à difusão no fluxo global do soluto. Para $k_s \rightarrow 0$ a zona de difusão é desprezível, o que leva a $\delta \rightarrow 0$.

[4] Aplicando a regra de L'Hopital na Equação (6.15b)

$$\lim_{\alpha \to 0} \frac{[-y_A/1-\alpha y_A]}{(1)} = -y_A$$

Exemplo 6.1

O soluto reagente A decompõe-se na superfície de uma lâmina catalítica sólida não porosa segundo a reação irreversível de primeira ordem $A \rightarrow B$. O composto A faz parte de uma mistura gasosa estagnada de espessura δ em volta da placa. Estabeleça as equações para o fluxo do soluto na superfície da partícula quando:

a) a difusão do soluto controla o fluxo de matéria;
b) a reação química na superfície da partícula controla o fluxo de matéria.

Solução:

Retomando a Equação (6.14) avaliada na superfície do catalisador:

$$N_{A,z} = N_{A,\delta} = \frac{1}{\alpha}\left(\frac{CD_{AB}}{\delta}\right)\ln\left(\frac{1-\alpha y_{A_\delta}}{1-\alpha y_{A_0}}\right)$$

Exemplo 6.1 (*continuação*)

ou

$$N_{A,\delta}=\left(\frac{CD_{AB}}{\delta}\right)\left[\frac{\ln\left(1-\alpha y_{A_\delta}\right)}{\alpha}-\frac{\ln\left(1-\alpha y_{A_0}\right)}{\alpha}\right] \quad (1)$$

A equação estequiométrica é posta como $aA \to bB$, da qual se têm $a = 1$ e $b = 1$. Da relação (6.5):

$$\alpha=\frac{a-b}{a}=\frac{1-1}{1}=0 \quad (2)$$

que, substituída em (1), nos fornece:

$$N_{A,\delta}=\left(\frac{CD_{AB}}{\delta}\right)\left(\frac{0}{0}-\frac{0}{0}\right) \quad (3)$$

Utilizando a regra de L'Hopital nas indeterminações oriundas da Equação (1), ficamos com:

$$N_{A,\delta}=\left(\frac{CD_{AB}}{\delta}\right)\left(y_{A_0}-y_{A_\delta}\right) \quad (4)$$

a) Na situação em que a difusão controla o fluxo global, temos $y_{A_\delta} \to 0$. Considerando que $y_{A_\delta} = 0$, a Equação (4), nos fornece o seguinte fluxo do soluto:

$$N_{A,\delta}=\left(\frac{CD_{AB}}{\delta}\right)y_{A_0} \quad (5)$$

ou

$$N_{A,\delta}=\left(\frac{D_{AB}}{\delta}\right)C_{A_0} \quad (6)$$

No caso de a resistência à reação química controlar o fluxo do soluto na superfície catalítica, verificamos que $y_{A_\delta} \to y_{A_0}$. Da inspeção da Equação (4) poder-se-ia imaginar $N_{A_\delta} \to 0$. Ou seja, não existe reação química? Não se esqueça de que, nesse caso, o efeito do fenômeno difusivo é desprezível no fluxo global, o qual, em virtude da continuidade de matéria, continua sendo dado pela Equação (6.10).

$$N_{A,\delta}=R''_A=Ck_s\,y_{A_\delta} \quad (7)$$

Agora sim! Se fizermos $y_{A_\delta} = y_{A_0}$ na Equação (7), ficamos com o seguinte resultado:

$$N_{A,\delta}=k_sC_{A_0} \quad (8)$$

A Equação(8) mostra o fluxo molar de A, fruto da reação química irreversível de primeira ordem que ocorre na superfície do catalisador.

6.2.2 Difusão com reação química heterogênea na superfície de uma partícula não catalítica e não porosa

Enquanto no tópico anterior houve a suposição da superfície da partícula como suporte à reação química, neste item admite-se tal superfície como sólida e participante da reação, sendo consumida ao longo do processo difusivo em regime pseudo-estacionário. Um fenômeno em que isso acontece é a combustão: o soluto reagente A difunde por uma camada gasosa inerte I, Figura (6.2), e reage quando entra em contato com a superfície do sólido, Figura (6.3). O produto da reação contradifunde em relação ao fluxo do reagente. A relação entre os fluxos de A e de B obedece à Equação (6.4), a qual decorre da reação química irreversível:

$$aA(g) + sS(s) \to bB(g) \quad (6.19)$$

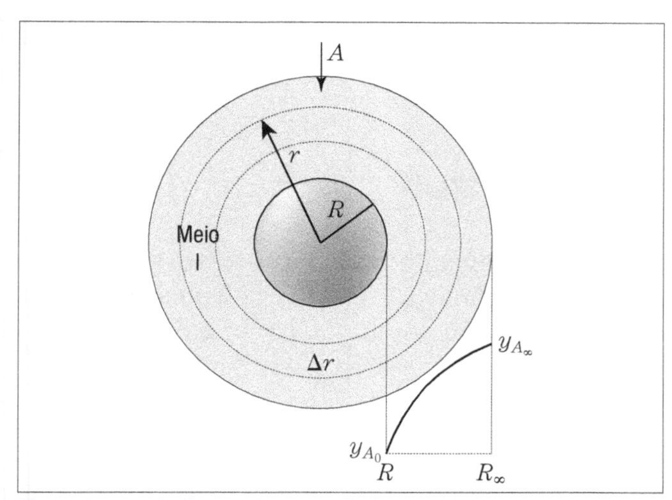

Figura 6.2 – Difusão do soluto através da camada gasosa que envolve uma superfície reagente.

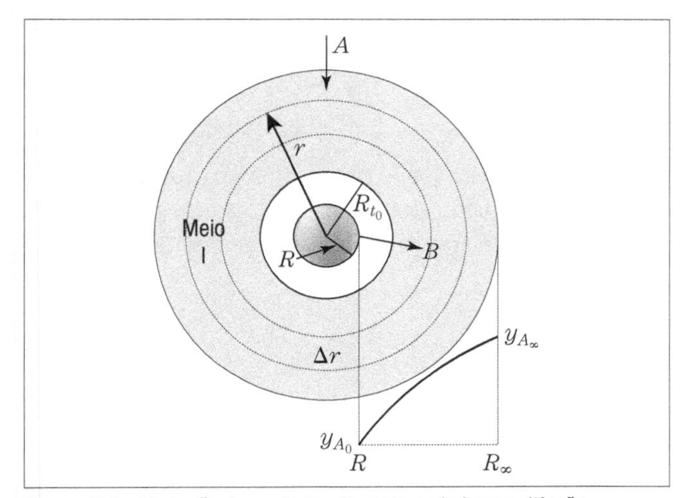

Figura 6.3 – Variação do contorno do meio onde houve difusão.

Distribuição de fração molar de A

Considerando uma partícula não catalítica esférica, bem como admitindo que a sua curvatura imponha a mesma configuração geométrica à região difusiva gasosa e estagnada que a envolve, a equação da continuidade molar para o soluto na região de transporte é a Equação (3.24). Supondo que os fluxos radiais das espécies A e B são mais importantes do que nas direções θ e ϕ, a equação que descreve a difusão em regime permanente do soluto A no filme gasoso é fornecida pela Equação (4.8).

$$\frac{d}{dr}\left(r^2 N_{A,r}\right) = 0 \tag{4.8}$$

Note na Equação (4.8) que o termo reacional não está presente, pois consideramos a reação heterogênea *apenas* na superfície do sólido (o volume de controle está contido no meio I que envolve a partícula e não dentro dela).

Pelo fato de a região difusiva apresentar-se esférica, o fluxo molar do reagente é dado pela Equação (6.6):

$$N_{A,r} = -\frac{CD_{AI}}{1-\alpha y_A}\frac{dy_A}{dr} \tag{6.20}$$

sendo D_{AI} o coeficiente de difusão do soluto reagente no meio difusivo I; α é a relação estequiométrica (6.5).

Se considerarmos que o fenômeno ocorra a temperatura e pressão constantes, a equação diferencial (4.8) (da qual surgirá a distribuição da fração molar de A na película gasosa) é retomada, depois de substituir nela a Equação (6.20), da seguinte maneira:

$$\frac{d}{dr}\left(\frac{r^2}{1-\alpha y_A}\frac{dy_A}{dr}\right) = 0 \tag{6.21}$$

Integrando a Equação (6.21) duas vezes, obtém-se:

$$-\frac{1}{\alpha}\ln\left(1-\alpha y_A\right) = -\frac{C_1}{r} + C_2 \tag{6.22}$$

A Equação(6.21) está sujeita a:

C.C.1: em $r = R$ (na superfície do sólido)

$$\rightarrow y_A = y_{A_R} \tag{6.23a}$$

C.C.2: em $r \rightarrow R_\infty$ (longe da superfície do sólido)

$$\rightarrow y_A = y_{A_\infty} \tag{6.23b}$$

Levando (6.23b) à Equação (6.22), chega-se a:

$$C_2 = -\frac{1}{\alpha}\ln\left(1-\alpha y_{A_\infty}\right) \tag{6.24a}$$

e, substituindo a condição (6.23a) e a constante (6.24a) na Equação (6.22), obtém-se C_1 segundo:

$$C_1 = \frac{R}{\alpha}\ln\left(\frac{1-\alpha y_{A_R}}{1-\alpha y_{A_\infty}}\right) \tag{6.24b}$$

A distribuição de fração molar da espécie A na película gasosa I é conseguida depois de substituir as constantes (6.24a) e (6.24b) na Equação (6.22), cujo resultado depois de rearranjado fica:

$$y_A = \frac{1}{\alpha}\left[1-\left(1-\alpha y_{A_R}\right)^{R/r}\left(1-\alpha y_{A_\infty}\right)^{1-R/r}\right] \tag{6.25}$$

Admitindo o consumo de A na superfície do sólido descrito por reação irreversível de primeira ordem, posta em termos de taxa da seguinte forma:

$$W_{A,R} = -4\pi R^2 C k_s y_{A_R}$$

temos em $r = R$ a fração molar de A de acordo com:

$$y_{A_R} = -W_{A,R}/4\pi R^2 C k_s \quad (6.26)$$

Substituindo (6.27) na Equação (6.25):

$$y_A = \frac{1}{\alpha}\left[1-\left(1+\alpha\frac{W_{A,R}}{4\pi R^2 C k_s}\right)^{R/r}\left(1-\alpha y_{A_\infty}\right)^{1-R/r}\right] \quad (6.27)$$

Para reação química rápida na superfície a ponto de $k_s \to \infty$, a distribuição (6.27) é escrita como:

$$y_A = \frac{1}{\alpha}\left[1-\left(1-\alpha y_{A_\infty}\right)^{1-R/r}\right] \quad (6.28)$$

a qual é semelhante à Equação (6.18). Analogamente à distribuição (6.18), a Equação (6.28) reflete a situação em que $y_{A_R} = 0$; ou seja, reação instantânea.

Exemplo 6.2

Sabendo que a queima de grafite no ar seco é descrita pela equação cinética:

$$2C(s) + \underbrace{O_2(g) + N_2(g)}_{\text{ar}} \rightarrow 2CO(g) + \underbrace{N_2(g)}_{\text{inerte}} \quad (6.29)$$

determine a distribuição de fração molar do oxigênio em uma película de ar seco que circunda uma partícula esférica do grafite, considerando: o oxigênio é consumido imediatamente, logo ao contato com a superfície da partícula; o ar, longe do grafite, comporta-se feito mistura binária gasosa ideal de 79% de N_2 e 21% de O_2. Suponha $A \equiv O_2$.

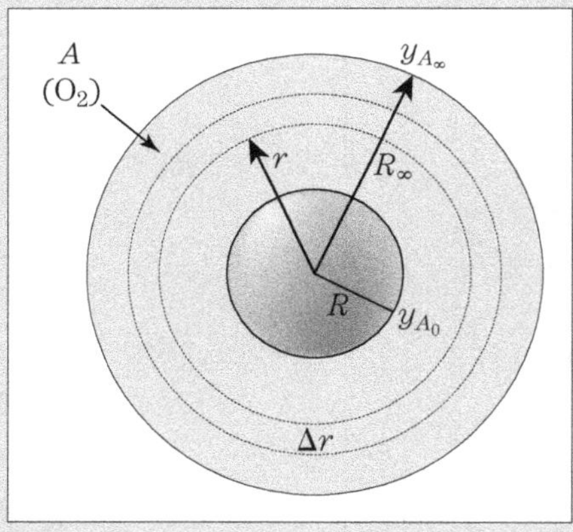

Figura 1

Solução:

Aplicação imediata da Equação (6.28),

na qual foi suposta $y_{A_R} = 0$. Portanto:

$$y_A = \frac{1}{\alpha}\left[1-\left(1-\alpha y_{A_\infty}\right)^{1-R/r}\right] \quad (1)$$

y_{A_∞} refere-se à fração molar do oxigênio longe da partícula ou $y_{A_\infty} = 0{,}21$.

$$y_A = \frac{1}{\alpha}\left[1-(1-0{,}21\alpha)^{1-R/r}\right] \quad (2)$$

Exemplo 6.2 (*continuação*)

Resta-nos conhecer a relação estequiométrica α, que é calculada pela definição (6.5):

$$\alpha = \frac{a-b}{a} \tag{3}$$

Quando escrevemos a relação (3), pressupomos a reação química descrita por: $aA \rightarrow bB$, a qual é diferente da Equação (6.29). Todavia, podemos constatar nessa última equação que:

1. o grafite (C) é sólido e, portanto, não apresenta fluxo no ar;
2. o nitrogênio é um gás inerte e o seu fluxo molar líquido é nulo.

De posse dessas duas premissas, podemos utilizar a relação (6.5) identificando nesta $a = 1$ e $b = 2$, em que $O_2 \equiv A$ e $CO \equiv B$. Levando esses coeficientes estequiométricos à Equação (3), temos como resultado:

$$\alpha = \frac{1-2}{1} = -1 \tag{4}$$

Obtém-se a distribuição de fração molar do O_2 na película de ar que envolve a partícula de grafite depois de substituir (4) em (2):

$$y_A = (1{,}21)^{1-R/r} - 1 \tag{6.30}$$

Taxa de transferência de matéria de *A*

A taxa de transferência de matéria de A decorre da Equação (4.8), a qual nos mostra: $r^2 N_{A,r} = \text{cte}$. Multiplicando essa constante por 4π (ou seja: outra constante), obtemos: $W_{A,r} = 4\pi r^2 N_{A,r} = \text{cte}$, implicando taxa constante de transferência de matéria. Como consequência imediata desta análise, multiplicaremos a Equação (6.20) por $4\pi r^2$, cujo resultado fica:

$$W_{A,r} = 4\pi r^2 N_{A,r} = -4\pi C D_{AI} \frac{r^2}{1-\alpha y_A}\frac{dy_A}{dr} \tag{6.31}$$

Para conhecermos a taxa de transferência de matéria de A, basta integrar a Equação (6.31) de acordo com as condições (6.23a) e (6.23b).

$$W_{A,r} \int_R^{r\to\infty} \frac{dr}{r^2} = -4\pi C D_{AI} \int_{y_{A,R}}^{y_{A_\infty}} \frac{dy_A}{1-\alpha y_A} \tag{6.32}$$

Efetuando as integrações:

$$W_{A,r} = \frac{4\pi C D_{AI} R}{\alpha} \ln\left(\frac{1-\alpha y_{A_\infty}}{1-\alpha y_{A_R}}\right) \tag{6.33}$$

Se retomarmos a taxa decorrente da reação química avaliada na superfície externa do sólido $W_{A,R} = -4\pi R^2 C k_s y_{AR}$ [5],

$$4\pi r^2 N_{A,r} = \text{cte} = W_{A,r} = W_{A,R} = -4\pi R^2 C k_s y_{A_R} \tag{6.34}$$

Igualando as Equações (6.33) e (6.34), obtemos a fração molar de A na superfície do sólido.

$$y_{A_R} = -\frac{1}{\alpha}\left(\frac{D_{AI}}{R k_s}\right) \ln\left(\frac{1-\alpha y_{A_\infty}}{1-\alpha y_{A_R}}\right) \tag{6.35}$$

De igual modo à análise das Equações (6.16) e (6.17), temos:

a) *reação química rápida na superfície do sólido* ($k_s \rightarrow \infty$): $y_{A_R} \rightarrow 0$

Se considerarmos $y_{A_R} = 0$ e substituí-la na Equação (6.33), teremos condições de escrever a

[5] Observe o subíndice da taxa: está R em vez de r. R representa o raio da partícula, enquanto r é a distância radial em qualquer ponto no meio difusivo, onde a superfície externa dessa partícula é uma fronteira. Visto estarmos analisando o que acontece com a taxa de transferência de matéria quando ocorre reação química em uma dada superfície, interessa-nos essa taxa na superfície da partícula. Lembrando que a taxa é constante para qualquer distância r, foi possível escrever $W_{A,r} = W_{A,R} = \text{cte}$.

seguinte expressão para a taxa global de matéria avaliada na superfície do sólido:

$$W_{A,R} = \frac{4\pi C D_{AI} R}{\alpha} \ln\left(1 - \alpha y_{A_\infty}\right) \qquad (6.36)$$

A Equação (6.36) indica a taxa global de matéria em $r = R$, governada pela difusão do soluto no meio que circunda a partícula.

b) *reação química lenta na superfície do sólido* ($k_s \to 0$): $y_{A_R} \to y_{A_\infty}$

Analogamente ao que foi comentado no item (b) do exemplo (6.1), a taxa global de matéria vai ser dada pela Equação(6.34). Substituindo nessa equação $y_{A_R} = y_{A_\infty}$.

$$W_{A,R} = -\,4\pi R^2 C k_s y_{A_\infty} \qquad (6.37)$$

Exemplo 6.3

Obtenha uma expressão para a taxa de transferência de matéria do O_2 presente no Exemplo (6.2), considerando, todavia, que há reação química na superfície do grafite. Admita que a resistência à difusão controle o processo.

Solução:

Pelo fato de a resistência à difusão controlar o processo, temos da Equação (6.36):

$$W_{A,R} = \frac{4\pi C D_{AI} R}{\alpha} \ln\left(1 - \alpha y_{A_\infty}\right) \qquad (1)$$

Obtivemos do exemplo (6.2) $\alpha = -1$ e $y_{A_\infty} = 0{,}21$. Substituindo esses valores na Equação (1), obtém-se:

$$W_{A,R} = -4\pi C D_{AI} R \ln(1{,}21) \qquad (6.38)$$

Exemplo 6.4

Uma partícula de grafite, C(s), queima em ar seco a 1.200 °C. O processo é limitado pela difusão do oxigênio em contracorrente ao CO_2 formado instantaneamente na superfície da partícula. Esta é de carbono puro com massa específica igual a 1,28 g/cm^3; esférica, com diâmetro, antes da queima, igual a 3×10^{-2} cm. Nas condições de combustão, a difusividade do oxigênio na mistura é igual a 1,34 cm^2/s. Quanto tempo levará para o diâmetro da esfera reduzir a 1×10^{-2} cm? A cinética da combustão do grafite é descrita por:

$$C(s) + \underbrace{O_2(g) + N_2(g)}_{\text{ar}} \to CO_2(g) + N_2(g) \qquad (6.39)$$

Dados: $M_C = 12$ g/mol e considere $A \equiv O_2$, $B \equiv CO_2$ e $I \equiv$ ar.

Solução:

O CO_2 é formado instantaneamente na superfície da partícula. Utilizaremos a Equação (6.36) para determinar a taxa de transferência de matéria do O_2 na superfície considerada.

$$W_{A,R} = \frac{4\pi C D_{AI} R}{\alpha} \ln\left(1 - \alpha y_{A_\infty}\right) \qquad (1)$$

Note que o oxigênio difunde através do ar até atingir o grafite. Por isso, D_{AI}.

Exemplo 6.4 (*continuação*)

Em termos de taxa, as únicas espécies que compartilham tanto a taxa de matéria quanto a reação química são o oxigênio e o dióxido de carbono. A relação entre tais taxas obedece à relação estequiométrica (6.5), de modo que $a = 1$ e $b = 1$. Levando esses coeficientes estequiométricos à definição (6.5), temos como resultado:

$$\alpha = \frac{1-1}{1} = 0 \tag{2}$$

Substituindo (2) em (1), ficamos com a indeterminação $W_{A,R} = 0/0$. Aplicando a regra de L'Hopital nessa indeterminação e arrumando o resultado obtido:

$$W_{A,R} = -4\pi D_{AI} R y_{A_\infty} \tag{3}$$

Analogamente ao estado pseudoestacionário, a taxa de consumo do grafite é conseguida pelo decréscimo do seu volume ao longo do tempo:

$$W_C = -\frac{\rho_C}{M_C}\frac{dV_C}{dt} \tag{4}$$

o sinal (–) indica o decréscimo do volume do grafite. Como

$$V_C = \frac{4}{3}\pi R^3$$

a Equação (4) é posta na forma:

$$W_C = -4\pi R^2 \frac{\rho_C}{M_C}\frac{dR}{dt} \tag{5}$$

O resultado do consumo do grafite é a taxa liberada de CO_2, cujo sentido é inverso ao da taxa de oxigênio, implicando $W_C = W_{CO_2,R} = -W_{A,R}$. A Equação (5) é, então, retomada da seguinte forma:

$$W_{A,R} = 4\pi R^2 \frac{\rho_C}{M_C}\frac{dR}{dt} \tag{6}$$

Igualando (3) a (6):

$$-4\pi C D_{AI} R y_{A_\infty} = 4\pi R^2 \frac{\rho_C}{M_C}\frac{dR}{dt}$$

no que resulta:

$$dt = -\frac{(\rho_C/M_C)}{C D_{AI} y_{A_\infty}} R dR \tag{7}$$

Integrando (7):

$$t = \frac{1}{2}\frac{(\rho_C/M_C)}{C D_{AI} y_{A_\infty}}\left(R^2 - R_f^2\right) \tag{8}$$

Do enunciado

$$\rightarrow \rho_C = 1{,}28 \text{ g/cm}^3;\ M_C = 12 \text{ g/mol};\ D_{AI} = 1{,}34 \text{ cm}^2\text{/s} \tag{9}$$

Exemplo 6.4 (*continuação*)

$y_{A_\infty} \cong 0{,}21$ (composição do O_2 no ar); $R = 1{,}5 \times 10^{-2}$ cm e $R_f = 0{,}5 \times 10^{-2}$ cm (10)

Cálculo da concentração total do sistema

Depois de considerar a mistura gasosa como ideal:

$C = P/RT$

$$C = 1/[82{,}05(1.200 + 273{,}15)] = 8{,}27 \times 10^{-6} \text{ mol/cm}^3 \quad (11)$$

Cálculo do tempo

Substituindo (9), (10), (11) em (10):

$$t = \left(\frac{1}{2}\right)\left(\frac{1{,}28}{12}\right)\frac{1}{\left(8{,}274 \times 10^{-6}\right)(1{,}34)(0{,}21)}\left[\left(1{,}5 \times 10^{-2}\right)^2 - \left(0{,}5 \times 10^{-2}\right)^2\right]s = 4{,}58 \text{ s}$$

6.2.3 Difusão intraparticular com reação química heterogênea

Quando um sólido poroso apresenta sua área interna[6] maior ou da mesma magnitude do que a sua superfície externa, considera-se que o soluto, depois de atingir a superfície da partícula, difunda no interior desta para depois ser adsorvido e sofrer transformação por reação química nas paredes dos sítios ativos do catalisador, conforme ilustra a Figura (6.4).

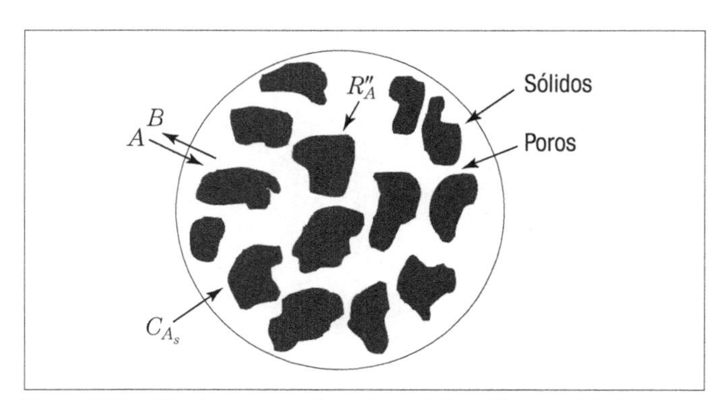

Figura 6.4 – Difusão com reação química heterogênea no interior de um sólido poroso.

Apesar de se tratar de reação química heterogênea irreversível descrita, por exemplo, pela equação cinética (6.19), o termo reacional aparecerá como (aR''_A), em que "a" está associada à superfície do poro por unidade de volume da matriz porosa, diretamente na equação da continuidade de A, caracterizando um sistema *pseudo-homogêneo*.

[6] Na ordem de 30 m^2/g ou maior, segundo Satterfield e Sherwood (1963).

Admitindo a nossa partícula esférica, com taxa de matéria fluindo preferencialmente na direção radial, a equação da continuidade do soluto A que descreve esse fenômeno em regime permanente, considerando reação química heterogênea irreversível de primeira ordem, é:

$$\frac{1}{r^2}\frac{d}{dr}\left(r^2 N_{A,r}\right) = aR''_A \quad (6.40)$$

sendo a reação de desaparecimento do soluto escrita de acordo com:

$$R''_A = -k_s C_A \quad (6.41)$$

O fluxo do soluto no interior da matriz porosa será dado por[7]:

$$N_{A,r} = -D_{ef}\frac{dC_A}{dr} \quad (6.42)$$

Supondo temperatura e pressão constantes e substituindo (6.41) e (6.42) em (6.40), obtém-se:

$$\frac{d}{dr}\left(r^2 \frac{dC_A}{dr}\right) = r^2 \frac{k_s a}{D_{ef}} C_A \quad (6.43)$$

[7] A opção de se utilizar somente a primeira lei de Fick é devida ao fato de procurarmos sintetizar todos os mecanismos de transferência de massa, que ocorrem no interior do sólido, no coeficiente efetivo de difusão.

Denominando:

$$\lambda^2 = \frac{k_s a}{D_{ef}} \tag{6.44}$$

a Equação (6.43) é retomada na forma:

$$\frac{d^2C_A}{dr^2} + \frac{2}{r}\frac{dC_A}{dr} - \lambda^2 C_A = 0 \tag{6.45}$$

a qual está sujeita às seguintes condições de contorno:

$$\text{C.C.1: em } r = R \rightarrow C_A = C_{A_s} \tag{6.46}$$

$$\text{C.C.2: em } r = 0 \rightarrow \frac{dC_A}{dr} = 0 \text{ ou } \lim_{r\to 0} C_A = \text{ valor finito} \tag{6.47}$$

Chamando:

$$rC_A = \psi \tag{6.48}$$

a Equação (6.45) fica:

$$\frac{d^2\psi}{dr^2} - \lambda^2\psi = 0 \tag{6.49}$$

A solução da Equação (6.49) recai na expressão (4.89b):

$$\psi = C_1 \cosh(\lambda r) + C_2 \operatorname{senh}(\lambda r)$$

ou

$$C_A = \frac{1}{r}\left[C_1 \cosh(\lambda r) + C_2 \operatorname{senh}(\lambda r)\right] \tag{6.50}$$

A determinação das constantes advém da aplicação das condições (6.46) e (6.47) na Equação (6.50). Como resultado deste procedimento:

$$\frac{C_A}{C_{A_s}} = \frac{R}{r}\frac{\operatorname{senh}(\lambda r)}{\operatorname{senh}(\lambda R)} \tag{6.51}$$

A Equação (6.51) fornece a distribuição de concentração do soluto no interior da matriz porosa em função da relação entre as resistências à difusão e à reação química irreversível de primeira ordem que se processam nos sítios internos da partícula.

O fator de efetividade

O fator de efetividade nos informa o efeito que a taxa de matéria exerce na taxa de reação em uma partícula, sendo definido como a razão entre a taxa real de reação química, R_{sg}, e a taxa de reação baseada nas condições da superfície externa da partícula, como se toda a superfície ativa dos poros estivesse exposta nas mesmas condições da superfície, $\bar{R}_{sg}$. Assim:

$$\eta_\varepsilon = \frac{R_{sg}}{\bar{R}_{sg}} \tag{6.52}$$

com

$$R_{sg} = 4\pi R^2 N_{A,R} = -4\pi R^2 D_{ef}\left.\frac{dC_A}{dr}\right|_{r=R} \tag{6.53}$$

A igualdade (6.53) representa que, em regime permanente, todo o soluto reagente A consumido na superfície externa da partícula deve ser transportado para dentro dessa partícula. Substituindo (6.51) em (6.53) e efetuando a derivação, obtém-se:

$$-4\pi R^2 D_{ef}\left.\frac{dC_A}{dr}\right|_{r=R} = 4\pi R^2 D_{ef} C_{A_s}\left[1 - (\lambda R)\coth(\lambda R)\right] \tag{6.54}$$

Caso ocorra somente reação química irreversível de primeira ordem, a sua taxa é determinada por:

$$\bar{R}_{sg} = \frac{4}{3}\pi R^3 R_A''' = -\frac{4}{3}\pi R^3 a k_s C_{A_s} \tag{6.55}$$

Levando (6.54) e (6.55) na expressão (6.52):

$$\eta_\varepsilon = \frac{4\pi R D_{ef} C_{A_s}\left[1 - (\lambda R)\coth(\lambda R)\right]}{\left(-\frac{4}{3}\pi R^3 a k_s C_{A_s}\right)}$$

ou

$$\eta_\varepsilon = \frac{3\left[(\lambda R)\coth(\lambda R) - 1\right]}{(\lambda R)^2} \tag{6.56}$$

O parâmetro λ pode ser retomado, em função de um raio generalizado, da seguinte maneira:

$$\phi = R_{ne}\lambda \tag{6.57}$$

em que ϕ é reconhecido como módulo de Thiele, que indica a relação entre a taxa de reação química de primeira ordem e a taxa de difusão. Já o parâmetro $R_{ne} = V_p/S_m$ é um raio generalizado que depende da geometria da partícula.

Para o caso de uma esfera:

$$V_p = \frac{4}{3}\pi R^3$$

e $S_m = 4\pi R^2$,

no que decorre:

$$\lambda R = 3\phi \qquad (6.58)$$

A distribuição da concentração do soluto e o fator de efetividade em função do módulo de Thiele no interior de um catalisador esférico são fornecidos, respectivamente, por:

$$\frac{C_A}{C_{A_s}} = \frac{R}{r}\frac{\operatorname{senh}(3\phi r/R)}{\operatorname{senh}(3\phi)} \qquad (6.59)$$

$$\eta_\varepsilon = \frac{3\phi\coth(3\phi)-1}{3\phi^2} \qquad (6.60)$$

A Figura (6.5) representa a Equação (6.60) na forma gráfica.

A Equação (6.60) assim como a Figura (6.5) são úteis em aplicações práticas. Verifica-se, a partir da análise tanto dessa equação quanto dessa figura, que os catalisadores muito ativos conduzem a alto η_ε; enquanto catalisadores pouco ativos tendem a apresentar baixos valores para a η_ε.

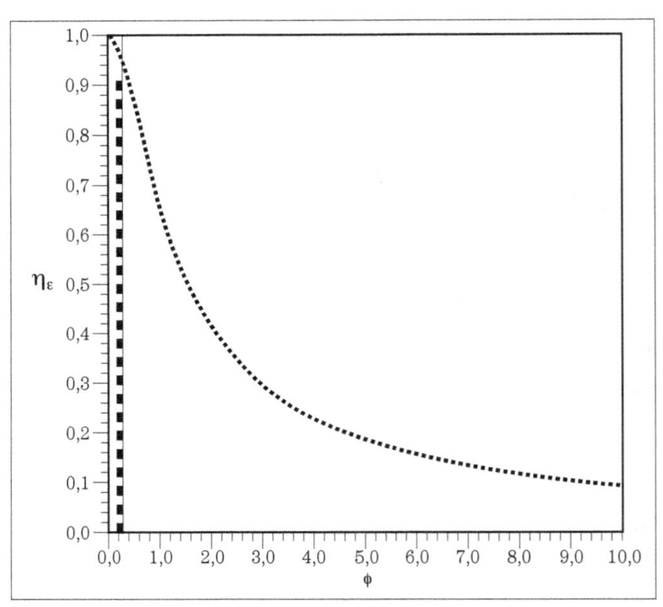

Figura 6.5 – Fator de efetividade em função do módulo de Thiele para geometria esférica e reação química irreversível de primeira ordem [solução da Equação (6.60)].

Um fato interessante é o de fixar uma faixa para a efetividade η_ε, na qual os efeitos difusivos não interferem na taxa de reação. É bom lembrar que, sempre que ocorre uma reação, há, mesmo que pequeno, um gradiente interno de concentração do soluto e, em se tratando de operações isotérmicas, o fator de efetividade jamais será igual à unidade. Um critério prático, segundo Weiz (1957, apud SATTERFIELD; SHERWOOD, 1963), para estabelecer quando o fenômeno difusivo deixa de ser importante é $\eta_\varepsilon > 0{,}95$. Este intervalo está ilustrado na Figura (6.5) dentro da região marcada.

Exemplo 6.5

No craqueamento catalítico de petróleo, utilizaram-se microesferas de sílica-alumina de diâmetro igual a 1,8 mm e de área específica dos poros de 3,2 cm^2/cm^3. Estime o valor do fator de efetividade considerando que a reação catalítica, cuja velocidade é 6,9 cm/s, é irreversível e de primeira ordem. O coeficiente efetivo de difusão é $8{,}0 \times 10^{-4}$ cm^2/s.

Solução:

O fator de efetividade pode ser determinado pela Equação (6.60) ou pela Figura (6.5). Em ambos os casos é necessário calcular o módulo de Thiele, ϕ.

Da Equação (6.58):

$$\phi = \frac{1}{3}\lambda R \qquad (1)$$

Exemplo 6.5 (*continuação*)

em que:

$$\lambda = \left(\frac{k_s a}{D_{ef}}\right)^{1/2} \tag{2}$$

Verificamos do enunciado:

R = 0,09 cm; a =3,2 cm^2/cm^3; k_s = 6,9 cm/s e D_{ef} = 8,0 × 10–4 cm^2/s (3)

os quais, substituídos na Equação(2):

$$\lambda = \left[\frac{(6,9)(3,2)}{\left(8,0 \times 10^{-4}\right)}\right]^{1/2} = 166,13 \ \text{1/cm} \tag{4}$$

Levando R = 0,09 cm e λ =166,13 1/cm a (1):

$$\phi = \frac{1}{3}(166,13)(0,09) = 4,984 \tag{5}$$

Considerando $\phi \cong 5$ e entrando com esse valor na abscissa da Figura (6.5), observamos na ordenada dessa figura que $\eta_\varepsilon \approx 0,2$. Caso utilizemos a solução analítica oriunda da Equação (6.60):

$$\eta_\varepsilon = \frac{3\phi \coth(3\phi) - 1}{3\phi^2} = \frac{(3)(4,984)\coth[(3)(4,984)] - 1}{(3)(4,984)^2} = 0,187$$

6.3 DIFUSÃO EM REGIME PERMANENTE COM REAÇÃO QUÍMICA HOMOGÊNEA[8]

A reação química homogênea, enfocada fenomenologicamente, foi apresentada no item 6.1. A equação da continuidade molar da espécie A em regime permanente e com fluxo unidirecional é:

$$\frac{dN_{A,z}}{dz} = R_A''' \tag{6.61}$$

Iremos considerar o fenômeno da absorção química, conforme esquematizado na Figura (6.6). Esse fenômeno trata do transporte de um soluto A da fase gasosa à líquida, acompanhado de reação química na fase líquida. Vamos supor que o gás A se dissolve ao atingir a interface gás–líquido e difunde em um líquido reacional estagnado. Ao tempo de difundir-se, a espécie A sofre reação química irreversível na forma:

$$A + B \rightarrow L \tag{6.62}$$

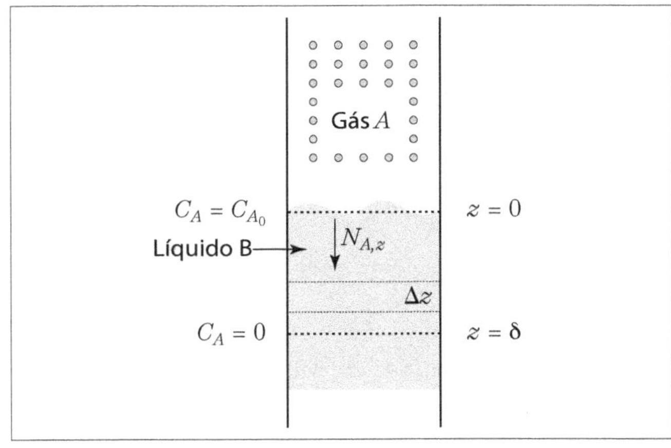

Figura 6.6 – Difusão com reação química homogênea de primeira ordem.

O produto da reação L não interfere na absorção de A por B. Para modelar o fenômeno, admite-se como hipóteses:

[8] Este tópico é baseado no trabalho de Hatta (1928) sobre a influência de reações homogêneas, irreversíveis, de primeira ordem no fenômeno da difusão (apud SHERWOOD; PIGFORD; WILKE, 1975).

1. A espécie A difunde desde a interface gás–líquido até o seu desaparecimento total ao atingir uma profundidade $z = \delta$ na fase líquida.
2. A concentração do gás A dissolvido é pequena, quando comparada à do líquido B, ou seja, B está em excesso.
3. Pelo fato de se tratar de uma solução líquida diluída e estagnada, admite-se a contribuição convectiva desprezível em face da difusiva.
4. O produto da reação L é altamente solúvel no líquido, o que o leva a não influenciar o curso do processo difusivo.

Das hipóteses 2 e 3, o fluxo molar de A é dado pela Equação (4.59).

$$N_{A,z} = -D_{AB}\frac{dC_A}{dz} \tag{4.59}$$

De posse da hipótese 2 e da reação (6.62), tem-se uma reação química homogênea irreversível de pseudoprimeira ordem:

$$R'''_A = -k_v C_A \tag{6.63}$$

Levando as Equações (4.59) e (6.63) à Equação (6.61), bem como considerando o sistema a temperatura e pressão constantes:

$$\frac{d}{dz}\left(D_{AB}\frac{dC_A}{dz}\right) = k_v C_A$$

ou

$$\frac{d^2C_A}{dz^2} - \frac{k_v}{D_{AB}}C_A = 0 \tag{6.64}$$

A Equação (6.64), após a inspeção da Figura (6.7), está sujeita às seguintes condições de contorno:

$$\text{C.C.1: em } z = 0;\ C_A = C_{A_0} \tag{6.65a}$$

$$\text{C.C.2: em } z = \delta;\ C_A = C_{A_\delta} = 0 \tag{6.65b}$$

a concentração em $z = \delta$ é nula, tendo A desaparecido completamente. A solução para a Equação (6.65) é da forma [veja a Equação (4.89b)]:

$$C_A(z) = C_3\cosh(\phi z) + C_4\operatorname{senh}(\phi z) \tag{6.66}$$

em que

$$\phi = (k_v/D_{AB})^{1/2} \tag{6.67}$$

Aplicando as condições de contorno (6.65a e b) na distribuição (6.66), obtêm-se

$$C_3 = C_{A_0} \text{ e } C_4 = -\frac{C_{A_0}}{tgh(\phi\delta)}$$

as quais, substituídas na Equação (6.67), nos fornecem:

$$\frac{C_A(z)}{C_{A_0}} = \left[\cosh(\phi z) - \frac{\operatorname{senh}(\phi z)}{tgh(\phi\delta)}\right] \tag{6.68a}$$

a qual, após alguns algebrismos e sabendo que $\operatorname{senh}(\delta\phi)\cosh(\phi z) - \cosh(\phi\delta)\operatorname{senh}(\phi z) = \operatorname{senh}[\phi(\delta - z)]$, assume a forma:

$$\frac{C_A(z)}{C_{A_0}} = \frac{\operatorname{senh}\lfloor\phi(\delta - z)\rfloor}{\operatorname{senh}(\phi\delta)} \tag{6.68b}$$

A Equação (6.68b) está ilustrada na curva presente na Figura (6.7). Para a situação em que a reação química é lenta, tem-se $k_v \to 0$, portanto, $\phi \to 0$. Nesse caso, $\operatorname{senh}[\phi(\delta - z) \cong \phi(\delta - z)$ e $\operatorname{senh}[\phi(\delta)] \cong \phi(\delta)$, o que leva a Equação (6.68b) a ser analisada tal como se segue[9]:

$$\lim_{\phi\to 0}\frac{C_A(z)}{C_{A_0}} = \frac{\phi(\delta - z)}{\phi\delta} = 1 - \frac{z}{\delta} \tag{6.69}$$

a qual está representada na reta tracejada contida na Figura (6.7).

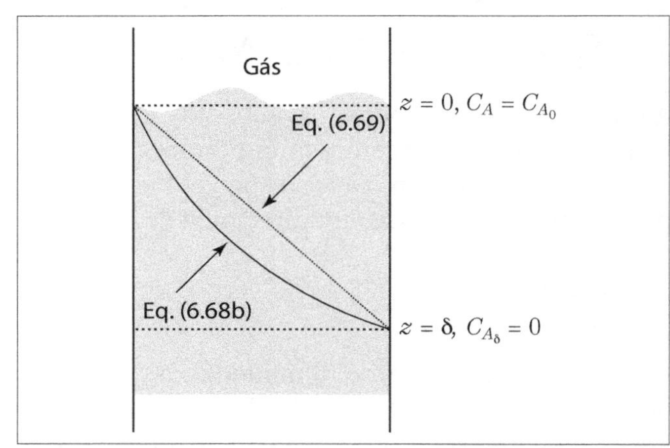

Figura 6.7 – Distribuição de concentração do soluto com a presença de reação química homogênea.

[9] Na situação em que $k_v \to \infty$, há reação quase que exclusivamente na interface gás-líquido. O tratamento, nesse caso, é análogo ao realizado no item 6.2.1.

Concentração média de A

A equação que possibilita conhecer a concentração média do soluto A no meio reacional contido na região $0 \le z \le \delta$ é análoga à Equação (5.23). Aqui, no entanto, temos a difusão em regime permanente para o soluto A, permitindo-nos escrever:

$$\bar{C}_A = \frac{\int_0^\delta C_A(z)dz}{\int_0^\delta dz}$$

ou

$$\bar{C}_A = \frac{1}{\delta}\int_0^\delta C_A(z)dz \qquad (6.70)$$

Substituindo a distribuição (6.68a) em (6.70) e efetuando a integração:

$$\frac{\bar{C}_A}{C_{A_0}} = \frac{1}{(\phi\delta)}\left[\operatorname{senh}(\phi\delta) - \frac{(\cosh(\phi\delta)-1)}{tgh(\phi\delta)}\right]$$

que, rearranjada, fornece:

$$\frac{\bar{C}_A}{C_{A_0}} = \frac{1}{(\phi\delta)\operatorname{senh}(\phi\delta)}\left[\operatorname{senh}^2(\phi\delta) - \cosh^2(\phi\delta) + \right.$$
$$\left. + \cosh(\phi\delta)\right]$$

Visto $\cosh^2(\phi\delta) - \operatorname{senh}^2(\phi\delta) = 1$, a última expressão é retomada na forma:

$$\frac{\bar{C}_A}{C_{A_0}} = \frac{1}{(\phi\delta)}\left[\frac{\cosh(\phi\delta)-1}{\operatorname{senh}(\phi\delta)}\right] \qquad (6.71)$$

O termo entre colchetes na Equação (6.71) é igual a $\operatorname{tgh}(\phi\delta/2)$. Por consequência, a concentração média para o fenômeno estudado fica:

$$\frac{\bar{C}_A}{C_{A_0}} = \frac{1}{(\phi\delta)} tgh\left(\frac{1}{2}\phi\delta\right) \qquad (6.72)$$

No caso de a reação química ser lenta, $k_v \to 0$ $\therefore$ $(\phi\delta) \to 0$, o argumento da função tangente hiperbólica assume o valor aproximado de:

$$\operatorname{tgh}\left(\frac{1}{2}\phi\delta\right) \cong \frac{1}{2}\phi\delta \qquad (6.73)$$

Considerando a igualdade em (6.73) e levando à Equação (6.72):

$$\frac{\bar{C}_A}{C_{A_0}} = \frac{1}{2} \qquad (6.74)$$

Fluxo da espécie A na interface gás–líquido

A importância de se conhecer o fluxo do soluto na interface gás–líquido decorre do fato de esta informação nos fornecer a quantidade de soluto gasoso A que será absorvido pelo líquido. Na presente situação, esse fluxo é dado pela Equação (4.59). Para tanto, derivaremos a Equação (6.68a) em relação a z e, substituindo o resultado obtido na Equação (4.59), chega-se a:

$$N_{A,z} = -C_{A_0}\left(D_{AB}k_v\right)^{1/2}\left[\operatorname{senh}(\phi z) - \frac{\cosh(\phi z)}{tgh(\phi\delta)}\right] \qquad (6.75)$$

Para conhecer o fluxo molar na interface gás–líquido, faremos $z = 0$ na Equação (6.75).

$$N_{A,z}\big|_{z=0} = \frac{C_{A_0}\left(D_{AB}k_v\right)^{1/2}}{tgh(\phi\delta)} \qquad (6.76)$$

Rearranjando a Equação (6.76):

$$N_{A,z}\big|_{z=0} = C_{A_0}\frac{D_{AB}}{\delta}\left[\frac{(\phi\delta)}{tgh(\phi\delta)}\right] \qquad (6.77)$$

O termo entre colchetes denomina-se número de Hatta, o qual acusa a influência da taxa de reação química de primeira (ou pseudoprimeira) ordem na difusão. No caso de essa reação ser lenta ou $k_v \to 0$ $\therefore$ $(\phi\delta) \to 0$, temos:

$$\operatorname{tgh}(\phi\delta) \cong \phi\delta \qquad (6.78)$$

que, considerada como igualdade e substituída na Equação (6.77), nos fornece o fluxo de A na interface gás–líquido decorrente somente do fenômeno de transferência de massa:

$$N_{A,z}\big|_{z=0} = \frac{D_{AB}}{\delta}C_{A_0} \qquad (6.79)$$

Exemplo 6.6

Certo gás A é dissolvido em um líquido B contido em uma proveta. Na medida em que A difunde, ele sofre reação química irreversível na forma $A + B \rightarrow L$, até desaparecer completamente depois de penetrar a uma distância δ da interface gás–líquido. Considerando: (a) a cinética de reação é de ordem zero com respeito a A ou $R_A''' = -k_v$, como é o caso da oxidação na fase líquida de hidrocarbonetos por oxigênio e ar; (b) reação química lenta; (c) a concentração do gás A dissolvido é pequena se comparada à do líquido B; (d) o produto da reação L é altamente solúvel no líquido, o que o leva a não influenciar a difusão do soluto A; obtenha expressões para:

a) a distribuição de concentração molar de A;

b) o fluxo global molar de A na interface gás–líquido;

c) a concentração média molar de A.

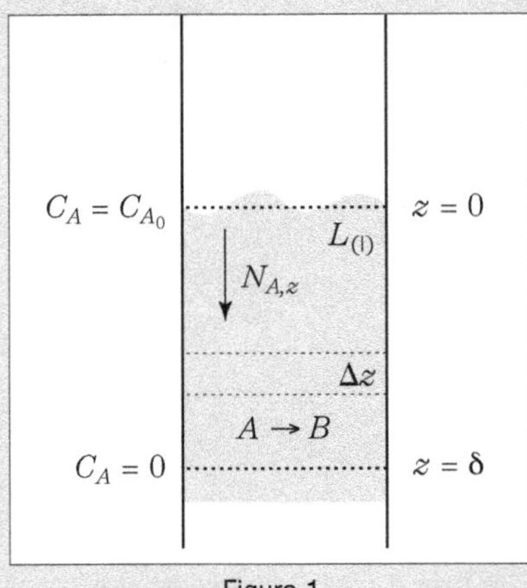

Figura 1

Solução:

A equação da continuidade molar de A e o seu fluxo global referenciado a eixos estacionários são, respectivamente:

$$\frac{\partial C_A}{\partial t} + \vec{\nabla} \cdot \vec{N}_A = R_A'''$$

$$\vec{N}_A = -D_{AB}\vec{\nabla}C_A + y_A\left(\vec{N}_A + \vec{N}_B\right) \tag{1}$$

Hipóteses:

I) regime permanente: $\dfrac{\partial C_A}{\partial t} = 0$

II) fluxo unidirecional: $\vec{N}_A = N_{A,z}$

III) meio reacional: $R_A''' = -k_v$

Podemos desprezar a contribuição convectiva no fluxo de A, em virtude de esse soluto estar diluído em relação à concentração de B. Dessa forma:

$$N_{A,z} = -D_{AB}\frac{dC_A}{dz} \tag{2}$$

Exemplo 6.6 (*continuação*)

a) Utilizando as simplificações, a equação da continuidade molar de A é reescrita como:

$$\frac{dN_{A,z}}{dz} = -k_v \tag{3}$$

Substituindo (3) em (2) e considerando o sistema a temperatura constante:

$$D_{AB}\frac{d^2C_A}{dz^2} = k_v \tag{4}$$

ou

$$\frac{d^2C_A}{dz^2} = \beta \tag{5}$$

na qual

$$\beta = \frac{k_v}{D_{AB}}$$

Integrando (5) duas vezes:

$$C_A(z) = C_2 + C_1 z + \frac{1}{2}\beta z^2 \tag{6}$$

C.C.1: Na interface gás–líquido, $z = 0 \rightarrow C_A = C_{A_0}$.

Levando este resultado a (6), obtém-se: $C_2 = C_{A_0}$. Assim sendo:

$$C_A(z) = C_{A_0} + C_1 z + \frac{1}{2}\beta z^2 \tag{7}$$

C.C.2: Na profundidade $z = \delta$ o soluto A desaparece totalmente, de modo que $C_{A_\delta} = 0$, a qual, substituída na Equação (7), nos possibilita determinar:

$$C_1 = -\frac{1}{\delta}\left(C_{A_0} + \frac{1}{2}\beta\delta^2\right) \tag{8}$$

Levando (8) a (7), a distribuição de concentração molar de A fica:

$$C_A(z) = C_{A_0} - \left(C_{A_0} + \frac{1}{2}\beta\delta^2\right)\frac{z}{\delta} + \frac{1}{2}\beta z^2 \tag{9}$$

Como se trata de reação química lenta $k_v \rightarrow 0 \therefore \beta \rightarrow 0$, levando a Equação (9) a ser retomada como:

$$\frac{C_A(z)}{C_{A_0}} = 1 - \frac{z}{\delta} \tag{10}$$

que é a Equação (6.69), a qual está ilustrada na reta tracejada da Figura (6.7).

b) O fluxo molar é obtido da Equação (4). Derivando a Equação (9) em relação a z:

$$\frac{dC_A}{dz}(z) = -\left(C_{A_0} + \frac{1}{2}\beta\delta^2\right)\frac{1}{\delta} + \beta z \tag{11}$$

Exemplo 6.6 (*continuação*)

Como se deseja conhecer o fluxo de A na interface gás–líquido, ou seja, em $z = 0$:

$$\left.\frac{dC_A}{dz}\right|_{z=0} = -\left(C_{A_0} + \frac{1}{2}\beta\delta^2\right)\frac{1}{\delta} \tag{12}$$

O fluxo de A na interface considerada é obtido ao substituir (12) em (4), ou:

$$\left.N_{A,z}\right|_{z=0} = \left(C_{A_0} + \frac{1}{2}\beta\delta^2\right)\frac{D_{AB}}{\delta} \tag{13}$$

No caso de a reação química ser lenta $k_v \to 0 \therefore \beta \to 0$, a Equação (13) recai na Equação (6.79), ou seja:

$$\left.N_{A,z}\right|_{z=0} = \frac{D_{AB}}{\delta}C_{A_0} \tag{14}$$

c) A concentração média molar de A é obtida de:

$$\bar{C}_A = \frac{\int_0^\delta C_A(z)dz}{\int_0^\delta dz} \quad \text{ou} \quad \bar{C}_A = \frac{1}{\delta}\int_0^\delta C_A(z)dz \tag{15}$$

Substituindo (10) em (15):

$$\bar{C}_A = \frac{1}{\delta}\int_0^\delta \left[C_{A_0} - \left(C_{A_0} + \frac{1}{2}\beta\delta^2\right)\frac{z}{\delta} + \frac{1}{2}\beta z^2\right]dz \tag{16}$$

Resolvendo a integral (16), temos a concentração média molar de A dada por:

$$\bar{C}_A = \frac{1}{2}\left(C_{A_0} - \frac{1}{6}\beta\delta^2\right) \tag{17}$$

Como estamos interessados na situação na qual a reação química é lenta, temos $k_v \to 0 \therefore \beta \to 0$, o que leva a Equação (17) a ser retomada da seguinte maneira:

$$\bar{C}_A = \frac{1}{2}C_{A_0}$$

6.4 DIFUSÃO EM REGIME TRANSIENTE COM REAÇÃO QUÍMICA

Encontra-se a difusão em regime transiente com reação química em determinadas situações, como: na difusão de açúcares em gel de pectina contendo leveduras imobilizadas; na dessorção química da amônia em sítios ativos de zeólita ZM-5 em temperatura controlada. Nesses dois casos, o sistema considerado é pseudo-homogêneo, o que leva o termo reacional a ser incluído na equação da continuidade do soluto. Entretanto, neste tópico abordaremos a difusão em regime transiente com reação química homogênea ou heterogênea em sistema pseudo-homogêneo, irreversível e de primeira ordem. A equação da continuidade molar do soluto A, depois de considerarmos somente a contribuição difusiva, é dada por[10]:

$$\frac{\partial C_A}{\partial t} = D_{ef}\nabla^2 C_A - k_v C_A \tag{6.80}$$

[10] No caso de reação heterogênea em sistema pseudo-homogêneo, substituir k_v por (ak_s).

A solução da Equação (6.80) advém do método de Danckwerts (CRANK, 1956). Esse método parte do pressuposto de que se houver uma função $\widehat{C}_A$ que é solução da equação:

$$\frac{\partial \widehat{C}_A}{\partial t} = D_{ef}\nabla^2\widehat{C}_A \tag{6.81}$$

a solução da Equação (6.80) para a função C_A, desde que as condições de contorno para as Equações (6.80) e (6.81) sejam iguais, é:

$$C_A = k_v\int_0^t \widehat{C}_A e^{-k_v\varsigma}d\varsigma + \widehat{C}_A e^{-k_v t} \tag{6.82}$$

Definindo os adimensionais:

$$\psi = 1-\theta \tag{6.83}$$

em que

$$\theta = \frac{C_A - C_A^*}{C_{A_0} - C_A^*} \quad \text{e} \quad \lambda^2 = \frac{k_v z_1^2}{D_{ef}} \tag{6.84}$$

assim como

$$Fo_M = \frac{D_{ef}t}{z_1^2}$$

a expressão (6.82) é adimensionalizada segundo:

$$\psi = \lambda^2\int_0^{Fo_M}\widehat{\psi}e^{-\lambda^2\varsigma}d\varsigma + \widehat{\psi}e^{-\lambda^2 Fo_M} \tag{6.85}$$

Do estudo da difusão em regime transiente sem reação química, observa-se que a distribuição de concentração adimensional de A é sinteticamente escrita de acordo com:

$$\widehat{\psi} = 1-\sum\xi(\eta,\gamma_n,\Phi)e^{-\gamma_n^2 Fo_M}$$

$$\rightarrow\begin{cases}\Phi = 0, \text{ sem convecção mássica externa}\\ \Phi = Bi_M, \text{ com convecção mássica externa}\end{cases} \tag{6.86}$$

O quadro (6.1), que é uma síntese dos quadros (5.1) e (5.3), nos apresenta a função $\xi(\eta, \gamma_n, \Phi)$, bem como os autovalores γ_n para diversas geometrias e condições de fronteira quando não há reação química. Note que tanto $\xi(\eta, \gamma_n, \Phi)$ quanto γ_n independem da variável tempo. Deste modo, depois de substituir (6.86) em (6.85), encontra-se:

$$\psi = 1-\sum\xi(\eta,\gamma_n,\Phi)\left\{\frac{\lambda^2+\gamma_n^2\exp\left[-\left(\lambda^2+\gamma_n^2\right)Fo_M\right]}{\lambda^2+\gamma_n^2}\right\}$$

$$\rightarrow\begin{cases}\Phi = 0, \text{ sem convecção mássica externa}\\ \Phi = Bi_M, \text{ com convecção mássica externa}\end{cases} \tag{6.87}$$

Retomando a concentração adimensional do soluto A, $\theta = 1 - \psi$, temos:

$$\theta = \sum\xi(\eta,\gamma_n,\Phi)\left\{\frac{\lambda^2+\gamma_n^2\exp\left[-\left(\lambda^2+\gamma_n^2\right)Fo_M\right]}{\lambda^2+\gamma_n^2}\right\}$$

$$\rightarrow\begin{cases}\Phi = 0, \text{ sem convecção mássica externa}\\ \Phi = Bi_M, \text{ com convecção mássica externa}\end{cases} \tag{6.88}$$

Quadro 6.1 – Soluções, para a difusão em regime transiente, para as distribuições da concentração adimensional do soluto sem a presença de reação química irreversível de primeira ordem

	Placa plana infinita	Cilindro infinito	Esfera
[a11] $\xi(\eta,\gamma_n)$	$2\frac{(-1)^n}{\gamma_n}\cos[\gamma_n\eta]$	$2\left(\frac{1}{\gamma_n}\right)\left[\frac{J_0(\gamma_n\eta)}{J_1(\gamma_n)}\right]$	$2\frac{(-1)^{n+1}}{\gamma_n\eta}\text{sen}(\gamma_n\eta)$
[a11] γ_n	$\left(\frac{2n+1}{2}\right)\pi$	Raízes da função: Tabela (5.1)	$n\pi$
[b11] $\xi(\eta,\gamma_n,Bi_M)$	$2\frac{Bi_M}{\left[\gamma_n^2+Bi_M^2+Bi_M\right]}\frac{\cos(\gamma_n\eta)}{\cos(\gamma_n)}$	$2\frac{Bi_M}{\left(\gamma_n^2+Bi_M^2\right)}\left[\frac{J_0(\gamma_n\eta)}{J_0(\gamma_n)}\right]$	$\frac{2}{\eta}\frac{Bi_M}{\left[\gamma_n^2+Bi_M(Bi_M-1)\right]}\frac{\text{sen}(\gamma_n\eta)}{\text{sen}(\gamma_n)}$
[b11] γ_n	Raízes da Equação: Tabela (5.3)	Raízes da Equação: Tabela (5.5)	Raízes da Equação: Tabela (5.4)

[a11] Resistência externa desprezível. Condição de contorno em $\eta = 1 \rightarrow \theta = 0$.

[b11] Com a presença de resistência externa. Condição de contorno em $\eta = 1 \rightarrow \left.\frac{\partial\theta}{\partial\eta}\right|_{\eta=1} = \theta|_{\eta=1}Bi_M$.

Exemplo 6.7

Um soluto reagente sofre reação irreversível de primeira ordem ao difundir através de uma partícula catalítica que apresenta o formato de lâmina e está envolta por uma película fluida estagnada. Proponha uma expressão para a distribuição de concentração adimensional do soluto no interior do catalisador considerando: regime transiente; a lâmina é fina o suficiente a ponto de considerá-la como uma placa plana infinita; a concentração do soluto, na interface sólido–fluido, mantém-se em um valor de equilíbrio.

Solução:

Considera-se, neste exemplo, apenas a difusão em regime transiente do soluto reagente no meio difusivo reacional. Iremos supor que a resistência externa à transferência de massa seja desprezível. Por se tratar de uma placa plana infinita, admitimos fluxo de A na direção z. Postas tais considerações, a distribuição de concentração adimensional do soluto advém da solução da Equação (6.80), cujo resultado está expresso na Equação (6.88).

A resistência à convecção mássica externa ao fluxo difusivo pelo catalisador é desprezível: $\Phi = 0$. Substituindo esse resultado na Equação (6.88):

$$\theta = \sum \xi(\eta, \gamma_n) \left\{ \frac{\lambda^2 + \gamma_n^2 \exp\left[-\left(\lambda^2 + \gamma_n^2\right) Fo_M\right]}{\lambda^2 + \gamma_n^2} \right\} \quad (1)$$

O meio difusivo é considerado uma placa plana infinita. Verificamos, portanto, do quadro (6.1):

$$\xi(\eta, \gamma_n) = 2 \frac{(-1)^n}{\gamma_n} \cos[\gamma_n \eta] \quad (2)$$

A distribuição de concentração adimensional de A é obtida após a substituição da Equação (2) na (1).

$$\theta(\eta, Fo_M) = 2 \sum_{n=0}^{\infty} \frac{(-1)^n}{\gamma_n} \cos[\gamma_n \eta] \left\{ \frac{\lambda^2 + \gamma_n^2 \exp\left[-\left(\lambda^2 + \gamma_n^2\right) Fo_M\right]}{\lambda^2 + \gamma_n^2} \right\} \quad (6.89)$$

com: $\gamma_n = \left(\frac{2n+1}{2}\right)\pi$ e z_1 = a, semiespessura do catalisador.

Concentração média de A

A concentração média do soluto A para qualquer situação em que a reação química é irreversível e de primeira ordem é obtida via integração no espaço da Equação (6.88). Em face de estarmos considerando fluxo (ou taxa) unidirecional de A, essa concentração advém de:

$$\bar{\theta} = \varphi \int_0^1 \theta(\eta, \gamma_n, \Phi)\, d\eta$$

$$\rightarrow \begin{cases} \varphi = 1, \text{ placa plana infinita} \\ \varphi = 2, \text{ cilindro infinito} \\ \varphi = 3, \text{ esfera} \end{cases} \quad (6.90)$$

Como a média é espacial, o termo transiente mantém-se constante. Dessa maneira, substituindo (6.88) em (6.90):

$$\bar{\theta} = \varphi \int_0^1 \xi(\eta, \gamma_n, \Phi)\, d\eta \times$$

$$\times \left\{ \sum \left\{ \frac{\lambda^2 + \gamma_n^2 \exp\left[-\left(\lambda^2 + \gamma_n^2\right) Fo_M\right]}{\lambda^2 + \gamma_n^2} \right\} \right\} \quad (6.91)$$

Realizando a integração, o resultado fica:

$$\bar{\theta} = \sum \bar{\xi}(\gamma_n, \Phi)\left\{\frac{\lambda^2 + \gamma_n^2 \exp\left[-\left(\lambda^2 + \gamma_n^2\right)Fo_M\right]}{\lambda^2 + \gamma_n^2}\right\}$$

$$\rightarrow \begin{cases} \Phi = 0, \text{ sem convecção mássica externa} \\ \Phi = Bi_M, \text{ com convecção mássica externa} \end{cases} \quad (6.92)$$

No quadro (6.2), que sintetiza os quadros (5.2) e (5.4), estão apresentadas várias expressões para $\bar{\xi}(\gamma_n, \Phi)$.

Quadro 6.2 – Soluções, para a difusão em regime transiente, para as distribuições da concentração média adimensional do soluto sem a presença da reação química

	Placa plana infinita	Cilindro infinito	Esfera
[13] $\bar{\xi}(\gamma_n)$	$\frac{2}{\gamma_n^2}$	$\frac{4}{\gamma_n^2}$	$\frac{6}{\gamma_n^2}$
[13] γ_n	$\left(\frac{2n+1}{2}\right)\pi$	Raízes da função: Tabela (5.1)	$n\pi$
[14] $\bar{\xi}(\gamma_n, Bi_M)$	$2\frac{Bi_M^2}{\gamma_n^2\left(\gamma_n^2 + Bi_M^2 + Bi_M\right)}$	$4\frac{Bi_M^2}{\gamma_n^2\left(\gamma_n^2 + Bi_M^2\right)}$	$6\frac{Bi_M^2}{\gamma_n^2\left[\gamma_n^2 + Bi_M\left(Bi_M - 1\right)\right]}$
[14] γ_n	Raízes da Equação: Tabela (5.3)	Raízes da Equação: Tabela (5.5)	Raízes da Equação: Tabela (5.4)

[13] Resistência externa desprezível. Condição de contorno em $\eta = 1 \rightarrow \theta = 0$.

[14] Com a presença de resistência externa. Condição de contorno em $\eta = 1 \rightarrow \left.\frac{\partial\theta}{\partial\eta}\right|_{\eta=1} = \theta|_{\eta=1} Bi_M$.

Exemplo 6.8

Um glóbulo gelatinoso de 1 mm de diâmetro, contendo inicialmente 60 (mols de soluto)/(ℓ de gel), é posto em um tanque no qual há uma solução aquosa que apresenta 10 (mols de soluto)/(ℓ de solução). Admite-se a influência do meio externo à difusão do soluto no gel por intermédio de $Bi_M = 1$. Transcorridas duas horas, verificou-se que a concentração média adimensional do soluto ficou igual a 0,05. Supondo que ocorre reação química em todo o gel e há consumo de A por uma reação irreversível de primeira ordem à medida que ocorre a difusão, calcule a velocidade da reação, sabendo que o coeficiente efetivo de difusão do soluto no glóbulo é $5{,}0 \times 10^{-7}$ cm²/s.

Solução:

Uma das informações que aflora da leitura do enunciado é $Bi_M = 1$. Disso concluímos $\Phi \neq 0$. Levando este resultado à Equação (6.92):

$$\bar{\theta} = \sum \bar{\xi}(\gamma_n, Bi_M)\left\{\frac{\lambda^2 + \gamma_n^2 \exp\left[-\left(\lambda^2 + \gamma_n^2\right)Fo_M\right]}{\lambda^2 + \gamma_n^2}\right\} \quad (1)$$

Do quadro (6.2) para uma esfera:

$$\bar{\xi}(\gamma_n, Bi_M) = 6\frac{Bi_M^2}{\gamma_n^2\left[\gamma_n^2 + Bi_M\left(Bi_M - 1\right)\right]} \quad (2)$$

Exemplo 6.8 (*continuação*)

Substituindo (2) em (1):

$$\bar{\theta} = 6\sum_{n=1}^{\infty} \frac{Bi_M^2}{\gamma_n^2\left[\gamma_n^2 + Bi_M\left(Bi_M - 1\right)\right]}\left\{\frac{\lambda^2 + \gamma_n^2 \exp\left[-\left(\lambda^2 + \gamma_n^2\right)Fo_M\right]}{\lambda^2 + \gamma_n^2}\right\} \tag{6.93}$$

Considerando que o processo dura 2 h, truncaremos a série (6.93) logo no primeiro termo, ou:

$$\bar{\theta} = 6\frac{Bi_M^2}{\gamma_1^2\left[\gamma_1^2 + Bi_M\left(Bi_M - 1\right)\right]}\left\{\frac{\lambda^2 + \gamma_1^2 \exp\left[-\left(\lambda^2 + \gamma_1^2\right)Fo_M\right]}{\lambda^2 + \gamma_1^2}\right\} \tag{3}$$

Da Tabela (5.4) constatamos para $Bi_M = 1$ que $\gamma_1 = 1{,}5708$. Ao substituirmos esses valores em conjunto com $\theta = 0{,}05$ na Equação (3), obtemos a equação:

$$0{,}05073 = \frac{\lambda^2 + (2{,}4674)\exp\left[-\left(\lambda^2 + 2{,}4674\right)Fo_M\right]}{\lambda^2 + 2{,}4674} \tag{4}$$

Verificamos do enunciado: $D_{ef} = 5{,}0 \times 10^{-7}$ cm^2/s; $t = 2\ h = 7.200$ s; $z_1 = R = (0{,}1/2) = 0{,}05$ cm; o que nos permite fazer:

$$Fo_M = \frac{\left(5{,}0 \times 10^{-7}\right)(7.200)}{(0{,}05)^2} = 1{,}44 \tag{5}$$

Substituindo (5) em (4), obtém-se a seguinte equação transcendental:

$$0{,}05073 = \frac{\lambda^2 + (2{,}4674)\exp\left[-(1{,}44)\left(2{,}4674 + \lambda^2\right)\right]}{\lambda^2 + 2{,}4674} \tag{6}$$

Resolvendo a Equação (6), chega-se a:

$$\lambda^2 = 0{,}064 \tag{7}$$

Desejamos, todavia, calcular a velocidade da reação; ela está relacionada a λ^2 por intermédio da Equação (6.84) ou, em coordenadas esféricas:

$$\lambda^2 = \frac{k_v R^2}{D_{ef}}$$

da qual escrevemos:

$$k_v = \frac{D_{ef}\lambda^2}{R^2} \tag{8}$$

mas: $D_{ef} = 5{,}0 \times 10^{-7}$ cm^2/s; $R = 0{,}05$ cm e $\lambda^2 = 0{,}064$. Levando esses valores à Equação (8):

$$k_v = \frac{\left(5{,}0 \times 10^{-7}\right)(0{,}0640236)}{(0{,}05)^2} = 1{,}28 \times 10^{-5}\ \text{1/s}$$

EXERCÍCIOS

Conceitos

1. Qual é a diferença entre reação química homogênea e heterogênea nos fenômenos em que há transferência de massa?
2. O que significa transferência de massa com reação química heterogênea na superfície de uma partícula não catalítica e não porosa? O que acontece se essa partícula vier a ser porosa? Procure exemplos na literatura.
3. Interprete a relação $D_{AB}/\delta k_s$ nas Equações (6.16) e (6.17):
   a) fisicamente;
   b) a partir de analogia com o número de Biot mássico.
4. Analise fisicamente o seguinte intervalo:

   $$\frac{D_{AB}}{\delta} < \frac{N_{A,\delta}}{C_{A_0}} < k_s$$

   Expresse esse intervalo em termos da concentração média de A.
5. Como é possível solucionar problemas de difusão com reação química heterogênea na superfície de uma partícula não catalítica e não porosa a partir do modelo do estado pseudoestacionário?
6. O que significa o fator de efetividade? Qual é a sua importância na escolha de um catalisador?

Cálculos

1. Refaça o exemplo (6.2) considerando reação de primeira ordem na superfície do grafite.
2. A isomerização de A em A_n tem lugar em um catalisador cuja reação é da forma: $nA \rightarrow A_n$. O processo é controlado pela difusão de A no filme gasoso estagnado de espessura δ em volta da partícula. Desenvolva uma expressão para a taxa de transferência de massa de A no seio do filme, além da sua distribuição de fração molar, considerando que o catalisador tenha a forma lamelar.
3. A reação de pseudoprimeira ordem $2A \rightarrow A_2$ ocorre na superfície de um catalisador cilíndrico, o qual está envolto por um filme estagnado de espessura δ. Obtenha expressões para o cálculo da taxa de transferência de massa e de distribuição de fração molar, considerando:
   a) reação instantânea na superfície do catalisador;
   b) reação de desaparecimento na superfície do catalisador dada por: $R''_A = -k_s C_A$.
4. Um composto M é consumido na superfície de uma partícula esférica de catalisador de acordo com a equação $M \rightarrow 3N$. O composto M faz parte de uma mistura gasosa, presente em um filme estagnado que circunda a partícula. Admitindo que o fenômeno seja controlado pela difusão, desenvolva uma expressão para a taxa de reação em termos das propriedades da fase gasosa, fração molar de M longe do catalisador e espessura do filme que envolve a partícula.
5. Qual é o tempo necessário para que a partícula de grafite, descrita no exemplo 6.4, seja consumida totalmente?
6. Esferas de grafite são queimadas em uma linha de ar seco a pressão atmosférica. O diâmetro médio da esfera é 0,1 cm e a temperatura média do gás é 1.400 °C. Nessas condições, estimou- se que $D_{AI} = 1{,}67$ cm^2/s. Calcule a taxa de queima teórica, por unidade de massa, admitindo que a difusão seja a etapa controladora do processo. Considere as reações:
   a) somente CO é formado como produto;
   b) somente CO_2 é formado como produto.
7. Monóxido de carbono difunde através de uma película de ar estagnado de 0,04 cm de espessura em direção a uma corrente de ácido sulfúrico, onde é instantaneamente absorvido. Se a fração molar do CO no lado oposto ao H_2SO_4 é 0,03, obtenha expressões para o seu fluxo e distribuição da fração molar.
8. O soluto reagente A se decompõe na superfície de uma lâmina catalítica sólida não porosa segundo a reação irreversível de pseudoprimeira ordem $A \rightarrow 2B$. O composto A faz parte de uma mistura gasosa ideal e estagnada de espessura δ em volta da placa. Estabeleça as equações para o fluxo do soluto na superfície da partícula para:
   a) reação química rápida na superfície catalítica;
   b) reação química lenta na superfície catalítica.

9. Obtenha uma expressão para o fator de efetividade para um catalisador esférico considerando a presença da resistência à transferência de massa externa à difusão intraparticular. Expresse o seu resultado em função do módulo de Thiele, número de Biot mássico e das concentrações do difundente de equilíbrio com o meio externo e aquela referenciada na superfície da partícula.

10. Um gás A difunde através de um filme gasoso estagnado de espessura δ que envolve um catalisador esférico de raio R. À medida que A difunde, ele se decompõe segundo a reação de primeira ordem A $\rightarrow B$. Ao atingir a superfície catalítica, ocorre reação instantânea descrita, também, por $A \rightarrow B$. Considerando que se conheça a concentração de A, C_{A_δ}, a uma distância δ do raio da esfera e sabendo que B contradifunde em relação a A, demonstre:

    a) que a distribuição da concentração molar de A é dada por:

    $$C_A(r) = \frac{C_2}{r}\cosh(\phi r)[\text{tgh}(\phi r) - \text{tgh}(\phi R)];$$

    b) que a taxa molar de transferência de massa de A na superfície do catalisador é:

    $$W_A\big|_{r=R} = \frac{C_2(k_v D_{AB})^{1/2}}{\cosh(\phi R)}; \text{ na qual:}$$

    $$C_2 = -\frac{4\pi\delta C_{A_\infty}}{\cosh(\phi\delta)[\text{tgh}(\phi\delta) - \text{tgh}(\phi R)]} \text{ e}$$

    $$\phi = \left(\frac{k_v}{D_{AB}}\right)^{1/2}$$

11. Um soluto reagente de baixa pressão de vapor sofre reação irreversível de primeira ordem ao difundir por uma película fluida estagnada que envolve uma gota. Sabendo que, antes da difusão através desta esfera (meio) reacional, o soluto difundiu através de um meio fluido não reacional, proponha uma expressão para a distribuição da concentração adimensional do soluto no meio reacional, considerando: regime transiente; na interface entre os dois meios difusivos, a concentração do soluto se mantém em um valor de equilíbrio constante ao longo do tempo.

12. Faça uma gráfico para a difusão em regime transiente com reação química irreversível de primeira ordem, considerando cilindro infinito, $Bi_M = 1$, e: a) $\lambda = 0$; b) $\lambda = 0{,}1$; c) $\lambda = 1{,}0$; d) $\lambda = 10$; e) $\lambda \rightarrow \infty$.

BIBLIOGRAFIA

BIRD, R. B.; STEWART, W. E.; LIGHTFOOT, E. N. *Transport phenomena*. New York: John Wiley, 1960.

CRANK, J. *The mathematics of diffusion*. London: Oxford University Press, 1956.

CUSSLER, E. L. *Diffusion*: mass transfer in fluid systems. Cambridge: Cambridge University Press, 1984.

GUBULIN, J. C. *Anais* do XII Encontro sobre Escoamento em Meios Porosos, v. 1. São Paulo, 1985, p. 116.

LEVENSPIEL, O. *Chemical reaction engineering*. New York: John Wiley, 1962.

SATTERFIELD, C. N.; SHERWOOD, T. K. *The role of diffusion in catalysis*. Massachusetts: Addison-Wesley Pub. Comp., 1963.

SHERWOOD, T. K.; PIGFORD, R.; WILKE, R. C. *Mass transfer*. Tokio: McGraw Hill Kogakusha, 1975.

WELTY, J. R.; WILSON, K. E.; WICKS, E. *Fundamentals of momentum. Heat and mass transfer*. 2. ed. New York: John Wiley, 1976.

NOMENCLATURA

a	área específica de uma partícula porosa, Equação (6.40);	$[L^2 \cdot L^{-3}]$
a, b, p, r, x	coeficientes estequiométricos, Equações (6.1), (6.2), (6.19);	adimensional
C	concentração molar da mistura, Equação (2.37);	$[mol \cdot L^{-3}]$
C_A	concentração molar da espécie A, Equação (3.21);	$[mol \cdot L^{-3}]$
D_{AB}	coeficiente de difusão do soluto A no meio B, Equação (2.37);	$[L^2 \cdot T^{-1}]$
D_{ef}	coeficiente efetivo de difusão, Equação (6.42);	$[L^2 \cdot T^{-1}]$
k_s	velocidade da reação heterogênea, Equação (6.10);	$[L \cdot T^{-1}]$
k_v	velocidade da reação homogênea, Equação (6.63);	$[T^{-1}]$
$\vec{N}_A$	fluxo molar global de A referenciado a eixos estacionários, vetorial, Equação (3.21);	$[mol \cdot L^{-2} \cdot T^{-1}]$
$N_{i,j}$	fluxo molar global de i referenciado a eixo estacionário, $i = A$ ou B, na direção $j = z$ ou r;	$[mol \cdot L^{-2} \cdot T^{-1}]$
r, θ, z	coordenadas cilíndricas;	$[L]$
r, θ, ϕ	coordenadas esféricas;	$[L]$
R	raio de uma partícula esférica; raio da matriz porosa, Equação (6.47)	$[L]$
R''_A	termo reacional molar de criação ou consumo de A devido à reação heterogênea, Equação (6.10);	$[mol \cdot L^{-2} \cdot T^{-1}]$
R'''_A	termo reacional molar de criação ou consumo de A devido à reação homogênea, Equação (3.21); $[mol \cdot L^{-3} \cdot T^{-1}]$	
t	tempo, Equação (6.80);	$[T]$
V_C	volume da partícula esférica C, Exemplo (6.4);	$[L^3]$
V_p	volume da partícula, Equação (6.58);	$[L^3]$
W_i	taxa molar da espécie i;	$[mol \cdot T^{-1}]$
y_i	fração molar, na fase gasosa, da espécie i;	adimensional
x, y, z	coordenadas retangulares.	$[L]$

Letras gregas

α	relação estequiométrica, definição (6.5);	adimensional
β	relação entre a reação química homogênea e a difusão, exemplo (6.6);	$[L^{-2}]$
γ	autovalores, quadros (6.1) e (6.2);	adimensional
δ	espessura do filme gasoso, Figura (6.1) ou profundidade no líquido, Figura (6.2);	$[L]$
η	distância relativa adimensionalizada, Equação (6.86);	adimensional
η_ε	fator de efetividade, Equação (6.53);	adimensional
θ	concentração adimensional de A, Equação (6.88);	adimensional

$\bar{\theta}$	concentração média adimensional de A, Equação (6.92);	adimensional
λ	relação entre as resistências à difusão e reação química homogênea irreversível de primeira ordem no interior do catalisador, Equação (6.84);	adimensional
ϕ	módulo de Thiele, Equação (6.57);	adimensional
ϕ	relação entre reação homogênea e difusão, Equação (6.68).	$[L^{-1}]$

Subscritos

A	espécie química A
B	espécie química B
0	distância em $z = 0$ ou $r = 0$
p	partícula
s	superfície (relacionado à reação heterogênea)
v	volume (relacionado à reação homogênea)
δ	distância ou profundidade em z ou r
∞	distância relativamente grande

Números adimensionais

Bi_M	número de Biot mássico, Equação (6.86);
Fo_M	número de Fourier mássico, Equação (6.85).

C A P Í T U L O 7

INTRODUÇÃO À CONVECÇÃO MÁSSICA

CONSIDERAÇÕES PRELIMINARES E ANÁLISE DO ESCOAMENTO

7.1 CONSIDERAÇÕES A RESPEITO

Este capítulo pode ser visto como ponto de apoio para aqueles que virão. Aqui, procuraremos tratar de questões que serão aproveitadas, isoladamente ou não, nos próximos capítulos:

a) teremos a apresentação do coeficiente convectivo de transferência de massa, o qual será novamente discutido no Capítulo 8. Esse mesmo coeficiente será definido em diversas circunstâncias relacionadas à força motriz para o transporte de matéria, em que os resultados serão utilizados no Capítulo 11;

b) será apresentado o método da análise de escala, o qual será utilizado tanto neste capítulo quanto nos Capítulos 8 e 9;

c) pelo fato de a convecção mássica estar associada às características fluidodinâmicas da mistura, revisaremos, neste capítulo, aspectos da camada limite dinâmica no regime laminar, assim como teceremos comentários sobre a turbulência. Esses resultados serão fundamentais quando tratarmos da convecção mássica forçada no Capítulo 8.

A nossa preocupação, como discutido, é a convecção mássica.

Vimos no Capítulo 5 que a diferença entre a difusão em regime transiente com e sem a resistência externa está na condição de contorno junto à fronteira da região em que ocorre a difusão. Enquanto na difusão sem resistência externa era estabelecida uma concentração de equilíbrio do soluto nessa fronteira, na difusão com resistência externa havia uma condição de fluxo na interface considerada. Essa condição foi posta na igualdade dos fluxos de difusão (meio interno) com o de convecção mássica (meio externo) na interface entre os dois meios. Não nos preocupamos em estudar o mecanismo da convecção mássica. Naquela altura, interessava-nos o Bi_M, o qual refletia o quanto eram importantes os efeitos das características do meio externo no interno. *Resumindo*: a difusão dava-se em um meio e a convecção mássica em outro.

Como, então, ficam a difusão e a convecção mássica no mesmo meio?

Antes de continuar, lembre-se de que convecção mássica é um fenômeno de transferência de massa; contribuição convectiva ou advecção é a influência do movimento do meio no transporte do soluto. Essa diferença, em linguagem matemática, nos é apresentada como:

convecção mássica (em termos mássicos):

$$n_{A,y} = k_m(\rho_{A_p} - \rho_{A_\infty}) \tag{7.1}$$

contribuição convectiva (em termos mássicos):

$$j^c_{A,y} = \rho_A v_y \tag{7.2}$$

A Equação (7.1), além de mostrar que a força motriz ao fluxo mássico do soluto é a sua diferença de concentração, define empiricamente o coeficiente convectivo de transferência de massa k_m. Esse coeficiente, como demonstrado no item 2.6, é um parâmetro cinemático e depende do movimento e das características do meio, bem como da interação molecular soluto–meio.

A contribuição convectiva, Equação (7.2), é útil para avaliar o efeito da velocidade do meio na distribuição da concentração do soluto [veja a Equação (3.43)]. Se essa velocidade vier a ser causada por agentes mecânicos externos ao que acontece no interior da região de transporte, tem-se a convecção mássica forçada. Todavia, quando o movimento do meio for ocasionado pela combinação do gradiente de concentração do soluto, o qual provoca variação na densidade do meio, e de uma ação volumar, sem a ação de agentes mecânicos, tem-se a convecção mássica natural. Essas duas formas de convecção mássica, assim como a combinação entre elas, podem ser expressas, empiricamente, de acordo com a Equação (7.1). Note, dessa maneira, que o coeficiente k_m é genérico e reflete o que acontece na região em que ocorre a distribuição de concentração do soluto; portanto, na região em que há difusão, conforme ilustra a Figura (7.1).

Seja qual for o mecanismo de convecção mássica, a distribuição de concentração do soluto em um meio não reacional e em regime permanente é dada pela Equação (3.63):

$$\vec{v} \cdot \vec{\nabla}\rho_A = D_{AB}\nabla^2\rho_A \tag{3.63}$$

A Equação (3.63) mostra que na região de transporte há contribuições convectiva ($\vec{v} \cdot \vec{\nabla}\rho_A$) e difusiva ($D_{AB}\nabla^2\rho_A$). Essa equação apresenta, também, a necessidade de conhecermos a distribuição de velocidade da mistura na região considerada.

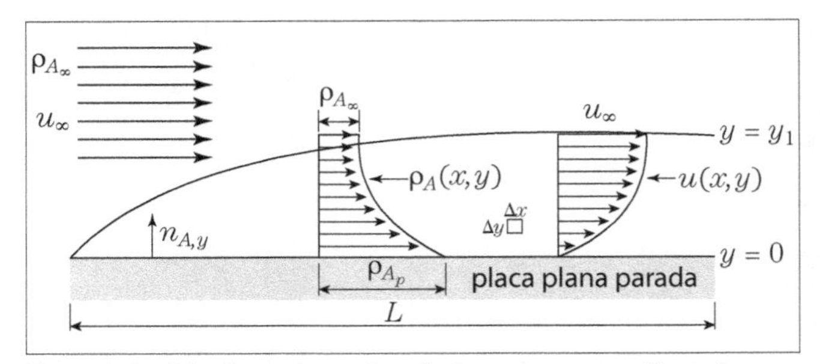

Figura 7.1 – Difusão e convecção mássica na mesma região de transferência de massa.

Para reforçarmos a diferença entre o fenômeno de convecção mássica e a contribuição convectiva, assim como ilustrarmos o que foi escrito no parágrafo anterior, admita a seguinte situação, conhecida como *difusão em um filme líquido descendente* ou *problema da coluna molhada*:

Deseja-se separar um soluto de uma corrente gasosa. Para tanto, essa mistura é posta em contato com uma película líquida que escoa em regime laminar sobre uma placa plana vertical parada, cuja distribuição de velocidade no filme líquido é (BIRD; STEWART; LIGHTFOOT, 1960):

$$v = v_{\text{máx}}\left[1 - \frac{1}{2}\left(\frac{x}{x_1}\right)^2\right]^{1/2} \tag{7.3a}$$

com

$$v_{\text{máx}} = \frac{g x_1^2}{2\nu} \tag{7.3b}$$

sendo x_1 a espessura do filme líquido. Sabendo que o soluto é pouco solúvel no líquido, torna-se interessante obter uma expressão para o fluxo mássico do soluto na interface gás–líquido, pois esse fluxo está associado à absorção do soluto pelo líquido. Para tanto, considere a Figura (7.2), assim como as seguintes hipóteses:

a) regime permanente;

b) fluxo mássico bidimensional;

c) não há reação química;

d) o gás é uma mistura binária e o líquido é uma solução binária, em que em ambas as fases existe a presença do soluto A;

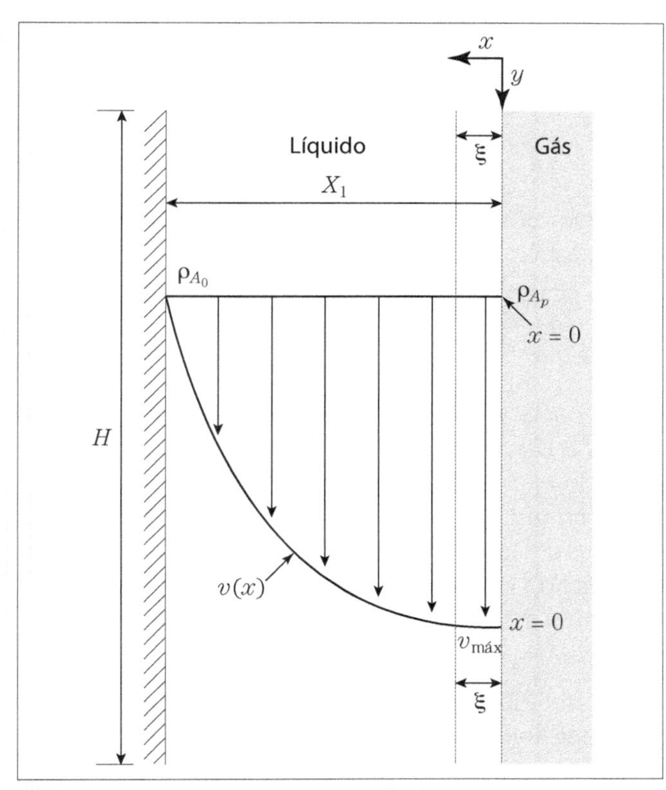

Figura 7.2 – Problema da coluna molhada.

e) em virtude da baixa solubilidade do soluto, admite-se que ele penetre na fase líquida a uma pequena distância da interface, de modo que $\xi \ll x_1$;

f) em virtude da hipótese anterior, a velocidade da película líquida na espessura ξ é considerada constante e igual a $v_{máx}$;

g) as propriedades fenomenológicas são constantes.

Podemos retomar a Equação (3.7) para a fase líquida, considerando nela as hipóteses de (a) a (c):

$$\frac{\partial n_{A,x}}{\partial x} + \frac{\partial n_{A,y}}{\partial y} = 0 \tag{7.4}$$

Os fluxos de A nas direções x e y são obtidos por expressões análogas à Equação (2.39).

$$n_{A,x} = -D_{AB}\frac{\partial \rho_A}{\partial x} + w_A\left(n_{A,x} + n_{B,x}\right) \tag{7.5a}$$

$$n_{A,y} = -D_{AB}\frac{\partial \rho_A}{\partial y} + w_A\left(n_{A,y} + n_{B,y}\right) \tag{7.5b}$$

Podemos admitir, em decorrência da hipótese (e), que o tempo de contato entre as fases gasosa e líquida é pequeno a ponto de considerarmos desprezível o termo difusivo na Equação (7.5b), a qual toma a seguinte forma:

$$n_{A,y} = w_A(n_{A,y} + n_{B,y})$$

que, reescrita em termos da Equação (2.35) para a direção y, fica:

$$n_{A,y} = \rho_A v_y$$

Da hipótese (f):

$$n_{A,y} = \rho_A v_{máx} \tag{7.5c}$$

Observe que o fluxo de A na direção y decorre da ação do escoamento da película líquida nessa direção; ou seja, um fluxo devido somente à velocidade do meio (*contribuição convectiva ou advecção*).

O fluxo de A na direção x, por sua vez, é fruto da contribuição difusiva, pois não ocorre movimento apreciável da solução nessa direção, seja em virtude do escoamento do meio, seja em razão da indução do gradiente de concentração do soluto A. Dessa maneira, a Equação (7.5a) é simplificada para:

$$n_{A,x} = -D_{AB}\frac{\partial \rho_A}{\partial x} \tag{7.5d}$$

Considerando que o sistema esteja a temperatura e pressão constantes, levaremos as Equações (7.5c) e (7.5d) à Equação (7.4):

$$\underbrace{v_{máx}\frac{\partial \rho_A}{\partial y}}_{\text{Termo convectivo}} = \underbrace{D_{AB}\frac{\partial^2 \rho_A}{\partial x^2}}_{\text{Termo difusivo}} \tag{7.6}$$

Note que a distribuição de concentração do soluto é influenciada pela velocidade do meio. Para que possamos obter a distribuição de concentração do soluto, faremos $t^* = y/v_{máx}$ na Equação (7.6), cujo resultado nos reporta à Equação (5.79), a qual, em termos mássicos, toma a forma:

$$\frac{\partial \rho_A}{\partial t^*} = D_{AB}\frac{\partial^2 \rho_A}{\partial x^2} \tag{7.7}$$

A Equação (7.7) está sujeita às seguintes condições inicial e de contorno:

C.I: Antes do contato do soluto com o filme líquido, a concentração do soluto é aquela contida no seio da fase líquida; portanto: $y = t^* = 0$; $\rho_A = \rho_{A_0}$.

C.C.1: Na interface $x = 0$, a concentração do soluto na fase líquida está em equilíbrio com aquela da fase gasosa: $x = 0$; $\rho_A = \rho_{A_p}$, para qualquer tempo.

C.C.2: Longe da interface, a concentração do soluto é a contida no seio da fase líquida: $x \to \infty$; $\rho_A = \rho_{A_0}$, para qualquer tempo.

Ao utilizarmos a concentração adimensional do soluto $\theta = (\rho_A - \rho_{A_0})/(\rho_{A_p} - \rho_{A_0})$, a Equação (7.7) é retomada de acordo com a Equação (5.81):

$$\frac{\partial \theta}{\partial t^*} = D_{AB} \frac{\partial^2 \theta}{\partial x^2} \tag{5.81}$$

com as condições:

C.I: $t^* = 0$; $\theta = 0$, para qualquer x.

C.C.1: $x = 0$; $\theta = 1$, para qualquer tempo.

C.C.2: $x \to \infty$; $\theta = 0$, para qualquer tempo.

A solução da Equação (5.81), como visto no tópico 5.3, é:

$$\frac{\rho_A - \rho_{A_0}}{\rho_{A_p} - \rho_{A_0}} = 1 - \text{erf}\left[x \Big/ \sqrt{\left(4D_{AB}t^*\right)}\right] \tag{7.8a}$$

Identificando $t^* = y/v_{\text{máx}}$ na Equação (7.8a):

$$\frac{\rho_A - \rho_{A_0}}{\rho_{A_p} - \rho_{A_0}} = 1 - \text{erf}\left[x \Big/ \sqrt{\left(4D_{AB}y/v_{\text{máx}}\right)}\right] \tag{7.8b}$$

O fluxo mássico relacionado à absorção do soluto na interface gás–líquido ou $x = 0$, para uma posição qualquer y, é definido pela Equação (7.5d), tal como segue:

$$n_{A,x}\Big|_{x=0} = -D_{AB} \frac{\partial \rho_A}{\partial x}\Big|_{x=0} \tag{7.9a}$$

Depois de derivar a Equação (7.8b) em x:

$$\frac{\partial \rho_A}{\partial x} = -\left(\rho_{A_p} - \rho_{A_0}\right) \frac{e^{-x^2 y/4D_{AB}v_{\text{máx}}}}{\sqrt{\pi D_{AB} y/\text{v}_{\text{máx}}}}$$

que, avaliada em $x = 0$, fica:

$$\frac{\partial \rho_A}{\partial x}\Big|_{x=0} = -\left(\rho_{A_p} - \rho_{A_0}\right) \frac{1}{\sqrt{\pi D_{AB} y/\text{v}_{\text{máx}}}} \tag{7.9b}$$

O fluxo mássico do soluto na interface $x = 0$, para qualquer y, é dado por:

$$n_{A,x}\Big|_{x=0} = \sqrt{\frac{\text{v}_{\text{máx}} D_{AB}}{\pi y}} \left(\rho_{A_p} - \rho_{A_0}\right) \tag{7.10}$$

Se retomarmos a definição do coeficiente convectivo *local* de transferência de massa, Equação (7.1), de acordo com:

$$n_{A,x}|_{x=0} = k_{m_y}(\rho_{A_p} - \rho_{A_0}) \tag{7.11}$$

podemos igualar as Equações (7.10) e (7.11), resultando:

$$k_{m_y} = \sqrt{\frac{\text{v}_{\text{máx}} D_{AB}}{\pi y}} \tag{7.12}$$

O coeficiente k_{m_y}, como apresentado na igualdade (7.12), é influenciado tanto pelas características do escoamento ($v_{\text{máx}}$ e y) quanto pela interação soluto–meio (D_{AB}). Desse modo, a Equação (7.11) revela o fenômeno da convecção mássica, cuja interpretação é diferente da contribuição convectiva, a qual, na presente situação, depende somente da $v_{\text{máx}}$ [veja a Equação (7.5c)].

O resultado expresso pela igualdade (7.11) pode ser analisado globalmente como:

$$k_m \propto D_{AB}^{1/2} \tag{7.13}$$

que mostra a relação entre o k_m e o D_{AB}, fruto da *teoria da penetração*, a qual será abordada com maiores detalhes no tópico 8.6.

O coeficiente convectivo de transferência de massa, do modo como apresentado, está associado a um tipo de comportamento, como aquele mostrado na relação (7.13), ou mesmo pode ser definido apenas para uma fase. Por outro lado, esse coeficiente convectivo se apresenta sob diversas facetas, as quais procuraremos desvendar a seguir.

7.2 COEFICIENTE CONVECTIVO DE TRANSFERÊNCIA DE MASSA

Um dos grandes problemas de transferência de massa é justamente definir esse coeficiente. O trabalho para defini-lo adequadamente passa, necessariamente, pelo conhecimento do meio em que está havendo o transporte do soluto.

Na difusão de um soluto A em um filme líquido descendente, obtivemos o coeficiente k_{m_y} de acordo com a Equação (7.12). Note que o k_{m_y} presente nessa equação indica que a transferência de massa está referenciada somente à fase líquida: $v_{\text{máx}}$ é a velocidade máxima da película líquida e o D_{AB} é o coeficiente de difusão do soluto A na solução líquida B.

E quanto à fase gasosa? Qual seria a equação para o k_{m_y} nessa fase? Seria análoga à Equação (7.12)? O coeficiente convectivo de transferência de massa depende das características do movimento da fase gasosa, o qual pode ser distinto do da fase líquida e, por conseguinte, ter formulação diferente da Equação (7.12). Podemos considerar, por exemplo, que a fase gasosa venha a ser estagnada. Desse modo, a descrição do fenômeno de transferência de massa é análoga à que fizemos no quarto capítulo e, por consequência, apresentará uma formulação para coeficiente convectivo de transferência de massa distinta da que apresentamos para a fase líquida.

Independentemente do modelo utilizado para explicar o mecanismo de transferência de massa, o qual visa à determinação do k_m, o fluxo mássico do soluto A pode ser dado empiricamente pela Equação (7.1). Note, então, que essa equação descreve o coeficiente convectivo de transferência de massa apenas para o meio em que está havendo o transporte do soluto. Se, agora, retomarmos a Figura (7.1), a qual ilustra a influência do movimento do meio (gasoso ou líquido) na distribuição bidimensional de concentração do soluto, poderemos definir, de modo rigoroso, o coeficiente convectivo *local* de transferência de massa da seguinte maneira:

$$k_{m_x} \equiv -D_{AB}\frac{\partial \rho_A/\partial y|_{y=0}}{\left(\rho_{A_p}-\rho_{A_\infty}\right)} \tag{7.14a}$$

A definição (7.14a) mostra a dependência do k_{m_x} com a distribuição da concentração mássica do soluto, a qual é influenciada pela distribuição da velocidade do meio. Se retomarmos a análise da Equação (7.12), verificaremos que o coeficiente k_{m_y} nela contido foi obtido de forma análoga à Equação (7.14a), ou seja:

$$k_{m_x} \equiv -D_{AB}\frac{\partial \rho_A/\partial y|_{y=0}}{\left(\rho_{A_p}-\rho_{A_\infty}\right)}, \text{ em que } \rho_{A_\infty}=\rho_{A_0}$$

$$\text{para } x \to \infty \tag{7.14b}$$

Tanto o fenômeno de transferência de massa ilustrado na Figura (7.1) quanto aquele representado na Figura (7.2) levam o coeficiente convectivo *médio* de transferência de massa a ser obtido de:

$$k_m = \frac{1}{L}\int_0^L k_{m_x}\,dx \tag{7.15}$$

A Equação (7.15) é válida para o movimento do meio sobre uma placa plana horizontal parada, Figura (7.1). No caso de esse movimento ocorrer sobre uma placa plana parada posta na vertical, Figura (7.2), basta substituir na Equação (7.15) o comprimento L pela altura H e a variável x pela variável y.

Qualquer que seja a situação presente no parágrafo anterior, é importante salientar que o k_m diz respeito somente a um meio. Por outro lado, a maioria das aplicações práticas do fenômeno de transferência de massa envolvem, no mínimo, dois meios ou duas fases. Em tais situações, o soluto migra de uma fase a outra, caracterizando a transferência de massa entre fases, a qual será discutida com mais detalhes no Capítulo 11.

No caso da transferência de massa entre fases, as forças motrizes em cada fase são distintas entre si, pois se referem a meios diferentes. Na absorção da amônia contida no ar por intermédio da corrente gasosa com água, haverá o transporte do soluto amônia presente na mistura gasosa em direção à água. A força motriz relacionada ao soluto na fase gasosa poderá estar referenciada à diferença de sua fração molar ou a diferença de sua pressão parcial. Já na fase líquida, a força motriz associada ao fluxo da amônia poderá ser dada em função da sua diferença de fração molar nessa fase ou em razão da diferença da sua concentração molar. Como é que fica o k_m em tais situações?

O que apresentaremos a seguir será o comportamento do k_m em razão das diversas forças motrizes necessárias para o transporte de um determinado soluto.

Coeficientes de transferência de massa

O fluxo de matéria representado na Equação (7.1) pode ser escrito na forma molar do seguinte modo:

$$N_{A,y} = k_m(C_{A_p} - C_{A_\infty}) \tag{7.16}$$

o qual é posto segundo:

Para *mistura gasosa*: $N_{A,y} = Ck_m(y_{A_p} - y_{A_\infty})$.

Se admitirmos o meio de transporte como um gás ideal ($C = P/RT$), esta última equação para o fluxo molar de A é retomada como:

$$N_{A,y} = k_m\left(\frac{P}{RT}\right)\left(y_{A_p} - y_{A_\infty}\right) \tag{7.17a}$$

ou, em termos de pressão parcial do soluto:

$$N_{A,y}=k_m\left(\frac{1}{RT}\right)\left(P_{A_p}-P_{A_\infty}\right) \tag{7.17b}$$

Ao escrevermos a Equação (7.16) para *soluções líquidas* e em função da diferença de fração molar como força motriz ao transporte de A, encontramos: $N_{A,y} = Ck_m(x_{A_p} - x_{A_\infty})$. Aqui podemos expressar a sua concentração global da fase líquida como $C = \rho_L/M_L$, possibilitando-nos escrever:

$$N_{A,y}=k_m\left(\frac{\rho_L}{M_L}\right)\left(x_{A_p}-x_{A_\infty}\right) \tag{7.18}$$

As Equações (7.16) a (7.18) representam os fluxos do soluto A referenciados às diversas formas de forças motrizes, as quais estão expressas por uma diferença de concentração (frações molares ou pressão parcial para a fase gasosa e as frações molares e concentração molar para a fase líquida) do soluto em uma determinada fronteira e no seio da fase analisada. Vimos no Capítulo 4 que essas fases são os meios em que há o transporte do soluto; tais meios podem ser vistos como filmes estagnados ou na situação de contradifusão equimolar, em que a contribuição convectiva é nula.

Meio estagnado

Caso esse meio seja gasoso, o fluxo molar de A é obtido da Equação (4.32). Ao buscarmos essa equação na direção y e considerando nela $(z_2 - z_1) = y_1$, assim como identificando y_{A_p} a y_{A_1} e y_{A_∞} a y_{A_2}, verificamos:

$$N_{A,y}=\left(\frac{CD_{AB}}{y_1}\right)\left(\frac{y_{A_p}-y_{A_\infty}}{y_{B,\text{médio}}}\right) \tag{7.19}$$

Considerando que se trata de um meio em que há o transporte como sendo gasoso e ideal, $C = P/RT$, a Equação (7.19) é retomada segundo:

$$N_{A,y}=\left(\frac{D_{AB}}{y_1}\right)\left(\frac{P}{RT}\right)\left(\frac{y_{A_p}-y_{A_\infty}}{y_{B,\text{médio}}}\right) \tag{7.20}$$

Ao igualarmos as Equações (7.17a) e (7.20), notamos:

$$k_y\equiv k_m\left(\frac{P}{RT}\right)=\left(\frac{D_{AB}}{y_1}\right)\left(\frac{P}{RT}\right)\left(\frac{1}{y_{B,\text{médio}}}\right) \tag{7.21}$$

fazendo-nos escrever o fluxo molar de A da seguinte maneira:

$$N_{A,y} = k_y(y_{A_p} - y_{A_\infty}) \tag{7.22}$$

O parâmetro k_y é definido como coeficiente de transferência de massa da fase gasosa, cuja força motriz é a diferença de fração molar do soluto. Esse coeficiente apresenta como unidade: mol de A/(área · tempo · Δy_A).

Antes de prosseguirmos, repare no último parágrafo: nele está escrito *coeficiente de transferência de massa*, em vez de *coeficiente "convectivo" de transferência de massa*. O termo *"convectivo"* remete-nos à associação com velocidade, tanto que a unidade do *coeficiente "convectivo" de transferência de massa* é $L{\cdot}T^{-1}$, sendo utilizado principalmente quando analisamos o transporte do soluto em uma única fase. Já o *coeficiente de transferência de massa* refere-se, basicamente, às diversas maneiras de expressarmos a força motriz para o transporte do soluto. Veja na Equação (7.22) que esta força é Δy_A; outras serão apresentadas a seguir.

Quando igualamos as Equações (7.17b) e (7.22), verificamos:

$$k_G\equiv k_m\left(\frac{1}{RT}\right)=\left(\frac{D_{AB}}{y_1}\right)\left(\frac{1}{RT}\right)\left(\frac{1}{y_{B,\text{médio}}}\right) \tag{7.23}$$

o que nos permite escrever o fluxo molar de A como:

$$N_{A,y} = k_G(P_{A_p} - P_{A_\infty}) \tag{7.24}$$

sendo a unidade do coeficiente de transferência de massa

k_G: mol de A/(área · tempo · unidade de pressão).

Utilizamos o coeficiente k_G, quando estamos analisando a fase gasosa, cuja força motriz é expressa pela diferença da pressão parcial do soluto.

Na situação em que o meio estagnado venha a ser a *fase líquida*, teremos o fluxo molar do soluto posto nos moldes da Equação (7.19), esta retomada como:

$$N_{A,y}=\left(\frac{D_{AB}}{y_1}\right)\left(\frac{\rho_L}{M_L}\right)\left(\frac{x_{A_p}-x_{A_\infty}}{x_{B,\text{médio}}}\right) \tag{7.25}$$

Note que foi feito $C = \rho_L/M_L$, o que é o indicado para a concentração da solução quando se trabalha com líquidos. Se compararmos a Equação (7.25) com a Equação (7.18), obtemos:

$$k_x\equiv k_m\left(\frac{\rho_L}{M_L}\right)=\left(\frac{D_{AB}}{y_1}\right)\left(\frac{\rho_L}{M_L}\right)\left(\frac{1}{x_{B,\text{médio}}}\right) \tag{7.26}$$

levando o fluxo molar de A a ser escrito de acordo com:

$$N_{A,y} = k_x(x_{A_p} - x_{A_\infty}) \tag{7.27}$$

em que k_x, de unidade (mol de A/área · tempo · Δx_A), é definido como coeficiente de transferência de massa da fase líquida, sendo a força motriz a diferença da fração molar do soluto no seio da fase e em uma determinada fronteira.

No caso de a força motriz ao transporte do soluto ser a diferença de sua concentração molar, a definição do coeficiente de transferência de massa fica:

$$k_L \equiv k_m = \left(\frac{D_{AB}}{y_1}\right)\left(\frac{1}{x_{B,\text{médio}}}\right) \tag{7.28}$$

apresentando a unidade

[mol de A/(área · tempo · unidade de concentração molar de A)]

e o fluxo molar dado por:

$$N_{A,y} = k_L(C_{A_p} - C_{A_\infty}) \tag{7.29}$$

Contradifusão equimolar

Neste caso, os coeficientes de transferência de massa são frutos somente da contribuição difusiva, como pode ser visto na Equação (4.59). Ao compararmos as Equações (4.66) e (7.1) e identificando na primeira $(z_2 - z_1) = y_1$, $C_{A_p} = C_{A_1}$ e $C_{A_\infty} = C_{A_2}$, encontramos como resultado:

$$N_{A,y} = \left(\frac{D_{AB}}{y_1}\right)\left(C_{A_p} - C_{A_\infty}\right) \tag{7.30a}$$

A Equação (7.30a) é útil quando desejarmos expressar o fluxo molar de A, em um meio de transporte líquido ou fase líquida, em função da sua concentração molar. Por outro lado, essa equação pode ser vista como:

$$N_{A,y} = \left(\frac{CD_{AB}}{y_1}\right)\left(y_{A_p} - y_{A_\infty}\right) \tag{7.30b}$$

Considerando que o meio em que há transferência de massa venha a ser uma mistura gasosa ideal, $C = P/RT$, a Equação (7.30b) é retomada segundo:

$$N_{A,y} = \left(\frac{D_{AB}}{y_1}\right)\left(\frac{P}{RP}\right)\left(y_{A_p} - y_{A_\infty}\right) \tag{7.31a}$$

ou, em termos de pressão parcial do soluto:

$$N_{A,y} = \left(\frac{D_{AB}}{y_1}\right)\left(\frac{1}{RP}\right)\left(P_{A_p} - P_{A_\infty}\right) \tag{7.31b}$$

Para o caso de líquidos, em que fazemos $C = \rho_L/M_L$, a Equação (7.30b) é revista segundo:

$$N_{A,y} = \left(\frac{D_{AB}}{y_1}\right)\left(\frac{\rho_L}{M_L}\right)\left(x_{A_p} - x_{A_\infty}\right) \tag{7.32}$$

Na intenção de obtermos os coeficientes de transferência de massa, quando trabalhamos com contradifusão equimolar, deveremos analisar o estado da matéria que compõe o meio de transporte:

Para a situação em que o *meio de transporte é gasoso*, e a força motriz, a diferença da fração molar do soluto, podemos igualar as Equações (7.17a) e (7.31a), levando-nos a escrever:

$$k'_y \equiv k_m\left(\frac{P}{RT}\right) = \left(\frac{D_{AB}}{y_1}\right)\left(\frac{P}{RT}\right) \tag{7.33}$$

a unidade de k'_y é análoga à de k_y, com o fluxo molar de A obtido da Equação (7.22), substituindo no lugar de k_y, k'_y.

Se desejarmos o fluxo molar em termos da pressão parcial do soluto A, o coeficiente de transferência de massa será, depois de igualarmos as Equações (7.17b) e (7.31b):

$$k'_G \equiv k_m\left(\frac{1}{RT}\right) = \left(\frac{D_{AB}}{y_1}\right)\left(\frac{1}{RT}\right) \tag{7.34}$$

com a unidade de k'_G análoga à de k_G, e o fluxo molar de A sendo obtido da Equação (7.24), substituindo no lugar de k_G, k'_G.

No caso de o *meio de transporte ser líquido*, com a força motriz expressa pela fração molar do soluto, igualaremos as Equação (7.18) e (7.32), cujo resultado fica:

$$k'_x \equiv k_m\left(\frac{\rho_L}{M_L}\right) = \left(\frac{D_{AB}}{y_1}\right)\left(\frac{\rho_L}{M_L}\right) \tag{7.35}$$

em que a unidade de k'_x é a mesma de k_x, e o fluxo molar de A é obtido da Equação (7.23) substituindo no lugar de k_x, k'_x.

Ainda para meios líquidos, na situação de contradifusão equimolar, mas com a força motriz em termos da concentração molar do soluto, o coeficiente de transferência de massa é posto, assim que compararmos as Equações (7.16) e (7.30a), da seguinte forma:

$$k'_L \equiv k_m = \left(\frac{D_{AB}}{y_1}\right) \tag{7.36}$$

com a unidade de k'_L análoga à de k_L, e o fluxo molar de A é obtido da Equação (7.29), substituindo no lugar de k_L, k'_L.

Note que $k_y = k'_y/y_{B,\text{médio}}$ e $k_G = k'_G/y_{B,\text{médio}}$; $k_x = k'_x/x_{B,\text{médio}}$, $k_L = k'_L/x_{B,\text{médio}}$. Se estivermos trabalhando com *soluções líquidas diluídas*, teremos $x_{B,\text{médio}} \cong 1$; e, para *misturas gasosas diluídas*, $y_{B,\text{médio}} \cong 1$. Desta maneira, podemos escrever para *condições de diluição:* $k_y \cong k'_y$, $k_G \cong k'_G$, $k_x \cong k'_x$, $k_L \cong k'_L$. Esta informação nos será de grande valia quando estudarmos o Capítulo 11.

Outra observação valiosa ao analisarmos as definições recém-apresentadas é a existência da seguinte relação para o coeficiente convectivo de transferência de massa:

$$k_m \propto \frac{D_{AB}}{y_1} \tag{7.37}$$

a qual estabelece a linearidade entre o coeficiente convectivo de transferência de massa e o difusivo na região de transporte. Essa relação linear, enquanto igualdade, caracteriza a *teoria do filme.* Desenvolvida por Whitman em 1923, essa teoria postula que uma mistura, ao escoar sobre uma determinada superfície, sofrerá resistência ao transporte do soluto em uma região estagnada de espessura y_1 junto a essa superfície.

Quando estudarmos a transferência de massa entre fases no Capítulo 11, admitiremos a teoria do filme nas proximidades da interface que separa duas regiões estagnadas de espessura δ_y, para o lado da fase menos densa; e δ_x, para a mais densa, respectivamente.

Por outro lado, ao voltarmos ao Capítulo 6 e repararmos na difusão em regime permanente com reação química sobre uma superfície catalítica de uma partícula não porosa, verificamos que foi suposta uma película estagnada que envolve o catalisador. Identifica-se, nessa situação, a teoria do filme, ou seja, se considerarmos a igualdade na relação (7.37) e levá-la à Equação (6.16), chegaremos a:

$$y_{A_s} = \left(\frac{k_m/k_s}{1+k_m/k_s}\right) y_{A_0}$$

Porém, ao inspecionarmos a difusão em regime permanente com reação homogênea via Equação (6.76), notamos nessa equação a proporcionalidade (7.13). Portanto, podemos sintetizar as relações (7.12) e (7.37) como:

$$k_m \propto D_{AB}^n \tag{7.38}$$

em que $n = 1/2$ para a teoria da penetração e $n = 1$ para a teoria do filme. O resultado para o expoente n depende do modelo adotado para descrever o mecanismo de transporte. Veremos no Capítulo 8, inclusive, por intermédio da teoria da camada limite, que o expoente n não é 0,5 nem 1.

É interessante observar que a proporcionalidade (7.38) estabelece a relação entre uma grandeza global k_m (que, às vezes, é macroscópica) e uma grandeza molecular (D_{AB}). Vamos encontrar este tipo de relação em situações nas quais nos deparamos com a simultaneidade de transferência de massa com outro tipo de fenômeno (transferência de quantidade de movimento ou de calor). Assim sendo, torna-se importante a apresentação de uma ferramenta extremamente poderosa que nos auxiliará na compreensão de tais fenômenos: a análise de escala.

7.3 ANÁLISE DE ESCALA

A análise de escala é, sobretudo, um exercício mental. Não existe uma teoria rigorosa para explicá-la. Contudo, os resultados obtidos por essa técnica são surpreendentes, possibilitando simplificações de equações, assim como auxiliando o entendimento físico de certo fenômeno.

O princípio básico da análise de escala é o de associar a uma determinada variável um valor seu conhecido. Normalmente, esse valor é o máximo encontrado dentro da região de análise. Como exemplo, vamos retomar o fenômeno da difusão em um filme líquido descendente, o qual está ilustrado na Figura (7.2). Entretanto, assumiremos como válida toda a distribuição de $v = v(x)$, de tal modo que podemos retomar a Equação (7.6) nesta que se segue:

$$v\frac{\partial \rho_A}{\partial y} = D_{AB}\frac{\partial^2 \rho_A}{\partial x^2} \tag{7.39}$$

Note que o fenômeno de transferência de massa se processa nas direções x e y, as quais apresentam a dimensão de comprimento. Se observarmos a Figura (7.2), verificaremos que um valor de x conhecido é x_1, enquanto para y é H. Tanto x_1 quanto H são os valores máximos de suas respectivas variáveis. Pelo princípio da análise de escala, podemos fazer: $y \approx H$ e $x \approx x_1$. No que se refere à variável velocidade $v(x)$, um valor seu conhecido é $v_{máx}$, levando-nos a escrever para v: $v \approx v_{máx}$. O símbolo $\approx$ expressa *magnitude*; por exemplo, v apresenta a mesma magnitude de $v_{máx}$.

Se observarmos o lado esquerdo da Equação (7.39), vamos encontrar $\partial\rho_A/\partial y$. E agora? A análise de escala não é uma operação matemática, ela expressa somente magnitudes. Assim sendo, se admitirmos que $\partial\rho_A/\partial y$ venha a ser uma variação para ρ_A em um intervalo infinitesimal de y, poderemos considerar que existe uma diferença conhecida de ρ_A dentro de um intervalo conhecido para y. Verificamos, da Figura (7.2), que a diferença da concentração mássica conhecida é $\Delta\rho_A = \rho_{A_0} - \rho_{A_p}$, enquanto o intervalo conhecido em y é $\Delta y = H - 0$. Dessa maneira, podemos escrever, em razão da análise de escala:

$$\frac{\partial\rho_A}{\partial y} \approx \frac{\Delta\rho_A}{H}$$

Encontramos no lado direito da Equação (7.39) $\partial^2\rho_A/\partial x^2$. O que fazer? Primeiro: este termo, aos olhos da análise de escala, não representa uma derivada segunda. Segundo: observe que a dimensão deste termo é $(M{\cdot}L^{-5})$. Terceiro: podemos pô-lo da seguinte maneira:

$$\frac{\partial^2\rho_A}{\partial x^2} = \frac{\partial}{\partial x}\left(\frac{\partial\rho_A}{\partial x}\right)$$

No parágrafo anterior foi dito que, para análise de escala, o grupo $\partial^2\rho_A/\partial x^2$ não representa uma derivada segunda. Para a análise de escala o símbolo "∂" é simplesmente um símbolo. Dessa maneira:

$$\frac{\partial}{\partial x}\left(\frac{\partial\rho_A}{\partial x}\right) \approx \frac{1}{\Delta x}\left(\frac{\Delta\rho_A}{\Delta x}\right) = \frac{\Delta\rho_A}{(x_1 - 0)(x_1 - 0)} = \frac{\Delta\rho_A}{x_1^2}$$

Note que a dimensão de $\Delta\rho_A/x_1^2$ é $(M{\cdot}L^{-5})$. E quanto ao D_{AB}? Ele varia dentro da região de análise? Não. Portanto, não é necessário analisar a sua magnitude na Equação (7.39), a qual fica escrita em função da análise de escala do seguinte modo:

$$v_{máx}\frac{\Delta\rho_A}{H} \approx D_{AB}\frac{\Delta\rho_A}{x_1^2} \quad \text{ou} \quad \frac{v_{máx}}{H} \approx \frac{D_{AB}}{x_1^2}$$

A aplicação do método da análise de escala é útil em diversas aplicações dentro dos fenômenos de transporte e, em particular, em transferência de massa. Bejan (1984) estabeleceu algumas regras para a utilização desse método, as quais serão expostas do seguinte modo:

Regra 1: *Defina sempre a extensão da região em que há o interesse em fazer a análise de escala.* No problema da coluna molhada, representado na Figura (7.2), o fluxo mássico de A é bidimensional, levando a região de interesse a ser da forma $(\xi \times H)$ ou $(x_1 \times H)$.

Regra 2: *Em uma equação em que houver vários termos, identificar os dominantes.* Observe na Equação (3.61), por exemplo, que há três termos para serem analisados: $\vec{v}\cdot\vec{\nabla}\rho_A$; $D_{AB}\nabla^2\rho_A$; r'''_A. Para situações semelhantes à descrita por esta equação, Bejan formulou mais três regras:

Regra 3: *Se há soma de dois termos*:

$$c = a + b \tag{7.40a}$$

em que a ordem de magnitude de um é maior do que a ordem de magnitude de outro termo:

$$\Theta(a) \gg \Theta(b) \tag{7.40b}$$

então a ordem de magnitude da soma é ditada pelo termo dominante:

$$\Theta(c) \approx \Theta(a) \tag{7.40c}$$

A mesma conclusão é válida caso houver as situações: $c = a - b$ ou $c = -a + b$.

Regra 4: *Se houver a soma de dois termos*:

$$c = a + b \tag{7.41a}$$

e se a e b apresentarem a mesma ordem de magnitude, então:

$$\Theta(c) \approx \Theta(a) \approx \Theta(b) \tag{7.41b}$$

Regra 5: *No caso de produto*:

$$p = ab \tag{7.42a}$$

a ordem de magnitude do produto é igual ao produto das ordens de magnitude dos fatores:

$$\Theta(p) \approx \Theta(a) \cdot \Theta(b) \tag{7.42b}$$

Se houver a razão:

$$r = \frac{a}{b} \tag{7.42c}$$

então

$$\Theta(r) \approx \frac{\Theta(a)}{\Theta(b)} \tag{7.42d}$$

Para todas as regras, a notação é:

$\approx$ ou $\sim$ → mesma ordem de magnitude

$\Theta(a)$ → ordem de magnitude de a

$>$ → maior do que

Salientou-se, por diversas vezes neste capítulo, a importância de se conhecer a distribuição de velocidade, bem como as características do meio, para avaliar as suas influências tanto na distribuição de concentração do soluto quanto no coeficiente convectivo de transferência de massa. Desse modo, torna-se inevitável a apresentação ou a recordação, mesmo que simplificada, da transferência de quantidade de movimento, a qual, em nosso caso, fornecerá a distribuição de velocidade do meio por intermédio do estudo da camada limite laminar. Como nem todo escoamento é laminar, teceremos alguns comentários sobre o regime turbulento. Qualquer que seja o regime de escoamento, estaremos preocupados em analisar somente um meio de transporte. Em transferência de massa, isso significa que o transporte do soluto ocorre somente em uma fase, como, por exemplo, na evaporação de um líquido ou na sublimação de um sólido em ar, este dotado de movimento.

7.4 ANÁLISE DO ESCOAMENTO

Admita que um fluido newtoniano escoe lentamente sobre uma placa plana horizontal parada, de forma que o escoamento do fluido se comporte tal qual um conjunto de lâminas sobrepostas escoando paralelas entre si [Figura (7.3a)].

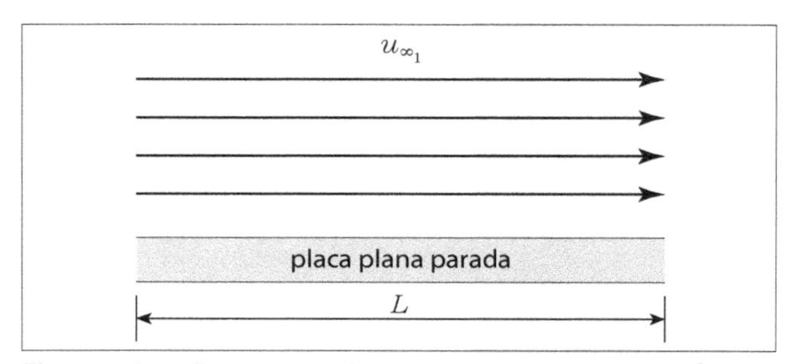

Figura 7.3a – Escoamento de um fluido sobre uma superfície plana com velocidade u_{∞_1}.

Supõe-se que *uma* lâmina seja formada por inúmeros pacotes de fluido, sendo cada "pacote" de dimensão molecular. Nesse caso, cada lâmina tem característica macroscópica e a transferência de quantidade de movimento dá-se por choques moleculares, ou seja, por colisões entre *pacotes* de fluido de dimensões microscópicas sem modificar, sensivelmente, o trajeto ordenado das lâminas. Esse tipo de escoamento é dito *laminar*.

A transferência de quantidade de movimento ou de *momento* é governada, portanto, por um parâmetro relacionado ao aspecto intrínseco desse fenômeno de transporte. Esse aspecto, por sua vez, está associado à ação retardadora que se estende desde a superfície até as lâminas mais distantes da placa. Tal efeito é conhecido como *ação cisalhante* ou *ação das forças viscosas*. Não é difícil imaginar que maior será esse efeito quanto mais consistente vier a ser o fluido, ocasionando maior transferência de quantidade de movimento a partir da parede da placa em direção ao escoamento. Por exemplo: transfere-se mais quantidade de movimento na glicerina do que na água.

A consistência mencionada no parágrafo anterior é inerente ao fluido e está associada a uma ação retardadora entre lâminas, decorrente dos choques moleculares. Essa influência molecular na transferência de quantidade de movimento está sintetizada no quadro (7.1), o qual é traduzido na viscosidade cinemática ν.

Quadro 7.1 – Transferência de quantidade de movimento em nível molecular
Transferência de momento em nível molecular
A ação interna ao transporte
Propriedade fenomenológica do fluido

Considere, agora, a situação na qual a velocidade da corrente livre foi aumentada de u_{∞_1} para u_{∞_2}. O resultado fictício está representado na Figura (7.3b). Observe nessa figura que a lâmina de fluido mais distante da parede move-se com mais facilidade se comparada às demais, já que está mais distante da ação retardadora da parede. Note, ainda, que a transferência de quantidade de movimento se sucede em nível molecular (porque não há choque entre lâminas) e o regime continua sendo laminar. Houve modificação quantitativa (u_{∞_1} para u_{∞_2}), mas não qualitativa, pois não ocorreu a mistura macroscópica, em virtude do entrelaçamento entre as lâminas; $Re_x = u_\infty x/\nu = 10$ e $Re_x = 10^3$, em uma placa plana, referem-se ao regime laminar. Para reforçar essa análise, lembre-se de que a água, a pressão ambiente, a 10 °C e 60 °C continua no estado líquido, apesar de o grau de agitação das moléculas ser diferente. Podemos traçar um paralelo ao regime laminar quando comparamos as Figuras (7.3a) e (7.3b): as lâminas de fluido mais distantes da parede da placa apresentam agitação distinta se comparada com aquelas associadas às lâminas próximas à superfície da placa, mas o comportamento macroscópico não é afetado.

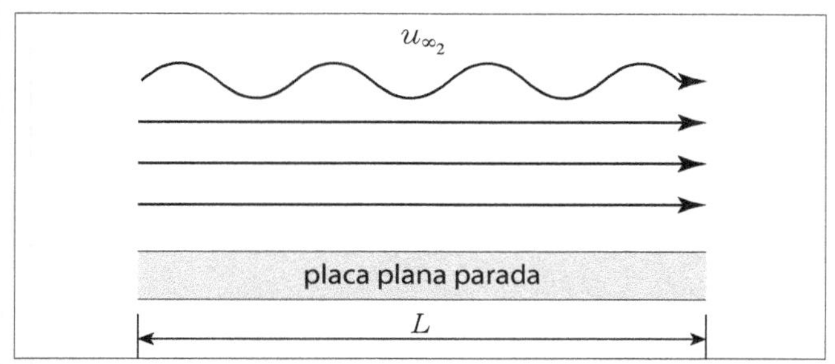

Figura 7.3b – Escoamento fictício junto à parede de uma placa plana a u_{∞_2} (escoamento laminar).

Há de se notar que as Figuras (7.3a) e (7.3b) mantêm a mesma qualidade, ou seja, caracterizam-se pela transferência de quantidade de movimento em nível molecular (não há mistura entre as lâminas ou mistura macroscópica). Persiste na Figura (7.3c) a interação molecular entre as lâminas 1 e 2, todavia há choques entre as 3 e 4, caracterizando a transferência macroscópica de quantidade de movimento. Existe, dessa maneira, uma qualidade de transferência, Figura (7.3c), distinta da anterior, Figura (7.3b), na qual o fluido deixa de escoar de forma laminar. Podemos escrever dessa suposição: no *valor de velocidade em que há mudança qualitativa de regime, ou seja, deixa de ser laminar, o escoamento é dito crítico.*

Aumentando a velocidade de u_{∞_2} para u_{∞_3}, admitiremos a situação ilustrada na Figura (7.3c).

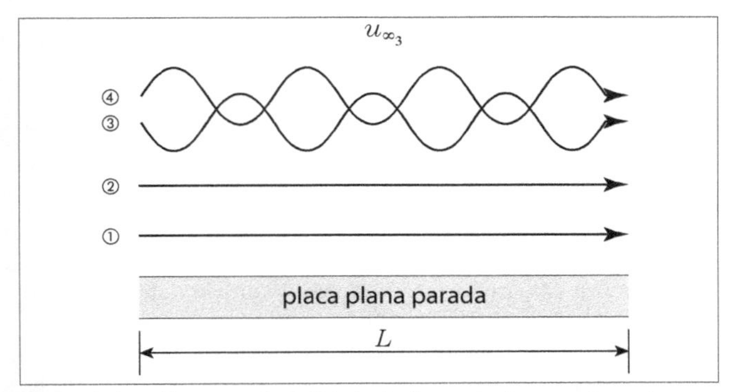

Figura 7.3c – Escoamento fictício junto à parede de uma placa plana a u_{∞_3} (escoamento crítico).

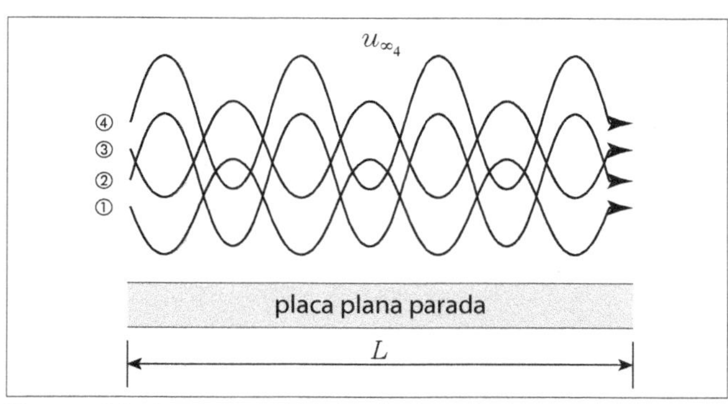

Figura 7.3d – Escoamento fictício junto à parede de uma placa plana a u_{∞_4} (escoamento turbulento).

Para uma placa plana, a Figura (7.3c), entre $5 \times 10^5 < Re_x < 3 \times 10^6$, caracteriza o regime de transição entre o laminar e o turbulento, o qual está ilustrado na Figura (7.3d). O comportamento das lâminas desta figura nasce depois de aumentarmos substancialmente a velocidade do escoamento de u_{∞_3} para u_{∞_4}. Teremos, nessa situação, a mistura completa entre as lâminas. Como admitimos anteriormente o aspecto macroscópico das lâminas, constatamos, no regime turbulento, a predominância da transferência de quantidade de movimento em uma escala macroscópica, a qual está sintetizada no quadro (7.2).

Quadro 7.2 – Transferência de quantidade de movimento em nível macroscópico
Transferência de momento em nível macroscópico
Ação externa ao transporte
Parâmetro cinemático ou convectivo

No quadro (7.2):

Transferência macroscópica:

Colisão entre lâminas de fluido.

Ação externa ao transporte:

É aquela que atua no fenômeno sem necessariamente agir na interação molecular. Por exemplo: geometria do sistema em que ocorre o fenômeno.

Teor cinemático ou convectivo:

Parâmetro quantitativo associado ao movimento do meio em que ocorre o fenômeno.

Contrário ao quadro (7.1), no qual há a viscosidade cinemática para caracterizá-lo, não temos ainda um parâmetro que nos permita, qualitativamente, sintetizar o fenômeno da turbulência. Todavia, criaremos condições para conhecê-lo.

A nossa análise do escoamento pode ser resumida no estudo simplificado dos fenômenos ilustrados nas Figuras (7.3a) a (7.3d).

7.4.1 Camada limite dinâmica: escoamento laminar de um fluido newtoniano sobre uma placa plana horizontal parada

O escoamento laminar caracteriza-se por admitir que um fluido escoe feito conjunto de lâminas sobrepostas. Ao entrar em contato com uma das extremidades da placa plana horizontal parada, a lâmina de fluido adjacente à sua superfície adere e tem velocidade nula: *princípio do não deslizamento*. As lâminas vizinhas são desaceleradas em virtude da ação das forças viscosas. Esse efeito prolonga-se à massa de fluido situada a uma pequena distância da placa, enquanto a porção restante continua com a velocidade da corrente livre u_∞.

A região delimitada por $0 \leq x \leq L$ e $0 \leq y \leq \delta$, ilustrada na Figura (7.4), em que há a variação substancial da velocidade do fluido, é dita região de camada limite dinâmica. A espessura dessa região, δ, representa a distância entre a superfície da placa e certa distância y, na qual o valor da velocidade do escoamento na direção x é 99% do valor da velocidade no escoamento do fluido livre ($y = \delta \rightarrow u = 0{,}99u_\infty$).

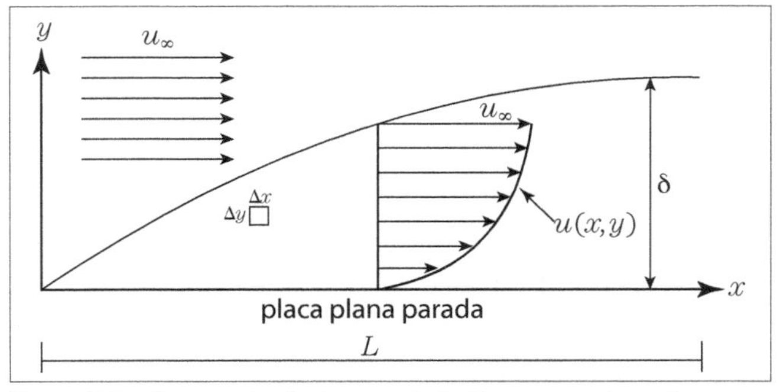

Figura 7.4 – Representação da camada limite em uma placa plana horizontal parada.

A dedução das equações que governam o escoamento dentro da região de camada limite é semelhante àquela desenvolvida no Capítulo 3, feita para o fluxo bidimensional, substituindo C_A ou ρ_A por $(\rho\mu)$[1]. Admitindo:

a) escoamento bidimensional;

b) placa plana horizontal parada;

c) regime permanente;

d) fluido incompressível;

e) propriedades físicas constantes;

f) não há forças de campo;

temos, da Equação (3.20) para o escoamento bidimensional de um fluido newtoniano em uma placa plana parada, a equação da continuidade escrita na forma:

$$\frac{\partial u}{\partial x}+\frac{\partial v}{\partial y}=0 \tag{7.43}$$

As equações do movimento nas direções x e y são, respectivamente:

Na direção x:

$$u\frac{\partial u}{\partial x}+v\frac{\partial v}{\partial y}=-\frac{1}{\rho}\frac{\partial P}{\partial x}+\nu\left(\frac{\partial^2 u}{\partial x^2}+\frac{\partial^2 u}{\partial y^2}\right)+X_x \tag{7.44a}$$

como não há forças de campo atuando na direção x ($X_x = 0$), a Equação (7.44a) fica:

$$u\frac{\partial u}{\partial x}+v\frac{\partial v}{\partial y}=-\frac{1}{\rho}\frac{\partial P}{\partial x}+\nu\left(\frac{\partial^2 u}{\partial x^2}+\frac{\partial^2 u}{\partial y^2}\right) \tag{7.44b}$$

Para a direção y:

$$u\frac{\partial u}{\partial x}+v\frac{\partial v}{\partial y}=-\frac{1}{\rho}\frac{\partial P}{\partial y}+\nu\left(\frac{\partial^2 v}{\partial x^2}+\frac{\partial^2 v}{\partial y^2}\right)+Y_y \tag{7.45a}$$

como não há forças de campo atuando na direção y ($Y_y = 0$), a Equação (7.45a) fica:

$$u\frac{\partial v}{\partial x}+v\frac{\partial v}{\partial y}=-\frac{1}{\rho}\frac{\partial P}{\partial y}+\nu\left(\frac{\partial^2 v}{\partial x^2}+\frac{\partial^2 v}{\partial y^2}\right) \tag{7.45b}$$

Avaliaremos, por intermédio da análise de escala, as ordens de magnitudes relacionadas às Equações (7.43) a (7.45b).

[1] Detalhes da obtenção das equações do movimento fogem do escopo deste livro. Por outro lado, para que se possa ter uma lembrança, recomendamos os livros de Schlichting (1968), Bird, Stewart e Lightfoot (1960) e tantos outros que se dedicam ao estudo detalhado desse tipo de fenômenos de transporte: mecânica dos fluidos.

Da Regra 1 de Bejan, elegeremos a região ($\delta \times L$) [veja a Figura (7.4)], lembrando que δ se relaciona com a dimensão y, e L, com x. Fora desta região, ou seja, em $y > \delta$, existe o escoamento potencial em que $u = u_\infty$ e $v = 0$. A ordem de magnitude dos termos viscosos, neste caso, é desprezível em face dos inerciais: Θ(termos viscosos) $\ll \Theta$(termos inerciais).

Na região considerada para a análise, $\delta \times L$, verificamos que a região de camada limite dinâmica está situada nos intervalos:

$$0 \leq x \leq L \tag{7.46}$$

$$0 \leq y \leq \delta \tag{7.47}$$

das quais e possível concluir:

$$x \approx L \tag{7.48}$$

$$y \approx \delta \tag{7.49}$$

Da Figura (7.4) admitiremos $\delta \ll L$; e, disso, $y \ll x$. Dessa maneira, qualquer variação em x vai ser muito menor se comparada àquela em y. Por conseguinte:

$$\frac{\partial}{\partial x} \ll \frac{\partial}{\partial y} \quad \text{e} \quad \frac{\partial^2}{\partial x^2} \ll \frac{\partial^2}{\partial y^2} \tag{7.50}$$

De posse de tais considerações, temos condições de analisar as Equações (7.43), (7.44b) e (7.45b). Em se tratando da equação da continuidade, Equação (7.43), o primeiro termo do lado esquerdo da igualdade é visto, de acordo com a Regra 5 de Bejan, como:

$$\frac{\partial u}{\partial x} \approx \frac{\Delta u}{\Delta x} \tag{7.51a}$$

Para qualquer x em $y = \delta$, $u \to u_\infty$; e quando $y = 0$, $u \to 0$, acarretando:

$$\Delta x = L - 0 = L \quad \text{e}$$
$$\Delta u = u|_{L,y} - u|_{L,0} = u_\infty - 0 = u_\infty \tag{7.51b}$$

Deste modo, a relação (7.51) é retomada como:

$$\frac{\partial u}{\partial x} \approx \frac{u_\infty}{L} \tag{7.51c}$$

Para o segundo termo do lado esquerdo da Equação (7.43), o procedimento é o mesmo:

$$\frac{\partial v}{\partial y} \approx \frac{\Delta v}{\Delta y} \tag{7.52a}$$

em que:

$$\Delta y = \delta - 0 = \delta \quad \text{e} \quad \Delta v = v - 0 \tag{7.52b}$$

Tendo em vista que não se conheça um valor específico para v, e supondo que não existam efeitos de injeção ou de sucção de matéria[2] na superfície da placa, tem-se: $\Delta v = v$. Assim sendo, a relação (7.52a) é posta segundo:

$$\frac{\partial v}{\partial y} \approx \frac{v}{\delta} \tag{7.52c}$$

A análise de ordem de magnitude para a equação da continuidade possibilita-nos escrever, depois de levar (7.51c) e (7.52c) à Equação (7.43), a seguinte relação:

$$\frac{u_\infty}{L} \approx \frac{v}{\delta} \tag{7.53}$$

No caso das *equações de Navier-Stokes*, Equações (7.44b) e (7.45b), aplicaremos a relação (7.50) nos termos entre parênteses dessas equações, resultando:

$$\frac{\partial^2 V}{\partial x^2} \ll \frac{\partial^2 V}{\partial y^2}, \text{ sendo } V = u \text{ ou } v.$$

As Equações (7.44b) e (7.45b) ficam, respectivamente:

$$\underbrace{u\frac{\partial u}{\partial x} + \frac{\partial u}{\partial y}}_{A} = \underbrace{-\frac{1}{\rho}\frac{\partial P}{\partial x} + \nu\frac{\partial^2 u}{\partial y^2}}_{B} \tag{7.54a}$$

$$\underbrace{u\frac{\partial v}{\partial x} + \frac{\partial v}{\partial y}}_{C} = \underbrace{-\frac{1}{\rho}\frac{\partial P}{\partial y} + \nu\frac{\partial^2 v}{\partial y^2}}_{D} \tag{7.54b}$$

Temos, das Equações (7.54):

$$A \approx B \tag{7.55a}$$

$$C \approx D \tag{7.55b}$$

Analisando A, na Equação (7.54a), em termos de ordem de magnitude:

$$A \approx u_\infty \frac{u_\infty}{L} \approx v \frac{u_\infty}{\delta} \tag{7.56a}$$

Substituindo v, obtido da relação (7.53), na relação (7.56a), escrevemos $\Theta(A)$ como:

$$A \approx \frac{u_\infty^2}{L} \tag{7.56b}$$

[2] Os efeitos de sucção e injeção de matéria serão abordados no item 8.3.1.

Adotando o mesmo procedimento para a Equação (7.54b), obtém-se:

$$C \approx u_\infty \frac{v}{L} \approx v \frac{v}{\delta} \tag{7.57a}$$

Trazendo a velocidade v, dada pela relação (7.53), em (7.57a):

$$C \approx \frac{u_\infty^2}{L}\left(\frac{\delta}{L}\right) \tag{7.57b}$$

Identificando (7.56b) em (7.57b):

$$C \approx A\left(\frac{\delta}{L}\right) \tag{7.58}$$

Concluímos, da suposição de $\delta \ll L$, que:

$$C \ll A \tag{7.59a}$$

e, por decorrência,

$$D \ll B \tag{7.59b}$$

As relações (7.59a e b) indicam que os termos que compõem a equação do movimento na direção y, Equação (7.54b), são desprezíveis, se comparados com aqueles da Equação (7.54a). Por consequência, a variação de pressão da Equação (7.54a) é $(\partial P/\partial x) = (dP/dx)$. Esse termo, por sua vez, é obtido da equação de Bernoulli na forma:

$$-\frac{1}{\rho}\frac{dP}{dx} = u_\infty \frac{du_\infty}{dx} \tag{7.60}$$

Levando a Equação (7.60) à Equação (7.54a), o resultado fica:

$$u\frac{\partial u}{\partial x} + v\frac{\partial u}{\partial y} = u_\infty \frac{du_\infty}{dx} + \nu \frac{\partial^2 u}{\partial y^2} \tag{7.61}$$

Como se trata de uma placa plana horizontal parada, a velocidade do fluido na corrente livre, u_∞, é constante; portanto, $du_\infty/dx = 0$. A equação de Prandtl, Equação (7.61), que descreve o regime laminar para o escoamento de um fluido newtoniano na situação estudada, assume a forma:

$$u\frac{\partial u}{\partial x} + v\frac{\partial u}{\partial y} = \nu \frac{\partial^2 u}{\partial y^2} \tag{7.62}$$

Os termos do lado esquerdo na Equação (7.62) puderam ser analisados segundo a relação (7.56b). Resta-nos avaliar o lado direito da Equação (7.62):

$$B = \nu \frac{\partial^2 u}{\partial y^2} \approx \nu \frac{u_\infty}{\delta^2} \tag{7.63}$$

Substituindo as relações (7.56b) e (7.63) na Equação (7.62), verificamos:

$$\underbrace{\frac{u_\infty^2}{L}}_{\text{forças inerciais}} \approx \underbrace{\nu \frac{u_\infty}{\delta^2}}_{\text{forças viscosas}} \tag{7.64}$$

implicando: Θ(termos inerciais) $\approx$ Θ(termos viscosos), sendo esta a característica básica das forças que governam o fenômeno de transferência de quantidade de movimento na região da camada limite dinâmica no regime laminar.

Exemplo 7.1

Obtenha uma relação de ordem de magnitude para a espessura da camada limite laminar dinâmica em uma placa plana horizontal parada a uma distância qualquer x da borda de ataque da placa.

Solução:

A região de camada limite situa-se em $0 \le x \le L$ e $0 \le y \le \delta$, onde Θ(termos viscosos) $\approx$ Θ(termos inerciais). Nesse caso, o fenômeno de transferência de quantidade de movimento é descrito pela relação (7.64), que, rearranjada, fornece:

$$\delta \approx \left(\frac{\nu L}{u_\infty}\right)^{1/2} \quad \text{ou} \quad \delta \approx L \Big/ \left(\frac{u_\infty L}{\nu}\right)^{1/2} \tag{7.65}$$

Identificando

$$\mathrm{Re} = \frac{u_\infty L}{\nu} \tag{7.66}$$

Exemplo 7.1 (*continuação*)

ao número de Reynolds e utilizando-se a relação (7.48):

$$\text{Re} = \frac{u_\infty L}{\nu} \approx \frac{u_\infty x}{\nu} = Re_x \tag{7.67}$$

sendo Re_x o número de Reynolds local avaliado na distância x da borda de ataque da placa. Para uma distância qualquer x, substituiremos as relações (7.48) e (7.67) em (7.65), resultando:

$$\delta \approx x/(Re_x)^{1/2} \tag{7.68}$$

Distribuição de velocidade de um fluido puro na região de camada limite: solução das equações por transformação por similaridade

A distribuição das componentes de velocidade u e v na região $\delta \times L$ é obtida da solução simultânea das Equações (7.43) e (7.62). Uma das maneiras para que isso ocorra é procurar reduzir a equação diferencial parcial, Equação (7.62), em uma equação diferencial ordinária. Isso é possível via transformação por similaridade. Para viabilizar essa transformação, deve haver a semelhança da variação de um parâmetro em certa coordenada ao longo de uma segunda. Em coordenadas cartesianas isso significa que, por exemplo, ao percorrermos a distância x, verificamos semelhança na variação de $u(y)$. Por consequência, pode-se reduzir o espaço cartesiano (x,y) em uma variável de similaridade η, que *comprime* a variável y com intensidade distinta para cada x. Reconsidere a Figura (7.4) na Figura (7.5a).

Observe na Figura (7.5a) a semelhança da variação $u(y)$ ao longo de x. Esta figura é retomada na Figura (7.5b). A Figura (7.5c), por sua vez, ilustra a transformação por similaridade. Note que tal "transformação" *comprime* a distribuição da componente u em x e y em uma única variável η, em que $\eta = \eta(x,y)$.

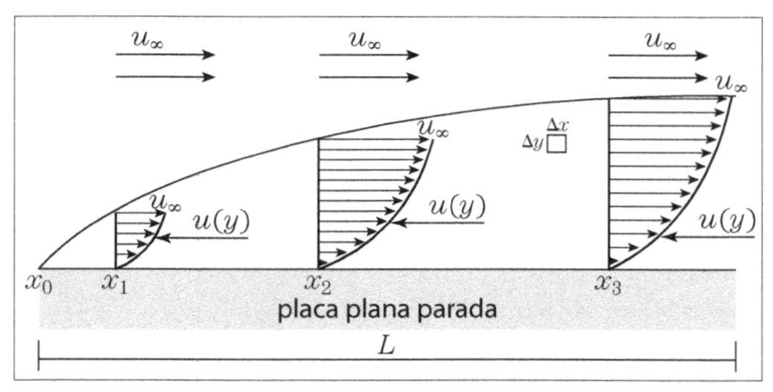

Figura 7.5a – Variação de u em y ao longo de x, em que x representa a distância analisada a partir da borda de ataque da placa.

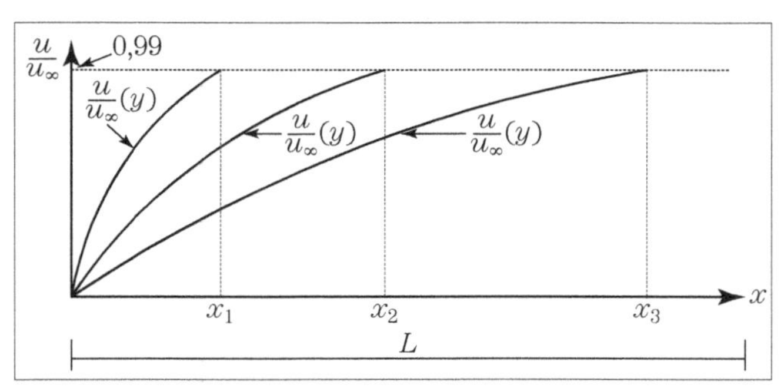

Figura 7.5b – Distribuições da componente u de velocidade em y analisadas em diversas distâncias x da borda de ataque da placa.

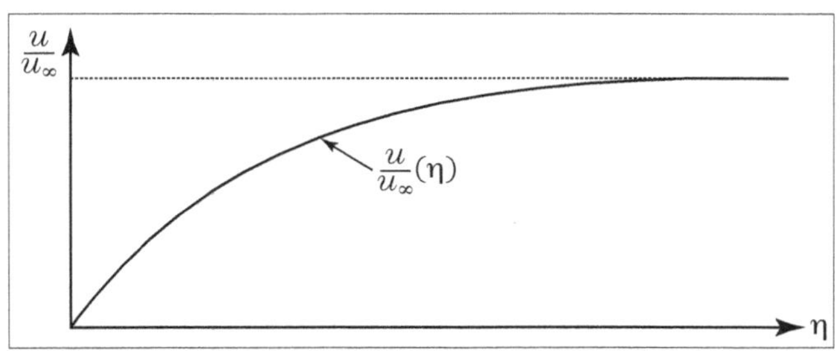

Figura 7.5c – Distribuição da componente u de velocidade em função da variável de similaridade η.

Exemplo 7.2

Obtenha a variável de similaridade η via análise de escala. Lembre: $\eta = \eta(x,y)$.

Solução:

Temos, do exemplo (7.1):

$$\delta \approx \left(\frac{\upsilon L}{u_\infty}\right)^{1/2} \tag{7.65}$$

Aplicando as relações ($\delta \approx y$) e ($L \approx x$) na relação (7.65):

$$y \approx \left(\frac{\nu x}{u_\infty}\right)^{1/2} \tag{7.69}$$

Como x e y são variáveis, a relação (7.69) será uma igualdade, se houver uma variável de proporcionalidade dependente tanto de x quanto de y na forma $\eta = \eta(x,y)$. Por conseguinte:

$$y = \eta\left(\frac{\nu x}{u_\infty}\right)^{1/2} \tag{7.70}$$

ou

$$\eta = y\left(\frac{u_\infty}{\nu x}\right)^{1/2} = \frac{y}{x}\mathrm{Re}_x^{1/2} \tag{7.71}$$

Exemplo 7.3

Sabendo que a função corrente, em coordenadas cartesianas, $\psi(x,y)$, advém de:*

$$u = \frac{\partial \psi}{\partial y} \tag{7.72}$$

$$v = -\frac{\partial \psi}{\partial x} \tag{7.73}$$

escreva-a em função da variável de similaridade η, tendo como ponto de partida a análise de escala.

Solução:

Considerando a aplicabilidade das relações ($\delta \approx y$) e ($u_\infty \approx u$) em (7.72), temos:

$$\psi \approx \upsilon_\infty \delta \tag{7.74}$$

Levando a relação (7.65) à relação (7.74):

$$\psi \approx u_\infty\left(\frac{\upsilon L}{u_\infty}\right)^{1/2} \quad \text{ou} \quad \psi \approx \left(u_\infty \upsilon L\right)^{1/2} \tag{7.75}$$

Admitindo a relação ($L \approx x$) em (7.75):

$$\psi \approx (u_\infty \nu x)^{1/2} \tag{7.76}$$

*Observe que essa função satisfaz a Equação (7.43).

Exemplo 7.3 (*continuação*)

Note das Equações (7.72) e (7.73) que $\psi = \psi(x,y)$, permitindo-nos escrever a relação (7.76) como:

$$\psi = f(x,y)(u_\infty \nu x)^{1/2} \tag{7.77}$$

Visto $\eta = \eta(x,y)$, a Equação(7.77) é posta em função da variável de similaridade η na forma:

$$\psi = f(\eta)(u_\infty \nu x)^{1/2} \tag{7.78}$$

Obtenção da distribuição de velocidade na região de camada limite laminar

A distribuição de velocidade na região considerada é obtida, por transformação por similaridade, ao expressarmos todas as variações x e y em função da variável η. Aplicaremos, em razão disso, a regra da cadeia nas Equações (7.72) e (7.73), obtendo u e v em função de η segundo:

$$u = \frac{\partial \psi}{\partial y} = \left.\frac{\partial \psi}{\partial \eta}\right|_y \left.\frac{\partial \eta}{\partial y}\right|_x \tag{7.79}$$

$$v = -\frac{\partial \psi}{\partial x} = \left.\frac{\partial \psi}{\partial \eta}\right|_x \left.\frac{\partial \eta}{\partial y}\right|_y + \left.\frac{\partial \psi}{\partial x}\right|_\eta \left.\frac{\partial x}{\partial x}\right|_y \tag{7.80}$$

De posse das Equações (7.70), (7.71) e (7.78), avaliam-se as derivadas presentes na Equações (7.79) e (7.80), obtendo[3]:

$$u = u_\infty f' \tag{7.81}$$

$$v = \frac{1}{2}\left(\frac{u_\infty \nu}{x}\right)^{1/2}(\eta f' - f) \tag{7.82}$$

Além das componentes de velocidade u e v, estão presentes na Equação (7.62) as variações de u em x e y nas formas $\partial u/\partial x$, $\partial u/\partial y$, $\partial^2 u/\partial y^2$; fazendo-nos escrever:

$$\frac{\partial u}{\partial x} = \left.\frac{\partial u}{\partial \eta}\right|_x \left.\frac{\partial \eta}{\partial x}\right|_y + \left.\frac{\partial u}{\partial x}\right|_\eta \left.\frac{\partial x}{\partial x}\right|_y \tag{7.83a}$$

$$\frac{\partial u}{\partial y} = \left.\frac{\partial u}{\partial \eta}\right|_y \left.\frac{\partial \eta}{\partial y}\right|_x \tag{7.83b}$$

$$\frac{\partial^2 u}{\partial y^2} = \frac{\partial}{\partial y}\left(\frac{\partial u}{\partial y}\right) \tag{7.83c}$$

[3] Sendo: $f = f(\eta)$; $f' = \partial f(\eta)/\partial \eta$), e assim por diante.

Tendo em mãos as Equações (7.70), (7.71) e (7.81), torna-se possível viabilizar o cálculo das derivadas apresentadas no conjunto de equações (7.83). Substituindo (7.81), (7.82) e os resultados advindos do conjunto (7.83) na Equação (7.62), obtém-se a seguinte equação diferencial ordinária, não linear, de terceira ordem, denominada *equação de Blasius*:

$$f''' + \frac{1}{2} ff'' = 0 \tag{7.84}$$

que está sujeita às seguintes condições de contorno:

$$\eta = 0; f = 0 \tag{7.85a}$$

$$\eta = 0; f' = 0 \tag{7.85b}$$

$$\eta \to \infty; f' = 1 \tag{7.85c}$$

Solução numérica da equação de Blasius

Apesar da boa aparência da equação de Blasius, não há solução analítica exata conhecida[4]. A saída é pela via numérica. Aqui, o método numérico utilizado é da forma: *problema de contorno com duas extremidades.* Na integração da Equação (7.84), é conveniente a utilização de um processo de marcha de uma fronteira a outra na variável η, $(0 < \eta < \eta_\infty)$, que pode ser, por exemplo, um integrador tipo Runge-Kutta de quarta ordem.

São necessárias, em nosso problema, três condições de contorno em uma das fronteiras (ou extremidades), como, por exemplo, em $\eta = 0$. Nesse contorno são conhecidos $f(0)$ e $f'(0)$; faltando, por outro lado, a condição em $f''(0)$. Desse desconhecimento, nasce o *método do chute*, que consiste em arbitrar um valor para $f''(0)$ e, de posse desse valor, integra-se a Equação(7.84) de $\eta = 0$ até $\eta \to \infty$. Em η_∞ deve-se encontrar a condição (7.85c).

[4] Veja o exercício (1).

Há de se notar que o método é iterativo, no qual se estabelece a seguinte função de dependência:

$y = y(x)$, em que $y = f''(0)$ e $x = f'(\eta_\infty)$

Procuraremos uma fórmula de recorrência que explicite as iterações. Para tanto, tomaremos a série de Taylor truncada no segundo termo como:

$$y_{i+1} = y_i + \left(\frac{dy}{dx}\right)_i (x_{i+1} - x_i) \tag{7.86a}$$

O valor correto de y_{i+1}, nesse caso, é aquele que satisfaz $x_{i+1} = 1$. A derivada contida na Equação (7.86a) fica:

$$\left(\frac{dy}{dx}\right)_i \cong \left(\frac{\Delta y}{\Delta x}\right)_i = \frac{y_i - y_{i-1}}{x_i - x_{i-1}} \tag{7.86b}$$

A Equação (7.86a) é reescrita na fórmula de recorrência tipo Newton-Raphson:

$$y_{i+1} = y_i + \left(\frac{y_i - y_{i-1}}{x_i - x_{i-1}}\right)(1 - x_i) \tag{7.86c}$$

ou

$$f''(0)_{i+1} = f''(0)_i + \left[\frac{f''(0)_i - f''(0)_{i-1}}{f'(\eta_\infty)_i - f'(\eta_\infty)_{i-1}}\right]\left(1 - f'(n_\infty)_i\right) \tag{7.86d}$$

Note na Equação (7.86d) que o processo iterativo é interrompido quando $f'(\eta_\infty)_i \to 1$, que implica $f''(0)_i \to f''(0)_{i+1}$, dentro de um nível de tolerância[5].

No que se refere à integração da Equação (7.84), esta é retomada na forma:

$$f''' = -\frac{1}{2}ff'' \quad \text{ou} \quad z' = -\frac{1}{2}xz \tag{7.87a}$$

com

$$f = x; f' = x' = y; f'' = x'' = y' = z; f''' = x''' = y'' = z' \tag{7.87b}$$

resultando o seguinte sistema de equações:

$$\begin{cases} x' = y \\ y' = z \\ z' = -xz/2 \end{cases} \tag{7.87c}$$

O algoritmo tipo Runge-Kutta de quarta ordem para o sistema (7.87c) é:

$$x_{i+1} = x_i + \frac{1}{6}(XK_1 + 2XK_2 + 2XK_3 + XK_4) \tag{7.88a}$$

$$y_{i+1} = y_i + \frac{1}{6}(YK_1 + 2YK_2 + 2YK_3 + YK_4) \tag{7.88b}$$

$$z_{i+1} = z_i + \frac{1}{6}(ZK_1 + 2ZK_2 + 2ZK_3 + ZK_4) \tag{7.88c}$$

sendo:

$$XK_1 = (\Delta\eta) \cdot y_i \tag{7.88d}$$

$$YK_1 = (\Delta\eta) \cdot z_i \tag{7.88e}$$

$$ZK_1 = (\Delta\eta) \cdot (-x_i z_i/2) \tag{7.88f}$$

$$XK_2 = (\Delta\eta) \cdot (y_i + YK_1/2) \tag{7.88g}$$

$$YK_2 = (\Delta\eta) \cdot (z_i + ZK_1/2) \tag{7.88h}$$

$$ZK_2 = (\Delta\eta) \cdot [-(x_i + XK_1/2) \cdot (z_i + ZK_1/2)/2] \tag{7.88i}$$

$$XK_3 = (\Delta\eta) \cdot (y_i + YK_2/2) \tag{7.88j}$$

$$YK_3 = (\Delta\eta) \cdot (z_i + ZK_2/2) \tag{7.88k}$$

$$ZK_3 = (\Delta\eta) \cdot [-(x_i + XK_2/2) \cdot (z_i + ZK_2/2)/2] \tag{7.88l}$$

$$XK_4 = (\Delta\eta) \cdot (y_i + YK_3) \tag{7.88m}$$

$$YK_4 = (\Delta\eta) \cdot (z_i + ZK_3) \tag{7.88n}$$

$$ZK_4 = (\Delta\eta) \cdot [-(x_i + XK_3) \cdot (z_i + ZK_3)/2] \tag{7.88o}$$

De posse desse algoritmo, bem como da equação de recorrência (7.86d), desenvolveu-se um programa em linguagem FORTRAN 77,[6] o qual está apresentado no Apêndice A1 e que possibilitou a determinação da distribuição da componente de velocidade u em função da variável de similaridade η. A distribuição de $f'(\eta)$ obtida está apresentada na Figura (7.6), verificando-se o valor $f''(0) = 0{,}33206$.

---

[5] $f(0) = f(\eta = 0)$; $f'(0) = f'(\eta = 0)$; $\eta_\infty = \eta \to \infty$.

[6] No programa contido no Apêndice A1: $x_i = X(I)$; $y_i = DX(I)$; $z_i = DDX(I)$ e $\Delta\eta = DETA$.

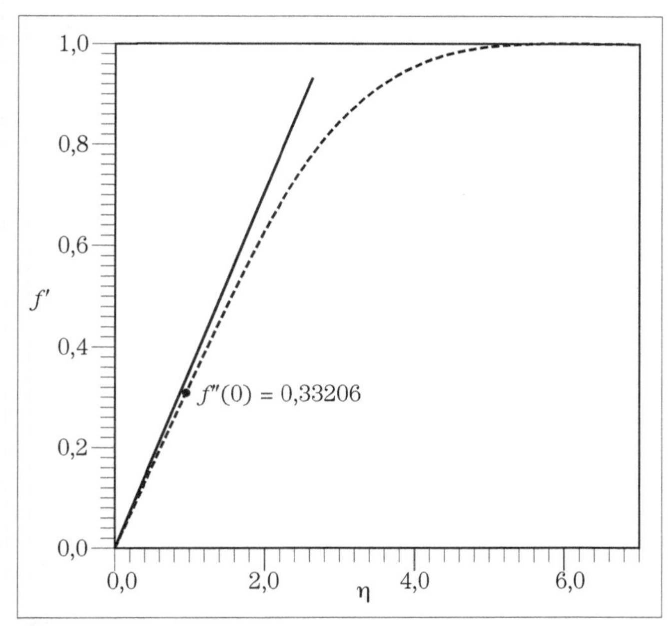

Figura 7.6 – Distribuição da componente de velocidade u na camada limite laminar dinâmica em uma placa plana horizontal parada, em que $f' = u/u_\infty$ e $\eta = y/x\,\mathrm{Re}_x^{1/2}$.

Tensão de cisalhamento na parede

E o que podemos fazer com os resultados oriundos da solução da equação de Blasius? Aliás, quando temos uma distribuição de concentração, de temperatura, além de procurarmos entender como é que surgiram e assim decifrarmos um pouco mais o fenômeno analisado, criaremos condições de extrair informações preciosas. No caso de quantidade de movimento, a tensão de cisalhamento na parede.

Define-se a tensão de cisalhamento na parede de uma placa plana horizontal parada, para um fluido newtoniano, por:

$$\tau_p = \mu \left.\frac{\partial u}{\partial y}\right|_{y=0} \tag{7.89}$$

Aplicando a regra da cadeia explicitada na Equação (7.83b) em $y = 0$:

$$\left.\frac{\partial u}{\partial y}\right|_{y=0} = \left.\frac{\partial u}{\partial \eta}\right|_{\eta=0} \left.\frac{\partial \eta}{\partial y}\right|_{x} \tag{7.90}$$

Multiplicando a Equação (7.90) pela velocidade da corrente livre:

$$\left.\frac{\partial u}{\partial y}\right|_{y=0} = u_\infty \left.\frac{\partial (u/u_\infty)}{\partial \eta}\right|_{\eta=0} \left.\frac{\partial \eta}{\partial y}\right|_{x} \tag{7.91}$$

Escreve-se, depois de identificar a Equação (7.81) com a (7.91):

$$\left.\frac{\partial u}{\partial y}\right|_{y=0} = u_\infty \left.\frac{\partial f'}{\partial \eta}\right|_{\eta=0} \left.\frac{\partial \eta}{\partial y}\right|_{x} \tag{7.92a}$$

ou

$$\left.\frac{\partial u}{\partial y}\right|_{y=0} = u_\infty f''(0) \left.\frac{\partial \eta}{\partial y}\right|_{x} \tag{7.92b}$$

Levando (7.92b) à Equação (7.89):

$$\tau_p = u_\infty \mu f''(0) \left.\frac{\partial \eta}{\partial y}\right|_{x} \tag{7.93}$$

Derivando a Equação (7.71) em relação a y,

$$\left.\frac{\partial \eta}{\partial y}\right|_{x} = \left(\frac{\nu x}{u_\infty}\right)^{1/2} \tag{7.94}$$

e sabendo que $f''(0) = 0{,}33206$, substitui-se esse resultado em conjunto com a Equação (7.94) na Equação (7.93), obtendo-se a seguinte expressão para a tensão de cisalhamento na parede de uma placa plana horizontal parada:

$$\tau_p = 0{,}33206 \mu u_\infty \frac{\sqrt{\mathrm{Re}_x}}{x} \tag{7.95}$$

O coeficiente de atrito

Os coeficientes de transporte! Sejam bem-vindos. Enquanto para transferência de massa temos o coeficiente convectivo de transferência de massa, para transferência de quantidade de movimento esse coeficiente é o de atrito, definido *localmente* como:

$$C_{f_x} = (\text{coeficiente de atrito}) = \frac{(\text{tensão de cisalhamento na parede})}{(\text{pressão dinâmica da corrente livre})} = \frac{\tau_p}{\rho u_\infty^2/2} \tag{7.96}$$

Substituindo a tensão de cisalhamento na parede de uma placa plana horizontal parada advinda da Equação (7.95) na Equação (7.96), obtém-se o coeficiente de atrito local segundo:

$$C_{f_x} = \frac{0{,}664}{\sqrt{\mathrm{Re}_x}} \tag{7.97}$$

sendo Re_x fornecido pela Equação (7.67).

O coeficiente de atrito médio para uma placa plana horizontal parada de comprimento L é fruto de uma definição semelhante àquela apresentada na Equação (7.15):

$$C_f = \bar{C}_f = \frac{1}{L}\int_0^L C_{f_x}\, dx \qquad (7.98)$$

Levando a Equação (7.97) à integral (7.98) e procedendo a integração, obtém-se:

$$C_f = \frac{1{,}33}{\sqrt{\mathrm{Re}}} \qquad (7.99)$$

em que o Re é dado pela Equação (7.66). As Equações (7.97) e (7.99) são válidas para Re ou $Re_x < 5{,}0 \times 10^5$.

Exemplo 7.4

Ar seco a 80 °C e 1 atm escoa a 5 m/s sobre uma placa plana horizontal seca e parada. Determine o coeficiente de atrito local e a tensão de cisalhamento local na parede a 0,05, 0,07 e 0,1 m da borda de ataque da placa. A essa temperatura as propriedades do ar são: $\nu = 0{,}217 \times 10^{-4}$ m²/s e $\rho = 0{,}968$ kg/m³.

Solução:

Considera-se regime laminar em uma placa plana para $Re_x < 5{,}0 \times 10^5$. Não se esqueça, portanto, de avaliar o valor desse número adimensional.

$$C_{f_x} = \frac{0{,}664}{\sqrt{\mathrm{Re}_x}} \qquad (1)$$

em que

$$\mathrm{Re}_x = \frac{u_\infty x}{\nu} \qquad (2)$$

b) Da definição (7.96):

$$\tau_p = \frac{1}{2}\rho u_\infty^2 C_{f_x} \qquad (3)$$

Desse modo, constrói-se a seguinte tabela:

x (m)	$Re_x \times 10^{-4}$ (2)	$\sqrt{Re_x}$	C_{f_x} (1)	τ_p (3)
0,05	1,15	107,24	0,0062	0,075
0,07	1,61	127,00	0,0052	0,063
0,1	2,30	151,98	0,0044	0,053

Espessura da camada limite dinâmica

A espessura da camada limite dinâmica é definida como a distância, perpendicular à superfície da placa, em que a velocidade da corrente atinge 99% do valor da velocidade da corrente livre. Assim, quando $y = \delta$, tem-se $u/u_\infty = 0{,}99$, permitindo-nos multiplicar a Equação (7.70) pela distância x, no que resulta:

$$y = \eta x \left(\frac{\nu}{x u_\infty}\right)^{1/2} \qquad (7.100)$$

Por solução numérica, obtém-se $\eta = 4{,}91$ quando $f' = u/u_\infty = 0{,}99$. Nessa situação $y = \delta$. Substituindo esses valores na Equação (7.100), determina-se a espessura da camada limite dinâmica em uma placa plana horizontal parada, para o regime laminar, de acordo com:

$$\delta = \frac{4{,}91}{\sqrt{\mathrm{Re}_x}} x \qquad (7.101)$$

Exemplo 7.5

Determine a espessura da camada limite dinâmica segundo as especificações do exemplo (7.4).

Solução:

Resta-nos completar a tabela obtida no exemplo anterior, acrescentando os resultados advindos da aplicação da Equação (7.101). Por consequência, temos a seguinte tabela:

x (m)	$Re_x \times 10^{-4}$	$\sqrt{Re_x}$	δ (cm) Equação (7.101)
0,05	1,15	107,24	0,23
0,07	1,61	127,00	0,27
0,1	2,30	151,98	0,32

7.4.2 Fenômeno de transferência de quantidade de movimento em nível macroscópico: regime turbulento

Alguns aspectos de turbulência já foram apresentados logo no início do tópico 7.4. Todavia, podemos retomá-los, considerando que as Figuras (7.3), em vez de representarem variações de velocidade, dissessem respeito à distância da borda de ataque de uma placa plana horizontal parada. Nesse caso, mantém-se a velocidade da corrente livre igual a $u_{\infty_4} = u_\infty$, ocasionando a variação do número de Reynolds local por intermédio da variação da distância x. O resultado obtido está ilustrado na Figura (7.7). Verificamos, dessa figura, perto da borda de ataque da placa que a camada limite é laminar e a transferência de quantidade de movimento é descrita de modo análogo àquela implícita nas Figuras (7.3a) e (7.3b). Contudo, a uma determinada distância crítica x_c, começam a ocorrer flutuações de velocidade, provocando indícios de mistura macroscópica de fluido, tal qual representado na Figura (7.3c), caracterizando o início de uma região de transição de regime entre o laminar e o turbulento. Essa região, para uma placa plana parada, situa-se em $5 \times 10^5 < Re_x < 3 \times 10^6$. Para $Re_x > 3 \times 10^6$, estabelece-se o regime turbulento. Existem, nesse regime, uma subcamada laminar junto à superfície da placa, uma camada amortecedora de comportamento semelhante à região de transição, e o núcleo turbulento, cuja descrição lembra a Figura (7.3d).

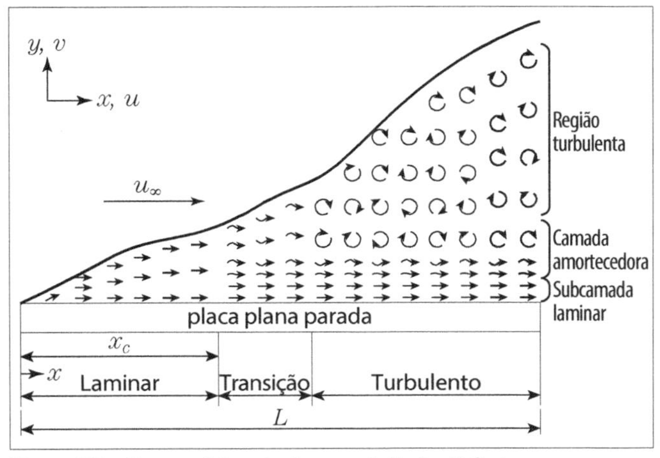

Figura 7.7 – Desenvolvimento da camada limite dinâmica em uma placa plana horizontal.
Fonte: Incropera e Witt, 1990.

Turbulência

Ao observar a região de turbulência na Figura (7.7) e na Figura (7.3d), a qual "pretende" ser uma ilustração de turbulência, verifica-se na última que as linhas de corrente 1, 2, 3 e 4 são por demais oscilantes. Procurar traçar o percurso de cada pacote de fluido resulta em trabalho quase impossível. Dessa maneira, tomando um ponto qualquer entre $0 < y < \chi$ (χ representa a altura (ou diâmetro) de um vórtice turbulento) na Figura (7.8), constata-se que a velocidade u, em certo tempo t, é obtida da soma de uma velocidade média, $\bar{u}$, mais uma componente flutuante u'.

$$u = \bar{u} + u' \qquad (7.102)$$

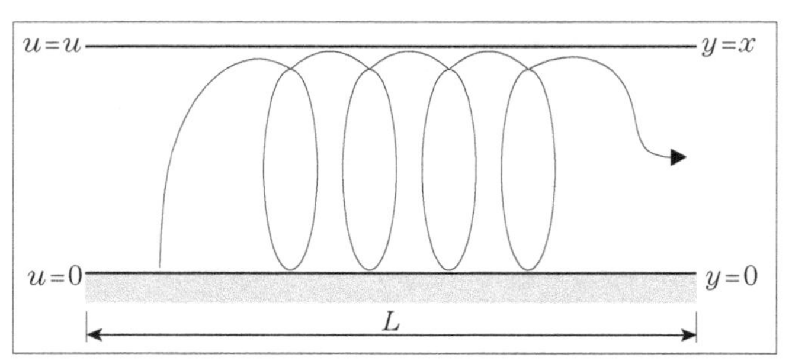

Figura 7.8 – Representação do movimento de uma lâmina de fluido em regime turbulento.

A Equação (7.102) está ilustrada na Figura (7.9).

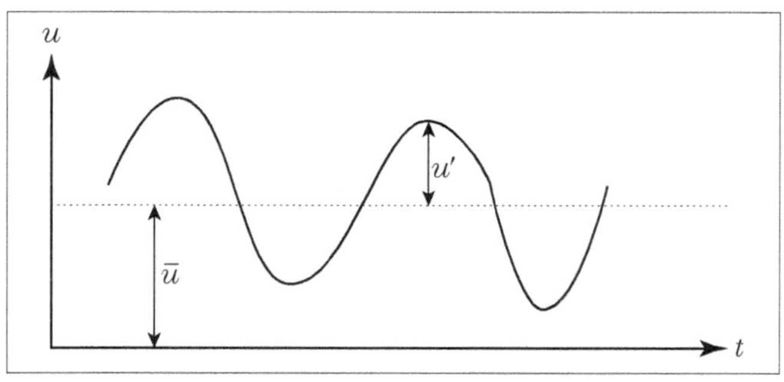

Figura 7.9 – Oscilações da componente de velocidade u em um determinado intervalo de tempo.

Assim como a turbulência provoca oscilações em x, ela as provocará em y, permitindo-nos escrever:

$$v = v' \qquad (7.103)$$

O fluxo turbulento instantâneo de quantidade de movimento $\tau'_{T_{yx}}$ é obtido diretamente da definição (2.17) adequada para a turbulência:

$$(\text{Fluxo}) = (\text{concentração}) \cdot (\text{velocidade}) \qquad (7.104)$$

Há de se observar que a velocidade inerente ao fluxo (7.104) é a de flutuação e que arrasta (ρu), da qual se escreve:

$$\tau'_{T_{yx}} = (\rho u)v' \qquad (7.105)$$

Levando (7.102) e (7.103) a (7.105):

$$\tau'_{T_{yx}} = [\rho(\bar{u} + u')]v' \qquad (7.106)$$

O fluxo médio em relação ao tempo será:

$$\tau'_{T_{yx}} = \frac{1}{t}\int_0^t [\rho(\bar{u} + u')]v'dt \qquad (7.107)$$

Visto $\bar{u}$ ser constante no tempo e sendo nula a média de qualquer flutuação,

$$\tau'_{T_{yx}} = \frac{1}{t}\int_0^t \rho u'v'dt \qquad (7.108)$$

no que resulta

$$\tau'_{T_{yx}} = -\rho\overline{u'v'} \qquad (7.109)$$

O fluxo (7.109) é reconhecido como tensão aparente ou tensão de Reynolds. Cabe uma explicação para a escolha do sinal negativo que aparece nesse fluxo. Tendo isso em vista, retomaremos as lâminas (2), (3) e (4) da Figura (7.3d), representadas nos seus valores médios conforme ilustra a Figura (7.10).

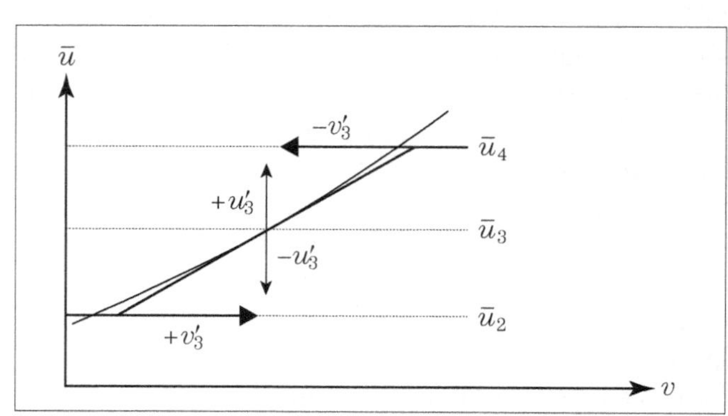

Figura 7.10 – Análise da escolha do sinal negativo para a Equação (7.109) em razão das flutuações de velocidade.

Supõe-se que as lâminas apresentem velocidades médias diferentes $\bar{u}_2 < \bar{u}_3 < \bar{u}_4$ e admite-se que os pacotes de fluido, ao se deslocarem da lâmina

(3) a (4) ou a (2), tragam consigo sua quantidade de movimento. Ocorrendo a flutuação de (3) para (4) em razão da flutuação de u_3', haverá a desaceleração da lâmina (4) por ação negativa de v_3', ou seja: para a flutuação positiva de u_3', há a componente negativa de v_3, e o produto entre elas levará a um valor negativo. Caso haja a flutuação negativa de u, esta acarretará uma resposta positiva de v_3', justificando, desse modo, o sinal na Equação (7.109) (KREITH, 1977).

Quanto às flutuações u' e v', considera-se para elas a mesma ordem de magnitude.

$$u' \approx v' \tag{7.110}$$

Teoria do comprimento de mistura de Prandtl

Prandtl (1927), ao fazer uma analogia com a teoria cinética dos gases, formulou que, após percorrerem uma distância ℓ, a partir de certa região a outra, os pacotes de fluido transferem sua quantidade de movimento, Figura (7.11).

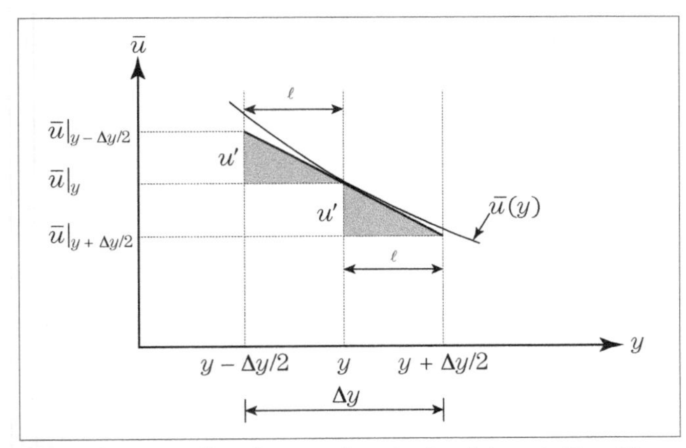

Figura 7.11 – Análise do comprimento de mistura de Prandtl, ℓ, para transferência de quantidade de movimento.

Depois de observarmos a Figura (7.11), podemos fazer:

$$\lim_{\Delta y \to 0} \frac{\bar{u}|_{y+\Delta y/2} - \bar{u}|_{y-\Delta y/2}}{\Delta y} = -\frac{d\bar{u}}{dy} \tag{7.111a}$$

Da análise de um dos triângulos contidos na Figura (7.11).

$$-\frac{d\bar{u}}{dy} \cong \frac{u'}{\ell} \tag{7.111b}$$

Considerando que a função $\bar{u}(y)$ venha a ser linear no intervalo Δy considerado, impomos:

$$u' = -\ell\frac{d\bar{u}}{dy} \tag{7.111c}$$

Como pode haver flutuação positiva, outro resultado para u' seria:

$$u' = \ell\frac{d\bar{u}}{dy} \tag{7.111d}$$

levando-nos a escrever, de forma geral:

$$u' = \ell\left|\frac{d\bar{u}}{dy}\right| \tag{7.111e}$$

O modelo de Prandtl considera que a ordem de magnitude (7.110) é uma igualdade, ou:

$$u' = v' = \ell\left|\frac{d\bar{u}}{dy}\right| \tag{7.111f}$$

Substituindo (7.111f) em (7.109)[7]:

$$\tau'_{T_{yx}} = \rho\left(\ell\left|\frac{d\bar{u}}{dy}\right|\right)^2 \tag{7.112}$$

Identificando:

$$\nu^T = \ell^2\left|\frac{d\bar{u}}{dy}\right| \tag{7.113}$$

à viscosidade cinemática turbilhonar, obtemos, depois de levá-la à Equação (7.112):

$$\tau'_{T_{yx}} = \nu^T\rho\left|\frac{d\bar{u}}{dy}\right| \tag{7.114}$$

O fluxo de quantidade de movimento global será dado pelas contribuições advindas dos regimes laminar e turbulento tal como se segue:

$$\tau_{\text{GLOBAL}} = \tau_{yx} + \tau'_{T_{yx}} \tag{7.115}$$

ou

$$\tau_{\text{GLOBAL}} = \rho\left(\nu + \nu^T\right)\left|\frac{d\bar{u}}{dy}\right| \tag{7.116}$$

[7] Observe que se esperaria um valor negativo para a Equação (7.112). Como a Equação (7.111f) é representativa tanto para v' quanto para u', ao fazer o produto dessa equação por ela mesma, o resultado obtido tem valor negativo [cuja explicação encontra-se na Figura (7.10)]. O produto desse valor negativo com aquele presente na Equação (7.109) induz a um valor positivo, o qual está representado na Equação (7.112).

Viscosidade cinemática turbilhonar

Ao analisarmos a viscosidade cinemática turbilhonar, observamos:

a) ν^T surge em virtude da transferência de quantidade de movimento em nível macroscópico, como decorrência dos choques entre lâminas, as quais provocam flutuações de velocidade;

b) ν^T surge muito mais em virtude das características da turbulência do que das do fluido;

c) ν^T surge em decorrência da velocidade do escoamento livre e da distribuição da velocidade no escoamento, portanto, é um parâmetro cinemático.

Comparando essa breve análise para a grandeza ν^T com o que está exposto no quadro (7.2), podemos concluir que, à medida que buscamos uma compreensão física para a viscosidade cinemática turbilhonar, estaremos analisando o fenômeno da turbulência. Assim, o quadro (7.2) pode ser, qualitativamente, sintetizado em ν^T. Este parâmetro, por sua vez, é um tanto quanto ingrato: não é fácil medir flutuações. Por conseguinte, intenta-se expressar a viscosidade cinemática turbilhonar em algo palpável e, sobretudo, que nos possibilite escrever o quadro (7.2) em grandezas de fácil acesso, como fora feito com o quadro (7.1). Para tanto, suponha que o regime de escoamento é totalmente turbulento de forma $\nu^T \gg \nu$, o que leva a Equação (7.116) ser posta da seguinte maneira:

$$\tau_{\text{GLOBAL}} = \tau'_{T_{yx}} = \nu^T \rho \left|\frac{d\bar{u}}{dy}\right| \tag{7.117}$$

Ao aplicar a análise de escala na Figura (7.8), obtemos:

$$\frac{d\bar{u}}{dy} \approx \frac{u_\infty}{\chi} \tag{7.118}$$

Substituindo (7.118) em (7.114):

$$\nu^T \approx \ell^2 \frac{u_\infty}{\chi} \tag{7.119}$$

No entanto, podemos escrever:

$$\ell \approx y \approx \chi \tag{7.120}$$

Levando (7.120) a (7.119):

$$\nu^T \approx u_\infty \ell \tag{7.121}$$

A ordem de magnitude (7.121) indica a influência da velocidade do fluido na corrente livre na turbulência. Contudo, a turbulência também sofre o efeito da geometria por onde escoa o fluido, caracterizando a região de transporte ($\ell \times L$). Podemos, desta maneira, multiplicar a relação (7.121) por um comprimento característico L, obtendo:

$$\nu^T \left(\frac{L}{\ell}\right) \approx u_\infty L \tag{7.122}$$

Verificamos, segundo a relação (7.122), que o fenômeno associado ao quadro (7.2) também pode ser posto em função de $u_\infty L$.

Exemplo 7.6

A partir da definição (7.96), proponha uma relação entre o coeficiente de atrito local e ν/ν^T.

Solução:

Resgatando a definição (7.96):

$$\phi_x = \frac{C_{f_x}}{2} = \frac{\tau_p}{\rho u_\infty^2} \tag{1}$$

Aplicando a análise de escala na tensão de cisalhamento do fluido na parede, obtemos:

$$\tau_p = \mu \left.\frac{\partial u}{\partial y}\right|_{y=0} \approx \mu \frac{u_\infty}{\ell} \tag{2}$$

Exemplo 7.6 (*continuação*)

Levando (2) a (1):

$$\phi_x \approx \frac{\nu}{u_\infty \ell} \tag{3}$$

Identificando (7.121) em (3):

$$\phi_x \approx \frac{\nu}{\nu^T} \tag{7.123}$$

7.4.3 O número de Reynolds

Os quadros (7.1) e (7.2), de maneira geral, descrevem o fenômeno de transferência de quantidade de movimento. Um modo de representá-lo é por uma relação que indique um instantâneo desse fenômeno, uma fração dessa transferência. Definiremos, a partir do conceito de fração, o *número adimensional primário* como:

$$N_1 = \frac{\text{Numerador}}{\text{Denominador}} \tag{7.124}$$

Um número adimensional primário resulta da análise global de um fenômeno de transporte isolado, representando uma fração desse fenômeno. Podemos ressaltar os seguintes aspectos acerca do conceito de fração:

a) numerador indica aquele que enumera, quantifica;

b) denominador, o que denomina, portanto, que qualifica.

Não é difícil perceber que o quadro (7.1) é que qualifica o fenômeno por sua característica molecular (a água, por exemplo, é diferente da glicerina). O quadro (7.2), em razão da sua característica cinemática, é que quantifica o fenômeno. Dessa maneira, tem-se a seguinte relação:

$$N_1 \equiv \frac{\text{quadro (7.2)}}{\text{quadro (7.1)}} \tag{7.125}$$

de tal modo que podemos escrever a definição (7.125) segundo:

$$N_1 = \frac{\text{Ação cinemática}}{\text{Ação viscosa}}$$

Como o quadro (7.1) está relacionado a ν, e o quadro (7.2), a $(u_\infty L)$, a relação (7.125) fica:

$$N_1 = \frac{u_\infty L}{\nu}$$

sendo N_1 o número de Reynolds ou:

$$\text{Re} = \frac{u_\infty L}{\nu} \tag{7.66}$$

Além de estabelecer as possíveis relações entre as informações presentes nos quadros (7.1) e (7.2), o número de Reynolds, desde que conhecida a geometria do meio, qualifica o escoamento desde o regime laminar até o turbulento.

O que representa Re = 5.000? Regime laminar ou turbulento? Isso depende da geometria por onde escoa o fluido. No entanto, ao observarmos a relação $C_f = 16/\text{Re}$, identificamos de imediato que se trata de regime laminar em um tubo circular. Note que, ao expressarmos o número de Reynolds em função do coeficiente de atrito (ou vice-versa), estaremos estabelecendo com segurança o regime de escoamento. No caso de regime turbulento em uma placa plana, a relação entre C_{f_x} e Re_x é:

$$\phi_x = \frac{C_{f_x}}{2} = \frac{0{,}0296}{\text{Re}_x^{0,2}}, \text{ para } Re_x > 3 \times 10^6 \tag{7.126}$$

EXERCÍCIOS

Conceitos

1. Qual é a diferença entre convecção mássica e contribuição convectiva?

2. Qual é a importância do estudo do movimento do meio para a transferência de massa?

3. Considerando que o soluto esteja distribuído nas fases gasosa e líquida e sabendo que a interface não oferece resistência ao fluxo do soluto, obtenha as seguintes relações como função das respectivas forças motrizes:

   a) k_x/k_y; b) k'_x/k_y; c) k_x/k'_y;
   d) k'_x/k'_y; e) k_L/k_G; f) k'_L/k_G;
   g) k_L/k'_G; h) k'_L/k'_G.

   O que representa fisicamente cada relação?

4. Qual é a relação, em termos de $C = P/RT$ para gases e $C = \rho_L/M_L$ para líquidos, entre:

   a) k_x/k_L; b) k'_x/k_L; c) k_x/k'_L;
   d) k'_x/k'_L; e) k_y/k_G; f) k'_y/k_G;
   g) k_y/k'_G; h) k'_y/k'_G.

5. Obtenha uma expressão para k_m semelhante à Equação (7.11), considerando que a placa plana esteja inclinada, em relação a um plano horizontal, com inclinação igual a α.

6. Obtenha uma expressão para a espessura do filme líquido, considerando a igualdade entre as teorias da penetração e do filme.

7. Analise a ordem de magnitude da Equação (3.63), considerando nela fluxo bidimensional.

8. Por que, ao se aumentar a velocidade do fluido na corrente livre, diminui-se a espessura da camada limite laminar?

9. Qual é a ação da temperatura na espessura da camada limite laminar? Responda, tendo como base seu *sentimento* físico!

10. Obtenha, a partir da equação de Blasius, a seguinte distribuição para a função f:

$$f = f''(0)\int_0^\eta\left[\int_0^\eta \exp\left(-\int_0^\eta \frac{1}{2} f\, d\eta\right) d\eta\right] d\eta \qquad (7.127)$$

   Qual é a expressão que permite determinar $f''(0)$?

11. Mostre que a equação do movimento dada pela Equação (7.61) com:

   $u_\infty = ae^{(bx)}$; $\eta = y(bu_\infty/\text{W}2\nu)^{1/2}$

   e $\psi = f(2\nu u_\infty/b)^{1/2}$

   resulta em

$$f''' + \frac{1}{2} ff'' + 2\left(1 - f'^2\right) = 0$$

12. Demonstre, para uma superfície permeável, $v_p \neq 0$, ou seja, $v|_{y=0} \neq 0$, que uma das condições de contorno para a equação de Blasius é:

$$\eta = 0 \rightarrow f_p = -2\frac{v_p}{u_\infty}(\text{Re}_x)^{1/2}$$

13. Como você espera que venha a ser o efeito da turbulência na transferência de massa?

Cálculos

1. De posse da Equação (7.127) e começando com $f = 2\eta$, efetue duas iterações. Compare o valor de $f''(0)$ e a distribuição da componente de velocidade u, em cada iteração, com o resultado para $f''(0)$ encontrado na Figura (7.6).

2. Desenvolva um programa numérico e resolva a Equação (7.127).

3. Refaça os exemplos (7.4) e (7.5), considerando:

   a) $u_\infty = 10$ m/s e $T = 80$ °C
   b) $u_\infty = 10$ m/s e $T = 40$ °C

   Analise as influências da velocidade e da temperatura nos resultados obtidos.

4. Refaça o exercício anterior, considerando $u_\infty = 50$ m/s.

5. Refaça o exercício 3, considerando o etanol como fluido de trabalho. Compare os resultados obtidos com o exercício 3 e os analise.

6. Considerando que a distribuição da componente de velocidade u de um determinado fluido, que escoa em regime laminar sobre uma placa plana horizontal parada, venha a ser dada por:

$$\frac{u}{u_\infty} = \frac{3}{2}\left(\frac{y}{\delta}\right) - \frac{1}{2}\left(\frac{y}{\delta}\right)^3$$

   pede-se:

   a) Obtenha uma expressão para a tensão de cisalhamento na parede e para o coeficiente de atrito local.

b) Refaça o exemplo (7.5) com base nos resultados conseguidos no item (a).

7. Obtenha o valor de $f''(0)$ por intermédio do programa proposto no item 7.4, utilizando a condição de contorno apresentada no exercício 12 da parte conceitual, para:

$f_p = -0{,}5; f_p = -0{,}1; f_p = 0; f_p = 0{,}1; f_p = 0{,}5.$

8. Estime o valor da relação ν/ν^T para uma placa plana, sabendo que o escoamento turbulento é estabelecido a partir de $\mathrm{Re}_x > 3 \times 10^6$.

BIBLIOGRAFIA

BEJAN, A. *Convective heat transfer*. New York: John Wiley, 1984.

BIRD, R. B.; STEWART, W. E.; LIGHTFOOT, E. N. *Transport phenomena*. New York: John Wiley, 1960.

CREMASCO, M. A. *Anais do* XI Congresso Brasileiro de Engenharia Mecânicas. Rio de Janeiro, 1991, p. 217.

______. *Anais* IV Encontro Nacional de Ciências Térmicas. São Paulo, 1992, p. 697.

INCROPERA, F. P.; WITT, D. P. *Fundamentos de transferência de calor e de massa*. 3. ed. Rio de Janeiro: Guanabara-Koogan, 1990.

KAYS, W. M.; CRAWFORD, M. E. *Convective heat and mass transfer*. 2. ed. New York: McGraw-Hill, 1980.

KREITH, F. *Princípios da transmissão de calor*. São Paulo: Edgard Blücher, 1977.

SCHIOZER, D. *Mecânica dos fluidos*. São Paulo: Araguaia, 1990.

SCHLICHTING, H. *Boundary-layer theory*. 6. ed. New York: McGraw-Hill, 1968.

NOMENCLATURA

C	concentração molar da mistura, Equação (7.19);	$[\mathrm{mol \cdot L^{-3}}]$
C_A	concentração molar da espécie A, Equação (7.16);	$[\mathrm{mol \cdot L^{-3}}]$
C_f	coeficiente de atrito, Equação (7.96);	adimensional
D_{AB}	coeficiente de difusão do soluto A no meio B, Equação (3.63);	$[\mathrm{L^2 \cdot T^{-1}}]$
f	função de similaridade: $f(\eta)$, Equação (7.78);	adimensional
g	aceleração gravitacional, Equação (7.3b);	$[\mathrm{L \cdot T^{-2}}]$
$j^c_{A,y}$	fluxo de A na direção y decorrente da contribuição convectiva, Equação (7.2);	$[\mathrm{M \cdot L^{-2} \cdot T^{-1}}]$
k_G	coeficiente de transferência de massa tendo a pressão parcial como força motriz, definição (7.23);	$[\mathrm{mol \cdot L^{-2} \cdot T^{-1}} (\Delta P_A)^{-1}]$
k'_G	coeficiente de transferência de massa tendo a pressão parcial como força motriz, definição (7.34);	$[\mathrm{mol \cdot L^{-2} \cdot T^{-1}} (\Delta P_A)^{-1}]$
k_L	coeficiente de transferência de massa tendo a concentração molar como força motriz, definição (7.28);	$[\mathrm{mol \cdot L^{-2} \cdot T^{-1}} (\Delta C_A)^{-1}]$
k'_L	coeficiente de transferência de massa tendo a concentração molar como força motriz, definição (7.36);	$[\mathrm{mol \cdot L^{-2} \cdot T^{-1}} (\Delta C_A)^{-1}]$
k_m	coeficiente convectivo de transferência de massa, Equação(7.1);	$[\mathrm{L \cdot T^{-1}}]$
k_x	coeficiente de transferência de massa tendo a fração molar na fase líquida como força motriz, definição (7.26);q	$[\mathrm{mol \cdot L^{-2} \cdot T^{-1}} (\Delta x_A)^{-1}]$
k'_x	coeficiente de transferência de massa tendo a fração molar na fase líquida como força motriz, definição (7.35);	$[\mathrm{mol \cdot L^{-2} \cdot T^{-1}} (\Delta x_A)^{-1}]$

k_y	coeficiente de transferência de massa tendo a fração molar na fase gasosa como força motriz, definição (7.21);	$[mol{\cdot}L^{-2}{\cdot}T^{-1}(\Delta y_A)^{-1}]$
k'_y	coeficiente de transferência de massa tendo a fração molar na fase gasosa como força motriz,_definição (7.33);	$[mol{\cdot}L^{-2}{\cdot}T^{-1}(\Delta y_A)^{-1}]$
ℓ	comprimento de mistura de Prandtl, Equação (7.111b), Figura (7.11);	[L]
L	comprimento da placa plana horizontal ou comprimento característico;	[L]
M_L	massa molar da solução líquida (solvente + soluto), Equações (7.26), (7.32);	$[mol{\cdot}M^{-1}]$
$n_{A,y}$	fluxo mássico de A na direção y; fluxo global de A na direção y, Equação (7.1);	$[M{\cdot}L^{-2}{\cdot}T^{-1}]$
$N_{A,y}$	fluxo molar de A na direção y; fluxo global de A na direção y, Equação (7.16);	$[M{\cdot}L^{-2}{\cdot}T^{-1}]$
P	pressão, Equação (7.17a);	$[F{\cdot}L^{-2}]$
P_A	pressão parcial da espécie A, Equação (7.17b);	$[F{\cdot}L^{-2}]$
t^*	tempo característico, Equação (7.7);	[T]
u	componente de velocidade na direção x, Equação (7.43);	$[L{\cdot}T^{-1}]$
v	componente de velocidade na direção y, Equação (7.43);	$[L{\cdot}T^{-1}]$
v_y	componente de velocidade na direção y, Equação (7.2);	$[L{\cdot}T^{-1}]$
$\vec{v}$	velocidade da mistura, vetorial, Equação (3.63);	$[L{\cdot}T^{-1}]$
x	direção ou distância, na horizontal, da borda de ataque da placa plana;	[L]
x_A	fração molar da espécie A na fase líquida, Equação (7.18);	adimensional
$x_{B,\text{médio}}$	fração média logarítimica molar da espécie A na fase líquida, Equação (7.28);	adimensional
X_x	força volumar de campo na direção x, Equação (7.44a);	$[L{\cdot}T^{-2}]$
x_1	espessura do filme líquido, Equação (7.3a);	[L]
x, y	direções espaciais;	[L]
y_A	fração molar da espécie A na fase gasosa, Equação (7.17a);	adimensional
$y_{B,\text{médio}}$	fração média logarítimica molar da espécie B na fase gasosa, Equação (7.19);	adimensional
Y_y	força volumar de campo na direção y, Equação (7.45a);	$[L{\cdot}T^{-2}]$
y_1	espessura do filme gasoso, Figura (7.1);	[L]
w_A	fração mássica da espécie A, Equação (7.5);	[L]

Letras gregas

χ	altura (ou diâmetro) de um vórtice turbulento, Figura (7.8);	[L]
δ	espessura da camada limite laminar, relações (7.49), (7.68);	[L]
η	variável de similaridade, Figura (7.5c), Equação (7.71);	adimensional
μ	viscosidade dinâmica, Equação (7.89);	$[M \cdot L^{-1} \cdot T^{-1}]$
ν	viscosidade cinemática, Equação (7.3b), Equações (7.44a);	$[L^2 \cdot T^{-1}]$
ν^T	viscosidade cinemática turbilhonar, definição (7.113);	$[L^2 \cdot T^{-1}]$
Θ	ordem de magnitude, relação (7.40b);	adimensional
θ	concentração mássica adimensional do soluto A, Equação (5.81);	adimensional
ρ	massa específica do fluido escoante, Equações (7.44);	$[M \cdot L^{-3}]$
ρ_A	concentração mássica da espécie A, Equação (7.1);	$[M \cdot L^{-3}]$
ρ_L	concentração mássica ou densidade da solução líquida (solvente + soluto), Equações (7.25) e (7.32);	$[M \cdot L^{-3}]$
τ_{yx}	fluxo de quantidade de movimento ou tensão de cisalhamento, Equação (7.89);	$[M.L^{-1} \cdot T^{-2}]$
ξ	distância infinitesimal de penetração do gás no filme líquido, Figura (7.2);	[L]
ψ	função corrente, Equações (7.72) e (7.73).	$[L^2 \cdot T^{-1}]$

Sobrescritos

$'$	flutuação
$'$	derivada primeira
$''$	derivada segunda
$'''$	derivada terceira

Subscritos

A	espécie química A
B	espécie química B
i	índice de iteração
GLOBAL	(laminar) + (turbulento)
máx	máxima
médio	média logarítmica
0	inicial
p	parede; superfície; interface
T	turbulento

x, y	ação do tensor cisalhante
x	local
∞	distância relativamente grande da parede

Números adimensionais

N_1	número adimensional primário, definição (7.124);
Re	número de Reynolds, definição (7.66).

C A P Í T U L O 8

CONVECÇÃO MÁSSICA FORÇADA

8.1 CONSIDERAÇÕES A RESPEITO

A difusão, como vimos, trata da transferência de matéria regida principalmente por fenômenos que ocorrem em nível molecular. Contudo, a transferência de massa não ocorre somente nesse nível; pacotes de matéria podem ser transportados por perturbações na mistura em que estão contidos. Tais perturbações ocasionam movimentação do meio de transporte e o soluto será transferido, tanto em razão de seu gradiente de concentração quanto em virtude do movimento do meio. Esses dois tipos de mecanismos, quando aglutinados, caracterizam a convecção mássica. Caso a movimentação do meio venha a ser fruto de agentes externos, como a ação de um ventilador, temos a convecção mássica forçada.

Como exemplo de convecção mássica forçada retome o caso da esfera isolada, apresentado no Capítulo 4 (veja o Exemplo 4.3). Naquela situação havia a dissolução do soluto governada somente pela difusão, sendo possível, inclusive, determinar o coeficiente de difusão. Todavia, se forçarmos o escoamento de um solvente ao redor do corpo de prova, a taxa de sublimação ou de vaporização deste será decorrente de seu gradiente de concentração e, principalmente, da velocidade do escoamento do solvente.

Outra situação de convecção mássica forçada ocorre quando desejamos secar um determinado cereal (veja a introdução do Capítulo 10). Acondicionamos os grãos em um leito fixo, por exemplo, e fazemos percolar ar seco entre as partículas. Supondo que uma película fina de ar envolva um determinado grão, verificamos que a evaporação da água nesse filme sofre as influências da difusão da umidade do grão para o ar e da velocidade de injeção do ar de secagem, advindo de um soprador, no leito de partículas considerado.

Devemos considerar, em qualquer que seja a situação descrita nos parágrafos anteriores, a influência do escoamento forçado da mistura na distribuição de concentração do soluto. Saliente-se que essa distribuição depende da distribuição de velocidade da mistura (ou do solvente), a qual independe da distribuição de concentração do soluto.

Neste capítulo, procuraremos uma explicação para o mecanismo da convecção mássica forçada ao buscarmos a distribuição de concentração de certa espécie química A, na região de camada limite mássica. Para tanto, lançaremos mão da formulação para a distribuição de velocidade da mistura desenvolvida no capítulo anterior. Além da distribuição de concentração e do fluxo mássico de A, intentaremos obter uma expressão para o coeficiente convectivo de transferência de massa na situação em que há o escoamento de uma mistura, que contém ou não o soluto, sobre uma superfície sólida feita desse soluto ou sobre uma superfície na qual existe uma fina película aderente de um líquido volátil. Contudo, o estudo que pretendemos via camada limite é aplicado quantitativamente somente para a transferência de massa no regime laminar e em uma placa plana horizontal parada, mas o resultado qualitativo para o coeficiente convectivo de transferência de massa é extenso para outras geometrias. Por outro lado, quando estabelecermos a transferência de massa no regime turbulento, teremos condições de:

a) avaliar a analogia entre as transferências de massa e de quantidade de movimento, que nos permite apresentar correlações para o coeficiente convectivo de transferência de massa;

b) introduzir modelos para o coeficiente convectivo de transferência de massa, tais como a teoria da penetração e a teoria da renovação de superfície;

c) finalmente, introduzir algumas correlações empíricas que predizem o coeficiente convectivo de transferência de massa, visando, principalmente, a transferência de massa em leitos fixo e fluidizado.

Seja qual for o nosso objetivo, é fundamental observar que estaremos tratando da simultaneidade entre os fenômenos de transferência de quantidade de movimento e de massa. Uma das maneiras de analisar tal simultaneidade é identificar os números adimensionais pertinentes a ela. Para tanto, enfocaremos inicialmente os aspectos qualitativos de transferência de massa, identificando de imediato o seu aspecto molecular ao coeficiente de difusão e o macroscópico (ou global), por intermédio do coeficiente convectivo de transferência de massa. Por consequência, criaremos expectativas para uma futura análise quantitativa, visando, daí sim, o cálculo do k_m.

8.2 NÚMEROS ADIMENSIONAIS PARA TRANSFERÊNCIA DE MASSA

Para traçar um paralelo à transferência de quantidade de movimento, da qual resultou o número de Reynolds por intermédio da definição (7.124), procurar-se-á construir, para transferência de massa, quadros análogos aos (7.1) e (7.2), tendo em vista um número adimensional primário que descreva o fenômeno de transferência de massa como um todo.

8.2.1 Transporte molecular de massa

No Capítulo 1, discutiu-se o aspecto molecular da transferência de massa. De alguma forma, podemos sintetizar aquele fenômeno na análise do coeficiente de difusão. Dessa maneira, retornamos ao Capítulo 1, e dele construímos o quadro (8.1). Há de se notar que este é análogo ao quadro (7.1) e pode ser resumido no coeficiente de difusão.

Quadro 8.1 – Transferência de massa molecular
Transferência de massa em nível molecular
Ação interna à transferência de massa
Propriedade fenomenológica do par soluto/meio

A transferência molecular, nesse caso, trata exclusivamente do fenômeno devido às interações moleculares entre soluto/meio. A transferência de massa, portanto, é governada pela difusão do soluto.

8.2.2 Transporte macroscópico ou global de massa

Uma mistura, contendo no seu seio um soluto de concentração ρ_{A_∞}, escoa sobre uma placa plana horizontal parada construída de um material que apresenta na sua superfície o soluto A com concentração ρ_{A_p}, conforme ilustra a Figura (8.1).

Foi visto, no início do Capítulo 7, que na região situada nos intervalos $0 \leq x \leq L$ e $0 \leq y \leq \delta_M$ existem os fenômenos da difusão e da convecção mássica; esta sendo válida, inclusive, na superfície

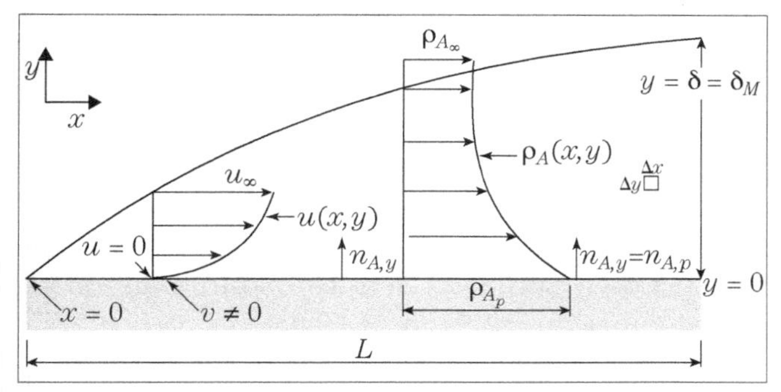

Figura 8.1 – Análise do transporte macroscópico de matéria.

da placa ou na interface gás–líquido, para uma fina película líquida, aderente à placa.

$$n_{A,y}\big|_{y=0} = k_{m_x}(\rho_{A_p} - \rho_{A_\infty}) \quad (8.1)$$

Na Figura (8.1) e na Equação (8.1), ρ_{A_p} e ρ_{A_∞} são concentrações limítrofes de uma região macroscópica, o que leva o coeficiente convectivo de transporte a relacionar-se com o que acontece nessa região, acarretando:

$k_m = k_m$ (características do meio; interação soluto–meio)

Além de ser um parâmetro cinemático [veja a relação (2.44)], k_m é uma grandeza macroscópica e nela estão contidas informações fluidodinâmicas importantes para a convecção mássica. Por outro lado, esse fenômeno é influenciado pela geometria em que ocorre o escoamento do meio, permitindo-nos a proposição do quadro (8.2), o qual está sintetizado no produto $(k_m L)$.

Quadro 8.2 – Transferência macroscópica de matéria
Transferência de massa global
Ação externa à transferência molecular
Parâmetro cinemático ou convectivo

A diferença básica entre os quadros (7.2) e (8.2) é que, em se tratando de escoamento, o último engloba os regimes laminar e turbulento indistintamente.

Como estamos preocupados apenas com transferência de massa, utilizaremos a definição do *número adimensional primário*, definição (7.124), aplicado à transferência de massa:

$$N_1 = \frac{\text{quadro (8.2)}}{\text{quadro (8.1)}} \quad (8.2)$$

Como o quadro (8.1) está associado ao D_{AB} e o quadro (8.2) ao produto $(k_m L)$, temos na relação (8.2):

$$N_1 = \frac{k_m L}{D_{AB}}$$

Identificando:

$$Sh = \frac{k_m L}{D_{AB}} \quad (8.3)$$

ao *número de Sherwood*, que, em linhas gerais, qualifica o fenômeno de transferência de massa. Esse número retrata, principalmente, a coexistência entre os fenômenos da difusão e da convecção mássica por intermédio da relação entre as resistências associadas aos dois fenômenos:

$$Sh = \frac{(L/D_{AB})}{(1/k_m)} \quad (8.4)$$

ou

$$Sh = \frac{\text{Resistência à difusão}}{\text{Resistência à convecção mássica}} \quad (8.5)$$

Há de se notar que a relação (8.5) é global, ou seja, válida para todos os pontos contidos na região em que está havendo o transporte do soluto. A definição do número de Sherwood é semelhante à do Biot mássico, Equação (5.96); a diferença entre esses dois números adimensionais reside nos meios em que acontecem os fenômenos da convecção mássica e da difusão. No caso do Sh, a difusão e a convecção mássica ocorrem no mesmo meio de transporte; enquanto, no Bi_M, a convecção mássica se dá no meio que envolve o meio difusivo (meios distintos).

8.2.3 Transferência simultânea de quantidade de movimento e de massa

Na convecção mássica forçada, analisa-se a simultaneidade dos fenômenos de transferência de quantidade de movimento (ou de momento) e de massa. Essa simultaneidade é vista em dois níveis:

a) *nível molecular* →

Os fenômenos são decorrentes das interações moleculares *e traduzidos nos coeficientes* ν e D_{AB} para momento e matéria, respectivamente.

b) *nível macrosópico* →

Os fenômenos são analisados por parâmetros quantitativos *associados*, $(u_{\infty}L)$ para momento e $(k_m L)$ para matéria.

Nível molecular

O fenômeno simultâneo de transferência de massa e de quantidade de movimento é analisado por inspeção simultânea dos quadros (7.1) e (8.1) segundo a relação:

$$N_{2_m} = \frac{\text{quadro (7.1)}}{\text{quadro (8.1)}} \tag{8.6}$$

Visto o quadro (7.1) ser resumido no parâmetro molecular ν e o quadro (8.1) no D_{AB}, obtém-se o seguinte número adimensional:

$$Sc = \frac{\nu}{D_{AB}} \tag{8.7}$$

A relação (8.7) é conhecida como *número de Schmidt*, o qual representa a simultaneidade entre os fenômenos de transferência de quantidade de movimento e transferência de massa em nível molecular, indicando a relação entre as forças viscosas e o fenômeno da difusão.

Nível macroscópico

A simultaneidade entre os fenômenos de transferência de massa e de quantidade de movimento, neste caso, é caracterizada pela coexistência dos quadros (7.2) e (8.2) na forma:

$$N_{2_m} = \frac{\text{quadro (7.2)}}{\text{quadro (8.2)}} \tag{8.8}$$

Como o quadro (7.2) é descrito por $(u_{\infty}L)$ e o quadro (8.2) por $(k_m L)$, tem-se a relação:

$$St_M^{-1} = \frac{u_{\infty}}{k_m} \tag{8.9}$$

em que $St_M = k_m/u_{\infty}$ é o *número de Stanton* para transferência de massa ou número de Stanton mássico. Ele informa a relação entre o fenômeno da convecção mássica e a contribuição convectiva em razão do movimento do meio.

Os termos N_{2_m} e N_{2_M} são os *números adimensionais secundários*, que *surgem da análise da simultaneidade entre dois fenômenos no mesmo nível de transferência, em que os subscritos "m" e "M" indicam, respectivamente, microscópico e macroscópico.*

De posse dos números primários, Re e Sh, e secundários, Sc e St_M, pode-se ilustrar a fenomenologia de dois fenômenos associados para transferência de quantidade de movimento e de massa por composição das Figuras (8.2) e (8.3).

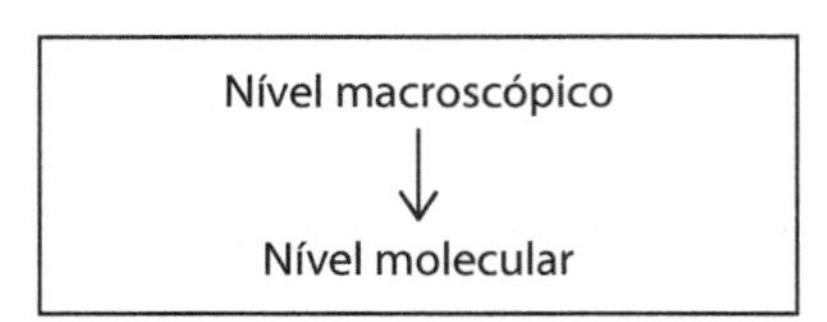

Figura 8.2 – Números primários.

Figura 8.3 – Números secundários.

Nas Figuras (8.2) e (8.3), a seta indica o denominador. Essas figuras estão representadas nos quadros (8.3) e (8.4), respectivamente.

Quadro 8.3 – Números primários

Fenômeno	Quantidade de movimento	Massa
$\frac{vL}{\xi}$	$\frac{u_{\infty}L}{\nu}$	$\frac{k_m L}{D_{AB}}$
N_1	Re	Sh

Quadro 8.4 – Números secundários para a transferência de quantidade de movimento e de massa

Número secundário	$i = m$	$i = M$
N_{2_i}	Sc	St_M

Influência convectiva

Pelo fato de a influência convectiva ou advectiva estar associada ao movimento do meio, o quadro (7.2) é o que a melhor sintetiza. Teremos, dessa maneira, a relação entre essa influência e a difusão por intermédio da relação:

$$N_3 \equiv \frac{\text{quadro (7.2)}}{\text{quadro (8.1)}} \tag{8.10}$$

em que N_3 indica um *número adimensional terciário*, o qual *surge da análise de dois fenômenos distintos e em níveis distintos de transferência*, com o cuidado de se ter a atenção ao fato de que o coeficiente representativo do nível macroscópico, em virtude de seu caráter quantitativo, cobre todos os níveis de transferência. Em particular, o número indicado em (8.10) é o *número de Peclet mássico molecular*:

$$Pe_M = \frac{u_\infty L}{D_{AB}} \tag{8.11}$$

Diagrama mnemônico

Os comentários que deram origem às interpretações para os números adimensionais, a partir das diversas relações entre os quadros (7.1) a (8.2), possibilitam a construção do diagrama (8.1).

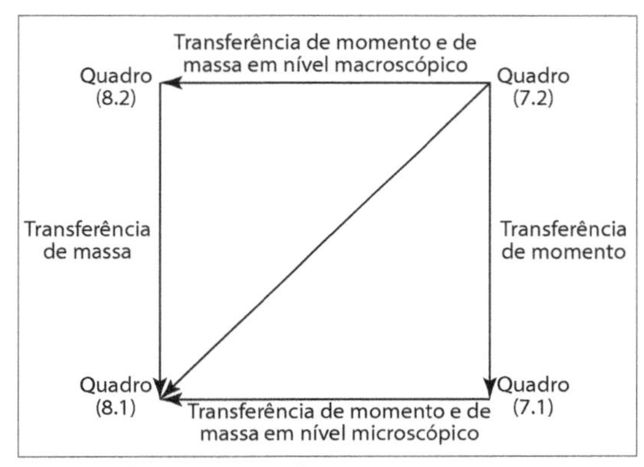

Diagrama 8.1 – Estrutura mnemônica.

A ponta da seta indica a divisão da grandeza anterior pela grandeza posterior. Por exemplo, a relação [quadro (7.2)/quadro (7.1)] ilustra o fenômeno da transferência de quantidade de movimento.

Identificando os quadros presentes no diagrama (8.1), tem-se:

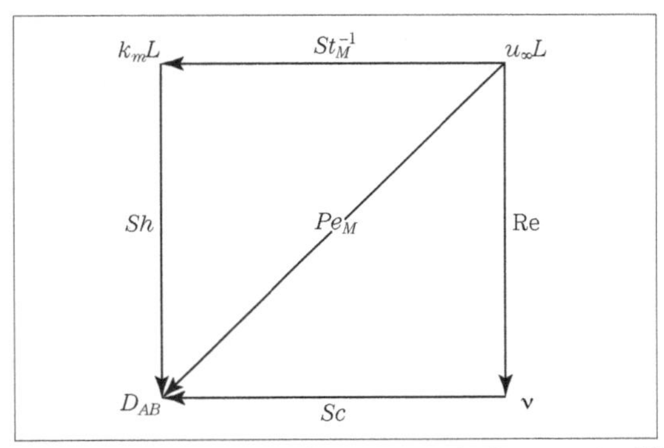

Diagrama 8.2 – Estrutura mnemônica para os fenômenos simultâneos de quantidade de movimento e de massa.

O diagrama (8.2) sintetiza a simultaneidade entre as transferências de quantidade de movimento e de massa por intermédio dos números adimensionais. Cabe salientar, contudo, que esses números estão referenciados tanto ao soluto quanto ao meio, levando as propriedades fenomenológicas ν e D_{AB} a serem das espécies químicas que constituem esse meio.

Quanto ao D_{AB} isso é automático e já foi discutido no Capítulo 1. Já a viscosidade cinemática refere-se à ação viscosa do meio devido à interação molecular entre as lâminas, cujo escoamento caracteriza o da mistura; portanto, essa propriedade é da mistura, ou:

$$\nu = \nu_{\text{mis}} = \frac{\rho}{\mu} = \frac{\rho_{\text{mis}}}{\mu_{\text{mis}}} \tag{8.12}$$

com

$$\rho = \rho_{\text{mis}} = \sum_{i=1}^{n} \rho_i \tag{8.13}$$

No caso de uma mistura gasosa a baixa pressão (< 20 atm), a equação de Wilke pode ser utilizada para estimar a viscosidade da mistura[1]:

$$\mu_{\text{mis}} = \sum_{i=1}^{n} \frac{y_i \mu_i}{\sum_{j=1}^{n} y_j \phi_{ij}} \tag{8.14}$$

sendo

$$\phi_{ij} = \frac{\left[1 + \left(\mu_i/\mu_j\right)^{1/2} \left(M_j/M_i\right)^{1/4}\right]^2}{\left[8\left(1 + M_i/M_j\right)\right]^{1/2}} \tag{8.15}$$

Resta-nos a análise quantitativa do fenômeno, a qual será realizada pelo estudo da camada limite mássica no regime laminar em uma placa plana parada e pelo estudo simplificado da turbulência mássica, esta nos moldes do capítulo anterior.

[1] Apesar de ser desenvolvida para misturas apolares, iremos utilizá-la como aproximação quando houver moléculas polares na mistura.

Exemplo 8.1

Determine o valor do número de Schmidt do ar a 40 °C, 1 atm e 75% de umidade relativa. Compare o resultado obtido com aquele valor calculado depois de considerar as propriedades somente do ar (ou seja, considere ar seco).

Dados: Denominando o vapor de água de A e o ar de B, temos:

a) M_A = 18,015 g/mol, M_B = 28,85 g/mol.

b) As viscosidades, tanto de A quanto de B, são calculadas por:

$$\mu_i = \sum_{j=0}^{n} a_j T^j \tag{8.16}$$

com as constantes a_j fornecidas na Tabela (1) e a temperatura utilizada em °C.

[a]**Tabela 1** – Viscosidades dinâmicas do vapor de água (*A*) e do ar (*B*)

	μ_A em Pa.s (0 a 300 °C)	μ_B em Pa.s (–40 a 1.000 °C)
$a_0 \times 10^6$	7,76998	16,9111
$a_1 \times 10^8$	7,27327	4,98424
$a_2 \times 10^{11}$	–81,094	–3,18702
$a_3 \times 10^{14}$	737,4	1,31965
$a_4 \times 10^{14}$	–2,83617	-
$a_5 \times 10^{17}$	3,858261	-

[a]Fonte: *VDI Wärmeatlas* (1977).

c) A umidade relativa é definida como a relação entre a pressão parcial do vapor de água contido no ar úmido e a sua pressão de vapor avaliada na temperatura e pressão do ar úmido.

$$\varphi = \frac{P_A}{P_A^{vap}}$$

Para mistura gasosa ideal, considera-se a umidade relativa como a relação entre a fração molar do vapor de água no ar úmido e a fração molar de A nessa mesma mistura, mas em condições de saturação na temperatura e pressão atuais da mistura:

$$\varphi = \frac{y_A}{y_A^{vap}} \tag{8.17}$$

d) A pressão de vapor da água pode ser determinada por (REID; PRAUSNITZ; SHERWOOD, 1977):

$$\ell n P_A^{vap} = 18{,}3096 - \frac{3.816{,}44}{(T - 46{,}13)} \text{ em (mmHg) e T em (Kelvin)} \tag{8.18}$$

e) As concentrações mássicas de A e de B podem ser calculadas por:

$$\rho_i = \frac{y_i M_i}{RT} \tag{8.19}$$

sendo $i = A$ ou B e R = 82,05 (cm^3·atm/mol·K).

Exemplo 8.1 (*continuação*)

f) o coeficiente de difusão é estimado a partir da Equação (1.58b) avaliada a 40 °C e 1 atm:

$$D_{AB} = 0,288\left(\frac{T}{313,15}\right)^{1,75}\left(\frac{1}{P}\right)\ \text{cm}^2/\text{s} \tag{8.20}$$

Solução:

Deseja-se determinar o Sc, que é (veja o diagrama 8.2):

$$Sc = \frac{\nu}{D_{AB}} \tag{1}$$

Verifica-se na Equação (8.20), para T = 40 °C, P = 1 atm: D_{AB} = 0,288 cm²/s, levando-nos a:

$$Sc = \frac{\nu}{0,288} \tag{2}$$

mas

$$\nu = \frac{\mu}{\rho} \tag{3}$$

como se trata de uma mistura binária:

$$\rho = \rho_A + \rho_B \tag{4}$$

e a viscosidade dinâmica obtida da Equação (8.14) escrita para uma mistura binária:

$$\mu = \mu_{\text{mis}} = \frac{y_A\mu_A}{y_A\phi_{AA} + y_B\phi_{AB}} + \frac{y_B\mu_B}{y_A\phi_{BA} + y_B\phi_{BB}} \tag{5}$$

Da Equação (8.15):

$$\phi_{ii} = \phi_{AA} = \phi_{BB} = 1 \tag{6}$$

e

$$\phi_{AB} = \frac{\left[1 + (\mu_A/\mu_B)^{1/2}(M_B/M_A)^{1/4}\right]^2}{\left\{8.\left[1 + (M_A/M_B)\right]\right\}^{1/2}} \tag{7}$$

$$\phi_{BA} = \frac{\left[1 + (\mu_B/\mu_A)^{1/2}(M_A/M_B)^{1/4}\right]^2}{\left\{8.\left[1 + (M_B/M_A)\right]\right\}^{1/2}} \tag{8}$$

Cálculo da concentração mássica da mistura:

Substituindo M_A = 18,015 g/mol, M_B = 28,85 g/mol, R = 82,05 (cm³·atm/mol·K) e T = 313,15 K e a Equação (8.19) na Equação (4):

$$\rho = \rho_{\text{mis}} = \frac{y_A(18,015)}{(82,05)(313,15)} + \frac{(1-y_A)(28,85)}{(82,05)(313,15)} = 1,1233\times10^{-3} - 4,21874\times10^{-4}\,y_A \tag{9}$$

A fração molar do vapor da água é obtida da Equação (8.17) por:

$$y_A = \varphi y_A^{vap} \tag{10}$$

Exemplo 8.1 (*continuação*)

Visto a umidade relativa ser 75%, temos $\varphi = 0,75$, a qual, substituída em (10), fornece-nos:

$$y_A = 0,75 y_A^{vap} \quad (11)$$

mas

$$y_A^{vap} = \frac{P_A^{vap}}{P}$$

e $P = 1$ atm = 760 mmHg, resultando:

$$y_A^{vap} = \frac{P_A^{vap}}{760} \quad (12)$$

A pressão de vapor da água a 313,15 K é determinada por intermédio da Equação (8.18):

$$\ell n P_A^{vap} = 18,3096 - \frac{3.816,44}{(313,15 - 46,13)}$$

resultando: P_A^{vap} = 55,5280 mmHg. Levando esse valor para a Equação (12):

$$y_A^{vap} = \frac{55,528}{760} = 0,073063 \quad (13)$$

Substituindo (13) em (11):

$$y_A = (0,75)(0,073063) = 0,054797 \quad (14)$$

Obtém-se a concentração mássica da mistura depois de substituir (14) na Equação (9).

$$\rho = 1,1233 \times 10^{-3} - (4,21874 \times 10^{-4})\,(0,054797) = 1,10018 \times 10^{-3}\ \text{g/cm}^3 \quad (15)$$

Levando (15) a (3):

$$\nu = \frac{\mu}{1,10018 \times 10^{-3}} \quad (16)$$

Cálculo da viscosidade dinâmica da mistura. Da Tabela (8.1) avaliada a 40 °C:

$$\mu_A = 7,76998 \times 10^{-6} + 7,27327 \times 10^{-8}(40) - 8,1094 \times 10^{-10}\,(40)^2 + 7,374 \times 10^{-12}\,(40)^3 - \\ - 2,83617 \times 10^{-14}\,(40)^4 + 3,858261 \times 10^{-17}\,(40)^5 = 9,7851 \times 10^{-6}\ \text{(Pa.s)} = 9,7851 \times \times 10^{-5}\ \text{g/(cm·s)} \quad (17)$$

$$\mu_B = 1,69111 \times 10^{-5} + 4,98424 \times 10^{-8}\,(40) - 3,18702 \times 10^{-11}\,(40)^2 + 1,31965 \times 10^{-14}\,(40)^3 = \\ = 1,88547 \times 10^{-5}\ \text{(Pa.s)} = 1,88547 \times 10^{-4}\ \text{g/(cm·s)} \quad (18)$$

Substituindo M_A = 18,015 g/mol, M_B = 28,85 g/mol, (14) e (18) em (7) e (6):

$$\phi_{AB} = \frac{\left[1 + (9,78951/18,8547)^{1/2}(28,85/18,015)^{1/4}\right]^2}{\left\{8.\left[1 + (18,015/28,85)\right]\right\}^{1/2}} = 0,90919 \quad (19)$$

$$\phi_{BA} = \frac{\left[1 + (18,8547/9,78951)^{1/2}(18,015/28,85)^{1/4}\right]^2}{\left\{8.\left[1 + (28,85/18,015)\right]\right\}^{1/2}} = 1,09395 \quad (20)$$

Exemplo 8.1 (*continuação*)

Levando (14), (17), (18), (19) e (20) a (5):

$$\mu = \mu_{mis} = \frac{(0{,}054797)\left(9{,}7851\times10^{-5}\right)}{(0{,}054797)(1)+(1-0{,}054797)(0{,}90919)} + \frac{(1-0{,}054797)\left(1{,}88547\times10^{-4}\right)}{(0{,}054797)(1{,}09395)+(1-0{,}054797)(1)}$$

$$\mu = 1{,}831673\times10^{-4}\ \text{g/(cm·s)} \tag{21}$$

Substituindo (21) em (16):

$$\nu = \frac{1{,}831673\times10^{-4}}{1{,}10018\times10^{-3}} = 0{,}1665\ \text{cm}^2/\text{s} \tag{22}$$

O número de Schmidt é obtido, finalmente, após a substituição de (22) em (2):

$$Sc = \frac{0{,}1665}{0{,}288} = 0{,}5781 \tag{23}$$

É comum no sistema ar/vapor de água considerar a viscosidade cinemática como sendo somente a do ar seco. Neste exemplo, podemos verificar que as propriedades calculadas do ar seco são: $\rho_{ar} = 1{,}1233 \times 10^{-3}$ g/cm^3 e $\mu_{ar} = 1{,}88547 \times 10^{-4}$ g/(cm·s), conduzindo a:

$$\nu = \frac{1{,}88547\times10^{-4}}{1{,}1233\times10^{-3}} = 0{,}1679\ \text{cm}^2/\text{s} \tag{24}$$

Substituindo (24) em (2):

$$Sc = \frac{0{,}1679}{0{,}288} = 0{,}5831$$

Comparando este resultado com $Sc = 0{,}5781$, observamos um desvio relativo de apenas 0,86%. Esse resultado aponta que podemos desprezar os efeitos da mistura no cálculo da viscosidade cinemática do ar úmido. Mas em alguns casos, dependendo da temperatura e da umidade relativa do ar, esse desvio pode ser superior a 5%.

8.3 CAMADA LIMITE MÁSSICA NO REGIME LAMINAR EM UMA PLACA PLANA HORIZONTAL PARADA

Uma das faces de uma placa plana horizontal parada embebida por uma fina película aderente de líquido volátil A, cuja concentração mássica em equilíbrio com o seu vapor é ρ_{A_p}, é exposta ao escoamento laminar da mistura (ar + vapor de A), a qual possui velocidade u_∞. Considerando que a placa, o líquido e a mistura estejam à mesma temperatura, será admitida a evaporação de A, com o fluxo de seu vapor na interface gás–líquido igual a $n_{A,p} = n_{A,y}|_{y=0}$. Interessa-nos conhecer a distribuição de concentração mássica de A, em regime permanente, na região $0 \le x \le L$ e $0 \le y \le \delta_M$ junto à interface como ilustra a Figura (8.4). Retomando-a em termos da concentração adimensional de A,

$$\theta = \frac{\rho_A - \rho_{A_P}}{\rho_{A_\infty} - \rho_{A_P}},$$

tem-se a seguinte ilustração:

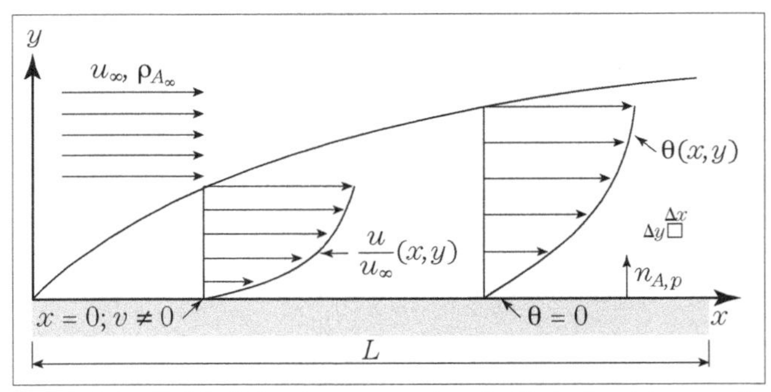

Figura 8.4 – Distribuições da componente velocidade da mistura u e da concentração adimensional soluto A sobre uma placa plana horizontal parada.

A região em que ocorre a variação substancial de concentração mássica de A e na qual a ação convectiva é da mesma ordem de grandeza do que a difusiva é conhecida como região de *camada limite mássica*. Essa região estende-se desde a interface $y = 0$ até $y = \delta_M$ em que $\theta \approx 0{,}99$. Para obter-se a distribuição de concentração mássica de A, assim como o seu fluxo de matéria na interface considerada e principalmente o coeficiente convectivo de transferência de massa, será suposto:

a) existência de camada limite laminar dinâmica;

b) placa plana horizontal parada (feita do soluto A, naftaleno, por exemplo; ou embebida por uma fina película aderente de um líquido volátil);

c) regime permanente;

d) não há geração ou consumo de matéria no meio em que ocorre o fenômeno de transferência, bem como nas fronteiras desse meio;

e) escoamento bidimensional;

f) propriedades físicas constantes;

g) admite-se fluxo do soluto na interface $y = 0$ (injeção ou sucção de massa).

De posse dessas hipóteses, a equação da continuidade mássica de A fica:

$$\vec{v}\,\vec{\nabla}\cdot \rho_A = D_{AB}\nabla^2\rho_A \qquad (3.63)$$

Como o escoamento é bidimensional:

$$u\frac{\partial \rho_A}{\partial x} + v\frac{\partial \rho_A}{\partial y} = D_{AB}\left(\frac{\partial^2 \rho_A}{\partial x^2} + \frac{\partial^2 \rho_A}{\partial y^2}\right) \qquad (8.21)$$

Da análise de escala, relação (7.50), verificamos:

$$\frac{\partial^2 \rho_A}{\partial y^2} \gg \frac{\partial^2 \rho_A}{\partial x^2}$$

resultando:

$$\underbrace{u\frac{\partial \rho_A}{\partial x} + v\frac{\partial \rho_A}{\partial y}}_{\text{termo convectivo}} = \underbrace{D_{AB}\frac{\partial^2 \rho_A}{\partial y^2}}_{\text{termo difusivo}} \qquad (8.22)$$

A Equação (8.22) fornece a distribuição de concentração mássica do soluto associada à distribuição de velocidade adimensional da mistura, que ocorrem no interior das camadas limites mássica e dinâmica no regime laminar.

Exemplo 8.2

Qual é a relação de ordem de magnitude entre as espessuras das camadas limites laminar dinâmica e mássica para $Sc = 1$?

Solução:

Distribuição de concentração mássica de A: região delimitada por $(\delta_M \times L)$, na qual $(y \approx \delta_M)$. Da Equação (8.22):

$$u_\infty \frac{\Delta\rho_A}{L} \approx v \frac{\Delta\rho_A}{\delta_M} \approx D_{AB} \frac{\Delta\rho_A}{\delta_M^2}$$

ou

$$\frac{u_\infty}{L} \approx \frac{v}{\delta_M} \approx \frac{D_{AB}}{\delta_M^2} \tag{8.23}$$

Distribuição de velocidade: região delimitada por $(\delta_M \times L)$ em que $(y \approx \delta_M)$. Da Equação (7.62):

$$u_\infty \frac{u_\infty}{L} \approx v \frac{u_\infty}{\delta} \approx D_{AB} \frac{u_\infty}{\delta^2}$$

ou

$$\frac{u_\infty}{L} \approx \frac{v}{\delta} \approx \frac{\nu}{\delta^2} \tag{8.24}$$

Das relações (8.23) e (8.24), podemos escrever, respectivamente:

$$\frac{u_\infty}{L} \approx \frac{D_{AB}}{\delta_M^2} \tag{8.25}$$

$$\frac{u_\infty}{L} \approx \frac{\nu}{\delta^2} \tag{8.26}$$

Igualando as relações (8.25) e (8.26) e depois rearranjando o resultado obtido:

$$\left(\frac{\delta}{\delta_M}\right)^2 \approx \frac{\nu}{D_{AB}} \tag{8.27}$$

Do diagrama (8.1) verificamos

$$\frac{\nu}{D_{AB}} = Sc$$

e, neste problema, $Sc = 1$. Desse modo, a relação (8.27) nos mostra para este exemplo:

$$\delta \approx \delta_M \tag{8.28}$$

indicando que as distribuições de velocidade da mistura e de concentração do soluto estão contidas em regiões que apresentam espessuras das camadas limites dinâmica e mássica de mesma magnitude.

8.3.1 Distribuição de concentração adimensional do soluto na região de camada limite: solução por similaridade

Para obter a distribuição de concentração adimensional do soluto, torna-se necessário o conhecimento da distribuição de velocidade da mistura na região de camada limite, como nos mostrou a Equação (8.22). A distribuição de velocidade adimensional nos foi fornecida pelas Equações (7.81) e (7.82), as quais se referem às componentes u e v, respectivamente. Verificou-se, todavia, que essas componentes são dependentes da variável de similaridade η. Assim sendo, para que possamos utilizar essas componentes, devemos admitir a semelhança, ao longo de x, da variação da concentração adimensional de A em y.[2] Por via de consequência, será definida uma concentração adimensional do soluto em função de η na forma:

$$\theta(\eta) = \frac{\rho_A - \rho_{A_p}}{\rho_{A_\infty} - \rho_{A_p}} \tag{8.29}$$

A equação diferencial (8.22) escrita em termos de $\theta = \theta(\eta)$ é:

$$u\frac{\partial \theta}{\partial x} + v\frac{\partial \theta}{\partial y} = D_{AB}\frac{\partial^2 \theta}{\partial y^2} \tag{8.30}$$

em que:

$$\frac{\partial \theta}{\partial x} = \left.\frac{\partial \theta}{\partial \eta}\right|_x \left.\frac{\partial \eta}{\partial x}\right|_y + \left.\frac{\partial \theta}{\partial x}\right|_\eta \left.\frac{\partial x}{\partial x}\right|_y \tag{8.31}$$

$$\frac{\partial \theta}{\partial y} = \left.\frac{\partial \theta}{\partial \eta}\right|_y \left.\frac{\partial \eta}{\partial y}\right|_x + \left.\frac{\partial \theta}{\partial y}\right|_\eta \left.\frac{\partial y}{\partial y}\right|_x \tag{8.32}$$

Da inspeção da definição (8.29), temos

$$\left.\frac{\partial \theta}{\partial x}\right|_\eta = \left.\frac{\partial \theta}{\partial y}\right|_\eta = 0$$

Por conseguinte:

$$\frac{\partial \theta}{\partial x} = \left.\frac{\partial \theta}{\partial \eta}\right|_x \left.\frac{\partial \eta}{\partial x}\right|_y \tag{8.33}$$

$$\frac{\partial \theta}{\partial y} = \left.\frac{\partial \theta}{\partial \eta}\right|_y \left.\frac{\partial \eta}{\partial y}\right|_x \tag{8.34}$$

[2] Como exercício, o leitor pode construir figuras para concentração adimensional análogas a (7.5a e 7.5b).

A derivada segunda em y da Equação (8.34) é, portanto:

$$\frac{\partial^2 \theta}{\partial y^2} = \frac{\partial}{\partial y}\left(\frac{\partial \theta}{\partial y}\right) \tag{8.35}$$

Derivando a Equação (7.71) em relação a x:

$$\frac{\partial \eta}{\partial x} = -\frac{1}{2}\frac{\eta}{x} \tag{8.36}$$

bem como em relação a y:

$$\frac{\partial \eta}{\partial y} = \frac{1}{x}\left(\frac{x u_\infty}{\nu}\right)^{1/2} = \frac{\mathrm{Re}_x^{1/2}}{x} \tag{8.37}$$

podemos substituir (8.36) e (8.37) em (8.33) e (8.34), obtendo, respectivamente[3]:

$$\frac{\partial \theta}{\partial x} = -\frac{1}{2}\frac{\eta}{x}\theta' \tag{8.38}$$

$$\frac{\partial \theta}{\partial y} = \frac{\mathrm{Re}_x^{1/2}}{x}\theta' \tag{8.39}$$

Levando (8.39) a (8.35) e realizando as diferenciações:

$$\frac{\partial^2 \theta}{\partial y^2} = \frac{\mathrm{Re}_x}{x^2}\theta'' \tag{8.40}$$

Substituindo (7.81), (7.82), (8.38), (8.39) e (8.40) em (8.30), bem como arranjando o resultado obtido, chega-se a:

$$\theta'' + \frac{1}{2} f Sc\,\theta' = 0 \tag{8.41}$$

A solução da Equação (8.41) permite a obtenção da distribuição de concentração adimensional do soluto na região de camada limite mássica, assim como traduz a simultaneidade entre os fenômenos de transferências de momento e de massa, explicitando a característica molecular do transporte simultâneo de momento e de massa no número de Sc. As condições de contorno que possibilitam a solução da Equação (8.41) são:

$$\text{em } \eta = 0;\ \theta = 0 \tag{8.42}$$

$$\text{em } \eta \to \infty;\ \theta = 1 \tag{8.43}$$

O parâmetro de injeção ou de sucção de matéria

Observe que a solução da Equação (8.41) passa, necessariamente, pela solução da distribuição

[3] $\theta' = \partial\theta/\partial\eta$ e $\theta'' = \partial^2\theta/\partial\eta^2$.

de velocidade adimensional da mistura para a determinação da função de similaridade f, a qual está inserida na Equação (7.84). A solução dessa equação nos foi apresentada no Capítulo 7. No entanto, naquele capítulo, a equação de Blasius estava sujeita às condições (7.85a), (7.85b) e (7.85c). Aqui, continuam válidas a Equação (7.84) e as condições (7.85b) e (7.85c).

Para obtermos a condição de contorno na interface considerada, faz-se $\eta = 0$ na Equação (7.82), da qual obtém-se:

$$v_p = -\frac{1}{2} f_p u_\infty \mathrm{Re}_x^{-1/2} \tag{8.44}$$

que, rearranjada, fornece:

$$f_p = -2\frac{v_p}{u_\infty}\mathrm{Re}_x^{1/2} \tag{8.45}$$

Com isso, a Equação (8.45), avaliada em $\eta = 0$, estabelece, em conjunto com as Equações (7.85b) e (7.85c), as condições de contorno para a Equação (7.84).

O parâmetro f_p é reconhecido como *parâmetro de injeção de matéria* quando o fluxo de A sai da superfície da placa (ou da interface $y = 0$) em direção ao escoamento da mistura. No caso de o fluxo de massa vir do escoamento para a interface, o parâmetro f_p será denominado *parâmetro de sucção de matéria*. O parâmetro de injeção, f_p, é encontrado, por exemplo, no fenômeno da evaporação; como parâmetro de sucção, ele está presente, por exemplo, no fenômeno da condensação.

Para que possamos relacionar o parâmetro f_p com a concentração adimensional de A, admita que uma mistura gasosa binária ($A + B$) (por exemplo, vapor de água e ar) escoe sobre uma placa plana horizontal parada coberta por uma fina película aderente líquida de A (água) à temperatura da mistura. Se o escoamento ocorrer na região de camada limite, o fluxo de B (ar) junto à superfície embebida por água é descrito segundo uma equação semelhante à Equação (2.36), a qual, reavaliada na interface considerada, pode ser posta como:

$$\vec{n}_B = -\rho D_{BA}\vec{\nabla} w_B + \rho w_{B_p}\vec{v} \tag{8.46}$$

Na região de camada limite, o escoamento é bidimensional com:

$$\frac{\partial V}{\partial y} \gg \frac{\partial V}{\partial x} \tag{8.47}$$

em que V é um parâmetro qualquer. Além disso, o fluxo mássico de B ocorre na direção y, o que leva a Equação (8.46) a ser reescrita segundo:

$$n_{B,p} = -\rho D_{AB}\left.\frac{\partial w_B}{\partial y}\right|_{y=0} + \rho w_{Bp} v_p \tag{8.48}$$

Como a superfície líquida é impermeável ao fluxo de B, ou seja, B é insolúvel no líquido, o fluxo do inerte (B) na interface $y = 0$ é nulo, levando a Equação (8.48) a ser posta como:

$$w_{Bp} v_p = D_{AB}\left.\frac{\partial w_B}{\partial y}\right|_{y=0} \tag{8.49}$$

Como nos interessa a distribuição de concentração adimensional do soluto A, e como se trata de uma mistura binária: $w_{A_p} + w_{B_p} = 1$, e supondo $D_{AB} = D_{BA}$, a Equação (8.49) é reescrita na forma:

$$v_p = -\frac{D_{AB}}{\left(1 - w_{A_p}\right)}\left.\frac{\partial w_A}{\partial y}\right|_{y=0} \tag{8.50}$$

Para explicitarmos a Equação (8.50) em função da variável de similaridade η, retomamos o adimensional (8.29) em função da fração mássica de A e buscamos a Equação (8.39) avaliada em $\eta = 0$. Levando os resultados obtidos para a Equação (8.50):

$$v_p = -D_{AB}\frac{\mathrm{Re}_x^{1/2}}{x}\left(\frac{w_{A_\infty} - w_{A_p}}{1 - w_{A_p}}\right)\theta'(0) \tag{8.51}$$

Obtém-se o parâmetro f_p, após substituir a Equação (8.51) na Equação (8.45):

$$f_p = \frac{2}{Sc}\left(\frac{w_{A_\infty} - w_{A_p}}{1 - w_{A_p}}\right)\theta'(0) \tag{8.52}$$

Nos casos de evaporação e sublimação $w_{A_p} > w_{A_\infty}$, o parâmetro de injeção f_p assume valor negativo, o que leva a velocidade v_p a ser positiva, cujo sentido coincide com o do referencial adotado ($y = 0$ na fronteira), com o fluxo de matéria de A direcionado ao escoamento; em outras palavras, *o fluxo de A é injetado no meio*. Na situação inversa, $w_{A_p} < w_{A_\infty}$, como é o caso da condensação, o parâmetro de sucção f_p assume valor positivo, acarretando v_p negativa, indicando que o fluxo de A vem do escoamento em direção à interface; ou seja, *o fluxo de A é succionado pela parede*.

O parâmetro f_p afeta tanto a distribuição de velocidade adimensional da mistura, pois dela é uma condição de contorno, quanto a distribuição de concentração adimensional do soluto A, como pode ser visto na Equação (8.52) por intermédio da relação funcional entre f_p e $\theta'(0)$.

Solução numérica da distribuição de concentração adimensional do soluto

Na Equação (8.41) existe a dependência da distribuição de concentração adimensional do soluto com a distribuição de velocidade adimensional da mistura, esta obtida pela solução da Equação (7.84). Tal problema já foi solucionado no capítulo anterior, para $\eta = 0$ e $f = f_p = 0$, da qual uma condição de contorno foi gerada na forma: $\eta = 0$; $f'' = 0{,}33206$. Essa condição é particularmente válida no caso da sublimação e da evaporação de líquidos pouco voláteis que, em condições normais de temperatura e pressão, apresentam $|f_p| \approx 0$.

A distribuição de velocidade adimensional da mistura advém imediatamente da aplicação do algoritmo apresentado nas Equações (7.88), sem a necessidade da utilização da fórmula de recorrência (7.86d). Por outro lado, ao se inspecionar a Equação (8.41) em conjunto com as condições (8.42) e (8.43), percebe-se que "falta" uma condição em uma das fronteiras na região de camada limite, como, por exemplo, em $\eta = 0$. Nesse contorno, conhece-se $\theta(0)$; desconhecendo-se, contudo, $\theta'(0)$. Por conseguinte, aflora a oportunidade de aplicar novamente o método do chute, o qual consiste em arbitrar um valor para $\theta'(0)$ e, de posse desse valor, integra-se a Equação (8.41) de $\eta = 0$ até $\eta \to \infty$, na qual se deve encontrar a condição (8.43).

Retomando as Equações (7.86a) a (7.86c), temos, para a situação atual, a fórmula de recorrência tipo Newton-Raphson:

$$\theta'(0)_{i+1} = \theta'(0)_i + \left[\frac{\theta'(0)_i - \theta'(0)_{i-1}}{\theta(\eta_\infty)_i - \theta(\eta_\infty)_{i-1}}\right]\left[1 - \theta(\eta_\infty)_i\right] \tag{8.53}$$

O critério de convergência é similar ao adotado para a Equação (7.86d). Para integrar a Equação (8.41), podemos reescrevê-la como:

$$\theta'' = -\frac{1}{2}Scf\theta'$$

ou

$$w' = -\frac{1}{2}(Sc)(x)(w)$$

com: $f = x$; $v = \theta$; $w = v' = \theta'$ e $w' = v'' = \theta''$, no que resulta o seguinte sistema de equações:

$$\begin{cases} v' = w \\ w' = -Sc{\cdot}x{\cdot}w/2 \end{cases} \tag{8.54}$$

A solução dos sistemas (7.87c) e (8.54) nos conduz às distribuições de concentração adimensional do soluto e de velocidade (componente u) adimensional da mistura na região de camada limite. No que se refere à dinâmica do escoamento, apresentou-se a sua solução de acordo com o algoritmo sugerido nas Equações (7.80). Para o caso do sistema (8.54), propõe-se o seguinte algoritmo tipo Runge-Kutta de quarta ordem:

$$v_{i+1} = v_i + \frac{1}{6}\left(VK_1 + 2VK_2 + 2VK_3 + VK_4\right) \tag{8.55a}$$

$$w_{i+1} = w_i + \frac{1}{6}\left(WK_1 + 2WK_2 + 2WK_3 + WK_4\right) \tag{8.55b}$$

com

$$VK_1 = (\Delta\eta)\cdot w_i \tag{8.55c}$$

$$WK_1 = (\Delta\eta)\cdot(-Sc\, x_i w_i/2) \tag{8.55d}$$

$$VK_2 = (\Delta\eta)\cdot(w_i + VK_1/2) \tag{8.55e}$$

$$WK_2 = (\Delta\eta)\cdot[-Sc(x_i + XK_1/2)\cdot(w_i + WK_1/2)/2] \tag{8.55f}$$

$$VK_3 = (\Delta\eta)\cdot(w_i + VK_2/2) \tag{8.55g}$$

$$WK_3 = (\Delta\eta)\cdot[-Sc(x_i + XK_2/2)\cdot(w_i + WK_2/2)/2] \tag{8.55h}$$

$$VK_4 = (\Delta\eta)\cdot(w_i + VK_3) \tag{8.55i}$$

$$WK_4 = (\Delta\eta)\cdot[-Sc(x_i + XK_3).(w_i + WK_3)/2] \tag{8.55j}$$

Tendo em mãos os algoritmos (7.88) e (8.55) em conjunto com a fórmula de recorrência (8.53), desenvolveu-se um programa em linguagem FORTRAN 77[4], possibilitando a determinação da distribuição de concentração mássica adimensional do soluto A, em função da variável de similaridade η. No programa apresentado no Apêndice A2, fixam-se valores para o Sc e para o parâmetro $f_p = f(0)$ e arbitram-se valores para $f''(0)$ e $\theta'(0)$. Como a distribuição de velocidade da mistura não depende da de concentração do soluto, haverá primeiro a convergência para o valor correto de $f''(0)$. Com os valores de $f_p = f(0)$ e $f''(0)$, a convergência para $\theta'(0)$ é automática, tornando possível a obtenção da distribuição da concentração adimensional do soluto na região de camada limite mássica. As Figuras (8.5) e (8.6), assim como a Tabela (8.2), mostram os resultados obtidos.

---

[4] No programa contido no Apêndice A2: $x_i = X(I)$; $y_i = DX(I)$; $z_i = DXX(I)$; $v_i = CX(I)$; $w_i = DCX(I)$ e $\Delta\eta$ = DELTA.

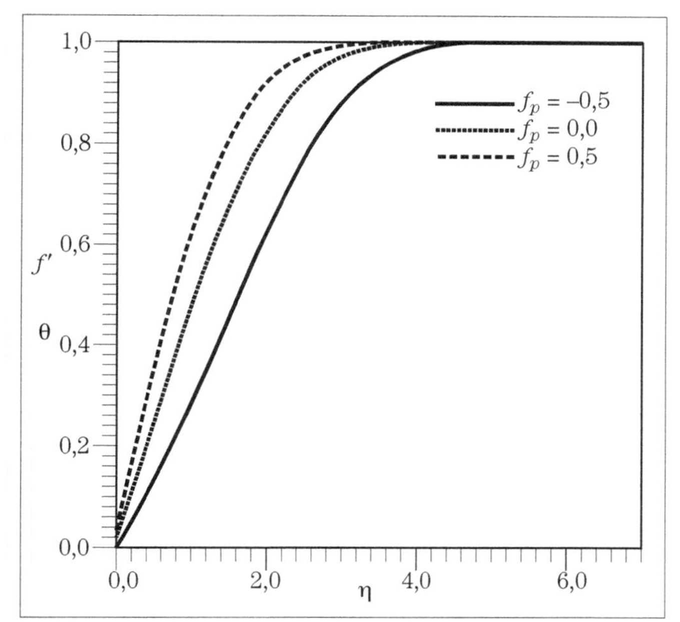

Figura 8.5 – Influência do f_p nas distribuições da componente *u* da velocidade adimensional da mistura e de concentração adimensional do soluto para *Sc* = 1, em que $\eta = y/x\,\mathrm{Re}_x^{1/2}$.

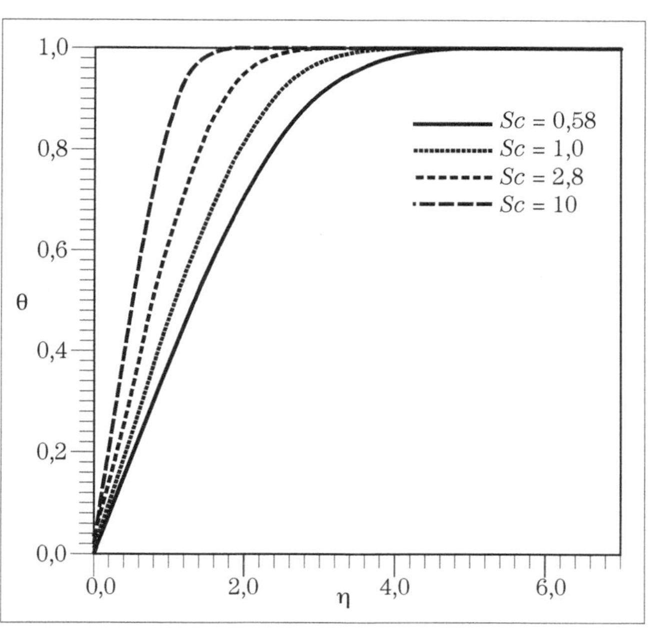

Figura 8.6 – Influência do *Sc* na distribuição da concentração adimensional do soluto para $f_p = 0$, em que $\eta = y/x\,\mathrm{Re}_x^{1/2}$.

Tabela 8.1 – Resultados da simulação das camadas limites dinâmica e mássica no regime laminar: convecção forçada

		Injeção de matéria					← f_p →	Sucção de matéria				
	f_p	–0,5	–0,4	–0,3	–0,2	–0,1	0,0	0,1	0,2	0,3	0,4	0,5
	$f''(0)$	0,16449	0,19559	0,22801	0,26164	0,29635	0,33206	0,36867	0,40612	0,44433	0,48325	0,52282
	η_δ para u/u_∞=0,99	6,04	5,77	5,52	5,30	5,10	4,91	4,74	4,58	4,41	4,29	4,16
Sc = 0,58	$\theta'(0)$	0,16465	0,18604	0,20762	0,22941	0,2514	0,27360	0,29600	0,31860	0,34140	0,36440	0,38758
	η_M para $\theta(\eta)$=0,99	7,15	6,87	6,65	6,45	6,25	6,07	5,91	5,75	5,60	5,47	5,33
Sc = 1,0	$\theta'(0)$	0,16449	0,19559	0,22801	0,26164	029635	0,33206	0,36867	0,40612	0,44433	0,48325	0,52282
	η_M para $\theta(\eta)$=0,99	6,04	5,77	5,52	5,30	5,10	4,91	4,74	4,58	4,41	4,29	4,16
Sc = 2,6	$\theta'(0)$	0,12177	0,17332	0,23374	0,3026	0,37897	0,46197	0,55079	0,64468	0,74296	0,84502	0,95034
	η_M para $\theta(\eta)$=0,99	4,69	4,39	4,12	3,88	3,66	3,46	3,27	3,11	2,95	2,79	2,67
Sc = 10	$\theta'(0)$	0,013	0,04425	0,11663	0,24993	0,45448	0,72814	1,06032	1,43777	1,84840	2,28272	2,73382
	η_M para $\theta(\eta)$=0,99	3,57	3,23	2,93	2,67	2,41	2,15	1,95	1,75	1,57	1,41	1,27

O efeito do parâmetro f_p nas distribuições de velocidade adimensional da mistura e de concentração adimensional do soluto pode ser visto na Tabela (8.2), bem como na Figura (8.5), a qual foi obtida considerando $Sc = 1$. Da análise desta figura, observa-se que o parâmetro f_p desestabiliza as distribuições adimensionais f' e θ. À medida que f_p aumenta, os valores de velocidade adimensional da mistura e de concentração adimensional de A atingem as condições $f' = 0{,}99$ e $\theta = 0{,}99$ (ou seja, $\eta_M \to \infty$) para valores de η_M menores, diminuindo as espessuras das camadas limites dinâmica e mássica.

Observe, por inspeção da Tabela (8.1), que a distribuição de velocidade adimensional da mistura não é afetada por Sc, mas sim por f_p. Isto é consequência do fato de a distribuição de velocidade adimensional da mistura não depender da concentração adimensional do soluto. Ainda, da inspeção desta tabela, verificamos:

$$\theta'(0) = f''(0)Sc^n \tag{8.56}$$

Para $f_p = 0$, temos $n \cong 1/3$ e $f''(0) = 0{,}33206$, que, substituídos na Equação (8.56), resultam:

$$\theta'(0) = 0{,}33206\, Sc^{1/3} \tag{8.57}$$

A distribuição de concentração adimensional de A para todos os valores de Sc está, sinteticamente, apresentada na Figura (8.7), na qual se nota na abscissa, para $f_p = 0$:

$$\eta = \frac{y}{x}\mathrm{Re}_x^{1/2} Sc^{1/3} \tag{8.58}$$

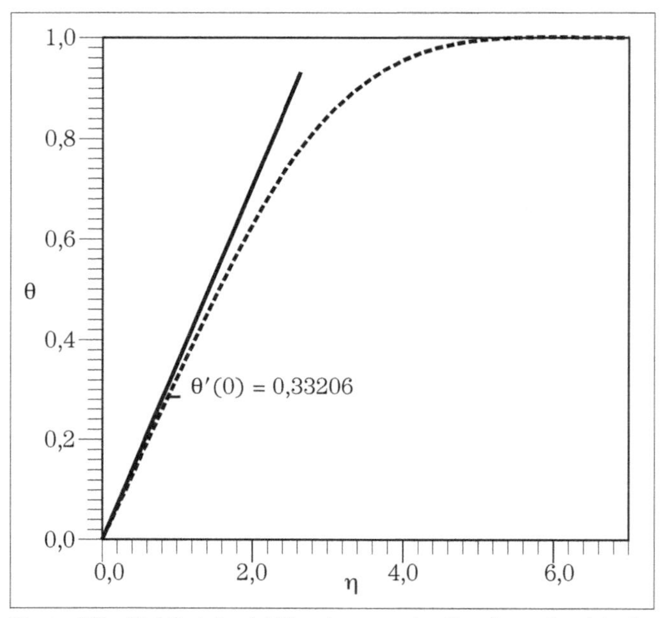

Figura 8.7 – Distribuição sintética da concentração adimensional de A para $f_p = 0$, em que $\eta = (y/x)\,\mathrm{Re}_x^{1/2} Sc^{1/3}$.

8.3.2 Evaporação

Vamos admitir que o ar com certa umidade relativa φ escoe à velocidade u_∞ e pressão P sobre uma placa plana horizontal parada, cuja superfície contém uma película fina aderente de água líquida à mesma temperatura da corrente gasosa. Perceba que na interface gás–líquido, ou $y = 0$, a fração molar do vapor de água é conhecida e é dada, por exemplo, pela Equação (8.18) dividida pela pressão total do sistema. Denominando o vapor de água de A, verifica-se que a sua fração molar em uma mistura gasosa ideal, em condições isotérmicas, é $y_{A_\infty} = \varphi y_{A_p}$, em que $y_{A_p} = P_A^{vap}/P$. Como $y_{A_p} > y_{A_\infty}$, ou seja, a pressão parcial do vapor de água presente na mistura gasosa é menor do que a sua pressão de vapor à temperatura dessa mistura, haverá o fluxo de massa do soluto da superfície da película líquida aderente à corrente gasosa, caracterizando o fenômeno da evaporação.

A distribuição de concentração adimensional do vapor da água e a distribuição de velocidade adimensional da mistura são obtidas pelo método numérico descrito há pouco. Por outro lado, o método que gerou a Tabela (8.1) consistiu em fixar arbitrariamente valores para f_p e Sc, não se importando com o fenômeno. Enfim, houve uma “desobediência” intencional da condição de contorno (8.52). No entanto, ao retomarmos o realismo físico, como é o caso, a condição (8.52) deve ser aplicada, pois há fluxo de matéria junto à fina película líquida aderente à placa.

As Figuras (8.8) a (8.10) mostram os resultados de $f_p, f''(0)$ e $\theta'(0)$ para diversas condições de temperatura e de umidade relativa do sistema ar/vapor de água. Nesses resultados, admite-se um valor médio para Sc, o qual é dado segundo:

$$Sc = \frac{1}{2}\left(Sc\big|_{y_{A_p}} + Sc\big|_{y_{A_\infty}} \right) = \frac{1}{2}\left(\frac{\nu_{\text{mis}}}{D_{AB}}\bigg|_{y_{A_p}} + \frac{\nu_{\text{mis}}}{D_{AB}}\bigg|_{y_{A_\infty}} \right) \tag{8.59}$$

com as propriedades da mistura avaliadas de acordo com procedimento semelhante ao apresentado no exemplo (8.1).

O fenômeno da evaporação é do tipo *injeção de matéria* para o escoamento. O seu comportamento assemelha-se, qualitativamente, à situação descrita na Tabela (8.1) para a situação:

Injeção de matéria	$\leftarrow f_p$

Dessa maneira, à medida que a quantidade de matéria é injetada na corrente de ar úmido, aumentam-se as espessuras das camadas limites dinâmica e mássica (atente para o comportamento dos valores presentes na Tabela (8.1) para $-f_p$). Haverá maior fluxo de massa evaporando desde que haja maior força motriz para o transporte do soluto. Isto é verificado quando a temperatura da mistura aumenta ou quando a umidade relativa do ar diminui. Todavia, a injeção de matéria aumenta as espessuras das camadas limites dinâmica e mássica, levando à diminuição no valor do coeficiente convectivo de transferência de massa. Esse fenômeno pode ser acompanhado por inspeção da inclinação $\theta'(0)$ [analise as Figuras (8.8), (8.9) e (8.10)].

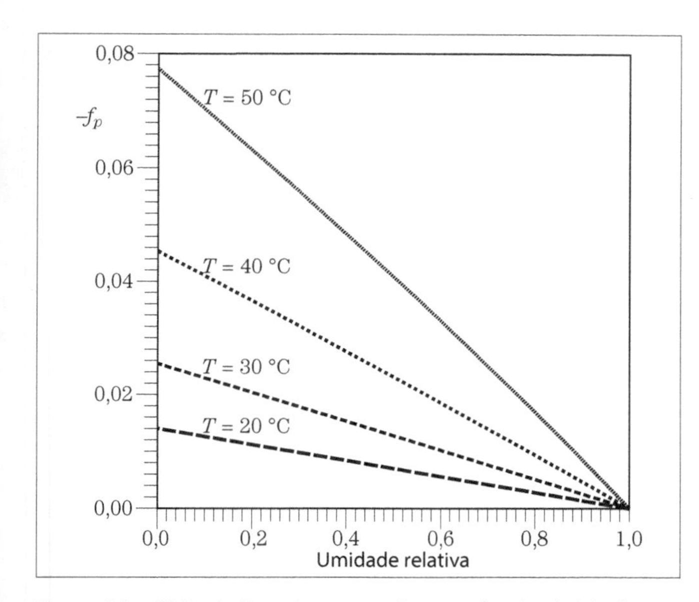

Figura 8.8 – Efeito do fluxo de evaporação no parâmetro de injeção para $P = 1$ atm.

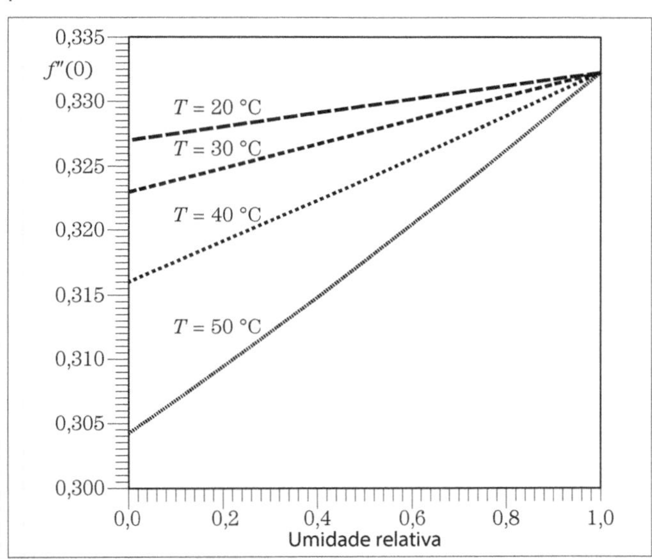

Figura 8.9 – Efeito do fluxo de evaporação em $f''(0)$ para $P = 1$ atm.

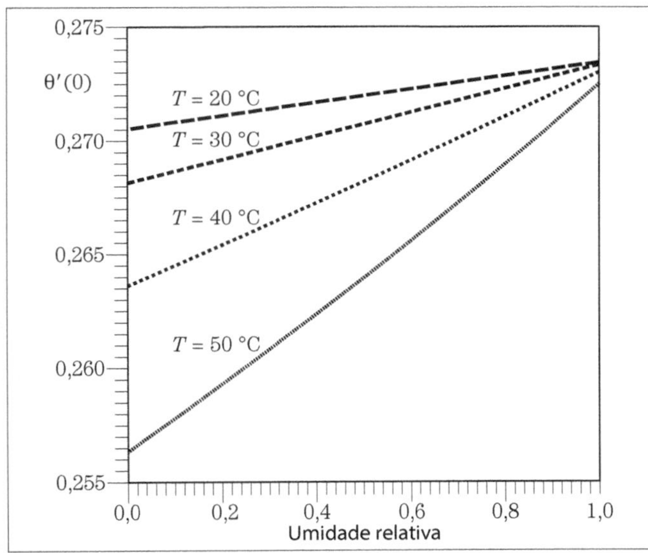

Figura 8.10 – Efeito do fluxo de evaporação em $\theta'(0)$ para $P = 1$ atm.

8.3.3 Espessura da camada limite laminar mássica

... E o que fazer com as distribuições de concentração adimensional do soluto obtidas? Essa pergunta já nos foi formulada quando da solução da equação de Blasius, no Capítulo 7. Aqui, o procedimento é semelhante: buscaremos informações sobre a espessura da camada limite mássica, o fluxo de matéria em uma dada superfície ou fronteira (lembre-se de que, advinda da camada limite dinâmica, tínhamos a tensão de cisalhamento), assim como um coeficiente convectivo de transferência de massa (no caso da distribuição de velocidade, tínhamos o coeficiente de atrito).

A espessura da camada limite laminar mássica é definida como a distância da superfície da placa, na qual a diferença de concentração mássica do soluto nesse ponto e aquela da superfície é 99% da diferença entre a concentração do soluto na corrente livre e aquela da interface p, ou seja:

$$\rho_{A_{\delta_M}} - \rho_{A_p} = 0{,}99(\rho_{A_\infty} - \rho_{A_p})$$

ou

$$\theta(\eta) = 0{,}99 \tag{8.60}$$

Para qualquer valor de f_p, temos em $\theta(\eta) = 0{,}99$: $y = \delta_M$ e $\eta = \eta_M$. Desse modo, a espessura da camada limite mássica pode ser determinada pela Equação (7.100), reescrita na forma:

$$\eta_M = \frac{\delta_M}{x}\mathrm{Re}_x^{1/2}$$

ou

$$\delta_M = \frac{\eta_M x}{\mathrm{Re}_x^{1/2}} \tag{8.61}$$

Por inspeção da Tabela (8.2), verifica-se para $f_p = 0$ e 0 $Sc = 1$ que o valor de η_M, para $\theta(\eta) = 0{,}99$, é 4,91. Nessa situação temos $y = \delta_M$, que, substituído na Equação (8.58), nos fornece:

$$4{,}91 = \frac{\delta_M}{x}\mathrm{Re}_x^{1/2} Sc^{1/3}$$

ou

$$\delta_M = \frac{4{,}91x}{\mathrm{Re}_x^{1/2} Sc^{1/3}} \tag{8.62}$$

A relação entre as espessuras das camadas limites dinâmica e mássica para $f_p = 0$ é imediata.

Depois de identificar a Equação (7.101) em (8.62), obtém-se:

$$\frac{\delta}{\delta_M} = Sc^{1/3} \quad (8.63)$$

A relação (8.63) pode ser generalizada na medida em que:

$$\frac{\delta}{\delta_M} = \frac{\eta}{\eta_M} \quad (8.64)$$

Ao analisarmos a Tabela (8.1), constatamos que a Equação (8.64) pode ser retomada segundo:

$$\frac{\delta}{\delta_M} = Sc^n \quad (8.65)$$

Conclui-se que a evaporação, por exemplo, influencia também a relação entre as espessuras das camadas limites dinâmica e mássica. Por outro lado, em condições normais de temperatura e de pressão o efeito não é tão significativo e podemos, perfeitamente, ficar com a Equação (8.63).

O conceito da espessura da camada limite é útil na análise qualitativa do fenômeno de transferência de massa. Na região limitada pela espessura δ_M, os efeitos difusivos são da mesma ordem de grandeza que os convectivos. À medida que se aumenta a velocidade do escoamento do meio, há decréscimo na espessura da camada limite dinâmica. Como decorrência, os valores de velocidade da componente u no seu interior "tendem" a se tornar constantes e iguais ao da velocidade da solução que está longe da parede, favorecendo o fluxo de matéria.

Exemplo 8.3

Uma corrente de ar com 75% de umidade relativa a 40 °C e 1 atm escoa a 2 m/s sobre uma placa plana horizontal parada, cuja superfície está embebida com uma fina película aderente de água à mesma temperatura da corrente gasosa. Pede-se que:

a) determine a espessura da camada limite mássica a 0,1 cm da borda de ataque da placa. Nessas condições de operação, observou-se $\eta_M = 6{,}1$;

b) refaça o item (a), considerando as propriedades apenas do ar seco na corrente gasosa e desconsiderando o efeito do fluxo de matéria nas distribuições de concentração do soluto e de velocidade da mistura;

c) compare e analise os resultados obtidos nos itens (a) e (b).

Solução:

a) Substituindo $\eta_M = 6{,}1$ na Equação (8.61):

$$\delta_M = \frac{6{,}1x}{\mathrm{Re}_x^{1/2}}$$

visto $x = 0{,}1$ cm, essa equação fica:

$$\delta_M = \frac{0{,}61}{\mathrm{Re}_x^{1/2}} \quad (1)$$

Resta-nos determinar o número de Reynolds local:

$$\mathrm{Re}_x = \frac{xu_\infty}{\nu} \quad (2)$$

Do enunciado verificamos: $u_\infty = 200$ cm/s e $x = 0{,}1$ cm; que, substituído em (2), resulta:

$$\mathrm{Re}_x = \frac{20}{\nu} \quad (3)$$

Exemplo 8.3 (*continuação*)

em que $\nu = \nu_{mis}$. Contudo, a viscosidade da mistura depende da concentração do soluto A. Essa concentração varia desde a superfície da película líquida até a corrente livre; ou seja, desde y_{A_p} a y_{A_∞}. Dessa maneira, o número de Reynolds local é determinado por:

$$\text{Re}_x = \frac{1}{2}\left(\text{Re}_x\big|_{y_{A_p}} + \text{Re}_x\big|_{y_{A_\infty}}\right) \tag{8.66}$$

Do exemplo (8.1):

$y_{A_p} = 0{,}07306$, $y_{A_\infty} = 0{,}0548$ e $\nu|_{y_{A_\infty}} = 0{,}1665$ cm²/s.

Para determinar $\nu|_{y_{A_p}}$, desenvolvem-se os cálculos segundo o procedimento adotado no exemplo (8.1), resultando $y_{A_p} = 0{,}1661$ cm²/s. Desse modo:

$$\text{Re}_x = \frac{20}{2}\left(\frac{1}{0{,}1661} + \frac{1}{0{,}1665}\right) = 120{,}26 \tag{4}$$

Substituindo (4) em (1):

$$\delta_M = \frac{0{,}61}{(120{,}26)^{1/2}} = 0{,}0556 \text{ cm} \tag{5}$$

b) Para $f_p = 0$, podemos utilizar a Equação (8.62):

$$\delta_M = \frac{4{,}91x}{\text{Re}_x^{1/2} Sc^{1/3}} \tag{6}$$

No exemplo (8.1) foi calculado para o ar seco: $\mu_{ar} = 1{,}88547 \times 10^{-4}$ (g/cm·s) e $\rho_{ar} = 1{,}1233 \times 10^{-3}$ (g/cm³), possibilitando-nos obter:

$$\nu = \frac{\mu_{ar}}{\rho_{ar}} = \frac{1{,}88547 \times 10^{-4}}{1{,}1233 \times 10^{-3}} = 0{,}1679 \text{ cm}^2/\text{s} \tag{7}$$

Substituindo (7) em (4):

$$\text{Re}_x = \frac{20}{\nu} = \frac{20}{0{,}1679} = 119{,}12 \tag{8}$$

Falta-nos calcular o Sc, que é:

$$Sc = \frac{\nu}{D_{AB}} \tag{9}$$

Do exemplo (8.1), $D_{AB} = 0{,}288$ cm²/s. Substituindo este valor em conjunto com (7) em (9), obtemos:

$$Sc = \frac{0{,}1679}{0{,}288} = 0{,}583 \tag{10}$$

Sabendo que $x = 0{,}1$ cm, e depois de levar esse valor junto com (8) e (10) a (6), obtém-se:

$$\delta_M = \frac{(4{,}91)(0{,}1)}{(119{,}12)^{1/2}(0{,}583)^{1/3}} = 0{,}0583 \text{ cm} \tag{11}$$

Podemos ver, por intermédio dos resultados (5) e (11), que ao se injetar matéria no meio em que há transferência de massa, aumenta-se a espessura da camada limite mássica.

Exemplo 8.3 (*continuação*)

c) Admitindo o valor 0,0556 cm como o correto, verificamos que o valor 0,0538 desvia-se, em valor relativo, 3,24%. Este desvio se deve mais a não se considerar o efeito do fluxo de matéria do que a se considerar apenas as propriedades do ar seco. Para confirmar esta afirmação, calcula-se o Sc médio segundo a Equação (8.61):

$$Sc = \frac{1}{2}\left(Sc\big|_{y_{A_p}} + Sc\big|_{y_{A_\infty}}\right) = \frac{1}{2}\left(\frac{\nu}{D_{AB}}\bigg|_{y_{A_p}} + \frac{\nu}{D_{AB}}\bigg|_{y_{A_\infty}}\right) = \frac{1}{2}\left(\frac{0,1661}{0,288} + \frac{0,1665}{0,288}\right) = 0,5774 \qquad (12)$$

e o substitui em conjunto com $\mathrm{Re}_x = 120,23$ na Equação (6), resultando:

$$\delta_M = \frac{(4,91)(0,1)}{(120,26)^{1/2}(0,5774)^{1/3}} = 0,0537 \text{ cm} \qquad (13)$$

ou seja: praticamente o resultado (11).

8.3.4 Fluxo de matéria do soluto em uma dada fronteira

Por que se calcula o fluxo do soluto na fronteira ou em uma dada interface? Onde estamos interessados em avaliar um determinado fenômeno? Que tipo de fenômeno é esse? Se retomarmos o caso da evaporação, perceberemos que é a partir de uma fronteira (película líquida aderente à placa) que o soluto começa a se difundir para o meio. Sob este enfoque, temos que a sublimação descreve um fenômeno análogo à evaporação. Qualquer que seja a situação física, o fluxo mássico do soluto A na fronteira $y = 0$ é obtido da Equação (8.48) reescrita para o soluto A, ou:

$$n_{A,p} = -\rho D_{AB} \frac{\partial w_A}{\partial y}\bigg|_{y=0} + \rho w_{Ap} v_p \qquad (8.67a)$$

Substituindo a Equação (8.50) na Equação (8.67a), obtém-se:

$$n_{A,p} = n_{A,y}\big|_{y=0} = -\frac{\rho D_{AB}}{\left(1 - w_{A_p}\right)} \frac{\partial w_A}{\partial y}\bigg|_{y=0} \qquad (8.67b)$$

Trazendo a concentração adimensionalizada de A, definição (8.29), em função de sua fração mássica na Equação (8.67b):

$$n_{A,p} = -\rho D_{AB}\left(\frac{w_{A_\infty} - w_{A_p}}{1 - w_{A_p}}\right) \frac{\partial \theta(\eta)}{\partial y}\bigg|_{y=0} \qquad (8.67c)$$

Utilizando a derivada (8.39) avaliada em $y = 0$ e substituindo o resultado em (8.67c):

$$n_{A,p} = -\rho D_{AB}\left(\frac{w_{A_\infty} - w_{A_p}}{1 - w_{A_p}}\right)\theta'(0)\frac{\mathrm{Re}_x^{1/2}}{x} \qquad (8.68)$$

A Equação (8.68) é válida para qualquer f_p: injeção ou sucção de massa. Para a evaporação da água no ar, em condições isotérmicas e $P = 1$ atm, pode-se utilizar a inclinação $\theta'(0)$ presente na Figura (8.10). No caso de $f_p = 0$, não haverá a contribuição convectiva $\rho_A v_p$ na Equação (8.67a), posto que $v_p = 0$. Deste modo, o fluxo mássico de A na interface fica:

$$n_{A,p} = -D_{AB} \frac{\partial \rho_A}{\partial y}\bigg|_{y=0} \qquad (8.69a)$$

o qual é reescrito em função de η e de $\theta'(0)$ de acordo com:

$$n_{A,p} = -D_{AB}\left(\rho_{A_\infty} - \rho_{A_p}\right)\theta'(0)\frac{\mathrm{Re}_x^{1/2}}{x} \qquad (8.69b)$$

Nesse caso, $\theta'(0)$ é identificado à Equação (8.57), permitindo-nos retomar a Equação (8.69b) como:

$$n_{A,p} = 0,33206 D_{AB}\left(\rho_{A_\infty} - \rho_{A_p}\right)\frac{\mathrm{Re}_x^{1/2} Sc^{1/3}}{x} \qquad (8.70)$$

Exemplo 8.4

Obtenha o fluxo mássico de A referente ao item (a) do Exemplo (8.3).

Solução:

Pelo fato de estarmos considerando injeção de matéria, a Equação (8.68) pode ser expressa de acordo com:

$$n_{A,p} = D_{AB}\frac{M_A P}{RT}\left(\frac{y_{A_p} - y_{A_\infty}}{1 - y_{A_p} M_A/M_p}\right)\theta'(0)\frac{\text{Re}_x^{1/2}}{x} \quad (1)$$

sendo M_p a massa molar da mistura em $y = 0$:

$$M_p = y_{A_p}M_A - (1 - y_{A_p})M_B \quad (2)$$

Como A = vapor de água, e B, ar; do exemplo (8.1): y_{A_p} = 0,07306 e M_A = 18,015 g/mol, bem como M_B = 28,85 g/mol, temos em (2):

$$M_p = (0{,}07306)(18{,}015) + (1 - 0{,}07306)(28{,}85) = 28{,}058 \text{ g/mol}$$

Exceto $\theta'(0)$, todas as grandezas presentes na Equação (1) encontram-se no exemplo (8.3). Portanto, a Equação(1) é retomada segundo:

$$n_{A,p} = (0{,}288)\frac{(18{,}015)(1)(120{,}26)^{1/2}(0{,}07306 - 0{,}0548)}{(82{,}05)(313{,}15)(0{,}1)[1 - (0{,}07306)(18{,}015)/(28{,}058)]}\theta'(0) = 4{,}24 \times 10^{-4}\theta'(0) \quad (3)$$

Da Figura (8.10): $\theta'(0) \cong 0{,}27$, que, substituída em (3), fornece:

$$n_{A,p} = (4{,}24 \times 10^{-4})(0{,}27) = 1{,}14 \times 10^{-4} \text{ (g/cm}^2\cdot\text{s)}$$

Cabe a pergunta: qual seria o valor de $n_{A,p}$ para $f_p = 0$? Procure responder e interpretar a sua resposta.

8.3.5 Coeficiente convectivo de transferência de massa

Para que serve o k_m? Sem rodeios: serve para calcular o fluxo ou a taxa de certo soluto em um fenômeno de transferência de massa em uma dada interface como na evaporação, condensação ou absorção. Basta conhecermos as concentrações do soluto na fronteira considerada, por intermédio de uma relação de equilíbrio, e no seio da fase na qual se dá a transferência de massa. O coeficiente convectivo de transferência de massa foi-nos apresentado no Capítulo 7, no qual tivemos a oportunidade de nos debruçarmos sobre o k_m e dele extrairmos informações interessantes. Uma delas é que este coeficiente abarca influências moleculares e fluidodinâmicas. Outra é que ele está intimamente associado à distribuição de concentração do soluto, a qual depende do modelo de mecanismo de transporte para descrevê-la. A grande questão, agora, é conhecermos a *cara* do k_m pelo modelo da camada limite mássica. A definição deste coeficiente, na sua forma local, é oriunda da Equação (7.14):

$$k_{m_x} = -D_{AB}\frac{\partial\rho_A/\partial y|_{y=0}}{\left(\rho_{A_p} - \rho_{A_\infty}\right)} \quad (7.14)$$

Se observarmos com cuidado, veremos que a definição do k_{m_x}, posta de acordo com a Equação (7.14), advém somente do conhecimento da distribuição de concentração do soluto. Os efeitos, para essa situação, de injeção ou de sucção de matéria, estão implícitos nessa distribuição.

A Equação (7.14) pode ser escrita em termos da concentração adimensional do soluto, considerando nela a definição (8.29). Dessa maneira:

$$k_{m_x} = D_{AB}\left.\frac{\partial\theta}{\partial y}\right|_{y=0} \quad (8.71)$$

Substituindo a derivada (8.39), avaliada em $\eta = 0$, na Equação (8.71):

$$k_{m_x} = D_{AB}\frac{\mathrm{Re}_x^{1/2}}{x}\theta'(0) \qquad (8.72)$$

A inclinação $\theta'(0)$ depende de f_p e Sc, como atesta a Tabela (8.2). No caso da evaporação da água em ar úmido a 1 atm, obtém-se a inclinação $\theta'(0)$ pela Figura (8.10). Interessa-nos, todavia, valores médios para k_m, os quais são obtidos da Equação (7.15). Levando a essa equação a Equação (8.72), verificamos:

$$k_m = \theta'(0)\frac{D_{AB}}{L}\left(\frac{u_\infty}{\nu}\right)^{0,5}\int_0^L x^{-0,5}\,dx$$

cuja integração resulta:

$$Sh = \frac{k_m L}{D_{AB}} = 2\theta'(0)\mathrm{Re}^{1/2} \qquad (8.73)$$

em que $\mathrm{Re} = u_\infty L/\nu$.

Para $f_p = 0$, é só trazer a Equação (8.57) a (8.73):

$$Sh = 0{,}6641\ \mathrm{Re}^{1/2}Sc^{1/3} \qquad (8.74)$$

Ressalte-se que o fluxo mássico de A junto à superfície de uma placa ou a de uma película líquida pode ser determinado por intermédio do coeficiente convectivo de transferência de massa. Esse fluxo, para $f_p \neq 0$, é obtido depois de substituirmos a Equação (8.72) na Equação (8.68):

$$n_{A,p} = k_{m_x}\left(\frac{\rho_{A_p} - \rho_{A_\infty}}{1 - w_{A_p}}\right) \qquad (8.75)$$

que, em valores médios, fica:

$$n_{A,p} = k_m\left(\frac{\rho_{A_p} - \rho_{A_\infty}}{1 - w_{A_p}}\right) \qquad (8.76)$$

sendo o k_m calculado de acordo com a Equação (8.73).

Para $f_p = 0$, o fluxo de matéria em $y = 0$ é dado pela Equação (7.1), ou:

$$n_{A,p} = k_m(\rho_{A_p} - \rho_{A_\infty}) \qquad (7.1)$$

com k_m calculado por (8.74). *Note que a Equação (8.76) é a que melhor descreve o fenômeno da convecção mássica, sendo a Equação (7.1) um caso particular.*

Exemplo 8.5

Obtenha o coeficiente convectivo local de transferência de massa referente ao exemplo (8.4) e compare o seu valor com aquele advindo da suposição de $f_p = 0$.

Solução:

Da Equação (8.72):

$$k_{m_x} = D_{AB}\frac{\mathrm{Re}_x^{1/2}}{x}\theta'(0) \qquad (1)$$

Todos os termos presentes na Equação (1) estão no exemplo anterior. Assim sendo:

$$k_{m_x} = (0{,}288)\frac{(120{,}26)^{1/2}}{(0{,}1)}(0{,}27) = 8{,}53\ \text{cm/s} \qquad (2)$$

Para $f_p = 0$, temos de substituir a Equação (8.57) na Equação (8.72):

$$k_{m_x} = 0{,}33206\,D_{AB}\frac{\mathrm{Re}_x^{1/2}}{x}Sc^{1/3} \qquad (3)$$

Verificamos no exemplo (8.1) que $Sc = 0{,}5781$ (veja a Equação (23) desse exemplo), o que nos possibilita retomar a Equação (3) segundo:

$$k_{m_x} = (0{,}33206)(0{,}288)\frac{(120{,}26)^{1/2}}{(0{,}1)}(0{,}5781)^{1/3} = 8{,}74\ \text{cm/s} \qquad (4)$$

Exemplo 8.5 (*continuação*)

Considerando o valor 8,53 cm/s como o correto, o desvio associado à simplificação é:

$$DR = \frac{|8,74 - 8,53|}{8,53} \times 100\% = 2,46\%$$

ou seja: o parâmetro de *injeção* faz com que o valor do coeficiente convectivo de transferência de massa diminua. Pense a respeito!

8.4 TRANSFERÊNCIA DE MASSA NO REGIME TURBULENTO

Uma pitada a mais de açúcar, obrigado. Enquanto revolvia com uma pequena colher o café contido na xícara, José Brix parou de refletir sobre a possível ida a Guaraci, lá no Paraná, e debruçou o olhar nos pequenos grânulos de sacarose que, pouco a pouco, se dissolviam no líquido. Por que (pensou), à medida que agito o café, o açúcar dissolve com mais facilidade? Brix resolveu tomar outro café, ou melhor, mais duas xícaras. Em uma delas, pediu café fervendo e, na outra, frio. Solicitou açúcar ao padrinho Ademir Demarchi (o garçom). Dispôs nas duas xícaras a mesma quantidade do adoçante e percebeu (diz Brix) que o café quente dissolveu o açúcar com mais facilidade do que café frio. Longe de Guaraci e muito mais preocupado com o seu experimento, deduziu: a temperatura é a grande responsável, pois está associada à agitação molecular, acentuando a interação microscópica do par café/açúcar. Mas a temperatura atua em uma escala molecular! Ora, pensou em voz alta, se é a agitação a responsável pela melhor diluição, à medida que imponho uma agitação externa provoco a mistura de pacotes macroscópicos de matéria. Misturo muito mais, caso essa agitação venha a ser cada vez mais intensa. Enfim, adiciono, com saudades de Guaraci, uma pitada de turbulência à minha xícara de café.

Apontamos alguns aspectos de turbulência no item 7.4.2. Podemos, todavia, retomar a Figura (7.7), supondo nela o escoamento de uma mistura sobre uma placa plana horizontal parada, a qual contém um soluto A. Haverá a simultaneidade das transferências de quantidade de movimento e de massa, conforme ilustra a Figura (8.11).

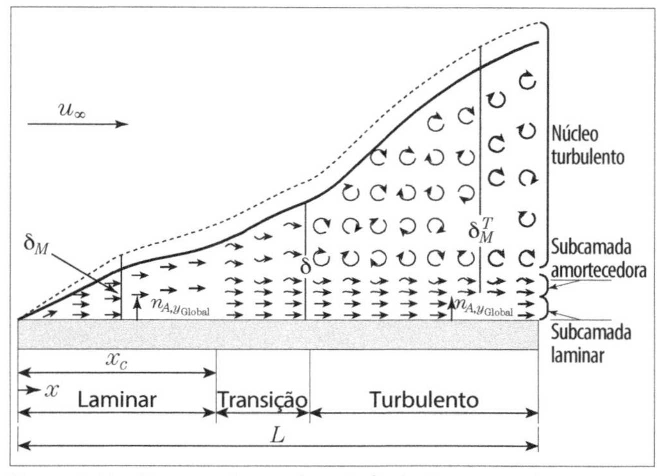

Figura 8.11 – Escoamento com transferência de massa sobre uma placa plana horizontal parada para $Sc < 1$.

Observe, nesta figura, que até a uma distância x_c da borda de ataque da placa, o regime é laminar, cuja descrição da transferência de massa obedece ao que fizemos nos tópicos anteriores deste capítulo. A partir da distância crítica x_c, o regime de escoamento do meio deixa de ser laminar e apresenta características intermediárias entre os regimes laminar e turbulento, o qual é estabelecido para $\text{Re}_x = (xu_\infty/v) > 3 \times 10^6$. Há nesse regime três zonas de escoamento: as subcamadas laminar, amortecedora e um núcleo turbulento.

Estamos interessados no regime turbulento, pois se esperam taxas de transferência de massa mais acentuadas quando comparadas com aquelas oriundas do regime laminar. Note, na Figura (8.11), que as espessuras das camadas limites turbulentas dinâmica e mássica δ^T e δ_M^T, respectivamente, são maiores se comparadas com as do regime laminar. Isso é consequência da ação dos turbilhões, os quais provocam a circulação de matéria, expandindo a região considerada para o transporte de A.

A característica da turbulência é o alto grau de mistura e isso faz com que aumente a transferência de massa ou a diluição da concentração de um soluto em um determinado meio. Se retomarmos a Figura (7.9), verificaremos nela que a componente principal da velocidade da solução é obtida da soma do seu valor médio com o da flutuação, Equação (7.102). Temos uma situação análoga no caso da concentração do soluto no regime turbulento:

$$\rho_A = \bar{\rho}_A + \rho'_A \tag{8.77}$$

A igualdade (8.77) está ilustrada na Figura (8.12).

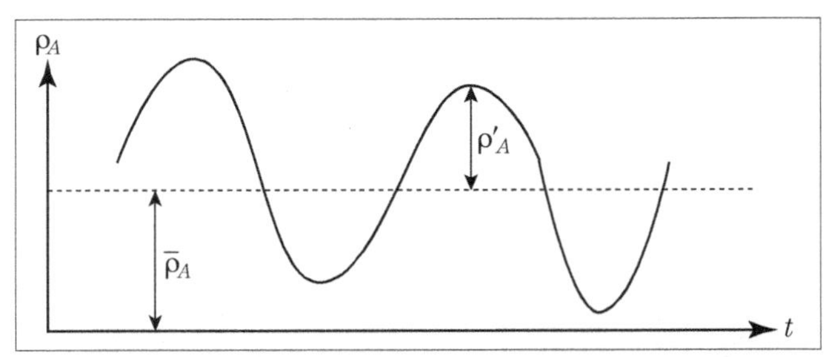

Figura 8.12 – Flutuação da concentração mássica de *A* em certa linha de corrente.

Quem é responsável pela flutuação ρ'_A? Foi visto, no capítulo anterior, que as flutuações resultam de turbilhões, portanto, do movimento causado pela velocidade da solução.

Representando o fluxo mássico do soluto associado ao escoamento turbulento na Figura (8.13), verificamos que o fluxo do soluto ocorre perpendicularmente à velocidade do escoamento na direção horizontal (componente u). Visto o fluxo mássico ocorrer na direção y, ele será auxiliado pela flutuação da componente da velocidade da solução nessa direção, ou seja, v'.

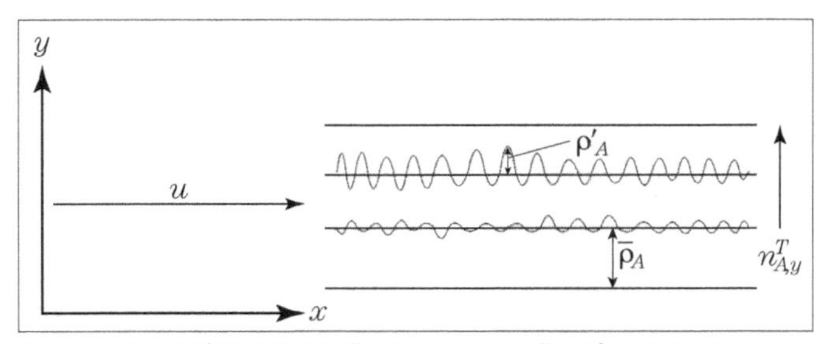

Figura 8.13 – Média e flutuação da concentração mássica de *A*.

Para obter, qualitativamente, o fluxo de massa turbulento do soluto A, lançaremos mão da definição:

$$\text{Fluxo} = (\text{concentração})\cdot(\text{velocidade}) \tag{7.104}$$

Na atual situação, a concentração presente em (7.104) é a do soluto; enquanto a velocidade é aquela que, em virtude da turbulência, arrasta o soluto A, portanto, v'. O fluxo instantâneo turbulento de massa fica:

$$j'^T_{A,y} = \rho_A v' \tag{8.78}$$

Substituindo (8.77) em (8.78):

$$j'^T_{A,y} = (\bar{\rho}_A + \rho'_A)v' \tag{8.79}$$

Obtém-se fluxo médio de A em relação ao tempo segundo a definição:

$$j^T_{A,y} = \frac{1}{t}\int_0^t (\bar{\rho}_A + \rho'_A)\, v'dt \tag{8.80}$$

Como $\bar{\rho}_A$ é constante no tempo e sendo nula a média de qualquer flutuação:

$$j^T_{A,y} = \frac{1}{t}\int_0^t \rho'_A v'dt$$

no que resulta:

$$j^T_{A,y} = -\overline{\rho'_A v'} \tag{8.81}$$

Conclui-se que, quanto maior a turbulência, em razão da velocidade da mistura, a qual provoca o aparecimento de v', maior será o fluxo de massa do soluto, caracterizando, assim, o aspecto macroscópico contido no quadro (8.2). A explicação para o sinal negativo é aquela apresentada quando da exposição da turbulência no capítulo anterior.

Para obter uma equação que explicite as influências macroscópicas e moleculares no fluxo mássico global do soluto A, procurar-se-á algum modelo semelhante ao que possibilitou o surgimento do coeficiente de difusão. Por exemplo, o modelo do caminho livre médio, o qual postula (veja o tópico 1.2.2): *para haver colisões entre moléculas, estas deverão percorrer, antes do choque, uma distância* λ *conhecida como o caminho livre médio* (o caminho percorrido por uma molécula na iminência da colisão).

Para tanto, recorreremos novamente ao estudo de Prandtl, que busca a obtenção de um fluxo mássico turbulento do soluto análogo (na formulação) ao seu fluxo molecular, este dado pela primeira lei de Fick, tal qual a Equação (1.12). Dessa maneira, retornaremos à teoria do comprimento de mistura. Essa teoria diz que as flutuações de porções macroscópicas ou turbilhões da solução no escoamento turbulento são, em média, *semelhantes ao movimento das moléculas de um gás*. Nessa situação os turbilhões percorrem, em média, uma distância perpendicular ao plano que contém o soluto A antes de atingir o outro plano de concentração. Essa distância, representada na Figura (8.14) por ℓ_M, é conhecida como o comprimento de mistura de Prandtl, e corresponde *qualitativamente* ao caminho livre médio de uma molécula gasosa.[5]

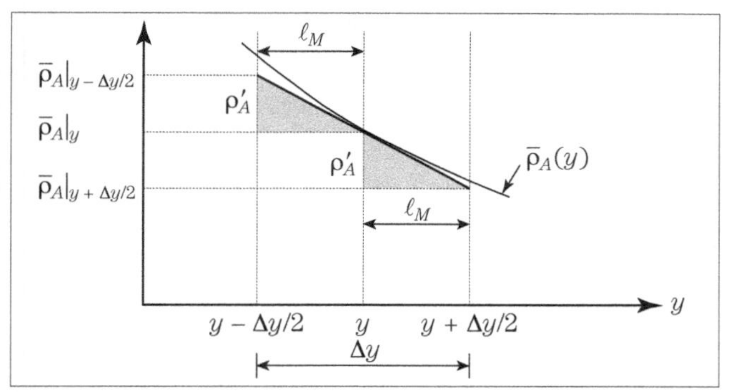

Figura 8.14 – Análise do comprimento de mistura de Prandtl, ℓ_M, para transferência de massa.

Por um procedimento similar ao que está associado à Figura (7.11), procuraremos obter uma expressão para ρ'_A. Se retirarmos um pedaço infinitesimal da flutuação contida na Figura (8.13) e a ilustrarmos na Figura (8.14), criaremos condições de escrever:

$$\lim_{\Delta y \to 0} \frac{\bar{\rho}_A|_{y+\Delta y/2} - \bar{\rho}_A|_{y-\Delta y/2}}{\Delta y} = -\frac{d\bar{\rho}_A}{dy}$$

ou

$$-\frac{d\bar{\rho}_A}{dy} \cong \frac{\rho'_A}{\ell_M}$$

Admitindo que a função $\bar{\rho}_A(y)$ venha a ser linear no intervalo Δy considerado, podemos fazer:

$$\rho'_A = -\ell_M \frac{d\bar{\rho}_A}{dy} \tag{8.82}$$

Analogamente a u', há flutuação positiva da concentração do soluto; portanto:

$$\rho'_A = \ell_M \frac{d\bar{\rho}_A}{dy} \tag{8.83}$$

Genericamente:

$$\rho'_A = \ell_M \left| \frac{d\bar{\rho}_A}{dy} \right| \tag{8.84}$$

[5] Essa definição é uma adaptação daquela que Kreith (1977) fez para tranferência de calor.

Depois de substituir a Equação (7.111e) (para v') e a Equação (8.84) na Equação (8.81), aflora o resultado:

$$j^T_{A,y} = -\left(\ell_M^2 \left|\frac{d\bar{u}}{dy}\right|\right) \left|\frac{d\bar{\rho}_A}{dy}\right| \tag{8.85}$$

O sinal negativo indica que há diluição do soluto na direção y. Identificando o termo entre parênteses da Equação (8.85):

$$D^T \equiv \ell_M^2 \left|\frac{d\bar{u}}{dy}\right| \tag{8.86}$$

à *difusividade mássica turbilhonar*, obtemos, após levá-la à Equação (8.85):

$$j^T_{A,y} = -D^T \left|\frac{d\bar{\rho}_A}{dy}\right| \tag{8.87}$$

Antes de prosseguirmos, podemos fazer o seguinte comentário: ao compararmos a difusividade turbilhonar, Equação (8.86), com a viscosidade cinemática turbilhonar, Equação (7.113), notamos que ambas são dadas pela mesma expressão. Isso é fruto de o modelo de Prandtl considerar $\rho v' \approx \rho'_A$, indicando que o valor da flutuação de quantidade de movimento (velocidade) da mistura é da mesma ordem de magnitude da flutuação de concentração do soluto, que, neste caso, supõe-se como igualdade. Retomando a primeira lei de Fick na forma:

$$j_{A,y} = -D_{AB} \frac{d\rho_A}{dy} \tag{8.88}$$

e admitindo que o fluxo global mássico de A possa ser calculado por:

Fluxo global = fluxo molecular +
+ fluxo turbulento (8.89)

temos, depois de substituir as Equações (8.87) e (8.88) na definição (8.89):

$$n_{A,y_{\text{GLOBAL}}} = -\left(D_{AB} + D^T\right) \left|\frac{d\bar{\rho}_A}{dy}\right| \tag{8.90}$$

O fluxo mássico (8.90) representa, qualitativamente, a influência de parâmetros moleculares e macroscópicos na transferência de massa. O quadro (8.5) apresenta uma análise comparativa entre o modelo do caminho livre médio, posto em termos mássicos, e o modelo do comprimento de mistura de Prandtl.

Quadro 8.5 – Analogia entre os modelos do caminho livre médio e comprimento de mistura de Prandtl

Parâmetros análogos	Caminho livre médio* λ	Comprimento de mistura de Prandtl ℓ_M
Fluxo na direção y: $j_{A,y} = u\rho_A$	$\frac{1}{6}\Omega\rho_A$	$\overline{\rho'_A v'}$
Velocidade u	Velocidade média molecular: Ω	Velocidade de flutuação em y: v'
Concentração de desequilíbrio: $\rho^* = d^* \frac{d\rho_A}{dy}^*$	$\rho_A^* = -\lambda \frac{d\rho_A}{dy}$	$\rho'_A = \ell_M \left\lvert \frac{d\overline{\rho}_A}{dy} \right\rvert$
Distância d^*	Caminho livre médio: λ	Comprimento de mistura: ℓ_M
Fluxo líquido: $j_{A,y} = -m \frac{d\rho_A}{dy}$	$-\frac{1}{3}\Omega\lambda \frac{d\rho_A}{dy}$	$-\left(\ell_M^2 \left\lvert \frac{d\overline{u}}{dy} \right\rvert\right) \left\lvert \frac{d\overline{\rho}_A}{dy} \right\rvert$
Parâmetro fenomenológico	$\frac{1}{3}\Omega\rho_A$	$\ell_M^2 \left\lvert \frac{d\overline{u}}{dy} \right\rvert$
Difusividade: m	Difusividade mássica: D_{AB}	Difusividade mássica turbilhonar: D^T
Fluxo: $j_{A,y}$	$j_{A,y} = -D_{AB} \frac{d\rho_A}{dy}$	$j_{A,y}^T = -D^T \left\lvert \frac{d\overline{\rho}_A}{dy} \right\rvert$

* Analisou-se esse modelo no Capítulo 1, utilizando-se a concentração molar do soluto; no entanto, aqui, estamos interessados em verificar apenas a semelhança entre os dois modelos.

Exemplo 8.6

Obtenha uma relação entre D^T e k_m. Suponha escoamento totalmente turbulento. Qual é a influência da velocidade da solução no coeficiente convectivo de transferência de massa?

Solução:

Pelo fato de o escoamento ser totalmente turbulento, pode-se fazer $D^T \gg D_{AB}$, o que leva a Equação (8.90) a ser retomada da seguinte maneira:

$$n_{A,y_{\text{GLOBAL}}} = -D^T \left\lvert \frac{d\overline{\rho}_A}{dy} \right\rvert \tag{8.91}$$

Aplicando a ordem de magnitude na Equação (8.91):

$$n_{A,y_{\text{GLOBAL}}} \approx D^T \frac{d\rho_A}{\ell_M} \tag{8.92}$$

Como o fenômeno da convecção mássica é global, podemos representá-lo de acordo com:

$$N_{A,y_{\text{GLOBAL}}} = k_m \Delta\rho_A \tag{8.93}$$

Levando a Equação (8.93) à relação (8.92):

$$k_m \Delta\rho_A \approx D^T \frac{\Delta\rho_A}{\ell_M}$$

ou

$$k_m \approx \frac{D^T}{\ell_M} \tag{8.94}$$

Exemplo 8.6 (*continuação*)

Resta-nos avaliar o efeito da velocidade da mistura no coeficiente k_m. Para tanto, realizaremos uma análise de escala na definição (8.86), obtendo:

$$D^T \approx \ell_M^2 \frac{u_\infty}{\ell_M} \approx \ell_M u_\infty \tag{8.95}$$

Depois de substituir a Equação (8.94) na (8.95), observamos: $k_m \approx u_\infty$; ou seja, o coeficiente convectivo de transferência de massa é altamente influenciado pela velocidade da mistura. Compare o resultado (8.95) com a Equação (2.62). O que você conclui?

8.5 ANALOGIA ENTRE TRANSFERÊNCIA DE QUANTIDADE DE MOVIMENTO E DE MASSA

Essa analogia é útil para estimar o coeficiente convectivo de transferência de massa quando a mistura escoa em regime turbulento. "Tem-se dificuldade em trabalhar nesse regime, visto as flutuações irregulares estarem sempre sobrepostas ao movimento da corrente principal, e as componentes das flutuações não serem descritas por meio de equações simples" (KREITH, 1977).

A partir da análise comparativa entre os quadros (7.1) e (7.2) com os quadros (8.1) e (8.2), respectivamente, verifica-se o "parentesco" qualitativo entre os *fenômenos de transferência de quantidade de movimento e de massa. Saliente-se que parentesco não quer dizer o mesmo*, assim como *analogia* não significa a igualdade física entre os transportes, e sim uma semelhança entre os mecanismos de transferência. Por conseguinte, o mecanismo de transporte que possibilita o surgimento do fluxo global de transferência de quantidade de movimento, Equação (7.116), é *análogo* àquele que causa o fluxo global de massa do soluto, Equação (8.90).

Constata-se tal analogia pela simples observação dos modelos de turbulência apresentados nos Capítulos 7 e 8. Se analisarmos as ordens de magnitudes dos fluxos (7.116) e (8.90) na fronteira $y = 0$ e supondo que y é da mesma ordem de magnitude que as espessuras das camadas limites turbulentas dinâmica e mássica, $y \approx \delta^T$ e $y \approx \delta_M^T$, respectivamente, podemos escrever:

$$\tau_p \approx \left(\nu + \nu^T\right)\frac{\rho u_\infty}{\delta^T} \tag{8.96}$$

e

$$n_{A,p} \approx \left(D_{AB} + D^T\right)\frac{\Delta\rho_A}{\delta_M^T} \tag{8.97}$$

Dividindo (8.96) por (8.97) e rearranjando o resultado obtido:

$$\frac{\tau_p}{n_{A,p}} \approx \left(\frac{\nu^T}{D^T}\right)\left(\frac{1+\nu/\nu^T}{1+D_{AB}/D^T}\right)\left(\frac{\delta_M^T}{\delta^T}\right)\frac{\rho u_\infty}{\Delta\rho_A} \tag{8.98}$$

Identificando o número de Schmidt turbulento:

$$Sc^T \equiv \frac{\nu^T}{D^T} \tag{8.99}$$

e aplicando a ordem de magnitude na definição (7.96):

$$\tau_p \approx \rho u^2{}_\infty \tag{8.100}$$

assim como utilizando-se da definição (8.1), temos na relação (8.98):

$$\frac{\rho u_\infty^2}{k_m \Delta\rho_A} \approx Sc^T\left(\frac{1+\nu/\nu^T}{1+D_{AB}/D^T}\right)\left(\frac{\delta_M^T}{\delta^T}\right)\frac{\rho u_\infty}{\Delta\rho_A} \tag{8.101}$$

que, rearranjada, fornece:

$$\frac{k_m}{u_\infty} \approx \frac{1}{Sc^T}\left(\frac{1+D_{AB}/D^T}{1+\nu/\nu^T}\right)\left(\frac{\delta^T}{\delta_M^T}\right) \tag{8.102}$$

Para que (8.102) venha a ser uma igualdade:

$$\frac{k_m}{u_\infty} = \phi\frac{1}{Sc^T}\left(\frac{1+D_{AB}/D^T}{1+\nu/\nu^T}\right)\left(\frac{\delta^T}{\delta_M^T}\right) \tag{8.103}$$

Se compararmos a relação (8.100) com a definição (7.96), verificamos: $\tau_p = (C_f/2)\rho u_\infty^2$, indicando, como aproximação, que o termo ϕ pode estar relacionado com o coeficiente de atrito por:

$$\phi \equiv \frac{C_f}{2} \tag{8.104}$$

A relação (8.103) é reescrita como:

$$\frac{k_m}{u_\infty} = \frac{C_f}{2}\left(\frac{1}{Sc^T}\right)\left(\frac{1 + D_{AB}/D^T}{1 + \nu/\nu^T}\right)\left(\frac{\delta^T}{\delta_M^T}\right) \tag{8.105}$$

Identificando o número de Stanton mássico, definição (8.9), na expressão (8.105):

$$St_M = \gamma \frac{C_f}{2} \tag{8.106}$$

em que:

$$\gamma = \left(\frac{1}{Sc^T}\right)\left(\frac{1 + D_{AB}/D^T}{1 + \nu/\nu^T}\right)\left(\frac{\delta^T}{\delta_M^T}\right) \tag{8.107}$$

Ao compararmos as Equações (8.105) e (8.107), verificamos:

$$k_m = \left(\gamma \frac{C_f}{2}\right) u_\infty \tag{8.108}$$

ou

$$k_m \approx u_\infty$$

que é o resultado previsto pelo exemplo (8.6). *A Equação (8.108), que mostra a relação entre o coeficiente convectivo de transferência de massa e o coeficiente de atrito, caracteriza a analogia entre os fenômenos de transferência de massa e de quantidade de movimento.*

As analogias que serão apresentadas a seguir referem-se às simplificações impostas para o fator γ, as quais estão associadas às contribuições das zonas de escoamento presentes na região de turbulência [veja a Figura (8.11)].

8.5.1 Analogia de Reynolds

A analogia de Reynolds[6] postula que os mecanismos de transferência de quantidade de movimento e de massa são idênticos, levando a igualdade entre as distribuições de velocidade do meio e de concentração do soluto dentro da região de transporte, ou $\delta^T = \delta_M^T$. Isso implica $Sc^T = 1$. Por consequência, essa analogia considera que o escoamento é totalmente turbulento [veja a Figura (7.3d)], de modo que:

$$\begin{cases} \nu^T \gg \nu \\ D^T \gg D_{AB} \end{cases} \tag{8.109}$$

Ao levarmos tais aproximações na definição (8.107), verificamos:

$$\gamma = 1 \tag{8.110}$$

que, substituído na relação (8.106), fornece:

$$St_M = \frac{C_f}{2} \tag{8.111}$$

Há de se notar que essa analogia é restrita para $Sc^T = 1$, permitindo-nos retomar a definição (8.107), considerando (8.109) de acordo com:

$$\gamma = \left(\frac{1}{Sc^T}\right)\left(\frac{\delta^T}{\delta_M^T}\right) \tag{8.112}$$

da qual, segundo (8.110), resulta:

$$\frac{1}{Sc^T}\left(\frac{\delta^T}{\delta_M^T}\right) = 1 \quad \text{ou} \quad Sc^T = \left(\frac{\delta^T}{\delta_M^T}\right) = 1$$

Do exemplo (8.2), verificamos $Sc = 1 \rightarrow \delta/\delta_M \approx 1$. Assim sendo, concluímos que a analogia de Reynolds é aplicada à escala molecular em razão de:

$$Sc^T \approx Sc \quad \text{e} \quad \frac{\delta^T}{\delta_M^T} \approx \frac{\delta}{\delta_M} \tag{8.113}$$

8.5.2 Analogia de Prandtl

A zona de escoamento da mistura na analogia de Prandtl é dividida em duas regiões: uma subcamada laminar e um núcleo turbulento, sendo que neste é válida a analogia de Reynolds.

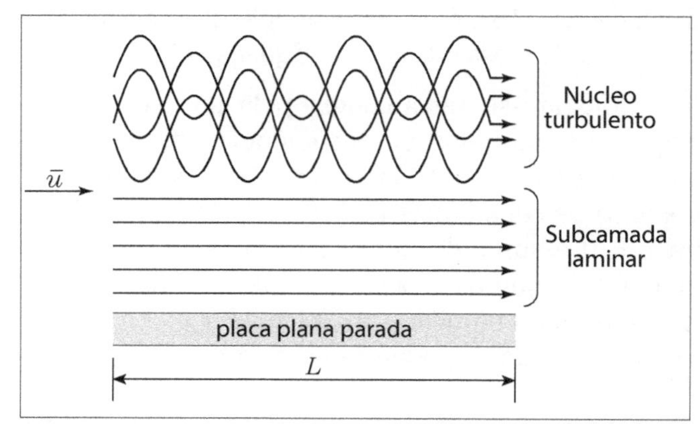

Figura 8.15 – Ilustração do escoamento segundo a analogia de Prandtl.

[6] A analogia de Reynolds, apesar de ter sido inicialmente desenvolvida para tubos lisos, pode ser estendida à placa plana, considerando o coeficiente ϕ adequado para essa geometria.

O fator de correção γ para essa analogia é (KNUDSEN; KATZ, 1958):

$$\gamma = [1 + a\phi^{1/2}(Sc - 1)]^{-1} \quad (8.114)$$

com

$$a = 5, \quad (8.115a)$$

para o escoamento no interior de tubos lisos, e

$$a = \frac{7,56}{Sc^{1/6}}, \quad (8.115b)$$

para o escoamento sobre uma placa plana.

O resultado (8.114) advém da distribuição universal da velocidade da solução no escoamento turbulento. Mais detalhes dessa distribuição podem ser encontrados nos textos básicos de Mecânica dos Fluidos, como na obra de Knudsen e Katz (1958).

Quando $Sc = 1$, a analogia de Prandtl recai na de Reynolds. O termo entre parênteses do lado direito da igualdade (8.114) é uma medida da resistência ao transporte de massa na subcamada laminar.

8.5.3 Analogia de von Kármán

A análise de Prandtl foi aperfeiçoada por von Kármán, que incluiu uma subcamada amortecedora entre a subcamada laminar e o núcleo turbulento, como ilustra a Figura (8.16).

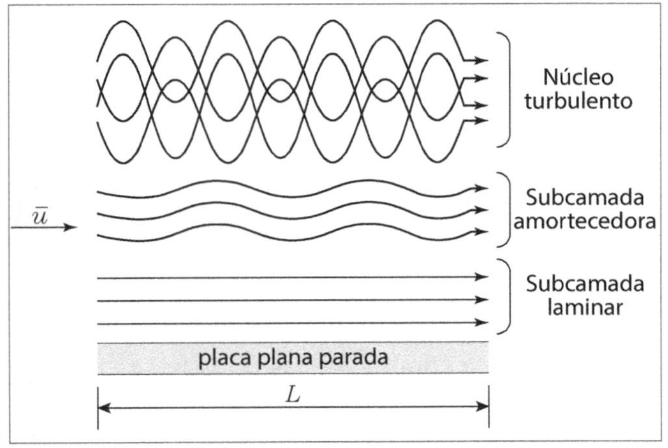

Figura 8.16 – Ilustração do escoamento segundo a analogia de von Kármán.

O fator de correção γ, válido para tubos lisos, é (WELTY; WILSON; WICKS, 1976):

$$\gamma = \{1 + 5\phi^{1/2}\{Sc - 1 + \ell n[(1 + 5Sc)/6]\}\}^{-1} \quad (8.116)$$

Verifica-se na expressão (8.116), depois de compará-la com (8.114), que o argumento do logaritmo neperiano representa a resistência adicional da subcamada amortecedora, fruto da suposição da sua existência entre o núcleo turbulento e a subcamada laminar.

8.5.4 Analogia de Chilton-Colburn

A analogia de Chilton-Colburn, em linhas gerais, é uma extensão da analogia de Reynolds para $Sc \neq 1$. Desse modo, ela considera a existência do núcleo turbulento, relação (8.109). Assim sendo, a analogia de Chilton-Colburn descreve a simultaneidade entre as transferências de momento e de massa no regime turbulento com o fator de correção γ definido pela expressão (8.112).

Considerando que o fator γ dado por (8.112) mantenha-se em escala molecular, ou seja:

$$\frac{1}{Sc^T}\left(\frac{\delta^T}{\delta_M^T}\right) \equiv \frac{1}{Sc}\left(\frac{\delta}{\delta_M}\right)$$

podemos reescrever a Equação (8.112) como:

$$\gamma = \frac{1}{Sc}\left(\frac{\delta}{\delta_M}\right) \quad (8.117)$$

Depois de substituir a relação entre as espessuras das camadas limites laminar dinâmica e mássica dada pela Equação (8.63) em (8.117), obtém-se:

$$\gamma = Sc^{-2/3} \quad (8.118)$$

ou

$$St_M = \phi Sc^{-2/3}$$

ou

$$St_M Sc^{2/3} = \frac{C_f}{2} \quad (8.119)$$

O termo $St_M Sc^{2/3}$ é denominado *fator de Chilton-Colburn*, j_M, e a expressão (8.119) é posta segundo:

$$j_M = \frac{C_f}{2} \quad (8.120)$$

Convém tecer alguns comentários sobre a relação (8.120):

a) a correção $\gamma = Sc^{-2/3}$ foi obtida, originalmente, por *procedimento empírico* e para *tubos*. Por outro lado, verificou-se a sua aplicabilidade prática para placa plana;

b) note que, sendo válida para a placa plana, a relação (8.118) para o caso geral de injeção ou de sucção de matéria deveria ser posta como $\gamma = Sc^{n-1}$, levando o fator j_M a ser escrito como $j_M = St_M Sc^{1-n}$, em que $n = n(f_p)$;

c) apesar dos *quês*, a Equação (8.120), da forma como está definida, é a mais adequada, entre as equações presentes no quadro (8.6), para os fenômenos que podem ser descritos por modelos da camada limite, como, por exemplo, no escoamento de solventes no interior de dutos não circulares.

Quadro 8.6 – Analogias entre transferência de quantidade de movimento e de matéria (para tubos lisos)

Analogia	$\gamma = \dfrac{k_m}{u_\infty \phi}$
Reynolds	1
Prandtl	$\left[1+5\phi^{1/2}(Sc-1)\right]^{-1}$
Von Kármán	$\left[1+5\phi^{1/2}\{Sc-1+\ell n[(1+5Sc)/6]\}\right]^{-1}$
Chilton-Colburn	$Sc^{-2/3}$

Exemplo 8.7

Determine o valor do coeficiente convectivo de transferência de massa por intermédio da analogia de Chilton-Colburn, considerando que ar seco a 25 °C e 1 atm escoa a 60 m/s no interior de um tubo de 5 cm de diâmetro feito de naftaleno.

Dados: T = 25 °C; $\nu = 0{,}16 \times 10^{-4}(\text{m}^2/\text{s})$ e $D_{AB} = 0{,}0611 \times 10^{-4}(\text{m}^2/\text{s})$.

Para tubos lisos, considere a seguinte expressão para o cálculo do coeficiente de atrito médio:

$$\phi = \frac{C_f}{2} = \frac{0{,}023}{\text{Re}^{0{,}2}} \tag{8.121}$$

válida para $3 \times 10^4 < \text{Re} < 1 \times 10^6$, com o número de Reynolds definido por:

$$\text{Re} = \frac{\bar{u}D}{\nu} \tag{8.122}$$

sendo D o diâmetro da tubulação e

$$\bar{u} = \frac{1}{R^2}\int_0^R ur\,dr \tag{8.123}$$

Solução:

Nessas condições de temperatura e pressão, a fração molar do naftaleno pode ser determinada por $y_{A_p} = P_A^{vap}/P$. Do exemplo (4.3): $\log P_A^{vap} = 10{,}56 - 3.471/T$ (em mmHg), permitindo-nos verificar que $y_{A_p} = 1{,}08 \times 10^{-4}$. Como não se encontra esta espécie no ar, podemos admitir que as propriedades da mistura são as do ar seco. Denominando A, naftaleno, e B, ar, temos:

I. Cálculo do número de Reynolds:

$$\text{Re} = \frac{D\bar{u}}{\nu} = \frac{(60)(0{,}05)}{0{,}16 \times 10^{-4}} = 1{,}875 \times 10^5 \begin{pmatrix}\text{regime} \\ \text{turbulento}\end{pmatrix} \tag{1}$$

Exemplo 8.7 (*continuação*)

II. Cálculo do coeficiente de atrito:

$$\frac{C_f}{2}=\frac{0{,}023}{\text{Re}^{0{,}2}}=\frac{0{,}023}{\left(1{,}875\times10^{5}\right)^{0{,}2}}=2{,}03\times10^{-3} \qquad (2)$$

Substituindo (3) na Equação (8.119):

$$St_M Sc^{2/3} = 2{,}03 \times 10^{-3} \qquad (3)$$

Utilizando a definição do número de Stanton mássico para tubos:

$$St_M = \frac{k_m}{\bar{u}} \qquad (8.124)$$

podemos substituí-la em (3), resultando:

$$k_m = 2{,}03 \times 10^{-3}\bar{u}\, Sc^{-2/3} \qquad (4)$$

Como $\bar{u}$ = 60 m/s, temos em (4):

$$k_m = 0{,}1218 Sc^{-2/3} \qquad (5)$$

Do enunciado, $\nu = 0{,}16 \times 10^{-4}$ (m²/s) e $D_{AB} = 0{,}0611 \times 10^{-4}$ (m²/s), cuja substituição em (5) nos possibilita determinar o valor do coeficiente convectivo médio de transferência de massa de acordo com:

$$k_m = 0{,}1218\left(\frac{0{,}16\times10^{-4}}{0{,}0611\times10^{-4}}\right)^{-2/3} = 0{,}064 \text{ m/s}$$

8.6 MODELOS PARA O COEFICIENTE CONVECTIVO DE TRANSFERÊNCIA DE MASSA

Teoria do filme

Não é repetitivo retornar a um assunto cuja importância transcende à simples mesmice. A busca pela interpretação do coeficiente convectivo de transferência de massa vem do início do século XX, quando Nernst, em 1904, sugeriu um modelo simplificado para o fluxo de matéria na região interfacial, envolta por dois filmes estagnados (CUSSLER, 1984). A teoria do filme, a qual muitos autores creditam a Wittman (1923), postula que a resistência à transferência de massa, quando a mistura flui no escoamento turbulento, está contida em uma fina película estagnada de espessura y_1 que é maior do que a espessura da subcamada laminar. Nesse caso, o soluto presente na mistura migra da região turbulenta até uma determinada fronteira; a resistência ao seu transporte será devida somente àquela associada à região estagnada de espessura y_1. O seu fluxo é obtido por uma das expressões contidas no tópico 7.2, do qual se verifica a relação linear:

$$k_m \propto \frac{D_{AB}}{y_1} \qquad (7.37)$$

a qual caracteriza a *teoria do filme*. Note que a relação (7.37) não expressa simplesmente uma linearidade, mas uma proposta de mecanismo de transporte de massa, já que advém da hipótese: *a região de transporte é um filme estagnado de espessura constante y_1, cujo fluxo é governado pela difusão do soluto*. Ora, acabamos de ver que a coisa não é bem assim: há uma região em que existem influências difusiva e convectiva, cuja espessura não é constante. Em outras palavras, admite-se *o modelo da camada limite*.

Teoria da camada limite

Para que possamos obter uma relação entre k_m e D_{AB} pela teoria da camada limite, basta substituir a definição (8.3) na Equação (8.74), a qual é válida para f_p = 0, e verificar:

$$k_m \propto D_{AB}^{2/3} \qquad (8.125)$$

É interessante observar que a relação (8.125) também é válida para o regime turbulento. Está em dúvida? Então se debruce na analogia de Chilton-Colburn por um instante, e apanhe um lápis e papel, que não será difícil constatar esta afirmação.

A proporcionalidade (8.125) não indica apenas a relação entre k_m e $D_{AB}^{2/3}$, mas todo um formalismo que procura explicar o fenômeno de transporte de matéria, tanto para o regime laminar quanto para o turbulento.

Teoria da penetração

Proposta originalmente por Higbie em 1935, a teoria da penetração surgiu em razão da deficiência da teoria do filme para explicar a transferência de massa entre fases, principalmente quando envolve a interface gás–líquido, como é o caso da absorção, em que a análise do fenômeno é feita para o transporte do soluto na fase líquida. A diferença básica entre as teorias do filme e da penetração é que a primeira considera um filme estacionário, regido pelo transporte do soluto em regime permanente. Já a segunda admite que esse filme é constituído de bolsões de matéria e o transporte do soluto ocorre em regime transiente [veja a Figura (8.17)].

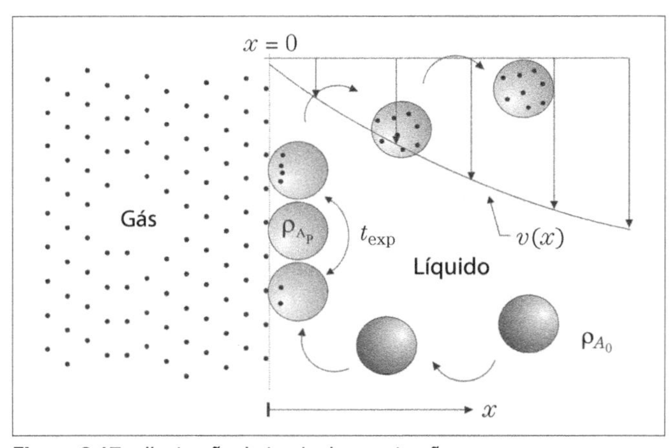

Figura 8.17 – Ilustração da teoria da penetração.

Admite-se a turbulência da solução líquida na teoria da penetração. O movimento dos turbilhões estende-se por toda essa fase, desde o seio até a interface com o gás [em $x = 0$ na Figura (8.17)]. Em razão das suas características, tais turbilhões carregam porções ou bolsões de matéria e, portanto, do soluto a partir do seio do fluido, onde a concentração do soluto é ρ_{A_0} até a interface, cuja concentração do soluto está em equilíbrio com aquela da fase gasosa, ou seja, ρ_{A_p}. Os bolsões de matéria, ao atingirem a interface, permanecem por um determinado tempo de exposição t_{exp}, e depois retornam ao seio da fase líquida, sendo substituídos por novos bolsões de matéria, oriundos do seio da fase líquida, os quais permanecem junto à interface com o mesmo t_{exp}. Nesse tempo em que os bolsões de matéria ficam na interface, a difusão do soluto contido no bolsão de matéria para a interface ocorre em regime transiente, sendo descrita de acordo com o modelo da *difusão em um filme líquido descendente*, expressa pela Equação (7.7), sendo que, aqui, "t" refere-se à variável tempo.

$$\frac{\partial \rho_A}{\partial t} = D_{AB}\frac{\partial^2 \rho_A}{\partial x^2} \tag{8.126}$$

As condições inicial e de contorno para a atual situação são:

C.I: Antes do contato do bolsão de matéria com a interface, a concentração do soluto é aquela contida no seio da fase líquida, portanto: $t = 0$; $\rho_A = \rho_{A_0}$.

C.C.1: Na interface $x = 0$ a concentração do soluto na fase líquida esta em equilíbrio com aquela da fase gasosa. Assim, $x = 0$; $\rho_A = \rho_{A_p}$, para qualquer tempo.

C.C.2: Longe da interface, a concentração do soluto é a contida no seio da fase líquida, ou seja: $x \to \infty$; $\rho_A = \rho_{A_0}$, para qualquer tempo.

Ao utilizarmos a concentração adimensional, $\theta = (\rho_A - \rho_{A_0})/(\rho_{A_p} - \rho_{A_0})$, a Equação (8.126) é retomada de acordo com a Equação (5.81):

$$\frac{\partial \theta}{\partial t} = D_{AB}\frac{\partial^2 \theta}{\partial x^2} \tag{8.127}$$

com as condições:

C.I: $t = 0$; $\theta = 0$

C.C.1: $x = 0$; $\theta = 1$, para qualquer tempo

C.C.2: $x \to \infty$; $\theta = 0$, para qualquer tempo

A solução da Equação (8.127) é a mesma da (7.7), ou:

$$\frac{\rho_A - \rho_{A_0}}{\rho_{A_p} - \rho_{A_0}} = 1 - \text{erf}\left[x/\sqrt{(4D_{AB}t)}\right] \tag{8.128}$$

O fluxo instantâneo do soluto absorvido na interface é obtido analogamente à Equação (7.10), portanto:

$$n_{A,x}\big|_{x=0} = \sqrt{\frac{D_{AB}}{\pi t}}\left(\rho_{A_p} - \rho_{A_0}\right) \tag{8.129}$$

(Note que foi considerada na Equação (7.10) a substituição de $y/v_{máx}$ por t.)

Retomando a Equação (7.11), $n_{A,x}\big|_{x=0} = k_{m_y} \times \times(\rho_{A_p} - \rho_{A_0})$, podemos compará-la com a Equação (8.129), resultando:[7]

$$k_{m_y} = \sqrt{\frac{D_{AB}}{\pi t}} \tag{8.130}$$

O resultado (8.130) caracteriza a *teoria da penetração,* a qual é governada pela proporcionalidade (7.13):

$$k_m \propto D_{AB}^{1/2} \tag{7.13}$$

Obtém-se o coeficiente convectivo médio de transferência de massa, em virtude do tempo médio de exposição dos bolsões de matéria na interface, mediante a:

$$k_m = \frac{1}{t_{exp}}\left(\frac{D_{AB}}{\pi}\right)^{1/2}\int_0^{t_{exp}} t^{-1/2}\,dt \tag{8.131}$$

Substituindo (8.130) em (8.131) e procedendo à integração:

$$k_m = \sqrt{\frac{4D_{AB}}{\pi t_{exp}}} \tag{8.132}$$

A teoria da penetração foi retomada por Danckerts (1951), o qual, com a sua *teoria da renovação da superfície*, supôs que os bolsões de matéria apresentam distribuição do tempo de exposição, em vez de ser o mesmo para todos os bolsões. A relação entre os coeficientes convectivo e de difusão obedece a (7.13).

Embora tenha sido sugerida, inicialmente, para o sistema gás/líquido, a teoria da penetração também se mostrou adequada para a transferência de massa quando se tem uma fronteira de fase sólida (como na adsorção) (BENNETT; MYERS, 1978).

Note que as teorias apresentadas neste tópico podem ser sintetizadas segundo a proporcionalidade (7.38):

$$k_m \propto D_{AB}^{n} \tag{7.38}$$

na qual:

- n = 1/2, teorias da penetração e da renovação de superfície;
- n = 2/3, teoria da camada limite para $f_p = 0$;
- n = 1, teoria do filme.

A confirmação de qual teoria é a mais adequada passa, necessariamente, pela comparação do seu desempenho com resultados experimentais, os quais geram correlações visando predizer o coeficiente convectivo de transferência de massa ou os coeficientes de transferência de massa.

No item 11.3.4, do Capítulo 11, serão apresentadas correlações que descrevem coeficientes de transferência de massa quando se trabalha com transferência de massa entre fases. Como será visto no quadro (11.3), as correlações para a fase gasosa obedecem ao modelo da camada limite, enquanto as da fase líquida são descritas pela teoria da penetração. O detalhe importante é que as fases gasosa e líquida coexistem e o soluto migra de uma fase a outra, sendo o mecanismo de transporte em cada fase diferente, teoricamente, entre si.

[7] Este procedimento pode ser feito tendo em vista que na direção "x" só existe a contribuição difusiva.

Exemplo 8.8

Deseja-se separar metano que está presente a 1% em mol em uma corrente de ar seco a 25 °C e 1 atm. Para tanto, expõe-se esta mistura em contato com uma película líquida de água pura que escoa em regime laminar sobre uma placa plana vertical parada. Sabendo que o CH_4 é pouco solúvel na água (ρ = 0,997 g/cm^3 e M = 18,015 g/mol) e que o número de Schmidt para o par metano/água é 670, obtenha uma expressão para o fluxo molar do metano diluído na fase líquida em função da espessura do filme líquido, do comprimento da placa e da fração molar de equilíbrio do CH_4.

Exemplo 8.8 (*continuação*)

Solução:

Esse exemplo é um fenômeno clássico da *difusão em um filme líquido descendente* ou *coluna de paredes molhadas,* já apresentado no início do Capítulo 7. Aqui podemos tratar desse fenômeno à luz da teoria da penetração.

Visto o CH_4 ser pouco solúvel em água, consideraremos que ele penetre, da fase gasosa à líquida, a uma distância infinitesimal ξ da interface, de modo que a velocidade descendente do filme líquido v seja constante e o seu valor seja máximo, pois está distante da ação cisalhante da parede [veja a Figura (7.2)]. Dessa maneira, a Equação (7.6) é retomada em fração molar de A na fase líquida, em que $A = CH_4$, segundo:

$$v_{\text{máx}} \frac{\partial x_A}{\partial y} = D_{AB} \frac{\partial^2 x_A}{\partial x^2} \tag{8.133}$$

a qual pode ser rearranjada, se fizermos $t^* \equiv y/v_{\text{máx}}$, da seguinte maneira:

$$\frac{\partial x_A}{\partial t^*} = D_{AB} \frac{\partial^2 x_A}{\partial x^2} \tag{8.134}$$

A Equação (8.134) está sujeita às seguintes condições inicial e de contorno:

C.I: Antes do contato do gás metano com o filme líquido, a fração molar do soluto é aquela contida no seio da fase líquida, portanto: $t^* = 0$; $x_A = x_{A_0} = 0$ (a água está pura).

C.C.1: Na interface, $x = 0$, a fração molar do metano na fase líquida está em equilíbrio com aquela da fase gasosa: $x = 0$; $x_A = x_{A_p}$, para qualquer tempo.

C.C.2: Longe da interface, a fração molar do CH_4 é a contida no seio da fase líquida: $x \to \infty$; $x_A = x_{A_0} = 0$, para qualquer tempo.

Se compararmos a Equação (7.12),

$$k_{m_y} = \sqrt{\frac{v_{\text{máx}} D_{AB}}{\pi y}},$$

com a Equação (8.130), verificamos que a diferença está em $t^* \equiv y/v_{\text{máx}}$. Dessa maneira, podemos estimar o valor médio do coeficiente convectivo de transferência de massa por:

$$k_m = \frac{1}{H}\left(\frac{v_{\text{máx}} D_{AB}}{\pi}\right)^{1/2} \int_0^H y^{-1/2}\, dy \tag{8.135}$$

no que resulta:

$$k_{m_y} = \sqrt{\frac{4 v_{\text{máx}} D_{AB}}{\pi H}} \tag{8.136}$$

Se substituirmos $v_{\text{máx}} = g x_1^2 / 2\nu$ [Equação(7.3b)] em (8.136), obtemos:

$$k_m = \sqrt{\frac{4 g x_1^2 D_{AB}}{2 \nu \pi H}}$$

ou

$$k_m = \sqrt{\frac{2 g x_1^2}{\pi Sc H}} \tag{8.137}$$

Exemplo 8.8 (*continuação*)

Dessa maneira, o fluxo molar médio na interface $x = 0$ fica:

$$\bar{N}_{A,x}\Big|_{x=0} = C\sqrt{\frac{2gx_1^2}{\pi ScH}}\left(x_{A_p} - x_{A_0}\right) \tag{1}$$

Pelo fato de se tratar de um meio líquido, podemos retomar a Equação (1) da seguinte maneira:

$$\bar{N}_{A,x}\Big|_{x=0} = \frac{\rho_L}{M_L}\sqrt{\frac{2gx_1^2}{\pi ScH}}\left(x_{A_p} - x_{A_0}\right) \tag{2}$$

Como $x_{A_0} = 0$, a Equação (2) toma a seguinte forma:

$$\bar{N}_{A,x}\Big|_{x=0} = \frac{\rho_L}{M_L}\sqrt{\frac{2gx_1^2}{\pi ScH}}x_{A_p} \tag{3}$$

Substituindo $Sc = 670$, g = 981 cm/s^2 em (3):

$$\bar{N}_{A,x}\Big|_{x=0} = 0{,}965\frac{\rho_L}{M_L}\sqrt{\frac{x_1^2}{H}}x_{A_p} \tag{4}$$

E quanto a ρ_L/M_L? Tais propriedades dizem respeito à solução líquida. No entanto, o enunciado do exemplo nos diz que a solução líquida em questão é diluída. Dessa forma, podemos utilizar a relação ρ_L/M_L como sendo a da água. Assim sendo, o enunciado do problema nos informa que $\rho_L = 0{,}997$ g/cm^3 e $M_L = 18{,}015$ g/mol, os quais, substituídos na Equação (4), nos fornecem:

$$\bar{N}_{A,x}\Big|_{x=0} = 0{,}053x_{A_p}\sqrt{\frac{x_1^2}{H}}\ \text{(mol/cm}^2\cdot\text{s)}$$

Verificamos por esse exemplo que a maior dificuldade em se aplicar, na prática, o resultado (8.137) é a obtenção da espessura do filme líquido x_1. Apesar disso, não se esqueça de que conseguimos outra expressão para o cálculo do coeficiente convectivo de transferência de massa, o qual pode ser expresso em função do número de Sherwood, se multiplicarmos a Equação (8.137) por H/D_{AB}, resultando:

$$Sh = \sqrt{\frac{2gx_1^2H}{\pi\nu D_{AB}}} \tag{8.138}$$

válida para uma placa plana parada posta na vertical.

8.7 CORRELAÇÕES PARA O CÁLCULO DO COEFICIENTE CONVECTIVO DE TRANSFERÊNCIA DE MASSA

Note que foi possível, por intermédio das teorias da camada limite, da penetração e das analogias, estabelecer algumas correlações para a estimativa do coeficiente convectivo de transferência de massa, como, por exemplo, Equação (8.73) para placa plana parada em regime laminar; a combinação das Equações (8.120), (8.121) para o escoamento turbulento no interior de tubulações circulares; e a Equação (8.138) para colunas de paredes molhadas.

A teoria da penetração, como dito no parágrafo anterior, possibilitou-nos obter uma expressão para o k_m; entretanto, o uso desta expressão, Equação (8.138), na prática é inviável, pois é necessário o conhecimento da espessura do filme líquido. O estudo da camada limite e, principalmente, das analogias, por sua vez, fornecem equações para o cálculo do coeficiente convectivo de transferência de massa. Ao analisarmos o fator de Chilton-Colburn, j_M, percebemos que basta conhecer o coeficiente de atrito para uma dada geometria para estimarmos o k_m. No entanto, quando o escoamento da mistura se depara com corpos bojudos (esfera, cilindros etc.), o coeficiente j_M não é igual a simplesmente $C_f/2$, pois o escoamento não exerce apenas a influência cisalhante ou tangencial sobre o corpo de prova. Há a componente pontual (ou de pressão), visto as linhas de corrente adaptarem-se ao formato do material. Tendo em vista esta preocupação, a apresentação das correlações para o cálculo do k_m será dividida em:

1° Grupo: *Correlações provenientes do escoamento sem deslocamento da camada limite.*

2° Grupo: *Correlações provenientes do escoamento sobre corpos bojudos.*

3° Grupo: *Correlações provenientes do escoamento em leitos fixo e fluidizado.*

1° Grupo: Correlações provenientes do escoamento sem deslocamento da camada limite

Aqui serão apresentadas algumas correlações para a determinação do coeficiente convectivo de transferência de massa, obtidas pela substituição de expressões para o coeficiente de atrito para uma determinada geometria na Equação (8.120).

1.1 *Escoamento da mistura sobre uma placa plana parada.* Admita que a mistura ou solvente flua sobre uma placa plana feita ou embebida por certo soluto.

Regime laminar: $\text{Re} \leq 3{,}0 \times 10^5$; $0{,}6 < Sc < 2.500$

$$j_M = \frac{0{,}6641}{\text{Re}^{0,5}} \tag{8.139}$$

Regime turbulento: $3{,}0 \times 10^5 < \text{Re} < 1 \times 10^6$; $0{,}6 < Sc < 2.500$

$$j_M = \frac{0{,}0365}{\text{Re}^{0,2}} \tag{8.140}$$

em que:

$$\text{Re} = \frac{u_\infty L}{\nu}$$

e

$$Sh = \frac{k_m L}{D_{AB}};$$

u_∞ é a velocidade da corrente livre, e L, o comprimento da placa.

1.2 *Escoamento da mistura no interior de um conduto circular (tubos).* Esta situação é aquela em que um fluido escoa no interior de uma tubulação, a qual pode ser feita de um sólido que se dissolve no fluido ou cujas paredes estão embebidas por um líquido volátil que evapora na corrente gasosa. Seja qual for o caso, haverá distribuição radial de velocidade da mistura, de tal modo que a concentração de referência do soluto será uma média na forma:

$$\bar{\rho}_A = \frac{1}{\bar{u}R^2}\int_0^R u\rho_A r\,dr \tag{8.141}$$

em que a velocidade média da mistura $\bar{u}$ é dada por (8.123) e o coeficiente convectivo de transferência de massa, admitindo regime de escoamento já estabelecido, definido de acordo com:

$$k_m = -D_{AB}\frac{\partial\rho_A/\partial r|_{r=0}}{\left(\rho_{A_p} - \bar{\rho}_A\right)} \tag{8.142}$$

Regime laminar: $\text{Re} \leq 2{,}1 \times 10^3$

$$j_M = \frac{8}{\text{Re}} \tag{8.143}$$

sendo o número de Reynolds calculado pela Equação (8.122).

Regime turbulento

Para líquidos. Na situação em que uma solução líquida dissolve as paredes internas de uma tubulação, pode-se utilizar a correlação de Linton e Sherwood (1950):

$$j_M = \frac{0{,}023}{\text{Re}^{0,17}} \tag{8.144}$$

com o espectro de aplicação: $2{,}1 \times 10^3 < \text{Re} < 7{,}0 \times 10^4$ e $1.000 < Sc < 2.260$.

Para gases. Na vaporização de líquidos em uma corrente gasosa, lança-se mão da correlação de Gilliland e Sherwood (1934):

$$y_{B,\text{médio}} j_M = \frac{0{,}023}{\text{Re}^{0{,}17}} Sc^{0{,}107} \quad (8.145)$$

sendo $y_{B,\text{médio}}$ a média logarítmica do solvente tendo como base as frações molares do soluto na interface com a parede do tubo e no seio na corrente gasosa. Esta correlação é aplicada para: $2{,}1 \times 10^3 < \text{Re} < 3{,}5 \times 10^4$ e $0{,}6 < Sc < 2{,}5$.

1.3 *Escoamento da mistura no interior de condutos não circulares.* As correlações desenvolvidas para condutos circulares, como aproximação, podem ser utilizadas para condutos não circulares. Nesse caso, substitui-se o diâmetro presente na definição (8.122) pelo diâmetro equivalente ou hidráulico, de tal modo que podemos retomar o número de Reynolds como:

$$\text{Re} = \frac{\overline{u} D_H}{\nu} \quad (8.146)$$

em que:

$$D_H = 4\left(\frac{A}{P}\right) = 4\left(\frac{\text{área da seção transversal}}{\text{perímetro}}\right) \quad (8.147)$$

O quadro (8.7) apresenta expressões para o diâmetro hidráulico para algumas geometrias.

Quadro 8.7 – Definição do diâmetro hidráulico para algumas geometrias

Geometrias (forma da seção de entrada)	$D_H = 4\left(\frac{A}{P}\right)$	Observações
Seção retangular	$D_H = \frac{2ab}{(a+b)}$	a,b – lados do retângulo.
Seção elíptica	$D_H \cong \frac{2\sqrt{2}ab}{\left(a^2+b^2\right)^{1/2}}$	a – semieixo maior; b – semieixo menor.
Seção triangular	$D_H = \frac{2bh}{(a+b+c)}$	a,c – lados do triângulo; b – base; h – altura.

Exemplo 8.9

Refaça o exemplo (8.7), considerando uma tubulação lisa e retangular de lados iguais a 2,0 e 3,0 cm.

Solução:

I. *Cálculo do diâmetro hidráulico*:

$$D_H = \frac{2ab}{(a+b)} = \frac{(2)(2)(3)}{(2+3)} = 2{,}4 \text{ cm} \quad (1)$$

II. *Cálculo do número de Reynolds:*

$$\text{Re} = \frac{D_H \overline{u}}{\nu} = \frac{(60)(0{,}024)}{0{,}16 \times 10^{-4}} = 9{,}0 \times 10^4 \quad (2)$$

III. *Cálculo do fator de Chilton-Colburn:* substituindo (2) na Equação (8.144):

$$j_M = \frac{0{,}023}{\text{Re}^{0{,}17}} = \frac{0{,}023}{\left(9{,}0 \times 10^4\right)^{0{,}17}} = 3{,}308 \times 10^{-3} \quad (3)$$

Substituindo (3) na Equação (8.119):

$$St_M Sc^{2/3} = 3{,}308 \times 10^{-3} \quad (4)$$

Exemplo 8.9 (*continuação*)

Utilizando a definição (8.124):

$$St_M = \frac{k_m}{\bar{u}}$$

iremos substituí-la na Equação(4):

$$k_m = 3{,}308 \times 10^{-3}\,\bar{u}Sc^{-2/3} \quad (5)$$

Do exemplo (8.7): $\bar{u} = 60$ m/s e $Sc = 2{,}62$ $\therefore$ $k_m = 3{,}308 \times 10^{-3}(60)(2{,}62)^{-2/3} = 0{,}104$ m/s

2º Grupo: Escoamento ao redor de corpos bojudos

2.1 *Esfera isolada.* Os dados experimentais para transferência de massa convectiva envolvendo uma esfera isolada podem ser determinados sujeitando sólidos a uma corrente de fluido, de modo que, ao se correlacionar os resultados, obtém-se:

$$Sh_p = Sh_0 + c\,\mathrm{Re}_p^{1/2}Sc^{1/3} \quad (8.148a)$$

em que Sh_0 é o valor obtido para o número de Sherwood quando da sublimação de um sólido ou evaporação de um líquido em um meio estagnado. Pode-se demonstrar, pela difusão em um meio estagnado, que o seu valor é 2.

$$Sh_p = 2{,}0 + c\,\mathrm{Re}_p^{1/2}Sc^{1/3} \quad (8.148b)$$

sendo

$$\mathrm{Re}_p = \frac{d_p u_\infty}{\nu} \quad (8.149a)$$

na qual u_∞ é a velocidade da mistura. Se a esfera estiver contida no interior de uma tubulação, u_∞ é determinada a partir da Equação (8.123); ou seja, $u_\infty = \bar{u}$. Já o número de Sherwood da partícula é calculado por:

$$Sh_p = \frac{d_p k_m}{D_{AB}} \quad (8.149b)$$

A constante "c" presente na Equação (8.148b), assim como os limites de validade dessa equação, encontram-se no quadro (8.8).

Quadro 8.8 – Constante *c* da Equação (8.148b)

Gases (Fröessling, 1938)	Líquidos (Garner e Suckling, 1958)
$c = 0{,}552$ $2 < \mathrm{Re}_p < 12.000$ $0{,}6 < Sc < 2{,}7$	$c = 0{,}95$ $100 < \mathrm{Re}_p < 700$ $1.200 < Sc < 1.250$

Há a correlação de Williams (1942), que foi desenvolvida visando a utilização do ar ou da água como fluido de trabalho, válida para a faixa $200 < \mathrm{Re}_p < 4{,}0 \times 10^4$.

$$j_M = \frac{0{,}43}{\mathrm{Re}_p^{0{,}44}} \quad (8.150)$$

com

$$j_M = \frac{Sh_p}{\mathrm{Re}_p Sc^{1/3}} \quad (8.151)$$

em que Re_p e Sh_p são determinados de acordo com (8.149a) e (8.149b), respectivamente.

No livro do Skelland (1974) há uma lista extensa de correlações para a estimativa do coeficiente convectivo de transferência de massa, no caso da esfera isolada.

2.2 *Cilindro isolado.* Os dados experimentais, que permitem correlacionar o coeficiente convectivo de transferência de massa com as características do escoamento e do par soluto/solvente, podem ser obtidos de igual modo à esfera isolada.

Gases. Para a situação em que a corrente gasosa escoa perpendicularmente ao cilindro, existe a proposta de Bedingfield e Drew (1950) (apud GEANKOPLIS, 1972):

$$j_M = \frac{0,281}{\mathrm{Re}_p^{0,5}} Sc^{0,107} \quad (8.152)$$

em que j_M é dado pela Equação (8.151), Re_p por (8.149a) e com o intervalo de aplicação $400 < \mathrm{Re}_p < 2,5 \times 10^4$ e $0,6 < Sc < 2,6$.

Líquidos. Quando se utilizam líquidos, pode-se lançar mão da correlação de Linton e Sherwood (1950) (GEANKOPLIS, 1972):

$$j_M = \frac{0,281}{\mathrm{Re}_p^{0,4}} \quad (8.153)$$

sendo j_M e Re_p definidos segundo a utilização da Equação (8.152). Os intervalos de aplicabilidade da Equação (8.153) são $Sc > 3.000$ e $400 < \mathrm{Re}_p < 2,5 \times 10^4$.

Exemplo 8.10

Foi proposto um experimento que consiste em uma tubulação no interior da qual fez-se escoar água a 25 °C e 1 m/s. Inseriu-se no centro da tubulação um corpo de prova feito de ácido benzoico durante uma hora. Sabendo que o número de Schmidt é 740 e que a solubilidade do ácido benzoico na água é $3,0 \times 10^{-3}$ g/cm³, determine:

a) o raio final do corpo de prova, considerando-o esférico de raio inicial igual a 0,5 cm;

b) o raio final do corpo de prova, considerando-o cilíndrico de raio inicial igual a 0,5 cm, o qual foi disposto perpendicularmente ao fluxo da água.

Dados: a massa específica do ácido benzoico é 1,316 g/cm³ e a sua difusividade mássica na água é igual a $1,21 \times 10^{-5}$ cm²/s.

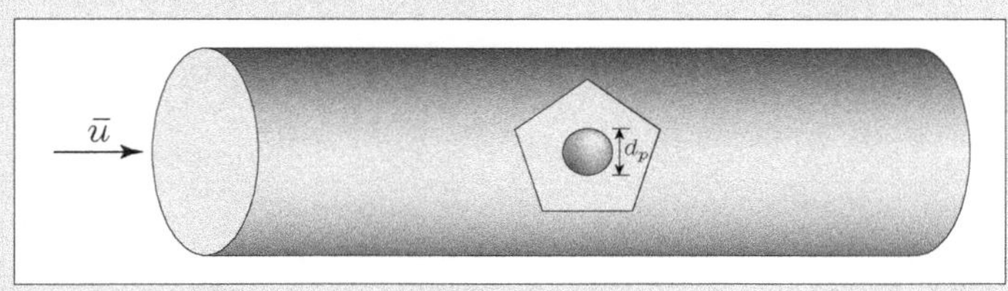

Figura 1

Solução:

Independentemente da forma do corpo de prova, devemos procurar uma expressão que nos possibilite estimar a variação do raio do corpo por intermédio da sua taxa de dissolução em água:

$$\dot{W}_A = -\rho \frac{dV}{dt} \quad (1)$$

em que o sinal negativo indica diminuição do volume V do corpo de prova e $\rho = 1,316$ g/cm³ é a sua massa específica. Esta taxa mássica, por sua vez, pode ser calculada por:

$$\dot{W}_A = A_s k_m (\rho_{A_p} - \bar{\rho}_A) \quad (2)$$

sendo A_s a área superficial do corpo de prova, ρ_{A_p}, a concentração de equilíbrio (solubilidade) e $\bar{\rho}_A$, a concentração média do soluto na corrente de água, concentração esta pequena o suficiente a ponto de a desprezarmos; portanto:

$$\dot{W}_A = A_s k_m \rho_{A_p} \quad (3)$$

Igualando (1) e (3):

$$-\rho \frac{dV}{dt} = A_s k_m \rho_{A_p} \quad (4)$$

Exemplo 8.10 (*continuação*)

Como ρ = 1,316 g/cm³ e ρ_{A_p} = 3,0 × 10⁻³ g/cm³, a Equação (4) fica:

$$\frac{dV}{dt} = -2{,}28 \times 10^{-3} A_s k_m \tag{5}$$

E, como $k_m = \bar{u} St_M$ e $St_M Sc^{2/3} = j_M$, podemos escrever: $k_m = \bar{u} j_M Sc^{-2/3}$ que, substituído em (5), nos fornece:

$$\frac{dV}{dt} = -2{,}28 \times 10^{-3} A_s \bar{u} Sc^{-2/3} j_M \tag{6}$$

Em virtude de $\bar{u}$ = 1 m/s = 100 cm/s e Sc = 740, temos em (6):

$$\frac{dV}{dt} = -2{,}79 \times 10^{-3} A_s j_M \tag{7}$$

A escolha da expressão para estimar o j_M depende do Sc e do Re_p, este determinado pela Equação (8.149a), a qual, rearranjada, nos fornece:

$$\text{Re}_p = \frac{d_p \bar{u}}{\nu} = \frac{d_p \bar{u}}{Sc D_{AB}} \tag{8}$$

Temos para os dois corpos de prova: Sc = 740 e D_{AB} = 1,21 × 10⁻⁵ cm²/s. Dessa maneira:

$$\text{Re}_p = \frac{(100) d_p}{(740)\left(1{,}21 \times 10^{-5}\right)} = 1{,}12 \times 10^4 d_p \tag{9}$$

Note que o diâmetro do corpo de prova varia ao longo do ensaio.

a) Corpo de prova: *esfera isolada*.

Correlação de Williams (1942):

$$j_M = \frac{0{,}43}{\text{Re}_p^{0,44}} = \frac{0{,}43}{\left(1{,}12 \times 10^4\right)^{0,44} d_p^{0,44}} = \frac{7{,}11 \times 10^{-3}}{d_p^{0,44}} \tag{10}$$

Substituindo (10) em (7):

$$\frac{dV}{dt} = -1{,}98 \times 10^{-5} \frac{A_s}{d_p^{0,44}} \tag{11}$$

Em virtude de $d_p = 2R$ e sabendo que, para a esfera:

$$V = \frac{4}{3} \pi R^3$$

e $A_s = 4\pi R^2$, temos em (11):

$$\frac{d}{dt}\left(\frac{4}{3}\pi R^3\right) = 4\pi R^2 \frac{dR}{dt} = A_s \frac{dR}{dt} = -1{,}46 \times 10^{-5} \frac{A_s}{R^{0,44}}$$

a qual pode ser tomada como:

$$R^{0,44} dR = -1{,}46 \times 10^{-5} dt$$

Exemplo 8.10 (*continuação*)

Integrando esse resultado entre os raios inicial e final da esfera ao longo do ensaio:

$$R_f = \left(R_0^{1,44} - 2{,}10 \times 10^{-5}\, t\right)^{1/1,44} \tag{12}$$

Do enunciado: $R_0 = 0{,}5$ cm e $t = 1$ h ou 3.600 s. Deste modo:

$$R_f = \left[(0{,}5)^{1,44} - (2{,}10 \times 10^{-5})(3.600)\right]^{1/1,44}$$

$$R_f = 0{,}426 \text{ cm}$$

b) Corpo de prova: *cilindro isolado*.

Correlação de Linton e Sherwood (1950):

$$j_M = \frac{0{,}281}{\mathrm{Re}_p^{0,4}} = \frac{0{,}281}{\left(1{,}12 \times 10^4\right)^{0,40} d_p^{0,40}} = \frac{6{,}75 \times 10^{-3}}{d_p^{0,40}} \tag{13}$$

Substituindo (13) em (7):

$$\frac{dV}{dt} = -1{,}88 \times 10^{-5} \frac{A_s}{d_p^{0,40}} \tag{14}$$

Como $d_p = 2R$ e, para o cilindro, $V = \pi R^2 L$ e $A_s = 2\pi RL$, temos em (14):

$$\frac{d}{dt}\left(\pi R^2 L\right) = 2\pi RL \frac{dR}{dt} = A_s \frac{dR}{dt} = -1{,}42 \times 10^{-5} \frac{A_s}{R^{0,40}}$$

ou $R^{0,40} dR = -1{,}42 \times 10^{-5} dt$

a qual, depois de integrada, nos fornece:

$$R_f = \left[(0{,}5)^{1,44} - (1{,}99 \times 10^{-5})(3.600)\right]^{1/1,40}$$

$$R_f = 0{,}430 \text{ cm}$$

3º Grupo: Escoamento em leitos fixo e fluidizado

Os leitos fixo e fluidizado são sistemas constituídos de uma coluna dentro da qual há uma carga de particulados. Injeta-se um fluido de trabalho (gás ou líquido) nesta coluna, o qual percola entre as partículas. Caso haja apenas a percolação do fluido, sem a movimentação das partículas, teremos o leito fixo; por outro lado, dependendo do tamanho do particulado, poderá haver a movimentação das partículas, caracterizando a fluidização. Encontra-se o leito fixo em operações como a absorção, sendo, inclusive, mais eficiente do que a coluna de parede molhada, no que diz respeito à remoção de um determinado soluto. Já o leito fluidizado é empregado, por exemplo, como reator catalítico, combustor. Ambos podem ser utilizados como secadores. Nota-se que o conhecimento de correlações que predizem o coeficiente convectivo de transferência de massa para tais sistemas é de extrema importância na aplicação dos fenômenos de transferência de massa.

Leito fixo. Para o escoamento de *gases ou de líquidos* em um leito com partículas esféricas, pode-se utilizar a correlação proposta por Ranz (1952):

$$Sh_p = 2{,}0 + 1{,}8\, \mathrm{Re}_p^{1/2} Sc^{1/3} \tag{8.154}$$

válida para $\mathrm{Re}_p > 80$, em que:

$$\mathrm{Re}_p = \frac{d_p u_0}{\nu} \tag{8.155}$$

e u_0 é a *velocidade superficial* do fluido, ou seja, aquela velocidade do fluido baseada na área de seção transversal da coluna vazia. Sh_p é determinado de acordo com a definição (8.149b).

Wakao e Funazukuri (1978) propuseram a seguinte correlação para um leito com recheios esféricos, cujo fluido de trabalho pode ser gás ou líquido:

$$Sh_p = 2{,}0 + 1{,}1\ \text{Re}_p^{0,6} Sc^{1/3} \tag{8.156}$$

com Re_p calculado pela Equação (8.155) e sendo o limite de aplicação: $3 < \text{Re}_p < 10^4$, ou seja, uma faixa bem mais ampla do que a Equação (8.154).

Leito fluidizado. Para esta situação há a correlação de Gupta e Thodos (1962), válida tanto para gases quanto para líquidos e aplicada para partículas esféricas.

$$\varepsilon j_M = 0{,}01 + \frac{0{,}863}{\text{Re}_p^{0,58} - 0{,}483} \tag{8.157}$$

com Sh_p e Re_p definidos de igual forma ao leito fixo. A aplicabilidade da correlação (8.157) situa-se na faixa $20 < \text{Re}_p < 3.000$, sendo ε a fração de vazios do leito.

Dwivedi e Upadhyaya (1977) propuseram uma correlação que é válida para os *leitos fixo e fluidizado, aplicada tanto para gases quanto para líquidos:*

$$\varepsilon j_M = \frac{0{,}765}{\text{Re}_p^{0,82}} + \frac{0{,}365}{\text{Re}_p^{0,386}} \tag{8.158}$$

aconselhada para $0{,}01 < \text{Re}_p < 15.000$, sendo Re_p determinado de acordo com a Equação(8.155) e j_M, por (8.151).

Nas situações em que se trabalhar com partículas não esféricas nestes dois tipos de leitos, pode-se utilizar, *como aproximação*, as correlações apresentadas neste tópico, bastando substituir no lugar de d_p, o produto (φd_p), em que φ é a esfericidade da partícula e d_p é o diâmetro da partícula de igual volume caso fosse esférica.

Exemplo 8.11

Para realizar ensaios de transferência de massa, construiu-se uma coluna que se comportasse como leito fixo ou fluidizado, dependendo da velocidade de injeção do fluido de trabalho na base do equipamento. Para realizar a experimentação, esferas de naftaleno de 2,9 mm de diâmetro e massa específica igual a 1,145g/cm^3 foram eleitas como material de teste. Utilizando-se o ar seco como fluido de trabalho a 25 °C e 1 atm (Sc = 2,45 e D_{AB} = 0,0611cm^2/s), determine:

a) o valor do Sh_p quando o ar é injetado a 14,91 cm/s na base da coluna. Nessa condição, observou-se que o leito comportara-se como fixo, de fração de vazios igual a 0,49. Utilize as correlações apresentadas neste tópico e compare os resultados obtidos com o experimental, que é 12,95;

b) mantendo-se a carga de partículas presente no item anterior, estime o valor do Sh_p, para o caso de a velocidade do ar ser duplicada. Nesse caso, considera-se que o leito comporta-se como fluidizado com fração de vazios igual a 0,69. Utilize as correlações (8.156) e (8.157) para os seus cálculos.

a) *Leito fixo.* Qualquer que seja a correlação a ser testada, devemos calcular o Reynolds da partícula, o qual é fornecido pela Equação (8.155):

$$\text{Re}_p = \frac{d_p u_0}{\nu} = \frac{d_p u_0}{Sc D_{AB}} \tag{1}$$

Do enunciado, d_p = 0,29 cm; Sc = 2,45 e D_{AB} = 0,0611 cm^2/s, que, substituídos em (1), fornecem:

$$\text{Re}_p = \frac{d_p u_0}{Sc D_{AB}} = 1{,}937 u_0 \tag{2}$$

Como u_0 = 14,91 cm/s, temos em (3):

$$\text{Re}_p = 28{,}88 \tag{3}$$

Exemplo 8.11 (*continuação*)

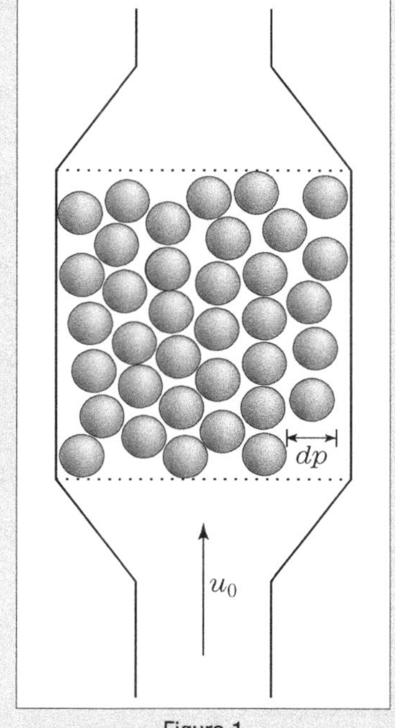

Figura 1

Ranz (1952):

$$Sh_p = 2{,}0 + 1{,}8\ \mathrm{Re}_p^{1/2} Sc^{1/3} = 2{,}0 + (1{,}8)(28{,}88)^{1/2}(2{,}45)^{1/3} = 15{,}04$$

Desvio =

$$\frac{\left|Sh_{p_{cal}} - Sh_{p_{exp}}\right|}{Sh_{p_{exp}}} \times 100\% = \frac{|15{,}04 - 12{,}95|}{12{,}95} \times 100\% = 16{,}14\%$$

Dwivedi e Upadhyaya (1977):

$$\varepsilon j_M = \frac{0{,}765}{\mathrm{Re}_p^{0{,}82}} + \frac{0{,}365}{\mathrm{Re}_p^{0{,}386}}$$

ou

$$Sh_p = \frac{\mathrm{Re}_p Sc^{1/3}}{\varepsilon}\left(\frac{0{,}765}{\mathrm{Re}_p^{0{,}82}} + \frac{0{,}365}{\mathrm{Re}_p^{0{,}386}}\right)$$

$$Sh_p = \frac{(28{,}88)(2{,}45)^{1/3}}{0{,}49}\left[\frac{0{,}765}{(28{,}88)^{0{,}82}} + \frac{0{,}365}{(28{,}88)^{0{,}386}}\right] = 11{,}77$$

Desvio =

$$\frac{\left|Sh_{p_{cal}} - Sh_{p_{exp}}\right|}{Sh_{p_{exp}}} \times 100\% = \frac{|11{,}77 - 12{,}95|}{12{,}95} \times 100\% = 9{,}11\%$$

Wakao e Funazukuri (1978):

$$Sh_p = 2{,}0 + 1{,}1\ \mathrm{Re}_p^{0{,}6} Sc^{1/3}$$

$$Sh_p = 2{,}0 + (1{,}1)(28{,}88)^{0{,}6}(2{,}45)^{1/3} = 13{,}16$$

Desvio =

$$\frac{\left|Sh_{p_{cal}} - Sh_{p_{exp}}\right|}{Sh_{p_{exp}}} \times 100\% = \frac{|13{,}16 - 12{,}95|}{12{,}95} \times 100\% = 1{,}62\%$$

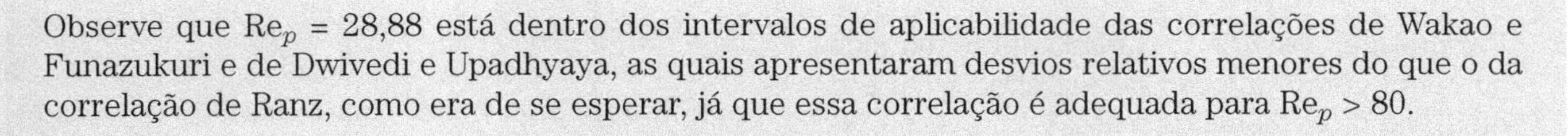

Observe que Re_p = 28,88 está dentro dos intervalos de aplicabilidade das correlações de Wakao e Funazukuri e de Dwivedi e Upadhyaya, as quais apresentaram desvios relativos menores do que o da correlação de Ranz, como era de se esperar, já que essa correlação é adequada para $\mathrm{Re}_p > 80$.

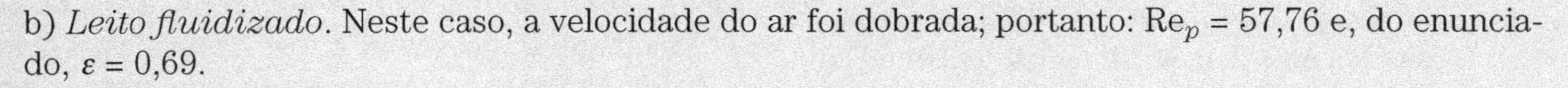

b) *Leito fluidizado*. Neste caso, a velocidade do ar foi dobrada; portanto: Re_p = 57,76 e, do enunciado, ε = 0,69.

Gupta e Thodos (1962):

$$Sh_p = \frac{\mathrm{Re}_p Sc^{1/3}}{\varepsilon}\left(0{,}01 + \frac{0{,}863}{\mathrm{Re}_p^{0{,}58} - 0{,}483}\right)$$

$$Sh_p = \frac{(57{,}76)(2{,}45)^{1/3}}{0{,}69}\left[0{,}01 + \frac{0{,}863}{(57{,}76)^{0{,}58} - 0{,}483}\right] = 10{,}84$$

Exemplo 8.11 (*continuação*)

Dwivedi e Upadhyaya (1977):

$$Sh_p = \frac{\text{Re}_p Sc^{1/3}}{\varepsilon}\left(\frac{0,765}{\text{Re}_p^{0,82}} + \frac{0,365}{\text{Re}_p^{0,386}}\right)$$

$$Sh_p = \frac{(57,76)(2,45)^{1/3}}{0,69}\left[\frac{0,765}{(57,76)^{0,82}} + \frac{0,365}{(57,76)^{0,386}}\right] = 11,71$$

Note que os resultados de Sh_p para os leitos fixo e fluidizado são praticamente os mesmos. Por outro lado, para que chegássemos a tais resultados, foi necessário dobrar a velocidade do ar quando se trabalhou com o fluidizado. Desta maneira, conclui-se: $Sh_{\text{fixo}} > Sh_{\text{fluidizado}}$, resultado válido quando o fluido de trabalho for um gás; maiores detalhes podem ser encontrados na obra de Kunii e Levenspiel (1969).

EXERCÍCIOS

Conceitos

1. A partir do significado físico do número de Sherwood, analise a afirmação: *a difusão e a convecção mássica são manifestações distintas do mesmo fenômeno.*
2. Interprete fisicamente os números Re, Sh, St_M, Pe_M. Qual a diferença entre Sh e Pe_M?
3. Utilizando o diagrama mnemônico, mostre que $St_M = Sh/\text{Re}Sc$.
4. Obtenha uma relação de ordem de magnitude para $Sc \neq 1$ para a distribuição de concentração do soluto via camada limite mássica no regime laminar.
5. Interprete fisicamente a Figura (8.6).
6. Por que a espessura da camada limite mássica aumenta com a injeção de matéria? Qual é o efeito no fluxo global de massa?
7. Interprete o enunciado: *para transferir grande quantidade de massa, procura-se reduzir a espessura da camada limite mássica o tanto quanto possível.*
8. Analise o coeficiente convectivo de transferência de massa a partir de informações oriundas da turbulência.
9. Quais parâmetros afetam a difusividade turbilhonar e qual é a sua relação qualitativa com o coeficiente convectivo de transferência de massa?
10. Qual é a relação qualitativa entre o comprimento de mistura de Prandtl e o caminho livre médio?
11. Postulou-se a existência do seguinte número adimensional $L = \ell_M/\lambda$. Analise-o, sabendo que ℓ_M é o comprimento da mistura de Prandtl, e λ, o caminho livre médio.
12. Admitindo que a espessura da camada limite dinâmica turbulenta, em uma placa plana horizontal, é da mesma ordem de magnitude da mássica, obtenha uma relação de magnitude para o número de Sherwood no regime turbulento.
13. Por intermédio do resultado advindo do exercício anterior, proponha um fator para o cálculo do coeficiente convectivo de transferência de massa semelhante ao de Chilton-Colburn.
14. Ordene de forma decrescente os valores de k_m estimados pelas analogias de Reynolds, de Prandtl e de von Kármán. Justifique o seu procedimento.
15. A partir da analogia de Reynolds, trace as semelhanças possíveis entre as transferências de quantidade de movimento e de massa. Para tanto, utilize os números de Reynolds e de Sherwood.
16. Qual a importância do modelo da camada limite na obtenção de correlações?
17. De posse das correlações fornecidas para a estimativa do k_m, avalie qual teoria, do filme, da camada limite ou da penetração, é a mais

adequada para descrever os mecanismos de transferência de massa.

18. Demonstre, para teoria da camada limite, que $k_m \propto D_{AB}^{1-n}$, em que $n = n\ (f_p)$.
19. Demonstre, por intermédio do modelo da difusão em um filme estagnado, que $Sh_p = 2$.
20. O naftaleno, além de dizimar baratas, é útil no estudo experimental de transferência de massa. No intuito de se obter o coeficiente convectivo de transferência de massa para uma esfera, têm-se as seguintes situações:

a) obteve-se uma correlação para o k_m, quando o naftaleno foi dissolvido em um solvente líquido, na forma de:

(1) $Sh = Sh_o + \varphi \text{Re}_p^{1/2} Sc^{1/3}$
$10 < \text{Re}_p < 100$ e $100 < Sc < 1.000$;

com: $\text{Re}_p = \dfrac{d_p u_\infty}{\nu}$

Ao estudar a sublimação em diversos gases, conseguiu-se:

(2) $Sh = Sh_o + \zeta \text{Re}_p^{1/2} Sc^{1/3}$
$10 < \text{Re}_p < 100$ e $0{,}1 < Sc < 2{,}0$

Por que o intervalo para o Sc em (2) é menor do que em (1)?

b) Supondo que se conheçam ξ, D_{AB} e Sc, foi proposto o seguinte problema:

Uma esfera de naftaleno de diâmetro d_p é exposta a uma corrente de ar seco oriunda de um ventilador. Considerando-se T e P conhecidos, descreva detalhadamente um procedimento experimental que nos forneça a velocidade do ar deslocado pela ação do ventilador, utilizando-se os conceitos de transferência de massa.

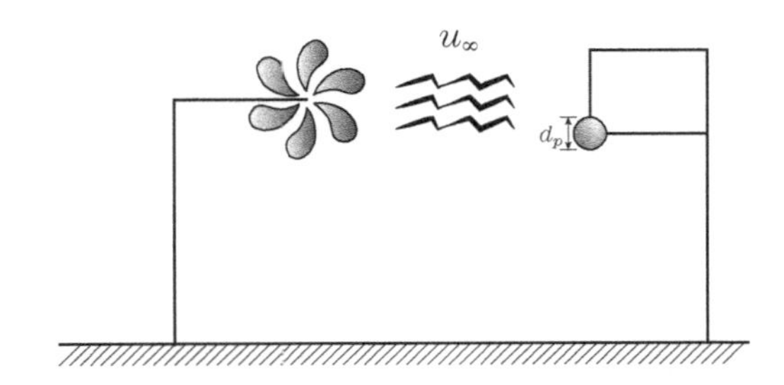

Cálculos

1. Estime o valor da viscosidade dinâmica da mistura ar/vapor de água, assim como o Sc, para as seguintes situações:

T (°C)	25	25	25	45	45	45	75	75	75
φ	0,0	0,45	0,9	0,0	0,45	0,9	0,0	0,45	0,9

2. Ar úmido a 45 °C, 1 atm, 90% de umidade relativa e a 20 m/s escoa sobre uma placa plana horizontal parada embebida por uma fina película de água também a 45 °C de 1 m de comprimento. Determine o valor do coeficiente convectivo de transferência de massa do vapor de água.
3. Fez-se escoar ar seco a 5 m/s sobre uma lâmina quadrada de madeira de 2 m embebida por uma fina película aderente de álcool etílico. Sabendo que o ambiente está a 20 °C e 1 atm, determine o valor de taxa de evaporação mássica do álcool.

   Obs.: a pressão de vapor do etanol pode ser calculada a partir dos dados contidos na Tabela (3.4).
4. Construiu-se uma tubulação de ácido benzoico de 2 mm de espessura e 1 m de comprimento, no interior da qual injetou-se água pura a 25 °C. Qual o valor do tempo necessário para a tubulação ser consumida totalmente se:

   a) a tubulação apresenta seção circular de 2 cm de diâmetro interno;
   b) a tubulação apresenta seção retangular de 1,5 cm por 2,5 cm.

   Utilize os dados do exemplo (8.10).
5. Deseja-se separar metano que está presente a 0,1% em mol em uma corrente de ar seco a 25 °C e 1 atm. Para tanto, expõe-se essa mistura em contato com uma película líquida de água pura que escoa em regime laminar sobre uma placa plana vertical parada de 1 m de comprimento. Sabendo que o CH_4 é pouco solúvel em água, $H = 4{,}0 \times 10^4$ atm/Δx_A e que o número de Schmidt para o par metano/água é 670 e que a concentração de equilíbrio na fase gasosa é 0,05% em mol, calcule o valor do fluxo molar do metano na fase líquida, em que a espessura do filme líquido é 1 mm.
6. Considerando o exemplo (4.3), qual seria o valor do raio da esfera de naftaleno se o ar seco escoasse ao seu redor com velocidade de: a) 1 m/s; b) 3 m/s; c) 5 m/s?

7. Considere uma esfera de 2 cm de diâmetro de naftaleno exposta a uma corrente de ar seco que escoa a uma velocidade de 0,4 m/s. O ar está a 46 °C e 1 atm; nessas condições, a pressão de vapor do naftaleno e a sua difusividade no ar são 0,565 mmHg e $0,0677 \times 10^{-4}$ m²/s, respectivamente. Determine:

   a) o valor coeficiente convectivo de transferência de massa;

   b) a taxa de transferência de massa.

8. Refaça o exercício anterior considerando um cilindro de 1 cm de diâmetro e 3 cm de comprimento como sendo o corpo de prova.

9. Refaça os exercícios (2) e (3) na situação em que a mistura escoa sobre:

   a) uma esfera de 0,1 cm de diâmetro;

   b) uma cápsula cilíndrica de 0,1 cm de diâmetro.

10. Um glóbulo de glucose de 0,3 cm de diâmetro dissolve-se em água que escoa a 2 m/s. Sabendo que a temperatura da água é 25 °C e que, nessa temperatura, a difusividade da glucose em água, é $4,14 \times 10^{-9}$ cm²/s, calcule o valor coeficiente convectivo de transferência de massa para a glucose.

11. Considere um leito fixo de esferas de naftaleno de 0,4 cm de diâmetro. O ar seco escoa através do leito a 10 m/s e 16 °C. Encontre o valor coeficiente convectivo de transferência de massa para o naftaleno se a sua difusividade no ar é $0,0584 \times 10^{-4}$ m²/s.

12. Refaça o exercício anterior, considerando leito fluidizado com fração de vazios do leito igual a 0,7.

13. Refaça o exemplo (8.11), admitindo uma esfera de naftaleno isolada. Obtenha uma relação entre os números de Sherwood calculados neste exercício, bem como no exemplo consultado, e analise o resultado obtido.

14. Utilizando-se os resultados experimentais de Novais e Laurindo (1992) para Sh_p em leito fixo com esferas de naftaleno, verifique qual é a melhor correlação entre aquelas apresentadas neste capítulo. Utilize a configuração do leito contida no exemplo (8.11).

Re_p	28,18	42,98	44,71	57,69	93,13	131,49	165,58	222,0
Sh_p	10,45	13,15	14,92	16,76	23,56	30,23	33,32	34,80

BIBLIOGRAFIA

BEDINGFIELD JR., C. H.; DREW, T. B. *Ind. Eng. Chem.*, v. 42, p. 1.164, 1950, apud GEANKOPLIS, C. J. *Mass transport phenomena*. New York: Holt, Rinheart and Winston Inc., 1972.

BENNETT, C. O.; MYERS, J. E. *Fenômenos de transporte*. São Paulo: McGraw-Hill do Brasil, 1978.

BIRD, R. B.; STEWART, W. E.; LIGHTFOOT, E. N. *Transport phenomena*. New York: John Wiley, 1960.

CREMASCO, M. A. *Anais* do XI Congresso Brasileiro de Engenharia Mecânica. São Paulo, 1991, p. 217.

________. *Anais* do IV Encontro Nacional de Ciências Térmicas. Rio de Janeiro, 1992, p. 697.

CUSSLER, E. L. *Diffusion* – mass transfer in fluid systems. Cambridge: Cambridge University Press, 1984.

DWIVEDI; UPADHYAYA. *Ind. Eng. Chem. Process. Des. Dev.*, n. 16, p. 157, 1977.

ECKERT, E. R. G.; DRAKE. *Heat and mass transfer*. 2. ed. New York: McGraw-Hill, 1959.

FRÖESSLING, K. *Gerlands Beirt. Geophys*, v. 52, p. 170, 1938, apud KUNII, D.; LEVENSPIEL, O. *Fluidization engineering*. New York: John Wiley, 1969.

GARNER, F. H.; SUCKLING, R. D. *AIChE J.*, v. 4, p. 114, 1958, apud WELTY, J. R.; WILSON, K. E.; WICKS, E. *Fundamentals of momentum, heat and mass transfer*. 2. ed. New York: John Wiley, 1976.

GEANKOPLIS, C. J. *Mass transport phenomena*. New York: Holt, Rinheart and Winston Inc., 1972.

GILLILAND, E. R.; SHERWOOD, T. K. *Trans. Inst. Chem. Eng.*, v. 26, p. 516, 1934, apud WELTY, J. R.; WILSON, K. E.; WICKS, E. *Fundamentals of momentum, heat and mass transfer*. 2. ed. New York: John Wiley, 1976.

GUPTA, A. S.; THODOS, G. *AIChE J.*, v. 8, p. 608, 1962, apud, SKELLAND, A. H. P. *Diffusional mass transfer*. New York: John Wiley, 1974.

KAYS, W. M.; CRAWFORD, M. E. *Convective heat and mass transfer*. 2. ed. New York: McGraw-Hill, 1980.

KNUDSEN, J. G.; KATZ, D. L. *Fluid dynamics and heat transfer*. New York: McGraw-Hill, 1958.

KREITH, F. *Princípios da transmissão de calor*. São Paulo: Edgard Blücher, 1977.

KUNII, D.; LEVENSPIEL, O. *Fluidization engineering*. New York: John Wiley, 1969.

LINTON, W. H.; SHERWOOD, T. K. *Chem. Eng. Prog.*, v. 46, p. 258, 1950, apud WELTY, J. R.; WILSON, K. E.; WICKS, E. *Fundamentals of momentum, heat and mass transfer*. 2. ed. New York: John Wiley, 1976.

LUIKOV, A. *Heat and mass transfer*. Moscou: Mir Publishers, 1980.

NOVAIS, A. F.; LAURINDO, J. B. *Anais* do IX Congresso Brasileiro de Engenharia Química, v. 3. Salvador, 1992, p. 379.

PAKOWSKI, Z. et al. *Drying Technology*, v. 9, n. 3, p. 753, 1991.

RANZ, W. E. *Chem. Eng. Progr.*, v. 48, p. 247, 1952, apud KUNII, D. ; LEVENSPIEL, O. *Fluidization engineering*. New York: John Wiley, 1969.

REID, R. C.; PRAUSNITZ, J. M.; SHERWOOD, T. K. *The properties of gases & liquids*. 3. ed. New York: McGraw-Hill, 1977.

SCHLICHTING, H. *Boundary-layer theory*. 6. ed. New York: McGraw-Hill, 1968.

SHERWOOD, E. L.; PIGFORD, R.; WILKE, R. C. *Mass transfer*. Tokyo: McGraw-Hill Kogakusha, 1975.

SKELLAND, A. H. P. *Diffusional mass transfer*. New York: John Wiley, 1974.

TREYBAL, R. E. *Mass-transfer operations*. 3. ed. Singapore: McGraw-Hill, 1980.

VDI WÄRMEATLAS. 3. ed. Düsseldorf: VDI-Verlag, 1977, apud PAKOWSKI, Z. et al. *Drying Technology*, v. 9, n. 3, p. 753, 1991.

WAKAO, N.; FUNAZUKURI, T. *Chem. Eng. Sci.*, v. 33, 1978, p. 1.375.

WELTY, J. R.; WILSON, K. E.; WICKS, E. *Fundamentals of momentum, heat and mass transfer*. 2. ed. New York: John Wiley, 1976.

WILKE, C. R. *Ind. Eng. Chem.*, v. 41, p. 1.345, 1949, apud BIRD, R. B.; STEWART, W. E.; LIGHTFOOT, E. N. *Transport phenomena*. New York: John Wiley, 1960.

WILLIAMS, G. C. *Sc. D. thesis*, apud SKELLAND, A. H. P. *Diffusional mass transfer*. New York: John Wiley, 1974.

NOMENCLATURA

A_S	área superficial de uma partícula, exemplo (8.10);	$[L^2]$
d_p	diâmetro da partícula, Equação (8.149a);	$[L]$
D	diâmetro da tubulação, Equação (8.122);	$[L]$
D_{AB}	coeficiente de difusão do soluto A no meio B	$[L^2 \cdot T^{-1}]$
D_H	diâmetro equivalente, Equação (8.146);	$[L]$
D^T	difusividade turbilhonar, Equação (8.86);	$[L^2 \cdot T^{-1}]$
C_f	coeficiente de atrito, Equação (8.104);	adimensional
f	função de similaridade: f(η), Equação (8.41);	adimensional
f_p	parâmetro de injeção ou de sucção de matéria, Equação (8.46);	adimensional
g	aceleração da gravidade, Equação (8.137);	$[L \cdot T^{-2}]$
$j_{A,y}$	fluxo difusivo mássico de A na direção y, Equação (8.8);	$[M \cdot L^{-2} \cdot T^{-1}]$
$j_{A,y}^T$	fluxo mássico turbulento de A na direção y, Equação (8.80);	$[M \cdot L^{-2} \cdot T^{-1}]$
k_m	coeficiente convectivo de transferência de massa, Equação (8.1);	$[L \cdot T^{-1}]$
ℓ_M	comprimento de mistura de Prandtl mássico, Equação (8.82), Figura (8.14);	$[L]$

L	comprimento da placa plana horizontal ou comprimento característico;	[L]
M_i, M_j	massas molares das espécies i e j, respectivamente, Equação (8.15);	$[M \cdot mol^{-1}]$
N	número adimensional, Equação (8.2);	adimensional
$n_{A,y}$	fluxo global mássico de A na direção y, Equação (8.1);	$[M \cdot L^{-2} \cdot T^{-1}]$
$n_{A,p}$	fluxo global mássico de A avaliado na interface, Equação (8.45);	$[M \cdot L^{-2} \cdot T^{-1}]$
P_A	pressão parcial da espécie A, Equação (8.17);	$[F \cdot L^{-2}]$
P_A^{vap}	pressão de vapor da espécie A, Equação (8.17);	$[F \cdot L^{-2}]$
R	raio da tubulação, Equação (8.123); raio da partícula, exemplo (8.10);	[L]
T	temperatura, Equação (8.16);	[t]
t^*	tempo aparente de contato, Equação (8.134);	[T]
t_{exp}	tempo de exposição dos bolsões de matéria na interface líquido–gás, Equação (8.131);	[T]
u	componente de velocidade na direção x, Equação (8.21) ou velocidade do escoamento da mistura;	$[L \cdot T^{-1}]$
v	componente de velocidade na direção y, Equação (8.21); parâmetro cinemático, quadro (8.3);	$[L \cdot T^{-1}]$
$\vec{v}$	velocidade mássica média da mistura ou do meio, vetorial, Equação (3.63);	$[L \cdot T^{-1}]$
x	direção, ou distância, na horizontal, da borda de ataque da placa plana;	[L]
x_1	espessura do filme líquido, Figura (8.1);	[L]
y	direção;	[L]
y_i, y_j	frações molares das espécies i e j, respectivamente Equação (8.14);	adimensional
y_1	espessura do filme gasoso, Figura (8.1);	[L]
$\dot{W}_A$	taxa mássica de dissolução do soluto; exemplo (8.10);	$[M \cdot T^{-1}]$
w_i	fração mássica da espécie i.	adimensional

Letras gregas

δ	espessura de camada limite;	[L]
ε	fração de vazios de um leito de partículas, Equação (8.157);	adimensional
γ	fator de proporcionalidade em função das características do escoamento, Equação (8.106);	adimensional
η	variável de similaridade, Equação (8.29);	adimensional
θ	concentração adimensional de A, Equação (8.29);	adimensional
λ	caminho livre médio, quadro (8.3);	[L]
μ	viscosidade dinâmica da mistura, Equação (8.12);	$[M \cdot L^{-1} \cdot T^{-1}]$
ν	viscosidade cinemática da mistura, Equação (8.12);	$[L^2 \cdot T^{-1}]$

ν^T	viscosidade cinemática turbilhonar, relação (8.96);	$[L^2 \cdot T^{-1}]$
ξ	difusividade, quadro (8.3);	$[L^2 \cdot T^{-1}]$
ρ	concentração mássica da mistura, Equação (8.12);	$[M \cdot L^{-3}]$
ρ_A	concentração mássica de A, Equação (8.1);	$[M \cdot L^{-3}]$
τ_p	fluxo de quantidade de movimento ou tensão de cisalhamento na parede, Equação (8.96);	$[M \cdot L^{-1} \cdot T^{-2}]$
φ	umidade relativa, definição (8.17);	adimensional
χ_M	diâmetro de um vórtice turbulento mássico;	[L]
Ω	velocidade média molecular, quadro (8.3).	$[L \cdot T^{-1}]$

Sobrescritos

T	turbulento
$'$	flutuação
$'$	derivada primeira
$''$	derivada segunda
$-$	médio

Subscritos

A	espécie química A
B	espécie química B
i	índice de iteração; espécie i
j	espécie j
GLOBAL	(laminar) + (turbulento)
M	mássico
máx	máximo
médio	média logarítmica
mis	mistura
0	(velocidade) superficial
p	parede; placa; partícula; superfície; interface; fronteira
T	turbulento
x,y	direções cartesianas; local
y=0	na superfície da placa; na interface
∞	distância relativamente grande da interface; referente à velocidade da corrente livre da ação da parede

1	número adimensional primário
2_m	número adimensional secundário molecular
2_M	número adimensional secundário macroscópico
3	número adimensional terciário

Números adimensionais

j_M	fator de Chilton-Colburn, definição (8.120);
Pe_M	número de Peclet mássico molecular, definição (8.11);
Re	número de Reynolds;
Sc	número de Schmidt, definição (8.7);
Sh	número de Sherwood, definição (8.3);
St_M	número de Stanton mássico, definição (8.9);
$\gamma = St_M/\phi$	fator de semelhança, Equação (8.106).

CAPÍTULO 9

CONVECÇÃO MÁSSICA NATURAL

9.1 CONSIDERAÇÕES A RESPEITO

O fenômeno de transferência de massa tem por princípio fornecer subsídios científicos a processos de separação, os quais se referem ao transporte de um (ou vários) soluto(s) entre fases. Entre os processos de separação, existem técnicas, as quais serão comentadas no Capítulo 11, que permitem separar o soluto de uma fase por intermédio do contato dessa fase (fase 1) com outra para qual o soluto irá (fase 2), caracterizando a *extração* do soluto A pela fase 2. Note que a extração de A depende da sua solubilidade na fase 2, a qual denominaremos solvente. Um exemplo típico dessa técnica é a extração de óleos contidos em sementes oleaginosas utilizando-se solvente orgânico líquido. Entretanto, o alto custo, a toxidade, a inflamabilidade tornam esse tipo de solvente alvo de soluções alternativas para a sua utilização, entre elas a extração com *fluidos supercríticos*.

O processo de extração supercrítica refere-se à utilização de um gás, como solvente extrator, a temperatura e/ou pressão acima das condições termodinâmicas críticas. Esse gás, nessas condições, denomina-se *fluido supercrítico*, apresentando densidade próxima à de um líquido e com propriedades fenomenológicas, como a viscosidade dinâmica e difusividade mássica, entre os comportamentos de líquido e de gás, como nos mostra a Tabela (9.1).

[a]**Tabela 9.1** – Propriedades físicas do CO_2

	Líquido	Fluido supercrítico	Gás
$\rho(g/cm^3)$	1,0	0,2 – 0,7	10^{-3}
$\mu(cP)$	0,5 – 1,0	0,05 – 0,1	10^{-2}
$D_{AB}\,(cm^2/s)$	10^{-5}	$10^{-4} - 10^{-3}$	10^{-1}

[a]Fonte: Filippi, 1982.

Além das características como aquelas ilustradas na Tabela (9.1), um fluido supercrítico apresenta *alta compressibilidade* nas proximidades do ponto termodinâmico crítico, de modo que se pode modificar a densidade desse fluido com pequenas mudanças de temperatura e/ou de pressão, aumentando o seu poder de solvência. Por decorrência, a taxa de transferência de massa, ao se utilizar um fluido supercrítico, é maior quando comparada à de um solvente líquido.

A compressibilidade citada no parágrafo anterior está relacionada à variação da densidade do solvente nas formas $(\partial\rho/\partial T)_P$ e/ou $(\partial\rho/\partial P)_T$. Se admitirmos operação isotérmica, existirá apenas $(\partial\rho/\partial P)_T$. Como a variação da pressão está associada à da pressão parcial do soluto na mistura, temos que a compressibilidade, para uma mistura binária, pode ser aproximada por $(\partial\rho/\partial y_A)_T$. Ou seja, se estivermos trabalhando com um extrator que opera a uma determinada temperatura e/ou pressão na região termodinâmica crítica do solvente, teremos a variação da densidade do solvente fruto da presença do soluto. Essa variação, em conjunto com uma força volumar qualquer (gravidade, por exemplo), caracteriza o *empuxo mássico*, o qual determina o aparecimento das correntes da convecção mássica natural.

Este capítulo objetiva, além de procurar informações para a compreensão do mecanismo da convecção mássica natural, via estudo da camada limite em regime laminar em uma placa plana parada, estabelecer critérios para identificar a presença da convecção mássica forçada em um determinado fenômeno de transferência de massa. No final deste capítulo são apresentadas correlações para esfera isolada e para leitos fixos.

9.2 COMPRESSIBILIDADE MÁSSICA: INSTABILIDADE E ESTABILIDADE – QUANDO APARECE A CONVECÇÃO MÁSSICA NATURAL?

A convecção mássica natural surge quando forças de volume, como o campo gravitacional[1], atuam sobre um fluido (mistura) no qual se encontram gradientes de sua densidade decorrentes dos de concentração do soluto presente na mistura. O empuxo mássico advém da ação conjunta do campo gravitacional e do gradiente de concentração do soluto, sendo o responsável pelo movimento da mistura.

Pelo fato de o empuxo mássico estar associado ao gradiente de concentração da mistura (densidade), consideraremos a situação na qual existe uma placa plana horizontal parada que contém na sua superfície o soluto A, e distante da placa há somente o gás inerte B. Na região limitada pela fronteira $y = p$ (superfície da placa) e $y \to \infty$ (distante de placa), admite-se a mistura binária gasosa ideal $(A + B)$, cuja concentração mássica em qualquer ponto é dada pela Equação (2.1):

$$\rho = \rho_A + \rho_B \tag{2.1}$$

Visto $\rho_A = C_A M_A$, $\rho_B = C_B M_B$ [Equação (2.2)], assim como $y_A = C_A/C$, $y_B = C_B/C$ [Equação (2.6)]; e como se trata de mistura gasosa binária e ideal: $1 = y_A + y_B$ e $C = P/RT$, a Equação (2.1) é posta como:

$$\rho = y_A M_A \frac{P}{RT} + (1 - y_A) M_B \frac{P}{RT}$$

ou

$$\rho = \left[1 + y_A\left(\frac{M_A}{M_B} - 1\right)\right]\frac{M_B P}{RT} \tag{9.1}$$

A Equação (9.1) é válida para qualquer ponto entre $y = p$ e $y \to \infty$, o que nos possibilita escrever:

$$\rho_\infty = \left[1 + y_{A_\infty}\left(\frac{M_A}{M_B} - 1\right)\right]\frac{M_B P}{RT} \tag{9.2}$$

contudo, para $y \to \infty$, $y_A = 0$, levando-nos a $\rho_\infty = M_B P/RT$. Isso nos permite retomar a Equação (9.1), depois de dividi-la pela Equação (9.2) avaliada em $y \to \infty$, de acordo com:

$$\frac{\rho}{\rho_\infty} = 1 + y_A\left(\frac{M_A}{M_B} - 1\right) \tag{9.3}$$

Por considerarmos a variação de concentração mássica da mistura como decorrência da variação de concentração do soluto, derivaremos ρ em função de y_A e, como ρ_∞ é constante, a derivação da Equação (9.3) nos fornece, para condições isotérmicas:

$$\frac{1}{\rho_\infty}\frac{d\rho}{dy_A} = \frac{M_A}{M_B} - 1$$

[1] Existem outros efeitos volumares tais como campo magnético, ação centrífuga, que podem contribuir para o surgimento das correntes da convecção mássica natural.

ou

$$-\frac{1}{\rho_\infty}\frac{d\rho}{dy_A}=\kappa=1-\frac{M_A}{M_B} \tag{9.4}$$

A Equação (9.4), sintetizada em κ, refere-se à compressibilidade mássica da mistura gasosa ideal, decorrente da variação de concentração do soluto em função de sua fração molar, a uma determinada condição de temperatura e de pressão. Note que, se $\kappa = 0$ (ou $M_A = M_B$), não haverá variação da concentração mássica da mistura (ou densidade), não acarretando o *empuxo mássico*. Caso $\kappa < 0$, haverá aumento da densidade da mistura com o aumento do teor de fração molar do soluto; por exemplo, a mistura está mais densa junto à superfície da placa quando comparada à presente na distância $y \to \infty$ ou $\rho_p/\rho_\infty > 1$ [veja a Equação (9.3)]. Para $\kappa > 0$, teremos a diminuição da densidade da mistura com o aumento da concentração do soluto, indicando que a densidade da mistura em $y \to \infty$ será sempre maior do que em $y = p$ ou $\rho_p/\rho_\infty < 1$.

O empuxo mássico, além da compressibilidade mássica da mistura, está relacionado com as forças volumares que atuam em um determinado elemento de volume. Ao considerarmos que tais forças se referem somente à gravitacional e que esta atua na direção y (*na vertical e do céu para terra*), denominaremos *sistema estável* quando a densidade da mistura aumenta uniformemente na direção da força da gravidade, ou seja, $\kappa < 0$. Na situação em que a densidade da mistura diminui uniformemente na direção da força da gravidade, ou seja, $\kappa > 0$, diremos que o sistema é *instável*.

E o que isso tem a ver com a convecção mássica natural? Considere as Figuras (9.1) e (9.2), as quais ilustram a evaporação da água e a sublimação do naftaleno em ar seco e em uma placa plana horizontal parada, respectivamente.

Na Figura (9.1), verifica-se que a densidade da mistura diminui na direção da força gravitacional ($M_A/M_B < 1$; $\kappa > 0$: sistema instável), a um ponto no qual o empuxo mássico vence a ação retardadora das forças viscosas e provoca a subida das camadas de mistura mais leves. Esse movimento circulatório da descida de camadas de mistura densas e subida das leves caracteriza as correntes da convecção mássica natural.

Já na Figura (9.2) a densidade da mistura aumenta na direção da força da gravidade ($M_A/M_B > 1$; $\kappa < 0$: sistema instável). A ação do volume da mistura e da gravidade em conjunto com forças cisalhantes impede o surgimento do empuxo mássico e, consequentemente, a circulação do fluido, a qual caracteriza a convecção mássica natural. O fluxo de massa, nessa situação, ocorre por difusão, como discutido no Capítulo 4.

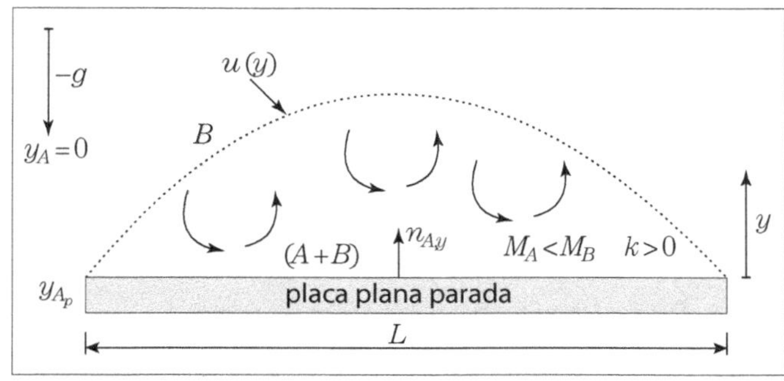

Figura 9.1 – Convecção mássica natural em uma placa plana horizontal parada: evaporação da água (sistema instável).

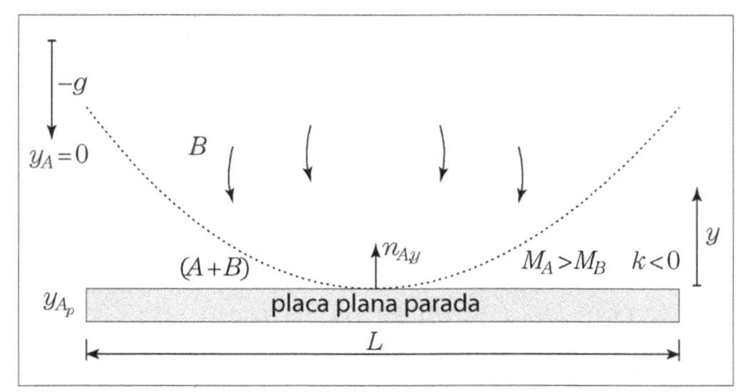

Figura 9.2 – Convecção mássica natural em uma placa plana horizontal parada: sublimação do naftaleno (sistema estável).

A convecção mássica natural *sempre* vai aparecer em uma situação de instabilidade e, com restrições, em situações de estabilidade. No caso da dissolução de um soluto de geometria esférica, sempre haverá o fenômeno da convecção mássica natural, pois a ação de uma força volumar como a gravitacional atua, pontualmente, ao longo da capa esférica. Outro fator fundamental para a existência da circulação das correntes da mistura é a compressibilidade desta mistura. Este fato, como verificado logo na introdução deste capítulo, é determinante na extração de óleos essenciais utilizando-se fluidos supercríticos.

Para que possamos avaliar a ação das forças citadas há pouco, assim como obter a distribuição de concentração do soluto, o seu fluxo em uma dada superfície ou interface é o coeficiente convectivo natural de transferência de massa. Buscaremos a análise e o modelo adequados para a convecção mássica natural em uma placa plana vertical parada.

9.3 ANÁLISE DA CONVECÇÃO MÁSSICA NATURAL EM UMA PLACA PLANA VERTICAL PARADA

9.3.1 Considerações preliminares

Considere uma parede vertical plana de altura H, coberta por uma fina película aderente de um líquido volátil A, o qual evapora no ar seco. Admita que a mistura (A + ar) é menos densa do que o ar seco, conforme ilustra a Figura (9.3). A mistura está mais leve junto à superfície líquida, fazendo com que o fluido ascenda à medida que se desloca na horizontal, aumentando de velocidade. Conforme a concentração do soluto diminui, eleva-se a densidade da mistura até uma distância, em x, onde o efeito combinado da concentração da mistura/gravidade começa a conduzir o movimento da mistura ao repouso. Atente para o fato de que o movimento do fluido e a distribuição de concentração do soluto estão intimamente ligados: um depende do outro. Observe, também, que há três forças envolvidas nesses fenômenos: a do empuxo mássico, a das forças viscosas presentes na periferia da superfície líquida e as inerciais, que estão mais distantes da parede e são, basicamente, as responsáveis por dirigir o movimento da mistura para o repouso.

Para que possamos completar a interpretação do fenômeno relatado no parágrafo anterior, admita como válidas as hipóteses: escoamento bidimensional e laminar; placa plana vertical parada; regime permanente; fluxo do soluto junto à interface gás–líquido; presença do campo gravitacional; mistura gasosa diluída; propriedades físicas constantes, mas admitindo a variação da densidade da mistura na equação do movimento (hipótese de Boussinesq). Dessa maneira, retomaremos a equação da continuidade da mistura gasosa posta na forma da Equação (7.43):

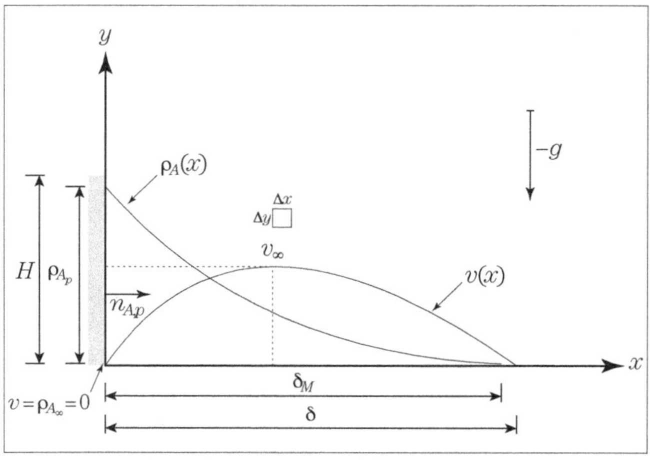

Figura 9.3 – Esboço das distribuições de concentração do soluto e da velocidade da mistura próximas a uma placa plana vertical parada.

$$\frac{\partial u}{\partial x} + \frac{\partial v}{\partial y} = 0 \tag{7.43}$$

assim como a equação do movimento na forma da Equação (7.45a), considerando nela $Y_y = -g$.

$$u\frac{\partial v}{\partial x} + v\frac{\partial v}{\partial y} = \nu\frac{\partial^2 v}{\partial x^2} - \frac{1}{\rho}\frac{dP}{dy} + (-)g \tag{9.5}$$

Note que a equação do movimento foi escrita somente para a *direção* y, pois os termos que compõem essa equação na direção x são desprezíveis perante os da direção y, inclusive o parâmetro referente à variação da pressão, a qual é tomada em função de derivada total. O sinal negativo na contribuição do campo gravitacional deve-se à sua ação estar em sentido oposto ao sistema coordenado. Para o fluido distante da placa, existe o equilíbrio hidrostático, de modo que:

$$\frac{dP_\infty}{dy} = -g\rho_\infty$$

Substituindo essa expressão na Equação (9.5):

$$u\frac{\partial v}{\partial x} + v\frac{\partial v}{\partial y} = \nu\frac{\partial^2 v}{\partial x^2} + \left(\frac{\rho_\infty}{\rho} - 1\right)g \tag{9.6}$$

A densidade mássica da mistura depende da temperatura do meio e da concentração do soluto, esta na forma mássica, segundo a função:

$$\rho = \rho(\rho_A, T)$$

ou

$$\rho = \xi\left[(\rho_A - \rho_{A_\infty});\ (T - T_\infty)\right]$$

que, diferenciada, nos fornece:

$$(\rho - \rho_\infty) \approx \left(\frac{\partial \rho}{\partial \rho_A}\right)\bigg|_T (\rho_A - \rho_{A_\infty}) + \left(\frac{\partial \rho}{\partial T}\right)\bigg|_{\rho_A} (T - T_\infty) \tag{9.7a}$$

Considerando o meio gasoso isotérmico, essa relação fica

$$(\rho - \rho_\infty) \approx \left(\frac{\partial \rho}{\partial \rho_A}\right)\bigg|_T (\rho_A - \rho_{A_\infty}) \tag{9.7b}$$

Definindo β_M: coeficiente volumétrico de expansão mássica de acordo com:

$$\beta_M \equiv -\frac{1}{\rho}\left(\frac{\partial \rho}{\partial \rho_A}\right)\Bigg|_T \tag{9.8}$$

e, notando que ele se refere à variação da densidade da mistura como consequência da variação de concentração mássica do soluto[2], podemos considerar a igualdade em (9.7b) e, substituindo nela a definição (9.8), temos como resultado:

$$(\rho - \rho_\infty) = -\rho\beta_M(\rho_A - \rho_{A_\infty}) \tag{9.9}$$

Levando a Equação (9.9) à Equação (9.6), chega-se em:

$$\underbrace{u\frac{\partial v}{\partial x} + v\frac{\partial v}{\partial y}}_{\text{forças inerciais}} = \underbrace{\nu\frac{\partial^2 v}{\partial x^2}}_{\text{forças viscosas}} + \underbrace{g\beta_M\left(\rho_A - \rho_{A_\infty}\right)}_{\text{empuxo mássico}} \tag{9.10}$$

O termo do empuxo mássico na Equação (9.10) é caracterizado pela ação combinada do campo gravitacional e da compressibilidade da mistura, a qual é fruto da diferença de concentração mássica do soluto A. No entanto, para que possamos conhecer a distribuição da componente de velocidade v, necessitamos da distribuição de concentração de A, cujas simplificações para sua obtenção são as mesmas que proporcionaram a Equação (8.21), considerando placa plana vertical parada, bem como admitindo nela *mistura diluída* e $\partial\rho_A/\partial x \gg \partial\rho_A/\partial y$ (a placa está na vertical).

$$u\frac{\partial \rho_A}{\partial x} + v\frac{\partial \rho_A}{\partial y} = D_{AB}\frac{\partial^2 \rho_A}{\partial x^2} \tag{9.11}$$

Na Equação (9.11) não se verifica o termo do empuxo mássico. Esta ausência é devida à aplicabilidade da hipótese de Boussinesq: *a variação da densidade, considerada no termo do empuxo na equação do movimento, pode ser desprezada nas outras equações de conservação, por extensão, na de concentração do soluto.* Isso implica que todas as propriedades de transporte foram "congeladas" nas equações, exceto na de movimento, o que é razoável *somente* para soluções diluídas.

O que aflora depois de olhar as Equações (9.10) e (9.11) é uma relação de dependência entre elas. Para determinar a distribuição de velocidade da mistura, é fundamental conhecer a de concentração do soluto e vice-versa.

Enquanto a Equação (9.11) descreve a distribuição de concentração mássica do soluto A, a Equação (9.10) refere-se à do movimento da mistura, e nele há a presença de três forças que merecem ser analisadas: empuxo mássico, forças viscosas e forças inerciais. Para tanto, considere as Figuras (9.4) e (9.5). A Figura (9.4) ilustra a situação em que $\delta_M < \delta$, sendo δ_M e δ as espessuras das camadas limites mássica e dinâmica no regime laminar, respectivamente. Observe que o soluto está concentrado praticamente na região I, onde a sua distribuição de concentração sofre influências das forças viscosas e do empuxo mássico. Na região II da Figura (9.4), por sua vez, percebe-se a existência quase total da distribuição de velocidade da mistura, sendo esta influenciada pelas forças viscosas e inerciais.

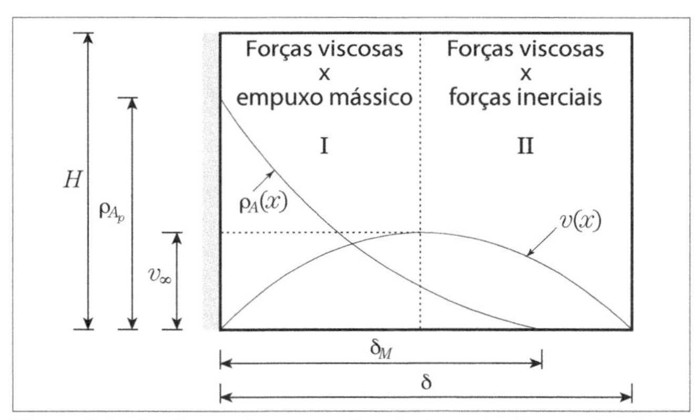

Figura 9.4 – Fenômeno da convecção mássica natural em regime laminar em uma placa plana vertical para $\delta_M < \delta$ (v_∞ é a velocidade máxima da mistura e $Sc > 1$).

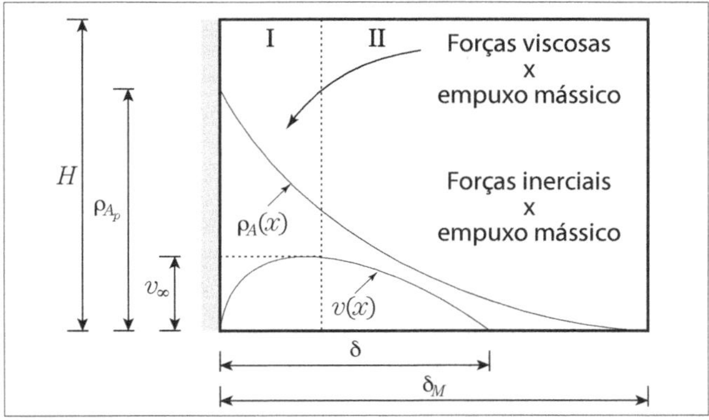

Figura 9.5 – Fenômeno da convecção mássica natural em regime laminar em uma placa plana vertical para $\delta_M > \delta$ (v_∞ é a velocidade máxima da mistura e $Sc < 1$).

[2] Observe que β_M cumpre a mesma função de κ; basta comparar as Equações (9.4) e (9.8).

Na situação em que $\delta_M > \delta$, Figura (9.5), observa-se que a distribuição de concentração do soluto estende-se através das regiões I e II, enquanto a de velocidade da mistura se encontra próxima à superfície considerada. Nesse caso, o empuxo mássico está presente em ambas as regiões e está, tendo em vista a distribuição de velocidade da mistura, balanceado pela ação das forças viscosas (região I). A distribuição de concentração mássica do soluto A, no entanto, é caracterizada pela ação tanto do empuxo mássico quanto das forças inerciais [veja a região II na Figura (9.5)].

O quadro (9.1) apresenta uma comparação entre os fenômenos relatados nos parágrafos anteriores.

Quadro 9.1 – Fenômeno da convecção mássica natural em uma placa plana vertical parada

Situação	Distribuição de:	Balanço de forças
A ($\delta_M < \delta$)	concentração do soluto A	empuxo mássico vs. forças viscosas
A ($\delta_M < \delta$)	velocidade da mistura	forças inerciais vs. forças viscosas
B ($\delta_M > \delta$)	concentração do soluto A	empuxo mássico vs. forças inerciais
B ($\delta_M > \delta$)	velocidade da mistura	empuxo mássico vs. forças viscosas

O fenômeno global de transferência de massa, para qualquer situação presente no quadro (9.1), é descrito por:

(Movimento do meio) $\propto$ (Força motriz)

com a força motriz caracterizada pela diferença de concentração do soluto e o movimento do meio, por sua vez, pelo fluxo global de massa perpendicular à parede vertical:

$$n_{A,x} \propto \Delta\rho_A \tag{9.12}$$

Foi visto, em capítulos anteriores, que relações feitas a (9.12) levam a uma grandeza cinemática, que é o inverso da resistência ao transporte do soluto:

$$n_{A,x} = k_{m_N}\Delta\rho_A \tag{9.13}$$

sendo k_{m_N} o coeficiente convectivo natural de transferência de massa, o qual é definido, localmente, para os fenômenos descritos pelas Equações (9.10) e (9.11), segundo:

$$k_{m_{N_y}} \equiv -D_{AB}\frac{\partial\rho_A/\partial x|_{x=0}}{\left(\rho_{A_p} - \rho_{A_\infty}\right)} \tag{9.14}$$

Ao aplicarmos a análise de escala na definição (9.14), considerando a região ($\delta_M \times H$), verificamos:

$$\frac{\partial\rho_A}{\partial x} \approx \frac{\Delta\rho_A}{\delta_M} \tag{9.15a}$$

O valor local do coeficiente convectivo natural de transferência de massa tem como ordem de magnitude o seu valor médio:

$$k_{m_{N_y}} \approx k_{m_N} \tag{9.15b}$$

Substituindo (9.15a) e (9.15b) na definição (9.14), obtemos:

$$k_{m_N} \approx \frac{D_{AB}}{\delta_M} \tag{9.16}$$

Analogamente à convecção mássica forçada, temos o número de Sherwood para a convecção mássica natural, definido por:

$$Sh_N = \frac{k_{m_N}H}{D_{AB}} \tag{9.17}$$

cuja interpretação física é análoga à que foi feita para a definição (8.3).

Trazendo (9.16) a (9.17), obtém-se:

$$Sh_N \approx \frac{H}{\delta_M} \tag{9.18}$$

Por intermédio da relação (9.18) em conjunto com o quadro (9.1), temos condições de avaliar a ordem de magnitude do número de Sherwood natural e, consequentemente, do coeficiente k_{m_N}.

9.3.2 Análise de escala para a convecção mássica natural

A interdependência entre as forças que governam o movimento da mistura e a distribuição de concentração do soluto vai ser definida pela competição entre as forças apresentadas no quadro (9.1). Tal embate leva às relações entre as espessuras das camadas limite mássica e aquelas relacionadas às do movimento. Por conseguinte, espera-se números de Sherwood naturais distintos, pois existem situações em que $\delta_M < \delta$ ou $\delta_M > \delta$. Tais números são obtidos ao aplicarmos a análise de escala nas Equações (9.10) e (9.11).

Situação A: $\delta_M < \delta$ [veja o quadro (9.1) e a Figura (9.4)]:

Distribuição de concentração do soluto → empuxo mássico *vs.* forças viscosas: região ($\delta_M \times H$).

Aplicando a análise de escala na Equação (9.10):

$$\underbrace{\nu v_\infty/\delta_M^2}_{\text{forças viscosas}} \approx \underbrace{g\beta_M \Delta\rho_A}_{\text{empuxo mássico}} \tag{9.19}$$

no que resulta:

$$v_\infty \approx \frac{\delta_M^2 g\beta_M \Delta\rho_A}{\nu} \tag{9.20}$$

em que v_∞ é a velocidade máxima da mistura [veja a Figura (9.4)].

A Equação (9.11), em termos de ordem de magnitude, nos fornece:

$$\frac{v_\infty}{H} \approx \frac{D_{AB}}{\delta_M^2} \tag{9.21}$$

Substituindo a relação (9.21) em (9.20):

$$\frac{\delta_M^2 g\beta_M \Delta\rho_A}{\nu} \approx \frac{D_{AB}}{\delta_M^2} H \tag{9.22}$$

Rearranjando a relação (9.22):

$$\delta_M^4 \approx \frac{\nu D_{AB}}{g\beta_M \Delta\rho_A} H \tag{9.23}$$

Multiplicando a relação (9.23) por H^3:

$$\delta_M^4 \approx H^4 \left(\frac{\nu D_{AB}}{g\beta_M \Delta\rho_A H^3} \right) \tag{9.24}$$

Identificando o termo entre parênteses na relação (9.24) ao número de Rayleigh mássico:

$$Ra_M \equiv \frac{g\beta_M \Delta\rho_A H^3}{\nu D_{AB}} \tag{9.25}$$

o qual fornece a relação (empuxo mássico)/[(forças viscosas)(difusão)].

Depois de substituir a definição (9.25) na relação (9.24), bem como rearranjar o resultado obtido, podemos escrever:

$$\delta_M \approx \frac{H}{Ra_M^{1/4}} \tag{9.26}$$

Levando a relação (9.26) a (9.18), obtém-se uma relação de ordem de magnitude para o número de Sherwood natural, que é:

$$Sh_N \approx Ra_M^{1/4} \tag{9.27}$$

Esta relação nos mostra, quando $\delta_M \ll \delta$, que o número adimensional característico para a convecção mássica natural é o Ra_M. Veremos daqui a pouco que $\delta_M \ll \delta$ indica $Sc > 1$, o qual é encontrado na maioria das aplicações de transferência de massa. Os fluidos supercríticos, por exemplo, apresentam Sc na ordem de 10^1; para a sublimação do naftaleno, $Sc \cong 2{,}6$. Verifica-se, na prática, que a relação (9.27) é aplicada a partir de $Sc > 0{,}5$, como é o caso da presença da convecção mássica natural na evaporação da água em ar, que apresenta $Sc \approx 0{,}58$.

A magnitude do coeficiente convectivo natural de transferência de massa é obtida, depois de levar a relação (9.27) à definição (9.17), de acordo com:

$$k_{m_N} \approx \frac{D_{AB}}{H} Ra_M^{1/4} \tag{9.28}$$

Situação A: $\delta_M < \delta$ [veja o quadro (9.1) e a Figura (9.4)]:

Distribuição de velocidade da mistura → forças inerciais *vs.* forças viscosas: região ($\delta \times H$).

Ressalta-se que, ao se procurar a análise da distribuição de velocidade da mistura, a região de estudo é ($\delta \times H$). Assim, analisando a ordem de magnitude na Equação (9.10):

$$\underbrace{v_\infty^2/H}_{\text{forças inerciais}} \approx \underbrace{\nu v_\infty/\delta^2}_{\text{forças viscosas}} \tag{9.29}$$

ou

$$v_\infty \approx \frac{\nu H}{\delta^2} \tag{9.30}$$

Há de se observar a necessidade de buscar outra relação para a velocidade máxima da mistura v_∞. Esta será conseguida na distribuição de concentração mássica do soluto, que está contida na região ($\delta_M \times H$). Por conseguinte, podemos trazer a relação (9.21) a (9.30), resultando:

$$\frac{D_{AB}}{\delta_M^2} \approx \frac{\nu}{\delta^2} \tag{9.31}$$

ou

$$\frac{\delta}{\delta_M} \approx \left(\frac{\nu}{D_{AB}}\right)^{1/2} \tag{9.32}$$

Como $Sc = \nu/D_{AB}$, verifica-se na relação (9.32):

$$\frac{\delta}{\delta_M} \approx Sc^{1/2} \tag{9.33}$$

Trazendo a relação (9.26) à (9.33):

$$\delta \approx HRa_M^{-1/4}Sc^{1/2} \tag{9.34}$$

Para $\delta_M < \delta$, temos que $Sc > 1$. Ou seja, a Figura (9.4) é ilustrativa para este caso [situação A do quadro (9.1)]; levando a Figura (9.5) a ser válida para $Sc < 1$, que é a situação B apresentada no quadro (9.1).

Exemplo 9.1

Demonstre para $Sc > 1$ que a velocidade máxima da mistura é

$$v_\infty \approx \frac{D_{AB}}{H}Ra_M^{1/2}$$

Solução:

Para $Sc > 1$, estamos na situação A apresentada no quadro (9.1). Como se trata da velocidade máxima da mistura, substituiremos a relação (9.34) na (9.30), resultando:

$$v_\infty \approx \frac{\nu H}{H^2 Ra_M^{-1/2} Sc}$$

Visto $Sc = \nu/D_{AB}$

$$v_\infty \approx \frac{\nu D_{AB} H Ra_M^{1/2}}{\nu H^2}$$

simplificando os termos dessa relação:

$$v_\infty \approx \frac{D_{AB}}{H}Ra_M^{1/2} \tag{9.35}$$

Situação B: $\delta_M > \delta$ [veja o quadro (9.1) e Figura (9.5)]:

Distribuição de concentração do soluto → empuxo mássico *vs.* forças inerciais: região ($\delta_M \times H$).

Aplicando a análise de escala na Equação (9.10):

$$\underbrace{v_\infty^2/H}_{\text{forças inerciais}} \approx \underbrace{g\beta_M \Delta\rho_A}_{\text{empuxo mássico}} \tag{9.36a}$$

ou

$$\frac{v_\infty}{H} \approx \frac{(g\beta_M \Delta\rho_A H)^{1/2}}{H} \tag{9.36b}$$

A relação (9.21) é válida tanto para $Sc > 1$ quanto para $Sc < 1$, pois se trata da distribuição de concentração do soluto. Desse modo, igualam-se as relações (9.36b) e (9.21):

$$\frac{D_{AB}}{\delta_M^2} \approx \frac{(g\beta_M \Delta\rho_A H)^{1/2}}{H} \tag{9.37}$$

Multiplicando-se a relação (9.37) por H:

$$\frac{D_{AB}}{\delta_M^2} \approx \frac{\left(g\beta_M \Delta\rho_A H^3\right)^{1/2}}{H^2}$$

ou

$$\delta_M \approx H\left[\frac{D_{AB}}{\left(g\beta_M \Delta\rho_A H^3\right)^{1/2}}\right]^{1/2} \tag{9.38}$$

O termo entre colchetes na relação (9.38) está relacionado ao número de Boussinesq mássico, o qual é definido como:

$$Bo_M \equiv \frac{g\beta_M \Delta\rho_A H^3}{D_{AB}^2} \qquad (9.39)$$

e que estabelece a relação [(empuxo mássico)/difusão]. A ordem de magnitude para a espessura da camada limite mássica para $Sc \ll 1$ é:

$$\delta_M \approx H/Bo_M^{1/4} \qquad (9.40)$$

A ordem de magnitude do número de Sherwood natural é conseguida após levar a relação (9.40) a (9.18), ou seja:

$$Sh_N \approx Bo_M^{1/4} \qquad (9.41)$$

Essa relação mostra para $\delta_M \gg \delta$, portanto $Sc \ll 1$, que o número adimensional característico para a convecção mássica natural é o Bo_M. A magnitude do coeficiente convectivo natural de transferência de massa, por outro lado, é obtida substituindo a relação (9.41) na definição (9.17):

$$k_{m_N} \approx \frac{D_{AB}}{H} Bo_M^{1/4} \qquad (9.42)$$

Situação B: $\delta_M > \delta$ [veja o quadro (9.1) e a Figura (9.5)]:

Distribuição de velocidade da mistura → empuxo mássico *vs.* forças viscosas: região ($\delta \times H$).

Utilizando a análise de escala na Equação (9.10) dentro da região ($\delta \times H$):

$$\underbrace{\nu \frac{v_\infty}{\delta^2}}_{\text{forças viscosas}} \approx \underbrace{g\beta_M \Delta\rho_A}_{\text{empuxo mássico}}$$

resultando:

$$v_\infty \approx \frac{\delta^2 g\beta_M \Delta\rho_A}{\nu} \qquad (9.43)$$

Aplicando (9.21) em (9.43):

$$\frac{\delta^2 g\beta_M \Delta\rho_A}{\nu} \approx \frac{HD_{AB}}{\delta_M^2}$$

ou

$$\delta^2 \approx \frac{\nu D_{AB} H}{g\beta_M \Delta\rho_A \delta_M^2} \qquad (9.44)$$

Multiplicando (9.44) por H^3:

$$\delta^2 \approx \left(\frac{\nu D_{AB}}{g\beta_M \Delta\rho_A H^3}\right)\frac{H^4}{\delta_M^2} \qquad (9.45)$$

Identificando o número de Rayleigh mássico, definição (9.25), no termo entre parênteses da relação (9.45):

$$\delta^2 \approx Ra_M^{-1} \frac{H^4}{\delta_M^2} \qquad (9.46)$$

Trazendo (9.40) à relação (9.46) e rearranjando o resultado obtido:

$$\delta^2 \approx H^2 Ra_M^{-1} Bo_M^{1/2} \qquad (9.47)$$

Fazendo uma leitura do número de Boussinesq, definição (9.39), verificamos, após multiplicá-lo e dividi-lo pela viscosidade cinemática da mistura ν, a relação:

$$Bo_M = Ra_M Sc \qquad (9.48)$$

Substituindo (9.48) em (9.47) e simplificando o resultado, chega-se a:

$$\delta \approx H\left(\frac{Sc}{Ra_M}\right)^{1/4} \qquad (9.49)$$

Definindo:

$$\frac{Ra_M}{Sc} \equiv Gr_M \qquad (9.50)$$

em que

$$Gr_M \equiv \frac{g\beta_M \Delta\rho_A H^3}{\nu^2} \qquad (9.51)$$

é o número de Grashof mássico. Esse número fornece a relação [(empuxo mássico/(forças viscosas)]. Dessa maneira, a relação (9.49) é reescrita como:

$$\delta \approx HGr_M^{-1/4} \qquad (9.52)$$

O Gr_M está ligado à espessura da camada limite dinâmica, caracterizando somente a distribuição de velocidade da mistura, ocasionada pelo empuxo mássico, para $Sc \ll 1$. Encontra-se, normalmente, na literatura, que o número de Grashof mássico é o número adimensional característico da convecção mássica natural. Pelo que foi demonstrado, a coisa não é bem assim: para $Sc \ll 1$, o número característico é o Bo_M; e, para $Sc > 1$ (na prática, $Sc > 0,5$), é o Ra_M.

Exemplo 9.2

Demonstre para $Sc \ll 1$ que

$$v_\infty \approx \frac{D_{AB}}{H} Bo_M^{1/2}$$

Solução:

Para $Sc \ll 1$, estamos na situação B apresentada no quadro (9.1). Como se trata da velocidade máxima da mistura, substituiremos a relação (9.52) na relação (9.43), no que resulta:

$$v_\infty \approx \frac{g\beta_M \Delta\rho_A}{\nu} H^2 Gr_M^{-1/2} \qquad (9.53)$$

Multiplicando a relação (9.53) por D_{AB} e H, chega-se a:

$$v_\infty \approx \left(\frac{g\beta_M \Delta\rho_A H^3}{\nu D_{AB}}\right) \frac{D_{AB} Gr_M^{-1/2}}{H} \qquad (9.54a)$$

Visualizando o número de Rayleigh mássico, definição (9.25), dentro dos parênteses contidos na relação (9.54a):

$$v_\infty \approx Ra_M D_{AB} \frac{Gr_M^{-1/2}}{H}$$

ou

$$v_\infty \approx \frac{D_{AB}}{H} Ra_M^{1/2} \left(\frac{Ra_M}{Gr_M}\right)^{1/2} \qquad (9.54b)$$

Trazendo a definição (9.50) à relação (9.54b):

$$v_\infty \approx \frac{D_{AB}}{H} (Ra_M Sc)^{1/2} \qquad (9.55)$$

Identificando (9.48) em (9.55), obtém-se, finalmente:

$$v_\infty \approx \frac{D_{AB}}{H} Bo_M^{1/2} \qquad (9.56)$$

Resumo da análise de escala aplicada à convecção mássica natural

Podemos resumir as informações apresentadas até então no quadro (9.2).

Quadro 9.2 – Análise de escala aplicada à convecção mássica natural em regime laminar em uma placa plana vertical parada

Situação A – $Sc > 1$		Situação B – $Sc \ll 1$	
$v_\infty \approx \frac{D_{AB}}{H} Ra_M^{1/2}$	(9.35)	$v_\infty \approx \frac{D_{AB}}{H} Bo_M^{1/2}$	(9.56)
$\delta \approx H Ra_M^{-1/4} Sc^{1/2}$	(9.34)	$\delta \approx H Gr_M^{-1/4}$	(9.52)
$\delta_M \approx H Ra_M^{-1/4}$	(9.26)	$\delta_M \approx H Bo_M^{-1/4}$	(9.40)
$Sh_N \approx Ra_M^{1/4}$	(9.27)	$Sh_N \approx Bo_M^{1/4}$	(9.41)

Exemplo 9.3

Construa um diagrama mnemônico para convecção mássica natural para $Sc << 1$, análogo ao desenvolvido para a convecção mássica forçada.

Solução:

Para a convecção mássica forçada tínhamos o Diagrama (8.2). No caso da convecção mássica natural, substituiremos a velocidade da corrente livre pela velocidade máxima da mistura, encontrada em $Sc \ll 1$, relação (9.56), levando-nos ao Diagrama (9.1). Observe que o Gr_M, para $Sc \ll 1$, cumpre papel análogo ao número de Reynolds.

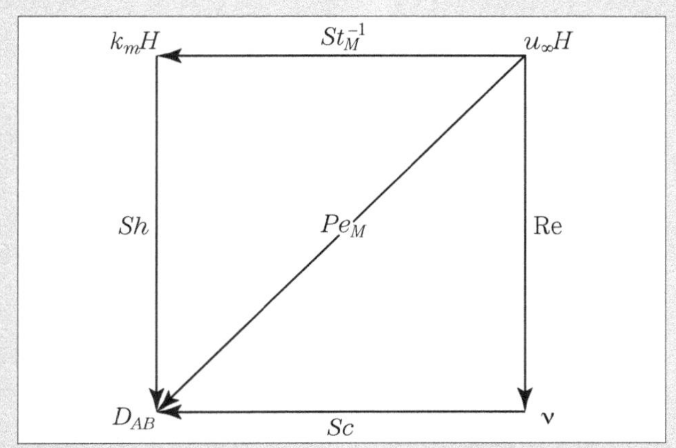

Diagrama 8.2 – Estrutura mnemônica para os fenômenos simultâneos de quantidade de movimento e de massa (convecção mássica forçada).

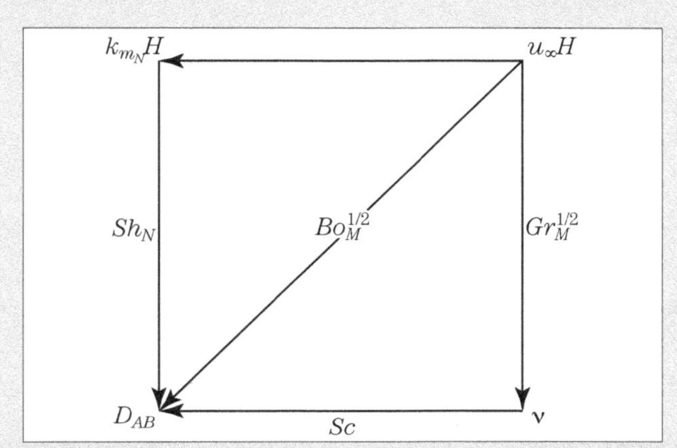

Diagrama 9.1 – Estrutura mnemônica para a análise da convecção mássica natural em regime laminar para $Sc \ll 1$.

9.3.3 Transformação por similaridade das distribuições de concentração do soluto e de velocidade da mistura para $Sc > 1$[3]

A obtenção das distribuições de concentração do soluto e de velocidade da mistura decorre da solução simultânea das Equações (7.43), (9.10) e (9.11). O método a ser adotado é o mesmo quando da análise da convecção mássica forçada: transformação por similaridade dessas equações e correspondente solução. Como visto nos Capítulos 7 e 8, a transformação por similaridade consiste na escolha adequada de um parâmetro de similaridade η.

$$\eta = \eta(x, y) \tag{9.57}$$

No Capítulo 7, associou-se η à espessura da camada limite dinâmica (veja o exemplo 7.2). Esse parâmetro continuou o mesmo para a convecção mássica forçada, pelo fato de a distribuição de velocidade da mistura ser independente da de concentração do soluto, o que não ocorre na convecção mássica natural. Aqui, associaremos η à espessura da camada limite mássica, para $Sc > 1$ (na prática, válido para $Sc > 0{,}5$), considerando a região de análise como:

$$0 < x < \delta_M; \qquad 0 < y < H \tag{9.58}$$

que, em ordem de magnitude, são postas segundo:

$$x \approx \delta_M;\ y \approx H \tag{9.59}$$

Por via de consequência, reescreve-se a relação (9.26) de acordo com:

$$x \approx y Ra_{M_y}^{-1/4}$$

ou

$$x \approx y\left(\frac{g\beta_M \Delta\rho_A y^3}{\nu D_{AB}}\right)^{-1/4} \tag{9.60}$$

[3] A análise para $Sc \ll 1$ é similar ao que será apresentado, sendo posteriormente sugerida como exercício. Ademais, os fenômenos encontrados normalmente em transferência de massa se situam em uma faixa para $Sc > 0{,}5$ e são perfeitamente descritos por esta seção.

Como x e y são dimensões variáveis de comprimento, a ordem de magnitude descrita na relação (9.60) torna-se uma igualdade se o termo à direita vier a ser multiplicado por um fator (função) de magnitude η. Em nosso caso, admitiremos que essa função seja aquela definida por (9.57). Por conseguinte, a relação (9.60) fica:

$$x = \eta y \left(\frac{g\beta_M \Delta\rho_A y^3}{\nu D_{AB}} \right)^{-1/4} \tag{9.61a}$$

ou

$$x = \eta y Ra_{M_y}^{-1/4} \tag{9.61b}$$

da qual resulta:

$$\eta = \frac{x}{y} Ra_{M_y}^{1/4} \tag{9.62}$$

No intuito de obter expressões para as componentes de velocidade u e v em função de variáveis de similaridade, retomaremos a Equação (7.73), escrevendo-a em ordem de magnitude:

$$v_\infty \approx \frac{\psi}{\delta_M}$$

ou

$$\psi \approx v_\infty \delta_M \tag{9.63}$$

Como $Sc > 1$ e admitindo valores locais em y, substituiremos as relação (9.26) e (9.35) na (9.63), resultando:

$$\psi \approx D_{AB} Ra_{M_y}^{1/4} \tag{9.64}$$

A função corrente será uma igualdade se multiplicada por uma função que considere as variações em x e y, ou seja:

$$\psi = f(x,y) D_{AB} Ra_{M_y}^{1/4}$$

De (9.57), escreve-se:

$$\psi = f(\eta) D_{AB} Ra_{M_y}^{1/4} \tag{9.65}$$

De posse da função corrente posta de acordo com a expressão (9.65), utilizaremos as definições (7.72) e (7.73), aplicando nelas a regra da cadeia[4]. O resultado deste procedimento fornecerá as componentes de velocidade nas direções x e y, as quais são, respectivamente[5]:

$$u = \frac{1}{4} \frac{D_{AB}}{y} Ra_{M_y}^{1/4} (3f - \eta f') \tag{9.66}$$

$$v = -f' \frac{D_{AB}}{y} Ra_{M_y}^{1/2} \tag{9.67}$$

Conhecendo a expressão para o componente v, Equação (9.67), temos:

$$\frac{\partial v}{\partial y} = \frac{1}{4} \frac{D_{AB}}{y^2} Ra_{M_y}^{1/2} (\eta f'' - 2f') \tag{9.68}$$

$$\frac{\partial v}{\partial y} = -\frac{D_{AB}}{y^2} Ra_{M_y}^{3/4} f'' \tag{9.69}$$

$$\frac{\partial^2 v}{\partial x^2} = -\frac{D_{AB}}{y^3} Ra_{M_y} f''' \tag{9.70}$$

Substituindo (9.66) a (9.70) em (9.10), o resultado fica:

$$f''' + \frac{1}{Sc}\left[\frac{1}{2}(f')^2 - \frac{3}{4} ff'' \right] = \theta \tag{9.71}$$

com[6]

$$\theta = \theta(\eta) = \frac{w_A - w_{A_\infty}}{w_{A_p} - w_{A_\infty}} \tag{9.72}$$

A Equação (9.71) descreve a distribuição de velocidade da mistura para $Sc > 1$ em função da variável de similaridade η. Nota-se a sua dependência da concentração adimensionalizada do soluto θ. Tendo em vista a distribuição de concentração adimensional do soluto, retomaremos a Equação (9.11), em termos de w_A, já adimensionalizada:

$$u\frac{\partial \theta}{\partial x} + v\frac{\partial \theta}{\partial y} = D_{AB} \frac{\partial^2 \theta}{\partial x^2} \tag{9.73}$$

[4] Note que a expressão da regra da cadeia é a mesma [(7.79) e (7.80)]; no entanto, consideramos nelas v no lugar de u (vice-versa) e y no lugar de x (vice-versa).

[5] Sendo: $f'''(\eta) \equiv f'''; f''(\eta) \equiv f''; f'(\eta) \equiv f'; f(\eta) \equiv f$.

[6] A definição deste adimensional só é possível, na atual situação, se admitirmos *solução diluída*. Esta suposição permitiu-nos aproveitar a equação da continuidade na forma da Equação (7.43), além de nos possibilitar escrever a Equação (9.11) em termos da fração mássica do soluto, o que pode ser demonstrado caso utilizarmos a análise de escala. Essa demonstração, inclusive, é sugerida no final deste capítulo, como exercício de fixação.

Utilizando a regra da cadeia nas derivadas presentes na Equação (9.73), obtemos:

$$\frac{\partial \theta}{\partial y} = -\frac{1}{4}\frac{\eta}{y}\theta' \tag{9.74}$$

$$\frac{\partial \theta}{\partial x} = \frac{Ra_{M_y}^{1/4}}{y}\theta' \tag{9.75}$$

$$\frac{\partial^2 \theta}{\partial x^2} = \frac{Ra_{M_y}^{1/2}}{y^2}\theta'' \tag{9.76}$$

Substituindo (9.66), (9.67), (9.74), (9.75) e (9.76) em (9.73), a distribuição da fração mássica adimensional do soluto em termos das variáveis de similaridade é expressa por:

$$\theta'' = -\frac{3}{4} f\theta' \tag{9.77}$$

Para resolver simultaneamente as Equações (9.71) e (9.77), lançaremos mão da Figura (9.3) em conjunto com as Equações (9.62) e (9.72) para verificar as seguintes condições de contorno:

$$\eta = 0 \rightarrow f' = 0; \quad \text{e} \quad \theta = 1 \tag{9.78a}$$

$$\eta \rightarrow \infty, \text{ temos: } f' = \theta = 0 \tag{9.78b}$$

Note na Equação (9.61b) que $\eta = 0$ para $x = 0$ e, se observarmos a Figura (9.3), verificamos em $x = 0$ que $\rho_A = \rho_{A_p}$ (como se trata de solução diluída: $w_A = w_{A_p}$) e $v = 0$, resultando $\theta = 1$ e $f' = 0$, respectivamente, o que justifica a condição (9.78a). Análise semelhante é feita quando da proposição da condição (9.78b).

9.3.4 Análise do parâmetro de injeção

Não foi estabelecida, até então, a seguinte condição: $\eta = 0, f = 0$. Isso se dá por supormos que, junto à superfície considerada, existe uma componente de velocidade perpendicular a ela, ou $u_p \neq 0$. Desse modo, temos da Equação (9.66) avaliada em $\eta = 0$:

$$u_p = \frac{3}{4}\frac{D_{AB}}{y} Ra_{M_y}^{1/4} f_p \tag{9.79}$$

ou

$$f_p = \frac{4}{3}\frac{y}{D_{AB}} Ra_{M_y}^{-1/4} u_p \tag{9.80}$$

Ao retomarmos a Equação (8.50) com o fluxo de A agora na direção x, escreveremos:

$$u_p = -\frac{D_{AB}}{\left(1 - w_{A_p}\right)} \left.\frac{\partial w_A}{\partial x}\right|_{x=0} \tag{9.81}$$

Trazendo a fração mássica adimensional de A, definição (9.72), avaliada em $x = 0$, na Equação (9.81), obtemos:

$$u_p = -D_{AB}\left(\frac{w_{A_p} - w_{A_\infty}}{1 - w_{A_p}}\right)\left.\frac{\partial \theta}{\partial x}\right|_{x=0} \tag{9.82}$$

Identificando a derivada (9.75), avaliada em $\eta = 0$, na Equação (9.82):

$$u_p = -D_{AB}\left(\frac{w_{A_p} - w_{A_\infty}}{1 - w_{A_p}}\right)\frac{Ra_{M_y}^{1/4}}{y}\theta'(0) \tag{9.83}$$

Substituindo a Equação (9.83) na Equação (9.80), obtém-se a seguinte condição de contorno para $f(\eta)$ em $\eta = 0$:

$$f_p = -\frac{4}{3}\left(\frac{w_{A_p} - w_{A_\infty}}{1 - w_{A_p}}\right)\theta'(0) \tag{9.84}$$

Verifica-se, por inspeção da Figura (9.3), que a inclinação da distribuição da concentração mássica em $x = 0$ apresenta valor negativo. Portanto, a inclinação da distribuição da fração mássica adimensional, conforme definida na Equação (9.72), avaliada em $\eta = 0$, apresentará valor negativo. Assim sendo, quando $w_p > w_{A_\infty}$(como na evaporação), o parâmetro de injeção f_p assume valor positivo, levando a velocidade de injeção u_p a ser direcionada no mesmo sentido do eixo estabelecido para o fluxo de A. Na situação em que $w_{A_p} < w_{A_\infty}$ (por exemplo, condensação), o parâmetro de sucção f_p tem valor negativo, acarretando, de acordo com a Equação (9.80), o mesmo sinal para u_p, indicando que o fluxo de A vem da mistura em direção à interface considerada.

9.3.5 Solução numérica para as equações acopladas relativas às distribuições de fração mássica do soluto e de velocidade do meio para *Sc* > 1 (válida para *Sc* > 0,5)

Da análise das condições de contorno (9.78a e 9.78b), notamos que faltam informações em qualquer que seja a fronteira, $\eta = 0$ ou $\eta \to \infty$, para a solução acoplada das Equações (9.71) e (9.77). Verificamos, em essência, a problemática encontrada nos Capítulos 7 e 8, quando desejamos resolver numericamente as Equações (7.84) para quantidade de movimento e (8.41) para massa, respectivamente. Observamos, em ambos os casos, que tínhamos como ponto de partida uma estimativa para a derivada da função adimensional de velocidade da mistura e fração mássica adimensional do soluto em $\eta = 0$. No Capítulo 7, arbitramos um valor para f"(0) e, por um processo de marcha, verificávamos se a condição na outra extremidade ($\eta \to \infty$) era satisfeita. Procedimento semelhante foi descrito no Capítulo 8, no qual se conseguiu determinar tanto $f''(0)$ quanto $\theta'(0)$ pelo *método do chute*.

O método a ser utilizado para a solução das Equações (9.71) e (9.77) é similar ao que foi descrito no parágrafo anterior; teremos de gerar condições de contorno em uma das fronteiras, como, por exemplo, em $\eta = 0$. Nesse caso, não conhecemos, simultaneamente, $f''(0)$ e $\theta'(0)$. Aqui, admitimos, ao mesmo tempo, valores para $f''(0)$ e $\theta'(0)$ e, por intermédio de um processo de marcha (integrador tipo Runge-Kutta de quarta ordem), resolveremos as Equações (9.71) e (9.77) concomitantemente, intencionando satisfazer as condições em $\eta \to \infty$, condições (9.78).

Saliente-se que o processo numérico é iterativo, do qual se torna possível estabelecer funções de dependência da seguinte maneira:

$$g = g(x, y) \tag{9.85}$$

$$h = h(x, y) \tag{9.86}$$

em que:

$$\to \begin{cases} g = f'(\eta \to \infty) = f'(\eta_\infty) \\ h = \theta(\eta \to \infty) = \theta(\eta_\infty) \\ x = \theta'(0) \\ y = f''(0) \end{cases}$$

Deste modo, procuraremos fórmulas de recorrência que nos permitam processar as iterações. Com este objetivo, as funções (9.85) e (9.86) serão expandidas em série de Taylor para funções de duas variáveis, encontrando, depois de truncá-las após as derivadas primeiras:

$$g(x, y) = g(a, b) + (x - a)g_x(a, b) + (y - b)g_y(a, b) + \dots \tag{9.87a}$$

$$h(x, y) = h(a, b) + (x - a)h_x(a, b) + (y - b)h_y(a, b) + \dots \tag{9.87b}$$

Observe em (9.87a) e (9.87b) que x e y são os valores corretos de $f''(0)$ e $\theta'(0)$, respectivamente, enquanto **a** e **b** são valores provenientes de iterações. Os subscritos x e y indicam as derivadas das variáveis dependentes; por exemplo: $g_x = \partial g/\partial x = \partial[f'(\eta_\infty)]/\partial[\theta'(0)]$. O nosso problema é satisfeito quando $f'(\eta_\infty) = \theta(\eta_\infty) = 0$, que, em termos das funções (9.87a) e (9.87b), representam $g(x,y) = h(x,y) = 0$. Dessa maneira:

$$-g(a, b) = (x - a)\, g_x(a, b) + (y - b)\, g_y(a, b) \tag{9.88a}$$

$$-h(a, b) = (x - a)\, h_x(a, b) + (y - b)\, h_y(a, b) \tag{9.88b}$$

Rearranjando (9.88a) e (9.88b):

$$xg_x(a, b) + yg_y(a, b) = ag_x(a, b) + bg_y(a, b) - g(a, b) \tag{9.88c}$$

$$xh_x(a, b) + yh_y(a, b) = ah_x(a, b) + bh_y(a, b) - g(a, b) \tag{9.88d}$$

Denominando:

$$Q_g = ag_x(a, b) + bg_y(a, b) - g(a, b) \tag{9.88e}$$

$$Q_h = ah_x(a, b) + bh_y(a, b) - g(a, b) \tag{9.88f}$$

acarreta o seguinte sistema de equações:

$$\begin{cases} xg_x(a,b) + yg_y(a,b) = Q_g \\ xh_x(a,b) + yh_y(a,b) = Q_h \end{cases} \tag{9.89}$$

Depois de resolver o sistema (9.89), obtêm-se:

$$x = \frac{h_y Q_g - g_y Q_h}{g_x h_y - g_y h_x} \tag{9.90a}$$

$$y = \frac{g_x Q_h = h_x Q_g}{g_x h_y - g_y h_x} \tag{9.90b}$$

Em termos de parâmetros indexados, temos, para x_{i+1} e y_{i+1}, as seguintes derivadas discretivadas:

$$g_x = \frac{g_i - g_{i-2}}{x_i - x_{i-2}} = \frac{f'(\eta_\infty)_i - f'(\eta_\infty)_{i-2}}{\theta'(0)_i - \theta'(0)_{i-2}} \quad (9.91a)$$

$$g_y = \frac{g_{i-1} - g_{i-2}}{y_{i-1} - y_{i-2}} = \frac{f'(\eta_\infty)_{i-1} - f'(\eta_\infty)_{i-2}}{f''(0)_{i-1} - f''(0)_{i-2}} \quad (9.91b)$$

$$h_x = \frac{h_i - h_{i-2}}{x_i - x_{i-2}} = \frac{\theta(\eta_\infty)_i - \theta(\eta_\infty)_{i-2}}{\theta'(0)_i - \theta'(0)_{i-2}} \quad (9.91c)$$

$$h_y = \frac{h_{i-1} - h_{i-2}}{y_{i-1} - y_{i-2}} = \frac{\theta(\eta_\infty)_{i-1} - \theta(\eta_\infty)_{i-2}}{f''(0)_{i-1} - f''(0)_{i-2}} \quad (9.91d)$$

além de

$$g(a, b) = f'(\eta_\infty)_{i-2} \quad (9.91e)$$

$$h(a, b) = \theta(\eta_\infty)_{i-2} \quad (9.91f)$$

$$a = \theta'(0)_{i-2} \quad (9.91g)$$

$$b = f''(0)_{i-2} \quad (9.91h)$$

Para tornar possível a implementação deste método, são necessárias *três* estimativas iniciais para f''(0) e θ'(0), que podem ser:

$$1.\ f''(0) = b_1 \quad \text{e} \quad \theta'(0) = a_1$$

$$2.\ f''(0) = b_1 + \varepsilon \quad \text{e} \quad \theta'(0) = a_1$$

$$3.\ f''(0) = b_1 \quad \text{e} \quad \theta'(0) = a_1 + \varepsilon \quad (9.92)$$

Assim, arbitra-se $f''(0)$ e $\theta'(0)$ de acordo com o passo (1) mostrado em (9.92), procedendo-se à integração das Equações (9.71) e (9.77), e armazenam-se os valores obtidos para $f'(\eta_\infty)$ e $\theta(\eta_\infty)$. Faz-se o mesmo procedimento para os passos (2) e (3). O parâmetro ε é um número pequeno, como, por exemplo, 10^{-3}.

O critério de convergência adotado consiste em normalizar o desvio entre as iterações para $f''(0)$ e $\theta'(0)$ por intermédio da sua magnitude na forma:

$$E = \frac{1}{2}\sqrt{E_x^2 + E_y^2} \leq \text{Desvio};$$

em que $E_x = \theta'(0)_{i-i} - \theta'(0)_{i-i}$ e

$$E_y = f''(0)_{i+1} - f''(0)_i \quad (9.93a)$$

Observado o desvio entre as iterações em (9.93a), as condições de contorno em $\eta \to \infty$ devem ser satisfeitas segundo o critério da magnitude da tolerância:

$$F = \frac{1}{2}\sqrt{F_x^2 + F_y^2} \leq \text{Tolerância};$$

$$\text{sendo } F_x = \theta(\eta_\infty)_i \quad \text{e} \quad F_y = f'(\eta_\infty)_i \quad (9.93b)$$

Para viabilizar a integração das Equações (9.71) e (9.77), podemos reescrevê-las, respectivamente, como:

$$f''' = \theta - \frac{1}{Sc}\left[\frac{1}{2}(f')^2 - \frac{3}{4}ff''\right]$$

ou

$$z' = v - \frac{1}{Sc}\left(\frac{1}{2}y^2 - \frac{3}{4}xz\right) \quad (9.94a)$$

$$w' = \frac{3}{4}xw \quad (9.94b)$$

com

$f = x;\ f' = x' = y;\ f'' = x'' = y' = z;$

$f''' = x''' = y'' = z',\ v = \theta;\ w = v' = \theta';$

e $w' = v'' = \theta''$

resultando no seguinte sistema de equações:

$$\begin{cases} x' = y \\ y' = z \\ z' = v - \left(y^2 - 3xz/2\right)/(2Sc) \\ v' = w \\ w' = 3xw/4 \end{cases} \quad (9.95)$$

A solução do sistema (9.95) possibilita a obtenção simultânea das distribuições da fração mássica do soluto e de velocidade da mistura adimensionais na região de camada limite. Assim sendo, sugere-se a utilização do seguinte algoritmo tipo Runge-Kutta de quarta ordem:

$$x_{i+1} = x_i + \frac{1}{6}\left(XK_1 + 2XK_2 + 2XK_3 + XK_4\right) \quad (9.96a)$$

$$y_{i+1} = y_i + \frac{1}{6}\left(YK_1 + 2YK_2 + 2YK_3 + YK_4\right) \quad (9.96b)$$

$$z_{i+1} = z_i + \frac{1}{6}\left(ZK_1 + 2ZK_2 + 2ZK_3 + ZK_4\right) \quad (9.96c)$$

$$v_{i+1} = v_i + \frac{1}{6}\left(VK_1 + 2VK_2 + 2VK_3 + VK_4\right) \quad (9.96d)$$

$$w_{i+1} = w_i + \frac{1}{6}\left(WK_1 + 2WK_2 + 2WK_3 + WK_4\right) \quad (9.96e)$$

com

$$XK_1 = (\Delta\eta) \cdot y_i \quad (9.96f)$$

$$YK_1 = (\Delta\eta) \cdot z_i \quad (9.96g)$$

$$ZK_1 = (\Delta\eta) \cdot \left[v_i - (y_i^2 - 3x_i z_i/2)/(2Sc)\right] \quad (9.96h)$$

$$VK_1 = (\Delta\eta) \cdot w_i \quad (9.96i)$$

$$WK_1 = (\Delta\eta) \cdot (3x_i w_i/4) \quad (9.96j)$$

$$XK_2 = (\Delta\eta) \cdot (y_i + YK_1/2) \quad (9.96k)$$

$$YK_2 = (\Delta\eta) \cdot (z_i + ZK_1/2) \quad (9.96l)$$

$$ZK_2 = (\Delta\eta) \cdot \left\{(v_i + VK_1/2) - \left[(y_i + YK_1/2)^2 - 3(x_i + XK_1/2) \cdot (z_i + ZK_1/2)/2\right]/(2Sc)\right\} \quad (9.96m)$$

$$VK_2 = (\Delta\eta) \cdot (w_i + VK_1/2) \quad (9.96n)$$

$$WK_2 = (\Delta\eta) \cdot \left[3(x_i + XK_1/2) \cdot (w_i + WK_1/2)/4\right] \quad (9.96o)$$

$$XK_3 = (\Delta\eta) \cdot (y_i + YK_2/2) \quad (9.96p)$$

$$YK_3 = (\Delta\eta) \cdot (z_i + ZK_2/2) \quad (9.96q)$$

$$ZK_3 = (\Delta\eta) \cdot \left\{(v_i + VK_2/2) - \left[(y_i + YK_2/2)^2 - 3(x_i + XK_2/2) \cdot (z_i + ZK_2/2)/2\right]/(2Sc)\right\} \quad (9.96r)$$

$$VK_3 = (\Delta\eta) \cdot (w_i + VK_2/2) \quad (9.96s)$$

$$WK_3 = (\Delta\eta) \cdot \left[3(x_i + XK_2/2) \cdot (w_i + WK_2/2)/4\right] \quad (9.96t)$$

$$XK_4 = (\Delta\eta) \cdot (y_i + YK_3) \quad (9.96u)$$

$$YK_4 = (\Delta\eta) \cdot (z_i + ZK_3) \quad (9.96v)$$

$$ZK_4 = (\Delta\eta) \cdot \left\{(v_i + VK_3) - \left[(y_i + YK_3)^2 - 3(x_i + XK_3) \cdot (z_i + ZK_3)/2\right]/(2Sc)\right\} \quad (9.96w)$$

$$VK_4 = (\Delta\eta) \cdot (w_i + VK_3) \quad (9.96x)$$

$$WK_4 = (\Delta\eta) \cdot \left[3(x_i + XK_3) \cdot (w_i + WK_3)/4\right] \quad (9.96y)$$

Tendo em mãos o algoritmo (9.96) em conjunto com a formulação proposta para as novas estimativas das variáveis independentes, Equações (9.90a) e (9.90b), bem como os critérios de convergência (9.93), desenvolveu-se um programa em linguagem FORTRAN 77, que está apresentado no Apêndice A3, possibilitando a determinação das distribuições de fração mássica adimensional do soluto e da velocidade adimensional da mistura na forma $-f'(\eta) = vyRa_{M_y}^{-1/2}/D_{AB}$; ambos em função da variável de similaridade

$$\eta = \frac{x}{y} Ra_{M_y}^{1/4}$$

Os resultados para as inclinações $\theta'(0)$ e $f''(0)$ estão apresentados na Tabela (9.2), a qual foi obtida fixando-se valores de f_p para os casos de injeção (valores positivos) e de sucção de matéria (valores negativos). As Figuras (9.6) e (9.7) mostram-nos a influência do Sc nas distribuições da fração mássica adimensional do soluto e de velocidade adi-

Tabela 9.2 – Resultados da simulação das camadas limites dinâmica e mássica no regime laminar: convecção mássica natural

		Sucção de matéria					← f_p →	Injeção de matéria				
	f_p	−0,5	−0,4	−0,3	−0,2	−0,1	0,0	0,1	0,2	0,3	0,4	0,5
Sc = 0,58	$-\theta'(0)$	0,608	0,559	0,513	0,468	0,425	0,384	0,344	0,306	0,265	0,217	0,137
	$-f''(0)$	0,877	0,876	0,873	0,865	0,854	0,840	0,823	0,802	0,776	0,743	0,701
Sc = 1,0	$-\theta'(0)$	0,624	0,575	0,529	0,484	0,441	0,401	0,325	0,294	0,260	0,233	0,233
	$-f''(0)$	0,887	0,895	0,901	0,905	0,907	0,908	0,903	0,90	0,893	0,886	0,872
Sc = 2,6	$-\theta'(0)$	0,652	0,604	0,559	0,515	0,473	0,434	0,396	0,361	0,328	0,296	0,267
	$-f''(0)$	0,894	0,912	0,930	0,947	0,963	0,978	0,992	1,00	1,02	1,03	1,04
Sc = 10	$-\theta'(0)$	0,676	0,629	0,584	0,542	0,501	0,463	0,426	0,391	0,358	0,329	0,298
	$-f''(0)$	0,920	0,946	0,972	0,998	1,023	1,048	1,073	1,098	1,123	1,144	1,170

mensional da mistura, respectivamente, depois de considerar $f_p = 0$.

As Figuras (9.8) e (9.9) ilustram a ação do parâmetro f_p, para $Sc = 1$, nas distribuições de fração mássica adimensional do soluto e de velocidade adimensional da mistura, respectivamente. Verifica-se, em ambas as figuras, que o parâmetro f_p influencia a transferência de massa, desestabilizando as camadas limites dinâmica e mássica.

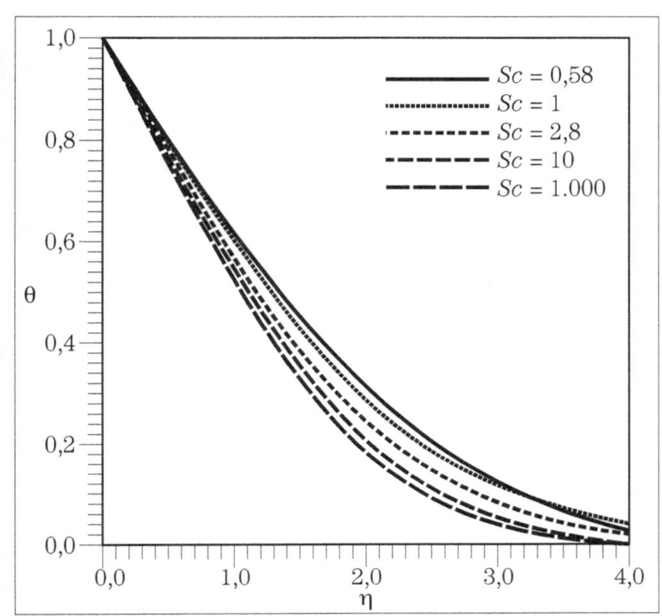

Figura 9.6 – Influência do Sc na distribuição da fração mássica adimensional do soluto para $f_p = 0$, em que $\eta = xRa_{My}^{1/4}/y$.

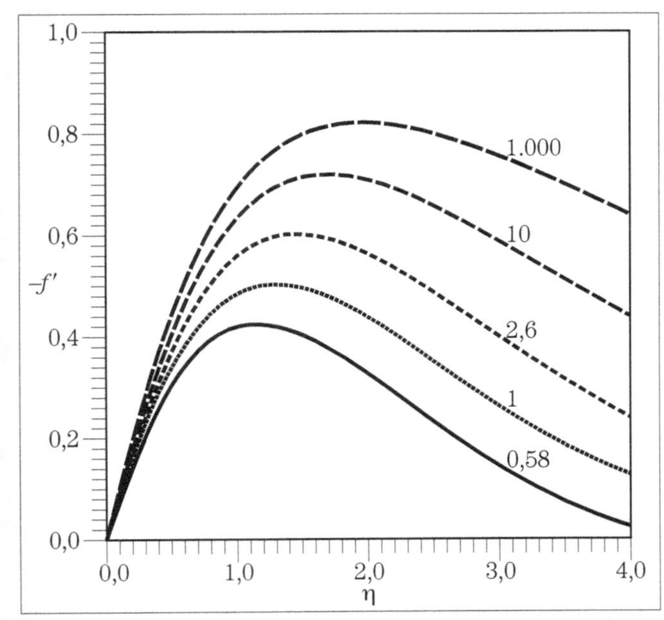

Figura 9.7 – Influência do Sc na distribuição de velocidade adimensional da mistura, na forma $-f'(\eta) = vyRa_{My}^{1/4}/D_{AB}$, para $f_p = 0$, em que $\eta = xRa_{My}^{1/4}/y$.

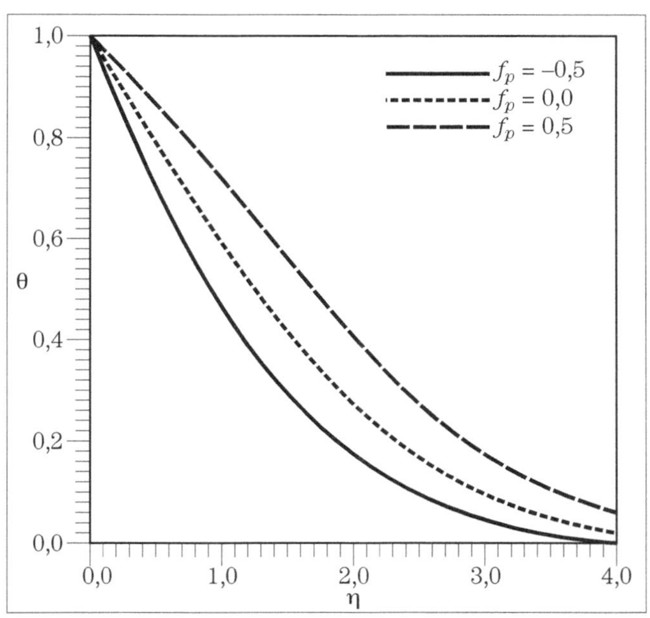

Figura 9.8 – Influência do f_p na distribuição da fração mássica adimensional do soluto para $Sc = 1$, em que $\eta = xRa_{My}^{1/4}/y$.

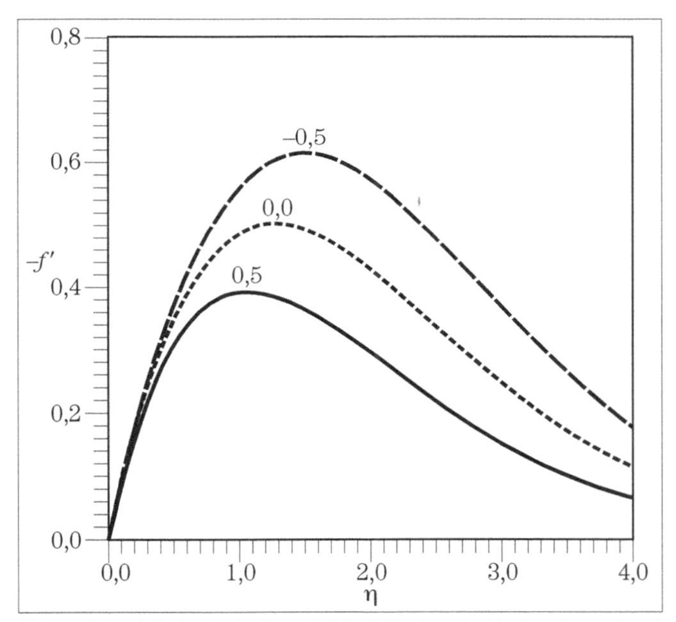

Figura 9.9 – Influência do f_p na distribuição de velocidade adimensional da mistura, na forma $-f'(\eta) = vyRa_{My}^{1/4}/D_{AB}$, para $Sc = 1$, em que $\eta = xRa_{My}^{1/4}/y$.

9.3.6 Evaporação

Considere a existência de uma placa plana parada, a qual se supõe que esteja coberta por uma fina película aderente de água, posta na vertical em um ambiente que apresenta ar com determinada umidade relativa. Admitiremos que o sistema película líquida, placa plana e o ambiente estejam à mesma temperatura e que não exista deslocamento forçado da mistura vapor de água/ar sobre a placa.

Tanto a distribuição da fração mássica do vapor de água quanto a de velocidade da mistura sobre a superfície da película líquida são obtidas do programa numérico recém-proposto, lançando mão, todavia, da condição de contorno (9.84). As distribuições de fração mássica adimensional do soluto e de velocidade adimensional da mistura gasosa são semelhantes à situação descrita na Tabela (9.2) como:

$f_p \rightarrow$ Injeção de matéria

tais distribuições são análogas àquelas ilustradas nas Figuras (9.6) e (9.7).

As Figuras (9.10) a (9.12) apresentam os resultados de f_p, $f''(0)$ e $\theta'(0)$ para diversas condições de temperatura e de umidade relativa do ar para P = 1 atm. Admitem-se as propriedades da mistura avaliadas de acordo com o exemplo (8.1), em que o Sc médio é obtido da Equação (8.59).

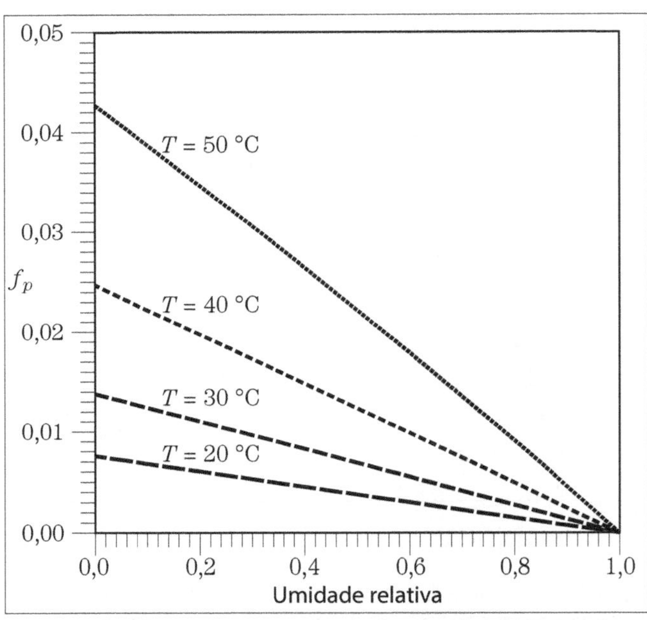

Figura 9.10 – Efeito do fluxo de evaporação no parâmetro de injeção para P = 1 atm.

O aumento da taxa de evaporação é representado pelo aumento do f_p. Observa-se na Figura (9.10) que o valor do parâmetro de injeção aumenta com o aumento da temperatura ou em virtude da diminuição da umidade relativa do ar. As temperaturas elevadas acarretam maiores pressões de vapor da água na superfície da película líquida. A diferença da concentração do vapor de água na superfície vapor/líquido e aquela presente no ar aumentarão, elevando a força motriz necessária ao transporte do soluto. Análise semelhante pode ser feita quanto à influência da umidade relativa do ar. Quanto menor a presença do vapor de água no ar, maior será a diferença da concentração entre a umidade do gás e aquela inerente à pressão de vapor da água junto à superfície da película líquida, aumentando assim a força motriz relativa à transferência de massa.

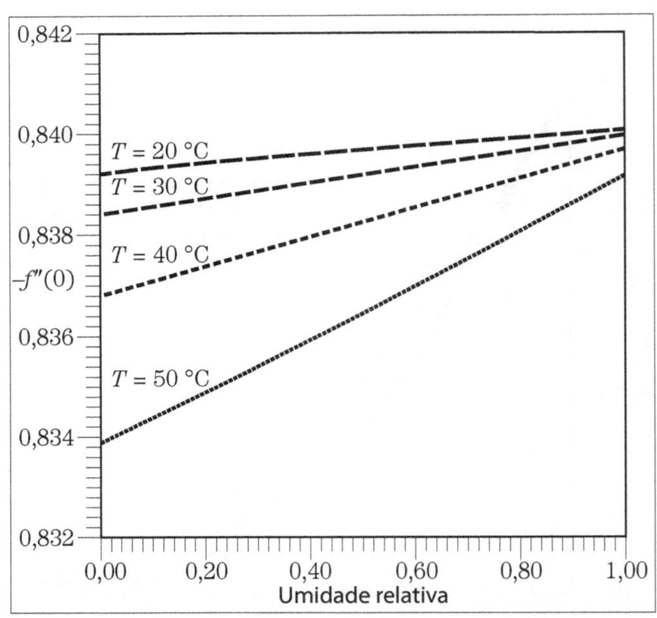

Figura 9.11 – Efeito do fluxo de evaporação em $f''(0)$ para P = 1 atm.

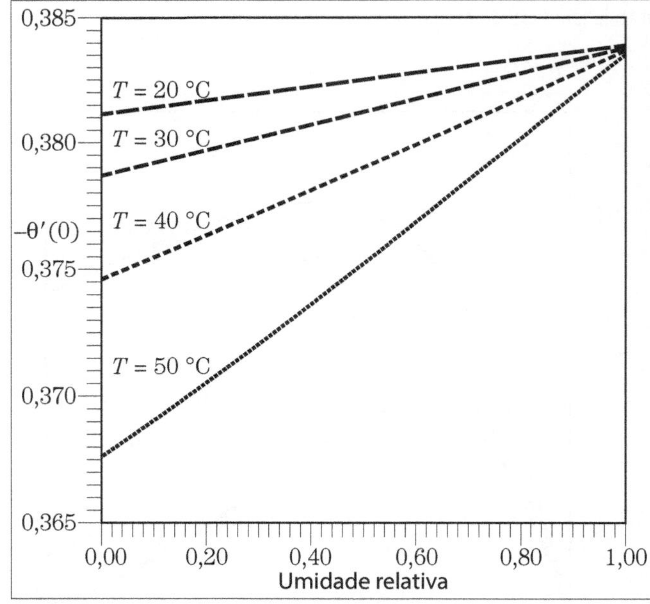

Figura 9.12 – Efeito do fluxo de evaporação em $\theta'(0)$ para P = 1 atm.

Lembre-se de que, apesar de a injeção de matéria contribuir com o aumento do fluxo de massa, ela potencializa o aumento das espessuras das camadas limites dinâmica e mássica[7] [veja as Figuras (9.8) e (9.9)], ocasionando a diminuição do coeficiente convectivo natural de transferência de massa [veja a relação (9.16)]. Esse efeito pode ser notado nas Figuras (9.11) e (9.12) por intermédio da diminuição das inclinações $f''(0)$ e $\theta'(0)$, respectivamente.

9.3.7 Fluxo de matéria do soluto em uma dada fronteira

O fluxo mássico do soluto avaliado em uma dada fronteira é obtido de forma análoga à adotada para a convecção mássica forcada (veja o tópico 8.3.4). O cuidado que devemos ter é que aqui esse fluxo ocorre na horizontal (direção x) e o adimensional da fração mássica do soluto está posto de acordo com a definição (9.72). Dessa maneira, podemos retomar a Equação (8.67c) adequando-a para a situação atual[8].

$$n_{A,p} = n_{A,x}\Big|_{x=0} = -\rho_p D_{AB}\left(\frac{w_{A_p} - w_{A_\infty}}{1 - w_{A_p}}\right)\frac{\partial\theta(\eta)}{\partial x}\bigg|_{x=0} \tag{9.97}$$

A inclinação $\partial\theta/\partial x|_{x=0}$ depende do número de Schmidt e do parâmetro de injeção, como pode ser visto na Tabela (9.2).

Para $Sc > 0,5$. Da Equação (9.75), avaliada em $x = 0$ e, por consequência, em $\eta = 0$, temos:

$$\frac{\partial\theta}{\partial x}\bigg|_{x=0} = \theta'(0)\frac{Ra_{M_y}^{1/4}}{y}$$

que, substituída em (9.97), nos fornece:

$$n_{A,p} = -\theta'(0)\frac{D_{AB}}{y}\rho_p\left(\frac{w_{A_p} - w_{A_\infty}}{1 - w_{A_p}}\right)Ra_{M_y}^{1/4} \tag{9.98}$$

Para $Sc < 0,5$, basta trocar $Ra_{M_y}^{1/4}$ por $Bo_{M_y}^{1/4}$, no que resulta:

$$n_{A,p} = -\theta'(0)\frac{D_{AB}}{y}\rho_p\left(\frac{w_{A_p} - w_{A_\infty}}{1 - w_{A_p}}\right)Bo_{M_y}^{1/4} \tag{9.99}$$

A Equação (9.97) é válida para qualquer f_p: injeção ou sucção de massa. Para a evaporação da água no ar, a 1 atm, o valor de $\theta'(0)$ é obtido da Figura (9.12) e depende da umidade relativa e da temperatura do ar. Para $f_p = 0$ não haverá a contribuição convectiva $\rho_p w_{Ap} u_p$, uma vez que $u_p = 0$. Desse modo, o fluxo mássico do soluto na interface gás–líquido é determinado analogamente à Equação (8.69a):

$$n_{A,p} = -\rho_p D_{AB}\frac{\partial w_A}{\partial x}\bigg|_{x=0}$$

fluxo este reescrito em função de η e de θ em $x = 0$ de acordo com:

$$n_{A,p} = -\rho_p D_{AB}\left(w_{A_p} - w_{A_\infty}\right)\frac{\partial\theta}{\partial x}\bigg|_{x=0}$$

Para $Sc > 0,5$:

$$n_{A,p} = -\theta'(0)\rho_p\frac{D_{AB}}{y}\left(w_{A_p} - w_{A_\infty}\right)Ra_{M_y}^{1/4} \tag{9.100}$$

Para $Sc < 0,5$:

$$n_{A,p} = -\theta'(0)\rho_p\frac{D_{AB}}{y}\left(w_{A_p} - w_{A_\infty}\right)Bo_{M_y}^{1/4} \tag{9.101}$$

Na Tabela (9.2), encontramos diversos valores para $\theta'(0)$ com $Sc > 0,5$ para $f_p = 0$. Bejan (1984) sugere, para todo Sc, quando $Sc > 0,5$, que se utilize $\theta'(0) = -0,503$ na Equação (9.100). Isso está fundamentado no comportamento assintótico da solução para as Equações (9.71) e (9.77) quando $Sc \to \infty$. Para $Sc < 0,5$, esse mesmo autor considera, na Equação (9.101), o valor de $\theta'(0) = -0,60$. Baseados em Bejan, substituiremos tais valores nas Equações (9.100) e (9.101), levando-nos, respectivamente, a:

$$n_{A,p} = 0,503\rho_p\frac{D_{AB}}{y}\left(w_{A_p} - w_{A_\infty}\right)Ra_{M_y}^{1/4} \tag{9.102}$$

$$n_{A,p} = 0,60\rho_p\frac{D_{AB}}{y}\left(w_{A_p} - w_{A_\infty}\right)Bo_{M_y}^{1/4} \tag{9.103}$$

[7] Imagine-se dentro de um círculo de ar e ponha-se a soprar o ar a sua volta (feito um balão); não fica difícil perceber que haverá uma expansão do círculo de ar onde você está contido.

[8] Válida somente para soluções diluídas. Note que a densidade da mistura foi tomada junto à interface p, pois é aí o local em que estamos referenciando o fluxo mássico.

9.3.8 Coeficiente convectivo natural de transferência de massa em regime laminar para uma placa plana vertical parada

Resgatando a definição do coeficiente convectivo natural de transferência de massa, Equação (9.14), em função da fração mássica do soluto na direção x:

$$k_{m_{N_y}} = -D_{AB}\frac{\partial w_A/\partial x|_{x=0}}{\left(w_{A_p} - w_{A_\infty}\right)} \quad (9.104)$$

que, escrita em termos da fração mássica adimensional do soluto:

$$k_{m_{N_y}} = -D_{AB}\left.\frac{\partial \theta}{\partial x}\right|_{x=0} \quad (9.105)$$

Trazendo a Equação (9.75) avaliada em $\eta = 0$, obtém-se o seguinte resultado para $Sc > 0{,}5$:

$$k_{m_{N_y}} = -\theta'(0)\frac{D_{AB}}{y}Ra_{M_y}^{1/4} \quad (9.106)$$

Para $Sc < 0{,}5$:

$$k_{m_{N_y}} = -\theta'(0)\frac{D_{AB}}{y}Bo_{M_y}^{1/4} \quad (9.107)$$

A inclinação $\theta'(0)$ depende de f_p e Sc, como atesta a Tabela (9.2). No caso da evaporação da água em ar a 1 atm, obtém-se $\theta'(0)$ pela Figura (9.12). Interessam-nos, todavia, valores médios para k_{m_N}, os quais são obtidos da Equação (7.15). Levando a essa equação, por exemplo, a Equação (9.106), verificamos para $Sc > 0{,}5$:

$$k_{m_N} = -\theta'(0)\frac{D_{AB}}{H}\left(\frac{\rho\beta_M\Delta\rho_A}{\nu D_{AB}}\right)^{1/4}\int_0^H y^{-1/4}\,dy$$

cuja integração resulta:

$$k_{m_N} = -\frac{4}{3}\theta'(0)\frac{D_{AB}}{H}Ra_M^{1/4} \quad (9.108)$$

ou

$$Sh_N = -\frac{4}{3}\theta'(0)Ra_M^{1/4} \quad (9.109)$$

com Ra_M calculado por (9.25).

No caso de $f_p = 0$ e Sc > 0,5; $\theta'(0) = -0{,}503$:

$$Sh_N = 0{,}67Ra_M^{1/4} \quad (9.110)$$

e para $f_p = 0$ e $Sc < 0{,}5$; $\theta'(0) = -0{,}6$:

$$Sh_N = 0{,}80Bo_M^{1/4} \quad (9.111)$$

O fluxo mássico de A, na fronteira considerada, pode ser determinado pelo coeficiente convectivo natural de transferência de massa. Esse fluxo, para $f_p \neq 0$, é obtido depois de compararmos as Equações (9.104) e (9.97), resultando:

$$n_{A,p} = k_{m_{N_x}}\left(\frac{w_{A_p} - w_{a_\infty}}{1 - w_{A_p}}\right)\rho_p \quad (9.112)$$

que, em valores médios, fica:

$$n_{A,p} = k_{m_N}\left(\frac{w_{A_p} - w_{a_\infty}}{1 - w_{A_p}}\right)\rho_p \quad (9.113)$$

com k_{m_N} calculado por (9.108) para $Sc > 0{,}5$.

Para $f_p = 0$, o fluxo de matéria em $x = 0$ é dado pela Equação (7.1), reescrita em função da fração mássica segundo:

$$n_{A,p} = k_{m_N}(w_{A_p} - w_{A_\infty})\rho_p \quad (9.114)$$

em que o k_{m_N} é calculado por (9.110) ou (9.111), dependendo do valor de Sc. Note que a Equação (9.114) é um caso particular da Equação (9.113).

Exemplo 9.4

Considere uma placa de naftaleno suspensa verticalmente em ar seco a 1 atm e 40 °C. Sabendo que a placa está sujeita à convecção mássica natural e considerando que o coeficiente de expansão mássica possa ser dado por

$$\beta_M = -\frac{1}{\rho_p}\left(\frac{\rho_p - \rho_\infty}{\rho_{A_p} - \rho_{A_\infty}}\right)$$

Exemplo 9.4 (*continuação*)

determine:

a) o coeficiente convectivo médio natural de transferência de massa para uma placa de 1 m de altura;

b) a taxa média de sublimação do naftaleno, considerando a largura da placa igual a 0,5 m.

Dados:

$\nu_{ar}|_{T=40°C} = 0{,}1679$ cm²/s;
$D_{AB}|_{T=25°C} = 0{,}0611$ cm²/s;
$g = 981$ cm²/s;
$M_A = 128{,}16$ g/mol;
$R = 82{,}05$ (atm)(cm³)/(mol)(K);
$\log P_A^{vap} = 10{,}56 - 3.472/T$, na qual T está em Kelvin, e P_A^{vap}, em mmHg.

Solução:

a) *Cálculo do coeficiente convectivo médio natural de transferência de massa.* Para que possamos estimar este parâmetro, devemos avaliar o Sc, pois escolheremos uma equação entre as Equações (9.106) e (9.107), bem como avaliar a inclinação $\theta'(0)$.

Cálculo do Sc.

Da definição (8.7):

$$Sc = \frac{\nu}{D_{AB}} \tag{1}$$

em que

$$D_{AB}|_{40°C} = 0{,}0611\left(\frac{313{,}15}{298{,}15}\right)^{1{,}75} = 0{,}0666 \text{ cm}^2/\text{s} \tag{2}$$

e ν pode ser calculado pela Equação (8.59) no caso de uma mistura binária. Entretanto, longe da placa o ar está seco, o que leva a viscosidade cinemática a ser $\nu = 0{,}1679$ cm²/s. Resta-nos, portanto, determinar o valor de ν na fronteira sólido/fluido. Antes de calculá-lo, é prudente avaliar o teor de naftaleno nesta situação. Caso $w_{A_p} > 0{,}01$, procederemos de modo análogo ao exemplo (8.1) para estimar a ν; caso contrário, assumiremos $\nu = 0{,}1679$ cm²/s. Dessa maneira, a fração mássica do naftaleno na superfície da placa é obtida mediante:

$$w_{A_p} = y_{A_p}\frac{M_A}{M_p};$$

em que $M_p = M_B + y_A(M_A - M_B)$ ou

$$w_{A_p} = \frac{y_{A_p} M_A}{M_B + y_{A_p}(M_A - M_B)} \tag{3}$$

com

$$y_{A_p} = \frac{P_A^{vap}}{P} \tag{4}$$

Exemplo 9.4 (*continuação*)

sendo $\log P_A^{vap} = 10{,}56 - 3.472/313{,}15$

$P_A^{vap} = 0{,}297$ mmHg $= 3{,}908 \times 10^{-4}$ atm

Como $P = 1$ atm,

$$y_{A_p} = 3{,}908 \times 10^{-4} \tag{5}$$

Como $M_A = 128{,}16$ g/mol e $M_B = 28{,}85$ g/mol, substituiremos esses valores em conjunto com (5) na expressão (3):

$$w_{A_p} = \frac{\left(3{,}908 \times 10^{-4}\right)(128{,}16)}{28{,}85 + \left(3{,}908 \times 10^{-4}\right)(128{,}16 - 28{,}85)} = 1{,}734 \times 10^{-3} \tag{6}$$

Pelo fato de $w_{A_p} \ll 1$, podemos aproximar:

$$\nu = 0{,}1679 \text{ cm}^2/\text{s} \tag{7}$$

Substituindo (2) e (7) em (1):

$$Sc = \frac{0{,}1679}{0{,}0666} = 2{,}521 \tag{8}$$

Por consequência de $Sc = 2{,}521$, utilizaremos a Equação (9.108); ou seja:

$$k_{m_N} = -\frac{4}{3}\theta'(0)\frac{D_{AB}}{H} Ra_M^{1/4} \tag{9}$$

A inclinação $\theta'(0)$, como podemos observar na Tabela (9.2), depende tanto de Sc quanto de f_p, o qual é obtido da Equação (9.84):

$$f_p = -\frac{4}{3}\left(\frac{w_{A_p} - w_{A_\infty}}{1 - w_{A_p}}\right)\theta'(0) \tag{10}$$

Como $w_{A_\infty} = 0$ (o ar está puro), substituiremos (6) em (10):

$$f_p = -\frac{4}{3}\left(\frac{1{,}738 \times 10^{-3}}{1 - 1{,}738 \times 10^{-3}}\right)\theta'(0) = -2{,}32 \times 10^{-3}\theta'(0) \tag{11}$$

Se observarmos a Tabela (9.2) para $Sc = 2{,}6$, verificamos que $-\theta'(0)$ encontra-se entre 0,261 e 0,646, os quais, substituídos em (11), levam $f_p \approx 10^{-3}$ ou $f_p \to 0$. Assim sendo, temos da Tabela (9.2), para $Sc = 2{,}521$ ($\approx 2{,}6$) e $f_p \to 0$ (≈ 0):

$$\theta'(0) = -0{,}427 \tag{12}$$

Como $H = 100$ cm, $D_{AB} = 0{,}0666$ cm²/s e $\theta'(0) = -0{,}427$, temos em (9):

$$k_{m_N} = 3{,}792 \times 10^{-4}\, Ra_M^{1/4} \tag{13}$$

Falta-nos determinar:

$$Ra_M = g\beta_M \Delta\rho_A H^3 / \nu D_{AB} \tag{14}$$

Substituindo

$$\beta_M = -\frac{1}{\rho_p}\left(\frac{\rho_p - \rho_\infty}{\rho_{A_p} - \rho_{A_\infty}}\right) \text{ em (14);}$$

Exemplo 9.4 (*continuação*)

$$Ra_M = \left[g(\rho_p - \rho_\infty)H^3\right]/(\rho_p \nu D_{AB}) \quad (15)$$

Note que o sinal (–) foi suprimido na Equação (15), pois o Ra_M *é um número de valor absoluto.*

Com:

$$\rho_p = \frac{PM_p}{RT} = \frac{P}{RT}\left[M_B + y_A(M_A - M_B)\right]$$

ou

$$\rho_p = \frac{(1)}{(82{,}05)(40+273{,}15)}\left[28{,}85 + \left(3{,}908\times10^{-4}\right)(128{,}16 - 28{,}85)\right] = 1{,}1243\times10^{-3}\ \text{g/cm}^3 \quad (16)$$

Pelo fato de o ar ser puro a uma distância razoável da placa de naftaleno, temos:

$$\rho_\infty = \rho_B = \frac{P_{ar}M_{ar}}{RT} = \frac{(1)(28{,}85)}{(82{,}05)(313{,}15)} = 1{,}1228\times10^{-3}\ \text{g/cm}^3 \quad (17)$$

Em face de H = 100 cm e g = 981 cm/s^2, podemos substituir (2), (7), (16) e (17) em (15), levando--nos a:

$$Ra_M = \frac{(981)(1{,}1243 - 1{,}1228)\times10^{-3}(100)^3}{\left(1{,}1243\times10^{-3}\right)(0{,}1679)(0{,}0666)} = 1{,}17\times10^8 \quad (18)$$

O coeficiente convectivo médio natural de transferência de massa é obtido a partir da substituição de (18) em (13):

$$k_{m_N} = 3{,}792\times10^{-4}(1{,}17\times10^8)^{1/4} = 0{,}039\ \text{cm/s} \quad (19)$$

b) Taxa média de transferência de massa:

$$W_{A,p} = (n_{A,p})(\text{Área}) \quad (20)$$

Como se trata das duas faces expostas da placa, temos:

$$(\text{Área}) = 2(H)(L) = 2(100)(50) = 1{,}0\times10^4\ \text{cm}^2 \quad (21)$$

Sendo $f_p \to 0$ (≈ 0), o fluxo mássico do naftaleno é calculado pela Equação (9.114):

$$n_{A,p} = k_{m_N}(w_{A_p} - w_{A_\infty})\rho_p \quad (22)$$

Como o ar está isento de naftaleno, temos em (22):

$$n_{A,p} = k_{m_N} w_{A_p} \rho_p \quad (23)$$

Substituindo (6), (16) e (19) em (22):

$$n_{A,p} = (0{,}039)(1{,}734\times10^{-3})(1{,}1243\times10^{-3}) = 7{,}603\times10^{-8}\ \text{g/cm}^2\text{s} \quad (24)$$

A taxa média de transferência de massa é conseguida levando (21) e (24) a (20):

$$W_{A,p} = (7{,}603\times10^{-8})(1{,}0\times10^4) = 7{,}603\times10^{-4}\ \text{g/s}$$

9.4 CONVECÇÃO MÁSSICA MISTA: CONVECÇÕES MÁSSICAS FORÇADA E NATURAL COMBINADAS

A diferença básica entre as convecções mássicas forçada e natural está na natureza da geração do movimento da mistura. Enquanto na convecção mássica forçada esse movimento é devido a um agente externo, cuja contribuição convectiva refere-se à velocidade do escoamento, v_∞, para a convecção mássica natural o movimento é fruto da circulação das correntes da mistura, caracterizada pela combinação da compressibilidade mássica da mistura e forças volumares, com a contribuição convectiva advinda do empuxo mássico, que, baseado no campo gravitacional, é escrito como $(g\beta_M \Delta\rho_A H)^{1/2}$.

As velocidades das correntes da mistura em regime laminar na convecção mássica natural são menores quando comparadas às da convecção mássica forçada. No entanto, podem aparecer fenômenos nos quais os mecanismos dos dois tipos de convecção mássica sejam importantes. Por exemplo: exponha uma placa plana úmida de madeira em uma sala ampla, a qual está sujeita a uma leve brisa. A evaporação da água será determinada por qual mecanismo de convecção mássica? Forçada, natural ou ambas? Caso a natural prevaleça, o número de Sherwood local é apresentado, em ordem de magnitude, como:

$$Sh_{N_y} \approx Ra_{M_y}^{1/4} \tag{9.115}$$

Se admitirmos que o mecanismo de transferência de massa seja controlado pela convecção mássica forçada, o número de Sherwood local terá, como magnitude:

$$Sh_y \approx \mathrm{Re}_y^{1/2} Sc^{1/3} \tag{9.116}$$

Paira a dúvida: mantendo fixa a força motriz $\Delta\rho_A$, *qual convecção mássica está predominando?* A resposta é aparentemente simples: *aquela que apresentar o maior valor para o número de Sherwood, pois acarretará em um maior valor para o coeficiente convectivo de transferência de massa e, consequentemente, em um maior fluxo de massa.* Por decorrência, ao dividirmos a relação (9.115) pela (9.116) e denominarmos o resultado obtido como *o parâmetro de transição* m_c entre os dois tipos de convecção mássica, chegamos a:

$$m_c \equiv \frac{Sh_{N_y}}{Sh_y} \approx \frac{Ra_{M_y}^{1/4}}{\mathrm{Re}_y^{1/2} Sc^{1/3}} \tag{9.117}$$

Substituindo as definições do Ra_{M_y} e do Re_y em (9.117), ficamos com:

$$m_c \equiv \frac{Sh_{N_y}}{Sh_y} \approx \left(\frac{g\beta_M \Delta\rho_A y}{v_\infty^2} \frac{1}{Sc^{1/3}} \right)^{1/4} \tag{9.118}$$

As relações (9.118) e (9.117) mostram a relação entre o empuxo mássico e a velocidade do escoamento forçado da mistura, obedecendo à interação soluto–meio por intermédio do Sc. Haverá o predomínio da convecção mássica natural se $m_c > \Theta(1)$. No caso de prevalecer a convecção mássica forçada, teremos $m_c < \Theta(1)$.

Definindo uma relação entre um número qualquer de Sherwood, yk_m/D_{AB}, e aquele oriundo da relação (9.116), como:

$$m_f \equiv \frac{(yk_m/D_{AB})}{Sh_y} \approx \frac{(yk_m/D_{AB})}{\mathrm{Re}_y^{1/2} Sc^{1/3}} \tag{9.119}$$

pode-se apresentar a Figura (9.13), a qual é baseada no trabalho de Bejan (1984) feito para convecção térmica. Nota-se, nessa figura, a faixa, em valores locais, onde há o predomínio de uma ou de outra forma de convecção mássica para uma placa plana.

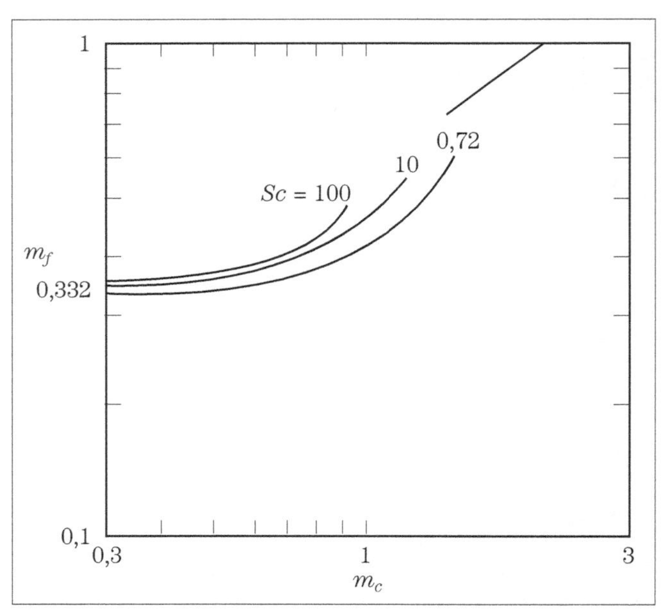

Figura 9.13 – Convecções mássicas forçada e natural combinadas em regime laminar.
Fonte: Adaptado de Bejan, 1984.

Se nos ativermos à linha referente a $Sc = 100$, verificaremos que ela inicia em $m_c \cong 0{,}3$ ($m_f \cong 0{,}35$) e termina em $m_c \cong 1$ ($m_f \cong 0{,}5$). Isto indica que o término da linha contínua é o *locus* que principia a convecção mássica natural. Para qualquer valor de Sc, esse ponto crítico é em torno de 1. Assim sendo, teríamos a convecção mássica mista, para esse caso, situada no intervalo $0{,}3 < m_c < 1{,}0$. No caso de a convecção mássica forçada predominar no processo de transferência, temos $m_c \leq 0{,}3$; enquanto o predomínio para a convecção mássica natural será na situação em que $m_c \geq 1$. Observe que esta análise foi feita considerando-se valores locais para o coeficiente convectivo de transferência de massa. Para valores médios desse coeficiente, teríamos a ordenada m_f multiplicada por 2; e a abscissa m_c por 5/4. Isso é fruto das integrações dos valores locais de m_f e m_c, desenvolvidos originalmente para placa plana.

Exemplo 9.5

Verifique a necessidade de se considerar a presença da convecção mássica natural para o cálculo do fluxo mássico referente ao exemplo (8.4).

Solução:

Admitindo que a relação (9.118) pode ser estendida à placa plana horizontal, escrevemos:

$$m_c \approx \left(\frac{g\beta_M \Delta\rho_A x}{u_\infty^2} \frac{1}{Sc^{1/3}} \right)^{1/4} \qquad (1)$$

Por intermédio dos Exemplos (8.3) e (8.4), verificamos: $y_{A_p} = 0{,}07306$, $y_{A_\infty} = 0{,}0548$ e $u_\infty = 200$ cm/s. Falta-nos calcular o termo do empuxo mássico presente na Equação (1):

$$g\beta_M \Delta\rho_A x \qquad (2)$$

sendo

$$\beta_M \cong -\frac{1}{\rho_p} \frac{\Delta\rho}{\Delta\rho_A} \qquad (3)$$

em que

$$\Delta\rho = \rho_p - \rho_\infty \qquad (4)$$

e

$$\rho = \rho_A + \rho_B \qquad (5)$$

Admitindo a mistura gasosa como ideal, podemos fazer:

$$\rho_{A_p} = y_{A_p} \frac{M_A P}{RT} = \frac{(0{,}07306)(18{,}015)(1)}{(82{,}05)(313{,}15)} = 5{,}1225 \times 10^{-5} \text{ g/cm}^3 \qquad (6)$$

$$\rho_{A_\infty} = y_{A_\infty} \frac{M_A P}{RT} = \frac{(0{,}0548)(18{,}015)(1)}{(82{,}05)(313{,}15)} = 3{,}8422 \times 10^{-5} \text{ g/cm}^3 \qquad (7)$$

De posse de (4), escrita para o soluto A, bem como conhecendo os valores (6) e (7), calculamos a diferença da concentração mássica do vapor d'água por:

$$\Delta\rho_A = 5{,}1225 \times 10^{-5} - 3{,}8422 \times 10^{-5} = 1{,}2803 \times 10^{-5} \text{ g/cm}^3 \qquad (8)$$

Exemplo 9.5 (*continuação*)

Resta-nos determinar a variação da densidade da mistura: $\Delta\rho = \rho_p - \rho_\infty$; entretanto, devemos conhecer a concentração mássica do ar, tanto junto à superfície da película líquida aderente à placa como no seio da mistura gasosa.

$$\rho_{B_p} = \left(1 - y_{A_p}\right)\frac{M_B P}{RT} = \frac{(1-0{,}07306)(28{,}85)(1)}{(82{,}05)(313{,}15)} = 1{,}0408 \times 10^{-3} \text{ g/cm}^3 \qquad (9)$$

$$\rho_{B_\infty} = \left(1 - y_{A_\infty}\right)\frac{M_B P}{RT} = \frac{(1-0{,}0548)(28{,}85)(1)}{(82{,}05)(313{,}15)} = 1{,}0613 \times 10^{-3} \text{ g/cm}^3 \qquad (10)$$

Substituindo (6) e (9) em (5) para $y = p$:

$$\rho_p = \rho_{A_p} + \rho_{B_p} = 5{,}1225 \times 10^{-5} + 1{,}0408 \times 10^{-3} = = 1{,}0920 \times 10^{-3} \text{ g/cm}^3 \qquad (11)$$

Substituindo (7) e (10) em (5) para $y \to \infty$ (longe da parede):

$$\rho_\infty = \rho_{A_\infty} + \rho_{B_\infty} = 3{,}8422 \times 10^{-5} + 1{,}0613 \times 10^{-3} = 1{,}0997 \times 10^{-3} \text{ g/cm}^3 \qquad (12)$$

A variação da concentração mássica da mistura (ou densidade da mistura) é obtida depois de levar os resultados (11) e (12) à Equação (4):

$$\Delta\rho = 1{,}092 \times 10^{-3} - 1{,}0997 \times 10^{-3} = -7{,}7 \times 10^{-6} \text{ g/cm}^3 \qquad (13)$$

Levando (8), (12) e (13) a (3):

$$\beta_M \cong -\frac{1}{\left(1{,}092 \times 10^{-3}\right)}\frac{\left(-7{,}7 \times 10^{-6}\right)}{\left(1{,}2803 \times 10^{-5}\right)} = 550{,}75 \text{ cm}^3/\text{g} \qquad (14)$$

Como x = 0,1 cm e g = 981 cm/s², podemos substituir tais valores em conjunto com (8) no termo do empuxo mássico (2):

$$g\beta_M \Delta\rho_A x = (981)(550{,}75)(1{,}2803 \times 10^{-5})(0{,}1) = 0{,}6917 \text{ cm}^2/\text{s}^2 \qquad (15)$$

Como Sc = 0,5781 (veja o exemplo 8.1), u_∞ = 200 cm/s e o valor do empuxo mássico dado por (15), podemos verificar se há ou não necessidade de considerarmos a presença da convecção mássica natural depois de substituirmos esses valores na Equação (1):

$$m_c \approx \left[\frac{0{,}6917}{(200)^2(0{,}5781)^{1/3}} = \right]^{1/4} = 0{,}0675$$

Note que $m_c \ll 1$, o que caracteriza a convecção mássica forçada, ou seja, não é necessário levar em conta o efeito da convecção mássica natural. Mas... e se fosse necessário? Como devemos, nesse caso, estimar o coeficiente convectivo de transferência de massa?

9.5 CORRELAÇÕES PARA O CÁLCULO DO COEFICIENTE CONVECTIVO NATURAL DE TRANSFERÊNCIA DE MASSA

Para $m_c \leq 0{,}3$, lança-se mão das correlações apresentadas no Capítulo 8. No caso de $m_c \geq 1{,}0$ têm-se, além das correlações para placa plana vertical em regime laminar, Equação (9.108) em conjunto com a Equação (9.109), as seguintes correlações:

Esfera isolada

A determinação do coeficiente convectivo natural de transferência de massa, nesse caso, é análoga ao da convecção mássica forçada. Insere-se uma esfera do soluto A no centro de uma tubulação e se faz escoar o solvente ao redor do corpo de prova. Determina-se o coeficiente convectivo de transferência de massa tal qual o procedimento descrito no exemplo (8.10). No caso de a velocidade do escoamento ser pequena o suficiente para que $m_c \geq 1{,}0$, o fluxo de matéria associado à dissolução (ou sublimação do soluto) será em razão das correntes da convecção mássica natural.

Correlação de *Steinberger e Treybal* (1960):

$$Sh_{N_p} = 2{,}0 + 0{,}569\, Ra_{M_p}^{1/4}; \quad \text{para } Ra_{M_p} < 10^8 \qquad (9.120)$$

e

$$Sh_{N_p} = 2{,}0 + 0{,}254\, Ra_{M_p}^{1/4} Sc^{0{,}244}; \quad \text{para } Ra_{M_p} > 10^8 \qquad (9.121)$$

Steinberg e Treybal (1960) também propuseram uma correlação para a convecção mássica mista para a *esfera isolada*:

$$Sh_p = Sh_{N_p} + 0{,}347\,(Re_p Sc^{1/2})^{0{,}62} \qquad (9.122)$$

para $1 \leq Re_p \leq 3{,}0 \times 10^4$ e $0{,}6 \leq Sc \leq 3.200$

em que:

$$Ra_{M_p} = \frac{g\beta_M \Delta\rho_A d_p^3}{\nu D_{AB}} \qquad (9.123)$$

na qual

$Re_p = d_p\bar{u}/\nu$; $Sh_p = d_p k_m/D_{AB}$ e $Sh_{N_p} = d_p k_{m_N}/D_{AB}$.

Sendo $\bar{u}$ a velocidade média do escoamento do fluido no interior do leito e calculada pela Equação (8.123), d_p o diâmetro da esfera.

Leito fixo

Alguns autores, como Karabelas, Wegner e Hanratty (1971), Mandelbaum e Böhm (1973), depois de levantarem a importância de considerar o efeito da convecção mássica natural nos fenômenos da dissolução de sólidos por líquidos em leito fixo, direcionaram-se à proposta de correlações que visam não somente o cálculo do k_{m_N}, como também avaliar a importância da convecção mássica mista.

No caso de haver somente a convecção mássica natural, as correlações encontradas são semelhantes às da placa plana, de modo que:

$$Sh_{N_p} = \varphi Ra_{M_p}^{1/4} \qquad (9.124)$$

na qual $Sh_{N_p} = d_p k_{m_N}/D_{AB}$ e

$Ra_{M_p} = (g\beta_M \Delta\rho_A d_p^3)/(\nu D_{AB})$.

Para o coeficiente φ, têm-se:

Karabelas, Wegner e Hanratty (1971):

$$\varphi = 0{,}46;\ 1{,}24 \times 10^7 < Ra_{M_p} < 3{,}23 \times 10^9 \qquad (9.125a)$$

Mandelbaum e Böhm (1973):

$$\varphi = 0{,}63;\ 5{,}41 \times 10^6 < Ra_{M_p} < 1{,}49 \times 10^8 \qquad (9.125b)$$

Note que o valor $\varphi = 0{,}63$, para leito fixo, é próximo daquele obtido para o coeficiente convectivo natural médio de transferência de massa, Equação (9.110), utilizando-se o modelo da camada limite em uma placa plana vertical.

Mandelbaum e Böhm (1973) propuseram para a convecção mássica mista, no caso de *leito fixo*, a relação:

$$Sh_p = \varphi_2 Ra_{M_p}^{1/4}\left(\frac{Re_p}{Gr_{M_p}^{1/2}}\right)^{\varphi_3} \qquad (9.126)$$

em que Re_p é dado pela Equação (8.155), e:

$$Gr_{M_p} = \frac{g\beta_M \Delta\rho_A d_p^3}{\nu^2} \qquad (9.127)$$

Para $\varphi_3 = 0$, a Equação (9.126) recai na (9.124). O grupo $Re_p/Gr_{M_p}^{1/2}$ representa a presença das convecções mássicas forçada e natural combinadas. Mandelbaum e Böhm (1973) encontraram:

$$\varphi_2 = 1{,}153 \text{ e } \varphi_3 = 0{,}155 \qquad (9.128a)$$

para escoamento descendente do solvente;

$$\varphi_2 = 1{,}134 \text{ e } \varphi_3 = 0{,}253 \qquad (9.128b)$$

para escoamento ascendente do solvente.

Em ambos os casos deve-se utilizar

$$\text{Re}'_p = \frac{u_i d_p}{\nu} \quad (9.129)$$

no lugar de Re_p na Equação (9.126), com velocidade $0{,}0346 \le Re'_p \le 29{,}7$ e $5{,}41 \times 10^6 \le Ra_{M_p} \le 3{,}23 \times 10^8$.

Sendo:

$Sh_{N_p} = d_p k_{m_N}/D_{AB}$ e $Ra_{M_p} = (g\beta_M \Delta\rho_A d_p^3)/(\nu D_{AB})$.

Encontram-se correlações no formato da Equação (9.126) quando são utilizados solventes *supercríticos*. Nesse caso existe a proposta dos seguintes pesquisadores para φ_2 e φ_3 serem aplicados na Equação (9.126):

Lim, Holder e Shah (1989):

$$\varphi_2 = 1{,}692 \text{ e } \varphi_3 = 0{,}356 \quad (9.130)$$

com as seguintes faixas de aplicação:

$2 < Re_p < 70$ e $2 < Sc < 11$; $78 < Gr_{M_p} < 3{,}25 \times 10^7$; $10 < P < 200$ atm; $Sh_{N_p} = d_p k_{m_N}/D_{AB}$;

$Ra_{M_p} = (g\beta_M \Delta\rho_A d_p^3)/(\nu D_{AB})$;

$Re_p = d_p u_0/\nu$ e $Gr_{M_p} = (g\beta_M \Delta\rho_A d_p^3)/\nu^2$.

Exemplo 9.6

Procurou-se extrair óleo essencial de pimenta-do-reino utilizando-se CO_2 supercrítico como solvente. Para tanto, lançou-se mão de um extrator tipo leito fixo, cuja fração de vazios é 0,24. Sabendo que a partícula, considerando-a esférica, apresenta diâmetro médio de 8×10^{-3} cm e que o mecanismo da convecção mássica é misto, calcule o coeficiente de transferência de massa para as condições indicadas na tabela a seguir. Compare o resultado obtido com o experimental, que é 0,016 cm/s.

$u_i \times 10^3$ (cm/s)	Sc	$D_{AB} \times 10^4$ (cm²/s)	$\Delta\rho/\rho$	g (cm/s²)
41,7	14,74	0,73	0,0108	981

Fonte: Ferreira, 1996.

Solução:

Como se trata de extração em *leito fixo* utilizando-se um *fluido supercrítico* e sabendo-se que é convecção mássica mista, utilizaremos a correlação de Lim, Holder e Shah (1989).

$$Sh_p = 1{,}692 Ra_{M_p}^{1/4} \left(\frac{\text{Re}_p}{Gr_{M_p}^{1/2}} \right)^{0{,}356} \quad (1)$$

Cálculo do Re_p:

$$\text{Re}_p = \frac{u_0 d_p}{\nu} \quad (2)$$

observe que foram fornecidos a velocidade intersticial u_i, a qual se relaciona com a velocidade superficial por $u_i = u_0/\varepsilon$, em que $\varepsilon = 0{,}24$ (fração de vazios do leito). Outro dado importante é que não temos o valor da viscosidade cinemática; entretanto, $\nu = ScD_{AB}$; portanto a Equação (2) fica:

$$\text{Re}_p = \frac{\varepsilon u_i d_p}{D_{AB} Sc}$$

ou

$$\text{Re}_p = \frac{(0{,}24)\left(41{,}7 \times 10^{-3}\right)\left(8 \times 10^{-3}\right)}{(14{,}74)\left(0{,}73 \times 10^{-4}\right)} = 0{,}0744 \quad (3)$$

Exemplo 9.6 (*continuação*)

Cálculo do Gr_{M_p}:

$$Gr_{M_p} = \frac{g\Delta\rho d_p^3}{\rho \nu^2}$$

ou

$$Gr_{M_p} = \frac{g\Delta\rho d_p^3}{\rho(ScD_{AB})^2} = \frac{(981)(0{,}0108)\left(8\times10^{-3}\right)^3}{\left[(14{,}74)\left(0{,}73\times10^{-4}\right)\right]^2} = 4{,}685 \qquad (4)$$

Cálculo do Ra_{M_p}: Podemos fazer da Equação (9.50):

$$Ra_{M_p} = ScGr_{M_p} \qquad (5)$$

Como Sc = 14,74, substituiremos esse valor em conjunto com (5) em (4):

$$Ra_{M_p} = (14{,}74)(4{,}685) = 69{,}057 \qquad (6)$$

Cálculo do Sh_p: Este número é obtido substituindo (3), (4) e (6) em (1):

$$Sh_p = (1{,}692)(69{,}057)^{1/4}[0{,}0744/(4{,}685)^{1/2}]^{0{,}356} = 1{,}469 \qquad (7)$$

Cálculo do k_m: Por intermédio da definição (8.149b), escreveremos:

$$k_m = \frac{D_{AB}Sh_p}{d_p} \qquad (8)$$

Como $D_{AB} = 0{,}73 \times 10^{-4}$ cm²/s, $d_p = 8{,}0 \times 10^{-3}$ cm e $Sh_p = 1{,}469$, temos em (8):

$$k_m = \frac{D_{AB}Sh_p}{d_p} = \frac{\left(0{,}73\times10^{-4}\right)(1{,}469)}{\left(8\times10^{-3}\right)} = 0{,}013 \text{ cm/s}$$

Cálculo do desvio relativo:

$$DR = \frac{\left|k_{m_{exp}} - k_m\right|}{k_{m_{exp}}}\times 100\% \rightarrow DR = \frac{|0{,}016-0{,}013|}{0{,}016}\times 100\% = 18{,}75\%$$

Note, neste exemplo, que a correlação utilizada foi a de Lim, Holder e Shah (1989, p. 379), Equação (9.130), sendo desenvolvida para $2 < Re_p < 70$ e $2 < Sc < 11$; $78 < Gr_{M_p} < 3{,}25 \times 10^7$.

Os valores encontrados, neste exemplo, para Re_p, Sc e Gr_{M_p} estão fora da faixa de aplicabilidade da Equação (9.130). Mesmo assim o desvio relativo obtido pode ser considerado razoável. No exercício (15) são apresentados novos valores experimentais, os quais poderão servir como base para testar a correlação utilizada neste exemplo.

Por outro lado, no que se refere à convecção mássica mista, devemos analisar com cuidado a relação $\mathrm{Re}/Gr_M^{1/2}$ que está contida na Equação (9.126). Essa relação expressa também a magnitude da influência da convecção mássica forçada no fenômeno de transferência de massa. A relação $\mathrm{Re}/Gr_M^{1/2}$ não é um critério rigoroso para estabelecer a importância deste ou daquele tipo de convecção mássica.

Exemplo 9.6 (*continuação*)

Verificamos por inspeção da Equação (9.117) que:

$$m_c \equiv \frac{Sh_N}{Sh} \approx \left(\frac{Gr_M}{\mathrm{Re}^2}\frac{1}{Sc^{1/3}}\right)^{1/4} \quad (9.131a)$$

ou

$$\frac{1}{m_c} \equiv \frac{Sh}{Sh_N} \approx \left(\frac{\mathrm{Re}\,Sc^{1/6}}{Gr_M^{1/2}}\right)^{1/2} \quad (9.131b)$$

que apresenta a relação $\left(ReSc^{1/6}/Gr_M^{1/2}\right)^{1/2}$ como a mais indicada para estabelecer o tipo de mecanismo que governa a convecção mássica para $f_p = 0$, pois, além de contemplar os efeitos inerciais (escoamento da mistura) e do empuxo mássico, traz consigo a influência da interação soluto–solvente por intermédio do Sc.

EXERCÍCIOS

Conceitos

1. Por que para haver convecção mássica natural é indispensável a existência da compressibilidade mássica da mistura?

2. Como se enquadram a evaporação e a condensação do vapor de água presente no ar em termos de estabilidade? Mostre.

3. Demonstre a Equação (9.3).

4. Demonstre, para uma mistura gasosa não ideal e diluída, que (DEBENEDETTI; REID, 1986):

   a) $$\frac{\rho}{\rho_\infty} = \frac{1+y_A\phi}{1+y_A\vartheta} \quad (9.132a)$$

   b) $$\kappa = \frac{\phi-\vartheta}{\left(1+y_A\vartheta\right)^2} \quad (9.132b)$$

   com $\phi = M_A/M_B - 1$; $\vartheta = \bar{V}_A/V_B - 1$. Para uma distância ∞, só existe a espécie B.

5. Em que situação de estabilidade é possível aparecer as correntes de convecção mássica natural?

6. O que acontece, em termos de convecção mássica natural, se fixarmos, no teto de uma sala em que há ar seco, uma placa plana horizontal feita de soluto A para:

   a) $M_A > M_B$;

   b) $M_A < M_B$.

7. Para mistura binária diluída, demonstre, via análise de escala, que:

   a) $$\frac{\partial}{\partial x}(\rho u) + \frac{\partial}{\partial y}(\rho v) \approx \frac{\partial u}{\partial x} + \frac{\partial v}{\partial y}$$

   b) $$u\frac{\partial \rho_A}{\partial x} + \frac{\partial \rho_A}{\partial y} - D_{AB}\frac{\partial^2 \rho_A}{\partial x^2} \approx$$
   $$\approx u\frac{\partial w_A}{\partial x} + \frac{\partial w_A}{\partial y} - D_{AB}\frac{\partial^2 w_A}{\partial x^2}$$

8. Analise detalhadamente as Figuras (9.4) e (9.5).

9. Procure adaptar os quadros (7.1), (7.2), (8.1) e (8.2) à convecção mássica natural.

10. Interprete fisicamente os números adimensionais Ra_M, Bo_M, Gr_M. Como eles se enquadram em termos de números adimensionais primários, secundários e terciários?

11. Construa um quadro mnemônico para a convecção mássica natural para Sc > 0,5.

12. A partir do quadro (9.1), obtenha as equações do movimento e de continuidade da espécie A, via transformação por similaridade, para $Sc \ll 1$.

13. Qual a importância do número de Schmidt no estudo da convecção mássica natural?

14. Demonstre as Equações (9.66), (9.67) e (9.91).

15. Proponha um algoritmo semelhante ao descrito pelas Equações (9.90), utilizando o integrador tipo Runge-Kutta-Gill.

16. Analise a influência do f_p e do Sc nas distribuições adimensionais de fração mássica do soluto e velocidade da mistura [veja as Figuras (9.6) a (9.9)].

17. Obtenha o parâmetro de transição, m_c, em termos de espessura da camada limite mássica. Interprete o resultado obtido.

18. Analise o seguinte diagrama, identificando nele os números adimensionais n_i (para $i = 1, ..., 9$).

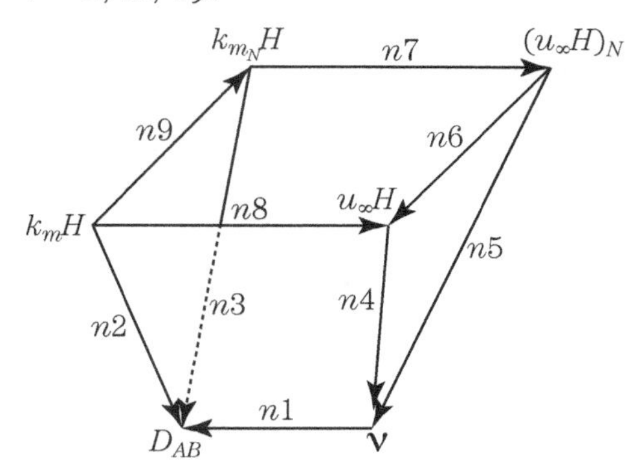

Cálculos

1. Calcule o fator de compressibilidade mássica κ para os seguintes sistemas soluto/solvente:
   a) naftaleno/CO_2 (mistura gasosa ideal), T = 25 °C e 1 atm;
   b) ácido benzoico/CO_2 (mistura gasosa ideal), T = 25 °C e 1 atm;
   c) CO_2/ar seco (mistura gasosa ideal), T = 25 °C e 1 atm;
   d) referente ao exemplo (9.4);
   e) referente ao exemplo (9.5).

2. Refaça o exercício anterior considerando a Equação (9.132b).

3. Adapte o programa numérico contido no Apêndice A3 para $Sc \ll 1$ e avalie a influência do Sc e do f_p nas distribuições adimensionais da fração mássica e de velocidade da mistura.

4. Construa um gráfico para κ em função da umidade relativa e da temperatura do ar para o fenômeno da evaporação da água (considere mistura ideal).

5. Considere uma placa plana parada de naftaleno de 1 m de comprimento por 1 m de largura, encontrada em pé em uma parede, sendo que a outra face está em contato com o ar seco. Considerando que haja convecção mássica natural, calcule:
   a) O número de Sherwood natural local a 2,5 cm da borda de ataque para: 25 °C; 30 °C e 40 °C.
   b) A taxa de transferência de massa global, em mol por hora, para as situações descritas em (a).
   c) Construa um gráfico k_{m_N} $vs.$ T e o analise.

6. O ar com umidade relativa de 80% a 35 °C e 1 atm envolve as faces de uma placa plana vertical parada de 2,15 m de altura, em que ambas as faces estão embebidas por uma fina película aderente de água também a 35 °C. Calcule:
   a) o fluxo mássico do vapor de água;
   b) o coeficiente convectivo natural de transferência de massa;
   c) refaça os itens (a) e (b), admitindo $f_p = 0$.

7. Encosta-se uma placa metálica de 1 m na vertical em uma parede. A face da placa em contato com ar seco a 25 °C é umedecida com benzeno. Calcule o fluxo molar do vapor do benzeno. Encontram-se informações sobre o benzeno nas Tabelas (1.1), (1.3) e (3.5).

8. Refaça o exercício anterior, considerando metanol no lugar do benzeno.

9. Considere uma parede plana vertical parada de 1 m de altura coberta por uma fina película aderente de água a 30 °C. Determine o número de Sherwood natural, admitindo que tanto a placa quanto o ambiente, este de ar seco, estejam também a 30 °C. Suponha que o ar escoe a 0,1 m/h.

10. Refaça o exercício anterior, considerando que a película líquida venha a ser:
   a) etanol;
   b) tolueno.

11. Refaça os exercícios (9) e (10), considerando:
   a) T = 50 °C; v_∞ = 0,1 m/h;
   b) T = 50 °C; v_∞ = 0,2 m/h.

12. Refaça o exemplo (9.4), admitindo a existência do escoamento de ar seco a uma velocidade de:
   a) v_∞ = 0,1 m/s;
   b) v_∞ = 1 m/s;
   c) v_∞ = 10 m/s;
   d) v_∞ = 100 m/s.

Supondo que os resultados obtidos para k_{m_N}, item (a), do exemplo (9.4), fora para uma situação a 2 m da borda de ataque da placa, utilize a Figura (9.13) e estabeleça o limite para o qual se deva considerar a presença da convecção mássica natural.

13. Avalie a necessidade de considerar a presença da convecção mássica natural no exemplo (8.10).

14. Calcule o coeficiente convectivo médio natural de transferência de massa para uma esfera de naftaleno de 3 cm de diâmetro, mantida em um ambiente a 60 °C e 1 atm.

15. Na extração de óleo da pimenta-do-reino em um leito fixo, cuja fração de vazios é de 0,24, utilizando-se CO_2 supercrítico, Ferreira (1996) obteve os seguintes resultados:

Sc	Gr_{M_p}	$Re'_p/Gr_{M_p}^{1/2}$	$Sh_{p_{exp}}$
14,02	17,1	0,189	1,93
17,64	7,1	0,209	2,61
10,80	8,6	0,061	1,28
11,97	40,3	0,127	2,09
7,86	14,3	0,095	1,78
14,74	3,9	0,245	2,51

a) Verifique qual é o mecanismo predominante de convecção mássica. Para tanto, utilize o seguinte critério: $m_c \le 10^{-1}$, convecção mássica forçada; $10^{-1} < m_c < 10^0$, convecção mássica mista; $m_c \ge 10^0$, convecção mássica natural. Utilize Re'_p nos seus cálculos para avaliar tal predominância. Isso se deve ao fato de considerar o efeito da velocidade intersticial, pois, caso se utilize somente a velocidade superficial ou Re_p, não se estará considerando o efeito da fração de vazios do meio no fenômeno analisado.

b) Analise o desempenho das correlações fornecidas neste capítulo, sabendo que o CO_2 foi injetado na coluna com fluxo descendente.

c) proponha uma correlação na forma:

$$Sh_p = \varphi_2 Ra_{M_p}^{1/4}\left(\frac{Re_p\, Sc^{1/6}}{Gr_{M_p}^{1/2}}\right)^{\varphi_3}$$

e analise os coeficientes obtidos. Note que a sua correlação só será válida quando houver convecção mássica mista.

BIBLIOGRAFIA

BEJAN, A. *Convective heat transfer*. New York: John Wiley, 1984.

CHURCHILL, S. W. *A. I. Ch. E. J.*, v. 23, p. 10, 1977.

DEBENEDETTI, P. G.; REID, R. C. *A. I. Ch. E. J.*, v. 32, n. 12, p. 2034, 1986.

FERREIRA, S. R. S. *Cinética de transferência de massa na extração supercrítica de óleo essencial de pimenta-do-reino*. Tese (Doutorado) – FEA, Unicamp, Campinas, 1996.

FILIPI, R. P. *Chemistry and industry*, v. 19, p. 390, 1982.

KARABELAS, A. J.; WEGNER, T. K.; HANRATTY, T. J. *Chem. Eng. Sci.*, v. 26, p. 1581, 1971.

LIM, G. B.; HOLDER, G. D.; SHAH, Y. T. *Supercritical fluid science and tecnology*. Washington: American Chemical Society, 1989.

LUIKOV, A. *Heat and mass transfer*. Moscow: Mir Publishers, 1980.

MANDELBAUM, J. A.; BÖHM, U. *Chem. Eng. Sci.*, v. 28, p. 569, 1973.

SKELLAND, A. H. P. *Diffusional mass*. New York: John Wiley, 1974.

STEINBERGER, R. L.; TREYBAL, R. E. *A. I. Ch. E. J.*, v. 6, p. 227, 1960.

NOMENCLATURA

d_p	diâmetro da partícula, Equação (9.123);	[L]
D_{AB}	coeficiente de difusão do soluto A no meio B, Equação (9.11);	$[L^2 \cdot T^{-1}]$
f	função de similaridade: $f(\eta)$, Equação (9.65);	adimensional
f_p	parâmetro de injeção ou de sucção de massa, Equação (9.79);	adimensional
g	campo gravitacional, Equação (9.5);	$[L \cdot T^{-2}]$

H	altura de uma placa plana vertical, Figura (9.4);	[L]
k_m	coeficiente convectivo de transferência de massa;	$[L \cdot T^{-1}]$
k_{m_N}	coeficiente convectivo natural de transferência de massa, Equação (9.13);	$[L \cdot T^{-1}]$
m_c	parâmetro de transição entre as convecções forçada e natural, relação (9.117);	adimensional
m_f	relação entre um Sh qualquer e o de convecção forçada, relação (9.119);	adimensional
M_i	massa molar da espécie i, Equação (9.1);	$[M \cdot mol^{-1}]$
$n_{A,x}$	fluxo global mássico de A na direção x, Equação (9.13);	$[M \cdot L^{-2} \cdot T^{-1}]$
P	pressão, Equação (9.1);	$[F \cdot L^{-2}]$
T	temperatura da mistura, Equação (9.1);	[T]
u	componente de velocidade da mistura na direção x, Equação (7.43);	$[L \cdot T^{-1}]$
u_i	velocidade intersticial, Equação (9.129), $u_i = u_0/\varepsilon_i$;	$[L \cdot T^{-1}]$
u_0	velocidade superficial, Equação (9.126);	$[L \cdot T^{-1}]$
v	componente de velocidade da mistura na direção y, Equação (7.43) ou velocidade do escoamento;	$[L \cdot T^{-1}]$
$\bar{V}_A$	volume parcial molar da espécie química A, Equação (9.132a);	$[L^3 \cdot mol^{-1}]$
V_B	volume molar da espécie química B, Equação (9.132a);	$[L^3 \cdot mol^{-1}]$
x	direção;	[L]
y	direção ou distância, na vertical, da borda de ataque da placa plana;	[L]
y_A	fração molar da espécie química A, Equação (9.1);	adimensional
w_A	fração mássica da espécie química A, Equação (9.72).	adimensional

Letras gregas

β_M	coeficiente volumétrico de expansão mássica, definição (9.8);	$[M^{-1} \cdot L^3]$
δ	espessura de camada limite, Figuras (9.3) e (9.4);	[L]
ε	correção da estimativa inicial para $f''(0)$ e $\theta'(0)$, Equações (9.92);	adimensional
ε	fração de vazios do leito, Equação (9.129);	adimensional
κ	compressibilidade mássica, definição (9.4);	adimensional
η	variável de similaridade, definição (9.57);	adimensional
ν	viscosidade cinemática da mistura, Equação (9.5);	$[L^2 \cdot T^{-1}]$
θ	fração mássica adimensional de A, definição (9.72);	adimensional
$\Theta(0)$	ordem de magnitude;	adimensional
ρ	concentração mássica da mistura, Equação (2.1);	$[M \cdot L^{-3}]$
ρ_A	concentração mássica de A, Equação (2.1);	$[M \cdot L^{-3}]$

ρ_B	concentração mássica de B, Equação (2.1);	$[M{\cdot}L^{-3}]$
ψ	função corrente, relação (9.63).	$[L^2{\cdot}T^{-1}]$

Sobrescritos

$''$	derivada primeira
$'$	derivada segunda
$'''$	derivada terceira
–	médio

Subscritos

A	espécie química A
B	espécie química B
i	índice de iteração
M	mássico
N	natural
p	parede, superfície, fronteira; partícula; interface
x,y	direções cartesianas
y	local
$x=0$	na superfície da placa ou em uma dada interface
∞	distância relativamente grande da parede; máximo (para velocidade)

Números adimensionais

Bo_M	número de Boussinesq mássico, definição (9.39);
Gr_M	número de Grashof mássico, definição (9.51);
Ra_M	número de Rayleigh mássico, definição (9.25);
Re	número de Reynolds, relação (9.116);
Re'_p	número de Reynolds da partícula referenciado à velocidade intersticial, definição (9.129);
Sc	número de Schmidt, relação (9.33);
Sh_N	número de Sherwood natural, definição (9.17).

CAPÍTULO 10

TRANSFERÊNCIA SIMULTÂNEA DE CALOR E DE MASSA

10.1 CONSIDERAÇÕES A RESPEITO

A transferência simultânea de calor e de massa está presente em diversas operações de engenharia: combustão, refrigeração, condensação, evaporação ou secagem. Existem obras específicas para tais aplicações, como os trabalhos de Kuo (1978) para combustão, Massarani (1987) para a secagem, Stoecker e Jabardo (1994) no caso de refrigeração. Para que possamos ter uma *ideia* do modo como surge essa simultaneidade na secagem, iremos considerá-la na de grãos de arroz em casca.

Até ser levado à mesa, o arroz passa, normalmente, por diversos processos, como colheita mecanizada, secagem, armazenamento e beneficiamento. Durante essas etapas, pode haver danos mecânicos ao cereal como, por exemplo, fissuras e posteriores quebras dos grãos. Para efeito de comercialização, os valores de grãos inteiros chegam a ser 50% a 100% maiores do que os de quebrados. Portanto, um dos parâmetros que indicam a qualidade do arroz para o mercado é o *rendimento de grãos inteiros* (ω), definido como:

ω = (massa de grãos inteiros após o beneficiamento)/(massa total de grãos após o beneficiamento)

Convém salientar que as quebras citadas no parágrafo anterior estão associadas às fissuras existentes no arroz, decorrentes, além de fatores genéticos e da mecanização de sua colheita e beneficiamento, de como o processo de secagem foi conduzido. O tipo de secador e as condições de operação, como temperatura e umidade do ar de secagem, assim como o teor de umidade e de temperatura do grão, entre outros, poderão ocasionar danos aos grãos desse cereal.

Como ilustração, vamos admitir a secagem em batelada de arroz em casca em um leito de jorro. Considerando o sistema de secagem ilustrado na Figura (10.1), o secador é carregado com certa carga de material úmido. Elegem-se as condições de operação: vazão, temperatura, umidade do ar de secagem, sendo as duas últimas variáveis de processo medidas a partir de um *psicrômetro*. Em intervalos de tempo predeterminados, são colhidas amostras de grãos, das quais se medem a temperatura (T_G), a razão de umidade em base úmida (U/U_0), em que U representa a umidade na forma (kg água/kg cereal úmido ou base úmida), assim como a fração adimensional de grãos inteiros (ω/ω_0), os quais são obtidos após o descasque dos grãos. Além desses parâmetros, acompanha-se a evolução no tempo da temperatura do ar que deixa o leito de sólidos ($T_{\text{saída}}$). A Figura (10.2) nos dá o comportamento das variáveis citadas neste parágrafo.

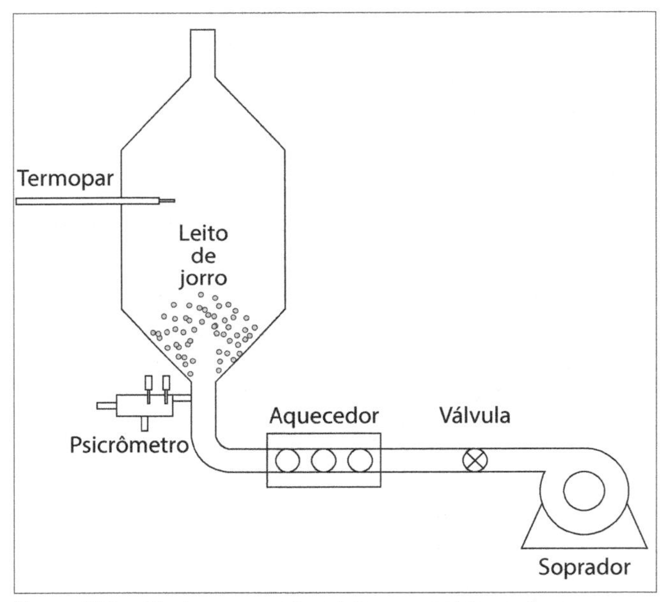

Figura 10.1 – Montagem experimental para um sistema de secagem em leito de jorro.

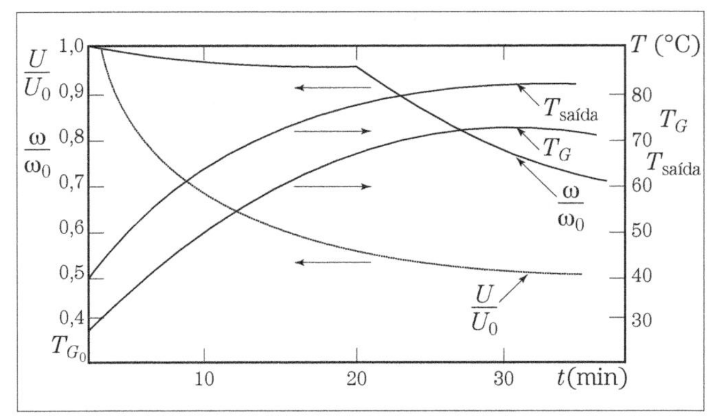

Figura 10.2 – Comportamento da secagem em batelada de arroz.

A quebra dos grãos de arroz ocorre em virtude das fissuras existentes. Essas, por sua vez, podem surgir durante a secagem e decorrem das tensões que atuam internamente no grão. Entre essas tensões estão os gradientes de umidade e de temperatura: quanto maiores esses gradientes, maior a possibilidade de haver fissuras do material e posteriores quebras do cereal no processo de beneficiamento. Tendo como base esses dois tipos de gradientes, podemos analisar a fração de inteiros da seguinte forma: as amostras de grãos durante a secagem são levadas a uma máquina de descasque, a partir da qual é possível determinar a fração de inteiros, cuja curva para o seu adimensional está apresentada na Figura (10.2). Note que esta curva ilustra o efeito combinado de secagem e de beneficiamento na injúria do material coletado. Considerando que a ação do beneficiamento é a mesma para todas as amostras de grãos de arroz coletadas ao longo do tempo, a curva de ω/ω_0 reflete a influência da secagem na fração de grãos inteiros. Observe que nos instantes iniciais da secagem há uma pequena região de patamar constante para ω/ω_0. Esse comportamento pode estar associado à remoção da umidade superficial do material, principalmente daquela contida na sua casca. À medida que o tempo passa, os gradientes internos de temperatura e de umidade começam a se tornar importantes. Por tais gradientes atuarem como agentes de tensão ou de ruptura, os seus efeitos são sentidos, ocasionando fissuras do material. É interessante observar que as quebras significativas ocorrem próximas ao final da secagem. Nesse período, no qual boa parte da umidade já foi retirada, a estrutura interna do arroz acaba sendo modificada, potencializando o surgimento de trincas e, por via de consequência, futuras quebras. Não é difícil perceber que o aparecimento de fissuras e as posteriores quebras dos grãos de arroz estão associados aos fluxos de calor e de massa que existem no interior do material, ocasionados por gradientes de temperatura e de umidade.

Observando a Figura (10.2), verificamos que há uma curva da temperatura do ar de secagem que abandona o leito de partículas ($T_{\text{saída}}$). Note que a transferência simultânea de calor e de massa também ocorre no lado do gás, de acordo com um processo de umidificação do ar. Portanto, quando trabalhamos com a secagem, há transferência simultânea de calor e de massa tanto na fase sólida quanto na gasosa.

Outro aspecto interessante é quanto à medida das condições de temperatura e de umidade do ar de secagem que entram no secador, as quais são obtidas por um psicrômetro [veja a Figura (10.1)]. Esse aparelho nada mais é do que um conjunto de dois termômetros, um dos quais mede a temperatura do ar propriamente dita (*temperatura de bulbo seco*), e outro de bulbo coberto por um tecido úmido (*termômetro de bulbo úmido*). O princípio de funcionamento será discutido em momento oportuno, mas podemos adiantar que, da leitura dessas duas temperaturas, é possível estimar a umidade do ar de secagem: *teoria do bulbo úmido*. Note, então, novamente, a presença da transferência simultânea de transferência de calor e de massa, agora destinada a medir uma dada concentração depois de conhecer temperaturas!

Neste capítulo não nos deteremos nas operações unitárias de transferência simultânea de calor e de massa, mas procuraremos fornecer alguns subsídios para que possamos aplicá-los em diversas situações em que esses fenômenos aparecem simultaneamente. Em uma primeira etapa, nos deteremos em uma rápida revisão de transferência de calor, calcada na semelhança de seu mecanismo de transporte com o de transferência de massa. Como uma introdução à transferência simultânea de calor e massa, procuraremos mostrar, de modo simplificado, como essa simultaneidade se processa em nível molecular, por intermédio da apresentação da *difusão térmica* e da *termodifusão*, as quais são fluxos de massa e de calor ocasionados por gradientes de temperatura e de concentração, respectivamente. Imagine, no caso da secagem de arroz, que o fluxo de umidade no interior do grão também pode ser auxiliado por um gradiente de temperatura! Além disso, é nossa intenção estabelecer diagramas mnemônicos que nos mostrem os números adimensionais característicos da transferência simultânea de calor e de quantidade de movimento e de calor e de massa. Feito isto, trataremos de buscar uma equação diferencial para transferência de calor na qual exista a presença da transferência de massa. Como aplicação do resultado encontrado, mostraremos uma equação básica que pode ser aplicada em fenômenos de desumidificação e umidificação do ar, como são os casos da condensação e do resfriamento evaporativo. Finalmente, apresentaremos, também como consequência dessa equação básica, a teoria do bulbo úmido.

10.2 TRANSFERÊNCIA DE CALOR

10.2.1 Transporte molecular: condução térmica

Iniciaremos com uma região contendo certa população molecular gasosa ideal de uma espécie química A, Figura (10.3). A partir dessa ilustração, consideraremos o movimento aleatório das moléculas, de modo que as que atravessam a região "O" advêm tanto da região "A" quanto da região "B". Admitiremos que, na região "A", as moléculas possuem energia cinética média maior do que aquelas presentes na região "O", onde contêm concentração energética maior do que a da região "B".

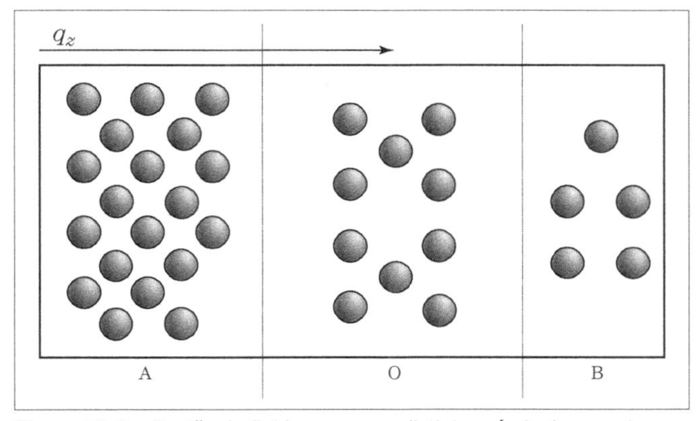

Figura 10.3 – Região de fluido puro com distintos níveis de energia.

As moléculas que fluem da região "A" transmitirão parte de sua energia ao entrarem em contato com aquelas oriundas da região "B". A energia será transportada das moléculas com maior para as com menor concentração energética. Constataremos que a concentração de energia diminui quando caminhamos na direção z no sentido do plano B, descrevendo, dessa maneira, o fluxo líquido de energia, como ilustra a Figura (10.4). Para efeito de análise, consideramos que haverá contato entre as moléculas e, por consequência, o transporte de energia após percorrerem uma distância média λ entre os planos considerados.

O cuidado que se deve ter quando da interpretação das Figuras (10.3) e (10.4) é quanto ao fato de que elas se referem a concentrações distintas de energia e não de moléculas. Admite-se que o fluxo líquido de moléculas é nulo, a ponto de supormos que elas estão distribuídas de forma homogênea nas regiões consideradas ao fluxo de energia. Após representar a Figura (10.4) no plano bidimensional, Figura (10.5), identificaremos nesta os seguintes parâmetros: ψ_i, concentração energética no plano i, $(\rho H)_i$; ψ^*, concentração de equilíbrio que é a concentração a ser ganha no plano B ou subtraída do plano A para que o sistema entre em equilíbrio térmico; e λ, o caminho livre médio.

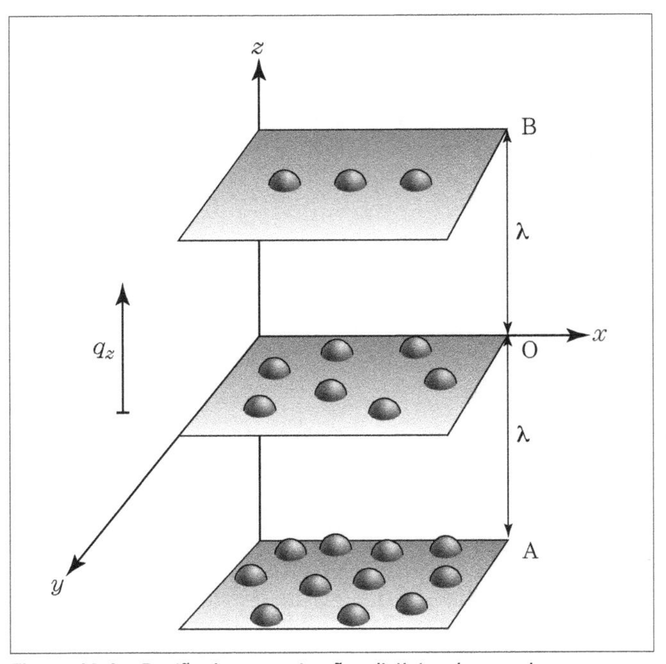

Figura 10.4 – Região de concentrações distintas de energia.

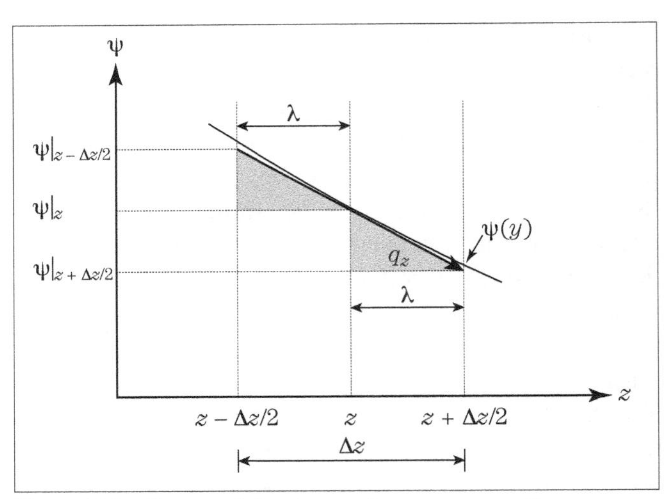

Figura 10.5 – Fluxo condutivo de energia, em que $\psi = \rho H_i$

Verificamos, de imediato, a semelhança entre transferência de energia e de matéria quanto ao formato das equações. No Capítulo 1, ψ referia-se à concentração molecular. O quadro (10.1) apresenta a analogia entre os dois fenômenos em nível molecular.

Analogamente ao Capítulo 1, obtém-se o fluxo de energia decorrente das colisões moleculares segundo:[1]

$$q_z = -\alpha \frac{d\left(\rho C_p T\right)}{dz} \tag{10.1}$$

Quadro 10.1 – Semelhança entre os transportes de matéria e de energia pela teoria cinética dos gases[a]

Parâmetros analógicos	Transferência de matéria	Transferência de energia
Potencial de transporte: P	μ_A – Potencial químico, ou por aproximação e para efeito de análise: w_A – fração mássica	T Temperatura
ρP Concentração de P	ρw_A Concentração de matéria	ρH Concentração de energia
Fluxo na direção z: $\Psi_z = \frac{1}{6}\Omega\rho P$	$\Omega(\rho w_A)/6$	$\Omega(\rho H)/6$
Concentração de equilíbrio: $(\rho P)^* = -\lambda d(\rho P)/dz$	$\rho_A^* = -\lambda d(\rho w_A)/dz$	$\psi^* = -\lambda d(\rho C_p T)/dz$
Fluxo líquido: $\Psi_z = -\xi \frac{d\psi}{dz}$	$j_z = -\frac{\Omega\lambda}{3}\frac{d(\rho w_A)}{dz}$	$q_z = -\frac{\Omega\lambda}{3}\frac{d(\rho C_p T)}{dz}$
Difusividade: ξ	Difusividade mássica: D_{AA}	Difusividade térmica: α
Fluxo: $\Psi_z = -\xi \frac{d(\rho P)}{dz}$	$j_{A,z} = -D_{AA}\frac{d(\rho w_A)}{dz}$	$q_z = -\alpha \frac{d(\rho C_p T)}{dz}; \alpha = k/\rho C_p$
Lei fenomenológica	Primeira lei de Fick	Lei de Fourier

[a] Foi utilizada, para transferência de massa, a concentração em termos de fração mássica, para reforçar a ideia de analogia, que é expressa em concentração do potencial P na forma ρP.

[1] Em que H é a entalpia específica, lembrando que $\left.\frac{dH}{dT}\right|_p \equiv C_p$, válido para fluidos incompressíveis.

A expressão (10.1) é conhecida como lei de Fourier, normalmente escrita como:

$$q_z = -k\frac{dT}{dz} \tag{10.2}$$

Há de se notar em (10.1) e (10.2) que a lei de Fourier pode ser considerada como uma lei causal, na medida em que a interpretarmos na forma[2]:

$$(\text{Efeito}) \propto (\text{Causa}) \tag{10.3}$$

$$(\text{Efeito}) = \frac{1}{\begin{pmatrix}\text{Resistência}\\ \text{ao transporte}\end{pmatrix}}(\text{Causa}) \tag{10.4}$$

$$\begin{pmatrix}\text{Fluxo}\\ \text{de calor}\end{pmatrix} = \frac{(\text{Diferença de temperatura})}{\begin{pmatrix}\text{Resistência}\\ \text{ao transporte de calor}\end{pmatrix}} \tag{10.5}$$

A lei empírica de Fourier é válida para qualquer estado físico da matéria; o que diferencia é a resistência que o meio oferece ao transporte de calor, caracterizada na condutividade térmica ou na difusividade térmica. O fenômeno descrito pela lei de Fourier é conhecido como *condução* de calor, e pode ser sintetizado como no quadro (10.2).

Quadro 10.2 – Condução de calor
Transporte de calor em nível molecular
Agentes internos à transferência de calor
Propriedade fenomenológica

É pertinente notar que a propriedade fenomenológica relatada no quadro (10.2) está associada à difusividade térmica, $k/\rho C_p$, que, por sua vez, está intimamente relacionada à ação isolante do material à condução de calor.

10.2.2 Distribuição de temperatura em um meio constituído de um fluido puro

No item anterior fizemos uma breve análise da condução térmica em nível discreto. Supôs-se uma população molecular, na qual a dimensão de interesse para haver o transporte de calor era da ordem do caminho livre médio. Para que possamos ampliar a nossa análise, traçaremos um paralelo à metodologia utilizada em transferência de massa e estudaremos, daqui para frente, o fenômeno de transferência de energia no *contínuo*. O porquê disso? Estamos interessados em obter, para algumas situações, a distribuição de temperatura em certa região de transporte, para que possamos avaliar, entre outros, o fluxo de calor dissipado a partir de certa superfície ou interface, bem como o coeficiente convectivo de transferência de calor. Como exemplo, observe a Figura (10.6).

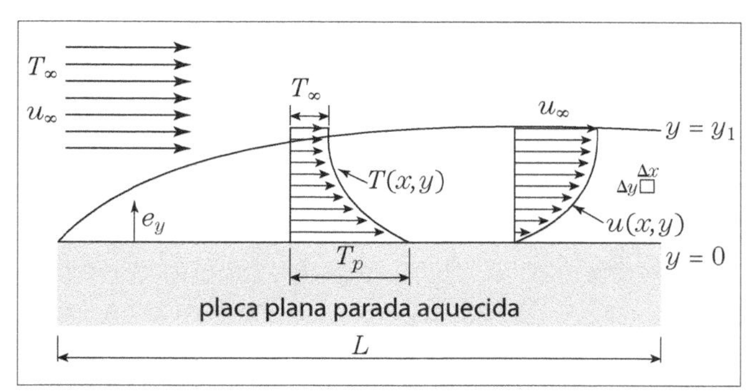

Figura 10.6 – Representação da região de camada limite térmica em uma placa plana horizontal parada.

Essa figura ilustra o fenômeno térmico no qual um fluido newtoniano puro a T_∞ escoa com velocidade u_∞ sobre uma placa plana metálica parada, cuja superfície está a T_p. Admitindo a aplicabilidade do princípio do não deslizamento, a primeira camada de fluido, ao entrar em contato com a superfície da placa, terá velocidade nula e o fluxo de calor na interface placa–fluido será em virtude da condução térmica, regida pela Equação (10.1). À medida que as lâminas de fluido distanciarem-se da placa, a troca térmica sentirá os efeitos do escoamento. Tais efeitos dependem, além da velocidade do fluido, da geometria em que está contido esse fluido. Essas influências associadas às suas propriedades fenomenológicas, como condutividade térmica, caracterizam a *convecção térmica*, que é definida empiricamente pela lei de Newton do resfriamento:

$$e = h(T_p - T_\infty) \tag{10.6}$$

a qual, avaliada localmente em uma determinada fronteira, como na parede de uma placa plana

[2] Esta relação pressupõe o fluxo de calor decorrente apenas de seu gradiente ordinário (gradiente de temperatura); não admitindo coeficientes cruzados como aqueles oriundos da termodinâmica dos processos irreversíveis, os quais serão apresentados no item 10.3.1.

horizontal, é posta segundo:

$$e|_{y=0} = h_x(T_p - T_\infty) \qquad (10.7)$$

O coeficiente convectivo local de transferência de calor ou coeficiente de película, para a situação ilustrada na Figura (10.6), é definido de acordo com:

$$h_x \equiv -k\frac{\partial T/\partial y|_{y=0}}{\left(T_p - T_\infty\right)} \qquad (10.8)$$

A determinação do coeficiente convectivo local de transferência de calor nesta situação passa, necessariamente, pelo conhecimento da distribuição de temperatura do fluido na região de transporte. Essa distribuição, por sua vez, é influenciada por aquela da velocidade do fluido, a qual nos foi apresentada no Capítulo 7 quando tratamos do fenômeno da camada limite dinâmica. Resta-nos, dessa maneira, obter a distribuição de temperatura na região considerada.

Retomando o elemento de volume ilustrado na Figura (2.3), admitindo, todavia, que se trata do escoamento de um fluido newtoniano puro e incompressível, faremos um balanço de energia[3], considerando que não há acúmulo de energia no interior do elemento de volume (regime estacionário); não há geração ou consumo de energia no interior do elemento de volume; os efeitos de dissipação viscosa são desprezíveis; o fluxo de entalpia está associado às velocidades subsônicas, de modo que se possa desprezar a energia cinética advinda do escoamento do fluido e se admitem propriedades constantes. Em face de tais hipóteses, lançaremos mão da primeira lei da termodinâmica para escrever o seguinte balanço de energia, o qual está ilustrado na Figura (10.7).

$$\begin{pmatrix}\text{Fluxo de entalpia}\\ \text{que entra no volume}\\ \text{de controle}\end{pmatrix} - \begin{pmatrix}\text{Fluxo de entalpia}\\ \text{que sai no volume}\\ \text{de controle}\end{pmatrix} + \\ + \begin{pmatrix}\text{Fluxo de calor}\\ \text{condutivo que}\\ \text{entra no volume}\\ \text{de controle}\end{pmatrix} - \begin{pmatrix}\text{Fluxo de calor}\\ \text{condutivo que}\\ \text{sai no volume}\\ \text{de controle}\end{pmatrix} = 0 \qquad (10.9)$$

Por um procedimento matemático semelhante ao adotado no tópico 3.2, podemos escrever[4] para

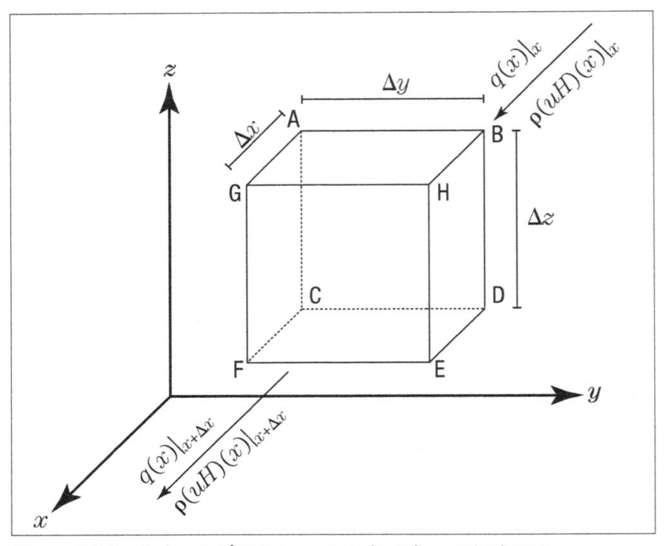

Figura 10.7 – Balanço térmico em coordenadas cartesianas.

coordenadas cartesianas:

$$\begin{aligned}&\rho(uH)(x)|_x\,\Delta y\Delta z -\\ &-\left\{\rho(uH)(x)|_x + \frac{\partial}{\partial x}\left[\rho(uH)(x)|_x\,\Delta x\right]\right\}\Delta y\Delta z +\\ &+\rho(vH)(y)|_y\,\Delta x\Delta z -\\ &-\left\{\rho(vH)(y)|_y + \frac{\partial}{\partial y}\left[\rho(vH)(y)|_y\,\Delta y\right]\right\}\Delta x\Delta z +\\ &+\rho(\omega H)(z)|_z\,\Delta x\Delta y -\\ &-\left\{\rho(\omega H)|(z)|_z + \frac{\partial}{\partial z}\left[\rho(\omega H)|(z)|_z\,\Delta z\right]\right\}\Delta x\Delta y +\\ &+q(x)|_x\,\Delta y\Delta z - \left\{q(x)|_x + \frac{\partial}{\partial x}\left[q(x)|_x\,\Delta x\right]\right\}\Delta y\Delta z +\\ &+q(y)|_y\,\Delta x\Delta z - \left\{q(y)|_y + \frac{\partial}{\partial y}\left[q(y)|_y\,\Delta y\right]\right\}\Delta x\Delta z +\\ &+q(z)|_z\,\Delta x\Delta y - \left\{q(z)|_z + \frac{\partial}{\partial z}\left[q(z)|_z\,\Delta z\right]\right\}\Delta x\Delta y = 0\end{aligned} \qquad (10.10)$$

Simplificando os termos comuns da Equação (10.10), assim como identificando $\rho(vH)(i)|_i = \rho(vH)_i$ e $q(i)|_i = q_i$ (em que $i = x$, y ou z), o resultado é posto da seguinte forma:

$$-\left[\rho\frac{\partial}{\partial x}(uH)_x + \rho\frac{\partial}{\partial y}(vH)_y + \rho\frac{\partial}{\partial z}(\omega H)_z\right] -$$

$$-\left[\frac{\partial q_x}{\partial x} + \frac{\partial q_y}{\partial y} + \frac{\partial q_z}{\partial z}\right] = 0$$

[3] Uma análise mais completa desse balanço pode ser encontrada em qualquer livro básico de transferência de calor, entre eles: Bird, Stewart e Lightfoot, 1960.

[4] As derivadas $\frac{\partial}{\partial i}\left[\rho(v_i H)(i)|_i\,\Delta i\right]$; $\frac{\partial}{\partial i}\left[q(i)|_i\,\Delta i\right]$ para $i = x, y$ ou z representam as variações de energia que ocorrem no interior do volume de controle.

ou em função do operador divergente:

$$\vec{\nabla}\cdot(\rho\vec{v}H) + \vec{\nabla}\cdot\vec{q} = 0$$

que fica, depois de utilizar a propriedade do divergente,

$$\vec{\nabla}\cdot[\vec{q} + \rho\vec{v}H] = 0 \quad (10.11)$$

e denominando o termo entre colchetes de energia total referenciada a eixos fixos como:

$$\underbrace{\vec{e}}_{\text{fluxo de energia referenciado a eixos fixos}} = \underbrace{\vec{q}}_{\text{contribuição condutiva}} + \underbrace{[\rho\vec{v}H]}_{\text{contribuição convectiva}} \quad (10.12)$$

temos como resultado:

$$\vec{\nabla}\cdot\vec{e} = 0 \quad (10.13)$$

Ao escrevermos a contribuição condutiva em termos da lei de Fourier na forma vetorial da Equação (10.2),

$$\vec{q} = -\alpha\vec{\nabla}(\rho C_p T) \quad (10.14)$$

ou

$$\vec{q} = -k\vec{\nabla}T \quad (10.15)$$

como a difusividade térmica definida como:

$$\alpha \equiv \frac{k}{\rho C_p} \quad (10.16)$$

A Equação (10.13) é retomada como:

$$\vec{\nabla}\cdot[-k\vec{\nabla}T + \rho C_p T\vec{v}] = 0 \quad (10.17a)$$

Utilizando-se novamente da propriedade do divergente, a Equação (10.17a) será:

$$-k\nabla^2 T + \rho C_p \Delta T\vec{\nabla}\cdot\vec{v} + \vec{v}\cdot\vec{\nabla}(C_p T) = 0 \quad (10.17b)$$

para ρ = cte, $\vec{\nabla}\cdot\vec{v} = 0$ [veja a Equação(3.20)]; o que nos permite escrever a Equação (10.17b) como:

$$(\rho C_p)\,\vec{v}\cdot\vec{\nabla}T = k\nabla^2 T \quad (10.17c)$$

A Equação (10.17c) é retomada segundo:

$$\vec{v}\cdot\vec{\nabla}T = \alpha\nabla^2 T \quad (10.18)$$

A Equação (10.18) é o nosso ponto de partida para obtermos a distribuição de temperatura da região de transporte para os fenômenos térmicos que obedecem às restrições impostas ao balanço (10.9). A Equação (10.18) traduz a equivalência entre as contribuições condutiva e convectiva na transferência de energia. Verifica-se, imediatamente, a simultaneidade entre os fenômenos de transferência de energia e de quantidade de movimento. Uma das consequências disso é o estudo da convecção térmica.

10.2.3 Transporte global de energia: convecção térmica (transferência simultânea de quantidade de movimento e de energia)

O coeficiente convectivo de transferência de calor

Partindo do pressuposto de que conhecemos as distribuições de velocidade e de temperatura na região de transporte, o coeficiente convectivo local de transferência de calor pode ser obtido, para a situação ilustrada na Figura (10.6), de acordo com a Equação (10.8). O seu valor médio segue uma definição semelhante à da Equação (7.15):

$$h = \frac{1}{L}\int_0^L h_x\,dx \quad (10.19)$$

o que nos possibilita avaliar a seguinte magnitude:

$$h_x \approx h \quad (10.20a)$$

Utilizando a análise de escala no lado direito da Equação (10.8), verificamos que:

$$\left.\frac{\partial T}{\partial y}\right|_{y=0} \approx \frac{\Delta T}{y_1} \quad (10.20b)$$

Substituindo as relações (10.20a) e (10.20b) na Equação (10.8), obtemos:

$$h \approx \frac{k}{y_1} \quad (10.21)$$

Na situação em que[5]

$$h \approx \frac{k}{y_1} \quad (10.22)$$

temos a *teoria do filme* para transferência de calor, a qual expressa a linearidade entre h e k.

Dividindo ambos os lados da definição (10.22) por (ρC_p), encontramos:

$$\frac{h}{\rho C_p} = \frac{k}{\rho C_p y_1} \quad (10.23)$$

[5] Esta é uma aproximação grosseira, mesmo porque a Figura (10.6) ilustra o exemplo típico de camada limite térmica.

Denominando:

$$\beta \equiv \frac{h}{\rho C_p} \tag{10.24}$$

e de posse da definição (10.16), temos em (10.22):

$$\beta = \frac{\alpha}{y_1} \tag{10.25}$$

O coeficiente convectivo modificado de transferência de calor β, assim como o h, traz consigo influências moleculares por intermédio da difusividade térmica α, bem como informações sobre as características do movimento, permitindo-nos escrever para β:

$\beta = \beta$ (informação molecular; características do movimento) (10.26)

Quanto à informação molecular, ela diz respeito à ação isolante do meio em que há o fenômeno da transferência de calor. No que se refere à característica do movimento, aflora a influência tanto do escoamento em si, quanto da geometria da região em que ocorre o processo de transferência. Por conseguinte, propõe-se um quadro análogo ao (8.2) como:

Quadro 10.3 – Convecção térmica
Transferência de calor global
Ação externa ao transporte molecular
Parâmetro cinemático ou convectivo

O quadro (10.3) pode ser sintetizado no produto (βL). Pelo fato de resumir o fenômeno global de transferência de calor, esse quadro representa a convecção térmica forçada ou natural. Em consequência, traçaremos um paralelo aos itens 8.2.2 e 8.2.3 para obter os números adimensionais normalmente encontrados na convecção térmica forçada.

Números adimensionais

Número primário: Da definição de número primário, relação (7.124), temos para transferência de calor:

$$N_1 = \frac{\text{quadro (10.3)}}{\text{quadro (10.2)}} = \frac{\beta L}{\alpha} \tag{10.27}$$

ou

$$Nu = \frac{\beta L}{\alpha} \tag{10.28}$$

Substituindo as definições (10.16) e (10.24) na Equação (10.28), obtém-se o *número de Nusselt* na forma:

$$Nu = \frac{hL}{k} \tag{10.29}$$

Expresso por (10.28) ou (10.29), o número de Nusselt indica a relação entre as resistências aos fenômenos da condução e convecção térmica em certa região de transporte.

Número secundário em nível molecular: À medida que supomos a ação do movimento do meio na transferência de calor, surge a necessidade de conhecermos o fenômeno da transferência de quantidade de movimento. Dessa maneira, tem-se a simultaneidade entre esses dois fenômenos em nível microscópico, analisada pela relação entre os quadros (7.1) e (10.2).

$$N_{2m} = \frac{\text{quadro (7.1)}}{\text{quadro (10.2)}} = \frac{\nu}{\alpha} \equiv \text{Pr} \tag{10.30}$$

Esse número é conhecido como o *número de Prandtl*, que nos informa a relação entre as resistências à condução térmica e aquela em razão das forças viscosas.

Número secundário em nível macroscópico: Analogamente à transferência de massa, podemos ter um número que considera os dois fenômenos avaliados globalmente [veja a Figura (8.3)], resultando em:

$$N_{2_M} = \frac{\text{quadro (7.2)}}{\text{quadro (10.2)}} = \frac{u_\infty L}{\beta L} = \frac{u_\infty}{\beta} \tag{10.31}$$

Depois de identificar (10.24) em (10.31), temos:

$$St^{-1} = \frac{u_\infty \rho C_p}{h} \tag{10.32}$$

sendo St o *número de Stanton*, o qual representa a relação entre as resistências ao fenômeno de convecção térmica e a contribuição convectiva ou advecção térmica em virtude do escoamento do meio.

Número terciário: Da definição do número terciário, será obtida, por intermédio dos quadros (7.2) e (10.1), a relação entre as resistências ao fenômeno da condução térmica e a influência do movimento do meio na transferência de calor (contribuição convectiva) como:

$$N_3 = \frac{\text{quadro (7.2)}}{\text{quadro (10.1)}} = \frac{u_\infty L}{\alpha} \quad (10.33)$$

O número representado por (10.33) é o de *Peclet*, sendo definido por:

$$Pe = \frac{u_\infty L}{\alpha} \quad (10.34)$$

Há de se mencionar que os números adimensionais que envolvem u_∞, do modo como apresentados, dizem respeito à convecção térmica forçada. No entanto, ao considerarmos que u_∞ possa ser entendida, também, como a velocidade máxima que o meio atinge em razão do empuxo térmico, teremos os números adimensionais associados à convecção térmica natural.

Analogamente à transferência de massa, pode-se analisar quantitativamente a simultaneidade entre os fenômeno de transferência de calor e de quantidade de movimento pelo estudo de camada limite no regime laminar e, segundo um ponto de vista simplificado, da turbulência.

Exemplo 10.1

Construa um diagrama mnemônico para a convecção térmica forçada.

Solução:

Nesse caso basta reproduzirmos o diagrama 8.2, fazendo as seguintes modificações:

No lugar de: [diagrama (8.2)]	Substituir por:
D_{AB}	α
Sc	Pr
k_m	β
Sh	Nu
St_M^{-1}	St^{-1}

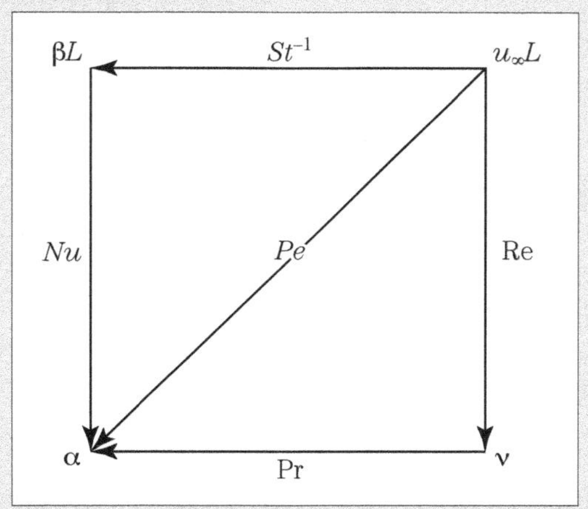

Diagrama 1 – Estrutura mnemônica para os fenômenos simultâneos de quantidade de movimento e de energia (convecção térmica forçada).

10.2.4 Camada limite térmica no regime laminar

Convecção térmica forçada: placa plana horizontal parada

Considere a situação na qual um fluido newtoniano puro escoa sobre uma placa plana horizontal parada e aquecida, como ilustrada na Figura (10.6). Haverá uma região próxima à superfície da placa em que a contribuição condutiva é da mesma magnitude a da convectiva. Supondo escoamento bidimensional e laminar, além das hipóteses que geraram a Equação (10.18), esta é retomada como:

$$u\frac{\partial T}{\partial x}+v\frac{\partial T}{\partial y}=\alpha\left(\frac{\partial^2 T}{\partial x^2}+\frac{\partial^2 T}{\partial y^2}\right) \qquad (10.35)$$

Para o escoamento de um fluido newtoniano sobre uma placa plana horizontal parada, verificamos da análise de escala, relação (7.50), que $\partial^2/\partial x^2 \ll \partial^2/\partial y^2$. Em consequência, a Equação (10.35) fica:

$$u\frac{\partial T}{\partial x}+v\frac{\partial T}{\partial y}=\alpha\frac{\partial^2 T}{\partial y^2} \qquad (10.36)$$

Ao admitirmos que as distribuições de temperatura do fluido em y são análogas ao longo da direção x [veja as Figuras (7.5)], a Equação (10.36) pode ser reduzida a uma equação ordinária via transformação por similaridade. Assim como nos Capítulos 7 e 8, será suposta uma temperatura adimensional dependente de um parâmetro de similaridade como:

$$\varphi=\varphi(\eta)=\frac{T-T_p}{T_\infty-T_p} \qquad (10.37)$$

A Equação (10.36) é, então, retomada em função da temperatura adimensionalizada segundo:

$$u\frac{\partial \varphi}{\partial x}+v\frac{\partial \varphi}{\partial y}=\alpha\frac{\partial^2 \varphi}{\partial y^2} \qquad (10.38)$$

Como conhecemos as componentes de velocidade u e v por intermédio das Equações (7.81) e (7.82), respectivamente, e de posse das derivadas (8.38) a (8.40) escritas para a variável φ, a Equação (10.38), em termos de grandezas de similaridade, será:

$$\varphi''+\frac{1}{2}\mathrm{Pr}\, f\varphi'=0 \qquad (10.39)$$

sujeita às seguintes condições de contorno:

$$\text{em } \eta=0;\ \varphi=0 \qquad (10.40)$$

$$\text{em } \eta\to\infty;\ \varphi=1 \qquad (10.41)$$

Ao compararmos as Equações (8.41) e (10.39) [veja o quadro (10.4)], bem como as condições de contorno (8.42) com (10.40) e (8.43) com (10.41) para $f_p = 0$, verificamos que, matematicamente, são as mesmas; portanto, os resultados obtidos da Equação (8.41) são utilizados para a Equação (10.39) quando $f_p = 0$, salvaguardando as diferenças fenomenológicas. Assim, o quadro (10.4) fornece os resultados para a convecção térmica, tendo como base a mássica.

Convecção térmica natural: placa plana vertical parada

Ao submetermos, por exemplo, uma chapa metálica parada e aquecida a um ambiente gasoso mais frio do que ela, constataremos que a densidade de uma lâmina fluida adjacente à superfície da placa será diferente daquela associada a uma lâmina distante da chapa. Isso é fruto da ação térmica na densidade do fluido que envolve a placa. Havendo diferença dessa densidade próximo à placa, bem como identificando alguma ação de força volumar, como a gravitacional, haverá o movimento do meio gasoso, caracterizando o fenômeno do *empuxo térmico*. Este influenciará a distribuição de temperatura do meio, levando à interdependência entre as distribuições de velocidade e de temperatura do fluido na região considerada, cuja descrição qualitativa é semelhante àquelas reportadas nos quadros (9.1) e (9.2).

A equação do movimento é descrita pela Equação (9.5). Se o fluido for puro, a relação (9.7a), que fornece a variação da densidade com a de temperatura, é aproximada para:

$$(\rho-\rho_\infty)\approx\left(\frac{\partial\rho}{\partial T}\right)\Bigg|_{\rho_A}(T-T_\infty) \qquad (10.47)$$

Definindo β_T, o coeficiente volumétrico de expansão térmica, como:

$$\beta_T\equiv-\frac{1}{\rho}\left(\frac{\partial\rho}{\partial T}\right)\Bigg|_{\rho_A} \qquad (10.48)$$

e considerando a igualdade em (10.47), para depois substituir nela a definição (10.48), chega-se a:

$$(\rho-\rho_\infty)=-\beta_T\,(T-T_\infty) \qquad (10.49)$$

Quadro 10.4 – Quadro comparativo entre as convecções forçadas mássica e térmica no regime laminar para um fluido que escoa sobre uma placa plana horizontal para $f_p = 0$

Parâmetros analógicos	Transferência de massa	Transferência de calor
Variável de similaridade	$\eta = \frac{y}{x}\mathrm{Re}_x^{1/2}$ (7.71)	$\eta = \frac{y}{x}\mathrm{Re}_x^{1/2}$ (7.71)
Potencial de transporte adimensional	$\theta = \theta(\eta) = \frac{\rho_A - \rho_{A_p}}{\rho_{A_\infty} - \rho_{A_p}}$ (8.29)	$\varphi(\eta) = \frac{T - T_p}{T_\infty - T_p}$ (10.37)
Equação de transporte em função da variável de similaridade	$\theta'' + \frac{1}{2}Scf\theta' = 0$ (8.41)	$\varphi'' + \frac{1}{2}\mathrm{Pr}\, f\varphi' = 0$ (10.39)
Condições de contorno	$\eta = 0;\ \theta = 0$ (8.42)	$\eta = 0;\ \varphi = 0$ (10.40)
	$\eta \to \infty;\ \theta = 1$ (8.43)	$\eta \to \infty;\ \varphi = 1$ (10.41)
Derivada primeira do potencial de transporte junto à parede da placa plana	$\theta'(0) = 0{,}33206Sc^{1/3}$ (8.57)	$\varphi'(0) = 0{,}33206\mathrm{Pr}^{1/3}$ (10.42)
Espessura da camada limite	$\delta_M = 4{,}91x/\mathrm{Re}_x^{1/2}Sc^{1/3}$ (8.62)	$\delta_T = 4{,}91x/\mathrm{Re}_x^{1/2}\mathrm{Pr}^{1/3}$ (10.43)
Relação entre as camadas limites dinâmica e do potencial	$\delta/\delta_M = Sc^{1/3}$ (8.63)	$\delta/\delta_T = \mathrm{Pr}^{1/3}$ (10.44)
Fluxo do potencial de transporte na parede da placa	$n_{a,y}\big\vert_{y=0} = 0{,}33206\frac{D_{AB}}{x}\Delta\rho_A \mathrm{Re}_x^{1/2} Sc^{1/3}$ (8.70)	$q_y\big\vert_{y=0} = 0{,}33206\frac{\alpha}{x}\rho C_p \Delta T \mathrm{Re}_x^{1/2}\mathrm{Pr}^{1/3}$ (10.45)
Número primário no regime laminar	$Sh = 0{,}6641\mathrm{Re}^{1/2}Sc^{1/3}$ (8.74)	$Nu = 0{,}6641\mathrm{Re}^{1/2}\mathrm{Pr}^{1/3}$ (10.46)

Substituindo a igualdade (10.49) em (9.6), obtém-se:

$$\underbrace{u\frac{\partial v}{\partial x} + v\frac{\partial v}{\partial y}}_{\text{forças inerciais}} = \underbrace{\nu\frac{\partial^2 v}{\partial x^2}}_{\substack{\text{forças}\\\text{viscosas}}} + \underbrace{g\beta_T\left(T - T_\infty\right)}_{\text{empuxo térmico}} \quad (10.50)$$

O empuxo térmico presente na Equação (10.50) está associado a uma diferença de temperatura que provoca uma diferença na densidade do fluido. Por conseguinte, para que se tenha a distribuição de velocidade, torna-se necessário o conhecimento da distribuição de temperatura, a qual, para uma placa plana vertical parada, é obtida de:

$$u\frac{\partial T}{\partial x} + v\frac{\partial T}{\partial y} = \alpha\frac{\partial^2 T}{\partial x^2} \quad (10.51)$$

Observe na Equação (10.51) que não aparece o termo do empuxo térmico; isto decorre da hipótese de Boussinesq, relatada logo após a apresentação da Equação (9.11).

Quando comparamos as Equações (9.10) e (10.50), assim como as Equações (9.11) e (10.51), temos uma situação idêntica ao surgimento do quadro (10.4). Utilizando-se do mesmo princípio, podemos construir o quadro (10.5) para a convecção térmica natural, válido para Pr > 1, na prática para Pr > 0,70.

Quadro 10.5 – Quadro comparativo entre as convecções mássica e térmica naturais no regime laminar e em uma placa plana vertical ($Pr > 0{,}5$; $f_p = 0$)

Parâmetros analógicos	Transferência de massa ($f_p = 0$)		Transferência de calor	
Parâmetros analógicos	$\beta_M = -\frac{1}{\rho_p}\left(\frac{\rho_p - \rho_\infty}{\rho_{A_p} - \rho_{A_\infty}}\right)$	(10.52a)	$\beta_T = -\frac{1}{\rho_p}\left(\frac{\rho_p - \rho_\infty}{T_p - T_\infty}\right)$	(10.52b)
Parâmetro de expansão (macroscópico)	$g\beta_M(\rho_{A_p} - \rho_{A_\infty})$	(10.53a)	$g\beta_T (T_p - T_\infty)$	(10.53b)
Empuxo (macroscópico)	$Ra_M = \frac{g\beta_M \Delta\rho_A H^3}{\nu D_{AB}}$	(9.25)	$Ra = \frac{g\beta_T \Delta T H^3}{\nu\alpha}$	(10.54)
Número característico	$\eta = \frac{x}{y} Ra_{M_y}^{1/4}$	(9.62)	$\eta = \frac{x}{y} Ra_y^{1/4}$	(10.55)
Variável de similaridade	$\theta = \theta(\eta) = \frac{w_A - w_{A_\infty}}{w_{A_p} - w_{A_\infty}}$	(9.72)	$\varphi = \varphi(\eta) = \frac{T - T_\infty}{T_p - T_\infty}$	(10.56)
Potencial adimensional de transporte	$f''' + \frac{1}{Sc}\left[\frac{1}{2}(f')^2 - \frac{3}{4}ff''\right] = \theta$	(9.71)	$f''' + \frac{1}{\Pr}\left[\frac{1}{2}(f')^2 - \frac{3}{4}ff''\right] = \varphi$	(10.57)
Equação do movimento em função da variável de similaridade	$\theta'' - \frac{3}{4}f\theta' = 0$	(9.77)	$\varphi'' - \frac{3}{4}f\varphi' = 0$	(10.58)
Equação de transporte em função da variável de similaridade	$\eta = 0$; $f = f' = 0$ e $\theta = 1$ $\eta \to \infty$; $f' = \theta = 0$	(9.78a) (9.78b)	$\eta = 0$; $f = f' = 0$ e $\varphi = 1$ $\eta \to \infty$; $f' = \varphi = 0$	(10.59a) (10.59b)
Condições de contorno	Veja a Tabela (9.2)		Na Tabela (9.2) substituir Sc por Pr, $\theta'(0)$ por $\varphi'(0)$	
Derivadas das distribuições adimensionais junto à parede da placa plana vertical	$n_{A,x}\big\|_{x=0} = -\theta'(0)\frac{D_{AB}}{y}\rho_p \Delta w_A Ra_{M_y}^{1/4}$	(9.100)	$q_x\big\|_{x=0} = -\varphi'(0)\frac{\alpha}{y}\rho_p C_p \Delta T Ra_y^{1/4}$	(10.60)
Número primário no regime laminar	$Sh_N = -\frac{4}{3}\theta'(0)Ra_{M_y}^{1/4}$	(9.108)	$Nu_N = -\frac{4}{3}\varphi'(0)Ra^{1/4}$	(10.61)

Exemplo 10.2

Mostre, para gases ideais, que $|\beta_T| = \frac{1}{T_\infty}$

Solução:

Reescrevendo a definição (10.52b) como:

$$\beta_T = \frac{\rho_p}{\rho_p}\left(\frac{1 - \rho_\infty/\rho_p}{T_p - T_\infty}\right) = \left(\frac{1 - \rho_\infty/\rho_p}{T_p - T_\infty}\right) \tag{1}$$

ou

$$\beta_T = -\frac{1}{T_\infty}\left(\frac{1 - \rho_\infty/\rho_p}{1 - T_p - T_\infty}\right) \tag{2}$$

Como o fluido é puro, escrevemos na situação de idealidade para gases:

$$\rho_\infty = \frac{PM}{RT_\infty} \quad \text{e} \quad \rho_p = \frac{PM}{RT_p} \tag{3}$$

Exemplo 10.2 (*continuação*)

Substituindo (3) em (2):

$$\beta_T = -\frac{1}{T_\infty}\left(\frac{1 - RT_\infty PM/RT_pPM}{1 - T_p/T_\infty}\right) \tag{4}$$

Simplificando os termos, obtemos:

$$-\beta_T = \frac{1}{T_\infty} \quad \text{ou} \quad |\beta_T| = \frac{1}{T_\infty}$$

10.2.5 Transferência de calor no regime turbulento

A análise mais simples para o regime turbulento decorre da teoria do comprimento de mistura de Prandtl. Nesta, faz-se uma analogia com o movimento caótico de moléculas em nível microscópico, sendo que na turbulência há o movimento aleatório de "pacote de moléculas", que transmitirão parte de sua energia ao se deslocarem a uma distância ℓ_T, conhecida como o comprimento de mistura de Prandtl. O quadro (10.6) nos mostra a semelhança entre os fenômenos de transferência de massa e de calor no regime turbulento.

Um resultado imediato do estudo da turbulência é a estimativa do coeficiente convectivo de transferência de calor. Utilizando-se a relação (8.96) para descrever a turbulência na transferência de quantidade de movimento e da metodologia relatada no item 8.5, desenvolvida para a transferência de massa no regime turbulento, podemos apresentar o quadro (10.7), que representa a analogia entre transferência de calor e de quantidade de movimento, tendo como base a analogia entre o segundo e transferência de massa.

Quadro 10.6 – Quadro comparativo entre as transferência de massa e de calor* no regime turbulento

Parâmetros analógicos	Transferência de massa	Transferência de calor
Fluxo do potencial $\Psi_y^T = \overline{v'\rho P'}$	$j_{A,y}^T = \overline{-\rho_A' v'}$ (8.81)	$q_y^T = -\overline{\rho C_p T' v'}$ (10.62)
Flutuação da concentração $\rho P' = \ell\left\lvert\frac{d\overline{\rho P}}{dy}\right\rvert$	$\rho_A' = \ell_M\left\lvert\frac{d\overline{\rho}_A}{dy}\right\rvert$ (8.84)	$\rho C_p T' = \rho C_p \ell_T\left\lvert\frac{d\overline{T}}{dy}\right\rvert$ (10.63)
Fluxo líquido $\Psi_y^T = -\left(\ell^2\left\lvert\frac{d\overline{u}}{dy}\right\rvert\right)\left\lvert\frac{d\overline{\rho P}}{dy}\right\rvert$	$-\left(\ell_M^2\left\lvert\frac{d\overline{u}}{dy}\right\rvert\right)\left\lvert\frac{d\overline{\rho}_A}{dy}\right\rvert$ (8.85)	$-\left(\ell_T^2\left\lvert\frac{d\overline{u}}{dy}\right\rvert\right)\rho C_p\left\lvert\frac{d\overline{T}}{dy}\right\rvert$ (10.64)
Constante fenomenológica	$\ell_M^2\left\lvert\frac{d\overline{u}}{dy}\right\rvert$ (8.86)	$\ell_T^2\left\lvert\frac{d\overline{u}}{dy}\right\rvert$ (10.65)
Difusividade turbilhonar	Difusividade mássica turbilhonar: D^T	Difusividade térmica turbilhonar: α^T
Fluxo ψ_y^T	$j_{A,y}^T = -D^T\left\lvert\frac{d\overline{\rho}_A}{dy}\right\rvert$ (8.87)	$q_y^T = -\alpha^T \rho C_p\left\lvert\frac{d\overline{T}}{dy}\right\rvert$ (10.66)
Fluxo global ψ_{GLOBAL}	$n_{A,\text{GLOBAL}} = -\left(D_{AB} + D^T\right)\left\lvert\frac{d\overline{\rho}_A}{dy}\right\rvert$ (8.90)	$q_{\text{GLOBAL}} = -\left(\alpha + \alpha^T\right)\rho C_p\left\lvert\frac{d\overline{T}}{dy}\right\rvert$ (10.67)

* Considera-se que as propriedades não dependem da distribuição de temperatura.

Quadro 10.7 – Analogias entre transferência de quantidade de movimento e de calor, tendo como referência as analogias entre transferência de quantidade de movimento e de massa

Parâmetros	Transferência de massa		Transferência de calor	
Parâmetros de semelhança: γ	$\gamma = \frac{St_M}{\phi} = \frac{k_m}{u_\infty \phi}$, com $\phi = C_f/2$	(8.106)	$\gamma = \frac{St}{\phi} = \frac{h}{u_\infty \rho C_p \phi}$, com $\phi = C_f/2$	(10.68)
Parâmetros de semelhança: γ	$\gamma = \left(\frac{1}{Sc^T}\right)\left(\frac{1+D_{AB}/D^T}{1+\nu/\nu^T}\right)\left(\frac{\delta^T}{\delta_M^T}\right)$	(8.107)	$\gamma = \left(\frac{1}{\Pr^T}\right)\left(\frac{1+\alpha/\alpha^T}{1+\nu/\nu^T}\right)\left(\frac{\delta^T}{\delta_T^T}\right)$	(10.69)
Analogia de Reynolds	$\gamma = 1$	(8.110)	$\gamma = 1$	(8.110)
Analogia de Prandtl	$\gamma = [1 + 5\phi^{1/2}(Sc - 1)]^{-1}$	(8.115a)	$\gamma = [1 + 5\phi^{1/2}(\Pr - 1)]^{-1}$	(10.70)
Analogia de Kármán	$\gamma = \{1 + 5\phi^{1/2}\{Sc - 1 + \ell n[(1 + 5Sc)/6]\}\}^{-1}$	(8.116)	$\gamma = \{1 + 5\phi^{1/2}\{\Pr - 1 + \ell n[(1 + 5\Pr)/6]\}\}^{-1}$	(10.71)
Analogia de Chilton-Colburn	$\gamma = Sc^{-2/3}$	(8.118)	$\gamma = \Pr^{-2/3}$	(10.72)
Fator de:	Chilton-Colburn: para $f_p = 0$ $j_M = St_M Sc^{2/3} = C_f/2$	(8.120)	Colburn: $j = St_M \Pr^{2/3} = C_f/2$	(10.73)

Todos os quadros apresentados neste capítulo que descrevem a transferência de calor têm como base a transferência de massa. Não é cansativo reforçar que, apesar das semelhanças, o fenômeno tratado até aqui independe da transferência de massa. Estamos lidando com fluido puro! Contudo, em meio a tanta analogia, é fatal a questão: *Como fica a transferência de calor se esse fluido for uma mistura, por exemplo, binária? Teremos pela frente outro desafio?* Tomara que sim.

10.3 TRANSFERÊNCIA SIMULTÂNEA DE CALOR E DE MASSA

Observe no quadro (10.7), segundo as Equações (8.120) e (10.73), que se consegue identificar $j_M = j$. Esta igualdade sintetiza a analogia entre as transferências de massa e de calor. Poderíamos, a partir dessa igualdade, nos deliciar com a simultaneidade entre esses dois tipos de transporte. Por outro lado, se nos detivermos com cuidado, verificaremos que a igualdade $j_M = j$ avalia os fenômenos sob o ponto de vista global, o qual é de suma importância dentro da engenharia. Mas como fica essa simultaneidade quando entramos em uma escala molecular, em que as forças motrizes para o transporte de massa e de calor são regidas por gradientes de potenciais termodinâmicos?

10.3.1 Difusão térmica e termodifusão

Foi visto, na Introdução desta obra, que o transporte de matéria é condicionado pela produção de entropia. Isto é válido, também, para o transporte de energia. Os dois tipos de transporte são acompanhados por um aumento na entropia do sistema, conforme nos mostrou a Equação (I.10). Considerando os mesmos subsistemas A e B contidos na Figura (I.1), admitindo-os, todavia, em temperaturas distintas, a produção de entropia presente na Equação (I.10) será retomada aqui como:

$$S_p = \left(\frac{1}{T^A} - \frac{1}{T^B}\right)dU^A - \sum_{i=1}^{n}\left(\frac{\mu_i^A}{T^A} - \frac{\mu_i^B}{T^B}\right)dN_i^A \qquad (10.74)$$

Supondo que as variações contidas na Equação (10.74) sejam no tempo, o fluxo de produção de entropia é obtido dividindo-se a Equação (10.74) pela área A e espessura Δz da parede permeável a certa espécie que separa os dois subsistemas. Para $\Delta z \to 0$, o resultado é (HINES; MADDOX, 1985):

$$\sigma_z \equiv \frac{\dot{S}_p}{Adz} = J_{q,z}\frac{d}{dz}\left(\frac{1}{T}\right) - \sum_{i=1}^{n} J_{i,z}\frac{d}{dz}\left(\frac{\mu_i}{T}\right) \qquad (10.75)$$

Nota-se na Equação (10.75) que o fluxo de produção de entropia está relacionado com os fluxos de energia e de matéria, $J_{q,z}$ e $J_{i,z}$, respectivamente, assim como aos potenciais de transporte associados à $J_{q,z}$ e $J_{i,z}$, nas formas $(1/T)$ e (μ_i/T), respectivamente (HINES; MADDOX, 1985). Esta formulação pode ser estendida para qualquer outro tipo de potencial de transporte, possibilitando escrever, de modo generalizado, no domínio próximo do equilíbrio em que as forças termodinâmicas são fracas, a seguinte relação linear:

$$T\vec{\sigma} = \sum_i \vec{j}_i \vec{X}_i \qquad (10.76)$$

na qual $\vec{j}_i$ é um fluxo generalizado e $\vec{X}_i$ é a sua força motriz termodinâmica generalizada. O fluxo $\vec{j}_i$ é obtido, no domínio próximo do equilíbrio, segundo:

$$\vec{j}_i = \sum_k L_{ik} \vec{X}_k \qquad (10.77)$$

A Equação (10.77) é reconhecida como relação fenomenológica de Onsager, em que os L_{ik} são denominados coeficientes fenomenológicos. Se admitirmos a existência somente dos fenômenos (1) e (2), a simultaneidade entre eles decorre da Equação (10.77) de acordo com:

$$\vec{j}_1 = L_{11}\vec{X}_1 + L_{12}\vec{X}_2 \qquad (10.78a)$$

$$\vec{j}_2 = L_{21}\vec{X}_1 + L_{22}\vec{X}_2 \qquad (10.78b)$$

Ao identificarmos os fenômenos (1) e (2) às transferências de matéria e de energia, respectivamente, teremos os coeficientes L_{11} e L_{22} relacionados com a difusividade mássica e condutividade térmica[6], enquanto as forças motrizes $\vec{X}_1$ e $\vec{X}_2$ associam-se aos gradientes de concentração do soluto A (por intermédio de seu potencial químico) e da temperatura da mistura, respectivamente [veja a Equação (10.75)].

Para efeito de análise qualitativa, reescreveremos as Equações (10.78a) e (10.78b), *grosso modo*, em termos dos gradientes citados no parágrafo anterior, da seguinte maneira:

$$\vec{j}_A = K_{11}\vec{\nabla}\rho_A + K_{12}\vec{\nabla}T \qquad (10.79a)$$

$$\vec{q} = K_{21}\vec{\nabla}\rho_A + K_{22}\vec{\nabla}T \qquad (10.79b)$$

Os produtos $K_{11}\vec{\nabla}\rho_A$ e $K_{22}\vec{\nabla}T$ descrevem os fluxos de matéria e de energia, respectivamente, nas suas formas ordinárias. Reconhece-se neles as leis empíricas de Fick e de Fourier. Da mesma forma que L_{11} e L_{22}, os coeficientes K_{11} e K_{22} relacionam-se com os coeficientes fenomenológicos difusividade mássica e condutividade térmica. Contudo, os coeficientes K_{ik} para $i \neq k$ indicam a interferência mútua entre os fenômenos de transporte e são denominados *coeficientes cruzados*.

[6] De acordo com a teoria de Onsager, $L_{12} = L_{21}$. Contudo, há situações em que $L_{12} \neq L_{21}$, como é o caso da secagem de cereais.

Dessa maneira, *o fluxo i, $\vec{j}_i$, é uma consequência do seu gradiente ordinário $\vec{X}_k$ para $k = i$, bem como daquele gradiente $\vec{X}_k$ para $k \neq i$, que também é provocado pelo gradiente ordinário.*

O fluxo do soluto A para a situação em que há transporte de calor em nível molecular é, portanto, causado pelo gradiente de concentração do soluto A, assim como pelo gradiente de temperatura da mistura, sendo este fruto do gradiente de concentração de A. O fluxo deste soluto decorrente do gradiente de temperatura, nesta circunstância, é conhecido como *efeito Soret,* e o fluxo do soluto A, $K_{12}\vec{\nabla}T$, é denominado *difusão térmica*. Tanto o efeito Soret quanto a difusão térmica podem ser representados, a partir da Equação (10.79a), como:

$$\vec{j}_A = K_{11}\vec{\nabla}\rho_A \underbrace{\xrightarrow{+}}_{\text{efeito Soret}} K_{12}\vec{\nabla}T \qquad (10.80a)$$

$$\vec{j}_A = \underbrace{K_{11}\vec{\nabla}\rho_A}_{\substack{\text{difusão}\\ \text{mássica}}} + \underbrace{K_{12}\vec{\nabla}T}_{\substack{\text{difusão}\\ \text{térmica}}} \qquad (10.80b)$$

Em termos da dicotomia causa e efeito, a Equação (10.80a) é vista na forma:

$$\underbrace{\vec{j}_A}_{\text{efeito}} = \overbrace{\underbrace{K_{11}\vec{\nabla}\rho_A}_{\xrightarrow{\text{causa}}}}^{\xleftarrow{\text{causa}}} + \overbrace{\underbrace{K_{12}\vec{\nabla}T}_{\text{efeito}}}^{\xleftarrow{\text{causa}}} \qquad (10.80c)$$

Na situação em que o fluxo de energia é devido ao gradiente de temperatura da mistura, assim como ao de concentração da espécie A, em que este é uma consequência daquele, reconhece-se o *efeito Dufour*, que estabelece a dependência do gradiente de concentração do soluto ao de temperatura da mistura. Desse efeito, aparece uma parcela do fluxo de calor, em virtude do gradiente de concentração da espécie A denominada *termodifusão*. O efeito Dufour e a termodifusão podem ser representados, de acordo com a Equação (10.79b), segundo:

$$\vec{q} = K_{21}\vec{\nabla}\rho_A \underbrace{\xleftarrow{+}}_{\text{efeito Dufour}} K_{22}\vec{\nabla}T \qquad (10.80d)$$

$$\vec{q} = \underbrace{K_{21}\vec{\nabla}\rho_A}_{\text{termodifusão}} + \underbrace{K_{22}\vec{\nabla}T}_{\substack{\text{condução}\\ \text{térmica}}} \qquad (10.80e)$$

Retomando a Equação (10.80d) na relação de causa e efeito:

$$\underbrace{\vec{q}}_{\text{efeito}} = \overbrace{\underbrace{K_{21}\vec{\nabla}\rho_A}_{\text{efeito}}}^{\xleftarrow{\text{causa}}} \ \underbrace{+}_{\xleftarrow{\text{causa}}} \ \overbrace{K_{22}\vec{\nabla}T}^{\xleftarrow{\text{causa}}} \qquad (10.80f)$$

Intuiremos que tanto a difusão térmica quanto a termodifusão são fenômenos cruzados, associados a uma região de maior concentração de matéria e/ou de energia. As moléculas de uma determinada espécie tenderão a buscar uma situação de maior *conforto* energético, escapando, portanto, das regiões mais concentradas (de matéria e/ou de energia), dependendo, todavia, dos respectivos gradientes ordinários.

No entanto, tanto a difusão térmica quanto a termodifusão, para efeito de cálculos de engenharia, são desprezíveis em face dos respectivos gradientes ordinários. Em de consequência, tem-se, das Equações (10.80c) e (10.80f), as seguintes aproximações:

$$\underbrace{K_{11}\vec{\nabla}\rho_A}_{\substack{\text{difusão}\\ \text{mássica}}} \gg \underbrace{K_{12}\vec{\nabla}T}_{\substack{\text{difusão}\\ \text{térmica}}} \tag{10.81a}$$

$$\underbrace{K_{21}\vec{\nabla}\rho_A}_{\text{termodifusão}} \ll \underbrace{K_{22}\vec{\nabla}T}_{\substack{\text{condução}\\ \text{térmica}}} \tag{10.81b}$$

As relações (10.81) não indicam que a simultaneidade entre transferência de massa e de calor está sepultada. Mencionam apenas que as interferências, em nível de fluxos moleculares, são desprezíveis se comparadas às forças motrizes ordinárias.

10.3.2 Números adimensionais

Nível molecular

Ao admitirmos as aproximações (10.81a) e (10.81b), verificamos que os fluxos de matéria e de energia são governados, empiricamente, pelas leis de Fick e de Fourier, as quais são as leis ordinárias da difusão e da condução, respectivamente. Os fenômenos associados, difusão mássica e condução térmica, estão descritos sinteticamente pelos quadros (8.1) e (10.2). Como se trata de dois fenômenos ocorrendo ao mesmo tempo na região de transporte, o número secundário que descreve tal simultaneidade em nível molecular será:

$$N_{2_m} = \frac{\text{quadro (10.2)}}{\text{quadro (8.1)}} \tag{10.82}$$

Como o quadro (8.1) está relacionado ao coeficiente de difusão e o quadro (10.2) à difusividade térmica, a relação (10.82) é reconhecida como o *número de Lewis* na forma:

$$N_{2_m} = \frac{\alpha}{D_{AB}} \equiv Le = \frac{1/D_{AB}}{1/\alpha} \tag{10.83}$$

O número de Lewis nos informa a relação entre as resistências à difusão mássica e à condução térmica em um dado meio heterogêneo não isotérmico.

Nível macroscópico

Os fenômenos de transferência de calor e de massa, em nível macroscópico, estão associados aos seus respectivos fluxos globais. Escrevemos, desse modo, a partir da definição de número secundário macroscópico:

$$N_{2_M} = \frac{\text{quadro (10.3)}}{\text{quadro (8.2)}}$$

Como o quadro (10.3) está sintetizado em (βL) e o quadro (8.2) em $(k_m L)$, o número secundário que traduz a simultaneidade global entre os fenômenos analisados será:

$$N_{2_M} = \frac{\beta}{k_m} \tag{10.84}$$

e visto $\beta \equiv h/\rho C_p$:

$$N_{2_M} = \frac{h}{\rho C_p k_m} \tag{10.85}$$

O que é N_{2_M}? Ao observarmos as Equações (8.120) e (10.73) [veja o quadro (10.7)], verificamos:

$$j_M = j \tag{10.86}$$

A igualdade (10.86) representa a *analogia entre transferência de massa e de calor*. Substituindo (8.120) e (10.73) em (10.86), encontramos:

$$St_M Sc^{2/3} = St Pr^{2/3} \tag{10.87}$$

Trazendo as definições de St_M e de St na igualdade (10.87):

$$k_m Sc^{2/3} = \frac{h}{\rho C_p} \mathrm{Pr}^{2/3}$$

ou

$$N_{2_M} = \frac{h}{\rho C_p k_m} = \left(\frac{Sc}{\mathrm{Pr}}\right)^{2/3} \tag{10.88}$$

Pelo fato de $Sc = \nu/D_{AB}$ e $Pr = \nu/\alpha$, a igualdade (10.88) será:

$$N_{2_M} = \frac{h}{\rho C_p k_m} = \left(\frac{\alpha}{D_{AB}}\right)^{2/3} \quad (10.89)$$

Substituindo (10.82) em (10.89):

$$N_{2_M} = \frac{h}{\rho C_p k_m} = Le^{2/3} \quad (10.90)$$

ou ainda:

$$N_{2_M} = \frac{\beta}{k_m} = Le^{2/3} \quad (10.91)$$

o qual é válido para $f_p = 0$. A Equação (10.91) também é uma forma de representar a analogia entre as transferências de calor e de massa por intermédio dos seus respectivos coeficientes convectivos de transporte.

Exemplo 10.3

Construa um diagrama mnemônico que traduza a simultaneidade entre os fenômenos de transferência de calor e de massa.

Solução:

O diagrama a ser construído é análogo aos diagramas (8.1) e (1), do Exemplo (10.1). Lembrando sempre que o nível molecular fica situado na base do diagrama, enquanto o macroscópico (ou global) no topo. Já as colunas verticais indicam somente um fenômeno de transporte. As pontas das setas indicam divisão da grandeza anterior pela posterior.

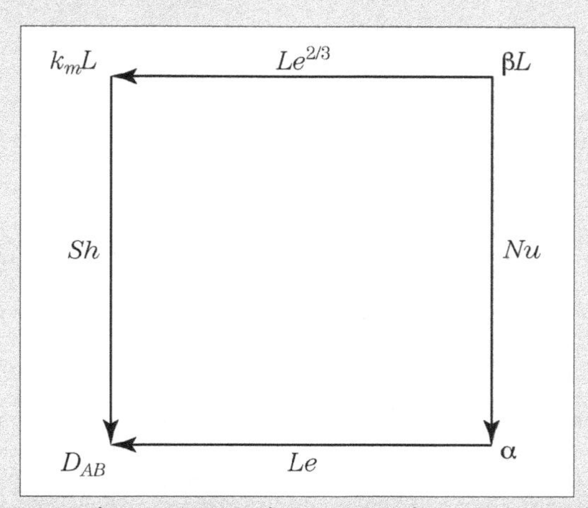

Diagrama 10.2 – Diagrama mnemônico para os fenômenos simultâneos de transferência de calor e de massa.

10.3.3 Propriedades térmicas da mistura

Mais uma vez! O meio que nos interessa não contém somente uma espécie química; há, no mínimo, duas. Desde que a mistura não seja diluída, devemos considerar a presença das espécies presentes na mistura nas propriedades fenomenológicas. Isso foi verificado no Capítulo 8 para determinar as viscosidades dinâmica e cinemática da mistura (veja o exemplo 8.1). No presente capítulo, avaliaremos as propriedades térmicas dessa mistura, as quais estarão contidas nos números adimensionais, bem como na distribuição de temperatura da região de transporte considerada.

Se observarmos a definição (10.30), encontraremos o número de Prandtl. Esse número é obtido da divisão da viscosidade cinemática, definida segundo a Equação (8.12), pela difusividade térmica, esta posta de acordo com:

$$\alpha = \alpha_{\text{mis}} = \frac{k}{\rho C_p} = \frac{k_{\text{mis}}}{(\rho C_p)_{\text{mis}}} \quad (10.92)$$

em que

$$C_p = C_{p_{\text{mis}}} = \sum_{i=1}^{n} \rho_i C_{p_i} \Big/ \sum_{i=1}^{n} \rho_i = \sum_{i=1}^{n} w_i C_{p_i} \qquad (10.93)$$

ou

$$\rho C_p = \left(\rho C_p\right)_{\text{mis}} = \sum_{i=1}^{n} \rho_i C_{p_i} \qquad (10.94)$$

No caso de uma mistura gasosa apolar a baixa pressão (< 20 atm), a equação de Mason e Saxena (1958) pode ser utilizada para estimar a condutividade térmica da mistura:

$$k_{\text{mis}} = \sum_{i=1}^{n} \frac{y_i k_i}{\sum_{j=1}^{n} y_i \phi_{ij}} \qquad (10.95)$$

sendo

$$\phi_{ij} = \frac{\left[1 + \left(\mu_i/\mu_j\right)^{1/2} \left(M_j/M_i\right)^{1/4}\right]^2}{\left[8\left(1 + M_i/M_j\right)\right]^{1/2}} \qquad (8.15)$$

Exemplo 10.4

Determine o valor do número de Lewis do ar úmido a 40 °C, 1 atm e 75% de umidade relativa. Compare o resultado obtido com aquele valor calculado depois de assumir as propriedades somente do ar (ou seja, considere ar seco). Apesar de o vapor de água ser polar, admita a aplicabilidade da Equação (10.95).

Dados: Denominando o vapor de água de A e o ar seco de B, temos:

a) M_A = 18,015 g/mol, M_B = 28,85 g/mol.

b) As condutividades térmicas tanto de A quanto de B são calculadas por

$$k_i = \sum_{j=0}^{n} a_j T^j \qquad (10.96)$$

com as constantes a_j fornecidas na Tabela (1), em que se utiliza a temperatura em °C.

Tabela 1 – Propriedades físicas do vapor de água (A) e do ar (B)

	a_0	$a_1 \times 10^5$	$a_2 \times 10^7$	$a_3 \times 10^{10}$	$a_4 \times 10^{10}$	$a_5 \times 10^{13}$
[1]C_{p_A} em kJ/kg K (–50 a 250 °C)	1,8584	9,4	3,73	-	-	-
[2]k_A em W/m·K (0 a 300 °C)	1,71533 × 10^{-2}	19,5685	–33,839	331,2023	–1,15393	1,61044
[3]C_{p_B} em kJ/kg K (–40 a 1.000 °C)	1,00926	–4,04033	6,17596	–4,097323	-	-
[4]k_B em W/m·K (–40 a 1.000 °C)	2,42503 × 10^{-2}	7,88913	–0,179034	–0,085705	-	-

[a]Fontes: [1](Baehr e Schwier, 1961); [2](*VDI Wärmeatlas*, 1977); [3](Pakowski et al., 1991).

c) As capacidades caloríficas de A e de B são postas segundo

$$k_i = \sum_{j=0}^{n} a_j T^j$$

com as constantes a_j fornecidas na Tabela (1), sendo a temperatura em °C.

d) A umidade relativa é calculada de acordo com a Equação (8.17).

c) A pressão de vapor da água pode ser determinada por (8.18).

f) As concentrações mássicas de A e de B podem ser calculadas por (8.19).

g) O coeficiente de difusão é estimado por (8.20).

Exemplo 10.4 (*continuação*)

Solução:

Deseja-se determinar o número de Lewis, que é:

$$Le = \frac{\alpha}{D_{AB}} \quad (1)$$

Verifica-se na Equação (8.20), para 40 °C, 1 atm: D_{AB} = 0,288 cm²/s, levando-nos a:

$$Le = \frac{\alpha}{0{,}288} \quad (2)$$

mas

$$\alpha = \frac{k}{\rho C_p} \quad (3)$$

com [Equação (10.94)]

$$\rho C_p = \rho_A C_{p_A} + \rho_B C_{p_B} \quad (4)$$

e a condutividade térmica obtida da Equação (10.95) escrita para uma mistura binária:

$$k = k_{\text{mis}} = \frac{y_A k_A}{y_A \phi_{AA} + y_B \phi_{AB}} + \frac{y_B k_B}{y_A \phi_{BA} + y_B \phi_{BB}} \quad (5)$$

Da Equação (8.15):

$$\phi_{ii} = \phi_{AA} = \phi_{BB} = 1 \quad (6)$$

Do exemplo (8.1), obtivemos:

$$y_A = 0{,}054797;\ \phi_{AB} = 0{,}90918;\ \phi_{BA} = 1{,}09395 \quad (7)$$

Cálculo das concentrações mássicas das espécies presentes na mistura:

$$\rho_A = \frac{(0{,}054797)(18{,}015)}{(82{,}05)(313{,}15)} = 3{,}842 \times 10^{-5}\ \text{g/cm}^3 \quad (8)$$

$$\rho_B = \frac{(1 - 0{,}054797)(28{,}85)}{(82{,}05)(313{,}15)} = 1{,}0613 \times 10^{-3}\ \text{g/cm}^3 \quad (9)$$

Cálculo das capacidades caloríficas das espécies A e B. Da Tabela (1) avaliada a 40 °C:

$$C_{p_A} = 1{,}8584 + 9{,}4 \times 10^{-5}(40) + 3{,}73 \times 10^{-7}(40)^2 = 1{,}8628\ \text{kJ/kg} \cdot \text{K} \quad (10)$$

$$C_{p_B} = 1{,}00926 - 4{,}04033 \times 10^{-5}(40) + 6{,}17596 \times 10^{-7}(40)^2 - 4{,}09723 \times 10^{-10}(40)^3$$

$$C_{p_B} = 1{,}008606\ \text{kJ/kg} \cdot \text{K} \quad (11)$$

Substituindo (8), (9), (10) e (11) em (4):

$$\rho C_p = (3{,}842 \times 10^{-2})(1{,}8628) + (1{,}0613)(1{,}008606) = 1{,}1420\ \text{kJ/m}^3 \cdot \text{K} \quad (12)$$

Exemplo 10.4 (*continuação*)

Cálculo da condutividade térmica da mistura. Da Tabela (1) avaliada a 40 °C:

$$k_A = 1{,}71533 \times 10^{-2} + 1{,}95685 \times 10^{-4}\,(40) - 3{,}3839 \times 10^{-6}\,(40)^2 + 3{,}312023 \times 10^{-8}\,(40)^3 + -1{,}15393 \times 10^{-10}\,(40)^4 + 1{,}61044 \times 10^{-13}(40)^5 = 2{,}1407 \times 10^{-2}\ (\text{W/m} \cdot \text{K}) = 2{,}1407 \times 10^{-5}\ \text{kJ/(m} \cdot \text{s} \cdot \text{K)} \quad (13)$$

$$k_B = 2{,}42503 \times 10^{-2} + 7{,}88913 \times 10^{-5}(40) - 1{,}79034 \times 10^{-8}\,(40)^2 - 8{,}5705 \times 10^{-12}\,(40)^3 = 2{,}7376 \times 10^{-2}\ (\text{W/m} \cdot \text{K}) = 2{,}7376 \times 10^{-5}\ \text{kJ/(m} \cdot \text{s} \cdot \text{K)} \quad (14)$$

Substituindo (7), (13) e (14) na Equação (5):

$$k = k_{\text{mis}} = \frac{(0{,}054797)\left(2{,}1407 \times 10^{-5}\right)}{(0{,}054797)(1) + (1 - 0{,}054797)(0{,}90918)} + \frac{(1 - 0{,}054797)\left(2{,}7376 \times 10^{-5}\right)}{(0{,}054797)(1{,}09395) + (1 - 0{,}054797)(1)}$$

$$k = 2{,}7036 \times 10^{-5}\ \text{kJ/(m·s·K)} \quad (15)$$

Substituindo (12) e (15) em (3):

$$\alpha = \frac{2{,}7036 \times 10^{-5}}{1{,}1420} = 2{,}367 \times 10^{-5}\ \text{m}^2/\text{s}$$

ou

$$\alpha = 0{,}2367\ \text{cm}^2/\text{s} \quad (16)$$

O número de Lewis é obtido após a substituição de (16) em (2):

$$Le = \frac{2{,}367}{0{,}288} = 0{,}822 \quad (17)$$

Considerando a difusividade térmica da mistura como sendo a do ar seco, temos:

$\rho_B = 1{,}12283$ kg/m^3, $C_{p_B} = 1{,}008606$ kJ/kg · K e $k_B = 2{,}7376 \times 10^{-5}$ kJ/(m · s · K),

que, levados à Equação (3), nos fornecem:

$$\alpha = \frac{2{,}7367 \times 10^{-5}}{(1{,}12283)(1{,}008606)} = 2{,}417 \times 10^{-5}\ \text{m}^2/\text{s} = 0{,}2417\ \text{cm}^2/\text{s} \quad (18)$$

Substituindo (18) em (2):

$$Le = \frac{0{,}2417}{0{,}288} = 0{,}839$$

Comparando esse resultado com Le = 0,822, observamos um desvio relativo de 2,1%.

Note que esse desvio não é em relação a um valor experimental, e sim a um valor devido a uma estimativa mais refinada. No caso de cálculos rápidos, como uma estimativa inicial, podem-se perfeitamente considerar as propriedades apenas do ar seco; entretanto, quando se intenta avaliar indiretamente um valor experimental por intermédio de modelos que necessitam de cálculos mais rigorosos, deve-se considerar esse desvio.

10.3.4 Influência do fluxo mássico na distribuição de temperatura da mistura

A equação diferencial (10.18) nos forneceu a distribuição de temperatura em uma região constituída de *fluido puro* ou de uma espécie química. Quando o fluido é uma mistura de distintas espécies químicas, e desde que esse fluido esteja contido em uma região na qual há variação na concentração de uma dessas espécies, haverá fluxo de matéria como consequência dessa variação e o fluxo decorrente disso influenciaria a distribuição de temperatura do meio considerado, assim como no fluxo de calor em uma dada interface $x = 0$ [veja a Figura (10.8)].

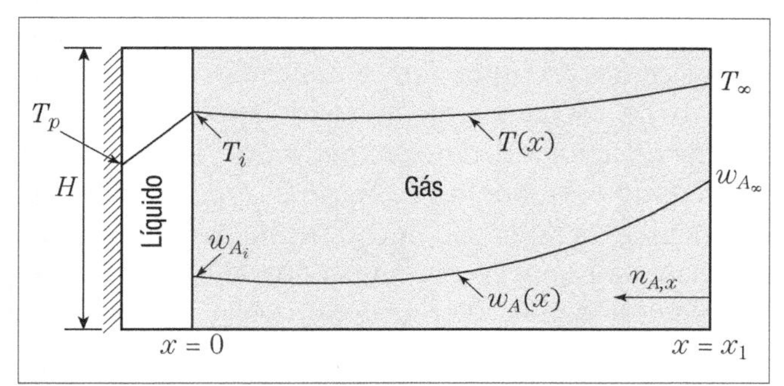

Figura 10.8 – Ilustração de um meio sujeito a diferenças de temperatura e de fração mássica de *A*.

Dentro dos fluxos de calor e de massa, em nível molecular, existe a presença da termodifusão e difusão térmica, as quais serão consideradas desprezíveis em face dos fluxos ordinários da condução térmica e difusão mássica, respectivamente.

Para um meio de transporte constituído de n espécies químicas, o fluxo de energia decorrente da interdifusão das espécies no meio gasoso será:

$$\vec{q}_M = \sum_{i=1}^{n} \vec{j}_i H_i \tag{10.97}$$

O fluxo global de energia referenciado a eixos estacionários abrigará, também, a influência do fluxo mássico por intermédio de (10.97). Assim sendo, o fluxo global de energia definido pela Equação (10.12) para um meio caracterizado como uma mistura é retomado como:

$$\vec{e} = \vec{q} + \left[\rho H \vec{v}\right] + \sum_{i=1}^{n} \vec{j}_i H_i \tag{10.98}$$

Sabendo que o meio é uma mistura de n espécies químicas, a entalpia presente na contribuição convectiva da Equação (10.98) é global. Assim:

$$H = \sum_{i=1}^{n} \rho_i H_i \Big/ \sum_{i=1}^{n} \rho_i \quad \text{ou} \quad \rho H = \sum_{i=1}^{n} \rho_i H_i \tag{10.99}$$

Levando (10.99) a (10.98):

$$\vec{e} = \vec{q} + \left(\sum_{i=1}^{n} \rho_i H_i\right)\vec{u} + \sum_{i=1}^{n} \vec{j}_i H_i$$

que, rearranjada, fornece:

$$\vec{e} = \vec{q} + \sum_{i=1}^{n} \left[\vec{j}_i + \rho_i \vec{u}\right] H_i \tag{10.100}$$

Contudo, $\vec{n}_i = \left[\vec{j}_i + \rho_i \vec{v}\right]$. Depois de substituir essa relação na Equação (10.100), obtém-se:

$$\vec{e} = \vec{q} + \sum_{i=1}^{n} \vec{n}_i H_i \tag{10.101}$$

Considerando como válida a lei de Fourier na forma da Equação (10.15), assim como reconhecendo a aplicabilidade da definição da entalpia nos moldes da Equação (10.15) para a espécie química i, a Equação (10.101) é retomada da seguinte maneira:

$$\vec{e} = -k_{\text{mis}} \vec{\nabla} T + \sum_{i=1}^{n} \vec{n}_i C_{p_i} \Delta T \tag{10.102}$$

O segundo termo do lado direito da Equação (10.102) traduz a presença da contribuição convectiva térmica (advecção térmica), considerando o movimento da mistura advindo tanto do escoamento da mistura quanto da interdifusão das espécies químicas na região considerada para o transporte. Ao substituirmos a Equação (10.102) na Equação (10.13), o resultado fica:

$$\vec{\nabla} \cdot \left[-k_{\text{mis}} \vec{\nabla} T + \sum_{i=1}^{n} \vec{n}_i C_{p_i} \Delta T\right] = 0 \tag{10.103}$$

Depois de aplicar a propriedade do divergente na Equação (10.103) e sabendo que $\vec{\nabla} \cdot \vec{n}_i = 0$, tem-se nessa equação, após rearranjá-la:

$$k_{\text{mis}} \nabla^2 T = \left[\sum_{i=1}^{n} \vec{n}_i C_{p_i}\right] \cdot \vec{\nabla} T \tag{10.104}$$

Compare as Equações (10.17c) e (10.104). A última equação estabelece a relação entre as contribuições convectivas e condutivas na distribuição de temperatura, considerando a presença do fluxo de matéria, enquanto na primeira a contribuição convectiva está associada somente à velocidade do fluido puro.

Ao admitirmos que o meio em análise consista de uma mistura binária ($A + B$) e que *as propriedades físicas não dependam das distribuições de temperatura da mistura e de concentração do soluto*, a Equação (10.104) é retomada de acordo com:

$$k_{mis}\nabla^2 T = \left[\vec{n}_A C_{p_A} + \vec{n}_B C_{p_B}\right] \cdot \vec{\nabla} T \qquad (10.105)$$

sendo o fluxo global para a espécie A oriundo da Equação (2.36) e o fluxo de B obtido por uma equação análoga. Utiliza-se a Equação (10.105), por exemplo, em situações em que o meio no qual há o transporte do soluto é considerado inerte quanto ao seu fluxo mássico e em que há, por exemplo, condensação de um vapor em mistura com gases não condensáveis (isto será visto no item 10.3.6).

Depois de identificar a Equação (2.35) na Equação (2.36), podemos escrever os fluxos globais das espécies A e B segundo:

$$\vec{n}_A = -D_{AB}\vec{\nabla}\rho_A + \rho_A\vec{v} \qquad (10.106a)$$

$$\vec{n}_B = -D_{BA}\vec{\nabla}\rho_B + \rho_B\vec{v} \qquad (10.106b)$$

e, levando-os à Equação (10.105), tem-se como equação resultante:

$$k_{mis}\nabla^2 T = \left\{\left[-D_{AB}\vec{\nabla}\rho_A + \rho_A\vec{v}\right]C_{p_A} + \right.$$
$$\left. + \left[-D_{AB}\vec{\nabla}\rho_B + \rho_B\vec{v}\right]C_{p_B}\right\} \cdot \vec{\nabla} T$$

que, rearranjada, fornece:

$$k_{mis}\nabla^2 T = \left\{\left[-D_{AB}\,C_{p_A}\vec{\nabla}\rho_A - D_{BA}\,C_{p_B}\vec{\nabla}\rho_B\right] + \right.$$
$$\left. + \left(\rho_A C_{p_A} + \rho_B C_{p_B}\right)\vec{v}\right\} \cdot \vec{\nabla} T \qquad (10.107)$$

Identificando a Equação (10.94) no termo entre parênteses do lado direito da Equação (10.107), admitindo $D_{AB} = D_{BA}$ e sabendo que se trata de uma mistura binária: $\rho_A + \rho_B = \rho$, portanto, $\vec{\nabla}\rho_B = \vec{\nabla}\rho_A$, a Equação (10.107) é posta na forma:

$$k_{mis}\nabla^2 T = \left\{\left[-D_{AB}C_{p_A}\vec{\nabla}\rho_A + D_{AB}C_{p_B}\vec{\nabla}\rho_A\right] + \right.$$
$$\left. + \left(\rho C_p\right)_{mis}\vec{v}\right\} \cdot \vec{\nabla} T$$

ou

$$k_{mis}\nabla^2 T = \left[-D_{AB}\left(C_{p_A} - C_{p_B}\right)\vec{\nabla}\rho_A + \left(\rho C_p\right)_{mis}\vec{v}\right] \cdot \vec{\nabla} T \qquad (10.108)$$

Arrumando a Equação (10.108), retomamos, para uma mistura binária, como:

$$\left(\rho C_p\right)_{mis}\vec{v} \cdot \vec{\nabla} T = k_{mis}\nabla^2 T + D_{AB}\left(C_{p_A} - C_{p_B}\right)\vec{\nabla}\rho_A \cdot \vec{\nabla} T \qquad (10.109)$$

Dividindo a Equação (10.109) por $\left(\rho C_p\right)_{mis}$ e lembrando que $w_A = \rho_A/\rho$, obtemos a distribuição de temperatura da mistura, incluindo nela a distribuição da fração mássica de A segundo:

$$\underbrace{\vec{v} \cdot \vec{\nabla} T}_{\text{contribuição convectiva}} = \underbrace{\alpha_{mis}\nabla^2 T}_{\text{contribuição condutiva}} + \underbrace{D_{AB}\frac{\left(C_{p_A} - C_{p_B}\right)}{C_{p_{mis}}}\vec{\nabla} w_A \cdot \vec{\nabla} T}_{\text{contribuição devido à interdifusão das espécies no meio considerado}} \qquad (10.110)$$

A Equação (10.110) mostra a influência da distribuição de fração mássica do soluto na distribuição de temperatura do meio em que ocorre o fenômeno da transferência simultânea de calor e de massa. Uma situação prática para a aplicação da Equação (10.110) e a secagem de um sólido em condições de regime estacionário. Outra aplicação é a combustão em regime permanente e, nesse caso, considera-se a presença da reação, como geração ou consumo de matéria, na equação da continuidade da espécie A ou como uma condição de contorno.

10.3.5 Transferência de calor e de massa em um meio gasoso inerte

Neste item procuraremos enfocar a simultaneidade entre transferência de calor e de massa em um meio gasoso inerte. Contudo, admitiremos a situação de umidificação ou desumidificação do ar. Analisaremos inicialmente a distribuição de temperatura da fase gasosa que é o ar úmido; e o ar puro, nesse caso, é tratado como inerte, o qual não participa do fenômeno de transferência de massa. Para ilustrar nosso exemplo, considere a Figura (10.8). Admitiremos como válidas todas as hipóteses que geraram a Equação (10.104). Supõe-se, na atual situação, que não há qualquer forma de reação química e que $\vec{n}_B = 0$. Lembre-se de que B = ar e de que se trata de um gás inerte, portanto, a Equação (10.105) é reescrita, para a fase gasosa, como:

$$k_{mis}\nabla^2 T = \vec{n}_A C_{p_A} \cdot \vec{\nabla} T \qquad (10.111)$$

Ao considerarmos fluxos unidimensionais de calor e de massa, a Equação (10.111) será retomada segundo:

$$k_{mis}\frac{d^2T}{dx^2} = n_{A,x}C_{p_A}\frac{dT}{dx}$$

ou

$$\frac{d^2T}{dx^2} - \left(\frac{n_{A,x} C_{p_A}}{k_{mis}}\right)\frac{dT}{dx} = 0 \qquad (10.112)$$

O fluxo mássico $n_{A,x}$ presente na Equação (10.112) é constante e normalmente avaliado na interface gás–líquido, $n_{A,x}|_{x=0}$, pois é nessa interface que, por exemplo, ocorrem os fenômenos de resfriamento evaporativo ou de condensação. Esse fluxo pode ser calculado pela Equação (8.76), no caso de convecção mássica forçada, ou pela Equação (9.113), na situação em que há convecção mássica natural. Para efeito de notação utilizaremos $n_{A,x} = n_{A,x}|_{x=0} = n_{A,p}$.

Retomando o nosso problema, verificamos que nos faltam as condições de contorno.

Ao analisarmos a Figura (10.8), podemos estipular as seguintes condições:

em $x = 0 \rightarrow T = T_i$ (10.113)

em que T_i é a temperatura da mistura gasosa na interface gás–líquido;

em $x = x_1 \rightarrow T = T_\infty$ (10.114)

sendo T_∞ a temperatura da mistura longe da interface gás–líquido.

Depois de resolver a Equação (10.112), obtém-se:

$$T(x) = C_1 + C_2 \exp\left[\left(\frac{n_{A,p} C_{p_A}}{k_{mis}}\right)x\right] \qquad (10.115)$$

Ao aplicarmos as condições (10.113) e (10.114) na distribuição de temperatura da mistura gasosa, Equação (10.115), as constantes de integração aparecem como:

$T_i = C_1 + C_2$ (10.116a)

$$T_\infty = C_1 + C_2 \exp\left[n_{A,p} C_{p_A}\left(\frac{x_1}{k_{mis}}\right)\right] \qquad (10.116b)$$

O termo (k_{mis}/x_1), de acordo com a teoria do filme [veja a definição (10.22)], é identificado ao coeficiente convectivo de transferência de calor. Por conseguinte, a expressão (10.116b) é retomada da seguinte maneira:

$T_\infty = C_1 + C_2 e^\gamma$ (10.116c)

em que

$\gamma = (n_{A,p} C_{p_A}/h)$ (10.117)

é a *correção de Arckmann*. Está presente nessa correção o efeito do fluxo mássico do soluto A na distribuição de temperatura da mistura gasosa.

Determinam-se as constantes de integração após a resolução do sistema de equações composto pelas Equações (10.116a) e (10.116c). Assim, a distribuição de temperatura da mistura gasosa, admitindo a influência do fluxo mássico do soluto, é obtida de:

$$\frac{T(x) - T_i}{T_\infty - T_i} = \frac{e^{\gamma(x/x_1)} - 1}{e^\gamma - 1} \qquad (10.118)$$

Fluxo de calor da mistura gasosa na interface gás–líquido

O fluxo de calor na fase gasosa é avaliado na interface gás–líquido em virtude de este fluxo ser fornecido à fase líquida para um processo de condensação ou recebido dessa fase em uma situação de resfriamento evaporativo. Seja qual for o fenômeno de transferência de massa e de calor, devemos ter em mente a Equação (10.102), a qual nos informa a existência do fluxo de calor em virtude das contribuições condutiva e convectiva, lembrando que a última contempla o efeito da interdifusão das espécies químicas contidas na fase gasosa. Tais contribuições, para o presente caso, serão avaliadas na interface p ou em $x = 0$, e associaremos o resultado obtido ao *fluxo de calor sensível* da fase gasosa. Por outro lado, como estamos interessados no fluxo de calor global avaliado em uma dada interface, haverá a contribuição do fluxo de calor em virtude da mudança de fase das espécies químicas que estão sujeitas a esse fenômeno ou o *fluxo de calor latente de vaporização* dos solutos envolvidos. Desse modo, o fluxo de calor global da mistura gasosa na interface gás–líquido será da forma:

$$\begin{pmatrix}\text{Fluxo de calor global}\\ \text{na fase gasosa}\end{pmatrix} = \begin{pmatrix}\text{Fluxo de calor}\\ \text{sensível}\end{pmatrix} + \begin{pmatrix}\text{Fluxo de calor latente}\\ \text{de vaporização}\end{pmatrix}$$

ou

$$\vec{e}_G = \vec{e}_p + \vec{q}_\lambda \qquad (10.119)$$

Fluxo de calor sensível

O fluxo de calor sensível $\vec{e}_p$ está associado à diferença de temperatura entre a interface gás–líquido e a temperatura da mistura gasosa. Esse fluxo de calor, como mencionado anteriormente, é oriundo das contribuições condutiva e convectiva presentes na mistura gasosa. Em razão de tais contribuições, temos da Equação (10.102) para a espécie A, que é a única que sofre transferência de massa, o seguinte modelo na direção x:

$$e_p = q_p + n_{A,p}C_{p_A}(T - T_0) \tag{10.120}$$

As contribuições condutivas e convectivas presentes na Equação (10.120) são analisadas em $x = 0$, em que a temperatura T é a da interface gás–líquido T_i; enquanto a temperatura de referência T_0 será aquela em um ponto qualquer no seio da mistura T_∞. Assim sendo, retomaremos a Equação (10.120) tal como se segue:

$$e_p = -k_{\text{mis}}\left.\frac{dT}{dx}\right|_{x=0} + n_{A,p}C_{p_A}(T_i - T_\infty) \tag{10.121}$$

Depois de derivar a distribuição de temperatura do meio gasoso, Equação (10.118), avaliando o resultado em $x = 0$, obtém-se o fluxo de calor condutivo na interface considerada como:

$$q_p = -\frac{k_{\text{mis}}}{x_1}\frac{(T_\infty - T_i)\gamma}{(e^\gamma - 1)}$$

Utilizando a definição da teoria do filme, Equação (10.22), nesta última expressão, esta é retomada segundo:

$$q_p = h(T_i - T_\infty)\frac{\gamma}{(e^\gamma - 1)}$$

a qual, substituída na Equação (10.121), nos fornece:

$$e_p = h(T_i - T_\infty)\frac{\gamma}{(e^\gamma - 1)} + n_{A,p}C_{p_A}(T_i - T_\infty) \tag{10.122}$$

Substituindo a definição (10.117) no segundo termo do lado direito da Equação (10.122), assim como rearranjando o resultado obtido, chega-se a:

$$e_p = h(T_i - T_\infty)\frac{\gamma}{(1 - e^{-\gamma})} \tag{10.123}$$

A Equação (10.123) representa o fluxo de calor sensível associado à fase gasosa. Nesta equação, pode-se verificar a influência do fluxo mássico no fluxo de calor sensível por intermédio do termo $\gamma/(1 - e^{-\gamma})$.

Fluxo de calor em razão da mudança de fase

A Equação (10.119) nos informa sobre a necessidade de conhecermos o fluxo de calor em razão da mudança de fase. Se considerarmos que a mistura gasosa presente na Figura (10.8) seja constituída de n espécies químicas que sofrem mudança de fase, o fluxo de calor associado a esse fenômeno será definido como:

$$\vec{q}_\lambda = \sum_{i=1}^{n} \vec{n}_i\lambda_i \tag{10.124}$$

Contudo, a transferência simultânea de calor e de massa que estamos relatando neste tópico, ilustrado na Figura (10.8), diz respeito a fluxos de calor e de massa unidimensionais, além de considerar que apenas uma espécie química está sofrendo os processos de transferência, ou seja, $\vec{n}_B = 0$. Por consequência, a Equação (10.124) é retomada por meio de:

$$q_{\lambda_A} = n_{A,p}\lambda_A \tag{10.125}$$

Fluxo de calor global na fase gasosa

De posse das Equações (10.123) e (10.125), temos condições de escrever uma equação para o fluxo de calor global na fase gasosa. Basta substituir as Equações (10.123) e (10.125) na Equação (10.119).

$$e_G = h(T_i - T_\infty)\frac{\gamma}{(1 - e^{-\gamma})} + n_{A,p}\lambda_A \tag{10.126}$$

Se trouxermos o fluxo mássico [Equação (8.76) ou (9.113)], válido para a situação em que o fluxo de B é nulo em $x = 0$, ou seja, a interface p é impermeável a ele, na Equação (10.126):

$$e_G = h(T_i - T_\infty)\frac{\gamma}{(1 - e^{-\gamma})} + k_m\left(\frac{w_{A_i} - w_{A_\infty}}{1 - w_{A_i}}\right)\rho_p\lambda_A \tag{10.127}$$

na qual ρ_p se refere à concentração mássica da mistura avaliada na interface $x = 0$.

A expressão (10.127) é útil para descrever diversas operações que envolvem a transferência de calor com mudança de fase de um vapor em mistura com um gás inerte, como nas situações mostradas nas Figuras (10.9) e (10.10). Nos fenômenos ilustrados por tais figuras, a temperatura da mistura na interface gás–líquido, $x = 0$, é menor do que aquela em $x = x_1$. Os processos diferenciam-se pela fração mássica do soluto A em $x = x_1$ quando comparado com aquele em $x = 0$. No caso da mistura gasosa ar/vapor d'água, temos o fenômeno de desumidificação do ar, em que $w_{A_\infty} > w_{A_i}$, e o processo de umidificação do ar, o qual apresenta $w_{A_\infty} < w_{A_i}$.

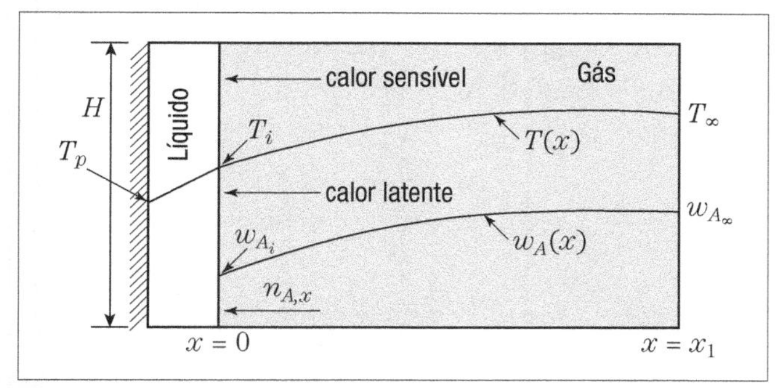

Figura 10.9 – Desumidificação do ar ou condensação do vapor.

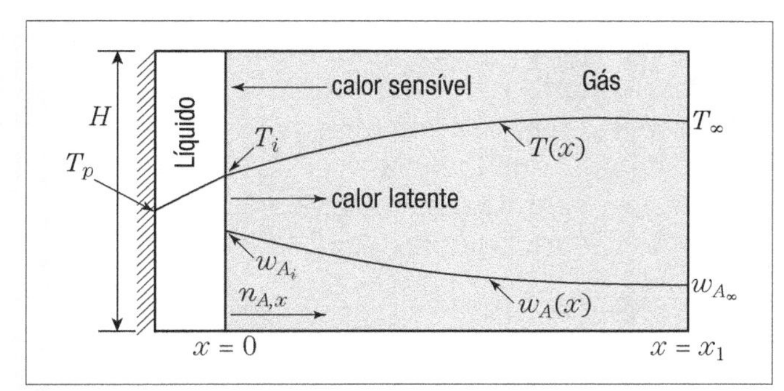

Figura 10.10 – Umidificação do ar ou resfriamento evaporativo.

10.3.6 Fluxo de um vapor com mudança de fase em mistura com gás inerte

O título deste tópico já diz tudo. Existe um vapor A que está misturado com um gás inerte B. Esse gás é dito inerte porque não sofre mudança de fase em uma dada interface. Deparamos com esse tipo de fenômeno dia a dia, inclusive na hora do banho e, em particular, no inverno. Quando entramos no banheiro, ao encontrarmos o espelho, além da nossa face estampada, sentimos que a temperatura da placa espelhada está fria, *muito fria,* e junto dela há o ar contendo a umidade ambiente. Já embaixo do chuveiro, com a temperatura aprazível, verificamos que essa temperatura é superior, *bem superior*, à do espelho, e a umidade do ar aí é praticamente a de saturação. Percebe-se, dali a pouco, que o espelho está embaçado. Por quê? Existe diferença tanto de temperatura da mistura ar/vapor quanto de umidade entre o espelho e o chuveiro, provocando o fluxo de massa e de calor do chuveiro ao espelho, em que existe, neste último, a mudança de fase do vapor para o filme líquido.

O *embaçamento* do espelho é um fenômeno típico de condensação. Considere a Figura (10.9) como uma placa fina vertical exposta a uma mistura binária de um vapor condensável. Está havendo condensação, uma vez que a temperatura da placa é menor que a do vapor. Ao supor a existência do equilíbrio termodinâmico sobre a superfície da película condensada, o valor da fração mássica (que se relaciona com a pressão parcial) do vapor no filme gasoso está situado entre o que está em equilíbrio com o da película condensada, w_{A_i}, e aquele presente a uma distância x_1 da interface, w_{A_∞}. Para que o vapor continue a condensar, ele deve ser conduzido através da película de gás pela diferença entre w_{A_∞} e w_{A_i}. O vapor condensável, difundindo-se, resfria-se sensivelmente, Equação (10.123), pois há diferença de temperatura na região $0 \leq x \leq x_1$, além de carregar consigo o calor em razão da mudança de fase. Este é o processo descrito pela Equação (10.127). O fluxo de calor associado à fase gasosa é fornecido ao líquido condensado, de modo que:

$$q_{con} = e_G \tag{10.128}$$

com

$$q_{con} = h_\ell(T_p - T_i) \tag{10.129}$$

em que h_ℓ é o coeficiente de película da fase líquida, e T_p, a temperatura da superfície da placa.

Substituindo as Equações (10.127) e (10.129) na Equação (10.128), o resultado será:

$$h_\ell\left(T_p - T_i\right) = h\left(T_i - T_\infty\right)\frac{\gamma}{\left(1 - e^{-\gamma}\right)} +$$

$$+k_m\left(\frac{w_{A_i} - w_{A_\infty}}{1 - w_{A_i}}\right)\rho_p \lambda_A \tag{10.130}$$

A Equação (10.130) pode ser utilizada também no caso de *resfriamento evaporativo*, o qual, em síntese, é o fenômeno oposto ao da condensação, ou seja: o gás está quente e deseja-se resfriá-lo. Para tanto, submete-se esse gás ao contato com uma fina película de refrigerante. Na interface gás–líquido, há a condição de saturação do refrigerante, que está a uma temperatura inferior à do seio do gás, contudo, apresentando pressão parcial (de saturação) maior do que a do seio do gás e, por consequência, $w_{A_\infty} < w_{A_i}$. Os sentidos dos fluxos de matéria, assim como os de calor sensível e latente de vaporização, estão ilustrados na Figura (10.10).

Seja qual for o fenômeno descrito pela Equação (10.130), assumiremos que o valor de certa propriedade na fase gasosa é estimado como uma média dessa propriedade calculada na temperatura T_∞ e na temperatura T_i. Já o valor de uma propriedade na fase líquida será uma média dessa propriedade avaliada em T_i e em T_p. A grande dificuldade dos problemas que estão presentes neste item, em se tratando de resolução, é quando não se conhece T_i, o que torna o processo de cálculo iterativo. Além disso, convém observar que, ao lado da fase gasosa na Equação (10.130), existem os coeficientes convectivos de transferência de calor e de massa; assim sendo, a menos que seja informado, necessita-se avaliar qual mecanismo de convecção, forçada, natural ou mista, está governando a operação, para que possamos determinar tais coeficientes. Nesse caso, deve-se verificar a ordem de magnitude do parâmetro de transição, relatado no item 9.4.

Exemplo 10.5

Considere uma situação hipotética na qual se procurou resfriar ar seco que estava a 50 °C e 1 atm. Para tanto, utilizou-se de um artifício que manteve o contato do ar com uma fina película de água que escoava rente a uma das faces de uma parede metálica vertical de 1 m de altura que estava a 20 °C. Supôs-se que os fenômenos de transferência de calor e de massa eram governados pela convecção natural. Como os números de Schmidt e Lewis variam muito pouco com a temperatura, foram considerados iguais a 0,58 e 0,84, respectivamente, para a fase gasosa. Sabendo que o fluxo de calor associado à película líquida era igual a q_ℓ = 0,12 (kJ/m²s) e considerando a mistura ar/vapor d'água como ideal, calcule a temperatura na interface gás–líquido. Considere $f_p = 0$ e a seguinte correlação para o calor latente de vaporização da água:

$$\lambda_A = 352{,}58(374{,}14 - T)^{0{,}33052} \text{ em (kJ/kg) e } T \text{ em °C (PAKOWSKI et al., 1991)} \quad (10.131)$$

sendo A = vapor de água e B = ar seco.

Solução:

O balanço de energia é dado pela equação (10.128) para o sistema ar/água:

$$q_{con} = e_G$$

Chute da temperatura na interface gás-líquido:

$$T_i = [(T_p + T_\infty)/2] = [(20 + 50)/2] = 35\text{ °C} = 308{,}15\text{ K} \quad (1)$$

Determinação do fluxo de calor global associado à fase gasosa:

Cálculo do fluxo de calor referente à mudança de fase para $f_p = 0$:

$$q_{\lambda_A} = k_{m_N}(w_{A_i} - w_{A_\infty})\rho_p\lambda_A \quad (2)$$

Determinação do calor latente de vaporização da água. Da Equação (10.131) avaliada em $T_i = 35$ °C:

$$\lambda_A = 352{,}58(374{,}14 - 35)^{0{,}33052} = 2418{,}78\text{ kJ/kg} \quad (3)$$

Exemplo 10.5 (*continuação*)

Determinação das frações mássicas do vapor de água. Como o ar está seco: $w_{A_\infty} = 0$.

Cálculo da pressão de vapor: Da Equação (8.18) avaliada em T_i = 308,15K:

$$\ell n P_A^{vap} = 18,3096 - \frac{3816,44}{(308,15 - 46,13)} = 3,744$$

P_A^{vap} = 42,273 mmHg

Determinação da fração molar de A na interface gás–líquido. Como P = 1 atm (760 mmHg):

$$y_{A_i} = P_A^{vap}/P = 42,273/760 = 0,0556 \qquad (4)$$

Cálculo da fração mássica do vapor de água na interface gás–líquido:

$$w_{A_i} = y_{A_i} \frac{M_A}{M_i} \qquad (5)$$

com a massa molar da mistura junto à interface gás–líquido dada por:

$$M_p = M_i = M_B + y_{A_i}(M_A - M_B) \qquad (6)$$

Como M_B = 28,85 g/mol e M_A = 18,015 g/mol, podemos substituir esses valores em conjunto com (4) em (6):

$$M_p = 28,85 + (0,0556)(18,015 - 28,85) = 28,25 \text{ g/mol} \qquad (7)$$

Levando (4) e (7) a (5):

$$w_{A_i} = (0,0556)\frac{(18,015)}{(28,25)} = 3,55 \times 10^{-2} \qquad (8)$$

Cálculo da concentração mássica da mistura na interface gás–líquido. Considerando mistura gasosa ideal:

$$\rho_p = \rho_i = \frac{PM_i}{RT_i} \qquad (9)$$

Como T_i = 308,1 K, iremos substituí-lo em conjunto com (7) na Equação (9):

$$\rho_p = \frac{(1)(28,25)}{(82,05)(308,1)} = 1,117 \times 10^{-3} \text{g/cm}^3 = 1,117 \text{ kg/m}^3 \qquad (10)$$

Cálculo do coeficiente convectivo médio natural de transferência de massa. Como Sc = 0,58, utilizaremos a Equação (9.108):

$$k_{m_N} = -\frac{4}{3}\theta'(0)\frac{D_{AB}}{H} Ra_M^{1/4} \qquad (11)$$

Exemplo 10.5 (*continuação*)

Como se trata de resfriamento evaporativo, podemos, como aproximação, utilizar a Figura (9.12) para estimar o valor de $\theta'(0)$. Pelo fato de a umidade relativa ser nula (o ar está seco), verificamos, entre 20 °C e 50 °C, que $\theta'(0) \cong -0{,}37$.

Cálculo do coeficiente de difusão. Esse coeficiente será avaliado por:

$$D_{AB} = \frac{1}{2}\left(D_{AB}|_{T_i} + D_{AB}|_{T_\infty}\right) \quad (12)$$

Utilizando a correlação de Fuller, Schetter e Giddings, Equação (1.58b):

$$D_{AB} = \frac{0{,}288\times10^{-4}}{2}\left[\left(\frac{308{,}15}{313{,}15}\right)^{1{,}75} + \left(\frac{323{,}15}{313{,}15}\right)^{1{,}75}\right] = 0{,}292\times10^{-4}\ \text{m}^2/\text{s} \quad (13)$$

Cálculo do número de Rayleigh mássico:

$$Ra_M = g\beta_M\Delta\rho_A H^3/\nu D_{AB} \quad (14)$$

Sabemos que

$$Le = 0{,}84 \text{ e } Sc = 0{,}58, \quad (15)$$

permitindo-nos multiplicar a Equação (14) pelo coeficiente de difusão:

$$Ra_M = g\beta_M\Delta\rho_A H^3/ScD_{AB}^2 \quad (16)$$

Cálculo do termo relacionado ao empuxo mássico. Substituindo (10.53a) em (10.52a) [veja quadro (10.5)]:

$$\beta_M\left(\rho_{A_i} - \rho_{A_\infty}\right) = \frac{1}{\rho_p}\left(\rho_p - \rho_\infty\right) = 1 - \frac{\rho_\infty}{\rho_p} \quad (17)$$

Lembre-se de que *o ar está seco*: $\rho_\infty = \rho_B|_{T=50\ °C}$. Pelo fato de se tratar de uma mistura gasosa ideal:

$$\rho_\infty = \frac{M_B P}{RT_\infty} = \frac{(28{,}85)(1)}{(82{,}05)(50+273{,}15)} = 1{,}088\times10^{-3}\,\text{g/cm}^3 = 1{,}088\ \text{kg/m}^3 \quad (18)$$

Substituindo (10) e (18) em (17):

$$1 - \frac{\rho_\infty}{\rho_p} = 1 - 1{,}088/1{,}117 = 2{,}6\times10^{-2} \text{ ou}$$

$$\beta_M(\rho_{A_i} - \rho_{A_\infty}) = 2{,}6\times10^{-2} \quad (19)$$

Como $g = 9{,}81$ (m/s^2) e $H = 1$ m, determina-se o número de Rayleigh mássico substituindo (13), (15) e (19) em (16):

$$Ra_M = \frac{(9{,}81)\left(2{,}6\times10^{-2}\right)(1)^3}{(0{,}58)\left(0{,}292\times10^{-4}\right)^2} = 5{,}158\times10^8 \quad (20)$$

Exemplo 10.5 (*continuação*)

A altura da placa é de 1 m e a inclinação $\theta'(0)$ *para* $f_p = 0$: $\theta'(0) \cong -0{,}37$. Dessa forma, o coeficiente convectivo natural de transferência de massa é obtido levando (13) e (20) a (11):

$$k_{m_N} = \frac{4}{3}(0{,}37)\frac{\left(0{,}292\times10^{-4}\right)\left(5{,}158\times10^{8}\right)^{1/4}}{(1)} = 2{,}171\times10^{-3}\ \text{m/s} \tag{21}$$

O fluxo de calor relacionado ao calor latente de vaporização é obtido da Equação (2) ou:

$$q_{\lambda_A} = n_{A,p}\lambda_A \tag{22}$$

com o fluxo mássico na interface gás–líquido, *para* $f_p = 0$, estimado a partir da Equação (9.114):

$$n_{A,p} = k_{m_N}(w_{A_i} - w_{A_\infty})\rho_p \tag{23}$$

Como o ar está seco, $w_{A_\infty} = 0$; substituiremos (8), (10) e (21) em (23):

$$n_{A,p} = (2{,}171 \times 10^{-3})(3{,}55 \times 10^{-2})(1{,}117) = 8{,}61 \times 10^{-5}\ \text{kg/m}^2.\text{s} \tag{24}$$

Assim sendo, leva-se (3) e (24) a (22):

$$q_{\lambda_A} = (8{,}61 \times 10^{-5})(2 \cdot 418{,}79) = 0{,}208\ \text{kJ/m}^2\text{s} \tag{25}$$

Cálculo do fluxo de calor sensível. Da Equação (10.124):

$$e_p = h_N(T_i - T_\infty)\frac{\gamma}{\left(1-e^{-\gamma}\right)} \tag{26}$$

Determinação do termo relacionado ao fator de Arckmann:

$$\frac{\gamma}{\left(1-e^{-\gamma}\right)} \tag{27}$$

em que

$$\gamma = (n_{A,p}C_{p_A}/h_N) \tag{28}$$

A capacidade calorífica do vapor de água que é avaliada segundo:

$$C_{p_A} = \frac{1}{2}\left(C_{p_A}\big|_{T_i} + C_{p_A}\big|_{T_\infty}\right) \tag{29}$$

Temos da Equação (10.93) e da tabela do Exemplo (10.4):

$$C_{p_A}|_{T_i} = 1{,}8584 + (9{,}4 \times 10^{-5})(35) + 3{,}73 \times 10^{-7}(35)^2 = 1{,}86215\ (\text{kJ/kg} \cdot \text{K}) \tag{30}$$

$$C_{p_A}|_{T_\infty} = 1{,}8584 + (9{,}4 \times 10^{-5})(50) + 3{,}73 \times 10^{-7}(50)^2 = 1{,}86403\ (\text{kJ/kg} \cdot \text{K}) \tag{31}$$

Substituindo (30) e (31) em (29):

$$C_{p_A} = \frac{1}{2}(1{,}86215 + 1{,}86403) = 1{,}8631\ (\text{kJ/kg}\cdot\text{K}) \tag{32}$$

Exemplo 10.5 (*continuação*)

Determinação do coeficiente convectivo natural de transferência de calor.

Iremos calcular o coeficiente convectivo natural de transferência de calor por intermédio da Equação (10.61). Devemos, todavia, avaliar o valor da inclinação $\varphi'(0) \equiv \varphi'$. Para tanto, torna-se necessário conhecer o valor do número de Prandtl, que é dado pela definição (10.30): $Pr = \nu/\alpha = Sc/Le$. Dessa maneira, temos de (15): $Pr = Sc/Le = 0{,}69$. Da Tabela (9.2), para $f_p = 0$, $\varphi' \cong -0{,}39$. Substituindo esse valor na Equação (10.61), determina-se o número de Nusselt médio natural por:

$$Nu_N = \left(\frac{4}{3}\right)(0{,}39)Ra^{1/4} = 0{,}52Ra^{1/4} \tag{33}$$

O número de Rayleigh é definido pela expressão (10.54):

$$Ra = g\beta_T \Delta T H^3/\nu\alpha \tag{34}$$

mas $\alpha = D_{AB}Le$ e $\nu = D_{AB}Sc$, os quais, substituídos na Equação (34), fornecem:

$$Ra = g\beta_T \Delta T H^3/LeScD_{AB}^2 \tag{35}$$

Para calcular o fator do empuxo térmico na expressão (35), substitui-se a Equação (10.52b) na Equação (10.53b), cujo resultado é a Equação (17) deste exemplo. Por consequência:

$$\beta_T(T_\infty - T_i) = 2{,}6 \times 10^{-2} \tag{36}$$

Como $g = 9{,}81$ (m/s^2) e $H = 1$ m, determina-se o número de Rayleigh substituindo (13), (15) e (36) em (35):

$$Ra = \frac{(9{,}81)\left(2{,}6\times10^{-2}\right)(1)^3}{(0{,}58)(0{,}84)\left(0{,}292\times10^{-4}\right)^2} = 6{,}14\times10^8 \tag{37}$$

Levando (36) a (33):

$$Nu_N = 0{,}52(6{,}14 \times 10^8)^{1/4} = 81{,}855 \tag{38}$$

Pelo fato de o número de Nusselt natural ser definido como $Nu_N = h_N H/\rho C_p \alpha$, em que $\alpha = D_{AB}Le$, o coeficiente convectivo natural de transferência de calor é posto como:

$$Nu_N = \frac{h_N H}{\left(\rho C_p\right)_{\text{mis}} LeD_{AB}}$$

ou

$$h_N = Nu_N\left(\rho C_p\right)_{\text{mis}} LeD_{AB}/H \tag{39}$$

Determinação de $(\rho C_p)_{\text{mis}}$ avaliado de acordo com:

$$\left(\rho C_p\right)_{\text{mis}} = \rho C_p = \frac{1}{2}\left(\rho C_p\big|_{T_i} + \rho C_p\big|_{T_\infty}\right) \tag{40}$$

com

$$(\rho C_p)_{\text{mis}} = \rho_A C_{p_A} + \rho_B C_{p_B} \tag{41}$$

[veja a Equação (10.94)]

Determinação das concentrações mássicas das espécies presentes na mistura:

$$\rho_A = w_A\rho \quad \text{e} \quad \rho_B = \rho - \rho_A \tag{42}$$

Exemplo 10.5 (*continuação*)

Na interface i:

$$\rho_{A_i} = w_{A_i}\rho_p \quad \text{e} \quad \rho_{B_i} = \rho_p - \rho_{A_i} \qquad (43)$$

Trazendo (8) e (10) a (43):

$$\rho_{A_i} = (3{,}55 \times 10^{-2})(1{,}117) = 3{,}965 \times 10^{-2}\ \text{kg/m}^3 \ \text{e} \ \rho_{B_i} = 1{,}117(1 - 3{,}55 \times 10^{-2}) = 1{,}077\ \text{kg/m}^3 \qquad (44)$$

Como o ar longe da placa está seco, temos da Equação (18):

$$\rho_{B_\infty} = \rho_\infty = 1{,}088\ \text{kg/m}^3 \ \text{e} \qquad (45)$$

$$\rho_{A_\infty} = 0\ \text{kg/m}^3 \qquad (46)$$

Determinação das capacidades caloríficas mássicas das espécies presentes na mistura. Para o vapor de água, os valores de C_p estão nas Equações (30) e (31). Resta-nos avaliar o C_p do ar. Da Tabela do Exemplo (10.4):

$$C_{p_B}\big|_{T_i} = 1{,}00926 - (4{,}04033 \times 10^{-5})(35) + 6{,}17596 \times 10^{-7}\,(35)^2 - 4{,}077323 \times 10^{-10}(35)^3 = 1{,}0086\ \text{kJ/kg}\cdot\text{K} \qquad (47)$$

$$C_{p_B}\big|_{T_\infty} = 1{,}00926 - (4{,}04033 \times 10^{-5})(50) + 6{,}17596 \times 10^{-7}\,(50)^2 - 4{,}077323 \times 10^{-10}(50)^3 = 1{,}0087\ \text{kJ/kg}\cdot\text{K} \qquad (48)$$

Substituindo (30), (44), (47) em (41):

$$\rho C_p\big|_{T_i} = (3{,}965 \times 10^{-2})(1{,}86215) + (1{,}077)(1{,}0086) = 1{,}1601\ \text{kJ/m}^3\cdot\text{K} \qquad (49)$$

Levando (31), (45) e (46) a (41):

$$\rho C_p\big|_{T_\infty} = (0)(1{,}86403) + (1{,}088)\,(1{,}0087) = 1{,}0975\ \text{kJ/m}^3\cdot\text{K} \qquad (50)$$

Substituindo (49) e (50) em (40):

$$\left(\rho C_p\right)_{\text{mis}} = \rho C_p = \frac{1}{2}(1{,}1601 + 1{,}0975) = 1{,}1288\ \text{kJ/m}^3\text{·K} \qquad (51)$$

Como H = 1 m, substitui-se (13), (15), (38) e (51) em (39), ou:

$$h_N = (81{,}855)(1{,}1288)(0{,}84)(0{,}292 \times 10^{-4})/(1) = 2{,}2663 \times 10^{-3}\ \text{kJ/m}^2\cdot\text{s}\cdot\text{K} \qquad (52)$$

Cálculo da correção de Arckmann:
$\gamma = (n_{A,p}C_{p_A}/h_N)$.

Substituindo (24), (32) e (52) nessa expressão:

$$\gamma = \frac{\left(8{,}61 \times 10^{-5}\right)(1{,}8631)}{\left(2{,}2663 \times 10^{-3}\right)} = 7{,}08 \times 10^{-2} \qquad (53)$$

Levando (53) a (27):

$$\frac{\gamma}{1 - e^{-\gamma}} = \frac{\left(7{,}08 \times 10^{-2}\right)}{1 - \exp\left(-7{,}08 \times 10^{-2}\right)} = 1{,}036 \qquad (54)$$

Exemplo 10.5 (*continuação*)

Cálculo da diferença de temperatura para o fluxo de calor sensível:

$$(T_i - T_\infty) = (35 - 50) = -15\ °C \tag{55}$$

O fluxo do calor sensível é obtido substituindo (52), (54) e (55) em (26):

$$e_p = -(2{,}663 \times 10^{-3})(15)(1{,}036) = -3{,}522 \times 10^{-2}\ (kJ/m^2 s) \tag{56}$$

O fluxo de calor total da fase gasosa é dado pela Equação (10.119), ou:

$$e_G = e_p + q_{\lambda_A} \tag{57}$$

Trazendo (25) e (56) a (57):

$$e_G = -3{,}522 \times 10^{-2} + 0{,}208 = 0{,}1728(kJ/m^2 \cdot s) \tag{58}$$

No entanto, o fluxo de calor associado à fase líquida é igual a $q_\ell = 0{,}12(kJ/m^2s)$. Isso significa a necessidade de novas iterações. Adotando o procedimento de cálculo deste exemplo, obteve-se como resultado:

$T_i = 29{,}4\ °C$; $e_p = -5{,}591 \times 10^{-2}\ (kJ/m^2s)$;

$q_{\lambda_A} = 0{,}1781\ (kJ/m^2s)$; $e_G = 0{,}1222(kJ/m^2 \cdot s)$.

A verificação do resultado fica a cargo do leitor! Entretanto, de posse desses resultados, tiram-se conclusões importantes:

1. Sentido dos fluxos: enquanto o do calor sensível é negativo em razão da diferença de temperatura, o do latente de vaporização é positivo, fruto da direção do fluxo mássico de A. O que era de se esperar, pois está havendo resfriamento evaporativo.

2. O valor do fluxo de calor associado à mudança de fase é três vezes maior do que aquele associado ao do calor sensível. Em algumas situações, inclusive, o valor do fluxo do calor sensível é desprezado em face do valor do fluxo inerente ao da mudança de fase.

10.4 TEORIA DO BULBO ÚMIDO

Esta teoria é utilizada quando se intenta estimar a concentração de algum vapor em mistura com um gás inerte nos processos em que há transferência de calor e de massa, principalmente nos sistemas que envolvem ar úmido (ar/vapor d'água). A teoria do bulbo úmido parte do princípio de analisar a temperatura T_i, lida por um termômetro cujo bulbo contém uma mecha umedecida por certo líquido A, a qual está em contato com uma quantidade apreciável de gás. Esse gás, estando a temperatura igual a T_∞, possui em seu seio o vapor da espécie A e escoa com velocidade superior a 3 m/s ($u_\infty > 3$ m/s). À medida que o líquido evapora da mecha, esta resfria-se até que o fluxo de calor sensível transferido a ela pelo gás, Equação (10.123), iguala-se ao fluxo de calor perdido em razão da vaporização do líquido A, Equação (10.125), por intermédio do seu calor latente de vaporização. Assim, toda energia necessária à vaporização do líquido A contido na mecha é fornecida a ela pelo calor sensível proveniente do gás, levando a $e_G = 0$. A temperatura da mistura gasosa lida por um termômetro comum é dita *bulbo seco*, T_∞, enquanto aquela acusada pelo termômetro que contém a mecha é definida como sendo a de *bulbo úmido*, T_i.

Sabendo que $e_G = 0$, e que T_i e T_∞ presentes na Figura (10.11) referem-se às temperaturas de bulbo úmido e de bulbo seco, respectivamente, podemos escrever da Equação (10.127):

$$0 = h(T_i - T_\infty)\frac{\gamma}{\left(1-e^{-\gamma}\right)} + k_m\left(\frac{w_{A_i} - w_{A_\infty}}{1 - w_{A_i}}\right)\rho_p \lambda_A$$

ou

$$h(T_\infty - T_i)\frac{\gamma}{\left(1-e^{-\gamma}\right)} = n_{A,p}\lambda_A \tag{10.132}$$

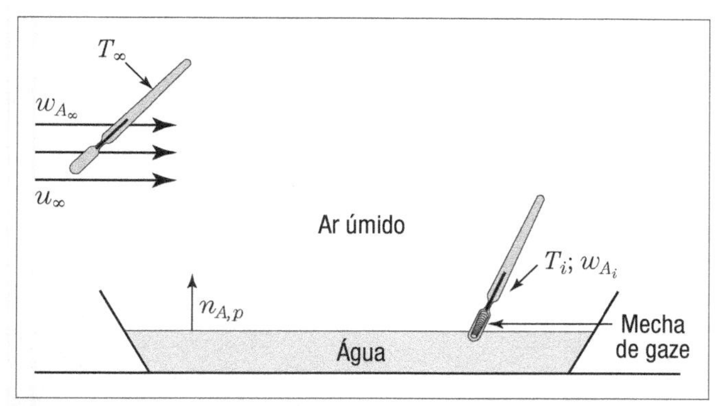

Figura 10.11 – Representação das tomadas de temperaturas de bulbo seco e de bulbo úmido.

Substituindo a correção de Arckmann, dada pela Equação (10.117), na Equação (10.132) e depois de algumas manipulações algébricas, ficamos com a seguinte expressão:

$$\frac{n_{A,p}C_{p_A}}{h} = -\ell n\left[1 - \frac{C_{p_A}}{\lambda_A}(T_\infty - T_i)\right] \tag{10.133}$$

Identificando o fluxo de massa dado pela Equação (8.76) na Equação (10.133), obtemos:

$$\left(\frac{k_m\rho_p}{h}\right)\left(\frac{w_{A_i} - w_{A_\infty}}{1 - w_{A_i}}\right)C_{p_A} = -\ell n\left[1 - \frac{C_{p_A}}{\lambda_A}(T_\infty - T_i)\right] \tag{10.134}$$

Depois de multiplicar a expressão (10.134) pela capacidade calorífica da mistura, tem-se como resultado:

$$\left(\frac{k_m\rho_p C_p}{h}\right)\left(\frac{w_{A_i} - w_{A_\infty}}{1 - w_{A_i}}\right)\frac{C_{p_A}}{C_p} = -\ell n\left[1 - \frac{C_{p_A}}{\lambda_A}(T_\infty - T_i)\right] \tag{10.135}$$

Na Equação (10.135) identificamos a relação $(k_m\rho_p C_p/h)$, a qual, segundo a definição (10.90), representa $Le^{-2/3}$. Para que possamos admitir como válida esta aproximação, devemos considerar:

a) Convecção forçada. O que é válido, pois a teoria do bulbo úmido é aplicada para o escoamento da mistura gasosa para velocidades $u_\infty > 3$ m/s.

b) Todas as propriedades, exceto o calor latente de vaporização, são avaliadas na temperatura de bulbo seco[7]. Isto se deve ao fato de a temperatura real da mistura ser T_∞.

Dessa forma, retomamos a Equação (10.135) de acordo com[8]:

$$\left(\frac{w_{A_i} - w_{A_\infty}}{1 - w_{A_i}}\right) = -Le^{2/3}\frac{C_p}{C_{p_A}}\ell n\left[1 - \frac{C_{p_A}}{\lambda_A}(T_\infty - T_i)\right] \tag{10.136}$$

Em situações de engenharia, deseja-se normalmente avaliar a umidade do ar, a qual, por exemplo, é dada em função da *umidade absoluta*, esta definida por:

Umidade absoluta =
= (kg de vapor de água)/(kg de ar seco) ou

$$Y_A = \frac{w_A}{1 - w_A} \tag{10.137}$$

Com a intenção de avaliar a umidade absoluta do ar, retomamos a Equação (10.136) em função da fração mássica do vapor presente na mistura:

$$w_{A_\infty} = w_{A_i} + \left(1 - w_{A_i}\right)Le^{2/3}\frac{C_p}{C_{p_A}}\ell n\left[1 - \frac{C_{p_A}}{\lambda_A}(T_\infty - T_i)\right] \tag{10.138}$$

A capacidade calorífica, de acordo com a definição (10.93), depende da fração mássica do soluto A. Se considerarmos a mistura binária ($A + B$), verificamos:

$$C_p = w_{A_\infty}C_{p_A} + w_{B_\infty}C_{p_B} \tag{10.139}$$

que, substituída na Equação (10.138) e rearranjando o resultado obtido, fica:

$$w_{A_\infty} = \frac{w_{A_i} + \psi C_p^*}{1 + \psi\left(1 - C_p^*\right)} \tag{10.140}$$

com

$$\psi = \left(1 - w_{A_i}\right)Le^{2/3}\ell n\left[1 - \frac{Cp_A}{\lambda_A}(T_\infty - T_i)\right] \tag{10.141}$$

e

$$C_p^* \equiv \frac{C_{p_B}}{C_{p_A}} \tag{10.142}$$

[7] Inclusive a concentração mássica da mistura gasosa, de modo que $\rho_p = \rho$. Esta consideração é reforçada pelo fato de o ar úmido estar escoando à temperatura de bulbo seco.

[8] *Grosso modo* seria Le^n, em que $n = n(f_p)$ para $f_p \neq 0$.

Exemplo 10.6

Ar úmido a 105,5 °C e 1 atm escoa sobre um termômetro de bulbo úmido que acusa 52,9 °C. Calcule a umidade absoluta do ar, supondo, para a estimativa do *Le*, que as propriedades que contêm a influência da presença da espécie química na mistura possam ser avaliadas considerando apenas a presença do ar seco.

Solução:

A umidade absoluta do ar para as condições citadas nesse exemplo advém da Equação (10.137), retomada como:

$$Y_{A_\infty} = \frac{w_{A_\infty}}{1 - w_{A_\infty}} \tag{1}$$

com a fração mássica obtida da Equação (10.140);

$$w_{A_\infty} = \frac{w_{A_i} + \psi C_p^*}{1 + \psi\left(1 - C_p^*\right)} \tag{2}$$

em que

$$\psi = \left(1 - w_{A_i}\right) Le^{2/3} \ell n\left[1 - \frac{C_{p_A}}{\lambda_A}(T_\infty - T_i)\right] \tag{3}$$

e

$$C_p^* \equiv \frac{C_{p_B}}{C_{p_A}} \tag{4}$$

Determinação da fração mássica do vapor de água à temperatura de bulbo úmido:

$$w_{A_i} = y_{A_i} \frac{M_A}{M_i} \tag{5}$$

com a fração molar obtida de:

$$y_{A_i} = P_A^{vap}/P \tag{6}$$

Cálculo da pressão de vapor. Da Equação (8.18) avaliada em T_i = 326,05K:

$$\ell n P_A^{vap} = 18{,}3096 - \frac{3816{,}44}{(326{,}06 - 46{,}13)} = 4{,}676$$

$$P_A^{vap} = 107{,}34 \text{ (mmHg)} \tag{7}$$

Determinação da fração molar de A. Pelo fato de P = 1 atm (760 mmHg), temos:

$$y_{A_i} = P_A^{vap}/P = 107{,}34/760 = 0{,}1412 \tag{8}$$

Exemplo 10.6 (*continuação*)

Determinação da massa molar da mistura em $T_i = 326{,}05$ K:

$$M_i = M_B + y_{A_i}(M_A - M_B) \tag{9}$$

Como $M_B = 28{,}85$ kg/mol e $M_A = 18{,}015$ kg/mol, substituiremos esses valores em conjunto com (8) em (9):

$$M_i = 28{,}85 + (0{,}1412)(18{,}015 - 28{,}85) = 27{,}32 \text{ kg/mol} \tag{10}$$

Levando (8) e (10) a (5):

$$w_{A_i} = (0{,}1412)\frac{(18{,}015)}{(27{,}32)} = 9{,}31 \times 10^{-2} \tag{11}$$

Determinação das capacidades caloríficas mássicas do vapor de água e do ar à temperatura de bulbo seco:

$$C_{p_A}\big|_{T_\infty} = 1{,}8584 + (9{,}4 \times 10^{-5})(105{,}5) + 3{,}73 \times 10^{-7}(105{,}5)^2 = 1{,}8725 \text{ kJ/kg} \cdot \text{K} \tag{12}$$

$$C_{p_B}\big|_{T_\infty} = 1{,}00926 - (4{,}04033 \times 10^{-5})(105{,}5) + 6{,}17596 \times 10^{-7}(105{,}5)^2 - 4{,}077323 \times 10^{10}\,(105{,}5)^3$$

$$C_{p_B}\big|_{T_\infty} = 1{,}011 \text{kJ/kg} \cdot \text{K} \tag{13}$$

Obtém-se a relação C_p^* substituindo (12) e (13) em (4):

$$C_p^* = \frac{C_{p_B}}{C_{p_A}} = \frac{1{,}011}{1{,}8725} = 0{,}54 \tag{14}$$

Determinação do parâmetro ψ:

$$T_\infty - T_i = 105{,}5 - 52{,}9 = 52{,}6 \text{ °C} \tag{15}$$

Cálculo do número de Lewis. Da definição (10.83):

$$Le = \frac{\alpha}{D_{AB}} \tag{16}$$

em que

$$\alpha = \frac{k}{\rho C_p} \tag{17}$$

Por considerarmos, neste exemplo, que o número de Lewis venha a ser avaliado somente com as propriedades do ar seco, podemos verificar da Tabela (1) do Exemplo (10.4):

$$k_B = 2{,}42503 \times 10^{-2} + 7{,}88913 \times 10^{-5}(105{,}5) - 1{,}79034 \times 10^{-8}(105{,}5)^2 - 8{,}5705 \times 10^{-12}(105{,}5)^3 =$$
$$= 3{,}2364 \times 10^{-2} \text{ (W/m} \cdot \text{K)} = 3{,}2364 \times 10^{-5} \text{ kJ/(m} \cdot \text{s} \cdot \text{K)} \tag{18}$$

O valor da massa específica do ar seco, considerando-o ideal, é calculado por:

$$\rho_B = \frac{(1)(28{,}85)}{(82{,}05)(378{,}65)} = 0{,}9287 \times 10^{-3} \text{ g/cm}^3 = 0{,}9287 \text{ kg/m}^3 \tag{19}$$

Exemplo 10.6 (*continuação*)

Depois de substituir os resultados (13), (18) e (19) na definição (17):

$$\alpha = \frac{\left(3{,}2364\times10^{-5}\right)}{(0{,}9287)(1{,}011)} = 3{,}4470\times10^{-5}\ \text{m}^2/\text{s} \tag{20}$$

O valor do coeficiente de difusão do vapor de água no ar é avaliado de acordo com a Equação (8.20) para 1 atm:

$$D_{AB} = 0{,}288\times10^{-4}\left(\frac{105{,}5+273{,}15}{313{,}15}\right)^{1{,}75} = 4{,}0152\times10^{-5}\ \text{m}^2/\text{s} \tag{21}$$

Por consequência, o Le é determinado levando (20) e (21) à definição (16), resultando:

$$Le = \frac{\left(3{,}2364\times10^{-5}\right)}{\left(4{,}0152\times10^{-5}\right)} = 0{,}858 \tag{22}$$

Determinação do calor latente de vaporização da água. Utilizando-se a Equação (10.131) avaliada na temperatura de bulbo úmido: T_i = 52,9 °C:

$$\lambda_A = 352{,}58(374{,}14 - 52{,}9)^{0{,}33052} = 2375{,}83\ \text{kJ/kg} \tag{23}$$

Levando (11), (12), (15), (22) e (23) a (3):

$$\psi = (1-0{,}0931)(0{,}858)^{2/3}\,\ell n\left[1-\frac{(1{,}8725)}{(2.375{,}83)}(52{,}6)\right] = -0{,}0347 \tag{24}$$

A fração mássica do vapor na mistura é obtida substituindo (11), (14) e (24) em (2).

$$w_{A_\infty} = \frac{0{,}0931-(0{,}0347)(0{,}54)}{1-(0{,}0347)(1-0{,}54)} = 0{,}07557 \tag{25}$$

Finalmente, obtém-se a umidade absoluta do ar levando (25) a (1):

$$Y_{A_\infty} = \frac{0{,}07557}{1-0{,}07557} = 0{,}0814$$

Caso considerássemos a presença do vapor de água em mistura com o ar para o cálculo do número de Lewis, encontraríamos Le = 0,826, ocasionando um desvio relativo de aproximação para esse número de 4,25%. Contudo, ao substituirmos Le = 0,826 na Equação (24) e o resultado obtido na expressão (25), encontraríamos Y_{A_∞} = 0,0823. Isso leva a um desvio relativo de aproximação de apenas 0,73%.

O programa em FORTRAN 77, apresentado no Apêndice A4, possibilita o cálculo da umidade absoluta do ar, supondo as duas situações; ou seja, considera-se ou não a influência das propriedades do vapor de água no cálculo do número de Lewis.

EXERCÍCIOS

Conceitos

1. Como a compreensão do significado físico do caminho livre médio pode ser útil na interpretação física da difusividade térmica em gases?
2. O que diferencia a lei de Fourier para os diversos estados da matéria?
3. Deduza os parâmetros para transferência de calor encontrados no quadro (10.1).
4. Construa um diagrama mnemônico que inclua a simultaneidade entre os fenômenos de transferência de momento, de calor e de massa.
5. Demonstre para gases ideais que $\beta_M = \beta_T$. Obs.: veja um resultado no exemplo 10.5.
6. Por que a Equação (10.91) é válida somente para $f_p = 0$?
7. Qual é a diferença entre difusão térmica e difusividade térmica?
8. Demonstre, para o sistema ar/vapor d'água, que: $\frac{\gamma}{1-e^{-\gamma}} \cong 1$.
9. O que diz a teoria do bulbo úmido?
10. Obtenha a expressão para a teoria do bulbo úmido a partir da analogia entre as transferências de massa e de calor.
11. Proponha um experimento simples capaz de medir a temperatura de bulbo úmido e seco do ar ambiente.
12. Identifique os fenômenos de transferência simultânea de calor e de massa presentes na Figura (10.1).

Cálculos

1. Considerando os fenômenos das convecções térmica e mássica naturais, determine o fluxo mássico do vapor de água para a situação na qual ar úmido a 70 °C e 1 atm entra em contato com uma placa plana vertical metálica de 2 m de altura e que está a 50 °C para os seguintes casos:

   a) o ar está seco;

   b) a mistura gasosa contém 15% em mol de água. Considere que a película condensada esteja à temperatura da placa.

2. Resolva o exercício anterior considerando que a mistura escoe a 5 m/s.
3. Determine o fluxo mássico de vapor de água condensado sobre uma superfície plana vertical de 1 m de comprimento a 74 °C, sabendo que a espessura do filme gasoso estagnado e inerte é de 5,7 mm. Para $x > 5{,}7$ mm, a temperatura da mistura gasosa é 93 °C. Nesta situação a fração molar do vapor é 0,55. Considere o coeficiente de troca de calor convectivo da película condensada formada sobre a placa igual a 0,025 J/s · cm^2 · K. Admita que o sistema esteja a pressão atmosférica.
4. Considerando $\frac{\gamma}{1-e^{-\gamma}} \cong 1$. para o sistema ar/água, determine o fluxo mássico de vapor de água presente em 3% em mol em ar a 40 °C e 1 atm. Considere convecção natural para transferência de calor e de massa e que a interface gás–líquido esteja a 35 °C.
5. Calcule a temperatura de bulbo úmido do ar que está a 25 °C e 1 atm com umidade absoluta de 0,017 kg/kg.
6. A tabela a seguir nos informa as temperaturas de bulbo seco e úmido em diversas condições de temperatura e de pressão para o ar úmido. Determine a umidade absoluta do ar para cada caso, considerando as propriedades da mistura quando do cálculo do número de Lewis.

P (mmHg)	780,80	708,90	708,20	708,10	717,13	718,26	717,23
T_∞ (°C)	150	121,1	114,2	109,4	104,8	93,5	84,5
T_i (°C)	38,5	53,4	50,5	46,5	50,8	49,6	45,0

7. Verifique, para o exemplo 10.6, a exigência de a teoria do bulbo úmido ser válida apenas para a convecção forçada. Para tanto, estime o parâmetro de transição relatado no item 9.4.
8. Adapte o programa numérico contido no Apêndice A4 para a estimativa da umidade relativa do ar e a calcule para cada condição do ar úmido presente no exercício 6.

Para os exercícios (9) e (10), considere as seguintes informações:

[a]Nitrogênio

T (K)	300	400	500
$\nu \times 10^6$ (m^2/s)	15,63	25,74	37,66
Pr	0,713	0,691	0,684

[a]Fonte: Holmann, 1983.

[a]Espécie	Benzeno	Tolueno	Metanol	Etanol	Nitrogênio
M (g/mol)	78,114	92,141	32,042	46,065	28,03
A	−8,101	−5,817	5,502	2,153	7,440
B × 10	1,133	1,224	0,1694	0,5113	−0,0324
C × 10^5	−7,206	−6,605	0,6179	−2,004	0,640
D × 10^9	10,73	11,73	−6,811	0,328	−2,79
E	15,9008	16,0137	18,5875	18,9119	14,9542
F	2.788,51	3.096,52	3.626,55	3.803,98	588,72
G	−52,36	−53,67	−34,29	−41,68	−6,60
λ_i a T_b	7.532	7.930	8.426	9.290	1.333
T_b K	353,3	383,8	337,8	351,5	77,4
T_c K	562,1	591,7	512,6	516,2	126,2

[a]Fonte: Reid, Prausnitz e Sherwood, 1977.

sendo: $C_p = A + BT + CT^2 + DT^3$ em (cal/mol · K) e T em Kelvin e

$$\ell n P_A^{vap} = E - \frac{F}{(T+G)} \text{ em (mmHg) e } T \text{ em Kelvin.}$$

em que o calor latente de vaporização pode ser calculado pela correlação de Watson (1943):

$$\tilde{\lambda}_2 = \tilde{\lambda}_1 \left[\frac{1-T_{r_2}}{1-T_{r_1}}\right]^{0,38} \text{ em (cal/mol) e } T_r = \frac{T}{T_c}$$

9. Uma mistura gasosa em que o soluto está diluído no meio escoa a 40 °C e 1 atm em uma determinada tubulação. Determine a temperatura de bulbo úmido para os seguintes casos:
   a) metanol a 1% em mol diluído em ar;
   b) metanol a 1% em mol diluído em nitrogênio;
   c) etanol a 1% em mol diluído em ar;
   d) etanol a 1% em mol diluído em nitrogênio;
   e) benzeno a 1% em mol diluído em ar;
   f) benzeno a 1% em mol diluído em nitrogênio;
   g) tolueno a 1% em mol diluído em ar;
   h) tolueno a 1% em mol diluído em nitrogênio.
10. Considerando que o termômetro do exercício 9 acuse a temperatura de bulbo úmido igual a 10 °C, determine a composição da espécie diluída no seio do gás nos itens do exercício anterior.

BIBLIOGRAFIA

BAEHR, H. D.; SCHWIER, K. *Die thermodynamischen eigenschaften de luft*. Berlim: Springer, 1961, apud PAKOWSKI, Z. et al. *Drying Technology*, v. 9, n. 3, p. 753, 1991.

BIRD, R. B.; STEWART, W. E.; LIGHTFOOT, E. N. *Transport phenomena*. New York: John Wiley, 1960.

CALLEN, H. B. *Thermodynamics and introduction to thermostatistcs*. 2. ed. New York: John Wiley, 1985.

CREMASCO, M. A. *Anais* do XI Congresso Brasileiro de Engenharia Mecânica. São Paulo, 1991. p. 217.

________. *Anais* do IV Encontro Nacional de Ciências Térmicas. Rio de Janeiro, 1992. p. 697.

HINES; MADDOX, R. N. *Mass transfer*: fundamentals and applications. Englewood Cliffs: Prentice-Hall, 1985.

HOLMANN, J. P. *Transferência de calor*. São Paulo: McGraw-Hill do Brasil, 1983.

KUO, K. K. *Principles of combustion*. New York: John Wiley, 1986.

LUIKOV, A. *Heat and mass transfer*. Moscow: Mir Publishers, 1980.

MASON, E. A.; SAXENA, S. C. *The physics of fluids*, v. 1, p. 361, 1958, apud BIRD, R. B.; STEWART W. E.; LIGHTFOOT, E. N. *Transport phenomena*. New York: John Wiley, 1960.

MASSARANI, G. *Secagem de produtos agrícolas*. v. 2. Rio de Janeiro: Editora da UFRJ, 1987.

MCCABE, W. L.; SMITH, J. C.; HARRIOT, P. *Unit operations of chemical engineering*. 4. ed. New York: McGraw-Hill, 1985.

PAKOWSKI, Z. et al. *Drying technology*, v. 9, n. 3, p. 753, 1991.

PRIGOGINE, I. *Introduction to thermodynamics of irreversible processes*. 2. ed. New York: John Wiley, 1967.

REID, R. C.; PRAUSNITZ, M.; SHERWOOD, T. K. *The properties of gases & liquids*. 3. ed. New York: McGraw-Hill, 1977.

SCHLICHTING, H. *Boundary-layer theory*. 6. ed. New York: McGraw-Hill, 1968.

SHERWOOD, E. L.; PIGFORD, R.; WILKE, R. C. *Mass transfer*. Tokyo: McGraw-Hill Kogakusha, 1975.

SMITH, J. M.; VAN NESS, H. C. *Introdução a termodinâmica da engenharia química*. 3. ed. Rio de Janeiro: Guanabara Dois, 1980.

STOECKER, W. F.; JABARDO, J. M. S. *Refrigeração industrial*. São Paulo: Edgard Blücher, 1994.

TREYBAL, R. E. *Mass-transfer operations*. 3. ed. New York: McGraw-Hill, 1980.

VDI WÄRMEATLAS. 3. ed. Dlisseldorf: VDI-Verlag, 1977, apud PAKOWSKI, Z. et al. *Drying Technology*, v. 9, n. 3, p. 753, 1991.

WATSON, K. M. *Ind. Chem. Eng.*, v. 35, p. 398, 1943, apud SMITH, J. M.; VAN NESS, H. C. *Introdução à termodinâmica da engenharia química*. 3. ed. Rio de Janeiro: Guanabara Dois, 1980.

NOMENCLATURA

C_f	coeficiente de atrito, quadro (10.7);	adimensional
C_p	capacidade calorífica mássica do fluido, quadro (10.1); da mistura, definição (10.93);	$[F \cdot L \cdot T^{-1} \cdot M^{-1}]$
C_v	capacidade calorífica volumétrica do fluido, quadro (10.1);	$[F \cdot L \cdot T^{-1} \cdot M^{-1}]$
D_{AA}	coeficiente de autodifusão da espécie A, quadro (10.1);	$[L^2 \cdot T^{-1}]$
D_{AB}	coeficiente de difusão do soluto A no meio B;	$[L^2 \cdot T^{-1}]$
D^T	difusividade turbilhonar, Equação (8.86), quadro (10.6);	$[L^2 \cdot T^{-1}]$
e	fluxo de energia na convecção térmica, Equação (10.6);	$[F \cdot L^{-1} \cdot t^{-1}]$
$\vec{e}$	fluxo de energia referenciado a eixos estacionários, Equação (10.12); da mistura, Equação (10.98);	$[F \cdot L^{-1} \cdot t^{-1}]$
e_G	fluxo global de energia da fase gasosa, Equação (10.126);	$[F.L^{-1} \cdot t^{-1}]$
e_p	fluxo de energia da fase gasosa avaliada na interface gás–líquido sem a presença de mudança de fase ou fluxo de calor sensível, Equação (10.119);	$[F \cdot L^{-1} \cdot t^{-1}]$
f	função de similaridade: f(η), Equação (10.39), quadro (10.4);	adimensional
f_p	parâmetro de injeção ou de sucção, quadro (10.7), exemplo (10.5);	adimensional
g	campo gravitacional, Equação(10.50), quadro (10.5);	$[L \cdot T^{-2}]$
h	coeficiente convectivo de transferência de calor, Equação (10.6);	$[F \cdot L^{-1} \cdot T^{-1} \cdot t^{-1}]$
H	altura de uma placa plana vertical, quadro (10.5);	[L]
H	entalpia do fluido, Equação (10.10); da mistura, definição (10.99);	$[F \cdot L]$
$\vec{j}_i$	fluxo termodinâmico generalizado, Equação (10.77); fluxo difusivo mássico de i, vetorial, Equação (10.98);	$[M \cdot L^{-2} \cdot T^{-1}]$
$j_{A,y}^T$	fluxo mássico turbulento de A na direção y Equação (8.87), quadro (10.6);	$[M \cdot L^{-2} \cdot T^{-1}]$
k	condutividade térmica do fluido, quadro (10.1), Equação (10.2); da mistura, Equação (10.95);	$[F \cdot T^{-1} \cdot t^{-1}]$
k_m	coeficiente convectivo de transferência de massa, exemplo (10.1), Equação (10.84);	$[L \cdot T^{-1}]$
K_{ij}	coeficientes fenomenológicos, Equação (10.79);	$[L^2 \cdot T^{-1}]$
ℓ	comprimento de mistura de Prandtl, quadro (10.6);	[L]
L	comprimento da placa plana horizontal ou comprimento característico;	[L]

L_{ik}	coeficientes fenomenológicos, Equações (10.77);	$[L^2 \cdot T^{-1}]$
M	massa molar;	$[M \cdot mol^{-1}]$
N	número adimensional;	adimensional
$n_{A,i}$	fluxo global mássico de A referenciado a eixo estacionário na direção i;	$[M \cdot L^{-2} \cdot T^{-1}]$
$\vec{n}_i$	fluxo total mássico de i, vetorial, referenciado a eixos estacionários, Equação (10.101);	$[M \cdot L^{-2} \cdot T^{-1}]$
P_A^{vap}	pressão de vapor da espécie A, exemplo (10.5);	$[F \cdot L^{-1}]$
$\vec{q}$	fluxo de calor condutivo, Equação (10.11);	$[F \cdot L^{-1} \cdot t^{-1}]$
q_i	fluxo de calor i: $i = c$ – condutivo; $i = s$ – sensível; $i = \lambda$ – latente de vaporização;	$[F \cdot L^{-1} \cdot t^{-1}]$
q_y^T	fluxo de calor turbilhonar na direção y, Equação (10.66), quadro (10.6);	$[F \cdot L^{-1} \cdot t^{-1}]$
S_p	produção de entropia, Equação (10.74);	$[F \cdot L]$
T	temperatura;	$[t^{-1}]$
u	componente de velocidade na direção x, Equação (10.10) ou velocidade do escoamento;	$[L \cdot T^{-1}]$
$\vec{v}$	velocidade média mássica da mistura ou do meio, vetorial, Equação (10.11);	$[L \cdot T^{-1}]$
v	componente de velocidade na direção y, Equação (10.10);	$[L \cdot T^{-1}]$
x	direção, ou distância, na horizontal, da borda de ataque da placa plana;	$[L]$
$\vec{X}_K$	força termodinâmica generalizada, Equação (10.76);	
w_i	fração mássica da espécie i;	adimensional
y	direção; ou distância, na vertical, da borda de ataque da placa plana;	$[L]$
y_i	fração molar da espécie i;	adimensional
x_1, y_1, z_1	espessura de um filme que envolve o meio de transporte;	$[L]$
z	direção.	$[L]$

Letras gregas

α	difusividade térmica do fluido, quadro (10.1), Equação (10.1); da mistura, definição (10.16);	$[L^2 \cdot T^{-1}]$
α^T	difusividade térmica turbilhonar, Equação (10.66), quadro (10.6); da mistura, definição (10.65);	$[L^2 \cdot T^{-1}]$
β	coeficiente convectivo modificado de transferência de calor, Equação (10.24);	$[L \cdot T^{-1}]$
β_M	coeficiente volumétrico de expansão mássica, definição (10.53a), quadro (10.5);	$[M^{-1} \cdot L^3]$
β_T	coeficiente volumétrico de expansão térmica, Equação (10.48);	$[T^{-1}]$
δ	espessura de camada limite;	$[L]$
ϕ	fator de proporcionalidade em função do C_f, Equação (8.54), quadro (10.7);	adimensional

γ	parâmetro de semelhança, quadro (10.7); correção de Arckmann, Equação (10.117);	adimensional
η	variável de similaridade, quadro (10.4), Equação (7.71);	adimensional
φ	temperatura adimensional, Equação (10.37);	adimensional
λ	caminho livre médio, quadro (10.1);	[L]
λ_A	calor latente mássico de vaporização de A, Equação (10.131);	$[F{\cdot}L{\cdot}M^{-1}]$
μ_A	potencial químico da espécie A, quadro (10.1);	$[F{\cdot}L{\cdot}mol^{-1}]$
μ_i	viscosidade dinâmica da espécie i, Equação (8.15);	$[M{\cdot}L^{-1}{\cdot}T^{-1}]$
ν	viscosidade cinemática do fluido, Equação (10.30);	$[L^2{\cdot}T^{-1}]$
θ	concentração mássica adimensional de A, quadro (10.4), Equação (8.29);	adimensional
ρ	densidade do fluido, Equação (10.10); da mistura, Equação (10.94);	$[M{\cdot}L^{-3}]$
ρ_i	concentração mássica da espécie i;	$[M{\cdot}L^{-3}]$
σ	fluxo de produção de entropia, Equação (10.76);	$[F{\cdot}L^{-2}{\cdot}T^{-1}]$
ψ	concentração de energia, Figura (10.5);	$[F{\cdot}L^{-2}{\cdot}T^{-1}t]$
ψ	parâmetro adimensional, Equação (10.41);	adimensional
ω	componente de velocidade na direção z, Equação (10.10);	$[L{\cdot}T^{-1}]$
Ω	velocidade média molecular, quadro (10.1)	$[L{\cdot}T^{-1}]$

Sobrescritos

T	turbulento
$'$	flutuação
$'$	derivada primeira
$''$	derivada segunda
$'''$	derivada terceira
~	molar
–	médio

Subscritos

A	espécie química A
b	temperatura normal no ponto de ebulição
B	espécie química B
c	calor, crítica
con	condensado
ℓ	calor na fase líquida

GLOBAL	(laminar) + (turbulento)
i	espécie i; interface; equilíbrio
M	mássico; transferência de massa
mis	mistura
N	natural
p	parede, placa; superfície; interface; fronteira
T	térmico; transferência de calor
x, y, z	direções cartesianas
x	local; $x = 0$ – na superfície da placa; na interface gás–líquido; na fronteira
y	local; $y = 0$ – na superfície da placa; na interface gás–líquido; na fronteira
∞	distância relativamente grande da superfície considerada; velocidade máxima
1	número adimensional primário
2_m	número adimensional secundário molecular
2_M	número adimensional secundário macroscópico
3	número adimensional terciário

Números adimensionais

j	fator de Colburn; Equação (10.77), quadro (10.7);
j_M	fator de Chilton-Colburn, Equação (8.120), quadro (10.7);
Le	número de Lewis, definição (10.83);
Nu	número de Nusselt, definição (10.28) ou (10.29);
Nu_N	número de Nusselt natural, Equação (10.61), quadro (10.5);
Pe	número de Peclet, definição Equação (10.34);
Pr	número de Prandtl, definição (10.30);
Ra	número de Rayleigh, Equação (10.54), quadro (10.5);
Ra_M	número de Rayleigh mássico, Equação (9.25), quadro (10.5);
Re	número de Reynolds, Equação (7.71), quadro (10.4), exemplo (10.1);
Sc	número de Schmidt, Equação (8.57), quadro (10.4), exemplo (10.1);
Sh	número de Sherwood, Equação (8.74), quadro (10.4), exemplo (10.1);
Sh_N	número de Sherwood natural, Equação (9.108), quadro (10.5);
St	número de Stanton, definição (10.32);
St_M	número de Stanton mássico, Equação (8.106), quadro (10.7), exemplo (10.1);
$\gamma = St/\phi$	fator de semelhança, quadro (10.7).

C A P Í T U L O 11

TRANSFERÊNCIA DE MASSA ENTRE FASES

(Introdução às operações de transferência de massa)

11.1 CONSIDERAÇÕES A RESPEITO

Isto não é um grão... é uma pérola! A riqueza do café não está no preço alcançado no mercado, mas no prazer do cafezinho compartilhado com pensamentos aleatórios. Antes de sorvê-lo, o café foi colhido, peneirado, torrado, moído, posto em água quente e o licor filtrado em um coador de pano. É o que se fazia em tempos idos.

O cafezinho, nessa ilustração, foi sujeito a uma sequência de transformações ou a um processo. Nesse processo, houve a etapa da extração da cafeína (entre outros subprodutos) por intermédio da água, que atuou como solvente solubilizador. O soluto, a cafeína, migrou do pó do café à solução aquosa, ou seja, passou de uma fase para outra. O fenômeno da ida do soluto de uma fase a outra caracteriza a transferência de massa entre fases.

Vimos neste livro, basicamente, o transporte do soluto ocorrendo em apenas uma fase: seja do seio dessa fase até uma dada fronteira com outra fase, seja no sentido inverso. A relação entre as duas fases limitava-se a uma relação de equilíbrio na interface. Neste capítulo, ainda que de maneira simplificada, procuraremos avaliar *como ocorre* e *como pode* ser feito o transporte do soluto de uma fase para outra. Não podemos nos esquecer de que existe, em cada fase, uma resistência associada ao movimento do soluto, a qual, numericamente, relaciona-se com o inverso do coeficiente de transferência de massa. Tal coeficiente bem como as diversas formas de expressá-lo em função de distintas forças motrizes já foram apresentados e discutidos no item 7.2, e serão retomados neste capítulo.

Entre as duas fases existe a interface. Óbvio? Talvez. Não se esqueça de que o que governa essa interface é o equilíbrio termodinâmico. Deixamos a discussão mais aprofundada sobre este assunto a cargo do leitor, pois foge do escopo deste livro. Entretanto, o equilíbrio termodinâmico é peça fundamental para transferência de massa entre fases, já que delimita regiões de transporte. Todavia, mesmo que superficialmente, apresentou-se algo no tópico 3.5.1, em que o equilíbrio termodinâmico foi descrito por relações simples, as quais, no presente capítulo, nos serão de extrema utilidade. Essas relações, principalmente a lei de Henry, serão utilizadas considerando sistemas diluídos e isotérmicos; hipóteses que nortearão nossos próximos passos, pois estamos preocupados com o primeiro olhar a ser lançado às operações de transferência de massa.

As operações de transferência de massa são um conjunto de técnicas e de equipamentos destinados à separação de um ou mais componentes de uma mistura ou solução. O conhecimento dessas operações, por sua vez, está intimamente relacionado à concepção de um projeto de processos. Neste, além das operações, está incluído o dimensionamento do equipamento no qual ocorrerá o fenômeno de separação. O dimensionamento da coluna avalia o seu aspecto construtivo, como altura, diâmetro, número de estágios, assim como a fluidodinâmica das fases que escoam pelo equipamento, os cálculos que envolvem aspectos de termodinâmica e de transferência de massa, bem como balanços macroscópicos de matéria e de energia. Em nosso estudo, partiremos do pressuposto de que o equipamento esteja devidamente dimensionado e, a partir de então, verificaremos algum parâmetro construtivo.

O presente capítulo, pelo exposto, consistirá na apresentação de algumas técnicas de separação, as quais serão baseadas na solubilização de um soluto por um agente extrator; da fenomenologia básica da transferência de massa entre fases, bem como informações sobre balanços macroscópicos de matéria, visando a determinação da altura efetiva de uma coluna e o número de estágios ideais em sistemas isotérmicos e diluídos.

11.2 TÉCNICAS DE SEPARAÇÃO

Antes de apresentar técnicas, torna-se substancial identificar separação. Ora, separação de quê? Do cafezinho!? Também... e não só. Imagine uma mistura gasosa da qual é de interesse extrair certo soluto. Eis a separação! Nós a entendemos, simplesmente, pelo fato de o soluto migrar de uma fase para outra.

Considere, por exemplo, uma corrente de ar contaminada por amônia. Deseja-se separar a amônia do ar. Isso é possível desde que se ponha em contato essa corrente com outra de água isenta de amônia. Pelo fato de a amônia estar presente em maior quantidade na fase gasosa e em virtude de sua alta solubilidade em água, a amônia (soluto) migrará da *fase gasosa* para a *fase líquida*. Esse fenômeno de separação, conhecido como *absorção,* ilustra bem a influência da fenomenologia da transferência de massa entre fases nas técnicas de separação. Ela nos informa como ocorre o transporte do soluto que vai do seio da fase gasosa até a interface gás–líquido e desta ao seio da fase líquida. Essa interface, por sua vez, depende das condições termodinâmicas vinculadas ao processo de separação.

Além da absorção citada anteriormente, temos, entre outras, as seguintes técnicas de separação, as quais são baseadas na solubilização:

Dessorção, seria a absorção em sentido contrário. O soluto migra do seio da fase líquida para a gasosa.

Na *extração líquido–líquido*, a solução é tratada por um solvente que solubiliza, preferencialmente, um ou mais componentes da solução. Denomina-se a corrente da solução da qual foi extraído o soluto de *refinado,* e aquela para a qual foi o soluto de *extrato.*

Na *extração de sólidos ou lixiviação*, o material solúvel é dissolvido de uma mistura contendo sólidos inertes por um solvente líquido. A corrente que solubiliza, tal qual na extração líquido–líquido, é denominada *extrato*; já aquela que foi solubilizada é denominada *refinado*.

Na *adsorção*, o soluto é removido de um líquido ou de um gás por contato com um sólido adsorvente, cuja superfície apresenta afinidade com o soluto. Por exemplo: carvão e ar úmido; *o carvão adsorve a umidade*!! O fenômeno inverso à adsorção é denominado *dessorção*, na qual o soluto migra da fase sólida para a fluída.

Como a transferência de massa aqui tratada ocorre entre fases, podemos denominar a de menor densidade de *fase leve* ou *fase G*, e a de maior densidade como *fase pesada* ou *fase L*. Para o caso das extrações, a fase leve corresponde ao extrato e a fase pesada ao refinado. O quadro (11.1) apresenta algumas técnicas de separação por solubilização associadas às fases leve e pesada.

Quadro 11.1 – Técnicas de separação por solubilização

Técnicas de separação	Fase G	Fase L
Absorção	Gás	Líquido
Dessorção	Gás	Líquido
Extração líquido–líquido	Extrato	Refinado
Lixiviação	Extrato	Refinado
Adsorção	Fluido	Sólido
Dessorção	Fluido	Sólido

Saliente-se que as técnicas de separação não são somente aquelas apresentadas no quadro (11.1). Nele, não está contida a operação industrial química mais utilizada no século XX, que é a *destilação*. No entanto, o princípio de separação da destilação baseia-se na *vaporização*, a partir de uma mistura de líquidos, de um ou vários componentes. O agente separador, nesse caso, é *o calor*. Existem outras operações que envolvem esse agente, tais como a *umidificação*, *desumidificação* e *secagem*. Todavia, neste capítulo, nos deteremos nas técnicas de separação por solubilização.

11.3 TRANSFERÊNCIA DE MASSA ENTRE FASES

11.3.1 Considerações preliminares

Conforme discutido na seção anterior, estamos interessados no movimento de um soluto de uma fase para a outra. A Figura (11.1) ilustra a situação na qual o soluto migra da fase leve (fase G) à pesada (fase L) e está representada por $G \rightarrow L$ (a ponta da seta indica o destino do soluto A). Nessa figura supõe-se que as fases leve e pesada estão situadas em filmes estagnados de espessuras δ_y e δ_x,

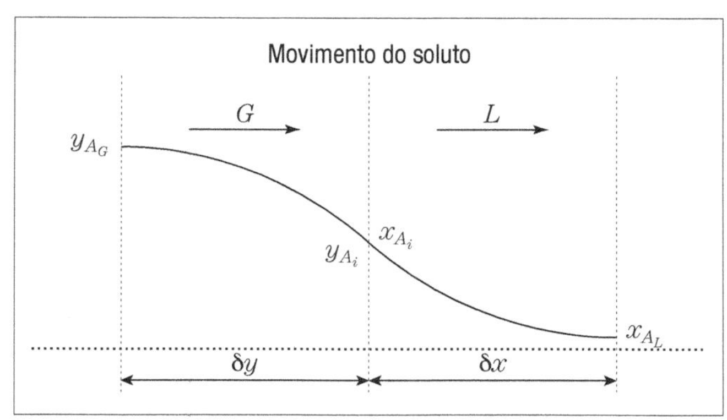

Figura 11.1 – Movimento do soluto através de duas fases (m = 1).

respectivamente. Nas fases G e L existem misturas binárias soluto/inerte, em que o soluto é o mesmo em ambas as fases, enquanto os inertes são distintos entre si[1].

O fluxo global do soluto na fase leve advém da Equação (7.22), a qual é retomada segundo:

$$N_{A,z} = k_y(y_{A_G} - y_{A_i}) \tag{11.1}$$

ou em função da pressão parcial, Equação (7.24):

$$N_{A,z} = k_G(P_{A_G} - P_{A_i}) \tag{11.2}$$

com $k_G = k_y/P$, em que P é a pressão total do sistema.

Na fase pesada, o fluxo global de A é descrito, em função de sua fração molar, pela Equação (7.27), ou em termos de sua concentração molar, Equação (7.29), as quais são postas, respectivamente, de acordo com:

$$N_{A,z} = k_x(x_{A_i} - x_{A_L}) \tag{11.3}$$

$$N_{A,z} = k_L(C_{A_i} - C_{A_L}) \tag{11.4}$$

em que $k_L = k_x(M_L/\rho_L)$, sendo M_L e ρ_L a massa molar e a massa específica da solução líquida, respectivamente.

Pelo fato de estarmos trabalhando com soluções diluídas, temos: $k_y \approx k'_y$, $k_G \approx k'_G$, $k_x \approx k'_x$, $k_L \approx k'_L$, e as unidades dos coeficientes de transferência de massa são aquelas definidas no início do Capítulo 7 (item 7.2). No entanto, no presente

[1] Veja o caso da absorção da amônia pela água: a fase G é constituída de ar + amônia, em que o ar é a espécie inerte e a amônia é o soluto. Na fase L, constituída de água + amônia, esta é o soluto, enquanto a água é a espécie inerte dessa fase. No caso de G ser gás e L, líquido, o inerte referente à fase G é denominado gás inerte, enquanto o inerte referente à fase L é conhecido como solvente.

capítulo, denominaremos tais coeficientes de *coeficientes individuais de transferência de massa*. O termo *individual* é usado em virtude de esses coeficientes estarem relacionados à resistência específica de uma fase ao transporte do soluto: $1/k_y$ e $1/k_G$ referem-se às resistências individuais ao transporte do soluto A na fase G, enquanto $1/k_x$ e $1/k_L$ associam-se às resistências individuais ao transporte de A na fase L.

Por enquanto, estamos tratando das fases em separado. O soluto migra do seio da fase G até a interface com o fluxo dado, por exemplo, pela Equação (11.1). Existe aí a resistência individual $1/k_y$. Depois, o soluto migra da interface até o seio da fase L via fluxo dado, por exemplo, pela Equação (11.3), com a resistência ao transporte igual a $1/k_x$. Como fica a interface? A resposta está no *equilíbrio termodinâmico de fases.*

Encontramos alguma informação sobre o equilíbrio termodinâmico, nesta obra, quando apresentamos o tópico 3.5.1, o qual se referia às condições de contorno em uma determinada interface. Evidentemente, trata-se de uma abordagem simplificada.

Se observarmos as Equações (11.1) e (11.3), perceberemos que as frações molares na interface i, y_{A_i} e x_{A_i} estão interligadas por uma relação de equilíbrio termodinâmico como a curva apresentada na Figura (11.2) ou por uma reta como aquela fornecida pela Equação (3.81), aqui reescrita da seguinte maneira:

$$y_{A_i} = m x_{A_i} \tag{11.5}$$

com $m = H/P$, em que H é a constante da lei de Henry. A Tabela (3.6) nos mostrou alguns valores para H; o valor de m é obtido dividindo-se o valor tabelado pela pressão total do sistema. A reta (11.5) é válida para soluções diluídas e operação isotérmica[2], sendo o valor de m constante, levando a curva esquematizada na Figura (11.2) a ser uma reta, conforme ilustra a Figura (11.3), cuja inclinação é a constante m.

[2] Quando se trabalha com técnicas de separação baseadas na solubilização, torna-se redundante mencionar *soluções diluídas e isotérmicas*; basta somente *soluções diluídas*, pois na situação de diluição praticamente não são sentidos os efeitos térmicos da mistura entre as espécies químicas que compõem a solução.

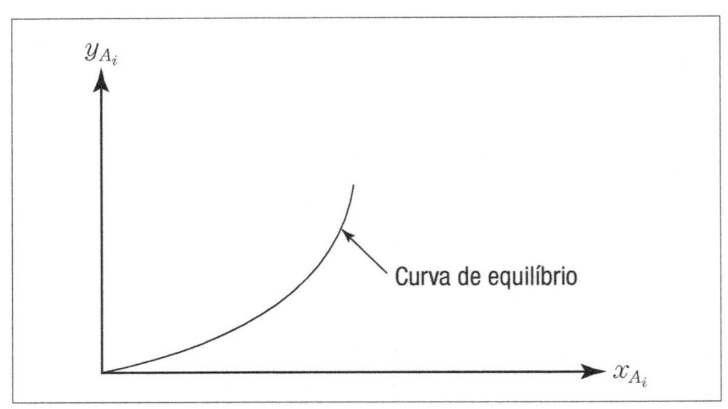

Figura 11.2 – Curva de equilíbrio ou de solubilidade.

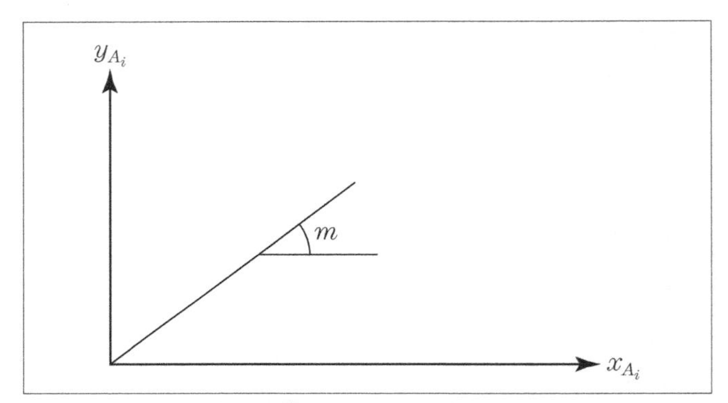

Figura 11.3 – Reta de equilíbrio ou de solubilidade.

11.3.2 Teoria das duas resistências

Notamos na Figura (11.1) dois filmes estagnados que oferecem, cada qual em separado, resistências ao transporte do soluto de uma fase em direção a outra. O soluto deve vencer a resistência ao seu movimento em ambas as fases para que ocorra a separação. A *teoria das duas resistências*, contudo, *considera que a interface não oferece resistência ao transporte do soluto*[3].

Ao considerarmos a existência do equilíbrio termodinâmico na interface e supondo válida a teoria das duas resistências, não se torna difícil estabelecer a continuidade do fluxo de A na fronteira entre as fases. Por conseguinte, podemos igualar as Equações (11.1) e (11.3), resultando:

$$k_y(y_{A_G} - y_{A_i}) = k_x(x_{A_i} - x_{A_L})$$

que, rearranjada, nos fornece:

$$-\frac{k_x}{k_y} = \frac{y_{A_G} - y_{A_i}}{x_{A_L} - x_{A_i}} \tag{11.6}$$

[3] A teoria das duas resistências foi proposta originalmente por Witman em 1923, que se baseou no fenômeno da absorção, sendo esta governada somente pela difusão do soluto nas duas fases, as quais foram supostas como filmes estagnados.

Exemplo 11.1

Esboce a linha $\overline{OM}$ referenciada à reta de equilíbrio para a operação $L \rightarrow G$.

Solução:

Supondo que a reta de equilíbrio possa ser dada por $y_{A_i} = x_{A_i}$, lançaremos mão da teoria das duas resistências para $L \rightarrow G$. Dessa maneira, os fluxos para as fases L e G são, respectivamente:

$$N_{A,z} = k_x(x_{A_L} - x_{A_i}) \quad (1)$$

$$N_{A,z} = k_y(y_{A_i} - y_{A_G}) \quad (2)$$

Da teoria das duas resistências: (1) = (2) ou

$$k_y(y_{A_i} - y_{A_G}) = k_x(x_{A_L} - x_{A_i}) \quad (3)$$

Rearranjando (3):

$$-\frac{k_x}{k_y} = \frac{y_{A_G} - y_{A_i}}{x_{A_L} - x_{A_i}} \quad (4)$$

A figura ilustrativa do exemplo será:

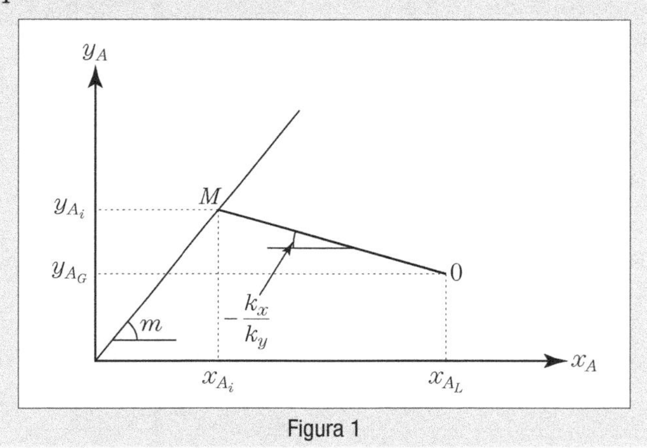

Figura 1

Se admitirmos a fase G como a gasosa e L a líquida, a Equação (11.6) expressa a relação entre as resistências individuais da fase gasosa e da líquida em função das forças motrizes em cada fase. A Figura (11.4) mostra o posicionamento da Equação (11.6) em relação à reta (11.5).

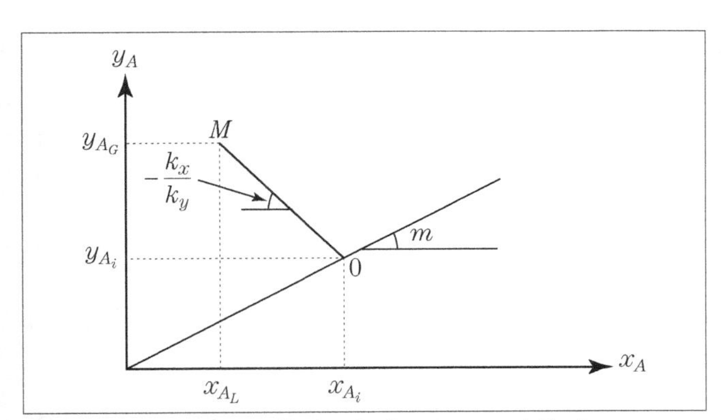

Figura 11.4 – Representação da relação entre as resistências individuais junto à reta de equilíbrio.

A Figura (11.4) é útil para a determinação dos coeficientes individuais envolvidos na operação de transferência de massa em um determinado ponto do equipamento de separação, desde que se conheçam as composições do soluto na interface. A inclinação dada pela Equação (11.6), presente na figura em análise, é a mesma para qualquer ponto ao longo da altura do equipamento; isto é fruto da hipótese de a solução ser diluída e a operação isotérmica.

11.3.3 Coeficientes globais de transferência de massa

A determinação experimental dos coeficientes individuais de transferência de massa não é trivial. Uma das maneiras para estimá-los consiste na realização de experimentos nos quais é estabelecido operacionalmente que a resistência oferecida ao transporte do soluto de uma das fases venha a ser desprezível em face da outra. Caso contrário, o coeficiente obtido engloba as resistências das fases envolvidas no processo de separação. Como consequência, os coeficientes globais de transferência de massa nascem como alternativa para a determinação do fluxo de matéria, sendo definidos para as fases G e L, respectivamente, como:

$$N_{A,z} = K_y(y_{A_G} - y_A^*) \tag{11.7}$$

$$N_{A,z} = K_x(x_A^* - x_{A_L}) \tag{11.8}$$

em que K_y e K_x são os coeficientes globais de transferência de massa referenciados às fases G e L, as quais podem ser identificadas às fases gasosa e líquida, respectivamente, apresentando as mesmas unidades dos coeficientes individuais de transferência de massa; y_A^* é a fração molar de A na fase gasosa em equilíbrio com a fração molar de A no seio da fase líquida que é dada, admitindo-se sistema diluído e validade da lei de Henry, por:

$$y_A^* = mx_{A_L} \tag{11.9}$$

e x_A^* é a fração molar de A na fase líquida em equilíbrio com a fração molar de A no seio da fase gasosa, ou:

$$y_{A_G} = mx_A^* \tag{11.10}$$

A Figura (11.5) ilustra as presenças de y_A^* e x_A^* em relação à reta de equilíbrio.

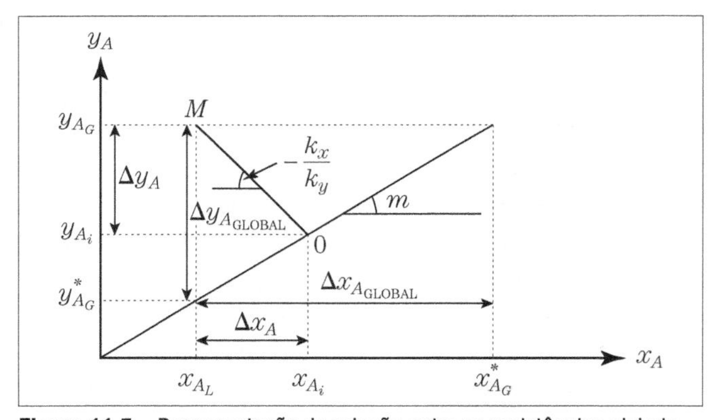

Figura 11.5 – Representação da relação entre as resistências globais junto à reta de equilíbrio.

As relações entre os coeficientes individuais e globais de transferência de massa são obtidas igualando-se os fluxos em cada fase. Por exemplo, o fluxo na fase G (gasosa) dado pela Equação (11.1) é o mesmo da Equação (11.7), de modo que:

$$k_y(y_{A_G} - y_{A_i}) = K_y(y_{A_G} - y_A^*)$$

que, rearranjada, fica:

$$\frac{k_y}{K_y} = \frac{1/K_y}{1/k_y} = \frac{y_{A_G} - y_A^*}{y_{A_G} - y_{A_i}} = \frac{\Delta y_{A_{\text{global}}}}{\Delta y_{A_G}} \tag{11.11}$$

A expressão (11.11) indica a relação entre as resistências global, referenciada à fase gasosa, e a individual da fase G. Essa expressão, presente na Figura (11.5), também está associada às forças motrizes individual e global. Analogamente para a fase L (líquida), igualaremos as Equações (11.2) e (11.8), levando-nos a:

$$\frac{k_x}{K_x} = \frac{1/K_x}{1/k_x} = \frac{x_A^* - x_{A_L}}{x_{A_i} - x_{A_L}} = \frac{\Delta x_{A_{\text{global}}}}{\Delta x_{A_L}} \tag{11.12}$$

Como pode ser observado, a Equação (11.11) ou (11.12) apresenta a relação entre as resistências global e individual de transferência de massa de uma determinada fase. No intuito de estabelecer relações entre a resistência global, referenciada a certa fase, com as individuais das fases G e L, retomaremos, para a fase G (gasosa), a Equação (11.7) segundo:

$$\frac{1}{K_y} = \frac{y_{A_G} - y_A^*}{N_{A,z}} \tag{11.13}$$

Somando e diminuindo y_{A_i} no numerador da Equação (11.13) e rearranjando o resultado obtido:

$$\frac{1}{K_y} = \frac{y_{A_G} - y_{A_i}}{N_{A,z}} + \frac{y_{A_i} - y_A^*}{N_{A,z}} \tag{11.14}$$

Substituindo as Equações (11.5) e (11.9) no numerador do segundo termo do lado direito da Equação (11.14), o resultado fica:

$$\frac{1}{K_y} = \frac{y_{A_G} - y_{A_i}}{N_{A,z}} + \frac{m\left(x_{A_i} - x_{A_L}\right)}{N_{A,z}} \tag{11.15}$$

Identificando os coeficientes individuais de transferência de massa por intermédio das Equações (11.1) e (11.3) na Equação (11.15), obtém-se a seguinte relação entre a resistência global, referenciada à fase G, e as individuais na forma:

$$\frac{1}{K_y} = \frac{1}{k_y} + \frac{m}{k_x} \tag{11.16}$$

Por um procedimento semelhante, consegue-se uma equação que expressa a relação entre a resistência global, referenciada à fase L, e as individuais, de acordo com:

$$\frac{1}{K_x} = \frac{1}{mk_y} + \frac{1}{k_x} \qquad (11.17)$$

Observando as Equações (11.16) e (11.17), podemos concluir:

a) Para um sistema envolvendo um gás altamente solúvel na fase líquida (absorção da NH_3 por H_2O), a constante m é muito pequena. Assim, se fizermos $m \rightarrow 0$ na Equação (11.16), verificamos:

$$\frac{1}{K_y} \approx \frac{1}{k_y} \qquad (11.18)$$

Nesse caso diz-se que a *resistência da fase gasosa controla o processo de transferência de massa.*

A definição de *o quê* está controlando o processo de separação é importante, inclusive, para a escolha do equipamento de separação. Na situação em que a fase gasosa controla o processo utiliza-se, por exemplo, as *torres* spray, Figura (11.6).

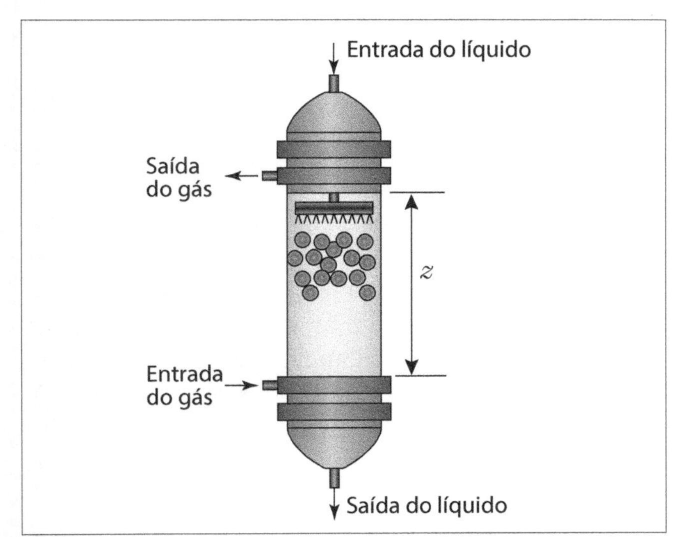

Figura 11.6 – Torre *spray* (z indica a altura efetiva).

As torres spray são câmaras espaçosas dentro das quais escoa a fase gasosa, denominada fase contínua, e a líquida que é introduzida por meio de atomizadores na forma de spray, caindo por gravidade em contracorrente com o gás. A fase líquida, por ser constituída de gotas, é denominada dispersa. Pequenas gotas proporcionam maior área interfacial de contato, através da qual ocorre o fenômeno de transferência. No entanto, essas gotas não devem ser demasiadamente pequenas, pois correm o risco de serem arrastadas pela corrente gasosa (WELTY; WILSON; WICKS, 1976).

b) Para um sistema envolvendo um gás pouco solúvel na fase líquida (por exemplo, absorção do CO_2 por H_2O), a constante m é muito grande, de modo que, ao substituirmos $1/m \rightarrow 0$ na Equação (11.17), notamos:

$$\frac{1}{K_x} \approx \frac{1}{k_x} \qquad (11.19)$$

Aqui a *resistência da fase líquida controla o processo de transferência de massa.* Nesta situação, podem-se utilizar as *torres de borbulhamento*, Figura (11.7).

As torres de borbulhamento operam exatamente ao contrário da torre spray. O gás é borbulhado na base da coluna e ascende em contracorrente ao líquido. O fenômeno de transferência de massa se dá na formação e movimento das bolhas (WELTY; WILSON; WICKS, 1976).

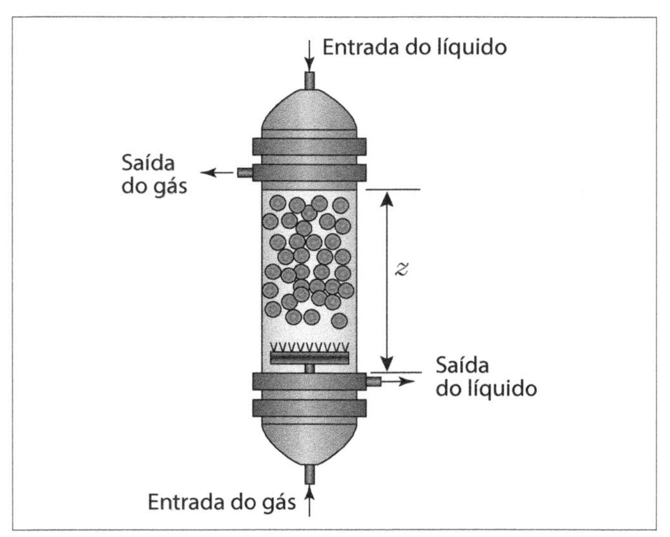

Figura 11.7 – Torre de borbulhamento (z indica a altura efetiva).

Utilizam-se as torres de recheios, Figura (11.8), quando as duas fases controlam o processo de transferência de massa ou quando se opera com elevadas taxas de vapor em relação às de líquido, bem como o inverso. Essas torres são largamente utilizadas na absorção e na dessorção, podendo ser aplicadas na destilação extrativa bem como no caso de extração líquido–líquido. A configuração desta coluna é a de um leito fixo recheado com particulados de formas peculiares, como aqueles ilustrados na Figura (11.9). Na Tabela (11.1) encontram-se algumas características desses recheios feitos de material cerâmico.

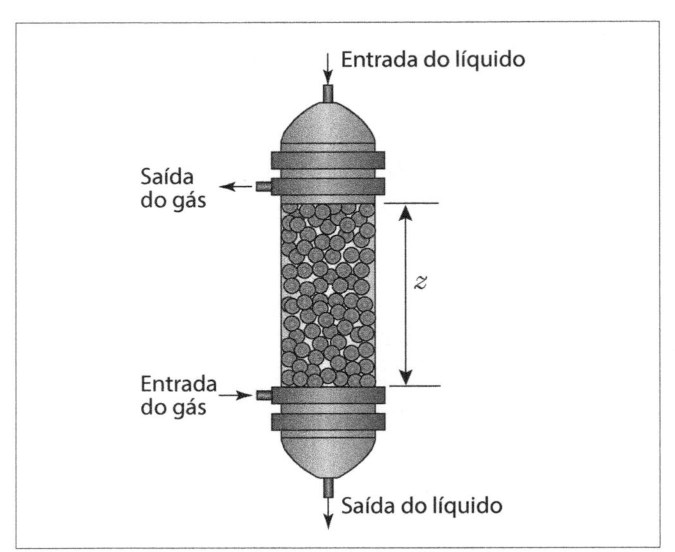

Figura 11.8 – Torre de recheios (z indica a altura efetiva).

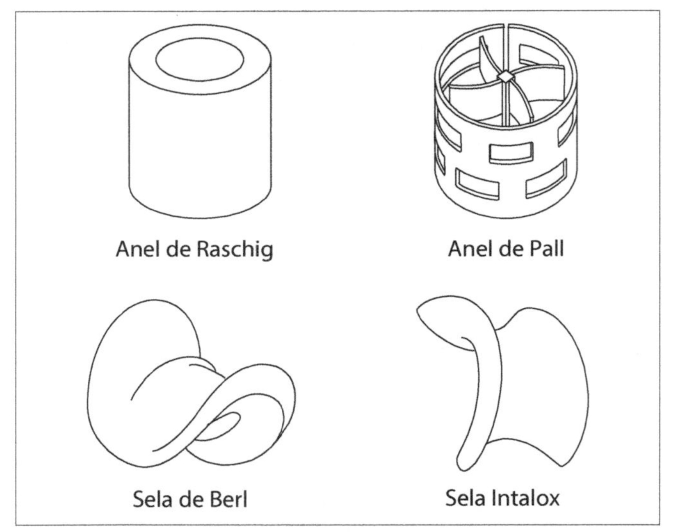

Figura 11.9 – Alguns tipos de recheios randômicos.
Fonte: McCabe, Smith e Harriot, 1980.)

[a]**Tabela 11.2** – Características de recheios estruturados metálicos de alta eficiência

Características	Mellapak 250y (placas perfuradas)	Sulzer-BX (telas)
altura da corrugação, h (mm)	12,7	6,4
base do canal, B (mm)	25,4	12,7
lado do canal, S (mm)	18,0	8,9
raio hidráulico, rh (mm)	-	1,8
diâmetro equivalente, d_e (mm)	14,2	7,2
a_S: área superficial (m^2/m^3)	250	492
porosidade	0,93	0,90
ângulo de escoamento com horizontal, θ	45°	60°

[a]Baseado em: Caldas e Lacerda, 1988.

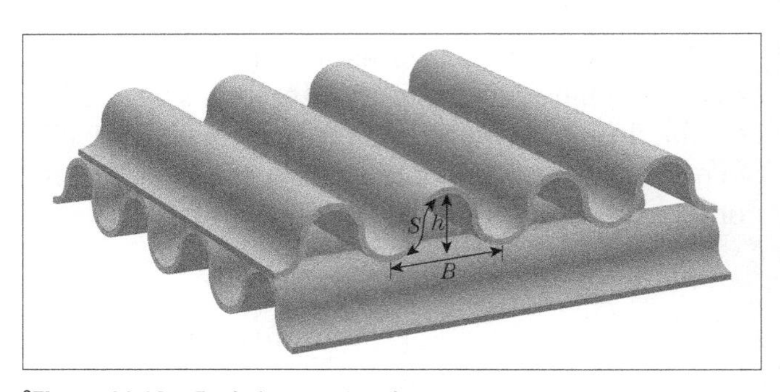

[a]**Figura 11.10** – Recheios estruturados.
[a]Baseado em: Caldas e Lacerda, 1988.

Com a evolução tecnológica e visando principalmente maior eficiência de separação e menor perda de carga, foram desenvolvidas novas configurações de recheios, cujas formas vão de placas perfuradas (recheio Mellapak, por exemplo) a telas metálicas (recheio Sulzer-BX, por exemplo), reconhecidas como recheios estruturados de alta eficiência, Figura (11.10). A Tabela (11.2) nos

Tabela 11.1 – Características de recheios randômicos cerâmicos

	d_S: diâmetro nominal mm (in)	13 (1/2)	16 (5/8)	19 (3/4)	25 (1)	38 (3/2)	50 (2)	76 (3)
Anéis de Raschig	massa específica (kg/m^3)	840	770	745	680	650	630	570
	quantidade (peças/m^3)	378.000	198.000	109.000	47.700	13.700	5.800	1.750
	a_S: área superficial (m^2/m^3)	400	328	262	190	115	92	62
Selas de Berl	massa específica (kg/m^3)	865	-	769	721	609	641	-
	quantidade (peças/m^3)	572.500	-	176.700	77.740	20.500	8.840	-
	a_S: área superficial (m^2/m^3)	465	-	270	250	144	105	-

Fonte: Baseado em Caldas e Lacerda, 1988.

apresenta características de alguns recheios dos tipos placas perfuradas e telas metálicas[4].

Existem dois modos de os recheios serem dispostos no interior da coluna: aleatoriamente ou de maneira ordenada. No primeiro caso, utilizam-se basicamente recheios como aqueles mostrados na Figura (11.9), levando-os a denominarem-se *recheios randômicos*. No segundo modo, os recheios são montados de forma ordenada, criando canais preferenciais para o escoamento das fases. Esses recheios são denominados tradicionalmente de *estruturados*. Entretanto, há situações de disposição de recheios randômicos cuja ordenação é estruturada. É o caso dos anéis de Raschig com $d_s > 75$ mm, os quais são empilhados sempre na vertical, possibilitando maior eficiência de separação e menor perda de carga.

Independentemente do tipo de recheio, é bom ter em mente que a busca de uma determinada forma ou arrumação dentro da coluna visa aumentar a superfície de contato entre as fases que escoam na coluna, elevando, com isso, as taxas de transferência de massa. À medida que atuamos nesta área de contato, estaremos influenciando as resistências que essas fases oferecem ao transporte do soluto, originando, dessa maneira, os coeficientes volumétricos ou de capacidade de transferência de massa.

Exemplo 11.2

Para um sistema diluído em que o componente A é transferido da fase líquida à gasosa, a relação de equilíbrio é dada por $y_{A_i} = 0{,}75x_{A_i}$. Em certo ponto do equipamento experimental, o líquido contém 90% em mol de A e a composição de A na fase gasosa é de 45% em mol. O coeficiente individual de transferência de massa do filme gasoso é $2{,}7 \times 10^{-3}$ mol/(m^2· s · Δy_A) e a resistência da fase gasosa é 60% da global. Determine:

a) o coeficiente global K_y;

b) as concentrações interfaciais de A nas duas fases;

c) o fluxo molar de A.

Solução:

a) $L \rightarrow G$

Dados:

Coeficiente individual da fase gasosa:

$$k_y = 2{,}7 \times 10^{-3}\ \text{mol/(m}^2\text{·s·}\Delta y_A) \quad (1)$$

Reta de equilíbrio:

$$y_{A_i} = 0{,}75x_{A_i} \quad (2)$$

Frações molares de A no seio da mistura e da solução em um ponto específico na coluna:

seio do gás: $y_{AG} = 0{,}45$; seio do líquido: $x_{A_L} = 0{,}90$ (3)

Informações sobre as resistências:

$$\frac{1}{k_y} = 0{,}6\frac{1}{K_y} \quad (4)$$

Dessa maneira, o coeficiente global de transferência de massa é obtido da substituição de (1) em (4), resultando:

$$K_y = 1{,}62 \times 10^{-3}\ \text{mol/(m}^2 \cdot \text{s} \cdot \Delta y_A) \quad (5)$$

[4] Mais detalhes sobre tipos de recheios podem ser encontrados em Caldas e Lacerda (1988).

Exemplo 11.2 (*continuação*)

b) y_{A_i} e x_{A_i}? Essas frações se relacionam com as resistências pela Equação (11.6).

$$-\frac{k_x}{k_y} = \frac{y_{A_G} - y_{A_i}}{x_{A_L} - x_{A_i}} \tag{6}$$

Substituindo (1), (2) e (3) em (6):

$$-\frac{k_x}{2{,}7 \times 10^{-3}} = \frac{0{,}45 - 0{,}75 x_{A_i}}{0{,}90 - x_{A_i}} \tag{7}$$

Note em (7) a necessidade de se determinar o coeficiente individual de transferência de massa da fase líquida. Como $m = 0{,}75$, levaremos esse valor em conjunto com (1) e (5) na Equação (11.16):

$$\frac{1}{1{,}62 \times 10^{-3}} = \frac{1}{2{,}7 \times 10^{-3}} + \frac{0{,}75}{k_x} \tag{8}$$

Resolvendo (8), encontramos:

$$k_x = 3{,}04 \times 10^{-3} \text{mol/(m}^2 \cdot \text{s} \cdot \Delta x_A) \tag{9}$$

Substituindo (9) em (7), tem-se o valor da fração molar de equilíbrio igual a:

$$x_{A_i} = 0{,}78 \tag{10}$$

Levando (10) a (3):

$$y_{A_i} = (0{,}75)(0{,}78) = 0{,}585 \tag{11}$$

c) Como $L \rightarrow G$, o fluxo é $N_{A,z} = k_x(x_{A_L} - x_{A_i})$. Assim sendo, podemos substituir nesta expressão (1), (3) e (10), o que nos possibilita determinar o fluxo molar de A de acordo com:

$$N_{A,z} = (3{,}04 \times 10^{-3})(0{,}9 - 0{,}78) = 3{,}648 \times 10^{-4} \text{ mol/(m}^2 \cdot \text{s)}$$

11.3.4 Coeficientes volumétricos de transferência de massa para torre de recheios

Os fluxos dados pelas Equações (11.1), (11.3), (11.7) e (11.8) são obtidos pressupondo que se conheça a área em que está havendo o transporte do soluto. Por inspeção das Figuras (11.6) e (11.7), nota-se que essas áreas estão relacionadas às das gotas e das bolhas, respectivamente. Em se tratando de uma coluna de recheios, Figura (11.8), percebe-se a dificuldade para fixar, sem o conhecimento empírico, a área interfacial de contato entre as fases, principalmente pelo fato de haver inúmeros tipos de recheios [veja as Figuras (11.9) e (11.10)]. Para considerar o efeito da presença de tais áreas na taxa ou no fluxo de transferência de massa, introduz-se um fator empírico **a** nas equações de fluxo de matéria. Esse fator, conhecido como *área interfacial específica para transferência de massa*, é definido por:

a = (área interfacial específica para transferência de massa)/(unidade de volume da torre) (11.20)

É importante frisar que a área **a** refere-se àquela em que há o contato entre as fases, considerando o tipo de recheio. Seja qual for a forma do recheio, é lícito diferenciar a área interfacial específica para transferência de massa da área superficial do recheio seco (a_s). No caso de recheios estruturados de alta eficiência, essas áreas são praticamente equivalentes, o que não acontece quando se trabalha com recheios randômicos, os quais apresentam a área a menor do que a_s.

Na absorção física não se pode confundir área interfacial efetiva para transferência de massa em um recheio randômico (a) com área molhada do recheio (a_w), pois nem toda área molhada é efetiva para a transferência de massa[5], em que $a/a_w < 1$. A área molhada no recheio randômico, *grosso modo*, divide-se em duas regiões: a formada pelo filme líquido em movimento que recobre a superfície do recheio e aquela relacionada às zonas estagnadas. Essas regiões tornam-se rapidamente saturadas de soluto, sendo renovadas lentamente pelo líquido absorvedor, o que faz com que a contribuição dessas regiões estagnadas ao transporte do soluto para a fase líquida seja insignificante.

A área interfacial efetiva advém do movimento rápido do solvente e depende, em geral, da molhabilidade da superfície do recheio. Se considerarmos, por exemplo, um leito fixo recheado de anéis de Raschig de naftaleno, a área interfacial efetiva para a transferência de massa é coincidente com a área superficial do recheio [veja a Tabela (11.1)] e o coeficiente de transferência de massa é obtido analogamente ao exemplo (8.11). Caso esse mesmo leito venha a ser borrifado com água, haverá sublimação do naftaleno somente a partir das regiões secas dos anéis. As zonas úmidas sobre o recheio minam a transferência de massa, indicando que as zonas secas referem-se à "molhabilidade" do recheio. Observe, nesse exemplo, que a molhabilidade e as regiões úmidas têm efeitos opostos no que se refere à transferência de massa.

Ponter e Au-Yeung (1986) fizeram, até então, uma extensa revisão de correlações encontradas na literatura para estimativa da área interfacial específica para transferência de massa em recheios randômicos; duas delas estão no quadro (11.2).

Se as vazões, propriedades do gás, do líquido e características dos recheios, influenciam a determinação da área interfacial específica para transferência de massa, imagine o comportamento dos coeficientes individuais e globais de transferência de massa! Tais coeficientes também serão afetados pelas condições operacionais da coluna, inclusive de modo distinto da área interfacial específica. No quadro (11.3) encontram-se correlações para a estimativa dos coeficientes individuais de transferência de massa das fases gasosa e líquida, respectivamente[6]. Observe que $k_y \propto D_{AB_G}^{2/3}$, enquanto $k_x \propto D_{AB_L}^{1/2}$. Isto indica que o modelo que melhor se aplica para o escoamento da fase gasosa é o da camada limite. Já a teoria da penetração (ou da renovação de superfícies) é a que melhor descreve o coeficiente individual de transferência de massa da fase líquida.

Quando trabalhamos com colunas recheadas, destinadas a qualquer técnica de separação, devemos nos preocupar tanto com a área interfacial específica de transferência de massa (a) como com os coeficientes individuais de transferência de massa. O produto entre esses dois parâmetros faz com que surjam os coeficientes volumétricos de transferência de massa (ou coeficiente de capacidade de transferência de massa). Para tanto, admita a técnica de separação $G \rightarrow L$ e considere a

Quadro 11.2 – Correlações para a estimativa *área interfacial específica para transferência de massa* [unidade: (m^2/m^3)]

Autores	Correlações	Observações:
[a]Onda, Takeuchi e Okumoto (1968) Recheios randômicos	$\frac{a_w}{a_s} = 1{,}0 - \exp\left[-1{,}45\left(\frac{\sigma_c}{\sigma_L}\right)^{0{,}75} \mathrm{Re}_L^{0{,}1} Fr_L^{-0{,}05} We_L^{0{,}2}\right]$ (11.21) $\mathrm{Re}_L \equiv u_L/(a_s \nu_L)$; $Fr_L \equiv (a_s u_L^2)/g$; $We_L \equiv (\rho_L u_L^2)/(a_s \sigma_L)$ $0{,}04 < \mathrm{Re}_L < 500$; $2{,}5 \times 10^{-9} < Fr_L < 1{,}8 \times 10^{-2}$; $1{,}2 \times 10^{-8} < We_L < 0{,}27$; $0{,}3 < \sigma_c/\sigma < 2$; σ_c é a tensão superficial crítica do material de que é feito o recheio, cujos valores para alguns materiais encontram-se no rodapé deste quadro.	Onda, Takeuchi e Okumoto (1968) consideraram que a área molhada é igual à interfacial específica para transferência de massa: $a/a_w = 1$. Aplicada na absorção; destilação em escala de laboratório; recheios: anéis de Raschig, selas de Berl e esferas; erro absoluto médio de ± 22%.
[a]Bravo e Fair (1982) Recheios randômicos	$\frac{a}{a_s} = 9{,}8\left(\frac{\sigma_L^{0{,}5}}{z^{0{,}4}}\right)(6\,\mathrm{Re}_G\, Ca_L)^{0{,}392}$ (11.22) $\mathrm{Re}_G \equiv u_G/(a_s \nu_G)$; $Ca_L \equiv (\mu_L u_L)/\nu_L$ $0{,}5 < (\mathrm{Re}_G\, Ca_L \times 10^3) < 10^4$; $6 < \sigma_L \times 10^3 < 73$ (N/m)	Destilação em escala industrial; 11 sistemas distintos; recheios: anéis de Raschig e de Pall; faixa de aplicação para o diâmetro nominal de recheio: 13 mm a 76 mm; erro absoluto médio de ± 22%.

[a]Baseado em Ponter e Au-Yeung, 1986.
σ_c = 56 dina/cm (carvão); σ_c = 61 dina/cm (cerâmica); σ_c = 73 dina/cm (vidro); σ_c = 20 dina/cm (parafina); σ_c = 33 dina/cm (polietileno); σ_c = 40 dina/cm (cloreto de polivinila); σ_c = 75 dina/cm (aço).

[5] Quando há reação química envolvida na absorção, as áreas do recheio randômico a_w e a são praticamente coincidentes.

[6] Outras correlações para o k_x e recheios randômicos podem ser encontradas no trabalho de Ponter e Au-Yeung (1986).

[a]**Quadro 11.3** – Correlações para a estimativa dos *coeficientes individuais de transferência de massa* [unidades: kgmol/(m²·s)]

Autores	Correlações	Observações:
Onda, Takeuchi e Okumoto (1968) (fase gasosa) Recheios randômicos	$k_y = 5{,}23 a_s D_{AB_G} (d_s a_s)^{-2{,}0} \left(\frac{P}{RT}\right) \mathrm{Re}_G^{0{,}7}\, Sc_G^{1/3}$ (11.23) com $\mathrm{Re}_G \equiv u_G/(a_s \nu_G)$	Veja as observações referentes à Equação (11.21). Para anéis de Raschig e selas de Berl com diâmetro nominal menor do que 15 mm, utilizar a constante 2 no lugar de 5,23 na Equação (11.23). Recomendada para líquidos não viscosos.
Onda, Takeuchi e Okumoto (1968) (fase líquida) Recheios randômicos	$k_x = 5{,}1 \times 10^{-3} \left(\frac{\rho_L}{M_L}\right) (g \nu_L)^{1/3} (d_s a_s)^{0{,}4} \left(\frac{a_s}{a_w} \mathrm{Re}_L\right)^{2/3} Sc_L^{-1/2}$ (11.24) com $\mathrm{Re}_L \equiv u_L/(a_s \nu_L)$	
[a]Bravo e Fair (1985) (fase gasosa) Recheios estruturados	$k_y = 0{,}0338 d_H D_{AB_G} \left(\frac{P}{RT}\right) \mathrm{Re}_G^{0{,}8}\, Sc_G^{1/3}$ (11.25) $\mathrm{Re}_G \equiv \left[(V_{G_e} + V_{L_e})\right] d_H/\nu_G$; $d_H = (B \cdot h)(4S + B)/[2S(B + 2S)]$ $V_{G_e} = u_G/(\varepsilon\, \mathrm{sen}\theta)$; $V_{L_e} = 3u_L/(2p)\left[(g \cdot p)/(3\nu_L u_L)\right]^{1/3}$; $p = (4S + B)/(B \cdot h)$; vide Tabela (11.2).	A Equação (11.25) foi desenvolvida originalmente para telas de arame. Não foi testada para chapas metálicas perfuradas; caso utilize a Equação (11.25), multiplique-a por 0,8. Não é aconselhável para materiais cerâmicos (SENA; FOSSY, 1996).
[a]Bravo e Fair (1985) (fase líquida) Recheios estruturados	$k_x = 2\left(\frac{\rho_L}{M_L}\right)\left(\frac{D_{AB_L} V_{L_e}}{\pi S}\right)^{1/2}$ (11.26) $V_{L_e} = 3u_L/(2p)\left[(g \cdot p)/(3\nu_L u_L)\right]^{1/3}$; $p = (4S + B)/(B \cdot h)$; vide Tabela (11.2).	A Equação (11.26) não foi testada o suficiente. Entretanto, na maioria dos casos em que os recheios são mantas (telas) metálicas, a resistência da fase líquida é desprezível; isso não é verdadeiro em se tratando de chapas metálicas.

[a]Baseado em Caldas e Lacerda, 1988.

Equação (11.1) multiplicada pela área a:

$$N_{A,z}a = k_y a(y_{A_G} - y_{A_i}) \tag{11.27}$$

em que $(k_y a)$ é o coeficiente de capacidade individual de transferência de massa ou coeficiente volumétrico individual de transferência de massa, apresentando como unidade:

$$\{\text{mol}/[(\text{volume})(\text{tempo})(\text{força motriz em função da fração molar de } A)]\}$$

Para o fluxo global, referenciado à fase gasosa, tem-se a correção na Equação (11.7):

$$N_{A,z}a = K_y a(y_{A_G} - y_A^*) \tag{11.28}$$

sendo $(K_y a)$ o coeficiente de capacidade global de transferência de massa ou coeficiente volumétrico global de transferência de massa, apresentando as mesmas unidades do $(k_y a)$. Como consequência, as relações entre as resistências individuais e globais são postas como:

$$G \to L \quad \frac{1}{K_y a} = \frac{1}{k_y a} + \frac{m}{k_x a} \tag{11.29}$$

$$L \to G \quad \frac{1}{K_x a} = \frac{1}{m k_y a} + \frac{1}{k_x a} \tag{11.30}$$

Apesar de os coeficientes de transferência de massa e área interfacial efetiva de transferência de massa comporem os coeficientes volumétricos de transferência de massa, vimos que as condições operacionais da coluna os influenciam de maneiras diferenciadas. A estimativa dos coeficientes volumétricos advém da composição das correlações de Onda, Takeuchi e Okumoto (1968): Equação (11.21) com a Equação (11.23) ou Equação (11.24); assim como da combinação entre as Equações (11.22)-(11.23), para a fase G; e (11.22)-(11.24), para a fase L.

Na impossibilidade de se determinar, na prática, os coeficientes individuais e a área interfacial específica para transferência de massa ou na hipótese de não se dispor de informações, para uma situação em particular, sobre esses parâmetros, podem-se utilizar as correlações para o coeficiente volumétrico individual de transferência de massa, como aquelas indicadas no quadro (11.4).

[a]**Quadro 11.4** – Correlações para a estimativa *coeficientes volumétricos individuais de transferência de massa* [unidade: kgmol/(m³·s)]

Autores	Correlações	Observações:
Normam (1961) (fase líquida)	$(k_x a) = 530 D_{AB_L} \left(\frac{\rho_L}{M_L}\right)\left(\frac{u_L}{\nu_L}\right)^{0,75} Sc_L^{1/2}$ (11.31)	Esta correlação é baseada nos trabalhos de Sherwood e Holloway (1940) e Molstad et al. (1942). Entretanto, Sherwood e Holloway utilizaram uma coluna de 50,8 cm de diâmetro, válida para recheios de tipo anel, sela. Erro absoluto médio de ± 20%.
Mohunta, Vaidyanathan e Laddha (1969) (fase líquida)	$(k_x a) = 0,0025 \left(\frac{\rho_L}{M_L}\right) Sc_L^{-0,5} (u_L a_s)^{3/4} \left(\frac{\nu_L a_s}{g}\right)^{-2/3} \left(\frac{\nu_L}{g^2}\right)^{5/36}$ (11.32)	$0,1 < u_L \rho_L < 42$ kg/m² · s $0,015 < u_G \rho_G < 1,22$ kg m² · s $142 < Sc_L < 1.025$ $6 < D_c < 150$ cm $0,6 < d_s < 15,1$ cm

[a]Baseado em Ponter e Au-Yeung, 1986.

Exemplo 11.3

Construiu-se uma torre de recheios na intenção de absorver CO_2 do ar, utilizando-se água pura a 20 °C como solvente e com velocidade superficial igual a 0,013 m/s, assim como anéis de Raschig cerâmicos de 13 mm. Considerando que o dióxido de carbono esteja diluído em relação aos inertes das duas fases e sabendo que a fase líquida é que controla a operação, estime o valor do coeficiente volumétrico individual de transferência de massa, utilizando as correlações apresentadas neste capítulo.

Dados: $g = 9,81$ m/s² e, como o CO_2 está diluído em água, as propriedades da corrente líquida serão tomadas como sendo às da água.

ρ_L(kg/m³)	ν_L(m²/s)	σ_L(N/m)	M_L(g/mol)	D_{AB_L}(m²/s)
998,2	$1,01\times10^{-6}$	$72,47\times10^{-3}$	18,015	$1,69\times10^{-9}$

Solução:

Neste exemplo procuraremos estimar o coeficiente volumétrico individual de transferência de massa de forma unificada por intermédio das Equações (11.31) e (11.32), bem como a partir da formulação de Onda, Takeuchi e Okumoto (1968), lançando mão do produto entre as Equações (11.21) e (11.24). A Equação (11.22) não será testada, pois não nos forneceram informações a respeito da altura efetiva da coluna, z, nem da velocidade superficial da corrente gasosa.

Cálculo do *coeficiente volumétrico individual de transferência de massa.*

Norman (1961), Equação (11.31):

$$(k_x a) = 530 D_{AB_L} \left(\frac{\rho_L}{M_L}\right)\left(\frac{u_L}{\nu_L}\right)^{0,75} Sc_L^{1/2} \quad (1)$$

Dos dados fornecidos, podemos fazer:

$$Sc_L = \frac{\nu_L}{D_{AB_L}} = \frac{1,01\times10^{-6}}{1,69\times10^{-9}} = 597,63 \quad (2)$$

Sabendo que $u_L = 0,013$ m/s, substituiremos as informações presentes na tabela deste exemplo em conjunto com (2) na Equação (1):

$$(k_x a) = (530)\left(1,69\times10^{-9}\right)\left(\frac{998,2}{18,015}\right)\left(\frac{0,013}{1,01\times10^{-6}}\right)^{0,75} (597,63)^{1/2} \quad (3)$$

$(k_x a) = 1,466$ mols/(m³ · s)

Exemplo 11.3 (*continuação*)

Mohunta, Vaidyanathan e Laddha (1969), Equação (11.32):

$$(k_x a) = 0{,}0025\left(\frac{\rho_L}{M_L}\right) Sc_L^{-0,5}\left(u_L a_s\right)^{3/4}\left(\frac{\nu_L a_s}{g}\right)^{-2/3}\left(\frac{\nu_L}{g^2}\right)^{5/36} \tag{4}$$

Como u_L = 0,013 m/s, g = 9,81m/s^2 e a_s = 400 (m^2/m^3) [Tabela (11.1)], temos em (4):

$$(k_x a) = 0{,}0025\left(\frac{998{,}2}{18{,}015}\right)(593{,}67)^{-0,5}\left[(0{,}013)(400)\right]^{3/4}\left[\frac{\left(1{,}01\times10^{-6}\right)(400)}{9{,}81}\right]^{-2/3}\left[\frac{1{,}01\times10^{-6}}{(9{,}81)^2}\right]^{5/36}$$

$$(k_x a) = 1{,}28 \text{ mols/(m}^3\cdot\text{s)} \tag{5}$$

Modelo de Onda, Takeuchi e Okumoto (1968)

Na Equação (11.24) verificamos que o *coeficiente individual de transferência de massa* na fase líquida é:

$$k_x = 5{,}1\times10^{-3}\left(d_s a_s\right)^{0,4}\left(\frac{\rho_L}{M_L}\right)\left(g\nu_L\right)^{1/3}\left(\frac{a_s}{a_w}\text{Re}_L\right)^{2/3} Sc_L^{-1/2} \tag{6}$$

Observe que necessitamos determinar a *área molhada* a_w, a qual advém da Equação (11.21).

$$\frac{a_w}{a_s} = 1{,}0 - \exp\left[-1{,}45\left(\frac{\sigma_c}{\sigma_L}\right)^{0,75}\text{Re}_L^{0,1} Fr_L^{-0,05} We_L^{0,2}\right] \tag{7}$$

Cálculo da *área molhada*.

$$\text{Re}_L = \frac{u_L}{a_s \nu_L} = \frac{(0{,}013)}{(400)\left(1{,}01\times10^{-6}\right)} = 32{,}178 \tag{8}$$

$$Fr_L = \frac{a_s u_L^2}{g} = \frac{(400)(0{,}013)^2}{(9{,}81)} = 6{,}89\times10^{-3} \tag{9}$$

$$We_L = \frac{\rho_L u_L^2}{a_s \sigma_L} = \frac{(998{,}2)(0{,}013)^2}{(400)\left(72{,}47\times10^{-3}\right)} = 5{,}82\times10^{-3} \tag{10}$$

Note, no rodapé do quadro (11.2), que a tensão superficial crítica da cerâmica é σ_c = 61 × 10^{-3} N/m, possibilitando-nos calcular:

$$\frac{\sigma_c}{\sigma_L} = \frac{61\times10^{-3}}{72{,}47\times10^{-3}} = 0{,}842 \tag{11}$$

Levando (8) a (11) em (7):

$$\frac{a_w}{a_s} = 1{,}0 - \exp\left[-(1{,}45)(0{,}842)^{0,75}(32{,}178)^{0,1}\left(6{,}89\times10^{-3}\right)^{-0,05}\left(5{,}82\times10^{-3}\right)^{0,2}\right] = 0{,}562 \tag{12}$$

Exemplo 11.3 (*continuação*)

Como a_s = 400 m²/m³, temos em (12):

$$a_w = (400)(0{,}562) = 224{,}8\ \text{m}^2/\text{m}^3 \quad (13)$$

Temos condições de estimar o coeficiente individual de transferência de massa depois de substituir (8) e (13) e os dados fornecidos na tabela deste exemplo na Equação (6).

$$k_x = 5{,}1\times10^{-3}\left[\left(13\times10^{-3}\right)(400)\right]^{0{,}4}\left(\frac{998{,}2}{18{,}015}\right)\left[(9{,}81)\left(1{,}01\times10^{-6}\right)\right]^{1/3}\left[\frac{(400)(32{,}178)}{(224{,}8)}\right]^{2/3}(597{,}63)^{-0{,}5}$$

$$k_x = 7{,}13\times10^{-3}\ \text{mol/(m}^2\cdot\text{s)} \quad (14)$$

O coeficiente volumétrico individual da fase líquida é obtido do produto entre (13) e (14).

$$(k_x a) = (224{,}8)(7{,}13\times10^{-3}) = 1{,}603\ \text{mols/(m}^3\cdot\text{s)}$$

Esse valor de $(k_x a)$ provavelmente está superestimado, pois o modelo de Onda, Takeuchi e Okumoto (1968) assume $a/a_w = 1$. No fenômeno da absorção física, como é o caso deste exemplo, a relação entre as áreas é $a/a_w < 1$.

11.4 BALANÇO MACROSCÓPICO DE MATÉRIA

Para projetar ou dimensionar um equipamento destinado à separação, são necessárias informações sobre termodinâmica (equilíbrio de fases ou solubilidade) e de transferência de massa. Além desses, torna-se importante o conhecimento das condições de operação do equipamento, como a retenção de líquido, a perda de carga, entre outros. No entanto, para que ocorra separação, deve haver o contato entre as correntes macroscópicas com concentrações distintas de soluto nas fases que compõem o sistema. Neste contato, além da transferência de massa, pode haver troca térmica. As informações macroscópicas sobre tais fenômenos advêm dos balanços macroscópicos de matéria e de energia. Pelo fato de estarmos interessados em uma introdução às operações de transferência de massa, nos fixaremos nas soluções diluídas e, por consequência, isotérmicas[7]. Portanto, nos deteremos nas operações em contato contínuo ou em estágios, apenas no balanço macroscópico de matéria, que é fruto de:

(mols de A que entram na coluna) =
= (mols de A que saem da coluna) (11.33)

O balanço material escrito segundo (11.33) envolve duas correntes de uma determinada técnica de separação, como aquelas apresentadas no quadro (11.1).

11.4.1 Operações contínuas

Caracterizado principalmente pelo fluxo contínuo das fases que entram e abandonam uma torre de separação, a operação contínua visa, entre outros, determinar a altura efetiva de uma coluna, como as indicadas nas Figuras (11.6), (11.7) e (11.8). Nestes equipamentos, pode haver o contato entre as correntes do tipo contracorrente, no qual as fases escoam na mesma direção, mas em sentido contrário; e o tipo paralelo, em que as fases fluem no mesmo sentido e direção[8].

Contato contracorrente

Considere a Figura (11.11). Ela ilustra uma operação de transferência de massa envolvendo o

[7] No caso do contato contracorrente e operações adiabáticas, o balanço global de energia pode ser dado em termos de entalpia segundo: $G_1\tilde{H}_{G_1} + L_z\tilde{H}_{L_2} = G_2\tilde{H}_{G_2} + L_1\tilde{H}_{L_1}$, em que $\tilde{H}_{G_z}$ e $\tilde{H}_{L_z}$ são as entalpias em base molar e em uma seção z das corrente G e L, respectivamente. A consideração de operação não isotérmica deve ser levada em conta quando grandes quantidades de soluto são absorvidas, concentrando o solvente. Para mais detalhes, dê uma olhada em Treybal (1980), Capítulo 8.

[8] Há o tipo contato cruzado entre as correntes utilizado particularmente na extração líquido–líquido ou na lixiviação.

contato contracorrente entre duas correntes relacionadas às fases G e L.

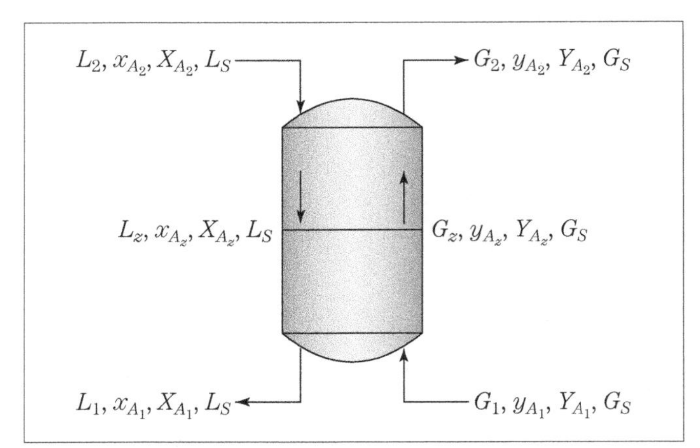

Figura 11.11 – Contato contracorrente.

De posse da Figura (11.11) e do balanço (11.33), temos para o soluto A:

$$G_1 y_{A_1} + L_2 x_{A_2} = G_2 y_{A_2} + L_1 x_{A_1} \tag{11.34}$$

Como o balanço (11.34) é genérico, ele é aplicado em qualquer plano z da coluna:

$$G_1 y_{A_1} + L_z x_{A_z} = G_z y_{A_z} + L_1 x_{A_1} \tag{11.35}$$

Pelo fato de os fluxos do soluto nas correntes G e L variarem ao longo da coluna, fruto do transporte do soluto de uma corrente à outra, as Equações (11.34) e (11.35) podem ser expressas em função dos fluxos de inertes, os quais são baseados nos fluxos de matéria das espécies que não participam da transferência de massa. Os fluxos de inertes permanecem inalterados, ou seja, se considerarmos mistura binária em ambas as fases, o fluxo de A na corrente G e no plano 1 vier a ser $G_1 y_{A_1}$, o de inertes será $G_1(1 - y_{A_1})$; e como este é constante em qualquer plano da torre, teremos:

Para a corrente G:

$$(1 - y_{A_1})G_1 = \ldots (1 - y_{A_z})G_z = \ldots = (1 - y_{A_2})G_2 = G_s \tag{11.36}$$

em que G_s é o fluxo do inerte presente na corrente G (fase leve).

Para a corrente L:

$$(1 - x_{A_1})L_1 = \ldots (1 - x_{A_z})L_z = \ldots = (1 - x_{A_2})L_2 = L_s \tag{11.37}$$

sendo L_s o fluxo do inerte na corrente L (fase pesada).

A fração molar absoluta do soluto é definida da seguinte maneira[9]:

Para a corrente G:

$$Y_A = \frac{\text{mols de } A \text{ em } G}{\text{mols de } G \text{ sem } A} = \frac{\text{mols de } A \text{ em } G}{\text{mols de } B \text{ em } G} = \frac{\text{mols de } A}{\text{mols de } B}$$

por conseguinte:

$$Y_A = \frac{y_A}{1 - y_A} \tag{11.38}$$

Para a corrente L:

$$X_A = \frac{x_A}{1 - x_A} \tag{11.39}$$

Substituindo as Equações (11.38) e (11.39) na Equação (11.34):

$$G_1(1 - y_{A_1})Y_{A_1} + L_2(1 - x_{A_2})X_{A_2} = G_2(1 - y_{A_2})Y_{A_2} + L_1(1 - x_{A_1})X_{A_1} \tag{11.40}$$

Identificando (11.36) e (11.37) em (11.40):

$$G_s Y_{A_1} + L_s X_{A_2} = G_s Y_{A_2} + L_s X_{A_1}$$

Rearranjando essa equação, o resultado fica:

$$\frac{L_s}{G_s} = \frac{Y_{A_1} - Y_{A_2}}{X_{A_1} - X_{A_2}} \tag{11.41}$$

Para um plano arbitrário em z, substituiremos o subíndice 2 pelo subíndice z na Equação (11.41), levando-nos a:

$$\frac{L_s}{G_s} = \frac{Y_{A_1} - Y_{A_z}}{X_{A_1} - X_{A_z}} \tag{11.42}$$

A Equação (11.42) é a expressão geral que descreve a relação entre as frações molares absolutas do soluto no seio das correntes G e L em qualquer plano do equipamento de transferência de massa. A partir do instante em que essa equação define as *condições de operação* dentro da coluna, ela se denomina *linha de operação*; no caso em questão, do contato contracorrente. Se tomarmos o balanço entre a base e o topo de uma determinada torre, podemos ilustrar a linha de operação (11.41), em

[9] Encontram-se na literatura outros termos: *fração de solvente livre do soluto*; *razão molar*. Neste livro preferimos o termo *fração molar absoluta* em razão da definição da umidade absoluta: $Y_A = w_A/(1 - w_A)$. Note que a umidade absoluta estaria relacionada à massa ou *fração mássica*, denominando-se fração mássica absoluta, a qual, inclusive, é utilizada normalmente nas técnicas de extração líquido–líquido e de lixiviação.

relação à reta de equilíbrio, Equação (11.5), nas Figuras (11.12) e (11.13).

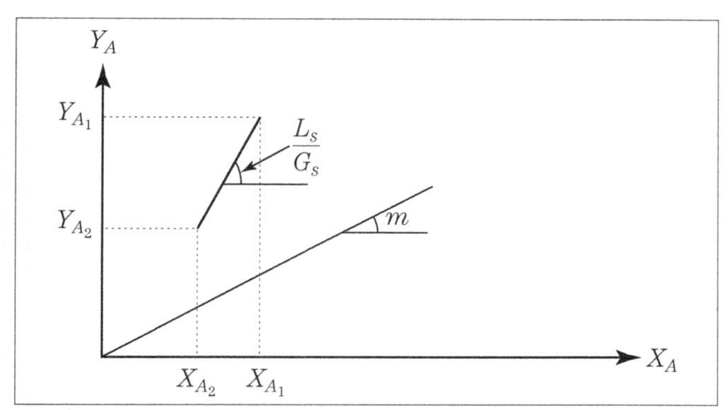

Figura 11.12 – Contato contracorrente: Operação $G \rightarrow L$.

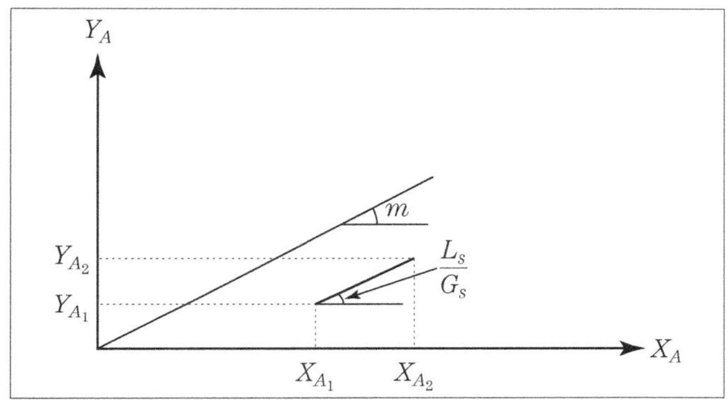

Figura 11.13 – Contato contracorrente: Operação $L \rightarrow G$.

Na Figura (11.12) há o transporte do soluto da corrente G para a corrente L; sendo o fenômeno inverso na Figura (11.13). Assim:

I) Da Figura (11.12): Operação $G \rightarrow L$.

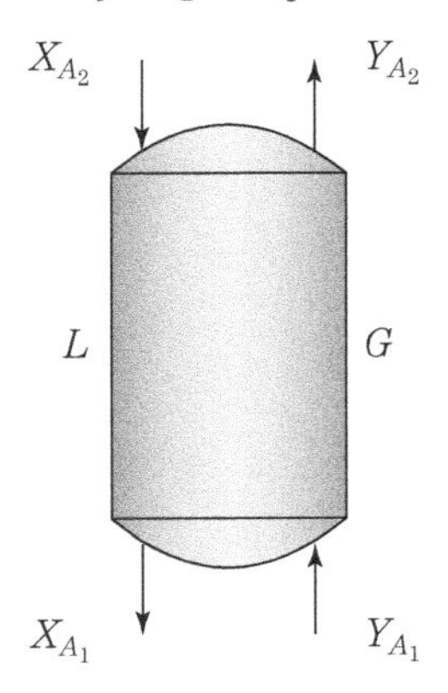

L entra *pobre* e sai *rico* de soluto: $X_{A_2} < X_{A_1}$
G entra *rico* e sai *pobre* de soluto: $Y_{A_2} < Y_{A_1}$

II) Da Figura (11.13): Operação $L \rightarrow G$.

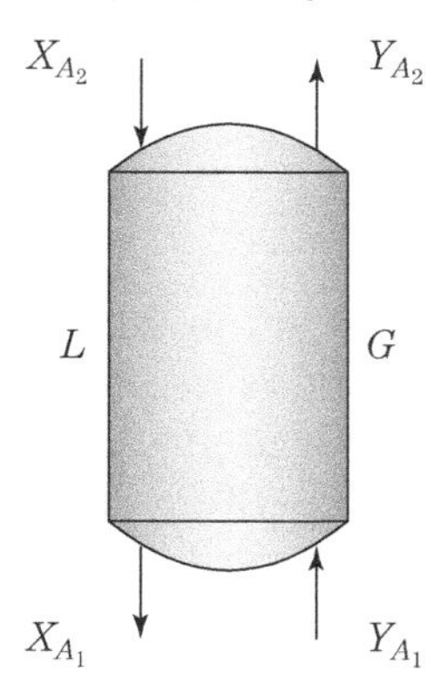

L entra *rico* e sai *pobre* de soluto: $X_{A_2} > X_{A_1}$
G entra *pobre* e sai *rico* de soluto: $Y_{A_2} > Y_{A_1}$

Considerando a Figura (11.12), deseja-se saber qual será o menor fluxo da corrente líquida ou de solvente para proporcionar o início da separação, uma vez que tal valor é uma condição limitante do projeto. Para tanto, observe a Figura (11.14).

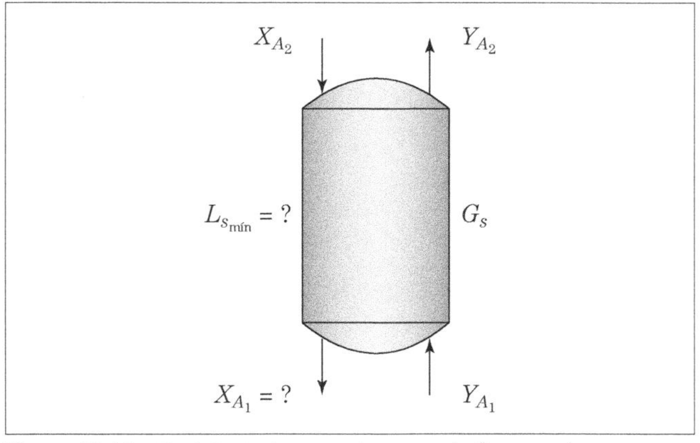

Figura 11.14 – Contato contracorrente, no qual não se conhece a fração molar do soluto na fase L e na base da torre.

A Figura 11.14 representa o *dimensionamento* de um equipamento destinado à separação de um determinado soluto. São fornecidos os valores do fluxo da corrente G, assim como das frações molares absolutas do soluto nesta fase tanto na base quanto no topo da torre. Foi informada a fração molar absoluta do soluto na corrente L que entra no equipamento, sendo desconhecido o seu teor na saída, bem como o valor mínimo dessa corrente para que haja transferência do soluto de uma fase (corrente) para outra. Como se intenta estimar o valor mínimo de L, isto é o mesmo que desejar o fluxo mínimo de solvente (ou de inerte) $(L_s)_{mín}$. Por conseguinte, retomaremos a Equação (11.41) na forma:

$$\left(\frac{L_s}{G_s}\right)_{mín} = \frac{Y_{A_1} - Y_{A_2}}{X_{A_1} - X_{A_2}} = \frac{\Delta Y_A}{\Delta X_A} \qquad (11.43)$$

Há de se observar na Equação (11.43) que a razão (L_S/G_S)é mínima e, por decorrência, L_S é mínimo quando ΔX_A atingir um valor máximo. Representando este comentário na Figura (11.15) e como X_{A_2} é conhecido, verifica-se que o valor máximo para $X_{A_{1_{máx}}}$ é aquele em que a linha de operação (11.43) toca a reta de equilíbrio. A Figura (11.16), por sua vez, ilustra a condição limitante do fluxo do solvente na situação de solução concentrada, a qual apresenta a sua relação de equilíbrio no formato de uma curva. Observe, nesse caso, que a linha de operação tangencia a de equilíbrio, proporcionando no local de contato o valor de $X_{A_{1_{máx}}}$.

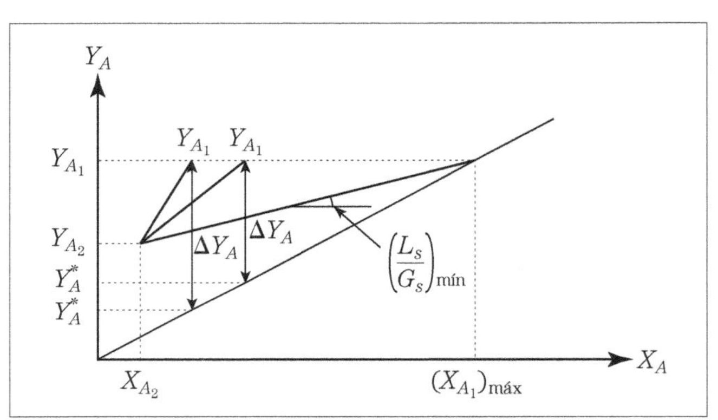

Figura 11.15 – Representação da razão mínima de operação para o contato contracorrente (diluída).

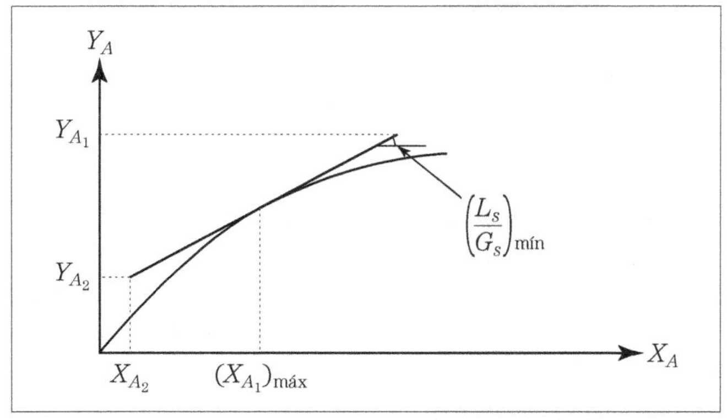

Figura 11.16 – Representação da razão mínima de operação para o contato contracorrente (concentrada).

À medida que diminuímos a quantidade de solvente e, com isto, a inclinação (L_S/G_S), diminuiremos a diferença entre Y_{A_1} e $Y_{A_1}^*$ na base da coluna e, por consequência, a força motriz $\Delta Y_A = (Y_{A_1} - Y_{A_1}^*)$ necessária ao soluto para que ele migre da fase G para a fase L. Um efeito disso é que o tempo de contato entre as correntes L e G será aumentado, acarretando, inclusive, o aumento da altura efetiva da coluna [veja a Equação (11.53), por exemplo]. No instante em que a linha de operação tocar a de equilíbrio, teremos a nulidade da força motriz, levando tanto o tempo de contato quanto a altura efetiva da coluna a valores infinitos.

Contato paralelo

A análise do contato paralelo é similar à do contato contracorrente. Aqui, as correntes fluem no mesmo sentido e na mesma direção, como nos ilustra a Figura (11.17).

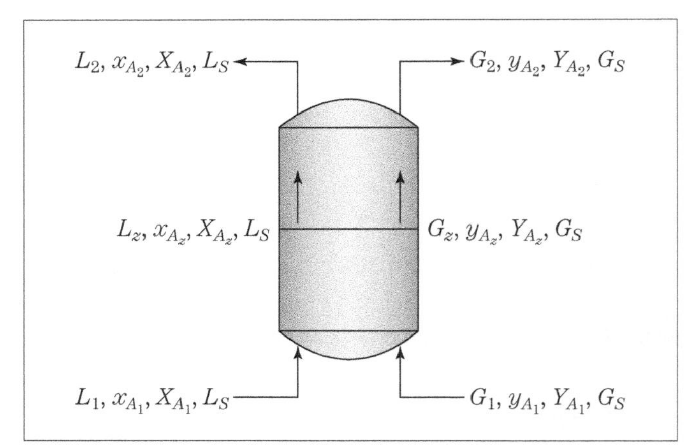

Figura 11.17 – Contato paralelo.

O balanço material, em termos dos fluxos dos inertes, para esse tipo de contato, é descrito por:

$$G_s Y_{A_2} + L_s X_{A_2} = G_s Y_{A_1} + L_s X_{A_1}$$

que, rearranjado, resulta em:

$$\frac{L_s}{G_s} = -\frac{Y_{A_1} - Y_{A_2}}{X_{A_1} - X_{A_2}} \qquad (11.44)$$

ou para um plano arbitrário em z:

$$\frac{L_s}{G_s} = -\frac{Y_{A_1} - Y_{A_z}}{X_{A_1} - X_{A_z}} \qquad (11.45)$$

A Equação (11.45) é a *linha de operação* para o contato paralelo. Analogamente ao contato contracorrente, pode-se ilustrar essa linha em relação à reta de equilíbrio nas Figuras (11.18) e (11.19).

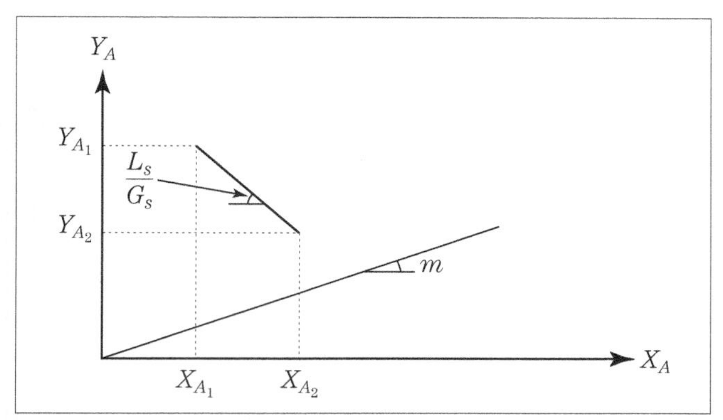

Figura 11.18 – Contato paralelo: Operação $G \rightarrow L$.

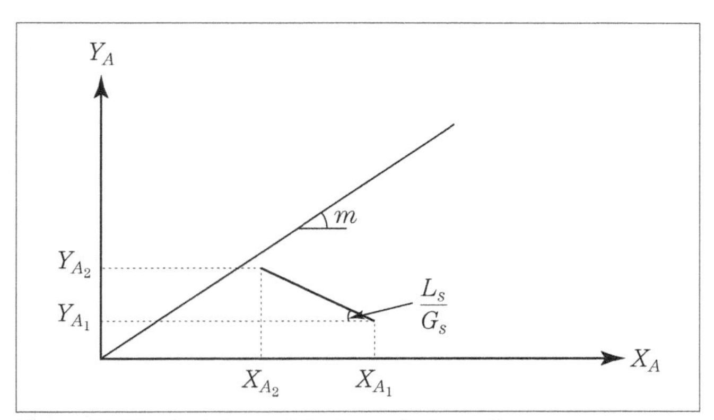

Figura 11.19 – Contato paralelo: Operação $L \rightarrow G$.

Na Figura (11.18) há o transporte do soluto da corrente G para a corrente L, e a Figura (11.19) mostra o comportamento inverso. Desse modo:

I) Da Figura (11.18): Operação $G \rightarrow L$.

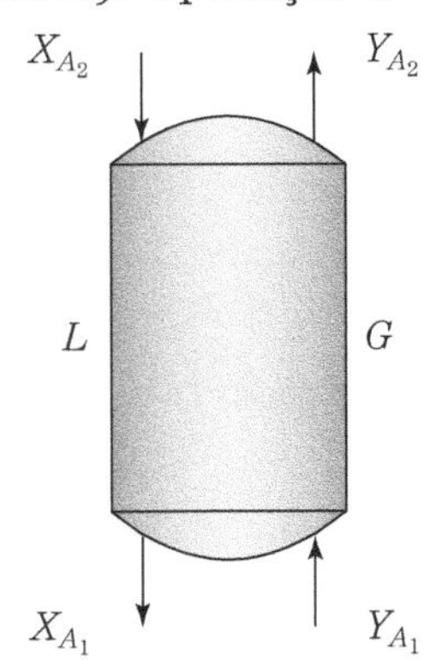

L entra *pobre* e sai *rico* de soluto: $X_{A_2} < X_{A_1}$
G entra *rico* e sai *pobre* de soluto: $Y_{A_2} < Y_{A_1}$

II) Da Figura (11.19): Operação $L \rightarrow G$.

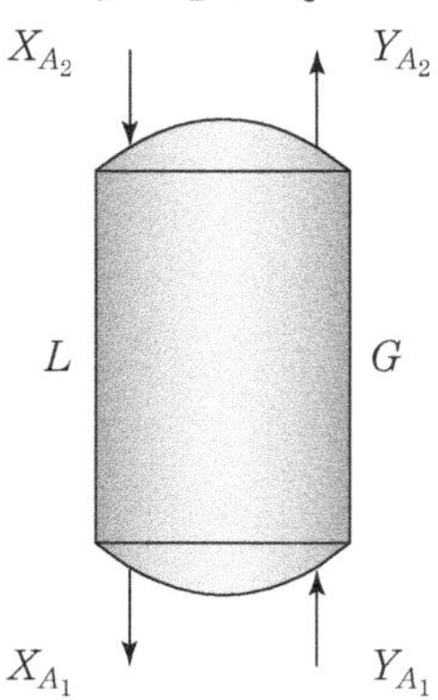

L entra *rico* e sai *pobre* de soluto: $X_{A_2} > X_{A_1}$
G entra *pobre* e sai *rico* de soluto: $Y_{A_2} > Y_{A_1}$

A partir da Figura (11.18) e desejando-se conhecer o valor mínimo para a vazão inerte da corrente líquida (ou do solvente), faz-se o procedimento análogo àquele apresentado para o contato contracorrente, desde que sejam desconhecidos $(L_S)_{\text{mín}}$ e Y_{A_2}. A Figura (11.20) aponta o resultado esperado[10].

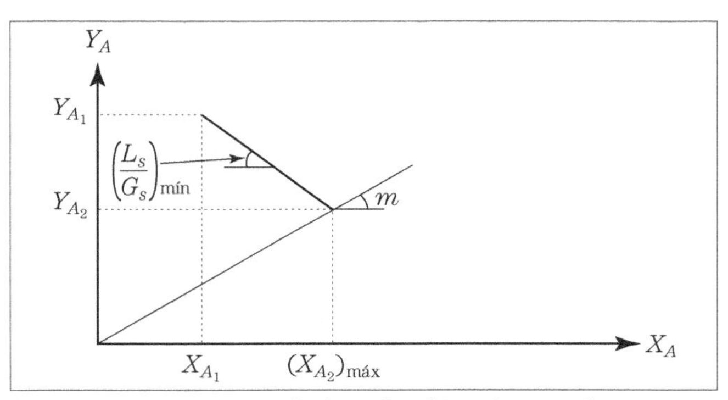

Figura 11.20 – Representação da razão mínima de operação para o contato paralelo ($G \rightarrow L$).

Cálculo da altura efetiva de uma coluna para operação contínua em um sistema diluído

Entenda-se como altura efetiva de coluna aquela na qual há o contato entre as correntes que compõem a técnica de separação, Figuras (11.6), (11.7) e (11.8)[11]. Admitindo soluções diluídas e a

[10] Para soluções concentradas, o procedimento é o mesmo; neste caso, basta a linha de operação tocar a de equilíbrio.

[11] Para torres de recheios, a altura de cada seção recheada ou altura efetiva é limitada a aproximadamente 6D para anéis de Raschig e selas e 12D para anéis de Pall, em que D é o diâmetro da coluna. Não se recomenda utilizar seção recheada superior a 10 m (CALDAS; LACERDA, 1988).

técnica tipo $G \rightarrow L$, definiremos o fluxo global em função da fração molar absoluta de A da seguinte maneira[12]:

$$N_{A,z} = K_Y(Y_{A_G} - Y_A^*) \quad (11.46)$$

Trazendo a definição do coeficiente volumétrico global na Equação (11.46), obtemos:

$$N_{A,z}a = K_Y a(Y_{A_G} - Y_A^*) \quad (11.47)$$

Se a separação $G \rightarrow L$ ocorrer em um comprimento diferencial dz em uma dada seção de contato, a Equação (11.47) é posta como:

$$N_{A,z}adz = K_Y a(Y_{A_G} - Y_A^*)dz \quad (11.48)$$

Para o contato contracorrente ($\downarrow\uparrow$), a Equação (11.42) é reescrita em um comprimento diferencial dz segundo:

$$L_s dX_A = G_s dY_A \quad (11.49)$$

Como as Equações (11.48) e (11.49) correspondem ao mesmo fluxo de A, nos é permitido fazer:

$$G_s dY_A = K_Y a(Y_{A_G} - Y_A^*)dz \quad (11.50)$$

Explicitando dz em (11.50):

$$dz = \frac{G_s}{K_Y a}\frac{dY_A}{\left(Y_{A_G} - Y_A^*\right)} \quad (11.51)$$

Integrando a Equação (11.51), tendo como limites de integração as frações molares absolutas do soluto A tanto na base da torre, *índice 1*, quanto no seu topo, *índice 2*, a altura efetiva do equipamento será:

$$z = \frac{G_s}{K_Y a}\int_{Y_{A_2}}^{Y_{A_1}} \frac{dY_A}{\left(Y_A - Y_A^*\right)} \quad (11.52)$$

Para efeito de notação:

$Y_A = Y_{A_G}$.

Denominando:

$$AUT = \frac{G_s}{K_Y a}$$

e

$$NUT = \int_{Y_{A_2}}^{Y_{A_1}} \frac{dY_A}{\left(Y_A - Y_A^*\right)} \quad (11.53)$$

em que AUT = altura da unidade de transporte e NUT é o número de unidades de transporte.

Para a técnica de separação $L \rightarrow G$, as definições da AUT e do NUT são, respectivamente:

$$AUT = \frac{L_s}{K_X a}$$

e

$$NUT = \int_{X_{A_2}}^{X_{A_1}} \frac{dX_A}{\left(X_A - X_A^*\right)} \quad (11.54)$$

Qualquer que seja a forma de contato entre as correntes G e L, a altura efetiva da coluna é obtida por intermédio de:

$$z = (AUT)(NUT) \quad (11.55)$$

Método gráfico

O cálculo do NUT é feito por integração gráfica ou numérica. Quanto ao valor da diferença $(Y_A - Y_A^*)$, a Figura (11.21) ilustra o procedimento para avaliar Y_A^*.

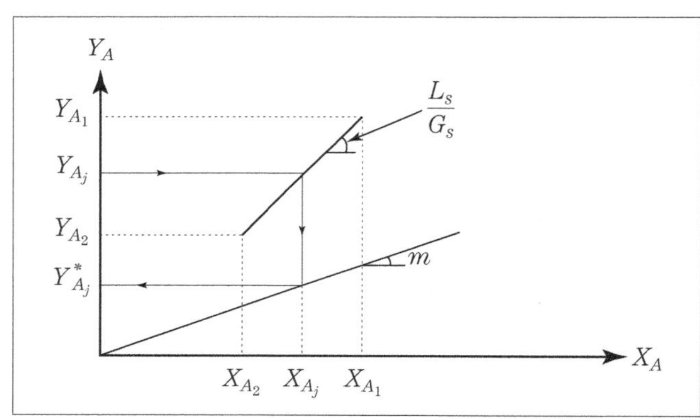

Figura 11.21 – Determinação gráfica de Y_A^*.

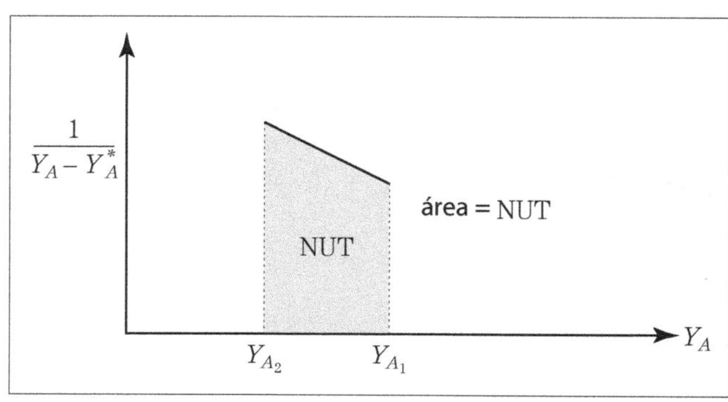

Figura 11.22 – Determinação gráfica do NUT.

[12] Observe que o coeficiente volumétrico global de transferência de massa é escrito em termos da fração molar absoluta, sendo para soluções diluídas $Y_A \approx y_A$ e $K_Y \approx K_y$.

Note na Figura (11.21) que a força motriz $(Y_A - Y_A^*)$ é determinada ponto a ponto, após conhecidas as retas de operação e de equilíbrio. Dessa forma, obtém-se o NUT por integração da área representada na Figura (11.22). A área nessa figura pode ser calculada numericamente, por exemplo, via regra de Simpson:

$$NUT = \frac{h}{3}\left[f_o + 4f_{(2j+1)} + 2f_{(2j)} + f_n\right] \tag{11.56}$$

sendo

$$h = \frac{Y_{A_1} - Y_{A_2}}{n}$$

n é o número de intervalos entre Y_{A_1} e Y_{A_2} (número par) e

$$f = \frac{1}{Y_A - Y_A^*}$$

O método gráfico pode ser estendido para soluções concentradas. A força motriz a ser empregada, nessa situação, é a diferença da fração molar do soluto, além de se utilizar k_y no cálculo da AUT para $G \to L$.

Método analítico

Como pode ser observado nas Equações (11.53) e (11.54), aparentemente a maior dificuldade para calcular a altura efetiva da coluna reside na determinação do NUT. No entanto, como estamos tratando de soluções diluídas, realizaremos algumas aproximações. Entre elas, está considerar que a reta de equilíbrio dada pela Equação (11.5) é válida para $Y_{A_i} = mX_{A_i}$. Esta aproximação é aceitável nas situações de diluição extrema. Se esta hipótese é admitida, tornam-se razoáveis as aproximações $Y_A^* = mX_A$ e $Y_A = mX_A^*$, possibilitando-nos buscar a Equação (11.41), para o contato contracorrente e técnica $G \to L$, e escrevê-la da seguinte maneira:

$$\frac{L_s}{G_s} = \frac{Y_A - Y_{A_2}}{Y_A^*/m - Y_{A_2}^*/m}$$

ou

$$\frac{L_s}{mG_s} = \frac{Y_A - Y_{A_2}}{Y_A^* - Y_{A_2}^*} \tag{11.57}$$

Denominando

$$\frac{L_s}{mG_s} \equiv A \tag{11.58}$$

como o *fator de absorção* e sabendo que $Y_{A_2}^* = mX_{A_2}$, retomamos a Equação (11.57) segundo:

$$Y_A^* = \frac{1}{A}Y_A - \frac{1}{A}Y_{A_2} + mX_{A_2} \tag{11.59}$$

Substituindo Y_A^* dada pela Equação (11.59) na definição do NUT da Equação (11.53), observamos:

$$NUT = \int_{Y_{A_2}}^{Y_{A_1}} \frac{dY_A}{\left(1 - \frac{1}{A}\right)Y_A + \frac{1}{A}Y_{A_2} - mX_{A_2}}$$

o qual, depois de integrado e após algumas manipulações algébricas, nos fornece:

$$NUT = \frac{1}{(1 - 1/A)}\ln\left[\frac{Y_{A_1} - mX_{A_2}}{Y_{A_2} - mX_{A_2}}(1 - 1/A) + 1/A\right] \tag{11.60}$$

Ainda em se tratando do contato contracorrente, considerando, entretanto, a técnica $L \to G$, pode-se demonstrar:

$$NUT = \frac{1}{(1 - A)}\ln\left[\frac{X_{A_2} - Y_{A_1}/m}{X_{A_1} - Y_{A_1}/m}(1 - A) + A\right] \tag{11.61}$$

Para o contato paralelo, existem as seguintes situações:

$$G \to L \quad NUT = \frac{1}{(1 + 1/A)}\ln\left(\frac{Y_{A_1} - mX_{A_1}}{Y_{A_2} - mX_{A_2}}\right) \tag{11.62}$$

$$L \to G \quad NUT = \frac{1}{(1 + A)}\ln\left(\frac{X_{A_2} - Y_{A_2}/m}{X_{A_1} - Y_{A_1}/m}\right) \tag{11.63}$$

Dessa maneira, a altura efetiva da coluna é determinada utilizando-se a Equação (11.55), a qual é obtida do produto entre (AUT) e (NUT) para as situações descritas no quadro (11.5).

Quadro 11.5 – Cálculo da altura efetiva para sistemas diluídos

Tipo de contato	Técnica de separação	AUT	NUT
(contracorrente) ↓↑	$G \rightarrow L$	Equação (11.53)	Equação (11.60)
(contracorrente) ↓↑	$L \rightarrow G$	Equação (11.54)	Equação (11.61)
(paralelo) ↑↑	$G \rightarrow L$	Equação (11.53)	Equação (11.62)
(paralelo) ↑↑	$L \rightarrow G$	Equação (11.54)	Equação (11.63)

O resumo pretendido no quadro (11.5) é aplicado para situações diluídas e quando a relação de equilíbrio termodinâmico obedece ao formato linear da relação da lei de Henry.

Programação de testes

De posse das informações sobre a curva ou reta de equilíbrio, coeficientes volumétricos de transferência de massa e do balanço macroscópico de matéria, podemos traçar uma programação de testes. Esta visa, principalmente, a verificação de algum parâmetro de projeto. Para tanto, propõem-se os seguintes passos:

1. *Identificar o equilíbrio termodinâmico.* Aqui, verificamos quem são o soluto e os inertes, de forma a estabelecermos as informações sobre o equilíbrio termodinâmico. Como se trata de soluções diluídas, isto se resume em conhecer o valor da inclinação m [veja a Equação (11.5)].
2. *Identificar a técnica de operação.* Do quadro (11.1): $G \rightarrow L$ ou $L \rightarrow G$. A ponta da seta indica o destino do soluto.
3. *Identificar o tipo de contato.* Neste passo conhecemos, qualitativamente, as inclinações das retas de equilíbrio e de operação para os contatos contracorrente (↓↑) e paralelo (↑↑) por intermédio das Equações (11.41) e (11.44), respectivamente.

Dos passos 1 a 3, criam-se condições para definir, qualitativamente, a posição e a inclinação da linha de operação, sem o auxílio de cálculos, em relação à reta de equilíbrio [veja a Figura (11.23)].

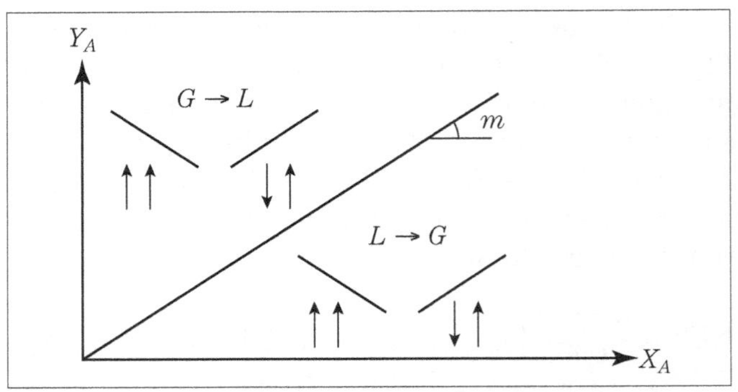

Figura 11.23 – Expectativa de como vão se comportar as retas de operação em relação à de equilíbrio.

A partir daqui estipularemos um roteiro visando ao aspecto quantitativo da programação.

4. *Identificar, determinar as variáveis (concentrações, frações, taxas e fluxos) conhecidas no topo e na base do equipamento* pelo preenchimento do quadro (11.6).

Quadro 11.6 – Identificação das variáveis conhecidas

Local \ Fases	Leve (G)	Pesada (L)
Base	G_1; G'_1	L_1; L'_1
	y_{A_1}; Y_{A_1}	x_{A_1}; X_{A_1}
	$y_{A_{1i}}$	$x_{A_{1i}}$
Topo	G_2; G'_2	L_2; L'_2
	y_{A_2}; Y_{A_2}	x_{A_2}; X_{A_2}
	$y_{A_{2i}}$	$x_{A_{2i}}$

5. *Construir o esquema do equipamento* especificando as variáveis conhecidas no passo 4.

O lado direito da Figura (11.24) corresponde à corrente leve, enquanto o lado esquerdo, à pesada. Observe que o sentido da última depende do tipo de contato entre fases, como já identificado no passo 3. O número 1 indica a base do equipamento, enquanto 2, o topo.

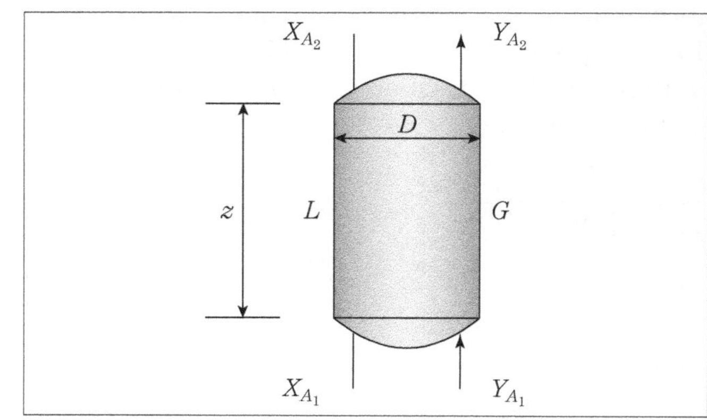

Figura 11.24 – Diagrama básico. (D é o diâmetro da coluna, e z, a sua altura efetiva).

6. *Informação sobre transferência de massa*, a qual decorre de:

 6.1 porcentagem de soluto extraído (ou absorvido);

 6.2 (resistência individual da fase β) = α (resistência global referenciada à fase β) em que β pode ser G ou L e α é um fator de proporcionalidade entre 0 e 1;

 6.3 área interfacial específica para transferência de massa, coeficientes ou coeficientes volumétricos de transferência de massa:

 $a, k_y, k_G, k_x, k_L, K_y, K_G, K_x, K_L, K_Y, K_X; k_ya, k_Ga, k_xa, k_La, K_ya, K_Ga, K_xa, Ka_L, K_Ya, K_Xa$;

 6.4 correlações empíricas para os coeficientes de transferência de massa [veja os quadros (11.3) e (11.4)];

 6.5 no caso de colunas recheadas, a especificação dos recheios [veja as Tabelas (11.1) e (11.2)].

7. *Informações mecânicas e fluidodinâmicas.*

 Nas informações mecânicas:

 7.1 diâmetro ou altura efetiva da coluna. Enfim, tudo aquilo referente ao aspecto construtivo da torre.

 Nas informações fluidodinâmicas:

 7.2 perda de carga; retenção de líquido [para mais detalhes sobre o desenho e dimensionamento de colunas, consulte, por exemplo, as obras de Treybal (1980) e a de Caldas e Lacerda (1988)].

 7.3 fluxos; fluxos minímos ou máximos das correntes envolvidas na separação.

8. *Identificar a incógnita do problema.* Aquilo que se deseja verificar.

9. A partir do quadro (11.6) ou do passo 5, *identificar a pseudoincógnita* do problema. A pseudoincógnita é a "pedra no sapato", a qual se trata de uma variável desconhecida que impede o cálculo imediato da incógnita do problema. Normalmente, a pseudoincógnita é uma fração molar (ou mássica) absoluta em uma determinada extremidade do equipamento de transferência de massa.

Para que possamos determinar a *pseudoincógnita*, lançaremos mão do próximo passo.

10. *Relações fundamentais.*

 10.1 *Para as "pseudoincógnitas"*:

 ver os passos 1 e 6 (devemos conhecer a inclinação m bem como os coeficientes individuais de transferência de massa). Aqui, utiliza-se a relação entre as resistências individuais [Equação (11.6) multiplicada pela área interfacial específica para transferência de massa **a**, sendo essa área obtida de correlações como aquelas, para recheios randômicos, presentes no quadro (11.2)]:

$$-\frac{k_xa}{k_ya}=\frac{y_{A_G}-y_{A_i}}{x_{A_L}-x_{A_i}}$$

 e, por se tratar de soluções diluídas, podemos utilizar as resistências globais [Equação (11.29) ou (11.30)]:

$$\frac{1}{K_ya}=\frac{1}{k_ya}+\frac{m}{k_xa} \quad \text{ou}$$

$$\frac{1}{K_xa}=\frac{1}{mk_ya}+\frac{1}{k_xa}$$

 10.2 *Linhas de operação* [Equação (11.41) ou (11.44)]:

$$\frac{L_s}{G_s}=(\pm)\frac{Y_{A_1}-Y_{A_2}}{X_{A_1}-X_{A_2}}$$

 o sinal depende do *passo* 3:

 (+) → contracorrente, (–) → paralelo.

 10.3 *Cálculo da altura efetiva*:

 a) Método gráfico:

$$z=(\pm)\frac{G_s}{K_Ya}\int_{Y_{A_2}}^{Y_{A_1}}\frac{dY_A}{\left(Y_A-Y_A^*\right)} \quad \text{ou}$$

$$z=(\pm)\frac{L_s}{K_Xa}\int_{X_{A_2}}^{X_{A_1}}\frac{dX_A}{\left(X_A-X_A^*\right)}$$

 o sinal depende do passo 2:

 (+) → contracorrente, (–) → paralelo.

 b) Método analítico. No caso de soluções diluídas, veja o quadro (11.5) para a determinação da altura efetiva da coluna z.

O entendimento do método apresentado só acontecerá mediante a sua aplicação e, por consequência, poderá ser aprimorado pelo usuário.

Exemplo 11.4

Uma torre de 2 m de diâmetro é utilizada para a absorção de certo contaminante A. 1.000 mols/h de gás, contendo 0,9% em mol do soluto, alimenta a base da coluna em que 80% de A é absorvido pela corrente líquida, que é inserida isenta de soluto no topo da torre. Verificou-se que a relação entre as vazões líquida e gasosa de inertes é igual a 1,4 vez a relação mínima entre tais correntes. Como a torre opera a temperatura e pressão constantes, os coeficientes volumétricos individuais de transferência de massa podem ser considerados constantes, sendo o coeficiente volumétrico individual da fase gasosa igual a 400 mols/$(h \cdot m^3 \cdot \Delta y_A)$ e a resistência nessa fase igual a 60% da global. Considerando a igualdade entre as frações de equilíbrio de A, distribuídas nas fases G e L, determine a altura efetiva da coluna.

Solução:

Acompanhando os passos sugeridos na programação de testes:

1. $m = 1$
2. $G \rightarrow L$
3. $\downarrow\uparrow$

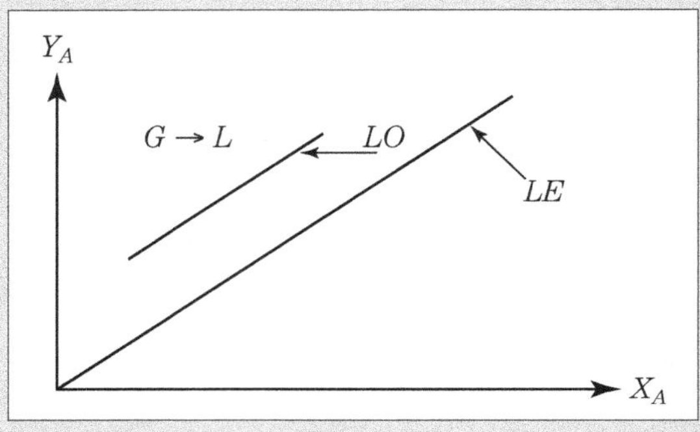

Figura 1

4. *Determinação das frações molares absolutas do soluto A:*

Balanço material para a fase gasosa: (base de cálculo: 1 h)

mols de gás = 1.000 mols

mols de A que entram: (0,009)(1.000) = 9 mols

mols de B que entram: (1 – 0,009)(1.000) = 991 mols

fração molar absoluta de A na base da torre:

$$Y_{A_1} = \frac{\text{mols de } A}{\text{mols de } B} = \frac{9}{991} = 9{,}082 \times 10^{-3} \tag{1}$$

mols de A absorvidos: (0,8)(9) = 7,2 mols

mols de A na saída: (entram) – (saem) = (entram) – (o que foi para outra fase) = (9,0 – 7,2) = 1,8 mols

fração molar absoluta de A no topo da torre:

$$Y_{A_2} = \frac{\text{mols de } A}{\text{mols de } B} = \frac{1{,}8}{991} = 1{,}816 \times 10^{-3} \tag{2}$$

Balanço material para a fase líquida: (base de cálculo: 1 h)

mols de A que entram = 0 $\therefore X_{A_2} = 0$ (3)

mols de A que saem = (entram) + (absorvidos) = 0,0 + 7,2 = 7,2 mols (4)

Exemplo 11.4 (*continuação*)

5. Observe no diagrama que desconhecemos a vazão (ou taxa) da corrente líquida, bem como a composição do contaminante nesta fase, na base da torre.

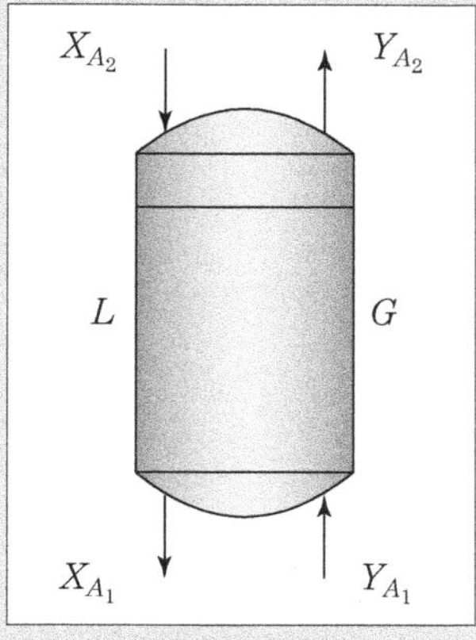

Diagrama básico

6.1. obs: $\beta = G$ e $\alpha = 0{,}6$

(resistência individual da fase G) = 0,6 (resistência global referenciada à fase G).

Como se trata de soluções diluídas, tem-se: $K_y a \approx K_Y a$. Desta forma:

$$\frac{1}{k_y a} = 0{,}6 \frac{1}{K_Y a}$$

$$K_Y a = (0{,}6)(400) = 240 \text{ mols/(hr} \cdot \text{m}^3 \cdot \Delta Y_A) \quad (5)$$

$$7.1\ D = 2 \text{ m} \quad (6)$$

$$7.2\ (L_s/G_s)_{op} = 1{,}4(L_s/G_s)_{\text{mín}} \quad (7)$$

Cálculo do G_s: $G'_s = (1 - y_A)G'$, sendo G' a taxa molar da corrente leve (mol/tempo).

Realizando o cálculo referenciado na base da coluna:

$$G'_s = (1 - 0{,}009)G_1 = (1 - 0{,}009)1.000 = 991 \text{ mols/h} \quad (8)$$

O fluxo molar do inerte na corrente G é dado por:

$$G_s = G'_s/\text{Área} \quad (9)$$

em que

$$\text{Área} = \pi D^2/4 \quad (10)$$

Temos (6) em (10):

$$\text{Área } \pi(2)^2/4 = \pi \text{ m}^2 \quad (11)$$

Substituindo (8) e (11) em (9):

$$G_s = 991/\pi = 315{,}445 \text{ mols/(h} \cdot \text{m}^2) \quad (12)$$

8. $z = ?$

9. $X_{A_2} = 0$; mas X_{A_1}? Note que esta fração molar absoluta é a pseudoincógnita deste exemplo.

10.2 (+) → contracorrente:

$$\frac{L_s}{G_s} = \frac{Y_{A_1} - Y_{A_2}}{X_{A_1} - X_{A_2}} \quad (13)$$

Exemplo 11.4 (*continuação*)

Trazendo (1), (2) e (3) em (13):

$$\frac{L_s}{G_s}=\frac{(9{,}082-1{,}816)\times 10^{-3}}{X_{A_1}-0{,}00}=\frac{7{,}266\times 10^{-3}}{X_{A_1}} \quad (14)$$

10.3 $G \rightarrow L$:

$$z=\frac{G_s}{K_Y a}\int_{Y_{A_2}}^{Y_{A_1}}\frac{dY_A}{\left(Y_A-Y_A^*\right)}$$

ou

$$z = (\text{AUT})\ (\text{NUT}) \quad (15)$$

Cálculo do AUT. Substituindo (5) e (12) na Equação (11.55):

$$\text{AUT}=\frac{G_s}{K_Y a}=\frac{315{,}445}{240}=1{,}314 \text{ m} \quad (16)$$

Determinação do NUT:

Determinação da *pseudoincógnita* X_{A_1}.

$$\left(\frac{L_s}{G_s}\right)_{\text{mín}}=\frac{\Delta Y_A}{(\Delta X_A)_{\text{máx}}}=\frac{(9{,}082-1{,}816)\times 10^{-3}}{\left(X_{A_1}-0{,}0\right)}=\frac{7{,}266\times 10^{-3}}{X_{A_1}}=\frac{7{,}266\times 10^{-3}}{\left(X_{A_1}\right)_{\text{máx}}} \quad (17)$$

Podemos construir a figura a seguir.

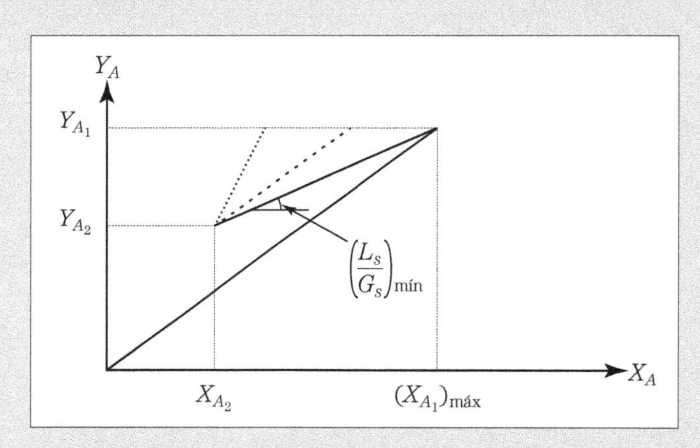

Figura 2

Observe na figura que para obter uma relação mínima entre os fluxos de inertes das fases G e L, a fração do contaminante na corrente L e na base da coluna deve ser máxima. Assim sendo, traça-se a linha de operação a partir da coordenada (X_{A_2}, Y_{A_2}), terminando em Y_{A_1}. Após estabelecermos várias inclinações para (L_s/G_s), verificamos que a menor inclinação é aquela em que a reta de operação toca a de equilíbrio.

Nesse ponto de intersecção, encontra-se na abscissa:

$$(X_{A_1})_{\text{máx}} = 9{,}1 \times 10^{-3} \quad (18)$$

Esse valor poderia ser obtido, neste exemplo, por: $Y_{A_1} = mX_A^*$, já que se trata de uma solução diluída.

Exemplo 11.4 (*continuação*)

Substituindo (18) em (17), o resultado fica:

$$\left(\frac{L_s}{G_s}\right)_{\text{mín}} = \frac{7{,}266\times10^{-3}}{9{,}1\times10^{-3}} = 0{,}8 \tag{19}$$

Desse modo:

$$\left(\frac{L_s}{G_s}\right)_{\text{op}} = 1{,}4\left(\frac{L_s}{G_s}\right)_{\text{mín}} = (1{,}4)(0{,}8) = 1{,}12 \tag{20}$$

X_{A_1} é determinado após substituir (20) em (14), de maneira que:

$$1{,}12 = \frac{7{,}266\times10^{-3}}{X_{A_1}} \rightarrow X_{A_1} = 6{,}487\times10^{-3} \tag{21}$$

Resumindo:

$X_{A_1} = 6{,}487 \times 10^{-3}$	$Y_{A_1} = 9{,}082 \times 10^{-3}$
$X_{A_2} = 0{,}0$	$Y_{A_2} = 1{,}816 \times 10^{-3}$

Cálculo do NUT:

$$\text{NUT} = \int_{Y_{A2}}^{Y_{A1}} \frac{dY_A}{Y_A - Y_A^*}$$

Numericamente:

$$\text{NUT} = \frac{h}{3}\left[f_o + 4f_{(2j+1)} + 2f_{(2j)} + f_n\right]$$

sendo

$$h = \frac{Y_{A_1} - Y_{A_2}}{n}$$

n é o número de intervalos entre Y_{A_1} e Y_{A_2} (número par)

$$f = \frac{1}{Y_A - Y_A^*}$$

O passo de integração é obtido assumindo $n = 4$ e buscando (1) e (3):

$$h = \frac{(9{,}082 - 1{,}816)\times10^{-3}}{4} = 1{,}816\times10^{-3}$$

Determina-se Y_A^* a partir da figura esboçada neste exemplo [veja o procedimento relatado quando da apresentação da Figura (11.21)]:

$Y_A\times10^3$	1,816	3,63	5,45	7,27	9,082
$Y_A^*\times10^3$	0,000	1,62	3,2	5,0	6,6
$f(x)$	550,66 f_0	492,6 f_1	444,4 f_2	440,5 f_3	387,3 f_n

Exemplo 11.4 (*continuação*)

Substituindo os resultados obtidos da tabela acima na Equação (11.56):

$$\text{NUT} = \frac{1{,}816\times10^{-3}}{3}[550{,}66+4(492{,}65+440{,}5)+2(444{,}4)+387{,}3]=3{,}37 \quad (22)$$

Finalmente, levando (16) e (22) a (15), temos a altura efetiva da coluna:

z = (1,314)(3,37) = 4,43 m

Exemplo 11.5

Refaça o exemplo 11.4 pelo método analítico.

Solução:

A diferença entre os métodos analítico e o gráfico, para soluções diluídas, consiste na determinação do NUT. Do exemplo anterior obtivemos:

Altura efetiva da coluna

z = (AUT)(NUT) (1)

AUT = 1,314 m (2)

Como m = 1 e L_s/G_s = 1,12, temos condições de calcular o fator de absorção por intermédio da Equação (11.58).

$$A = \frac{L_s}{mG_s} = \frac{1{,}12}{1} = 1{,}12 \quad (3)$$

além das frações molares absolutas oriundas do exemplo anterior.

	topo (2)	base (1)
$Y_A \times 10^3$	1,816	9,082
$X_A \times 10^3$	0,000	6,487

Como se trata de $G \rightarrow L$ e $\downarrow\uparrow$, o NUT é obtido analiticamente da Equação (11.60).

$$\text{NUT} = \frac{1}{(1-1/A)}\ell n\left[\frac{Y_{A_1}-mX_{A_2}}{Y_{A_2}-mX_{A_2}}(1-1/A)+1/A\right] \quad (4)$$

Substituindo as frações molares absolutas na Equação (4):

$$\text{NUT} = \frac{1}{(1-1/1{,}2)}\ell n\left[\frac{9{,}082\times10^{-3}}{1{,}816\times10^{-3}}(1-1/1{,}2)+1/1{,}12\right]=3{,}33 \quad (5)$$

Levando (2) e (5) a (1), obtemos:

z = (1,314)(3,33) = 4,38 m

que é bem próximo do resultado obtido no exemplo anterior.

11.4.2 Operações em estágios

Além das técnicas de separação que se processam em contatos contínuos, como aquelas apresentadas no tópico anterior, existem outras que operam em estágios. A Figura (11.25) ilustra o contato entre as correntes leve e pesada no interior de uma coluna de estágios.

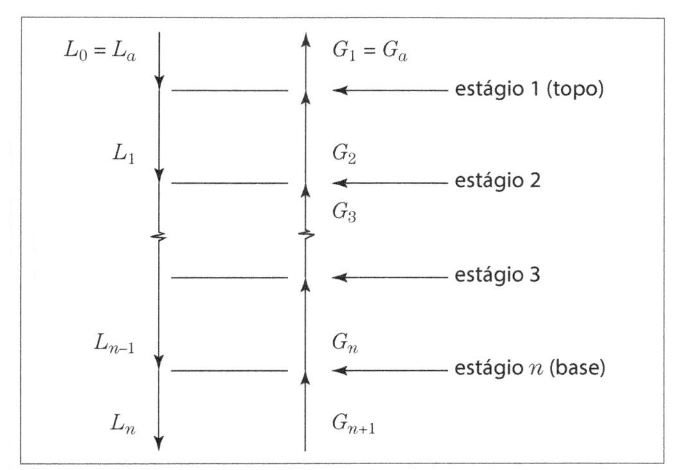

Figura 11.25 – Representação dos estágios ideais ou teóricos.

Como exemplo de equipamentos que operam por estágios, pode-se citar a coluna de pratos perfurados, conforme nos ilustra a Figura (11.26). Este tipo de coluna e suas variantes são largamente utilizadas nos processos de transferência gás/líquido. Dentro da coluna há uma série de pratos perfurados inseridos verticalmente. O gás ascende em contracorrente ao líquido alimentado no topo da torre. Em cada prato, em virtude de suas perfurações, são formadas bolhas sempre em contato com o líquido. Assim como na torre de borbulhamento, ocorre a transferência de massa quando da formação e movimento das bolhas no meio líquido.

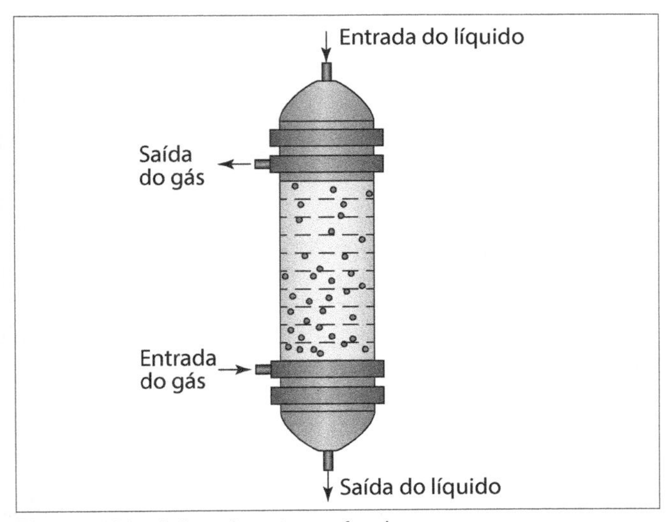

Figura 11.26 – Coluna de pratos perfurados.

O método empregado para o cálculo do número de estágios ou de pratos necessários para dar efeito a um processo de separação baseia-se no conceito de estágio ideal (de equilíbrio ou teórico). Em um estágio ideal as fases são misturadas durante tempo suficientemente longo, de modo que as composições do soluto presentes nas correntes que abandonam o estágio em análise estão em equilíbrio termodinâmico. No caso de soluções diluídas, esse equilíbrio é dado, por exemplo, segundo uma relação semelhante à Equação (11.5).

Para determinar o número de estágios teóricos, deve-se conhecer o balanço macroscópico de matéria, o qual já foi apresentado na Equação (11.34). Saliente-se que toda a apresentação a seguir refere-se a *sistema diluído (e isotérmico)*, possibilitando-nos a aproximação $Y_A \cong y_A$.

Linha de operação

Do balanço macroscópico de matéria resultará a linha de operação que nos dará, juntamente com a reta de equilíbrio, condições para calcular o número de estágios ideais. A metodologia é semelhante à das operações contínuas para o contato contracorrente. A diferença está nas referências *base* e *topo*. A base, para o tratamento em estágios, corresponderá ao estágio de equilíbrio $\boldsymbol{n}$, enquanto o topo, ao prato ideal **a**. Por conseguinte, têm-se os seguintes balanços macroscópicos de matéria [veja a Figura (11.25)]:

Balanço global:

$$L_a + G_{n+1} = L_n + G_a \tag{11.64}$$

Balanço do componente A:

$$x_{A_a}L_a + y_{A_{n+1}}G_{n+1} = x_{A_n}L_n + y_{A_a}G_a \tag{11.65}$$

Podemos ter, também, o balanço em termos da fração molar absoluta do soluto. Para tanto, substituem-se as definições (11.36) a (11.39) na Equação (11.65). Depois de rearranjar o resultado, obtemos a *linha de operação* de acordo com:

$$\frac{L_s}{G_s} = \frac{Y_{A_{n+1}} - Y_{A_a}}{X_{A_n} - X_{A_a}} \tag{11.66}$$

Observe que a linha de operação (11.66) é análoga à (11.41). Dessa maneira, representa-se essa linha em relação à de equilíbrio de acordo com as Figuras (11.27) e (11.28).

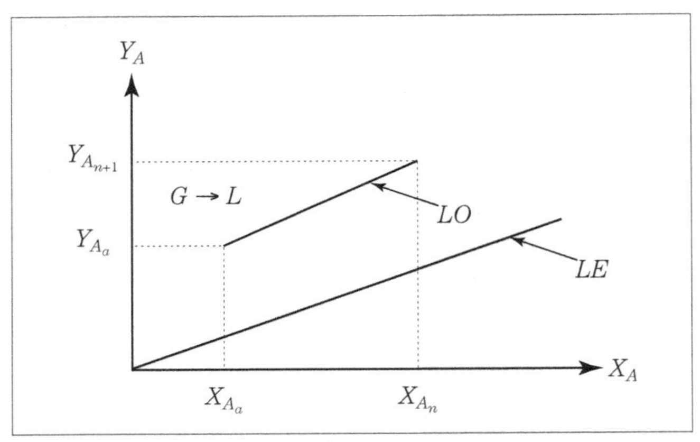

Figura 11.27 – Operação em estágios: $G \to L$.

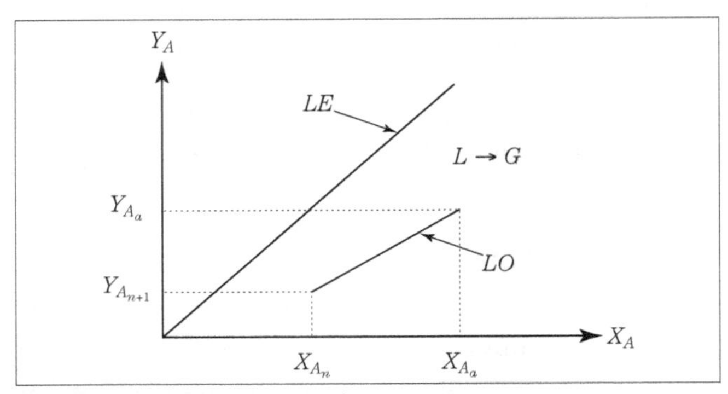

Figura 11.28 – Operação em estágios: $L \to G$.

Na Figura (11.27) está ilustrada a separação em que a corrente da fase leve entra *rica* e sai *pobre* de soluto, enquanto a corrente da fase pesada tem comportamento inverso (por exemplo, absorção). Na Figura (11.28) a corrente leve entra *pobre* e sai *rica* de soluto, e a pesada, por sua vez, entra *rica* e sai *pobre* de soluto (por exemplo, dessorção; extração líquido–líquido quando se tem um par insolúvel, ou seja, quando o soluto estiver distribuído em fases nas quais os inertes não se solubilizam). Nas duas figuras, LE indica *linha de equilíbrio*, e LO, *linha de operação*. De posse dessas linhas, é possível determinar o número de estágios ideais ou teóricos.

Número de estágios teóricos

Método gráfico

Este método *lembra* aquele mostrado na Figura (11.21), visando à obtenção de Y_A^*. Na presente situação, retomaremos a Equação (11.66), reescrita para o estágio j da seguinte maneira:

$$Y_{A_{j+1}} = Y_{A_a} + \left(X_{A_j} - X_{A_a}\right)\frac{L_s}{G_s} \tag{11.67}$$

Será suposta a operação $G \to L$. Por decorrência, tem-se o procedimento gráfico como:

1) $X_{A_a} = X_{A_0} \xrightarrow{LO} Y_{A_a} = Y_{A_1}$

2) $Y_{A_1} \xrightarrow{LE} X_{A_1}$

3) $X_{A_1} \xrightarrow{LO} Y_{A_2}$

---

j) $Y_{A_j} \xrightarrow{LE} X_{A_j}$

j+1) $X_{A_j} \xrightarrow{LO} Y_{A_{j+1}}$

---

n) $Y_{A_n} \xrightarrow{LE} X_{A_n}$

n+1) $X_{A_n} \xrightarrow{LO} Y_{A_{n+1}}$

O número de estágios corresponde ao número de triângulos retângulos formados, como ilustrado na Figura (11.29). Ocorre, normalmente, número fracionado de estágios, como indica a Figura (11.30).

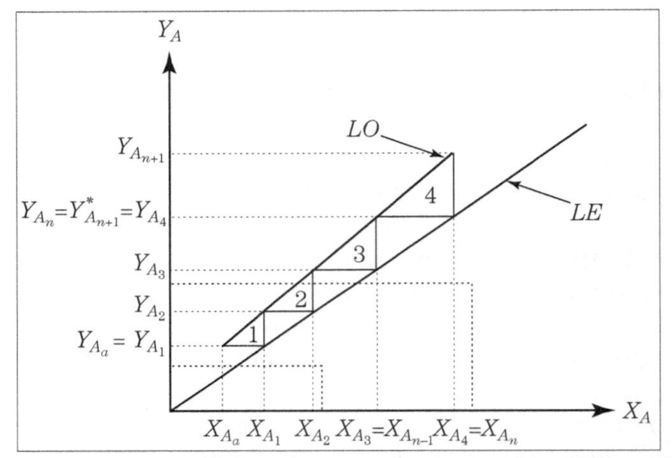

Figura 11.29 – Determinação gráfica do número de estágios ideais.

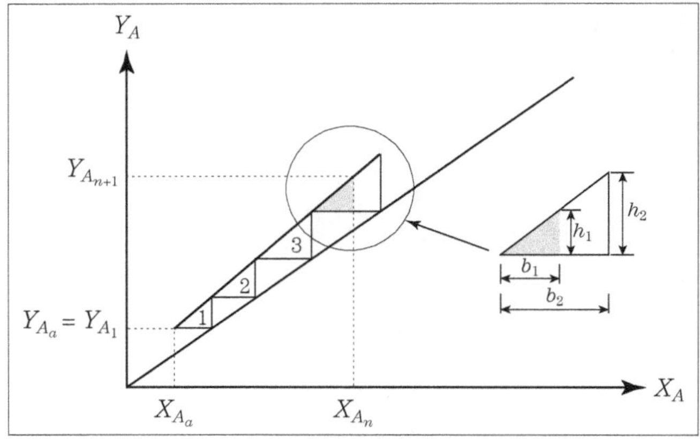

Figura 11.30 – Determinação gráfica do número de estágios ideais.

Na Figura 11.30, existem 3 triângulos retângulos completos e um incompleto (o que está com hachura). O número de triângulos retângulos completos corresponde ao número de estágios ideais, e o incompleto diz respeito à *fração de um estágio*. Esta fração seria igual a 1 se a área marcada correspondesse à área total do triângulo retângulo em análise. Desse modo, se denominarmos de $A_1 = (bh/2)_1$ a área sombreada e $A_2 = (bh/2)_2$ como sendo a área total do triângulo, verificamos que a *fração de um estágio* é dada por: $f = (bh)_1/(bh)_2$.

Desse modo, o número de estágios teóricos será:

$$N = n + (bh)_1/(bh)_2 \quad (11.68)$$

Caso o valor do número de estágios teóricos seja fracionado, deve-se manter a fração, pois a análise da eficiência de estágios é que nos levará a um número inteiro de pratos.

Podemos ter a referência de $(L_s/G_s)_{mín}$ para as operações em estágios tal qual nas operações contínuas, conforme mostrado na Figura (11.15). Procure traçar triângulos retângulos nessa figura. Quantos você encontra? Verá que são muitos; diria *infinitos*.

Lembre-se de que, no equilíbrio termodinâmico, a força motriz relativa à transferência de massa é *nula*, levando tanto o tempo de contato entre as fases quanto o número de estágios a serem infinitos. Este comentário, inclusive, é análogo ao que fizemos para o contato contínuo que, na situação $(L_s/G_s)_{mín}$, apresenta altura efetiva infinita para a coluna.

Exemplo 11.6

Considerando as mesmas condições de operação do exemplo (11.4), para o caso de operação em estágios, determine o número de estágios ideais pelo método gráfico.

Solução:

Do exemplo (11.4), temos as seguintes informações:

$X_{A_n} = 6{,}487 \times 10^{-3}$ $Y_{A_{n+1}} = 9{,}082 \times 10^{-3}$

$X_{A_a} = 0{,}0$ $Y_{A_a} = 1{,}816 \times 10^{-3}$

Como se trata de um sistema extremamente diluído, podemos considerar $Y_{A_i} = mX_{A_i}$. Por conseguinte, tem-se o seguinte procedimento gráfico:

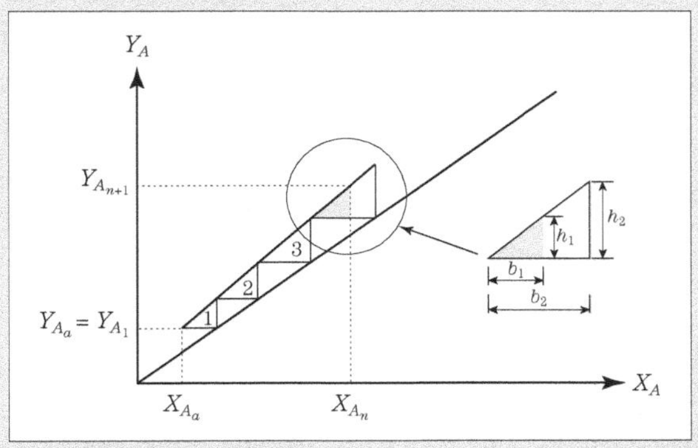

Figura 1 – Determinação do número de estágios ideais via procedimento gráfico.

Da análise da figura, nota-se que há três estágios inteiros e um estágio fracionado. Esta fração é determinada por:

$$f = (bh)_1/(bh)_2 \quad (1)$$

sendo:

$$(bh)_1 \cong (5{,}0)(5{,}0) = 25 \text{ mm}^2 \quad (2)$$

$$(bh)_2 \cong (25)(29) = 725 \text{ mm}^2 \quad (3)$$

Assim: $N = 3 + 255/725 = 3{,}034$

Não arredonde esse valor!!!

Método analítico

A diferença fundamental, em termos de cálculos, entre operações contínua e em estágios está em que a primeira visa à determinação da altura efetiva do contato entre as correntes G e L, enquanto a segunda se preocupa com a estimativa do número de estágios independentemente, em nosso caso, da altura total da coluna de separação. Por outro lado, os procedimentos de cálculo para os dois tipos de operações são semelhantes, apresentando, inclusive, a mesma formulação para as linhas de operação quando o contato é contracorrente para operações contínuas.

Vamos admitir que a separação conseguida no estágio n é equivalente à separação em certa seção dz em uma torre de recheios, de forma que a altura equivalente dessa seção ao estágio n possa ser determinada de acordo com a Equação (11.55):

$$z_n = (\text{AUT}).(\text{NUT})_n \tag{11.69}$$

com o valor do $(\text{NUT})_n$, para o contato contracorrente e para a técnica $G \rightarrow L$, determinado de acordo com a Equação (11.53), reescrita para o estágio n:

$$(\text{NUT})_n = \int_{Y_{A_n}}^{Y_{A_{n+1}}} \frac{dY_A}{\left(Y_A - Y_A^*\right)}$$

cuja integração nos remete à Equação (11.60), retomada aqui na forma:

$$(\text{NUT})_n = \frac{1}{(1-1/A)} \ell n\left[\frac{Y_{A_{n+1}} - mX_{A_{n-1}}}{Y_{A_n} - mX_{A_{n-1}}}(1-1/A) + 1/A\right] \tag{11.70}$$

Da Figura (11.29), verificamos:

$$mX_{A_{n-1}} = X_{A_n}^* = Y_{A_{n-1}}$$

o que nos faz escrever a Equação (11.70) como:

$$(\text{NUT})_n = \frac{1}{(1-1/A)} \ell n\left[\frac{Y_{A_{n+1}} - Y_{A_{n-1}}}{Y_{A_n} - Y_{A_{n-1}}}(1-1/A) + 1/A\right] \tag{11.71}$$

Por estarmos trabalhando com soluções diluídas, a Equação (11.66) é uma reta válida para toda a coluna, inclusive para a região que delimita o estágio n. Por consequência:

$$\frac{L_s}{G_s} = \frac{Y_{A_{n+1}} - Y_{A_n}}{X_{A_n} - X_{A_{n-1}}} \tag{11.72}$$

Ainda da Figura (11.29) notamos

$$mX_{A_n} = Y_{A_{n-1}}^* = Y_{A_n},$$

que, substituído em conjunto com

$$mX_{A_{n-1}} = Y_{A_n}^* = Y_{A_{n-1}}$$

na Equação (11.72), nos fornece o fator de absorção de acordo com:

$$A = \frac{L_s}{mG_s} = \frac{Y_{A_{n+1}} - Y_{A_n}}{Y_{A_n} - Y_{A_{n-1}}} \tag{11.73}$$

Somando o valor 1 na Equação (11.73),

$$1 + A = \frac{Y_{A_{n+1}} - Y_{A_{n-1}}}{Y_{A_n} - Y_{A_{n-1}}}$$

e substituindo este resultado na Equação (11.71):

$$\text{NUT}_n = \frac{1}{(1-1/A)} \ell n(A) \tag{11.74}$$

permitindo-nos retomar a Equação (11.69) da seguinte maneira:

$$z_n = (\text{AUT}) \frac{1}{(1-1/A)} \ell n(A) = AEPT \tag{11.75}$$

A Equação (11.75) reflete a *altura de uma seção contínua equivalente a um estágio teórico* ou estágio teórico (AEPT), o qual representa o grau de separação que ocorre *em um* comprimento efetivo dz dentro de uma coluna contínua e que é equivalente ao mesmo grau de separação se utilizássemos *um* estágio (ou prato) teórico[13]. Para **N** estágios, teríamos a altura efetiva equivalente de acordo com:

$$z = (N)(\text{AUT}) \frac{1}{(1-1/A)} \ell n(A) = (N)(AEPT) \tag{11.76}$$

sendo z a altura efetiva da coluna para que se consiga a mesma separação do soluto, caso utilizássemos N estágios teóricos. Ao compararmos as Equações (11.55), considerando nesta a Equação (11.60) para a operação em estágios e (11.76) para $\downarrow\uparrow$ e $G \rightarrow L$, obtemos a seguinte expressão para o cálculo do número de estágios teóricos:

$$N = \frac{\ell n\left[\frac{Y_{A_{n+1}} - mX_{A_a}}{Y_{A_a} - mX_{A_a}}(1-1/A) + 1/A\right]}{\ell n(A)} \tag{11.77}$$

[13] O conceito de AEPT foi introduzido por Peters em 1922.

Por um procedimento semelhante, temos para $L \rightarrow G$:

$$N = \frac{\ell n\left[\frac{X_{A_a} - Y_{A_{n+1}}/m}{X_{A_a} - Y_{A_{n+1}}/m}(1-A)+A\right]}{\ell n(1/A)} \quad (11.78)$$

As Equações (11.77) e (11.78) são conhecidas como equações de Kremser, as quais são válidas para soluções diluídas e quando o equilíbrio termodinâmico é descrito por relações lineares de equilíbrio, tipo lei de Henry. Apesar de essas equações terem sido geradas a partir da altura efetiva de uma coluna contínua, elas *não* são aconselhadas para o cálculo dessa altura, sendo o procedimento para tal aquele descrito no quadro (11.5).

Exemplo 11.7

Refaça o exemplo (11.6), utilizando-se o método analítico.

Solução:

Temos do exemplo (11.6): $m = 1$; $A = 1{,}12$; e as frações molares absolutas:

$X_{A_n} = 6{,}487 \times 10^{-3}$ $Y_{A_{n+1}} = 9{,}082 \times 10^{-3}$

$X_{A_a} = 0{,}0$ $Y_{A_a} = 1{,}816 \times 10^{-3}$

Dessa maneira, basta utilizarmos a Equação (11.77):

$$N = \ell n\left[\left(\frac{9{,}082\times10^{-3}}{1{,}816\times10^{-3}}\right)(1-1/1{,}12)+1/1{,}12\right]\Big/\ell n(1{,}12) = 3{,}15$$

Note que o resultado obtido não é tão distante daquele conseguido no exemplo anterior.

Eficiência de estágios

Em uma coluna que opera com estágios, a sua eficiência dependerá, entre outros, das propriedades das fases que compõem as correntes, das condições de fluxo das fases G e L e das características construtivas desses estágios. Quando se trabalha com eficiência de prato a 100%, consideram-se condições de equilíbrio, nas quais o soluto é extraído de uma determinada fase até uma concentração limite que é a de equilíbrio[14]. A eficiência de um prato advém de quanto os valores das concentrações do soluto distribuídas nas fases G e L, quando abandonam um estágio, aproximam-se das condições ideais de operação.

A *eficiência global* é definida como a razão entre o número de pratos teóricos e o número de pratos reais.

$$E_G = \frac{\text{n}^\text{o}\text{ estágios teóricos}}{\text{n}^\text{o}\text{ estágios reais}} \quad (11.79)$$

[14] O conceito de eficiência de estágios foi proposto por Lewis em 1922.

Define-se a *eficiência de Murphree* como a razão entre a variação da composição do soluto presente no gás em um determinado estágio e a variação correspondente ao equilíbrio. Para o prato ***n***, essa eficiência é expressa, para a corrente G, como:

$$E_M = \frac{Y_{A_{n+1}} - Y_{A_n}}{Y_{A_{n+1}} - Y^*_{A_n}} \quad (11.80)$$

No caso de as linhas de operação e de equilíbrio serem retas, a relação entre E_G e E_M é:

$$E_G = \frac{\log\left[1+E_M(1/A-1)\right]}{\log(1/A)} \quad (11.81)$$

O cálculo do número de estágios reais depende das condições de operação: concentração de entrada e de saída do soluto, bem como do fator de absorção. O procedimento preliminar para a obtenção de tais estágios consiste em avaliar as dependências mencionadas há pouco. Esse procedimento, por sua vez, pode ser desenvolvido a partir de uma programação de testes análoga à realizada para as operações contínuas.

Programação de testes

Considerando sistema diluído, intenta-se verificar o número de estágios teóricos e, caso haja necessidade, o número de pratos reais. Dessa forma, tendo como base a programação de testes desenvolvida para operações contínuas, podemos reescrevê-la para a atual situação da seguinte forma:

1. Identificar o equilíbrio termodinâmico.
2. Identificar a técnica de separação.
3. Identificar; determinar as variáveis conhecidas no topo e na base do equipamento.
4. Construir o esquema do equipamento, identificando nele as composições do soluto tanto na base quanto no topo da coluna.
5. Informações mecânicas e fluidodinâmicas.
6. Informações sobre transferência de massa.
7. Identificar a incógnita do problema.
8. Identificar a pseudoincógnita.
9. Calcular o número de estágios teóricos:
    a) Utilizar o método gráfico ou analítico.
    b) Conhecida a eficiência global, calcular o número de estágios reais.

Exemplo 11.8

A acetona é absorvida em uma coluna de pratos a partir de uma mistura com ar em um óleo não volátil. Uma corrente de gás a 100 mols/h de gás com 5% em mol de acetona entra na coluna, enquanto o óleo na entrada está isento de soluto. A solução na base da torre contém 1% em mol de acetona. Sabendo que a relação de equilíbrio é $y_{A_i} = 1{,}9x_{A_i}$ e que 90% de acetona é absorvida, determine o número de estágios reais para eficiência global da torre de 65%*.

Solução:

Podemos utilizar a programação de testes recém-proposta:

1. m = 1,9

2. $G \rightarrow L$

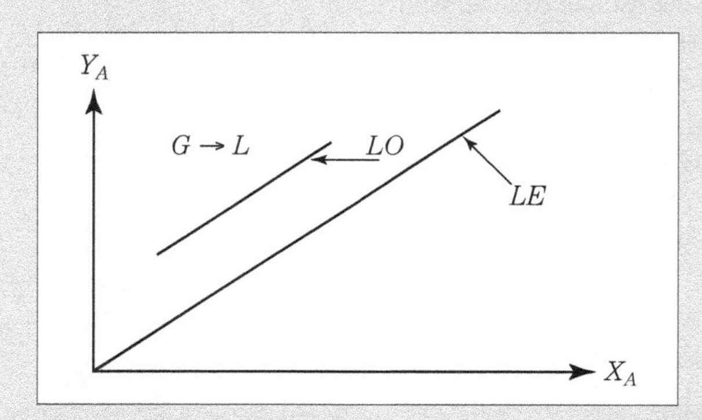

Figura 1 – Localização da linha de operação em relação à reta de equilíbrio.

3.

	Leve (G)	Pesada (L)
Base	G_{n+1} = 100 mols/(h · m²) $y_{A_{n+1}}$ = 0,05	L_n? x_{A_n} = 0,01
Topo	y_{A_a}; Y_{A_a} G_a (se necessário)	$x_{A_a} = X_{A_a} = 0$ L_a (se necessário)

* Esse exemplo é semelhante ao exemplo (17.1) encontrado em McCabe, Smith e Harriot (1980). Aqui, no entanto, é aplicada a programação de testes desenvolvida neste capítulo

Exemplo 11.8 (*continuação*)

a) Determinação das frações molares absolutas da acetona:

Balanço material para a fase gasosa: (base de cálculo: 1 h.m^2)

mols de gás que entram = 100 mols

mols de A que entram: (0,05)(100) = 5 mols

mols de B que saem (1–0,05)(100) = 95 mols

fração molar absoluta do soluto na base da torre:

$$Y_{A_{n+1}} = \frac{\text{mols de } A}{\text{mols de } B} = \frac{5}{95} = 5{,}26 \times 10^{-2} \quad (1)$$

mols de A absorvidos: (0,9)(5) = 4,5 mols

mols de A na saída: (5,0 – 4,5) = 0,5 mol

fração molar absoluta do soluto no topo da torre:

$$Y_{A_a} = \frac{\text{mols de } A}{\text{mols de } B} = \frac{0{,}5}{95} = 5{,}26 \times 10^{-3} \quad (2)$$

Balanço material para a fase líquida: (base de cálculo: 1 h.m^2)

mols de A que entram = 0 $\therefore X_{A_a} = 0$ (3)

mols de A que saem = (entram) + (absorvidos) = 0,0 + 4,5 = 4,5 mols (4)

fração molar absoluta do soluto na base da torre:

A fração molar da acetona na fase L e na base da coluna é conhecida, apresentando-se em 1% ou $x_{A_n} = 0{,}01$. A fração molar absoluta da acetona será:

$$X_{A_n} = \frac{x_{A_n}}{1 - x_{A_n}} = \frac{0{,}01}{1 - 0{,}01} = 1{,}01 \times 10^{-2} \quad (5)$$

4. Observe, no diagrama abaixo, que conhecemos todas as informações que nos possibilitam determinar o número de estágios ideais ou teóricos.

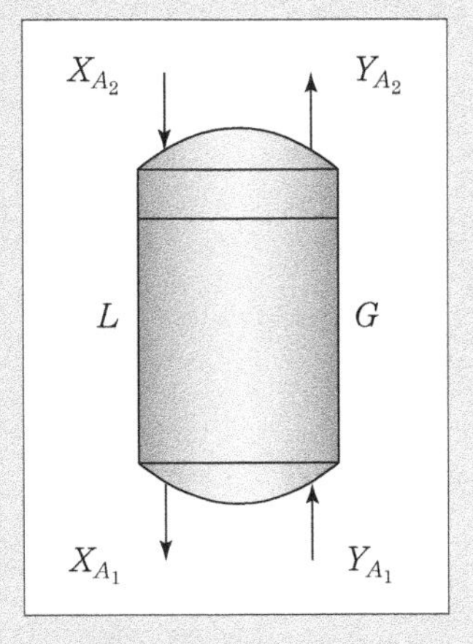

Diagrama básico

Exemplo 11.8 (*continuação*)

5. A vazão do solvente na corrente L não é conhecida. Entretanto, sabemos que na base da coluna há 1% de acetona. Essa porcentagem corresponde a 4,5 mols de acetona na corrente pesada.

Desta forma:

$$0{,}01L_n = 4{,}5 \rightarrow L_n = 450 \text{ mols/h} \cdot \text{m}^2 \quad (6)$$

O fluxo molar do solvente é:

$$L_s = L_{B_n} = L_n - L_{A_n} \quad (7)$$

Desta maneira, podemos substituir (4) e (6) em (7):

$$L_s = L_{B_n} = 450 - 4{,}5 = 445{,}5 \text{ mols/h} \cdot \text{m}^2 \quad (8)$$

Finalmente:

$$(L_s/G_s) = 445{,}5\ 95 = 4{,}69 \quad (9)$$

$$6.1.\ A = \left(\frac{L_s}{mG_s}\right) = \frac{1}{m}\left(\frac{L_s}{G_s}\right) = \frac{4{,}69}{1{,}9} = 2{,}468 \quad (10)$$

6.2 Eficiência global:

$$E_G = 0{,}65 \quad (11)$$

7. Número de pratos:

$$N_R = N/E_G \quad (12)$$

Como não há pseudoincógnita, iremos à nona etapa. Admitindo que o problema se refere a um sistema diluído, podemos utilizar a Equação (11.77).

$$N = \frac{\ell n\left[\frac{Y_{A_{n+1}} - mX_{A_a}}{Y_{A_a} - mX_{A_a}}(1 - 1/A) + 1/A\right]}{\ell n(A)} \quad (13)$$

Substituindo m = 1,9 e os valores (1), (2), (3) e (10) em (13), obtém-se:

$$N = \frac{\ell n\left[\left(\frac{5{,}26 \times 10^{-2}}{5{,}26 \times 10^{-3}}\right)(1 - 1/2{,}468) + 1/2{,}468\right]}{\ell n(2{,}468)} = 2{,}047 \quad (14)$$

O número de pratos reais é obtido levando (11) e (14) a (12):

$N_R = N/E_G = 2{,}047/0{,}65 = 3{,}15 \rightarrow N_R = 4$ estágios reais.

Exemplo 11.9

Deseja-se extrair nicotina presente em 0,8%, em massa, de uma solução aquosa. Esta alimenta uma coluna de pratos com vazão mássica igual a 200 kg/h. Para dar efeito à separação, empregaram-se 300 kg/h de querosene puro como solvente. Considerando que 90% de nicotina foi extraída e que a relação de equilíbrio, em função da fração mássica absoluta de soluto, é $Y_{A_i} = 0{,}923X_{A_i}$, em que Y = kg soluto/kg inerte no extrato e X = kg soluto/kg inerte no refinado, calcule o número de pratos reais para:

a) eficiência global da torre igual a 100%;

b) eficiência global da torre igual a 75%;

c) eficiência global da torre igual a 50%.

Este exemplo refere-se à extração líquido–líquido envolvendo dois líquidos imiscíveis (água e querosene), que se comportam como inertes no fenômeno de transferência de massa. A solução aquosa da qual se deseja separar o soluto (nicotina) é a fase pesada (L) e é denominada de refinado. O querosene, que atua como o agente extrator, é a fase leve, para a qual migra o soluto. Nomeia-se essa corrente de extrato. Note, portanto, que temos a técnica na forma $L \rightarrow G$. É válida a menção de que nas extrações normalmente se trabalha com quantidades mássicas, as quais, no caso específico de um soluto distribuído em duas correntes insolúveis, são escritas em termos da fração mássica absoluta.

Solução:

Podemos utilizar a programação de testes:

1. $m = 0{,}923$

2. $L \rightarrow G$

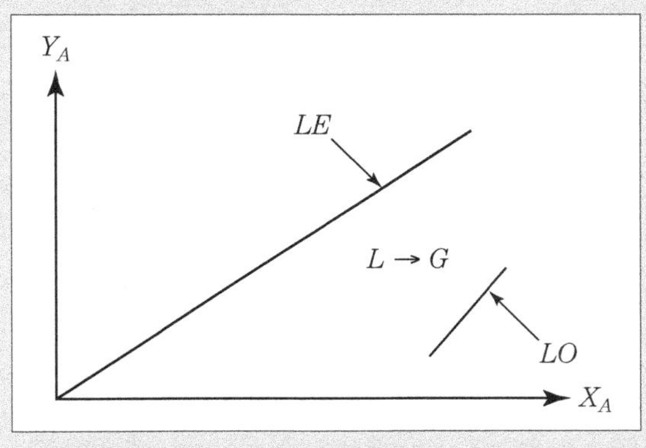

Figura 1 – Localização da linha de operação em relação à reta de equilíbrio

3.

	Leve (G)	Pesada (L)
Base	G_{n+1} = 200 kg/h	
Topo		w_{A_a} = 0,008 L'_a = 200 kg/h

a) Determinação das frações mássicas absolutas da nicotina: Balanço material no refinado: (base de cálculo: 1 h) (fase L)

massa de L (solução aquosa) que entra = 200 kg

massa de A (nicotina) que entra: (0,008)(200) = 1,6 kg

massa de Inerte (água) que entra: (1 – 0,008)(200) = 198,4 kg

Exemplo 11.9 (*continuação*)

fração mássica absoluta do soluto no topo da torre:

$$X_{A_a} = \frac{\text{massa de } A}{\text{massa de Inerte}} = \frac{1{,}6}{198{,}4} = 8{,}065 \times 10^{-3} \tag{1}$$

massa de A extraída: (0,9)(1,6) = 1,44 kg

massa de A na saída = (massa de A que entra – massa extraída de A) = (1,6 – 1,44) = 0,16 kg

fração mássica absoluta do soluto na base da torre:

$$X_{A_n} = \frac{\text{massa de } A}{\text{massa de Inerte}} = \frac{0{,}16}{198{,}4} = 8{,}065 \times 10^{-4} \tag{2}$$

Balanço material no extrato: (base de cálculo: 1 h)

massa de G (querosene) = 300 kg (3)

massa de Inerte (querosene) = 300 kg (4)

massa de A (nicotina) que entra = 0 $\therefore Y_{A_{n+1}} = 0$ (5)

massa de A (nicotina) que sai = (entra) + (extraída) = 0,0 + 1,44 = 1,44 kg (6)

fração mássica absoluta do soluto no topo da torre:

$$Y_{A_a} = \frac{\text{massa de } A}{\text{massa de Inerte}} = \frac{1{,}44}{300} = 4{,}8 \times 10^{-3} \tag{7}$$

Observe no diagrama abaixo que conhecemos todas as informações que nos possibilitam determinar o número de estágios ideais ou teóricos.

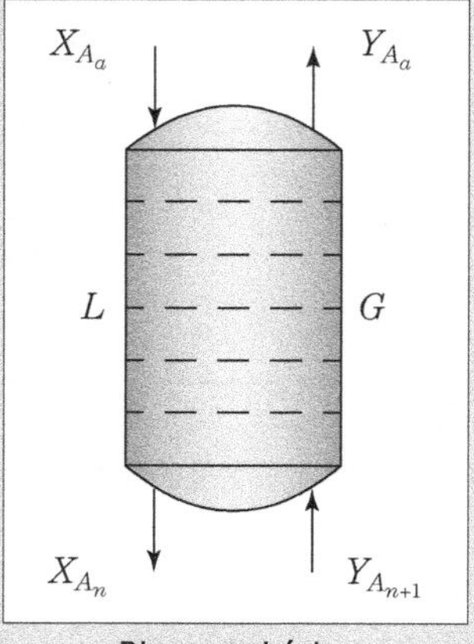

Diagrama básico

5. (L_S/G_S) = 198,4/300 = 0,6613 (8)

$$6.1.\ A = \left(\frac{L_S}{mG_S}\right) = \frac{1}{m}\left(\frac{L_S}{G_S}\right) = \frac{0{,}6613}{0{,}923} = 0{,}7165 \tag{9}$$

6.2. Eficiência global:

a) E_G = 1,0; b) E_G = 0,75; c) E_G = 0,50 (10)

Exemplo 11.9 (*continuação*)

7. Número de pratos: $N_R = N/E_G$

Como não há pseudoincógnita, iremos à nona etapa. Pelo fato de se tratar de um sistema diluído e por ser a técnica de separação tipo $L \rightarrow G$, podemos utilizar a Equação (11.78):

$$N = \frac{\ell n\left[\dfrac{X_{A_a} - Y_{A_{n+1}}/m}{X_{A_n} - Y_{A_{n+1}}/m}(1-A)+A\right]}{\ell n(1/A)} \quad (12)$$

Substituindo (1), (2), (5), (9) em (12), calcula-se o número de estágios teóricos:

$$N = \ell n\left[\left(\frac{8{,}065\times10^{-3}}{8{,}065\times10^{-4}}\right)(1-0{,}7165)+0{,}7165\right]\Big/\ell n(1/0{,}7165) = 3{,}80 \quad (13)$$

O número de pratos reais é obtido substituindo (10) e (13) em (11):

a) $N_R = N/E_G = 3{,}8/1 = 3{,}8 \rightarrow N_R = 4$ estágios reais.

b) $N_R = N/E_G = 3{,}8/0{,}75 = 5{,}07 \rightarrow N_R = 6$ estágios reais.

c) $N_R = N/E_G = 3{,}8/0{,}5 = 7{,}6 \rightarrow N_R = 8$ estágios reais.

EXERCÍCIOS

Conceitos

1. Procure interpretar o fenômeno da absorção em termos de causa e efeito.
2. Encontre na literatura exemplos de dessorção, extração líquido–líquido e lixiviação.
3. O que é solubilidade? Qual a sua importância nas técnicas de separação apresentadas no quadro (11.1)?
4. Qual é a diferença entre projeto e dimensionamento de colunas?
5. O que vem a ser uma programação de testes?
6. Analise as etapas de extração do "cafezinho".
7. Analise fenomenologicamente a seguinte afirmação: "Operações de transferência de massa são um conjunto de operações destinadas à separação de componentes de uma mistura ou solução. Baseiam-se na transferência de massa de uma fase para outra".
8. Quais são as semelhanças entre as diversas operações de transferência de massa? Sugestão: observe a Tabela (11.1).
9. Por que o uso da torre *spray* não é aconselhável para a absorção de gases pouco solúveis?
10. Qual a importância do equilíbrio termodinâmico nas operações de transferência de massa?
11. Discuta a lei de Henry.
12. Interprete fisicamente a teoria das duas resistências.
13. Obtenha os coeficientes individuais de transferência de massa, admitindo contradifusão equimolar.
14. Qual é a diferença entre os coeficientes individual e global de transferência de massa? Quando eles podem ser iguais?
15. Desenvolva expressões análogas a (11.16) e (11.17), utilizando, respectivamente, a pressão parcial e a concentração molar do soluto.
16. Qual é a importância da área superficial do recheio seco em uma coluna recheada?
17. Qual a diferença entre recheios randômicos e estruturados de alta eficiência? Qual deles apresenta maior eficiência de separação? Por quê?
18. Por que a *área molhada* é igual *à área interfacial específica para transferência de massa* quando se trabalha com absorção química?
19. Por que a teoria da penetração é utilizada na descrição dos coeficientes volumétricos individuais da fase líquida?

20. O que são contatos contracorrente e paralelo? Em qual deles, teoricamente, se transfere maior quantidade de matéria? Prove.
21. Desenvolva um procedimento de cálculo para a transferência de certo soluto A da fase L para a fase G, que venha a culminar no cálculo da altura efetiva de um equipamento destinado à transferência de massa.
22. Discuta o fenômeno causa e efeito na relação (11.55). Qual é a importância do equilíbrio termodinâmico e da teoria das duas resistências nesta análise?
23. Quando a reta de equilíbrio assumir a forma $Y_A = mX_A$ + cte, mostre para o contato contracorrente e técnica de separação $G \rightarrow L$ que o valor do NUT é dado por:

$$\text{NUT} = \frac{\Delta}{\Delta_{\text{médio}}}$$

sendo: $\Delta = Y_{A_1} - Y_{A_2}$; $\Delta_1 = Y_{A_1} - Y^*_{A_1} = Y_{A_1} - mX_{A_1}$; $\Delta_2 = Y_{A_2} - Y^*_{A_2} = Y_{A_2} - mX_{A_2}$;

$$\Delta_{\text{médio}} = \frac{\Delta_1 - \Delta_2}{\ell n(\Delta_1/\Delta_2)}$$

Sugestão: demonstre que $Y_A - Y^*_A = C_1 Y_A + C_2$ e substitua esse resultado na integral (11.53).

24. Demonstre as Equações (11.61), (11.62) e (11.63).
25. O que significa fisicamente o fator de absorção?
26. Qual é a diferença entre operações contínuas e em estágios?
27. O que é estágio de equilíbrio?
28. Por que as operações em estágios não se processam em contato paralelo?
29. Qual é o número de estágios teóricos quando se trabalha com vazão mínima de solvente? Mostre.
30. Demonstre as Equações (11.78) e (11.81).
31. Faça uma análise comparativa entre a altura efetiva de uma coluna e o número de pratos.

Cálculos

1. Construa as curvas de solubilidade (equilíbrio) para o sistema A-ar/A-água, em que[a]:

a) A é a amônia e o sistema está a 30 °C e 1 atm.

x_{A_i}	0,0	0,0126	0,0208	0,0309	0,0405	0,0737	0,1370
y_{A_i}	0,0	0,0151	0,0254	0,0309	0,0527	0,1050	0,2350

b) A é SO_2 e o sistema está a 20 °C e 1 atm.

x_{A_i}	0,0	$5,65\times10^{-5}$	$2,80\times10^{-4}$	$8,42\times10^{-4}$	$2,79\times10^{-3}$	$6,98\times10^{-3}$	$2,73\times10^{-2}$
y_{A_i}	0,0	$6,58\times10^{-4}$	$4,21\times10^{-3}$	$1,86\times10^{-2}$	$7,75\times10^{-2}$	0,212	0,917

c) A é metanol e o sistema está a 40 °C e 1 atm.

x_{A_i}	0,0	0,050	0,10	0,15
y_{A_i}	0,0	0,033	0,06	0,088

d) A é acetona e o sistema está a 20 °C e 1 atm.

x_{A_i}	0,0	0,0333	0,0720	0,117	0,171
y_{A_i}	0,0	0,0395	0,0826	0,112	0,136

[a]Extraído de Geankoplis, 1972.

2. Por intermédio de uma estimativa para **m**, procure mostrar qual fase controlará o processo de separação de A nas situações apresentadas no exercício 1.
3. A partir do exercício 1, obtenha a relação k_x/k_y para os seguintes casos:

a) Em certo ponto de uma torre, as frações molares do SO_2 nas fases L e G são, respectivamente, $4,0 \times 10^{-3}$ e $1,0 \times 10^{-3}$.

b) Em certo ponto de uma torre, as frações molares do metanol nas fases L e G são, respectivamente, 0,06 e 0,02.

c) Em certo ponto de uma torre, as frações molares da acetona nas fases L e G são, respectivamente, 0,04 e 0,08.

4. Para um sistema isotérmico e diluído em que o componente A é transferido da fase líquida à gasosa, a relação de equilíbrio é dada por $y_{A_i} = 1,25x_{A_i}$. Em certo ponto do equipamento, o líquido contém 60% em mol de A, e a composição de A na fase gasosa é 20%. O coeficiente individual de transferência de massa do filme gasoso apresenta o valor $1,5 \times 10^{-3}$mols/($m^2 \cdot s\Delta y_A$)

e a resistência da fase gasosa é 30% da global. Calcule:

a) o fluxo molar de A;

b) as frações molares de A no equilíbrio;

c) os coeficientes globais K_x, K_L, K_G.

5. Na absorção de amônia em água em uma torre operando a 16°C e 3,0 atm, os coeficientes individuais de transferência de massa são 5,4 mols/($m^2 \cdot hr \cdot \Delta C_A$) e 1,23 mols/($m^2 \cdot hr \cdot atm$). Sabendo que a pressão parcial, no equilíbrio, de uma solução diluída de NH_3 em água é dada por $P_{A_i} = 0{,}25C_{A_i}$, determine os seguintes coeficientes de transferência de massa:

a) k_y; b) k_x; c) K_y; d) K_x.

6. Refaça o exemplo (11.2) considerando:

a) recheios de anéis de Raschig cerâmicos de diâmetro nominal igual a 19 mm;

b) selas de Berl cerâmicas de diâmetro nominal igual a 13 mm;

c) selas de Berl cerâmicas de diâmetro nominal igual a 19 mm.

Compare e discuta os resultados obtidos.

7. Uma coluna de 50 cm de diâmetro, recheada de anéis de Raschig cerâmicos de diâmetro nominal igual a 16 mm, foi construída para absorver 90% de CO_2 presente em 0,75% (em mol) em uma corrente de ar. Sabendo que a torre opera a 40 °C e 1 atm, utilizou-se água como agente absorvedor, a qual é alimentada no topo da coluna e escoa em contracorrente em relação ao fluxo do gás. Entretanto, verificaram-se traços de CO_2 na água de alimentação, os quais foram estimados, em porcentagem molar, em 2×10^{-5}%. Depois de medir as taxas molares de alimentação, tanto da corrente leve quanto da pesada, encontraram-se os seguintes valores: 0,3 mol/h e 850 mols/h, respectivamente. Pelo fato de a relação de equilíbrio, para as condições de operação dessa torre, ser dada por $y_{A_i} = 2{,}33 \times 10^3 x_{A_i}$, calcule a altura efetiva da seção recheada. Para tanto, utilize as correlações de Onda, Takeuchi e Okumoto (1968) para a estimativa da área efetiva de transferência de massa, assim como para os cálculos dos coeficientes volumétricos individuais de transferência de massa. Na necessidade de se determinar os coeficientes de difusão das fases leve e pesada, lance mão das correlações de Fuller, Schetter e Giddings (1966) e de Wilke e Chang (1955), respectivamente.

Espécies	M (g/mol)	ρ(kg/m^3)	ν(m^2/s)	V_{bi} (cm^3/mol)
Água	18,015	992,3	$0{,}668 \times 10^{-6}$	18,7
Ar	28,85	1,091	$0{,}175 \times 10^{-4}$	-
CO_2	44,01	1,630	$0{,}095 \times 10^{-4}$	34,0

8. Uma torre recheada, de 15 cm de diâmetro, que opera a 35 °C e 1 atm é destinada para remover o etanol de uma corrente contendo CO_2. Essa corrente alimenta a base da coluna a 43 m^3/h com 1,5% (fração molar) de etanol. Desejando-se recuperar 99% desse álcool, utilizou-se água pura, injetada no topo da torre a 43 kg/h. Nas condições operacionais de temperatura e de pressão, conhece-se o coeficiente volumétrico global de transferência de massa, que é 270 mols/($h \cdot m^3 \cdot atm.\Delta Y_A$), assim como a relação de equilíbrio para o etanol distribuído nas fases leve e pesada: $y_{A_i} = 0{,}6667 x_{A_i}$. Calcule a altura efetiva da torre.

9. Estime a altura efetiva de uma coluna destinada a absorção de 85% de certo componente A de uma corrente gasosa que contém 6% em mol de A na base da torre. O solvente S com 1% em mol de A é alimentado a 50 mols/($h \cdot m^2$) em contracorrente com o gás, que entra a 25 mols/($h \cdot m^2$). Admitindo que a torre opere a temperatura e pressão constantes, os coeficientes volumétricos individuais de transferência de massa são considerados constantes e têm como valores 8,0 mols/($h \cdot m^3 \cdot \Delta y_A$) e 12,0 mols/($h \cdot m^3 \cdot \Delta x_A$). A relação de equilíbrio para o soluto A nessa solução é dada pela tabela a seguir:

y_{A_i}	0,0	0,0025	0,0085	0,0205	0,043	0,086
x_{A_i}	0,0	0,001	0,020	0,030	0,040	0,050

10. Uma corrente líquida com 1% em mol de soluto, o qual apresenta 0,4% em mol no equilíbrio, entra no topo de uma torre de 75 cm de diâmetro a uma taxa molar de 150 mols/h. Nesta seção, a corrente gasosa entra a 2.500 mols/h. Sabendo que a torre opera a temperatura e pressão constantes, os coeficientes volumétricos individuais de transferência de massa podem ser considerados constantes e iguais a 420 mols/($h \cdot m^3 \cdot \Delta x_A$) e 1.400 mols/($h \cdot m^3 \cdot \Delta y_A$). De posse de tais in-

formações, calcule a altura efetiva da torre se 60% do soluto for dessorvido e a reta de equilíbrio for expressa por $y_{A_i} = 1{,}1x_{Ai}$.

11. A absorção de certo componente A é obtida em uma coluna de 50 cm de diâmetro. Tanto a corrente gasosa quanto a líquida entram pelo topo da torre com 5,5% em mol de soluto no seio da fase gasosa e 2% em mol no seio da fase líquida, na qual a fração molar de equilíbrio de A na fase líquida é 5% em mol. A sua composição no seio da corrente gasosa, ao abandonar a coluna, é 2% em mol. Como a torre opera a temperatura e pressão constantes, os coeficientes volumétricos individuais de transferência de massa também o são, tendo o valor de 25 mols/(h · m^3 · Δy_A) para a fase gasosa. Sabendo que a taxa molar da corrente gasosa que alimenta a coluna é 30 mols/h e a razão entre as correntes líquida e gasosa, de inertes, é o dobro da razão mínima entre tais correntes, determine a altura efetiva da torre e as composições de equilíbrio na sua base. Os dados de equilíbrio para o soluto, neste exercício, são apresentados a seguir (obs.: utilize o método gráfico):

x_{A_i} (%)	1	3	4	5
y_{A_i} (%)	0,2	1,1	2,2	4,05

12. Em uma torre de 1,2 m de diâmetro, certo soluto A é transferido da fase gasosa para a líquida. Para este sistema em que se trabalha com soluções diluídas, a seguinte lei de Henry modificada é válida: $y_{A_i} = 1{,}1x_{A_i}$. Sabe-se que a composição interfacial do soluto A na corrente gasosa, ao abandonar o topo da coluna, é igual a 0,5% em mol e que a sua composição no seio dessa corrente e 1,0% em mol. O solvente, escoando em contracorrente à fase gasosa, deixa a torre rico em A, sendo a composição do soluto nessa situação igual a 3,0% em mol. Como a coluna opera a temperatura e pressão constantes, consideram-se como constantes os coeficientes volumétricos individuais de transferência de massa, sendo iguais a 48 mols/(h · m^3 · Δx_A) e 32 mols/(h · m^3 · Δy_A). Mediram-se as taxas molares de ambas as correntes no topo da torre, as quais apresentaram os seguintes valores: 74 mols/h para a corrente líquida e 57 mols/h para a gasosa. De posse dessas informações, determine as composições de equilíbrio na base da coluna e a sua altura efetiva.

13. Em uma coluna de altura efetiva igual a 4,5 m, certo componente A é transferido da fase gasosa à líquida. Para esse sistema em que se trabalha com soluções diluídas, a seguinte lei de Henry modificada pode ser aplicada: $y_{A_i} = 2{,}5x_{A_i}$. Sabendo que 30 mols/h da corrente gasosa entra pela base da torre, verificou-se que a composição do soluto no seio dessa corrente é 6,75% em mol. A corrente gasosa abandona a coluna empobrecida de A. Nessa situação, a composição do soluto no seio do gás é 2,0% em mol. A corrente líquida, cuja vazão do inerte é 1,85 vez maior do que a vazão mínima de operação, escoa em contracorrente à fase gasosa, deixando a torre rica em A. Neste local do equipamento, a composição interfacial do soluto é 1,8%. Como a coluna opera a temperatura e pressão constantes, em que P = 4 atm, os coeficientes volumétricos individuais de transferência de massa podem ser considerados constantes, sendo o da fase gasosa igual a 4,0 mols/(h · m^3 · Δy_A). A resistência da fase gasosa é 75% da global. De posse de tais informações, determine a composição do soluto no seio da fase líquida quando esta alimenta a torre, assim como o diâmetro dessa torre.

14. Uma coluna que opera em contato paralelo a temperatura e pressão constantes, em que P = 1,5 atm, é destinada a dessorção de certo soluto A. A corrente gasosa, contendo A, alimenta a base da torre a 3,0 mols/(h · m^2). Nesta situação, a composição interfacial de A e aquela no seio da mencionada corrente são 0,45% e 0,25% em mol, respectivamente. Essa corrente abandona o topo do equipamento trazendo consigo 0,57% em mol de A. No intuito de se calcular a altura efetiva da coluna, têm-se as seguintes informações:

    I. a vazão da corrente líquida de inerte é o dobro de sua vazão mínima;

    II. como se trata de soluções diluídas e o processo é isotérmico, a seguinte lei de Henry modificada pode ser utilizada: $y_{A_i} = 0{,}9\, x_{A_i}$;

    III. conhecem-se os seguintes coeficientes volumétricos individuais de transferência de massa: 2,0 mols/(h · m^3 · Δx_A) e 3,33 mols/(h · m^3 · Δy_A).

15. Reconsidere o enunciado do exemplo (11.8) para o cálculo da altura efetiva de uma colu-

na que opera em contracorrente. Admita que o coeficiente global de transferência de massa é 70 mols/(h · m^3 · ΔY_A).

16. Resolva os exercícios 7, 8, 9 e 12, considerando contato paralelo.

17. Uma coluna de absorção de 1,2 m de diâmetro é alimentada com 800 mols/h de uma solução líquida. Na outra extremidade, uma mistura gasosa entra com 2% em mol de soluto. Essa corrente abandona a torre com 0,85% em mol de soluto, este com fração de equilíbrio igual a 0,417% em mol. Sabendo que a relação entre os fluxos das correntes pesada e leve de inertes é 1,25 vez maior do que a relação mínima e que a reta de equilíbrio é expressa pela relação $y_{A_i} = 4x_{A_i}$, determine:
    a) a altura efetiva da torre, sabendo que ela opera a temperatura e pressão constantes, em que os coeficiente volumétricos individuais de transferência de massa são 1.600 mols/(h · m^3 · ΔY_A) e 200 mols/(h · m^3 · ΔY_A);
    b) de posse das frações molares absolutas do soluto obtidas no item (a), considere que a coluna opera em estágios e determine o número de pratos reais se a eficiência global é 46%.

18. Procurou-se extrair traços de tungstênio presentes em uma solução aquosa de tungstato de sódio por intermédio da utilização de solvente orgânico isento de soluto. Utilizou-se um extrator que opera com dois estágios teóricos em contracorrente. O percentual da fração mássica do soluto na alimentação pesada é 3,75 × 10^{-3}%, enquanto a relação de equilíbrio para o soluto distribuído nas fases extrato e refinado, em termos de fração mássica, é $y_A = 5x_A$. Sabendo que as taxas mássicas de alimentação das correntes leve e pesada são iguais a 200 g/h e 250 g/h, respectivamente, determine:
    a) o percentual de soluto extraído;
    b) a fração mássica absoluta do soluto no refinado na saída do extrator.

19. Calcule o número de estágios reais para os exercícios 7, 8, 9 e 12, considerando:
    a) eficiência global igual a 30%, 40%, 50% e 60%;
    b) para soluções diluídas, obtenha, além do método gráfico, o número de estágios teóricos pelo método analítico e, em todos os casos do item (a), a eficiência de Murphree.

BIBLIOGRAFIA

BENNETT, C. O.; MYERS, C. D. *Fenômenos de transporte*. São Paulo: McGraw-Hill do Brasil, 1978.

BRAVO, J. L.; FAIR, J. R. *Ind. Eng. Chem. Process Des. Dev.*, v. 21, n. 1, p. 162, 1982.

______. *Hydrocarbon Processing*, v. 64, p. 94, 1985, apud CALDAS, J. N.; LACERDA, A. T. *Torres recheadas*. Rio de Janeiro: JR Editora Técnica, 1988.

CALDAS, J. N.; LACERDA, A. T. *Torres recheadas*. Rio de Janeiro: JR Editora Técnica, 1988.

CREMASCO, M. A. *Anais* do XXIII Congresso Brasileiro de Ensino de Engenharia, v. 1. Recife, 1995, p. 449.

DANTAS NETO, A. A.; DANTAS, T. N. C.; AVELINO, S. *Anais* do IX Congresso Brasileiro de Engenharia Química, v. 1. Salvador, 1992, p. 232.

GEANKOPLIS, C. J. *Mass transport phenomena*. New York: Holt, Rinheart and Winston Inc., 1972.

KING, C. J. *Separation processes*. New York: McGraw-Hill, 1971.

LEVA, M. *Tower packing and packed tower design*. 2.ed. Ohio: The United States Stoneware Co., 1953.

MCCABE, W. L.; SMITH, J. C.; HARRIOT, P. *Unit operations of chemical engineering*. 4. ed. Singapore: McGraw-Hill, 1980.

MOHUNTA, D. M.; VAIDYANATHAN, A. S.; LADDHA, G. S. *Indian Chem. Eng.*, v. 11, n. 3, p. 73, 1969, apud PONTER, A. B.; AU-YEUNG, P. H. Estimating liquid film mass transfer coefficients in randomly packed columns. In: *Handbook of heat and mass transfer*. Houston: Gulf Pub. Com., 1986.

MOLSTAD, M. C. et al. *Trans. Am. Inst. Chem. Eng.*, v. 38, p. 410, 1942, apud PONTER, A. B.; AU-YEUNG, P. H. Estimating liquid film mass transfer coefficients in randomly packed columns. In: *Handbook of heat and mass transfer*. Houston: Gulf Pub. Com., 1986.

NORMAN, W. S. *Absorption, distillation and cooling towers*. New York: John Wiley, 1961, apud

PONTER, A. B.; AU-YEUNG, P. H. Estimating liquid film mass transfer coefficients in randomly packed columns. In: *Handbook of heat and mass transfer*. Houston: Gulf Pub. Com., 1986.

ONDA, K.; TAKEUCHI, H.; OKUMOTO, Y. *Chem. Eng. Japan*, v. 1, 1968, p. 56.

PONTER A. B.; AU-YEUNG, P. H. Estimating liquid film mass transfer coefficients in randomly packed columns. In: *Handbook of heat and mass transfer*. Houston: Gulf Pub. Com., 1986.

SENA, L. G. N. L.; FOSSY, M. F. *Anais* do XXIII Congresso Brasileiro de Sistemas Particulados (XXIII ENEMP), v. 2. Maringá, 1996, p. 775.

SHERWOOD, T. K.; HOLLOWAY, F. A. L. *Trans. A. I. Che. J.*, v. 36, p. 39, 1940, apud TREYBAL, R. E. *Mass transfer operations*. 3. ed. New York: McGraw-Hill, 1980.

SMITH, B. D. *Desing of equilibrium stages processes*. New York: McGraw-Hill, 1963.

TELIS, V. R.; MEIRELLES, A. J. A. *Anais* do XIX Encontro sobre Escoamento em Meios Porosos, v. 2. Campinas, 1991, p. 845.

TREYBAL, R. E. *Mass transfer operations*. 3. ed. New York: McGraw-Hill, 1980.

ULLER, A. M.; PASCHOAL, L. C. M.; LOZANO, H. J. M. *Anais* do XIII Encontro sobre Escoamento em Meios Porosos. v. 1. São Paulo, 1985, p. 78.

WELTY, J. R.; WILSON, R. E.; WICKS, C. G. *Fundamentals of momentum, heat and mass transfer*. 2. ed. New York: John Wiley, 1976.

NOMENCLATURA

a	área interfacial específica para transferência de massa, Equação (11.20);	$[L^2 \cdot L^{-3}]$
a_s	área superficial do recheio seco, Tabela (11.1);	$[L^2 \cdot L^{-3}]$
a_w	área molhada do recheio, Equação (11.21);	$[L^2 \cdot L^{-3}]$
A	fator de absorção, Equação (11.58);	adimensional
C_A	concentração molar da espécie A, Equação (11.4);	$[mol \cdot L^{-3}]$
D_{AB}	coeficiente de difusão do soluto A no meio B;	$[L^2 \cdot T^{-1}]$
d_s	diâmetro nominal do recheio, Tabela (11.1);	[L]
E_G	eficiência global, Equação (11.79);	adimensional
E_M	eficiência de Murphree, Equação (11.80);	adimensional
g	aceleração da gravidade, quadros (11.2), (11.3) e (11.4);	$[L. \cdot T^{-2}]$
G	fluxo molar da corrente leve;	$[mol \cdot L^{-2} \cdot T^{-1}]$
k_G	coeficiente individual da fase gasosa tendo a pressão parcial como força motriz, Equação (11.2);	$[mol \cdot L^{-2} \cdot T^{-1} (\Delta P_A)^{-1}]$
k_L	coeficiente individual da fase líquida tendo a concentração molar como força motriz, Equação (11.4);	$[mol \cdot L^{-2} \cdot T^{-1} (\Delta C_A)^{-1}]$
k_x	coeficiente individual da fase líquida tendo a fração molar como força motriz, Equação (11.3);	$[mol \cdot L^{-2} \cdot T^{-1} (\Delta x_A)^{-1}]$
k_y	coeficiente individual da fase gasosa tendo a fração molar como força motriz, Equação (11.1);	$[mol \cdot L^{-2} \cdot T^{-1} (\Delta y_A)^{-1}]$
K_G	coeficiente global referenciado à fase gasosa tendo a pressão parcial como força motriz, passo (6.3) do tópico (11.4.1.4);	$[mol \cdot L^{-2} \cdot T^{-1} (\Delta P_A)^{-1}]$

K_L	coeficiente global referenciado à fase líquida tendo a concentração molar como força motriz, passo (6.3) do tópico (11.4.1.4);	$[mol \cdot L^{-2} \cdot T^{-1}(\Delta C_A)^{-1}]$
K_x	coeficiente global referenciado à fase líquida tendo a fração molar como força motriz, Equação (11.8);	$[mol \cdot L^{-2} \cdot T^{-1}(\Delta x_A)^{-1}]$
K_y	coeficiente global referenciado à fase gasosa tendo a fração molar como força motriz, Equação (11.7);	$[mol \cdot L^{-2} \cdot T^{-1}(\Delta y_A)^{-1}]$
K_X	coeficiente global referenciado à fase líquida tendo a fração molar absoluta de A como força motriz, Equação (11.54);	$[mol \cdot L^{-2} \cdot T^{-1}(\Delta X_A)^{-1}]$
K_Y	coeficiente global referenciado à fase gasosa tendo a fração molar absoluta de A como força motriz, Equação (11.46);	$[mol \cdot L^{-2} \cdot T^{-1}(\Delta Y_A)^{-1}]$
L	fluxo molar da corrente pesada;	$[mol \cdot L^{-2} \cdot T^{-1}]$
m	constante de Henry modificada, Equação (11.5);	adimensional
M_L	massa molar do solvente, quadros (11.3) e (11.4);	$[mol \cdot M^{-1}]$
N	número de estágios teóricos ou ideais, Equações (11.77) e (11.78);	adimensional
N_R	número de estágios reais, exemplo (11.8);	adimensional
$N_{A,z}$	fluxo molar global de A, Equação (11.1);	$[mol \cdot L^{-2} \cdot T^{-1}]$
P	pressão total do sistema, quadro (11.3);	$[F \cdot L^{-2}]$
P_A	pressão parcial da espécie A, Equação (11.2);	$[F \cdot L^{-2}]$
T	temperatura, quadro (11.3);	[t]
x_A	fração molar, na fase líquida, da espécie A, Equação (11.3);	adimensional
X_A	fração molar absoluta de A na fase L, definição (11.39);	adimensional
y_A	fração molar, na fase gasosa, da espécie A, Equação (11.1);	adimensional
Y_A	fração molar absoluta de A na fase G, definição (11.38);	adimensional
u	velocidade superficial: (L/Área ou G/Área), sendo Área = área da seção transversal da coluna, quadros (11.2), (11.3) e (11.4);	$[L \cdot T^{-1}]$
z	altura efetiva da coluna, Figuras (11.6), (11.7) e (11.8) e Equação (11.55).	[L]

Letras gregas

δ	espessura de filme estagnado, Figura (11.1);	[L]
ε	porosidade do recheio estruturado de alta eficiência, Tabela (11.2), Equação (11.25);	
ν	viscosidade cinemática, quadro (11.2);	$[L^2 \cdot T^{-1}]$
ρ	massa específica, quadro (11.2);	$[M \cdot L^{-3}]$
σ	tensão superficial, quadro (11.2).	$[F \cdot M^{-1}]$

Sobrescritos

*	em equilíbrio com a concentração no seio da outra fase
′	taxa (mol/tempo) ou (massa/tempo); contradifusão equimolar

Subscritos

a	entrada do líquido e saída do gás no estágio 1
A	espécie química A
B	espécie química B
c	crítica
G	fase G; fase leve; seio da fase G
i	interface; equilíbrio
j	estágio qualquer j
L	fase L; fase pesada; seio da fase L
mín	valor mínimo
máx	valor máximo
n	enésimo estágio
$n+1$	entrada no estágio n
s	inertes
x	referente à fração molar do soluto na fase L ou à fase líquida
X	referente à fração molar absoluta do soluto na fase L
y	referente à fração molar do soluto na fase G ou à fase gasosa
Y	referente à fração molar absoluta do soluto na fase G
z	plano qualquer na torre
1	base da torre
2	topo da torre

Números adimensionais

Re	número de Reynolds e quadros (11.2) e (11.3);
Fr	número de Froude, quadro (11.2);
We	número de Weber, quadro (11.2);
Ca_L	capilaridade adimensional, quadro (11.2);
Sc	número de Schmidt, quadros (11.2), (11.3) e (11.4).

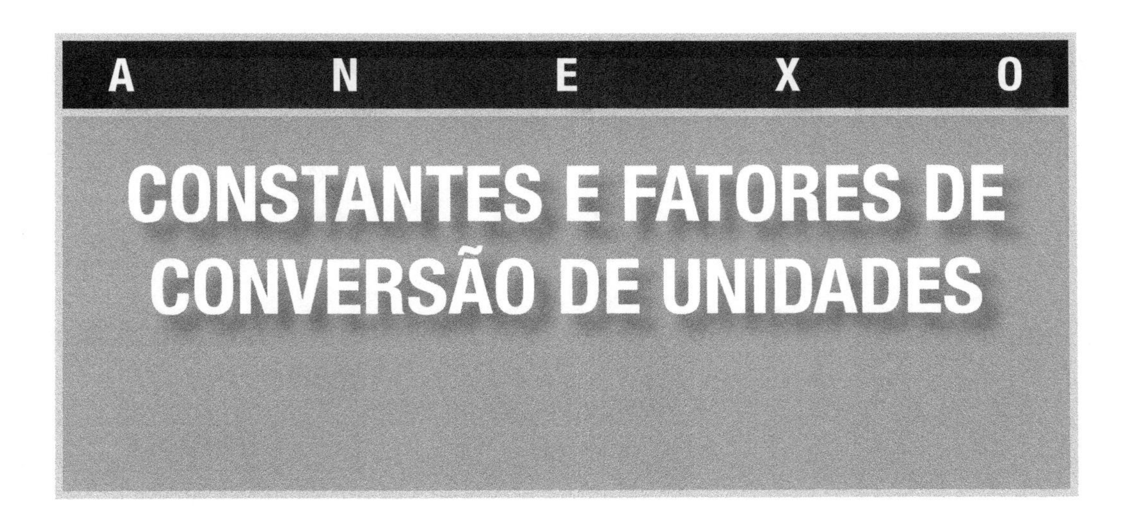

Constantes

Constante	Símbolo	Valor
de Boltzmann	k	$1{,}38062 \times 10^{-23}$ (J/K) $1{,}38016 \times 10^{-16}$ (erg/K)
de Avogadro	N_0	$6{,}023 \times 10^{23}$ ($mols^{-1}$)
de Faraday	F	$9{,}64867 \times 10^{4}$ (C/mol)
universal dos gases	R	82,05 (atm. cm^3/mol · K) 8,31434 (erg/mol) 8,31434 (J/mol · K) 1,987 (g. cal/mol · K) 1,987 (Btu/mol · R)

FATORES DE CONVERSÃO

Comprimento

1 m (metro)	= 10^{10} Å (angstrom)
1 m	= 10^{3} mm (milímetro)
1 m	= 10^{2} cm (centímetro)
1 m	= 39,37 in (polegadas)
1 m	= 3,2808 ft (pés)

Área

1 m^2	= 10^{6} mm^2
1 m^2	= 10^{4} cm^2
1 m^2	= 10,7639 ft^2

Volume

1 m^3	= 10^6 cm^3
1 m^3	= 35,314 ft^3

Tempo

1 s (segundo)	= 1/60 min (minutos)
1 s	= 1/3.600 h (horas)

Velocidade, coeficiente convectivo de transferência de massa

1 m/s	= 10^3 mm/s
1 m/s	= 10^2 cm/s
1 m/s	= 3,6 km/h
1 m/s	= 3,2808 ft/s

Difusividade (mássica, cinemática ou térmica)

1 m^2/s	= 10^6 mm^2/s
1 m^2/s	= 10^2 cm^2/s
1 m^2/s	= $3,6 \times 10^3$ m^2/h
1 m^2/s	= 10,764 ft^2/s
1 m^2/s	= 38,750 f^{t2}/h
1 m^2/s	= 10^4 St (stokes)
1 m^2/s	= 10^6 cSt (centistokes)

Vazão volumétrica

1 m^3/s	= 10^6 cm^3/s
1 m^3/s	= $3,6 \times 10^3$ m^3/h
1 m^3/s	= 35,314 ft^3/s

Massa [mol]

1 kg [mol]	= 10^3 g [mol]
1 kg [mol]	= 2,2046 lb [mol]

Concentração mássica [concentração molar]

1 kg/m^3 [mol/m^3]	= 10^3 g/cm^3 [mol/cm^3]
1 kg/m^3 [mol/m^3]	= 0,06241 lb/ft^3 [mol/ft^3]

Vazão mássica (vazão molar)

1 kg/s [mol/s]	= 10^3 g/s [mol/s]
1 kg/s [mol/s]	= $3,6 \times 10^3$ kg/h [mol/h]
1 kg/s [mol/s]	= 7936,56 lb/h [mol/h]

Viscosidade dinâmica

1 poise	= 1 g/(cm.s)
1 poise	= 360 kg/(m.h)
1 poise	= 10^2 cP (centipoise)
1 poise	= 0,1 Pa · s; Pa = Pascal
1 poise	= 0,1 (N · s)/m^2 N = Newton
1 poise	= 241,920 lb/(ft.h)

Fluxo mássico [fluxo molar]

1 kg/(m^2s) [mol/(m^2s)]	= 0,1 g/(cm^2s) [mol/(cm^2s)]
1 kg/(m^2s) [mol/(m^2s)]	= $3,6 \times 10^3$ kg/(m^2h) [mol/(m^2h)]
1 kg/(m^2s) [mol/(m^2s)]	= $7,375 \times 10^2$ lb/(ft^2h) [mol/(ft^2h)]

Força

1 N (Newton)	$= 10^5$ dina
1 N	= 0,01 J/cm; J = Joule
1 N	= 0,10197 Kgf (quilograma-força)
1 N	= 0,2248 lbf (libra-força)
1 N	= 7,2356 poundal

Pressão

1 atm (atmosfera)	= 1,01325 bar
1 atm	$= 1{,}01325 \times 10^6$ dinas/cm^2
1 atm	= 1,03325 kg/cm^2
1 atm	= 14,696 lb/in^2 (psi)
1 atm	= 760,0 mmHg (0 °C)
1 atm	$= 1{,}01325 \times 10^6$ (erg/cm^3)
1 atm	$= 1{,}01325 \times 10^5$ (N/m^2)
1 atm	$= 1{,}01325 \times 10^5$ Pa (Pascal)

Coeficiente individual (global) de transferência de massa

1 mol/(m^2 · s · Pa)	$= 1{,}01325 \times 10^5$ mols/(m^2.s.atm)
1 mol/(m^2 · s · Pa)	$= 3{,}648 \times 10^8$ mols/(m^2 · h · atm)
1 mol/(m^2 · s · Pa)	$= 7{,}474 \times 10^7$ mols/(ft^2 · h · atm)
1 mol/[m^2 · s · (fração molar)]	= 737,5 mols/[ft^2 · h · (fração molar)]

Energia, calor, trabalho

1 J/s	$= 10^{-3}$ kJ/s
1 J/s	= 1 N · m/s
1 J/s	= 1W (Watts)
1 J/s	$= 10^{-3}$ kW
1 J/s	= 0,85982 kcal/h
1 J/s	= 3,412322 Btu/h

Potência

1 J/s	$= 10^{-3}$ kJ/s
1 J/s	= 1 N · m/s
1 J/s	= 1W (Watts)
1 J/s	$= 10^{-3}$ kW
1 J/s	= 0,85982 kcal/h
1 J/s	= 3,412322 Btu/h

Energia térmica específica

1 kJ/kg	= 1 J/g
1 kJ/kg	= 0,42995 Btu/lb
1 kJ/kg	= 0,23884 cal/g
1 kJ/kg	= 0,23884 kcal/kg

Calor específico

1 kJ/(kg · K)	= 1 J/(g.°C)
1 kJ/(kg · K)	= 0,23884 Btu/(lb · °F)
1 kJ/(kg · K)	= 0,23884 cal/(g · °C)
1 kJ/(kg · K)	= 0,23884 kcal/(kg · °C)

Fluxo de energia

1 kJ/(m^2. · s)	= 0,1 J/(cm^2 · s)
1 kJ/(m^2 · s)	$= 3{,}6 \times 10^3$ kJ/(m^2 · h)
1 kJ/(m^2 · s)	= 316,7 Btu/(ft^2 · h)
1 kJ/(m^2 · s)	= 0,023884 cal/(cm^2 · s)
1 kJ/(m^2 · s)	= 859,8 kcal/(m^2 · h)
1 kJ/(m^2 · s)	= 1 kW/m^2

Condutividade térmica

1 W/(m · K)	= 1 J/(m · s · K)
1 W/(m · K)	= 10^{-3} kJ/(m · s · K)
1 W/(m · K)	= 2,3883 X 10^{-3} cal/(cm · s · °C)
1 W/(m · K)	= 0,8598/kcal (m · h · ºC)
1 W/(m · K)	= 0,5780/Btu(ft · m · ºF)

Coeficiente de transferência de calor

1 W/(m^2 · K)	= 1 N/(s · K)
1 W/(m^2 · K)	= 2,3883 × 10^{-5} cal/(cm^2 · s · °C)
1 W/(m^2 · K)	= 0,8598 kcal/(m^2 · h · °C)
1 W/(m^2 · K)	= 0,1761 Btu/(ft^2 · m · °F)

APÊNDICE A

PROGRAMAS NUMÉRICOS

APÊNDICE A1

Camada limite dinâmica

```
C       VARIÁVEIS

C       X--- FUNÇÃO F
C       DX--- FUNÇÃO F':
C       DDX-- FUNÇÃO F''
C       DDX(0)-- INCLINAÇÃO f'(0)
C       CX--- CONCENTRAÇÃO ADIMENSIONAL DO SOLUTO OU TETA
C       DCX-- FUNÇÃO TETA'
C       DCX(0)-- INCLINAÇÃO TETA'(0)
C       Sc--- NÚMERO DE SCHMIDT
C       DETA-- INCREMENTO
C       TOLE-- CRITÉRIO PARA AS CONDIÇÕES (7.85C)
C       ERRO-- CRITÉRIO DE PARADA DO NEWTON-RAPSON
C       L--- NÚMERO DE ITERAÇÕES ADMITIDAS
C       N--- NÚMERO TOTAL DE ETAS
C       ETA-- VARIÁVEL DE SIMILARIDADE: EQ.(7.71)

$ DEBUG

        DIMENSION X(750), DX(750), DDX(750), XK(750), YK(750),
     *  ZK(750), ETA(750), U(750)
        OPEN(7,FILE='DIN.DAT',STATUS='NEW')
        L=10
        N=500
        TOLE=.5E-7
        ERRO=.5E-6
        DETA=.02
        X(0)=0.
        DDX(0)=.2
        DX(0)=0.
```

```
      ETA(0)=0.
C     RUNGE-KUTTA: ALGORITMO (7.88)
      DO 60 K=1,L
90    DO 10 J=1,N
      XK(1)=DETA*DX(J-1)
      YK(1)=DETA*DDX(J-1)
      ZK(1)=DETA*F(X(J-1),DDX(J-1))
      DO 20 I=2,4
      IF(I.EQ.4)GOTO 30
      XK(I)=DETA*(DX(J-1)+YK(I-1)/2.)
      YK(I)=DETA*(DDX(J-1)+ZK(I-1)/2.)
      ZK(I)=DETA*F((X(J-1)+XK(I-1)/2.),(DDX(J-1)+ZK(I-1)/2.))
      GOTO 20
30    XK(I)=DETA*(DX(J-1)+YK(I-1))
      YK(I)=DETA*(DDX(J-1)+ZK(I-1))
20    ZK(I)=DETA*F((X(J-1)+XK(I-1)),(DDX(J-1)+ZK(I-1)))
      ETA(J)=ETA (J-1)+DETA
      X(J)=X(J-1)+(XK(1)+2.*XK(2)+2.*XK(3)+XK(4))/6.
      DX(J)=DX(J-1)+(YK(1)+2.*YK(2)+2.*YK(3)+YK(4))/6.
10    DDX(J)=DDX(J-1)+(ZK(1)+2.*ZK(2)+2.*ZK(3)+ZK(4))/6.
      U(K)=DX(N)
      IF(K.GT.1)GOTO 120
      R=DDX(0)
      DDX(0)=R+.005
      GOTO 60
C     NEWTON-RAPHSON:          EQ.(7.86)
120   P=DDX(0)
      S=(P-R)/(U(K)-U(K-1))
      DDX(0)=P+S*(1.-U(K))
      R=P
      DESVIO=ABS(1.-U(K))
      IF(ABS(1.-U(K)).LE.ERRO)GOTO 80
      IF(K.EQ.L)GOTO 100
60    CONTINUE
C     IMPRESSÃO DOS RESULTADOS
100   WRITE(*,81)K
81    FORMAT(/,'O NEWTON-RAPHSON NÃO CONVERGE
     * EM',1X,I2,1X,'ITERAÇÕES')
      GOTO 40
80    WRITE(*,82)K
      WRITE(7,82)K
82    FORMAT(/2X,'O NEWTON-RAPHSON CONVERGIU
     * EM',1X,I2,1X,'ITERAÇÕES'/)
130   WRITE(*,350)
      WRITE(7,350)
350   FORMAT(/5X,'DISTRIBUIÇÃO DE VELOCIDDE'// ,5X,'ETA', 7X,'DX',/)
      DO 500 M=0,N
      WRITE(*,240)ETA(M),DX(M)
      WRITE(7,240)ETA(M),DX(M)
240   FORMAT(3X,F7.4,2X,E10.4)
500   CONTINUE
```

```
      WRITE(*,250)DDX(0),DDX(N)
      WRITE(7,250)DDX(0),DDX(N)
250   FORMAT(/,5X,'SOLUÇÃO  D O  PROBLEMA',/,5X,'F"(0)=',F7.5,/,
    * 5X,'DERIVADA  SEGUNDA DE F PARA   ETA   INFINITO=',E10.4/)
40    STOP
      END
C     EQUAÇÃO  DE  BLASIUS:  EQ.(7.84)
      FUNCTION  F(A,B)
      RETURN
      END
```

APÊNDICE A2

Convecção mássica forçada

```
C      VARIÁVEIS

C      X--- FUNÇÃO F
C      X(0)-- PARÂMETRO DE INJEÇÃO OU SUCÇÃO: fp
C      DX--- FUNÇÃO F' ou U/U∞
C      DDX-- FUNÇÃO F"
C      DDX(0)- INCLINAÇÃO F"(0)
C      CX--- CONCENTRAÇÃO ADIMENSIONAL ou TETA
C      DCX-- FUNÇÃO TETA'
C      DCX(0)- INCLINAÇÃO TETA'(0)
C      Sc--- NÚMERO DE SCHMIDT
C      DETA-- INCREMENTO
C      TOLE-- CRITÉRIO PARA AS CONDIÇÕES (7.65c) e (8.43)
C      ERRO-- CRITÉRIO DE PARADA DO NEWTON-RAPSON
C      L--- NÚMERO DE ITERAÇÕES ADMITIDAS
C      N--- NÚMERO TOTAL DE ETAS
C      ETA-- VARIÁVEL DE SIMILARIDADE        EQ.(7.71)

C
       DIMENSION X(750),DX(750),DDX(750),XK(750),YK(750),
     1 ZK(700),ETA(750),CX(750),DCX(750),VK(750),WK(750),C(750),U(750)
       OPEN(7,FILE='CF.DAT',STATUS='NEW')
       WRITE(*,*)'FORNEÇA Sc, FP'
       READ(*,*)Sc, FP'
       X(0)=FP
       DDX(0)=.27
       DCX(0)=.27
       D E TA=.02
       N=500
       TOLE=.5e-7
       L=10
       ERRO=.5e-6
       DX(0)=0.
       ETA(0)=0.
       CX(0)=0.
       SR=DCX(0)-.5E-2
       RR=DDX(0)-.5E-2
C
C      RUNGE-KUTTA: ALGORITMOS (7.88) e (8.55)
C
       DO 60 K=1,L
       DO 10 J=1,N
       XK(1)=DETA*DX(J-1)
       YK(1)=DETA*DDX(J-1)
       ZK(1)=DETA*F(X(J-1),DDX(J-1))
       WK(1)=DETA*DCX(J-1)
       VK(1)=-DETA*Sc*X(J-1)*DCX(J-1)/2.
```

```
      DO 20 I=2,4
      IF(I.EQ.4)GOTO 30
      XK(I)=DETA*(DX(J-1)+YK(I-1)/2.)
      YK(I)=DETA*(DDX(J-1)+ZK(I-1)/2.)
      ZK(I)=DETA*F((X(J-1)+XK(I-1)/2.),(DDX(J-1)+ZK(I-1)/2.))
      WK(I)=DETA*(DCX(J-1)+VK(I-1)/2.)
      VK(I)=-DETA*Sc*((X(J-1)+XK(I-1)/2.)*(DCX(J-1)+VK(I-1)/2.))/2.
      GOTO 20
30    XK(I)=DETA*(DX(J-1)+YK(I-1))
      YK(I)=DETA*(DDX(J-1)+ZK(I-1))
      ZK(I)=DETA*F((X(J-1)+XK(I-1)),(DDX(J-1)+ZK(I-1)))
      WK(I)=DETA*(DCX(J-1)+VK(I-1))
20    VK(I)=-DETA*Sc*((X(J-1)+XK(I-1))*(DCX(J-1)+VK(I-1)))/2.
      ETA(J)=ETA (J-1)+DETA
      X(J)=X(J-1)+(XK(1)+2.*XK(2)+2.*XK(3)+XK(4))/6.
      DX(J)=DX(J-1)+(YK(1)+2.*YK(2)+2.*YK(3)+YK(4))/6.
      DDX(J)=DDX(J-1)+(ZK(1)+2.*ZK(2)+2.*ZK(3)+ZK(4))/6.
      CX(J)=CX(J-1)+(WK(1)+2.*(WK(2)+WK(3))+WK(4))/6.
10    DCX(J)=DCX(J-1)+(VK(1)+2.*(VK(2)+VK(3))+VK(4))/6.
      U(K)=DX(N)
      C(K)=CX(N)
C
C     NEWTON-RAPSON:        EQ.(7.86)
C
      RP=DDX(0)
      IF(KC.GE.1)GOTO 822
      DDX(0)=RP+(RP-RR)*(1-U(K))/(U(K)-U(K-1))
      RR=RP
C
C     NEWTON-RAPSON:        EQ.(8.53)
822   PC=DCX(0)
      DCX(0)=PC+(PC-SR)*(1-C(K))/(C(K)-C(K-1))
      SR=PC
      IF(ABS(1-U(K)).LE.ERRO)GOTO 81
      GOTO 60
81    IF(ABS(1-C(K)).LE.ERRO)GOTO 80
60    KC=KC+1
C     IMPRESSÃO DOS RESULTADOS
80    WRITE(*,82)K
      WRITE(7,82)K
82    FORMAT(/'O NEWTON-RAPHSON CONVERGIU
     *EM',1X,I4,1X,'ITERAÇÕES'//,5X,'ETA',7X,'DX',10X,'CX'/)
      DO 500 M=0,N
      WRITE(*,240)ETA(M),DX(M),CX(M)
      WRITE(7,240)ETA(M),DX(M),CX(M)
240   FORMAT(3X,F6.3,3(2X,E10.5))
500   CONTINUE
      WRITE(*,250)X(0),DDX(0),DCX(0),Sc
      WRITE(7,250)X(0),DDX(0),DCX(0),Sc
250   FORMAT(/,5X,'SOLUÇÃO DO PROBLEMA',//,
     *5X,'FP=',F10.6,1X,'F''(0)=',1X,F6.5,1X,'TETA(0)=',F9.5,/,5X,'Sc=',F6.2)
```

```
40      STOP
        END
C
C       EQUAÇÃO DE BLASIUS: EQ.(7.84)
C
        FUNCTION F(A,B)
        F=-A*B/2.
        RETURN
        END
```

APÊNDICE A3

Convecção mássica natural

```
C
C        VARIÁVEIS

C
C        X--- FUNÇÃO  F
C        X(0)-- PARÂMETRO DE INJEÇÃO OU DE SUCÇÃO
C        DX--- FUNÇÃO  F': EQ.(9.67)
C        DDX--  FUNÇÃO  F''
C        DDX(0)-  INCLINAÇÃO  F''(0)
C        CX--- CONCENTRAÇÃO ADIMENSIONAL DO SOLUTO OU TETA
C        DCX-- FUNÇÃO TETA'
C        DCX(0)-  INCLINAÇÃO  TETA'(0)
C        Sc--- NÚMERO DE SCHMIDT
C        DETA-- INCREMENTO: vide o comentário da EQ.(9.92)
C        TOLE-- CRITÉRIO PARA AS CONDIÇÕES (9.78B)
C        ERRO-- CRITÉRIO DE PARADA DO NEWTON-RAPSON
C        L--- NÚMERO DE ITERAÇÕES ADMITIDAS
C        N--- NÚMERO TOTAL DE ETAS
C        ETA-- VARIÁVEL DE SIMILARIDADE: EQ.(9.62)

         DIMENSION X(900),DX(900),DDX(900),XK(900),YK(900),
1        ZK(900),ETA(900),CX(900),DCX(900),VK(900),WK(900),
1        DSF(900),DPF(900),TETO(900),TETI(900)
         OPEN(7,FILE='NA.DAT',STATUS='NEW')
         WRITE(*,*)'FORNEÇA  Sc,  FP'
         READ(*,*)Sc,  FP
         WRITE(*,*)Sc,  FP
         X(0)=FP
         DELTA=1E-3
         DCX(0)=-.3
         DDX(0)=-.3
         DETA=0.05
         TOLE=1E-3
         ERRO=1E-3
         L=50
         N=20
73       KT=0.
61       MK=M
         DO 60 M=1,L
         DX(0)=0.
         ETA(0)=0.
         CX(0)=1.
C        RUNGE-KUTTA: ALGORITMO (9.96)
90       DO 10 J=1,N
         XK(1)=DETA*DX(J-1)
         YK(1)=DETA*DDX(J-1)
         VK(1)=DETA*F(X(J-1),DCX(J-1))
```

```
      WK(1)=DETA*DCX(J-1)
      ZK(1)=DETA*((3*X(J-1)*DDX(J-1)/4.-.5*DX(J-1)*DX(J-1))/Sc+      CX(J-1))
      DO 20 I=2,4
      IF(I.EQ.4)GOTO 30
      XK(I)=DETA*(DX(J-1)+YK(I-1)/2.)
      YK(I)=DETA*(DDX(J-1)+ZK(I-1)/2)
      VK(I)=DETA*F((X(J-1)+XK(I-1)/2.),(DCX(J-1)+VK(I-1)/2.))
      WK(I)=DETA*(DCX(J-1)+VK(I-1)/2.)
      ZK1=X(J-1)+XK(I-1)/2
      ZK2=DDX(J-1)+ZK(I-1)/2
      ZK3=DX(J-1)+YK(I-1)/2
      ZK(I)=DETA*((3*ZK1*ZK2/4.-.5*ZK3*ZK3)/Sc+CX(J-1)+WK(I-1)/2)
      GOTO 20
30    XK(I)=DETA*(DX(J-1)+YK(I-1))
      YK(I)=DETA*(DDX(J-1)+ZK(I-1))
      VK(I)=DETA*F((X(J-1)+XK(I-1)),(DCX(J-1)+VK(I-1)))
      WK(I)=DETA*(DCX(J-1)+VK(I-1))
      ZK4=X(J-1)+XK(I-1)
      ZK5=DDX(J-1)+ZK(I-1)
      ZK6=DX(J-1)+YK(I-1)
20    ZK(I)=DETA*((3*ZK4*ZK5/4-.5*ZK6*ZK6)/Sc+(CX(J-1)+WK(I-1)))
      ETA(J)=ETA(J-1)+DETA
      X(J)=X(J-1)+(XK(1)+2.*XK(2)+2.*XK(3)+XK(4))/6.
      DX(J)=DX(J-1)+(YK(1)+2.*YK(2)+2.*YK(3)+YK(4))/6.
      DDX(J)=DDX(J-1)+(ZK(1)+2.*ZK(2)+2.*ZK(3)+ZK(4))/6.
      CX(J)=CX(J-1)+(WK(1)+2.*(WK(2)+WK(3))+WK(4))/6.
10    DCX(J)=DCX(J-1)+(VK(1)+2.*(VK(2)+VK(3))+VK(4))/6.
C     NEWTON-RAPHSON:     EQS.(9.91)
C
      DPF(M)=DX(N)
      TETI(M)=CX(N)
      DSF(M)=DDX(0)
      TETO(M)=DCX(0)
      IF(M.EQ.1)GOTO 70
      IF(M.EQ.2)GOTO 700
      IF(M.EQ.3)GOTO 701
      IF(ABS(TETO(M)-TETO(M-2)).LE.ERRO)GOTO 77
      A=(DPF(M)-DPF(M-2))/(TETO(M)-TETO(M-2))
      B=(TETI(M)-TETI(M-2))/(TETO(M)-TETO(M-2))
77    IF(ABS(DSF(M-1)-DSF(M-2)).GT.ERRO)GOTO 800
      C=(DPF(M-1)-DPF(M-2))/(DSF(M-1)-DSF(M-2))
      D=(TETI(M-1)-TETI(M-2))/(DSF(M-1)-DSF(M-2))
      VA=TETO(M-2)*A+DSF(M-2)*C-DPF(M-2)
      VB=TETO(M-2)*B+DSF(M-2)*D-TETI(M-2)
      DCX(0)=(VA*D-VB*C)/(A*D-B*C)
      DDX(0)=(VB*A-VA*B)/(A*D-B*C)
      DES3=DCX(0)-TETO(M-1)
      DES4=DDX(0)-DSF(M)
      IF((.5*SQRT(DES3*DES3+DES4*DES4)).LE.ERRO)GOTO 800
      IF(M.EQ.L)GOTO 100
      GOTO 60
```

```
70      DDX(0)=DSF(1)+DELTA
        DCX(0)=TETO(1)
        GOTO 60
700     DDX(0)=DSF(1)
        DCX(0)=TETO(1)+DELTA
        GOTO 60
701     A1=(DPF(M)-DPF(M-1))/DELTA
        B1=(TETI(M)-TETI(M-2))/DELTA
        C1=(DPF(M-1)-DPF(M-2))/DELTA
        D1=(TETI(M-1)-TETI(M-2))/DELTA
        VA1=TETO(M-2)*A1+DSF(M-2)*C1-DPF(M-2)
        VB1=TETO(M-2)*B1+DSF(M-2)*D1-TETI(M-2)
        DCX(0)=(VA1*D1-VB1*C1)/(A1*D1-B1*C1)
        DDX(0)=(VB1*A1-VA1*B1)/(A1*D1-B1*C1)
60      CONTINUE
C       IMPRESSÃO DOS RESULTADOS
100     WRITE(*,81)M
81      FORMAT(/,3X,'O NEWTON-RAPHSON NÃO CONVERGE EM',I2,'ITERACOES')
        GOTO 40
800     IF((.5*SQRT(CX(N)*CX(N)+DX(N)*DX(N))).LE.TOLE)GOTO 64
        JJ=JJ+1
        IF(JJ.EQ.15)GOTO 64
        DELTA=DELTA-.05
        N=1.25*N
        IF(N.GT.90)N=90
        GOTO 61
64      WRITE(*,82)MK
        WRITE(7,82)MK
82      FORMAT(/,3X,'O NEWTON-RAPHSON CONVERGIU EM',1X,I5,1X,'ITERACOES'/)
        DO 600 KK=0,N
        QETA=ETA(KK)
600     IF(CX(KK).LE.0.)GOTO 900
900     WRITE(*,250)Sc,QETA,DCX(0),DDX(0)
        WRITE(7,250)Sc,QETA,DCX(0),DDX(0)
250     FORMAT(/,5X,'SOLUÇÃO DO PROBLEMA',//,
     *  5X,'Sc=',F7.2/,5X,'ETAoo=',1X,F7.2/,5X,'TETA'(0)=',F7.4/,5X,'F"(0)=',F8.5/,
     *  5X,'DISTRIBUIÇÃO DE VELOCIDADE E CONCENTRAÇÃO'//,5X,
     *  'ETA',7X,'DX',9X,'CX',/)
        DO 500 K=0,KK
        WRITE(*,240)ETA(K),-DX(K),CX(K)
        WRITE(7,240)ETA(K),-DX(K),CX(K)
240     FORMAT(3X,F7.3,2(2X,E10.4))
500     CONTINUE
40      STOP
        END
C       DISTRIBUIÇÃO DE CONCENTRAÇÃO
        FUNCTION F(AA,BB)
        F=3*AA*BB/4
        RETURN
        END
```

APÊNDICE A4

Teoria do bulbo úmido

```
C        CÁLCULO DA UMIDADE ABSOLUTA DO AR

$ DEBUG
C        NOMENCLATURA
C      Tw, Tf —        Temperatura de bulbo úmido e de bulbo seco (°C)
C      P —             Pressão total do sistema, em mmHg
C      PW —            Pressão de vapor da água em Tw
C      YW —            Fração molar do vapor de água em Tw
C      WAS —           Fração mássica do vapor de água em Tw
C      YF —            Fração molar do vapor de água em Tf
C      WAF,WA —        Fração mássica do vapor de água em Tf
C      YA —            Umidade absoluta do ar considerando Le da mistura
C      YAM —           Umidade absoluta do ar considerando Le somente do ar seco
C      CPA —           Capacidade calorífica do vapor de água em Tf
C      CPB —           Capacidade calorífica do ar em Tf
C      CPM —           Relação entre CPB/CPA, eq.(10.142)
C      CP —            Capacidade calorífica da mistura em Tf
C      TA —            eq. (10.141)
C      VAP —           Calor de vaporização da água em Tw
C      VISVA —         Viscosidade dinâmica do vapor de água
C      VISAR —         Viscosidade dinâmica do ar
C      CONVA —         Condutividade térmica do vapor de água
C      CONAR —         Condutividade térmica do ar
C      ROVA —          Densidade mássica do vapor de água
C      ROAR —          Densidade mássica do ar
C      DAB —           Coeficiente de difusão do vapor de água no ar
C      CDM —           Condutividade térmica da mistura
C      CT1,CT2 —       eq.(10.140)
C      OL1,OL2 —       Número de Lewis
C      K —             Iteração

C
       WRITE(*,*)'Forneça  Tw,Tf  (ambos em °C) e P (em mmHg)'
       READ(*,*)Tw,Tf,P
       T1=Tw+273.15
       T2=Tf+273.15
       PW=18.3096-3816.44/(T1-46.13)
       YW=EXP(PW)/P
       WAS=18.015*YW/(28.85*(1-YW)+18.015*YW)
       VAP=352.58*(374.14-Tw)**(.33052)
       CPA=1.8584+9.4e-5*Tf+3.73e-7*Tf*Tf
       CPB=1.00926-4.04033e-5*Tf+6.17596e-7*Tf*Tf
     + -4.077323e-10*Tf*tf*Tf
       VISVA=7.76998e-6+7.27327e-8*Tf-8.1094e-10*Tf*Tf
     + +7.3741e-12*Tf*Tf*Tf-2.83617E-14*Tf*Tf*Tf*Tf
     + +3.85826E-17*Tf*Tf*Tf*Tf*Tf
       VISAR=1.69111e-5+4.98424e-8*Tf-3.18702e-11*Tf*Tf
```

```
      +  +1.31965e-14*Tf*Tf*Tf
         CONVA=1.71533e-2+1.95685e-4*Tf-3.3839e-6*Tf*Tf
      +  +3.312023e-8*Tf*Tf*Tf-1.15393e-10*Tf*Tf*Tf*Tf
      +  +1.61044e-13*Tf*Tf*Tf*Tf*Tf
         CONAR=2.42503e-2+7.88913e-5*Tf-1.79034e-8*Tf*Tf
      +  -8.5705e-12*Tf*Tf*Tf
         ROAR=28850*P/(760*82.05*T2)
         ROVA=18015*P/(760*82.05*T2)
         DAB=.288E-4*(760/P)*(T2/313.15)**(1.75)
         OL1=CONAR/(DAB*CPB*roar*1000)
         TA=(1-WAS)*ALOG(1-CPA*(T2-T1)/VAP)
         CPM=CPB/CPA
         CT1=TA*OL1**(.66666666666666666666666)
         WA1=(WAS+CT1*CPM)/(1+CT1*(1-CPM))
         YF1=18.015*(WA1/18.015+(1-WA1)/28.85)
         YF=WA1/YF1
         YAM=WA1/(1-WA1)
10       CALL VISCO(YF,18.015,28.85,CONVA,CONAR, VISVA,VISAR,CDM)
         CP=YF*ROVA*CPA+ROAR*CPB*(1-YF)
         WAF=18.015*YF/(18.015*YF+28.85*(1-YF))
         OL2=CDM/(DAB*CP*1000)
         CT2=TA*OL2**(.66666666666666666666666)
         WA=(WAS+CT2*CPM)/(1+CT2*(1-CPM))
         DESVIO=100*ABS(WA-WAF)/WA
         IF(DESVIO.LE..1E-4)GOTO 20
         YF2=18.015*(WA /18.015+(1-WA)/28.85)
         YF=WA/YF2
         K=K+1
         IF(K.GT.40)GOTO 20
         GOTO 10
20       YA=WA/(1-WA)
         WRITE(*,*)YA,YAM
         STOP
         END
C
C        CÁLCULO DA CONDUTIVIDADE TÉRMICA DA MISTURA
         SUBROUTINE VISCO(A1,A2,A3,A4,A5,A6,A7,XU)
         DIMENSION Y(500),PM(500),X(500),Z(500)
         Y(1)=A1
         Y(2)=1-A1
         PM(1)=A2
         PM(2)=A3
         X(1)=A4
         X(2)=A5
         Z(1)=A6
         Z(2)=A7
         XU=0.
         DO 10 I=1,2
```

```
      DO 20 J=1,2
      PMO=PM(I)/PM(J)
      ZI=Z(I)/Z(J)
      C1=1./SQRT(1+PMO)
      C2=SQRT(ZI)
      C3=SQRT(1./PMO)
      C4=SQRT(C3)
      C5=Y(J)*C1*(1+C2*C4)*(1+C2*C4)/SQRT(8.)+C5
20    CONTINUE
      XU=XU+Y(I)*X(I)/C5
      C5=0.
10    CONTINUE
      RETURN
      END
```

APÊNDICE B

RESPOSTAS DE EXERCÍCIOS SELECIONADOS

Capítulo 1

1. a) $z = 3,66 \times 10^7$ 1/s; $\lambda = 4,86 \times 10^{-3}$ cm; b) $z = 2,49 \times 10^8$ 1/s; $\lambda = 5,05 \times 10^{-4}$ cm; c) $z = 2,16 \times 10^8$ 1/s; $\lambda = 1,84 \times 10^{-4}$ cm.

3. $\lambda = 3,21 \times 10^{-5}$ cm.

5. a) $D_{AB} = 0,259$ cm²/s; b) $D_{AB} = 0,228$ cm²/s.

6. a) $D_{AB} = 0,257$ cm²/s; b) $D_{AB} = 0,216$ cm²/s.

7. a) $D_{AB} = 1,965$ cm²/s; b) $D_{AB} = 1,460$ cm²/s.

9. $D_{AB} = 0,185$ cm²/s.

11. a) $V_{b_A} = 89,6$ cm³/mol; b) $V_{b_A} = 46,7$ cm³/mol; c) $V_{b_A} = 65,0$ cm³/mol; d) $V_{b_A} = 82,5$ cm³/mol; e) $V_{b_A} = 121,9$ cm³/mol; f) $V_{b_A} = 84,2$ cm³/mol; g) $V_{b_A} = 83,9$ cm³/mol; h) $V_{b_A} = 186,1$ cm³/mol.

12. a) $(\sum v)_A = 94,5$ cm³/mol; b) $(\sum v)_A = 44,9$ cm³/mol;
c) $(\sum v)_A = 65,3$cm³/mol; d) $(\sum v)_A = 85,8$ cm³/mol;
e) $(\sum v)_A = 126,7$ cm³/mol; f) $(\sum v)_A = 82,1$cm³/mol;
g) $(\sum v)_A = 90,7$ cm³/mol; h) $(\sum v)_A = 210,4$ cm³/mol.

13. a) eq.(1.80), |D.R| = 1,27%; b) eq.(1.82a), |D.R| = 1,52%;
c) eq.(1.88), |D.R| = 3,55%.

14.

	H_2/H_2O		N_2/H_2O		O_2/H_2O		NH_3/H_2O	
	$D_{AB} \times 10^5$ cm²/s	desvio relativo (%)	$D_{AB} \times 10^5$ cm²/s	desvio relativo (%)	$D_{AB} \times 10^5$ cm²/s	desvio relativo (%)	$D_{AB} \times 10^5$ cm²/s	desvio relativo (%)
I)	5,89	22,7	3,99	15,0	3,16	−44,8	2,56	55,9
II)	1,45	−69,8	1,12	−67,8	1,19	−50,6	1,20	−26,8
III)	0,53	−88,9	0,79	−77,2	0,84	−65,1	0,84	−48,8

17. para $x_A = 0$: $D_{\AA B} = 1,25 \times 10^{-5}$ cm²/s; $x_A = 0,2$: $D_{AB} = 1,77 \times 10^{-5}$ cm²/s; $x_A = 0,4$: $D_{AB} = 2,29 \times 10^{-5}$ cm²/s; $x_A = 0,6$: $D_{AB} = 2,84 \times 10^{-5}$ cm²/s; $x_A = 0,8$: $D_{AB} = 3,42 \times 10^{-5}$ cm²/s; $x_A = 1,0$: $D_{\AA B} = 4,06 \times 10^{-5}$ cm²/s.

19. $D_{\hat{A}} \times 10^5$ cm²/s

	NaCl	NaBr	NaI	LiCl	LiBr	LiI
a)	0,934	0,946	0,940	0,787	0,787	0,781
b)	1,073	1,087	1,079	0,898	0,906	0,900
c)	1,241	1,254	1,247	1,041	1,051	1,045
d)	1,419	1,434	1,425	1,198	1,208	1,200
e)	2,255	2,270	2,255	1,934	1,949	1,934

20. Gordon: $D_A = 2{,}51 \times 10^{-5}$ cm²/s; Hartley e Cranck $D_A = 2{,}32 \times 10^{-5}$cm²/s.

22.

Carbono em Fe cfc		Carbono em Fe ccc		Níquel em Fe cfc	
$D_{AB} \times 10^{21}$ cm²/s (100 °C)	$D_{AB} \times 10^{11}$ cm²/s (500 °C)	$D_{AB} \times 10^{13}$ cm²/s (100 °C)	$D_{AB} \times 10^{8}$ cm²/s (500 °C)	$D_{AB} \times 10^{39}$ cm²/s (100 °C)	$D_{AB} \times 10^{19}$ cm²/s (500 °C)
3,34	5,85	1,98	6,04	1,10	1,10

25. a) $D_{Ame.} = 8{,}125 \times 10^{-8}$ cm²/s; b) $D_{Ame.} = 1{,}533 \times 10^{-6}$cm²/s; c) $D_{Ame.} = 1{,}46 \times 10^{-7}$ cm²/s; d) $D_{Ame.} = 5{,}56 \times 10^{-7}$cm²/s.

Capítulo 2

1. a) $M = 28{,}85$ g/mol; b) $M = 28{,}96$ g/mol.

2.

a)	$\rho_i \times 10^4$ (g/cm³)	w_i	b)	ρ_i (g/cm³)	w_i
N_2	9,05	0,767	N_2	8,94	0,752
O_2	2,75	0,233	O_2	2,74	0,230
			Ar	0,16	0,013
			CO_2	0,06	0,005

3.

a)	M (g/mol)	w_i	b)	M (g/mol)	w_i
0,05	28,31	0,038	0,05	28,55	0,032
0,075	28,04	0,048	0,075	28,27	0,048

5. A = tolueno; B = benzeno: a) $x_A = 0{,}266$, $x_B = 0{,}734$; b) $M = 81{,}85$ g/mol.

6. a) $v_z = 9{,}164$ cm/s; b) $V_z = 10{,}02$ cm/s; c) $j_{SO_2,z} = -6{,}878 \times 10^{-4}$ g/(cm² · s); d) $J_{SO_2,z} = -1{,}294 \times 10^{-5}$ mol/(cm² · s); e) $j^c_{SO_2,z} = 1{,}514 \times 10^{-3}$ g/(cm² · s); f) $J^c_{SO_2,z} = 2{,}584 \times 10^{-5}$ mol/(cm² · s).

7. a) $D_{1,M} = 0{,}299$ cm²/s; b) $D_{1,M} = 1{,}29 \times 10^{-2}$ cm²/s.

8. $n_{CO,z} = 2{,}71 \times 10^{-3}$ g/(cm² · s).

Capítulo 3

2. $\frac{d}{dz}\left(\frac{1}{1-y_A}\frac{dy_A}{dz}\right) = 0$; C.C.1: $z = 0$; $y_A = 0{,}03$; C.C.2: $z = 0{,}05$ cm; $y_A = 0$.

4. $\frac{d}{dr}\left(\frac{r^2}{1-y_A}\frac{dy_A}{dr}\right)=0$; C.C.1: $r=R$; $y_A=28{,}95\times10^{-3}$; C.C.2: $r\to\infty$; $y_A=0$.

5. a) $\frac{\partial\rho_A}{\partial t}=\frac{D_{ef}}{r}\frac{\partial}{\partial r}\left(r\frac{\partial\rho_A}{\partial r}\right)$: C.I: $t=0$; $\rho_A=\rho_{A_0}$; C.C.1: $r=0$; $\left.\frac{\partial\rho_A}{\partial r}\right|_{r=0}=0$;

   C.C.2: $r=0{,}185$ cm; $\rho^*_{A_1}=K_p\rho_{A_{2\infty}}$;

   b) $\frac{\partial\rho_A}{\partial t}=\frac{D_{ef}}{r^2}\frac{\partial}{\partial r}\left(r^2\frac{\partial\rho_A}{\partial r}\right)$: C.I: $t=0$; $\rho_A=\rho_{A_0}$; C.C.1: $r=0$; $\left.\frac{\partial\rho_A}{\partial r}\right|_{r=0}=0$;

   C.C.2: $r=0{,}185$ cm; $\rho^*_{A_1}=K_p\rho_{A_{2\infty}}$;

   c) $\frac{\partial\rho_A}{\partial t}=D_{ef}\left[\frac{1}{r}\frac{\partial}{\partial r}\left(r\frac{\partial\rho_A}{\partial r}\right)+\frac{\partial^2\rho_A}{\partial z^2}\right]$: C.I: $t=0$; $\rho_A=\rho_{A_0}$; C.C.1: $r=0$; $\left.\frac{\partial\rho_A}{\partial r}\right|_{r=0}=0$;

   C.C.2: $r=0{,}045$ cm; $\rho^*_{A_1}=K_p\rho_{A_{2\infty}}$; C.C.3: $z=0:0$; $\left.\frac{\partial\rho_A}{\partial z}\right|_{z=0}=0$;

   C.C.4: $z=0{,}135$ cm; $\rho^*_{A_1}=K_p\rho_{A_{2\infty}}$; sendo $K_p=K_p\left(\varphi,P_A^{vap}\right)$.

6. $\frac{\partial^2\rho_A}{\partial x^2}+\frac{\partial^2\rho_A}{\partial y^2}+\frac{\partial^2\rho_A}{\partial z^2}=0$

   Condições de contorno:

   $\rho_A=\rho_A\,(+a,y,z)$; $\rho_A=\rho_A\,(x,+b,z)$; $\rho_A=\rho_A\,(x,y,+2c)$;

   $\rho_A=\rho_A\,(-a,y,z)$; $\rho_A=\rho_A\,(x,-b,z)$; $\rho_A=\rho_A\,(x,y,0)=0$.

7. $\frac{d}{dz}\left(\frac{1}{1+3y_N}\frac{dy_N}{dz}\right)=0$; C.C.1: $z=0$; $y_N=N_{N,\delta}/Ck_s$; C.C.2: $z=\delta$; $y_N=0{,}10$.

9. a) $\frac{d}{dz}\left(\frac{dC_A}{dz}\right)=\frac{k_v}{D_{AB}}C_A$; C.C.1: $z=a$; $C_A=-R_A/k_s$; C.C.2: $z=\delta+a$, $C_A=C_{A_\delta}$.

   b) $\frac{d}{dr}\left(r\frac{dC_A}{dr}\right)=\frac{k_v}{D_{AB}}C_A r$; C.C.1: $z=a$; $C_A=-R_A/k_s$; C.C.2: $z=\delta+a$, $C_A=C_{A_\delta}$.

10. $-C\frac{r^{5/2}}{z}\frac{dC_A}{dr}=D_{AB}\frac{d}{dr}\left(r\frac{dC_A}{dr}\right)$; C.C.1: $r=0$; $\left.\frac{\partial C_A}{dr}\right|_{r=0}=0$;

    C.C.2: $r=(D/2-\delta)$, $C_A=P_A^{vap}/RT$.

Capítulo 4

1. $N_{A,z}=8{,}24\times10^{-6}$ mol/(cm$^2\cdot$s).
2. $D_{AB}=0{,}063$ cm^2/s.·
3. $z=3{,}15$ cm.
5. $t=43{,}14$ min.
8. $S=1{,}23\times10^{-2}$ [(cm^3 a STP)(mm de espessura)/(cm)(cmHg)].
9. a) $N_{A,z}=2{,}37\times10^{-7}$[(mol)(cm^3 a STP)/(cm^3)(cm^2)(s)];

b) $S = 1{,}6 \times 10^{-2}$ [(cm^3 a STP)(mm de espessura)/(cm)(cmHg)].

10. a) $\rho_A(x,y) = \dfrac{2}{w}\sum_{n=1}^{\infty}\left[\alpha_n \dfrac{\text{senh}(by)}{\text{senh}(bL)}\text{sen}(bx) + \beta_n \dfrac{\text{senh}(cy)}{\text{senh}(cL)}\text{sen}(cx)\right];$

b) $\bar{C}_A = \dfrac{2}{wL}\sum_{n=1}^{\infty}\left(\dfrac{\alpha_n}{b^2}\right)\text{tgh}\left[\dfrac{1}{2}(aL)\right];$

c) $N_A(x,y) = -\dfrac{2}{w}D_{AB}\sum_{n=1}^{\infty} b\left[\alpha_n \dfrac{\text{senh}(by)}{\text{senh}(bL)}\cos(bx) + b\beta_n \dfrac{\text{senh}(by)}{\text{senh}(bL)}\cos(cx)\right]\vec{i} -$

$$-\frac{2}{w}D_{AB}\sum_{n=1}^{\infty} b\left[\alpha_n \frac{\cosh(by)}{\text{senh}(bL)}\text{sen}(bx) + b\beta_n \frac{\cosh(by)}{\text{senh}(bL)}\text{sen}(cx)\right]\vec{j}$$

sendo: $a = \dfrac{n\pi}{w};\ b = 2a;\ c = \dfrac{(2n-1)}{n}a;\ \alpha_n = \dfrac{w}{a^3}\left(6 - a^2w^3 - a^2\right);$

$$\beta_n = \frac{w}{a^3}\left(a^2w^3 - 6 + 2a^2w\right) + \frac{1}{a}(w - a).$$

Capítulo 5

2. $D_{ef} = 7{,}35 \times 10^{-6}$ cm^2/s.
3. $t = 4000$ s.
4. $t = 3{,}7$ h.
5. $D_{ef} = 6{,}92 \times 10^{-8}$ m^2/h (obs.: média dos D_{ef} entre 20 e 120 min).
7. a) $D_{ef} = 8{,}70 \times 10^{-6}$ cm^2/s; b) $D_{ef} = 8{,}70 \times 10^{-6}$ cm^2/s.
10. $t = 13{,}34$ h (método analítico).

Capítulo 6

1. $y_A = \left(1 - \dfrac{N_{A,R}}{Ck_s}\right)^{R/r}(1{,}21)^{1-R/r} - 1.$

3. Para os dois itens: $W_{A,R} = -\,C_1 C\pi L D_{AB}$;

   a) $C_1 = 2\left[\ell n(1 - y_{A_{R+\delta}}/2)/\ \ell n(1 + \delta/R)\right];$

   b) $C_1 = 2\dfrac{\ell n\left(1 - y_{A_{R+\delta}}/2\right)/\ell n\left(1 + R''_A/(2Ck_s)\right)}{\ell n(1 + \delta/R)}$

5. $t = 51{,}54$ s.
6. a) $W_{A,R} = -1{,}46 \times 10^{-7}$ mol/s; b) $W_{A,R} = -\,1{,}61 \times 10^{-7}$ mol/s.
8. a) $N_{A,\delta} \cong \left(\dfrac{CD_{AB}}{\delta}\right)\ln\left(1 + y_{A_0}\right)$; b) $N_{A,\delta} \cong Ck_s y_{A_0}$.
9. $\eta_\varepsilon = \dfrac{Bi_M}{3\phi^2}\left(1 - \dfrac{C_A^*}{C_{A_s}}\right).$

11. $\theta = \sum_{n=1}^{\infty} 2\frac{(-1)^{n+1}}{n\pi\eta} \operatorname{sen}(n\pi\eta)\left\{\frac{\lambda^2 + (n\pi)^2 \exp\left[-\left(\lambda^2 + (n\pi)^2\right)Fo_M\right]}{\lambda^2 + (n\pi)^2}\right\}.$

Capítulo 7

1. A solução da distribuição de velocidade obtida na segunda iteração é $\frac{u}{u_\infty} = \frac{3}{\Gamma(1/3)}\int_0^{\eta} e^{-\xi^2}\, d\xi$, sendo $\Gamma(x)$ a função gama.

3.

a)			b)			
x (m)	C_{f_x}	τ_p (g/cm.s²)	δ (cm)	C_{f_x}	τ_p (g/cm.s²)	δ (cm)
0,05	0,00437	0,2117	0,1617	0,00386	0,1711	0,1428
0,07	0,00370	0,1789	0,1914	0,00326	0,1446	0,1690
0,1	0,00309	0,1497	0,2287	0,00273	0,1210	0,2020

4. Para 80 °C

x (m)	C_{f_x}	τ_p	δ (cm)
0,05	0,00173	1,913	0,0639
0,07	0,00150	1,617	0,0756
0,1	0,00122	1,353	0,0903

6. a) $\tau_p = \frac{3}{2}\mu\left(\frac{u_\infty}{\delta}\right)$; $C_{f_x} = \frac{3}{\mathrm{Re}_x}\left(\frac{x}{\delta}\right)$.

b)

x (m)	0,05	0,07	0,10
δ (cm)	0,21	0,25	0,296

8. $\frac{\nu}{\nu^T} \approx \frac{0{,}0296}{\mathrm{Re}_x^{0,2}}$; considerando-se $\mathrm{Re}_x = 3{,}0 \times 10^6$, o resultado fica: $\frac{\nu}{\nu^T} \approx 1{,}5 \times 10^{-3}$.

Capítulo 8

1. Considerando-se as propriedades do ar úmido.

T (°C)	25	25	25	45	45	45	75	75	75
φ	0,0	0,45	0,9	0,0	0,45	0,9	0,0	0,45	0,9
μ_{mis} (cP)	0,1814	0,1799	0,1786	0,1909	0,1867	0,1825	0,1048	0,1875	0,1706
Sc	0,5819	0,5805	0,5792	0,5834	0,5798	0,5763	0,5848	0,5726	0,5599

2. k_m = 1,758 cm/s.

4. a) t = 17.109 s; b) t = 16.902 s.

5. $N_{A,p}$ = 6,70 × 10^{-13} mol/cm²s.

6. a) $R = 0{,}521$ cm; b) $R = 0{,}242$ cm; c) $R = 0{,}041$ cm.

9. Para o exercício (3): a) $\dot{\omega}_A = 1{,}51 \times 10^{-4}$ g/s; b) $\dot{\omega}_A = 0{,}2$ g/s.

10. $k_m = 1{,}162 \times 10^{-4}$ cm/s.

11. $k_m = 0{,}255$ m/s [pela correlação (8.156)].

12. Pela eq. (8.157): $k_m = 0{,}146$ m/s; Pela eq.(8.158): $k_m = 0{,}142$ m/s.

13. a) $Sh_p = 6{,}0$; b) $Sh_p = 7{,}66$.

14. $|DR| = \dfrac{\left|Sh_{p_{\text{exp}}} - Sh_{p_{\text{cal}}}\right|}{Sh_{p_{\text{exp}}}} \times 100\%$.

Sh_p	10,45	13,15	14,92	16,76	23,56	30,23	33,32	34,80
(8.154)	42,39	36,20	22,18	21,90	7,85	1,32	0,30	9,60
(8.156)	24,31	22,89	10,59	12,77	4,07	1,75	1,47	14,74
(8.158)	22,01	24,18	31,84	31,21	37,56	41,71	40,31	33,07

Capítulo 9

1. a) $\kappa = -1{,}912$; b) $\kappa = -1{,}775$; c) $\kappa = -0{,}525$; d) $\kappa = -3{,}440$; e) $\kappa = 0{,}376$.

5.

T (°C)	25	30	40
ShN	2,87	3,16	3,79
$\dot{W}_A \times 10^3$ (mol/h)	4,45	7,70	22,0

6. a) $n_{A,p} = 9{,}98 \times 10^{-7}$ g/cm^{2}s; b) $k_{m_N} = 0{,}166$ cm/s;
   c) $n_{A,p} = 12{,}27 \times 10^{-7}$ g/cm^{2}s; d) $k_{m_N} = 0{,}152$ cm/s.

7. $N_{A,p} = 4{,}53 \times 10^{-7}$ mol/cm^{2}s.

9. $Sh_N = 72{,}19$.

10. a) $Sh_N = 108{,}4$; b) $Sh_N = 134{,}2$.

12.

v_∞ (m/s)	10	100	1.000	10.000
m_c	0,950	0,316	0,100	0,0315
mecanismo	mista	mista	forçada	forçada

14. $k_{m_N} = 0{,}196$ cm/s.

Capítulo 10

1. a) $n_{A,p} = 1{,}45 \times 10^{-5}$ g/cm^{2}s; b) $n_{A,p} = 8{,}07 \times 10^{-6}$ g/cm^{2}s.

2. $n_{A,p} = 1{,}45 \times 10^{-5}$ g/cm^{2}s.

3. $T_i = 84{,}4$ °C; $n_{A,p} = 2{,}29 \times 10^{-4}$ g/cm^{2}s .

6.

$Y_{A\infty}$	0,0196	0,0342	0,0419	0,0314	0,0549	0,0899	0,0771

8.

$\varphi \times 100\%$	33,20	9,07	10,66	9,93	13,27	12,09	16,93

9. b) $T_i = 0{,}7$ °C; d) $T_i = 13{,}0$ °C; e) $T_i = 8{,}8$ °C; g) $T_i = 23{,}6$ °C.

Capítulo 11

3. a) $-k_x/k_y = 33{,}86$; b) $-k_x/k_y = 0{,}607$; c) $-k_x/k_y = 0{,}969$.
5. a) $k_y = 3{,}69$ mols/(h · m^2 · Δy_A); b) $k_x = 0{,}30$ mol/(h · m^2 · ΔX_A); c) $K_y = 3{,}49$ mols/(h · m^2 · ΔY_A); d) $K_x = 0{,}0162$ mol/(h · m^2 · ΔX_A).
7. $z = 2{,}4$ m.
8. $z = 3{,}5$ m.
10. $z = 1{,}6$ m.
12. $z = 3{,}5$ m.
15. $z = 4{,}3$ m.
17. a) $z = 3{,}7$ m; b) 6 estágios.
18. a) 95,24%; b) $X_{A_n} = 1{,}786 \times 10^{-6}$.

ANEXO 2

ÍNDICE REMISSIVO

Absorção
fator de, 405, 416
física, 178, 180, 230, 386, 387, 391, 393, 396, 408, 418
química, 155, 202, 215, 218
Adsorção, 116, 150, 164, 185, 386
Advecção (v. contribuição convectiva)
Altura
efetiva de coluna, 386, 403
equivalente a um prato teórico, 416
unidade de transferência de massa, 404
Análise de escala, 229, 236, 241, 252, 314, 318, 349
Analogia
de Chilton-Colburn, 287, 288, 356
de Colburn, 356
de Prandtl, 286, 288, 356
de Reynolds, 286, 288, 356
de von Kármán, 287, 356
entre calor e massa, 346, 353, 354, 356
entre quantidade de movimento e massa, 285, 288
Arckmann, correção de, 365, 375
Área interfacial específica de transferência de massa, 394, 395
Atividade
coeficiente de, 20, 51, 61
Autodifusão (v. coeficiente de)

Balanço material, 110, 399, 400, 402, 413
Biot mássico, número, 121, 164, 181
Boussinesq
hipótese de, 313, 353
número de Boussinesq mássico, 317
Bulbo seco, temperatura de, 345, 374
Bulbo úmido
temperatura de, 345, 374
teoria do, 374

Calor
transferência de (v. transferência de calor)
Camada limite
dinâmica, 229, 240
espessura (dinâmica), 243, 248, 314
espessura (mássica), 275, 314
mássica, 116, 260, 268, 289
térmica, 352, 353, 354
Caminho livre médio, 28, 31, 32, 76, 77, 282, 353
Capacidade calorífica
fluido puro, 345
mistura, 360
Catalisador (v. reação química heterogênea)

Coeficiente
convectivo de transferência de calor, 348
convectivo de transferência de massa, 105, 229, 230, 232, 260, 261, 279
convectivo forçado de transferência de massa, 279, 289
convectivo natural de transferência de calor, 354
convectivo natural de transferência de massa, 314, 328
de atrito, 247, 355
de autodifusão, 28, 32
de capacidade (v. coeficiente volumétrico)
de difusão (definição), 32
de distribuição, 118, 123, 164, 181
de partição (v. de distribuição)
de transferência de massa, 232
efetivo de difusão, 76, 212
global de transferência de massa, 389, 390
individual de transferência de massa, 388, 389, 390, 395
volumétrico de transferência de massa, 394, 396, 404
Colisão, 26, 50, 346
diâmetro de, 29, 36, 78
frequência de, 30
integral de, 40, 45
Coluna
de borbulhamento, 391
de estágios, 413
de paredes molhadas, o problema da, 287, 289
de recheios, (v. recheio)
spray, 391
Combustão, 124, 202, 206, 208, 210
Compressibilidade mássica, 310
Comprimento de mistura de Prandtl (v. teoria do)
Concentração, 27, 92
mássica, 92, 117
média, 136, 167, 171, 172, 175, 177, 182, 185, 188
média logarítmica (v. fração média logarítmica)
molar, 27, 92, 117
Condensação, 148, 271, 367
Condição de contorno, 117, 120, 121, 123
Condução térmica, 345, 347
Condutividade térmica
fluido puro, 347
mistura, 360
Contato
contracorrente, 399, 405
paralelo, 399, 402, 405
Contradifusão equimolar, 117, 148, 235
Contribuição, 21
condutiva, 349, 364
convectiva, 22, 97, 112, 114, 134, 230, 231, 349, 364
difusiva, 22, 97, 114, 132, 134, 231
Convecção
mássica, 21, 105, 121, 164, 229
mássica forçada, 229, 230, 259
mássica mista, 230, 332
mássica natural, 230, 309, 311
térmica, 347, 350, 352
Correlações
convecção mássica ao redor de uma esfera, 296, 335
convecção mássica em leito fixo, 299, 335, 336
convecção mássica em leito fluidizado, 300
convecção mássica em placa plana, 280, 294, 328
convecção mássica no interior de dutos, 288, 295
convecção mássica sobre um cilindro, 296
difusão de eletrólitos em líquidos, 67, 68, 70
difusão de não eletrólitos em líquidos, 52, 53, 54, 55, 61, 62, 63, 81
difusão em gases, 39, 40, 43, 46
parede plana vertical molhada, 293
torre de recheios, 391, 395, 396, 397

Derivada
parcial, 110, 111, 112
substantiva, 111, 112
Dessorção, 144, 386
Destilação, 387
Desumidificação, 345, 367, 387
Diagrama mnemônico, 263, 319, 351, 359
Difusão
configuracional, 75, 77
de Knudsen, 75, 76
em filme líquido descendente, (v. coluna molhada)
em gases, 26, 115, 131, 133, 139, 144, 148, 203, 207
em líquidos, 51, 65, 116, 178, 180, 215, 230, 290
em membranas (v. membrana)
em sólidos cristalinos, 72
em sólidos porosos, 75, 116, 180, 212
em zeólitas, 77, 78
multicomponentes, 48, 101, 102
ordinária, 28, 114, 164
pseudoestacionária (v. regime pseudoestacionário)
térmica, 345, 356, 357
Difusividade (v. coeficiente de difusão)
Difusividade térmica
fluido puro, 347, 349
mistura, 359, 360

Efeito
Dufour, 28, 357
Soret, 28, 357
Efetividade, fator de, 213, 214
Eletrólito, 65, 69
Eletroneutralidade, 66
Empuxo
mássico, 310, 311, 313, 314
térmico, 352, 353
Energia
balanço de, 348, 349, 399
cinética, 26, 52, 348
interna, 18
máxima de atração, 37
potencial de atração/repulsão, 36
Entalpia
fluido puro, 348, 349
fluxo de, 348
mistura, 363
Entropia
produção de, 18
Equação
da continuidade de uma certa espécie, 110, 111, 113, 115, 132
de Bernoulli, 242
de Blasius, 245
de Navier-Stokes, 240, 241
de Pardtl, 242
de Stefan-Maxwell, 101
de Stokes-Einstein, 52
do movimento, 240
Equilíbrio termodinâmico, 19, 20, 26, 118, 386, 388
Escoamento, 238
laminar, 229, 238, 239, 352
turbulento, 229, 239, 260, 281, 355
Esfera
pseudoestacionário, 141
regime transiente, 170, 183
sublimação, 139, 140
Estado, 17
Estágio
coluna de (v. coluna de estágios)
eficiência de, 417
ideal, 413
número de, 386, 413, 414, 416
Evaporação, 131, 148
convecção mássica forçada, 271, 274

convecção mássica natural, 311, 315, 325

Extensivo, parâmetro, 18

Extração líquido–líquido, 165, 172, 386, 421

Fenômeno, 17, 18, 21

Fluxo, 96, 98, 110, 282, 283

convectivo, 97, 98

de calor associado à mudança de fase, 365, 366

de calor condutivo, 345, 346, 347

de calor devido à interdifusão de espécies, 363

de calor sensível, 365, 366

difusivo, 27, 28, 52, 65, 97, 98

numa dada fronteira, 146, 204, 209, 217, 232, 261, 278, 293, 327, 365

Força

de arraste, 51

inercial, 242, 313, 352

motriz, 21, 51, 105, 233, 314, 389, 415

viscosa, 242, 313, 352

Fourier mássico, número de, 167

Fração

absoluta molar, 400, 413

mássica, 92, 117

média logarítmica molar, 137, 234, 295

molar, 48, 92, 117

Função corrente, 244

Gases (v. difusão em)

Grashof mássico, número de, 317

Hatta, número de, 217

Injeção, parâmetro de

convecção mássica forçada, 270, 273

convecção mássica natural, 321, 324, 325

Integral de colisão (v. colisão, integral)

Intensivos, parâmetros, 19

Interferências, 27, 358

Lei

de Dalton, 117

de Fick, 26, 28, 34, 52, 76, 114, 164

de Fourier, 347

de Henry, 118, 388, 390

de Raoult, 117

Lewis, número de, 358

Linha

de equilíbrio, 387, 388, 413

de operação, 400, 402, 413

Lixiviação, 386

Massa molar, 93, 112

Meio, 21

estagnado, 133, 139, 144, 234, 364

infinito, 165, 173, 183, 186

semi-infinito, 178

Membrana

difusão em, 79, 91, 119, 150, 164

Movimento, 21, 52

Número

adimensional, 253, 260, 350, 358

unidade de transferência, 404, 405, 416

Nusselt, número de, 350, 353, 354

Operações

contínuas, 399, 402

em estágios, 413

Peclet, número de

Peclet mássico molecular, 263

Peclet térmico molecular, 351

Polaridade

difusão em gases, 44

difusão em líquidos, 63

Polímero, 79

Potencial

de Lennard-Jones, 36

eletrostático, 65

químico, 19, 20, 61, 356

Prandtl, número de, 350

Prato (v. estágio)

Pressão, 19

de vapor, 117, 118

parcial, 117

Programação de testes

operação contínua, 406

operação em estágios, 418

Programas numéricos

camada limite dinâmica, 435

camada limite mássica na convecção mássica forçada, 438

camada limite mássica na convecção mássica natural, 441

teoria do bulbo úmido, 444

Raio de giro, 52, 55

Rayleigh, número de

Rayleigh mássico, 315

Rayleigh térmico, 354

Razão molar (v. fração molar absoluta)

Reação química, 110, 112, 115, 116, 201

catalítica (v. reação heterogênea)

heterogênea, 75, 121, 152, 155, 201, 202, 203, 206, 212, 220, 236

homogênea, 110, 124, 201, 215, 220

Recheio, 391

coluna de, 391, 399

estruturado, 392

randômico, 392

Regime

de transição, 239, 249

laminar (v. escoamento laminar) permanente, 131, 133, 202, 215

pseudoestacionário, 144, 147, 206

transiente, 163, 178, 180, 220

turbulento (v. escoamento turbulento)

Resfriamento evaporativo, 345, 367

Resistência, 21, 22, 106, 165, 180, 205, 261, 385, 389, 390

externa, 121, 164, 165, 177, 189, 229

interna, 121, 164, 165

Reynolds, número de, 239, 242, 253, 263, 295, 296, 299

Schmidt, número de, 262, 264, 285

Secagem, 116, 165, 168, 183, 188, 191, 193, 196, 259, 343, 386

Separação

de variáveis, 153, 166, 170, 174

técnicas de, 386

Sherwood, número de, 296, 314, 332

Similaridade, transformação por, 243, 270, 319

Sistema, 17, 18

Solução

líquida concentrada, 61, 69, 116

líquida diluída, 20, 51, 65, 116, 236

Soluto, 21, 91

Solvente, 21, 91

Stanton, número de

Stanton mássico, 262, 286

Stanton térmico, 350

Sublimação, 131, 139, 311

Sucção, parâmetro de (v. injeção)

Supercrítico, fluido, 309, 315, 336

Temperatura (definição), 19

crítica, 36, 37

normal de ebulição, 36, 37

Tensão de cisalhamento, 247, 285

Teoria

cinética dos gases, 29, 76, 346

da camada limite (v. camada limite) da penetração, 232, 289

da renovação de superfície, 291

das duas resistências, 388
de Eyring, 51, 73, 77, 79
do bulbo úmido (v. bulbo úmido, teoria do)
do comprimento de mistura de Prandtl, 251, 355
do filme, 137, 289, 349, 355
do salto energético (v. teoria de Eyring)
Termodifusão, 345, 356, 358
Thiele, módulo, 213
Transferência
de calor, 345, 347, 355
de massa, 20, 21
de massa entre fases, 20, 21, 385, 386, 387
de massa no regime turbulento, 233, 281
de quantidade de movimento (v. escoamento)
molecular (v. difusão)
simultânea de calor e de massa, 343, 344, 358, 364
simultânea de calor e de quantidade de movimento, 349, 352, 353
simultânea de massa e quantidade de movimento, 261, 263, 286
Transição (v. regime de)
parâmetro de, 332, 338
Transporte (v. transferência)
Turbilhonar
difusividade, 283
difusividade térmica, 355
viscosidade cinemática, 252
Turbulência (v. escoamento turbulento)

Umidade, 168
absoluta, 375
relativa, 264, 326
Umidificação, 344, 345, 367, 387
Unidades, 431

Vazão mínima de solvente
contato contracorrente, 401, 402
contato paralelo, 403
em coluna de estágios, 415
Velocidade
absoluta, 94, 96
de difusão, 94, 96
média mássica da mistura, 94, 113
média molar da mistura, 94
média molecular, 27, 29
relativa, 29
Viscosidade dinâmica da mistura, 51, 262
Volume (definição), 17, 18
crítico, 37
na temperatura normal de ebulição, 37

Zeólita, 77, 78, 220